హ్యూమన్ కైండ్‌కి ప్రశంసలు

మానవులలో స్వతస్సిద్ధంగా ఉండే మంచితనం, సౌశీల్యాలకు ఈ పుస్తకం నిలువెత్తు నిదర్శనం. అలా అని, బ్రెగ్మన్ తన పుస్తకంలో మనుషుల మంచితనాన్ని అమాయకంగా, మూర్ఖంగా సమర్థిస్తూ రాయలేదు. అతని రచనలో, నైరాశ్యం లేదా నకారాత్మక ఛాయలు ఏ కోశానా కన్పించవు. మానవ జాతి మంచితనం మీద బ్రెగ్మన్ కి ప్రగాఢ విశ్వాసం. దానికి విరుద్ధంగా రుజువులూ, ఉదంతాలూ కోకొల్లలుగా కన్పిస్తున్నప్పటికీ ఆయన వాదనని మానేయరు – పట్టు సడలించరు– మనుషులు ఆటవికులు కాదనీ, లోభం, పిసినారి తనం వారి సహజలక్షణాలు కాదనీ ఆయన నిశ్చితాభిప్రాయం... అంతేకాదు... మనిషి అనేవాడు 'హింస' అనేమాట తప్ప వేరే పదాన్ని ఉచ్చరించటానికి కూడా ఇష్టపడడు అని అనుకోవడం కూడా సరికాదు అంటారాయన... దురాశావాదం... మనిషి నైజం కాదు అన్నది ఆయన వాదన... అసలు అలా సంభావించుకోవాల్సిన అవసరమే లేదన్నది ఆయన వక్కాణింపు.

–స్టీఫెన్ ఫ్రై

మానవుడికి సంబంధించిన ప్రతి విప్లవంలోను ఇప్పుడు మనకొక హక్కు ఉంది. ఇది కొత్త అవగాహనతో పాటు వస్తుంది. దీనినే మనం మానవుడు అనే పదంతో పిలుస్తున్నాం. మానవతకు (దీని వెనుక మెరుగైన శాస్త్రీయత ఉంది) దయనీయమైన దృక్పథాన్ని ఆపాదించడంలో రుట్గర్ బెర్గ్ మన్ విజయవంతమైనారు. ఈ పుస్తకం భవిష్యత్తుకు సంబంధించి వాస్తవమైన ఆశను కలిగిస్తోంది.

– బ్రియన్ఇనో

మానవజాతి మనకు అందరూ సహకరించుకునే ఆత్మవిశ్వాసం కలిగించడానికి తాత్వికమైన, చారిత్రాత్మకమైన వెన్నెముకను అందజేస్తుంది. అంతేకాదు అందరిపట్ల దయతో, పరస్పరం నమ్మకం కలిగిస్తూ మెరుగైన సమాజ నిర్మాణానికి దోహదపడ్తోంది.

–మేరియానా మజ్జుకాటో – ''ది వాల్యూమ్ ఆఫ్ ఎవ్రిథింగ్'' రచయిత

కొన్ని పుస్తకాలు మన ఐడియాలను సవాలు చేస్తాయి. కానీ మానవజాతి ఐడియాలు దేని మీద ఆధారపడివున్నాయో ఆ వాగ్దానాలను సవాలు చేస్తాయి. దాని సాహసవంతమైన, విస్తృతమైన వాదన, ప్రజాస్వామ్యం, మానవస్వభావం గురించి మీకున్న నమ్మకంపై పునరాలోచించే అవకాశాన్ని ఇస్తుంది. స్వార్థమనే సముద్రంలో ఈ పుస్తకం ప్రపంచానికి అవసరమైన బలమైన మునిగిపోని లైఫ్‌బోట్ లాంటిది.

– డేనియల్ హెచ్.పింక్, ''డ్రైవ్'' రచయిత

ఇది ఒక అద్భుతమైన, ఉద్ధరించే పుస్తకం. కేవలం నా స్నేహితులు, బంధువులే కాక ప్రతి ఒక్కరు ఈ పుస్తకాన్ని చదవాలని ఆశిస్తున్నా. మెరుగైన ప్రపంచం కోసం చేసే ప్రచారంలో ఇది అవసరమైన భాగం.

–''ది స్పిరిట్ లెవల్'' రచయిత, రిచర్డ్ విల్కిన్‌సన్

ఇది ఒక విచిత్రమైన పుస్తకం... చాలా సరదాగా ఉంది, తాజాగా పుస్తకం ఆసాంతం చదవదగింది.

– 'ది షెఫర్డ్స్ లైఫ్'' రచయిత జేమ్స్‌రెబాంక్స్

మీరు ఈ ప్రపంచాన్ని, మీ సాటి మనుష్యుల్ని ఏ విధంగా చూస్తున్నారో ఆ దృక్పథాన్ని మార్చివేయగల అద్భుతమైన పుస్తకం, ఇది మనస్సుని, మరీ ముఖ్యంగా హృదయాన్ని విస్తృతం చేస్తుంది. ఇంతకు మించిన సందేశం మనకు ఇప్పుడు అవసరం లేదు.''

– ''లాస్ట్ కనెక్షన్స్'' రచయిత జాన్ హరి

'రుట్గర్ బెర్గ్ మన్' ఈ అసాధారణమైన కొత్త పుస్తకం కళ్లు తెరిపిస్తుంది– క్వైట్ రచయుత సుసాన్ క్రైన్.

'నాకెంతో ఇష్టమైన ఆలోచనా పరులలో రుట్గర్ బెర్గ్ మన్ ఒకరు. కొత్త సంభావ్యతల ప్రపంచానికి మార్గాన్ని తెరిచేలా ఈ పుస్తకం మానవ స్వభావానికి సంబంధించిన మూల భావాలను సవాలు చేసేదిగా ఉంది. మంచి పుస్తకాలు, వాదనల వలె 'హ్యూమన్ కైండ్' ఒక సాధారణమైన, స్పష్టమైన, శక్తి వంతమైన మార్గం''.

– ఆండ్ర్యూ యాంగ్

ఇంత అద్భుతమైన, అంతర్ దృష్టిగల, కళ్లు తెరిపించే ఇలాంటి పుస్తకాన్ని ఈ మధ్య కాలంలో నేను చదవలేదు. చాలా కాలమైంది. నిజమే ఈ రకమైన పుస్తకం ఎప్పుడు చదివానో కూడా గుర్తులేదు.

– ''ఇన్ ఈ క్వాలిటీ అండ్ ది L'' రచయిత డానీ డార్లింగ్

''ఈ పుస్తకం, మానవులు సహజసిద్ధంగా నీచులు, స్వార్థపరులనే నిరాశావాద, నకారాత్మక దృక్పథాన్ని నిర్మూలించి మానవ స్వభావ చిత్తరువుకి పెయింట్ వేసిన తీరు ఉన్నతంగా ఉండడమే కాక చాలా స్పష్టంగా ఉంది. మా సమయంలో రట్జర్ బ్రెగ్మన్ అత్యంత ప్రేరేపించే ఆలోచనాపరులలో ఒకరు''.

– *''గివ్ అండ్ టేక్''* రచయిత ఆడంగ్రాంట్

''వార్తా పత్రికను కొంత తడవు పక్కన పెట్టి ఈ పుస్తకం చదవండి''.

– *ప్రాక్టికల్ విస్డం రచయిత, భారీ షూవార్ట్జ్...*

''మనుష్యులు మంచి పనిచేయరు, కేవలం వారికి అవసరమైతే తప్ప'' అన్న ''మాఖియవెల్లి'' పరిశీలనకు రుట్గర్ బెర్గ్ మన్ యొక్క పుస్తకం కన్నా అత్యంత శక్తివంతమైన, లేదా జాగ్రత్తగా డాక్యుమెంట్ రూపంలో ఖండనను నాకు తెలిసి మరెవ్వరూ ఇవ్వలేరు. మానవ స్వభావం గురించి అతని పునర్ నిర్ధారణ. అది ఉన్నతమైందనే వాస్తవమైన సాక్ష్యానికి ఇది ఎంతో విశ్వసనీయమైంది.

– *''మదర్స్ అండ్ అదర్స్''* రచయిత సారా బ్లాఫర్ హార్డీ

'మానవ శాస్త్ర వేత్తలు దశాబ్దాలుగా జరుపుతున్నవాదనలను 'మానవజాతి' ఎంతో అందంగా తెలియజేసింది. శాస్త్రీయతను పట్టుకోవాలనుకుందా? పుస్తకం చదవండి చాలా వరకు కల్పితాల నన్నిటినీ కొట్టేసింది. 21వ శతాబ్దానికి గాను కొత్త ఆశావాద కథ.

– *''ది డివైడ్'' రచయిత,* జాసన్ హికెల్

మానవులు స్వభావరీత్యా చెడ్డవారు, నమ్మకస్తులుకారు అనే ఐడియా ఎంత అవాస్తవం, అనే దానిపై 'హ్యూమన్ కైండ్' చాలా లోతుగా, స్థూలంగా పరిశీలన చేసింది. విశదంగా వివరణలు, కథల ద్వారా రుట్గర్ బెర్గ్ మన్ మనని ఈ ఐడియాలను పెంచి పోషిస్తున్న ప్రశ్నార్థకమైన ప్రయోగాల వద్దకు తీసుకెళ్లి, మానవజాతిపట్ల మరింత ఆశావాద దృక్పథం ఏర్పడేలా చేస్తున్నాడు.

– *''మామ్స్ లాస్ట్ హగ్''* రచయిత ఫ్రాన్స్ డే వాల్

''నా జాబితాలో ప్రతివారు చదవాల్సిన అద్భుతంగా రచించిన చక్కగా డాక్యుమెంట్ చేసిన, కల్పితాలను కొట్టివేస్తూ రాసిన ఈ పుస్తకం అగ్రస్థానంలో ఉంది. చదవండి మీ నిరాశావాద స్నేహితులందరి కోసం కాపీలను కొనండి.

– *''ఫ్రీటులర్న్''* రచయిత పీటర్ గ్రీ

హ్యూమన్‌కైండ్

హ్యూమన్‌కైండ్

ఒక ఆశాజనక చరిత్ర

రుట్గర్ బెర్గ్ మన్

తెలుగు అనువాదం ; ఆకెళ్ళ శివప్రసాద్

MANJUL

మంజుల్ పబ్లిషింగ్ హౌస్

First published in India by

MANJUL

Manjul Publishing House

Corporate and Editorial Office

• 2nd Floor, Usha Preet Complex, 42 Malviya Nagar,
Bhopal 462 003 – India

Sales and Marketing Office

• C-16, Sector 3, Noida, Uttar Pradesh 201301 – India
Website: www.manjulindia.com

Distribution Centres

Ahmedabad, Bengaluru, Kochi, Kolkata, Chennai,
Hyderabad, Mumbai, New Delhi, Pune

Telugu translation of *Humankind: A Hopeful History* by Rutger Bregman

First published in Dutch in 2019 in The Netherlands
as DE MEESTE MENSEN DEUGEN by De Correspondent

Original English edition first published
in 2020 by Bloomsbury Publishing

This Telugu edition first published in 2026

ISBN 978-93-7317-544-7

Translated by Akella Sivaprasad

Printed and bound in India by Repro India Limited

నా తల్లిదండ్రులకు

విషయసూచిక

‘మనిషికి తన అసలు స్వరూపాన్ని చూపెట్టినప్పుడే బాగుపడ్తాడు.’

– ఆంటోని చెకోవ్ (1860–1904)

నాంది

రెండవ ప్రపంచ యుద్ధం సందర్భంగా బ్రిటిష్ సైనిక కమాండ్ తన అస్తిత్వానికి ముప్పుని ఎదుర్కోవాల్సి వచ్చింది. లండన్ తీవ్రమైన ప్రమాదంలో పడింది. ఈ నగరం ఒక ప్రత్యేకత కలిగి ఉంది. విన్‌స్టన్ చర్చిల్ ప్రపంచంలోనే ఒక గొప్ప లక్ష్యాన్ని రూపొందించారు. ఒక రకమైన అద్భుతమైన ఆవు కొవ్వు. విలువైన ఆవు కొవ్వు జంతువులను ఆకర్షించడానికి వేసే ఎర.

ఎర వేసే జంతువు మరెవరో కాదు అడోల్ఫ్ హిట్లర్, అతని యుద్ధ యంత్రాంగం. అతని బాంబుల వల్ల బ్రిటిష్ జనాభా బీభత్సంలో పడితే, అది దేశం అంతానికి సంకేతం అవుతుంది. ట్రాఫిక్ స్తంభిస్తుంది. నిరాశ్రయులు సహాయం కోసం హాహాకారాలు చేస్తారు. నగరం గందరగోళంగా మారుతుంది, అని భయపడ్డారు ఒక బ్రిటిష్ జనరల్. ఇరవై లక్షల మంది పౌరులు భయంతో చనిపోతారు. చివరికి సైన్యం కూడా భయభ్రాంతులకు లోనైన ప్రజలు తమను చుట్టుముట్టడంతో ఏమీ చేయలేని స్థితిలో ఉంటారు. కనీసం ముప్పై నుండి నలభై లక్షల మంది లండన్ వాసులు నగరం నుండి పారిపోతారని చర్చిల్ జోస్యం చెప్పారు. అన్ని రకాల చెడు విషయాలను గురించి విశదీకరించబడిన ఆ పుస్తకం ఎవరైనా చదవదలుచుకుంటే వారు 'సైకాలజీ డెస్ ఫౌల్స్' అనే పుస్తకం – "ది సైకాలజీ ఆఫ్ ది మాసస్" చదివితే చాలు – ఆ రోజులలో అత్యంత ప్రభావ వంతమైన పండితులలో ఒకరైన ఫ్రెంచి దేశస్తుడు 'గుస్తావ్ లే బాన్' ఈ పుస్తకం రచించారు. హిట్లర్ ఈ పుస్తకాన్ని క్షుణ్ణంగా చదివాడు. అలాగే ముస్సోలిని, స్టాలిన్, చర్చిల్, రూజ్‌వెల్ట్ కూడా చదివారు.

సంక్షోభంపై ప్రజలు ఎలా స్పందిస్తారనేది లేబాన్ పుస్తకంలోని నాటకాలు వివరిస్తాయి. ఆయన రాస్తూ, మనిషి నాగరికత అనే నిచ్చెనలో అనేక మెట్లు కిందికి దిగుతాడు. అన్నారు.

భయం, హింస ప్రజ్వరిల్లుతాయి, మానవులు తమ సహజ స్వభావాన్ని వెల్లడిస్తారు. హిట్లర్ 1939 అక్టోబర్ 19వ తేదీన, దాడికి సంబంధించి జర్మన్ ప్లాన్ గురించి తన జనరల్స్‌కి సంక్షిప్తంగా చెప్తూ, బ్రిటిష్ సంకల్పానికి వ్యతిరేకంగా ఉన్న లుఫ్ట్ వాఫ్ క్రూరమైన ఉపాధిని నిరోధించాలి, అందుకు నిర్ణయించిన సమయంలో చర్య చేపట్టాలి అన్నారు.

బ్రిటన్‌లో ప్రతి ఒక్కరు గడియారం చేసే 'టిక్' 'టిక్' శబ్దాన్ని విన్నారు. లండన్‌లో భూగర్భ ఆశ్రయాల నెట్‌వర్క్ తవ్వకానికి చివరి తవ్వక ప్రణాళిక ఆమోదించింది. కాని చివరికి రద్దు చేసేటప్పటికి ప్రజలు భయంతో బిగుసుకుపోయారు. వారు అందులోంచి

బయటపడడం కూడా సాధ్యం కాదు. కొన్ని మానసిక వైద్య ఆసుపత్రులను నగర శివార్లలోకి తరలించారు. మొదటి సారి దెబ్బతిన్న ఈ బాధితులను అందులో చేర్చడానికి వీలుగా వాటిని తరలించారు. ఆ తర్వాత 1940 సెప్టెంబర్ 7వ తేదీన జర్మన్ బాంబర్ విమానాలు చానెల్‌ని దాటాయి. ఆ రోజున వాతావరణం బాగుండడంతో లండన్ వాసులు బయటకు వచ్చారు. సాయంత్రం 4 గంటల 43 నిమిషాలకు సైరన్లు మోగడంతో అందరి కళ్లు ఆకాశంవైపు చూశాయి.

సెప్టెంబర్లోని ఓ శనివారం చరిత్రలో చీకటి శనివారంగా నిలిచిపోయింది. దాని తర్వాత ఆకస్మిక దాడులు, తర్వాతి తొమ్మిది నెలల పాటు ఒక్క లండన్ మీదే 80,000 పైగా బాంబులు వేశారు. చుట్టు పక్కల ప్రాంతాలన్నీ తుడిచిపెట్టుకుపోయాయి. రాజధానిలో దాదాపు పది లక్షల భవనాలు దెబ్బతినడం లేదా ధ్వంసం అయిపోవడం జరిగింది. యూకేలో 40,000 మందికిపైగా ప్రాణాలు కోల్పోయారు. దీనిపై బ్రిటిష్ ప్రభుత్వం ఎలా స్పందించింది? ఒక దేశం మీద కొన్ని నెలల పాటు బాంబులు వేస్తే చివరికి ఏమవుతుంది?

ప్రజలు మతిస్థిమితం కోల్పోయారా? వాళ్లు అనాగరికుల్లాగా ప్రవర్తించారా? కెనెడియన్ మానసిక వైద్యుడు, ప్రత్యక్ష సాక్షి అయిన వ్యక్తితో ప్రారంభిస్తాను. డాక్టర్ జాన్ మాక్ కుర్డీ 1940 అక్టోబర్‌లో లండన్‌కి ఆగ్నేయంగా ఉన్న పొరుగు ప్రాంతాన్ని సందర్శించడానికి వెళ్లారు. ఆ ప్రాంతం బాంబుల దాడి వల్ల బాగా దెబ్బతింది. శిథిలావస్థలో ఉన్న భవనాలు, పైకప్పులు, గోడలు లేని భవనాలు తప్ప దాడి వల్ల విధ్వంసం కానిదంటూ అక్కడ ఏమీ లేదు. వైమానిక దాడి సైరెన్ మోగిన తర్వాత క్షణాలలో మానసిక వైద్యుడు అక్కడ ఏమి కనుగొన్నాడు?

"చిన్న పిల్లలు పేవ్ మెంట్ల మీద ఆడుకుంటూనే ఉన్నారు. దుకాణ దారులు బేరాలు చేస్తూనే ఉన్నారు. ఒక పోలీస్ చాలా విసుగ్గా ట్రాఫిక్‌ని నియంత్రిస్తున్నాడు. సైకిళ్లపై వెళ్తున్నవారు మరణాన్ని, చట్టాన్ని, ట్రాఫిక్ రూల్స్‌ని ఖాతరు చేయడంలేదు. నేను చూసినంత వరకు ఒక్కరు కూడా ఆకాశం వైపు చూసిన పాపాన పోలేదు.

వాస్తవానికి ఆకస్మిక దాడులు జరుగుతున్నప్పుడల్లా ఆ నెలల్లో లండన్‌లో ఒక వింత ప్రశాంతత గురించి పేర్కొనడం సర్వసాధారణంగా ఉండేది. ఒక అమెరికన్ జర్నలిస్ట్ ఒక బ్రిటిష్ జంటను వారి వంటగదిలో ఇంటర్వ్యూ చేశారు. ఒక పక్కవంట గది కిటికీ అద్దాలు పగిలివాటి ఫ్రేమ్‌లలో నుండి కిందకు పడుతున్నా మీరు టీ ఎలా తాగగలుగుతున్నారు? మీకు భయం వేయడం లేదా? జర్నలిస్ట్ వారి నుండి భయం వేయలేదనే సమాధానాన్ని ఆశించారు. "ఒక వేళ" మేము భయపడినా దాని వల్ల మాకు ఏం మంచి జరుగుతుంది?" అన్నారు వారు.

స్పష్టంగా చెప్పాలంటే హిట్లర్ ఒక విషయాన్ని పరిగణనలోకి తీసుకోవడం మరిచేపోయాడు, అదే బ్రిటిష్ ప్రజల తత్వం. మూతిబిగింపులు, పుల్లవిరుపు వ్యంగ్యం తమ శిథిలమైన భవనాల ముందు దుకాణదారులు పెట్టిన సైన్‌బోర్డులలో ఇంతకు ముందుకన్నా ఇప్పుడు మరింత బహిరంగంగా ఉన్నాయంటూ పేర్కొనడం వారి హాస్య చతురతకు ప్రతీక. లేదా ధ్వంసమైన భవనంలో పబ్ యజమాని కూర్చుని "మా కిటికీలు వెళ్లిపోయాయి, కానీ

మా ఆత్మలు అద్భుతంగా ఉన్నాయి. లోపలికొచ్చి ప్రయత్నించండి'' అని ప్రకటించడం కొసమెరుపు.

ఆలస్యంగా వచ్చే రైలు కోసం ఎంత ఓపికగా నిరీక్షిస్తామో.. అంతే ఓపికను బ్రిటిష్ వారు జర్మన్ వైమానిక దాడులపట్ల చూపుతున్నారు. ఖచ్చితంగా చిరాకుగా ఉన్నప్పటికీ మొత్తం మీద భరిస్తున్నారు. ఆకస్మిక దాడులు జరుగుతున్న సమయంలోను రైలు సర్వీసులు కొనసాగుతూనే ఉన్నాయి. హిట్లర్ వ్యూహాలు దేశ ఆర్థిక వ్యవస్థను బాగా దెబ్బతీశాయి. బ్రిటిష్ యుద్ధ యంత్రాంగానికి 1941 ఏప్రిల్‌లో ఈస్టర్ సోమవారం రోజు అందరూ పండుగ మూడ్‌లో ఉన్నప్పుడు కోలుకోలేని దెబ్బ తగిలింది.

జర్మనీ వారు బాంబుల ప్రచారాన్ని ప్రారంభించిన తర్వాత వారం రోజులలోపే వాతావరణ సూచనల అప్‌డేట్స్ రిపోర్ట్ చేసినట్లుగా "ఈ రాత్రి అత్యంత ఆకస్మిక దాడి జరుగుతుంది'' అని ప్రకటించేవారు. అమెరికన్ అబ్జర్వర్ ప్రకారం, ఇంగ్లీషువారు మిగతా వారికన్నా త్వరగా విసుగుచెందుతారు, ఎవరూ కూడా ఎంతో సేపు ఆ విసుగును కప్పిపుచ్చుకోరు.

మానసిక విధ్వంసం తర్వాత? నిపుణులు హెచ్చరించినట్లు గాయాలపాలైన లక్షలాది మంది బాధితుల విషయం ఏమిటి? అసాధారణంగా వాళ్లు ఎక్కడా కనిపించలేదు. కచ్చితంగా విచారం, కోపం ఉంటాయి. తమ ప్రియతముల్ని కోల్పోయినందుకు తీవ్రమైన బాధ ఉంటుంది. అయితే మానసిక వైద్య వార్డులన్నీ ఖాళీగా ఉన్నాయి. అంతేకాదు ప్రజల మానసిక ఆరోగ్యం వాస్తవానికి బాగా మెరుగుపడింది. మద్యం వ్యసనం తగ్గింది. శాంతికాలంలో కన్నా ఆత్మహత్యలు తక్కువగా జరిగాయి. యుద్ధం ముగిసిన తర్వాత బ్రిటిష్‌వారు చాలా మంది ఆకస్మిక దాడుల రోజులనే కాంక్షించారు. ఎందుకంటే అప్పుడు అందరూ పరస్పరం సహాయం చేసుకునేవారు, ఎవరూ కూడా రాజకీయాల గురించి గానీ, ధనికులు లేదా పేద వారనే విషయం కూడా పట్టించుకోలేదు.

"ఆకస్మిక దాడుల వల్ల బ్రిటిష్ సమాజం అనేక విధాలుగా బలపడింది'' అని ఆ తర్వాత బ్రిటిష్ చరిత్ర కారుడు రాశారు.. హిట్లర్‌పై దీని ప్రభావం భ్రమకలిగించేది.

పరీక్షకు గురైనప్పుడు ప్రముఖులు సిద్ధాంతాలు రూపొందిస్తారు. మనస్తత్వ వేత్త అతి కష్టంపై వాటిని దూరం పెట్టేవాడు. సంక్షోభం ప్రజలలో దిగజారుడు తనాన్ని కాక ఉత్తమమైన లక్షణాలు తెచ్చింది. ఏదైనా ఉంది అంటే బ్రిటిష్ వారు నాగరికత అనే నిచ్చెనలో పైకి కదిలారు. సామాన్య ప్రజలలో ధైర్యం, హాస్యం, దయ చోటు చేసుకున్నాయని అమెరికన్ జర్నలిస్ట్ ఆమె డైరీలో పేర్కొన్నారు. ఆశ్చర్యం కలిగించే స్థితి కొనసాగుతున్నా పరిస్థితులు పీడకలను స్ఫురించే లక్షణాలు కలిగి ఉండేవి.

జర్మనుల బాంబుల అనూహ్యమైన ప్రభావం వల్ల వారి వ్యూహంపై బ్రిటన్‌లో చర్చలు జరుగుతుండేవి. శత్రువుపై ప్రతిదాడికి రాయల్ ఎయిర్‌ఫోర్స్ బాంబులతో తమ విమానాన్ని పంపినప్పుడు, అది ఎంత ప్రభావవంతంగా పనిచేస్తాయనేది ప్రశ్నగా ఉండేది. బాంబుల వల్ల

దేశం నైతికత దెబ్బతింటుందని దేశ సైనిక నిపుణులు ఇప్పటికీ చెప్తూనే ఉంటారు. ఇందుకు రుజువులు కూడా ఉన్నాయి. అవి ఎంతో ఆసక్తికరంగా ఉంటాయి. నిజమే కానీ ఇది బ్రిటిష్ వారిపై ఏ మాత్రం పనిచేయలేదు. ఆ కారణాలు నిరుపయోగమైనాయి. ఇది ప్రత్యేకమైన కేసు. ఈ భూమిపై ఎవరూ కూడా వారి స్థాయికి, ధైర్యానికి సరిపోరు. కచ్చితంగా జర్మన్లు అసలు సరిపోరు. వారిలో నైతికత లేదు. బ్రిటిష్ వారు భరించిన బాంబుల దాడిలోని నాలుగోవంతుని కూడా వారు భరించగలిగేవారు కాదు, అంత ధైర్యంగా నిలబడేవారు కాదు అని కచ్చితంగా చెప్పవచ్చు.

ఈ అభిప్రాయాన్ని గట్టిగా వ్యక్తం చేసిన వారిలో చర్చిల్ సన్నిహిత మిత్రుడు లార్డ్ చెర్వెల్‌గా పిలిచే ఫ్రెడరిక్ అండర్‌మాన్ కూడా ఉన్నారు. చేతిలో కర్ర, బౌలర్ టోపీ ధరించి చక్కటి హావభావాలతో ఉన్న పొడవాటి అరుదైన వ్యక్తి ఆయన అని ఓ అరుదైన ఫోటో తెలియజేస్తోంది.

వైమానిక వ్యూహంపై తీవ్రంగా జరిగిన చర్చలో పాల్గొన్న 15 మందిలో అండర్‌మాన్ చాలా మొండిగా కనిపిస్తారు. బాంబుల దాడులు, గాస్తావ్‌లే బాన్ జనాల గురించి స్థూలంగా ఒక అభిప్రాయానికి వచ్చాడు. పిరికిపందలు, సులభంగా భయాందోళన చెందుతారని రాశాడు. లిండర్‌మాన్ తన అభిప్రాయాన్ని నిరూపించడానికి, జర్మన్ బాంబుల దాడిలో ప్రత్యేకించి భారీగా నష్టపోయిన బర్మింగ్ హాం, "హాల్" నగరాలకు మానసిక వైద్యుల బృందాన్ని పంపించాడు.

వారు బాంబులదాడిలో నిరాశ్రయులైన వందలాది పురుషులు, స్త్రీలు, పిల్లలను ఇంటర్వ్యూ చేశారు. వారు కేవలం చిన్న వివరాలనే అడిగారు. ఎన్ని పింట్లు తాగారు, మందుల దుకాణం నుండి ఎన్ని ఆస్పిరిన్‌లు తెచ్చుకున్నారు. కొన్ని నెలల తర్వాత ఆ బృందం లిండర్‌మాన్‌కు రిపోర్ట్ చేసింది. ముగింపులో పెద్ద అక్షరాలతో టైటిల్ పేజీలో ఈ విధంగా ప్రింట్ చేశారు.

నైతికత దెబ్బతిన్నదనడానికి ఎలాంటి రుజువు లేదు

ఈ నిస్సందేహమైన నిర్ణయంపై ఫ్రెడరిక్ లిండమాన్ ఏం చేయగలుగుతాడు? అతను దానిని విస్మరించాడు. వ్యూహాత్మకమైన బాంబుల దాడి అనేది కచ్చితంగా సవాలే అని లిండర్‌మాన్ ఇంతక్రితమే నిర్ణయించుకున్నాడు. ఇలాంటి వాస్తవాలు అతని మనసు మార్చలేవు.

చర్చిల్‌కి పంపిన మెమోలో ఏదో మొత్తం మీద భిన్నంగా ఉంది అని పేర్కొన్నాడు.

"ఇల్లు విధ్వంసం అవడం అనేది నైతికతను దెబ్బతీసే అత్యంత ప్రమాదకరమైనదని పరిశీలన తెలియజేస్తోంది. ప్రజలు చివరికి తమ స్నేహితులు లేదా బంధువులు చనిపోయిన దానికన్నా ఎక్కువగా బాధపడతారు. హల్‌లో పదవ వంతు ఇళ్లు మాత్రమే ధ్వంసం అయినప్పటికి బాధ సంకేతాలు స్పష్టంగా కనిపించాయి. పైన చెప్పిన లెక్కలను బట్టి చూస్తే జర్మనీలోని 58 ముఖ్యమైన పట్టణాలలో మనం చాలా హాని చేయవచ్చు. జర్మన్ ప్రజల మనో ధైర్యాన్ని ఇది విచ్ఛిన్నం చేస్తుందా అనే సందేహం కలుగుతుంది.

ఆ విధంగా బాంబుదాడుల సమర్థతపై చర్చ ముగిసింది. ఈ మొత్తం ఎపిసోడ్‌ని ఒక చరిత్రకారుడు ఆ తర్వాత "రాజకీయ ప్రత్యర్థులను కించపరచే క్రూరమైన విధానంగా వుంది"అని వ్యాఖ్యానించాడు.

జర్మన్ ప్రజలను లక్ష్యంగా చేసుకునే వ్యూహాన్ని మనస్తత్వ శాస్త్రవేత్తలు వ్యతిరేకిస్తూ, పిరికి పందలు, దేశద్రోహులని నిందించారు.

ఇదే సమయంలో బాంబులు కోరుకునేవారు శత్రువును మరింత గట్టి దెబ్బతీయాల్సిన అవసరం ఉందని భావించారు. చర్చిల్ సిగ్నల్ ఇచ్చాడు. మిన్ను విరిగి మీదపడినట్లు అయింది జర్మనీ పరిస్థితి. అంతిమంగా బాంబుల దాడి ముగిసేటప్పటికి ఆకస్మిక దాడుల కన్నా పదిరెట్లు అధికంగా మృతుల సంఖ్య తేలింది. డ్రెస్‌డెన్‌లో ఒక్క రాత్రిలోనే, మొత్తం యుద్ధంలో లండన్‌లో చనిపోయిన వారి కన్నా అధికంగా పురుషులు, స్త్రీలు, పిల్లలు మరణించారు. సగానికిపైగా జర్మనీ పట్టణాలు, నగరాలు ధ్వంసమైనాయి. దేశం ఒక పెద్ద శిథిలాల గుట్టగా మారింది.

అన్ని సమయాలలో మిత్రరాజ్యాల వైమానిక దళం చిన్న బృందం వాస్తవానికి కర్మాగారాలు, వంతెలను కూల్చడాన్ని వ్యూహాత్మక లక్ష్యంగా పెట్టుకుంది. చివరి నెలల్లో దీనిని సరిదిద్దుతూ చర్చిల్ జాతి నైతికతను దెబ్బతీయాలంటే పౌరులపై బాంబులు వేయాలనీ, యుద్ధంలో గెలవడానికి కచ్చితంగా అదే సరైన మార్గమని భావించి అనుసరించాడు. జనవరి 1944లో రాయల్ వైమానిక దళం మెమో ఈ అభిప్రాయాన్ని ధృవీకరించింది.

"మనం ఎంత ఎక్కువగా బాంబులు ప్రయోగిస్తామో ఆ ప్రభావం అంత ఎక్కువగా సంతృప్తికరంగా ఉంటుంది".

"ప్రధానమంత్రి ఈ వాక్యాలను ప్రత్యేకంగా ఉటంకించారు."

అయితే బాంబు దాడులు ఆశించినంత ప్రభావాన్ని చూపాయా?

గౌరవనీయ మానసిక వైద్యుడి ప్రత్యక్ష సాక్షుల కథనంతో తిరిగి ప్రారంభిద్దాం. డాక్టర్ ఫ్రెడ్రిక్ ఫ్రాన్సే 1945 మే, జూలైల మధ్య దాదాపు వంద మంది జర్మన్‌వారిని ఇంటర్వ్యూ చేశారు. వారందరూ బాంబుల దాడిలో ఇళ్లు విధ్వంసం కాగా నిరాశ్రయులైనవారు. "ఇల్లు ధ్వంసం అయిన తర్వాత, నేను నిజంగానే చాలా దృఢంగా ఉన్నాను. సిగరెట్ వెలిగించుకున్నాను"అని ఒక వ్యక్తి చెప్పాడు. దాడి తర్వాత సాధారణ మానసిక స్థితే ఉంది అంటూ ఉల్లాసంగా చెప్పాడు మరో వ్యక్తి. "యుద్ధం తర్వాత గెలిచినట్లుంది" అన్నాడు. సామూహిక హిస్టీరియా సంకేతాలు లేవు. దీనికి విరుద్ధంగా దాడుల వల్ల దెబ్బతిన్న ప్రదేశాలలోని ప్రజలు ఉపశమనం పొందారు. ఇరుగుపొరుగువారు అద్భుతంగా సహాయపడ్డారు అని ఫ్రాన్సే రికార్డు చేశారు. మానసిక ఒత్తిడి తీవ్రతను, వ్యవధిని పరిశీలించినప్పుడు సాధారణ వైఖరి సంయమనంతో స్థిరంగా ఉంది. సిచర్ హీట్స్‌డియంట్ నివేదికలు జర్మన్ జనాభాకు దగ్గరగా ఉన్నాయి. ఇదే విధమైన దృశ్యాలను తెలియజేశాయి. దాడుల తర్వాత ప్రజలు ఒకరికొకరు సహాయం చేసుకున్నారు. రాళ్ల కుప్పలు, శిథిలాల కింద నుండి బాధితులను లాగారు. మంటలను ఆర్పారు. హిట్లర్ యువజన సభ్యులు, నిరాశ్రయులకు, గాయపడినవారికి సహాయపడ్డారు.

ఒక దుకాణదారుడు ఒక దుకాణం ముందు సరదాగా ఒక సైన్ బోర్డు వేలాడదీశాడు. "విపత్తు వెన్న ఇక్కడ అమ్మబడును". (బ్రిటిష్ హాస్యం బాగానే ఉంటుంది) జర్మన్ 1945 మే నెలలో లొంగిపోయినకొద్ది కాలానికి, మిత్ర రాజ్యాల ఆర్థిక వేత్తల బృందం ఓడిపోయిన దేశాన్ని సందర్శించింది. బాంబుల దాడి ప్రభావాన్ని అధ్యయనం చేయడానికి అమెరికా రక్షణ విభాగం ఆధ్వర్యం వహించింది. అందరికన్నా అమెరికన్లు యుద్ధం గెలవడానికి ఈ విధమైన వ్యూహం మంచిదేనా అని తెలుసుకోవాలనుకున్నారు.

శాస్త్రవేత్తలు కనుగొన్న విషయాలు పౌరులపై బాంబుదాడులు పూర్తిగా విఫలమైనాయి. వాస్తవానికి అవి జర్మన్ యుద్ధకాల ఆర్థిక వ్యవస్థను పటిష్టం చేసినట్లు కనిపించింది. దాంతో యుద్ధం కొనసాగింది. 1940 నుండి 1944 మధ్య జర్మన్‌ల ట్యాంక్‌ల ఉత్పత్తి తొమ్మిదిరెట్లు పెరిగినట్లు, ఫైటర్ జెట్స్ ఉత్పత్తి 14 రెట్లు పెరిగినట్లు కనుగొన్నారు.

బ్రిటిష్ ఆర్థికవేత్తలు కూడా ఇదే అభిప్రాయం వ్యక్తం చేశారు. వారు దర్యాప్తు చేసిన 21 ధ్వంసం అయిన పట్టణాలు, నగరాలలో, బాంబులు వేయని నియంత్రణ గ్రూపులో ఉన్న 14 నగరాలతో పోలిస్తే ఉత్పత్తి చాలా వేగంగా పెరిగింది. "మేము గమనించాము" అని అమెరికన్ ఆర్థిక వేత్త ఒకరు అంగీకరించారు. యుద్ధానికి సంబంధించి ఒక పెద్ద తప్పిదాన్ని మేము ఎదుర్కోవాల్సి వచ్చింది అన్నారు– బాగా పెద్దస్థాయి తప్పిదం బహుశా ఇదే అన్నారాయన.

ఈ మొత్తం తప్పుడు వ్యవహారంలో నన్ను అధికంగా ఆకర్షించింది. ఏమిటంటే ప్రధాన నటులందరూ ఒకే ఉచ్చులో పడడం. మన నాగరికత స్థాయి చర్మం లోతుకంటే ఎక్కువకాదు అంటూ మనస్తత్వ వేత్త గుస్టావ్ వే బాన్ వాదనపై హిట్లర్, చర్చిల్, రూజ్ వెల్ట్ లిండర్ మాన్‌తో సహా అందరూ సంతకం చేశారు.

వైమానిక దాడులు గట్టిగా ఉన్న కవరింగ్‌ను ముక్కలు చేస్తాయని వారు చాలా విశ్వాసంతో ఉన్నారు కానీ, వారు అధికంగా దాడులు జరపడంతో పటిష్టమైంది, ఇది సన్నని పొరకాదు, మొద్దుబారిన చర్మం అని వెల్లడైంది.

దురదృష్టవశాత్తు సైనిక నిపుణులు ఈ విషయాన్ని త్వరగా గ్రహించలేకపోయారు. 25 సంవత్సరాల తర్వాత, మొత్తం రెండవ ప్రపంచయుద్ధంలో ఉపయోగించిన మందుగుండు సామాగ్రి కన్నా మూడు రెట్లు అధికంగా మందుగుండు సామగ్రిని అమెరికా బలగాలు వియత్నాంపై ఉపయోగించాయి. ఈ సారి అది మరింత విఫలమైంది. అమెరికా ముందు ఇందుకు సంబంధించిన సాక్ష్యాలున్నా, మనం దానిని ఇప్పటికీ అంగీకరించలేపోతున్నాం. ఇప్పటికీ చాలా మంది ఆకస్మిక బాంబుల దాడుల సమయంలో బ్రిటిష్ ప్రజలు చూపించిన పట్టువిడుపు ధోరణిని బ్రిటిష్ ఒంటిచేత్తో స్థిరపరచిందని నమ్మకంగా ఉన్నారు. కానీ అది బ్రిటిష్‌కి మాత్రమే కాదు, అది విశ్వమానవజాతికి సంబంధించింది.

1

సరికొత్త వాస్తవికవాదం

1

ఈ పుస్తకం తీవ్రమైన ఆలోచనకి చెందినది.

చాలా కాలంగా తెలిసిన ఒక ఐడియా పాలకులను భయపెడుతోంది. మతాలు, భావ జాలాలు తిరస్కరించిన ఐడియా న్యూస్ మీడియా విస్మరించిన, ప్రపంచ చరిత్ర వార్షిక సంఘటనల నుండి తొలగించిన ఐడియా. అదే సమయంలో సైన్స్ ప్రతి శాఖలో వాస్తవంగా చట్టబద్ధం చేయబడిన ఐడియా. పరిణామక్రమం ద్వారా ధృవీకరించబడి, రోజువారీ జీవితం నిర్ధారించిన ఐడియా. మానవ స్వభావానికి స్వతస్సిద్ధమైన ఈ ఐడియా గుర్తింపబడడంలేదు, ఉపేక్షించబడుతోంది. దీనిని తీవ్రంగా పరిగణించే ధైర్యం ఉంటేనే ఆ ఐడియా విప్లవానికి నాంది పలుకుతుంది. సమాజాన్ని దానివైపుకు తిప్పండి. ఎందుకంటే ఒక్కసారి దాని అసలు అర్థం గ్రహించగలిగితే, అది మనస్సును ఆకట్టుకోగలిగిన ఔషధానికన్నా తక్కువేమీ కాదు. కచ్చితంగా మనం ఇంతక్రితం చూస్తున్న ప్రపంచాన్ని గాక కొత్తగా చూసేలా చేయగలదు.

అయితే ఈ తీవ్రమైన ఐడియా ఏమిటి?

చాలా మంది అంతరాంతరాళాల్లో చాలా మంచివారు.

ఈ విషయాన్ని నెదర్‌ల్యాండ్స్‌లోని గ్రోనింగెన్ విశ్వవిద్యాలయంలో సోషల్ సైకాలజీ ప్రొఫెసర్ టామ్ పోస్టమ్స్ కన్నా బాగా వివరించగలవారు ఎవరన్నా ఉన్నారేమో నాకు తెలియదు. కొన్నేళ్లుగా విద్యార్థులను ఆయన ఇదే ప్రశ్న అడుగుతున్నారు.

> ఊహించండి, ఒక విమానం అత్యవసరంగా ల్యాండింగ్ అవడంతో మూడు ముక్కలైంది. కాబిన్ పొగతో నిండిపోయింది. అందులో ఉన్న ప్రతి ఒక్కరూ, ఇందులో నుండి బయటపడాలనుకుంటారు. ఏం జరుగుతుంది?

- 'ఎ' గ్రహంలోని ప్రయాణికులు తమ పొరుగున ఉన్నవారివైపు తిరిగి వారందర్నీ బాగున్నారా అని అడుగుతారు. సహాయం అవసరం అయినవారికి విమానం బయట సహాయం చేయడానికి, వారెవరో తమకు తెలియకపోయినా ప్రాణాలు ఇవ్వడానికి సిద్ధంగా ఉన్నారు.
- 'బి' గ్రహంలో ప్రతి ఒక్కరూ తమను తాము రక్షించుకునే ఆతృతలో ఉన్నారు. భయాందోళనలతో పిల్లలు, పెద్దలూ ఒకరొన్కరు తోసేసుకుంటున్నారు. వికలాంగులు వాళ్ల కాళ్ల కింద పడి నలిగిపోతున్నారు.

ఇప్పుడు ప్రశ్న: ఏ గ్రహం పైన మనం నివసిస్తున్నాం?

దాదాపు 97 శాతం మంది మనం 'బి' గ్రహం పైన జీవిస్తున్నాం అని చెప్తారని నా అంచనా అన్నారు ప్రొఫెసర్ పోస్ట్‌మెస్. "వాస్తవం ఏమిటంటే దాదాపు ప్రతి కేసులోను మనం "ఎ" గ్రహంపైనే జీవిస్తున్నాం.

మీరు ఎవరిని అడిగినా ఫర్వాలేదు. వామపక్షం లేదా మితవాద పక్షం. ధనిక లేదా పేద, చదువురాని వారు లేదా బాగా చదువుకున్నవారు– అందరి తీర్పులోను అదే లోపం వాళ్లకి తెలియదు. కొత్తవారు కాదు. జూనియర్లు లేదా గ్రాడ్యేయేట్ విద్యార్థులు కారు, అనేక కేసులలో ప్రొఫెషనల్స్ కాదు, కనీసం అత్యవసర ప్రతి స్పందన ఇచ్చేవారు కూడా కాదు, అని విచారం వ్యక్తం చేశారు పోస్ట్‌మెస్. అయితే ఇదంతా పరిశోధన లేకపోవడం వల్ల కాదు. రెండవ ప్రపంచ యుద్ధం నాటి నుండే ఈ సమాచారం మాకు అందుబాటులోకి వచ్చింది. చరిత్రలో జరిగిన అనేక ముఖ్యమైన విపత్తులనీ "ఎ" గ్రహంపైనే జరిగాయి.

టైటానిక్ ఓడ మునిగిపోయిన సంఘటనను చూద్దాం. ఈ సినిమాను చూస్తున్నప్పుడు ప్రతి ఒక్కరూ భయంతో కళ్లు మూసుకున్నారని మీరు అనుకోవచ్చు. వాస్తవానికి తవ్వకాలు చాలా క్రమబద్ధంగా జరిగాయని ఒక ప్రత్యక్ష సాక్షి గుర్తు చేసుకుంటూ, "భయాందోళనలు, హిస్టీరియాలాంటి సంకేతాలు ఏమీలేవు, భయం, ఏడుపులు, ఇటు, అటూ పరుగెత్తడం లాంటివి ఏమీ లేవు అన్నారు. సెప్టెంబర్ 11, 2001నాటి ఉగ్రవాదుల దాడుల గురించి చూద్దాం. ఆ జంట టవర్లు కాలిపోతున్నప్పుడు వేలాదిమంది మెట్ల మీదుగా ప్రశాంతంగా దిగిపోయారు. వారి ప్రాణాలకు ముప్పు ఏర్పడిందని వారికి తెలిసినప్పటికీ వారు బెదిరిపోలేదు. అగ్నిమాపక దళం సిబ్బందికి, గాయపడిన వారికి దారి ఇస్తూ దిగారు. వారందరూ ముందు మీరు వెళ్లండి, అంటూ దారి ఇచ్చారని ప్రాణాలతో బయటపడిన ఒక వ్యక్తి పోర్టులో పేర్కొన్నారు. నేను నిజంగా నమ్మలేకపోయాను. అటువంటి పరిస్థితిలో వాస్తవానికి, లేదు లేదు ముందు మమ్మల్ని వెళ్లనివ్వండి అంటారు. నిజంగా ఇది ఒక అసాధారణమైన విషయం. మానవుల స్వభావం గురించి, వారు స్వార్థ పరులనీ, ఆవేశపరులనీ, త్వరగా భయాందోళనలకు గురి అవుతారనే ఒక అపోహ ఉంది. డచ్ బయాలజిస్ట్ ఫ్రాన్స్‌డి వాల్ దీనిని వెనీర్ సిద్ధాంతంగా పేర్కొన్నారు: నాగరికత అనేది పల్చటి పైపూత పొర తప్పమరేమీ కాదనీ, కొద్దిగా రెచ్చగొట్టినా ఆ పొర చిరిగి పోతుందని ఒక భావన ఉంది. వాస్తవానికి దీనికి భిన్నమైన భావనే వాస్తవం. సంక్షోభం తలెత్తినప్పుడు, బాంబులు పడినప్పుడు లేదా వరద నీరు పెరిగినప్పుడు మనం మనుష్యులం అందరు ఉత్తమమైన వాళ్లం అవుతాము.

హరికేన్ కత్రినా 29 ఆగస్టు 2005లో న్యూ ఆర్లియన్స్‌ని అతలాకుతలం చేసింది. వరదను అడ్డుకునేందుకు కట్టిన గోడలు, అడ్డుకట్టలు వరదను ఆపడంలో విఫలమైనాయి. ఈ తుఫాన్ బీభత్సం కారణంగా 80 శాతం ప్రాంతంలోని ఇళ్లు కొట్టుకుపోగా 1,836 మంది ప్రాణాలు కోల్పోయారు. అమెరికా చరిత్రలోనే ఇది అత్యంత వినాశకరమైన ప్రకృతి వైపరీత్యం.

వారం రోజుల పాటు వార్తా పత్రికలన్నీ న్యూ ఆర్లియన్స్‌లో జరిగిన అత్యాచారాలు, కాల్పుల సంఘటనలతో నిండిపోయాయి. సంచార ముఠాలు, దోపిడీలు, రెస్క్యూ హెలికాప్టర్లను పడగొట్టడానికి చేసిన దొంగల కాల్పుల ఘటనలపై భయానకమైన వార్తలు వచ్చాయి. నగరంలో అతిపెద్ద విపత్తు షెల్టర్ సూపర్‌డోమ్‌లో దాదాపు 25,000 మంది ఆశ్రయం పొందగా అక్కడ, విద్యుత్, తాగునీరు లేదు. ఇద్దరు పసిపిల్లల గొంతులు కోశారనీ, ఏడేళ్ల పిల్లపై అత్యాచారం చేసి హత్య చేశారని జర్నలిస్టులు రాశారు.

నగరం అరాచకస్థితికి దిగజారిపోతోందని పోలీసు ఉన్నతాధికారి తెలిపారు. లూసియానా గవర్నర్ కూడా అదే భయపడ్డారు. ఇలాంటి విపత్తులు, ప్రజలలోని చెడు బుద్ధులని బయటికి తెస్తాయని, అందుకే నాకు చాలా కోపం వస్తుందని ఆమె అన్నారు. ఆమె చేసిన వ్యాఖ్యలు వైరల్ అయ్యాయి. బ్రిటిష్ వార్తా పత్రిక గార్డియన్‌లో ప్రఖ్యాత చరిత్రకారుడు తిమోతి గార్టన్ యాష్ చాలా మంది ఆలోచిస్తున్న విధంగానే రాశారు: "వ్యవస్థీకృత, నాగరిక జీవితం ప్రాథమికమైన, ముఖ్యమైన విషయాలను తొలగించాలి-ఆహారం, ఆశ్రయం, తాగడానికి నీరు, కనీస వ్యక్తిగత భద్రత ఉంటే కొన్ని గంటలలోనే ఈ దయనీయ స్థితిలో నుండి బయటపడతారు. అందరికీ వ్యతిరేకంగా యుద్ధం. కొంతమంది తాత్కాలిక దేవదూతలుగా మారుతారు. చాలామంది కోతుల్లా మారుతారు.

మళ్లీ అన్ని హంగులతో వెనీర్ సిద్ధాంతాన్ని వర్తింప చేద్దాం: గార్టన్ యాష్ ఉద్దేశ్యం ప్రకారం న్యూ ఆర్లియన్స్ ఎలా ఉందంటే, మానవ స్వభావం, బుడగలతో శిలాద్రవ స్వభావం కలిగిన దానిపై పరిచిన పలుచటి పొరపై ఒక చిన్నరంధ్రం చేసినట్లు ఉందని వ్యాఖ్యానించాడు.

ఇది నెలల తర్వాత కాదు, జర్నలిస్టులు ఈ విషయాన్ని వదిలేసిన తరువాత వరద నీరు ఇంకిపోయాకా కాలమిస్టులు అభిప్రాయానికి వెళ్లిన తర్వాత, పరిశోధకులు న్యూ ఆర్లియన్స్‌లో వాస్తవంగా ఏమి జరిగింది అనేది కనుగొన్నారు.

తుపాకీ కాల్పుల మాదిరి వినిపించింది వాస్తవానికి గ్యాస్ ట్యాంక్‌పై పేలుడు జరగకుండా నివారించే ఉపశమనం కలిగించేవాల్వ్ అన్నమాట. సూపర్ డోమ్‌లో ఆరుగురు మరణించారు. అందులో నలుగురు సహజ మరణం పొందారు. ఒకరు అధిక మోతాదుతో పొగ, మరొకరు ఆత్మహత్య చేసుకున్నారు. అత్యాచారం లేదా హత్య జరిగినట్లు పోలీసు అధికారి అధికారికంగా చెప్పలేనని అంగీకరించారు. అయితే మనుగడ కోసం ఏర్పడిన గ్రూపులు చివరికి పోలీసులతోను జతకట్టి ఈ సంఘటనలకు పాల్పడ్డాయి.

అధిక సంఖ్యలో పుట్టుకొచ్చిన అత్యవసర కార్యకలాపాలు సమాజ సేవ స్వభావాన్ని కలిగి ఉంటాయని డెలావేర్ విశ్వవిద్యాలయంలోని విపత్తు పరిశోధనా కేంద్రం పరిశోధకులు తేల్చి చెప్పారు. అంతకంతకూ పెరిగిపోతున్న వరదనీటి నుండి ప్రజలను రక్షించడానికి దూరంగా ఉన్నటి క్యాస్ నుండి వాస్తవంగా నౌకాదళ బోట్లు వచ్చాయి. వందలాది మంది ప్రజలు రెస్క్యూ స్క్వాడ్స్‌గా తయారైనారు. వీరు స్వయం నియమిత రాబిన్‌హుడ్ దోపిడీ దారులవంటివారు-పదకొండు మంది మిత్రులతో ఏర్పడిన బృందం ఒకటి ఆహారం బట్టలు, మందుల విషయంలో పర్యవేక్షణ చేస్తూ అవసరమైనవారికి అందించారు. క్లుప్తంగా

చెప్పాలంటే స్వలాభం, అరాచకంతో కత్రినాతుఫాను న్యూ ఆర్లియన్స్‌ని అధిగమించిందని చెప్పలేం. ఇందుకు భిన్నంగా ధైర్యం, దాతృత్వంలో నగరం మునిగి పోయిందని చెప్పవచ్చు.

విపత్తులకు మానవులు ఏ విధంగా స్పందిస్తారనేది శాస్త్రపరంగా హరికేన్ ధృవీకరించింది. సాధారణంగా మనం సినిమాలలో చూస్తున్నదానికి భిన్నంగా డెలావేర్ విశ్వవిద్యాలయంలోని విపత్తు పరిశోధనా కేంద్రం ప్రకారం మొత్తం అల్లకల్లోలం ఎప్పుడూ జరగలేదు. ఈ కేంద్రం 1963 నుండి సుమారు ఏడు వందల అధ్యయనాలు చేసింది.

ఇది ప్రతి ఒక్క మనిషి తన కోసం నేరం హత్య, దోపిడీ, అత్యాచారం నుండి సాధారణంగా వెనక్కి తగ్గాడని కాదు. ప్రజలు షాక్‌కి గురికాకుండా, మౌనంగా ఉంటూ కార్యాచరణకి పూనుకుంటారు. దోపిడీ ఎంత మేరకు ఉన్నప్పటికీ అది విస్తృతంగా, స్వేచ్ఛగా వస్తువులను, సేవలను ఇచ్చిపుచ్చుకోవడం, భాగస్వామ్యం చేసుకునే ప్రాధాన్యత ముందు వెలాతెలాపోతుందని ఒక విపత్తు పరిశోధకుడు పేర్కొన్నారు.

మహా విపత్తులు ప్రజలలోని ఉత్తమమైన లక్షణాలను వెలికితెస్తాయి. గట్టి సాక్ష్యాలతో కనుగొన్న సామాజిక వివరాలను నిస్సందేహంగా విస్మరిస్తారని నేను భావించడం లేదు.

మహా విపత్తు సంభవించినప్పుడు వాస్తవంగా ఏమి జరిగిందో దానికి భిన్నంగా మీడియా చిత్రాన్ని అందించింది. ఈలోగా న్యూ ఆర్లియన్స్‌లో నిరంతర పుకార్లు ప్రాణాలను బలిగొంటున్నాయి.

సురక్షితంగాలేని నగరంలోకి ప్రవేశించడానికి ఇష్టపడడంలేదు. దాంతో అత్యవసరంగా వారిని తరలించేవారు. నెమ్మదిగా తరలిస్తున్నారు. నేషనల్ గార్డులను పిలిపించారు. దాదాపు 72000 మంది సైనికులను పని స్థలాలలో నియోగించారు. వీరికి కాల్చడం, చంపడం బాగా తెలుసని, వారు ఆ పని కూడా చేస్తారని ఆశిస్తున్నానని గవర్నర్ చెప్పారు.

వాళ్లు అలాగే చేశారు. నగరానికి తూర్పు వైపున ఉన్న డాన్జిగర్ వంతెనపై పోలీసులు ఆరుగురు నిరాయుధ నల్లజాతివారు అమాయకులైన వారిపై కాల్పులు జరిపారు. కాల్పులలో 17 సంవత్సరాల అబ్బాయి, 40 సంవత్సరాల మానసిక వికలాంగుడు మరణించారు. (కాల్పులు జరిపిన వారిలో ఐదుగురు అధికారులకు తర్వాత సుదీర్ఘ జైలు శిక్షలు విధించారు.)

నిజమే న్యూ ఆర్లియన్స్‌లో వచ్చిన మహా విపత్తు తీవ్రమైనదే, కానీ విపత్తులు వచ్చినప్పుడు వారిలో క్రియాశీలత దాదాపు ఒకేలా ఉంటుంది. ప్రతికూలత వచ్చినప్పుడు ప్రతిస్పందనగా ఆకస్మిక సహకారం వెల్లువెత్తినప్పుడు, అధికారులు భయపడి రెండో విపత్తుకు తెరతీస్తారు.

"ఎ ప్యారడైజ్ బిల్ట్ ఇన్ హెల్"(2009) అనే పుస్తకంలో కత్రినా తుఫాన్ తదనంతర పరిణామాలపై రెబెక్కా సోల్నిట్ "నా స్వంత అభిప్రాయం" పేరుతో అనేక విషయాలను పేర్కొన్నారు.

"మానవత్వాన్ని తమ దృష్టి కోణం నుండి చూసే శక్తివంతమైన వారి నుండి ఈ అత్యున్నత భయాందోళన ఉత్పన్నమవుతుంది. నిరంకుశులు, నియంతలు, గవర్నర్లు, సైన్యాధికారులు– వీరందరూ కూడా తరుచుగా ఒక సాధారణ వ్యక్తి ఏ విధంగా భావిస్తాడో ఆ

విధంగా తమ మనస్సులో వచ్చే ఆలోచనలు, దృశ్యాలను బట్టి అనాగరికంగా లేదా క్రూరంగా తమ శక్తిని ప్రయోగిస్తారు అని రెబెక్కా పేర్కొన్నారు.

2

1999 వేసవి కాలంలో బెల్జియన్ పట్టణంలోని బోర్నెంలోగల ఒక చిన్న పాఠశాలలో అనుమానాస్పదమైన అనారోగ్యానికి తొమ్మిది మంది పిల్లలు గురైయ్యారు. ఆ రోజు ఉదయం వారు పాఠశాలకు వచ్చినప్పుడు వారికి ఎలాంటి రోగ లక్షణాలు లేవు. మధ్యాహ్న భోజనం అయిన తర్వాత వారు అస్వస్థతకు గురైనారు. తలనెప్పి, వాంతులు, కాళ్లు, చేతులు వణికిపోతున్నాయి. ఎలా జరిగిందనేది ఆరాతీస్తే బ్రేక్‌లో ఆ తొమ్మిది మంది కోకాకోలా తాగారని, అదే కారణమయి ఉండవచ్చునన్నట్లు టీచర్లు తెలిపారు.

ఇక దీని మీద కథలు అల్లడానికి జర్నలిస్టులు ఒక్క క్షణం కూడా ఆలస్యం చేయకుండా రంగంలోకి దిగారు. కోకాకోలా ప్రధాన కార్యాలయంలోని ఫోన్లు విరామం లేకుండా మోగసాగాయి. అదే రోజు సాయంత్రం కంపెనీ ఒక ప్రెస్‌నోట్ విడుదల చేసింది. అందులో బెల్జియన్‌లోని దుకాణాల నుండి లక్షలాది సీసాలను వెనక్కి తెప్పించినట్లు పేర్కొంది. “మేము చాలా ఆతృతగా శోధిస్తున్నాం, కొద్దిరోజుల్లో వాస్తవాన్ని కనుగొని మీకు తెలియజేస్తాం” అని అధికార ప్రతినిధి తెలిపారు.

అయితే అప్పటికే బాగా ఆలస్యం అయ్యింది. ఈ రోగ లక్షణాలు బెల్జియం అంతటా వ్యాప్తిచెందటమే కాక సరిహద్దుదాటి ఫ్రాన్స్‌లోకి వెళ్లాయి. పాలిపోయిన నడవలేకపోతున్న పిల్లల్ని అంబులెన్స్‌లలో తరలిస్తున్నారు. కొన్ని రోజుల లోనే అన్ని కోకాకోలా ఉత్పత్తుల మీద అనుమానం తీవ్రమైంది. ఫాంటా, స్ప్రెట్, నెస్టియా, అక్వారియస్... అవన్నీ పిల్లలకు ప్రమాదకారిగా కనిపించాయి. ఈ కోకాకోలా సంఘటన. 107 సంవత్సరాల చరిత్ర కలిగిన కంపెనీకి భారీగా ఆర్థిక నష్టం కలిగించింది. బెల్జియంలోని స్టాక్ నిల్వ గిడ్డంగులలోని కోటీ 70 లక్షల సాఫ్ట్ డ్రింక్ కేసులను వెనక్కి తెచ్చుకోవాల్సి వచ్చింది. ఈ కేసులు మొత్తం 200 మిలియన్ డాలర్ల ఖరీదు గలవి. ఆ తర్వాత ఒక విచిత్రం జరిగింది. కొన్ని వారాల తర్వాత టాక్సికాలజిస్టులు తమ ల్యాబ్ రిపోర్ట్‌ని విడుదల చేశారు. కోక్ క్యాన్‌లపై చేసిన పరీక్షల తర్వాత వారు ఏమి కనిపెట్టారు? ఏమీలేదు. క్రిమి సంహారక మందులు లేవు. హాని కారకాలు లేవు. విష పదార్థాలు లేవు. మరి వందలాది మంది రోగుల రక్తం, మూత్రం నమూనాలపై జరిపిన పరీక్షలు? అందులోను ఏమీ లేవు. ఆ సమయంలో వేయి మందికి పైగా బాల, బాలికలలో తీవ్రమైన లక్షణాలను గుర్తించి వాటిని రాసిపెట్టినప్పటికీ సైంటిస్టులు మాత్రం కనీసం ఒక్క రసాయన పదార్థాన్ని కూడా కనుగొనలేక పోయారు.

ఆ పిల్లలు నిజంగానే అస్వస్థతకు గురైయ్యారు. ఇందులో ఎలాంటి సందేహం లేదు, అయితే దీనికి కారణం మాత్రం కోక్ తాగడం కాదు, అన్నారు వారిలో ఒక పరిశోధకుడు.

■

కోకాకోలా సంఘటన ఒక పాతతాత్విక ప్రశ్నను తలపిస్తుంది.

నిజం ఏమిటీ?

మనం నమ్మినా, నమ్మకపోయినా కొన్ని విషయాలు వాస్తవమైనవి. నీరు 100 డిగ్రీల సెంటీగ్రేడ్ వద్ద మరుగుతుంది. ధూమపానం చంపుతుంది. 1963 నవంబర్ 22న డల్లాస్‌లో ప్రెసిడెంట్ కెన్నెడీ హత్యగావింపబడ్డారు. ఇవన్నీ వాస్తవాలే.

మరికొన్ని విషయాలు, వాటిపట్ల నమ్మకం ఉంటే అవి నిజం అయ్యే అవకాశం ఉంది. మన నమ్మకాన్ని సామాజిక శాస్త్రవేత్తలు ఆత్మసంతృప్తి కలిగించే జోస్యం అని పిలుస్తారు. బ్యాంక్ దివాలా తీస్తోందని మీరు జోస్యం చెప్పారనుకోండి అనేక మంది ఆ మాటను నమ్మి తమ బ్యాంక్ ఖాతాలను మూసివేస్తారు. అప్పుడు నిజంగానే బ్యాంక్ దివాళా తీస్తుంది. లేదా సర్వరోగనివారిణి ప్రభావం చూడండి. మీ డాక్టర్ మీ కొక నకిలీమాత్ర ఇచ్చి ఇది మీ అనారోగ్యాన్ని తగ్గిస్తుందని చెప్పాడనుకోండి, మీకు ఆరోగ్యం మెరుగుపడినట్లుగా అనుభూతి చెందే అవకాశం ఉంటుంది. సర్వరోగ నివారిణి అని ఎంతనాటకీయంగా చెప్తే ఈ అనుభూతి అంత ఎక్కువగా ఉంటుంది. ఇంజెక్షన్ అనేది మాత్రల కన్నా ప్రభావవంతమైనది. పాతరోజులలో చివరికి రక్తపాతం కూడా ట్రిక్‌లా పనిచేసేది. మధ్య యుగంలో ఔషధాలు చాలా అభివృద్ధి చెందినందుకు కాదు.

విధానం ఎంత తీవ్రంగా ఉంటే అంత ప్రభావవంతంగా ఉంటుందని ప్రజలు భావించేవారు కాబట్టి.

మరి అంతిమంగా సర్వరోగనివారణి (నకిలీ) మాత్ర సంగతేమిటి? శస్త్రచికిత్స! తెల్లటి కోటు వేసుకోవాలి. మత్తుమందు ఇవ్వాలి. ఒక కప్పు కాఫీ తీసుకోండి. రోగి మేల్కొన్నప్పుడు శస్త్రచికిత్స విజయవంతం అయిందని చెప్పండి. బ్రిటిష్ మెడికల్ జర్నల్‌వాళ్లు వాస్తవమైన శస్త్ర చికిత్సకు, బూటకపు శస్త్రచికిత్సా(వెన్నునొప్పి, గుండెల్లో మంట వంటి పరిస్థితులలో) విధానాన్ని పోలుస్తూ ఒక విస్తృతమైన సమీక్ష చేశారు. అన్ని కేసులలోను నకిలీ మాత్రలు మూడు వంతులు సహాయపడ్డాయని, అందులో సగం వాస్తవమైన మాత్రలు ఎంత ప్రభావాన్ని చూపుతాయో, వాటితో సమానమైన ప్రభావాన్ని చూపాయని సమీక్ష వెల్లడించింది.

కానీ ఇది ఇతరత్రా కూడా పనిచేస్తుంది. మిమ్మల్ని అనారోగ్యానికి గురిచేస్తుందని భావించి నకిలీ మాత్ర వేసుకోండి. అనారోగ్యానికి గురి చేసే అవకాశం ఉంటుంది. ఈ మాత్ర తీసుకుంటే సైడ్ ఎఫెక్ట్స్ ఉంటయని హెచ్చరించి రోగికి మాత్ర ఇవ్వండి. కచ్చితంగా సైడ్ ఎఫెక్ట్స్ ఉంటాయి. కొన్ని అనివార్య కారణాల వల్ల "నోస్‌బో (హానికలుగజేయని పదార్థాలు) ప్రభావంగా 'పేర్కొనే దీనిని విస్తృతంగా పరీక్ష చేయలేదు. ఆరోగ్యంగా ఉన్నవారిని అనారోగ్యంగా ఉన్నారంటూ మనస్సుకు హత్తుకునేలా చెప్పనప్పటికీ అన్ని రుజువులు కూడా నోస్‌బో చాలా శక్తివంతమైనదని సూచిస్తుంది. బెల్జియన్ ఆరోగ్య అధికారులు 1999 వేసవిలో ఇదే విషయం ధ్రువపరిచారు. బోర్నెంట్‌లోని పిల్లలు తాగిన కోక్‌లలో ఒకటి లేదా రెండిటిలో ఏదో నిజంగానే దోషం ఉండి ఉండవచ్చు. కానీ ఎవరు చెప్తారు? శాస్త్రవేత్తలు నిస్సందేహంగా అంతకు మించి ఏం చెప్పగలరు? దేశవ్యాప్తంగా వందలాది మంది పిల్లలు "మాస్ సైకో జెనిక్ ఇల్‌నెస్" (సామూహిక మానసిక అనారోగ్యం)కి గురైనారు. సాధారణ

ఇంగ్లీష్ భాషలో చెప్పాలంటే వారిది ఊహాజనితం. దీని అర్థం బాధితులు నటిస్తున్నారని కాదు. వేయి మందికిపైగా బెల్జియన్ విద్యార్థులకు నిజంగానే వికారం, జ్వరం, కళ్లు తిరగడం లక్షణాలున్నాయి.

మీరు దేనిని నమ్ముతారో అది నిజం అవుతుంది. నోస్‌బో ప్రభావం నుండి ఒక పాఠం నేర్చుకోవలసి వస్తే, ఆ ఆలోచనలు ఎప్పుడు ఆ ఆలోచనలుగా మాత్రమే ఉండవు. మన నమ్మకమే మనం. మనం దేనికోసం చూస్తామో అదే మనం కనుగొంటాం. మనం ఏ విధంగా ఊహిస్తామో అదే ఫలితం వస్తుంది.

ఈ మాటలతో నేను ఎక్కడికి వెళ్తున్నానో మీరు అర్థం చేసుకోండి: మానవత్వం భయంకరమైన దృశ్యం కూడా నోస్‌బోనే. ఎవర్నీ నమ్మలేం అని మనం నమ్మితే మనం కూడా ప్రతి ఒక్కరికీ హాని కలిగించే విధంగానే ఉంటాము. కొన్ని ఆలోచనలు ఇతరుల పట్ల మన దృక్పథంలాగానే, ప్రపంచాన్ని తీర్చిదిద్దేంత శక్తి కలిగి ఉంటాయి. ఎందుకంటే చివరిగా మీరు పొందాలని ఆశించిన దాన్నే మీరు పొందుతారు. ఒకరిపట్ల మరొకరికి పెరిగిపోతున్న అపనమ్మకం సంక్షోభం మొదలుకొని మనకాలంలోని పెను సవాళ్లను పరిష్కరించాలనుకుంటే మానవ స్వభావం పట్ల మన దృష్టి కోణం నుండి ప్రారంభించాల్సిన అవసరం ఉందని నేను భావిస్తున్నా. స్పష్టంగా చెప్పాలంటే ప్రజల మౌలికమైన మంచితనంపై ధర్మోపదేశం చేయడం ఈ పుస్తకం ఉద్దేశ్యం కాదు.

సహజంగా మనం దేవదూతలం కాదు. మనం సంక్లిష్టమైన జీవులం. మనలో మంచి ఎంత ఉందో చెడు కూడా అంతే ఉండవచ్చు. మనం ఏ వైపుకి ఎక్కువగా తిరుగుతామనేది ప్రశ్న.

సింపుల్‌గా నా వాదన ఇది: మనం స్వభావ రీత్యా, పిల్లలుగా, జనావాసాలు లేని ద్వీపంలో, యుద్ధం ప్రారంభమైనప్పుడు, సంక్షోభం తలెత్తినప్పుడు, మన మంచి వైపు శాయశక్తులా ప్రాధాన్యత ఇస్తాం. మానవ సానుకూల దృక్పథం ఎంత వాస్తవికమైనదో చూపించే గణనీయమైన శాస్త్రీయ ఆధారాలు చూపిస్తాను. అదే సమయంలో మనం దానిని నమ్మడం ప్రారంభిస్తే, అది మరింత వాస్తవమైనదనే నమ్మకం కలుగుతుంది. ఇంటర్నెట్ చుట్టూ చక్కర్లు కొట్టడమనేది మనకి తెలియని మూలం యొక్క దృష్టాంతం. ఇందులో సరళమైన విషయాలే ఉన్నా అవి లోతైన సత్యాలని నమ్ముతున్నాను.

ఒక వృద్ధుడు తన మనవడికి ఇలా చెప్పాడు. “నా లోపల ఒక పోరాటం జరుగుతోంది. అది రెండు తోడేళ్ల మధ్య జరుగుతున్న భయంకరమైన పోరాటం. ఒకటి చెడు–కోపం, దురాశ, అసూయ, అహంకారం, పిరికితనం– మరొకటి మంచి– శాంతియుతం, ప్రేమ, నమ్రత, ఉదారత్వం, నిజాయితీ, విశ్వసనీయమైనది. ఈ రెండు తోడేళ్లు నీలోను ప్రతి ఒక్కరిలోను పోరాడుతుంటాయి.

కొన్ని క్షణాల తర్వాత ఆ బాలుడు “ఏ తోడేలు గెలుస్తుంది?” అని అడిగాడు.

వృద్ధుడు నవ్వాడు.

“నువ్వు దేనిని మచ్చిక చేసుకుంటావో అది” అన్నాడు.

3

నేను ఈ విధంగా పుస్తకం రాస్తున్నానని గత కొన్ని సంవత్సరాలుగా నా మిత్రులతో చెప్పినప్పుడు వారి మొహంలో అపనమ్మకంతో కూడిన హావభావాలు ప్రశ్నార్థకాలు చూశాను. ఒక జర్మన్ పబ్లిషర్ అయితే నా పుస్తక ప్రతిపాదనను నిర్దాక్షిణ్యంగా తిరస్కరించాడు.

మానవుల సహజమైన మంచితనంపై జర్మన్లకు నమ్మకం లేదన్నారు ఆమె. ఫ్రెంచ్ వారికి ప్రభుత్వం గట్టి హామీ అవసరమని పర్షియన్ మేధావుల సభ్యుడొకరు నాతో అన్నారు. అమెరికాలో 2016లో అధ్యక్షుడి ఎన్నికల తర్వాత పర్యటించినప్పుడు, ప్రతి ఒక్కరు, ప్రతి చోటా నన్ను మీ తల ఇప్పుడు సరిగ్గా ఉందా అని అడిగారు.

ప్రజలు చాలా మంది మంచివారు? నేను ఎప్పుడైనా టెలివిజన్ ఆన్ చేశానా? చాలా కాలం క్రితం ఇద్దరు అమెరికన్ మనస్తత్వ వేత్తల అధ్యయనం, మన స్వంత స్వార్థ స్వభావం ఎంత మొండిగా ఈ ఆలోచనను పట్టుకొని ఉంటుందో మరోసారి నిరూపించింది. అనేక పరిస్థితులలో ఇతరులు ఎంత స్పష్టంగా మంచిపనులు చేశారో తెలియజేస్తూ పరిశోధకులు పరిశోధన విషయాలను సమర్పించారు. వారు ఏమి కనుగొన్నారు? మౌలికంగా ప్రతిచోటా స్వార్థాన్ని చూసేలా మనం శిక్షణ పొందుతున్నాం.

ఒక వృద్ధుడు వీధిలో ఒక వైపు నుండి మరో వైపుకి దాటడానికి ఎవరైనా సహాయం చేస్తుంటే చూడండి? ఎంత హడావిడి చేస్తున్నాడు.

ఇల్లులేని వ్యక్తికి ఎవరైనా డబ్బు ఇస్తుంటే చూడండి?

తనకు తాను సంతృప్తి చెందడానికి అయి ఉంటుంది.

పోగొట్టుకున్న పర్సులు అపరిచితులు తెచ్చి ఇవ్వడం, లేదా జనాభాలో అత్యధిక శాతం మంది ప్రజలు మోసం చేయరు లేదా దొంగతనం చేయరు లాంటి వాస్తవాలతో కూడిన కచ్చితమైన వివరాలను పరిశోధకులు సమర్పించిన తర్వాత కూడా అనేక అంశాలు మానవాళిని సానుకూల దృష్టిలో చూడలేదు.

దీనికి తోడు మనస్తత్వ వేత్తలు పైకి నిస్వార్థ ప్రవర్తన లాగా కనిపించినప్పటికీ, అదంతా స్వార్థం తప్ప మరొకటి కాదని నిర్ణయించారు.

ప్రతిదానికి స్వార్థపరత్వం అనేది సిద్ధాంతం స్వార్థపరుడు ఎప్పుడూ సరైనవాడే.

ఇప్పుడు, మీరు అనుకోవచ్చు: ఒక్కక్షణం ఆగండి. నేను ఆ విధంగా లేవనెత్తలేదు. నేను ఎక్కడి నుండి మొదలుపెట్టాను. మనం ఒకర్నొకరు విశ్వసించాం. ఒకరికొకరు సహాయం చేసుకున్నాం. తలుపులకు తాళం వేయకుండా వెళ్లాం. మీరు కరెక్ట్. ప్రజలు మంచి వారనుకోవడం సులభం. ప్రజలు మన కుటుంబాలను, స్నేహితులను, మన పొరుగువారిని, మన సహోద్యోగులను ఇష్టపడతారు. కానీ మిగతా మానవాళిని మనం జూమ్ చేసినప్పుడు, అనుమానం త్వరగా రేకెత్తుతుంది. ప్రపంచ విలువల సర్వేని తీసుకుందాం. దాదాపు వంద దేశాలలోని సామాజిక శాస్త్రవేత్తల నెట్‌వర్క్ ద్వారా 1980 నుంచి నిర్వహించిన భారీ పోల్ ఇది.

ఒక ప్రామాణిక ప్రశ్న: సర్వసాధారణంగా చాలా మందిని మనం విశ్వసించవచ్చు. అని మీరు చెప్పగలరా లేక ప్రజలతో వ్యవహరించేటప్పుడు చాలా జాగ్రత్తగా ఉండాల్సిన అవసరం ఉందని చెబుతారా? ఫలితాలు చాలా నిరుత్సాహపూరితంగా ఉన్నాయి. దాదాపు ప్రతి దేశంలోను చాలా మంది ఇతర వ్యక్తులను విశ్వసించలేమన్నారు. చివరికి ప్రజాస్వామ్యాన్ని స్థాపించుకున్న దేశాలైన ఫ్రాన్స్, జర్మనీ, గ్రేట్ బ్రిటన్, అమెరికాలలోని అత్యధిక శాతం ప్రజలు కూడా సాటి మానవులపట్ల ఇలాంటి తక్కువ దృష్టినే వ్యక్త పరిచారు.

చాలా కాలంగా నాలో ఆసక్తి కలిగిస్తున్న ప్రశ్న ఏమిటంటే, మనుష్యుల పట్ల ఇలాంటి ప్రతికూల దృక్పథం ఎందుకు ఏర్పడింది.

దగ్గర సముదాయాలని విశ్వసించే స్వభావం కలిగిన మనం, దీనిని మొత్తం మనుష్యులకు వర్తింపచేసేటప్పుడు మన వైఖరి ఎందుకు మారుతోంది. ప్రజల్ని విశ్వసించలేమంటూనే ఇన్ని చట్టాలు, నిబంధనలు, కంపెనీలు, సంస్థలను ఎందుకు ప్రారంభిస్తున్నారు? ఎందుకు మనం ప్లానెట్ 'ఎ'లో నివసిస్తున్నామని సైన్స్ స్థిరంగా చెబుతోంది. ప్లానెట్ 'బి'లో ఉన్నామని మనం పట్టు విడవకుండా విశ్వసిస్తూ ఉందామా?

దీనికి కారణం విద్యాలోపమా? అరుదుగా మన అనైతికతపై గట్టి నమ్మకంతో ఉన్న డజన్ల కొద్దీ మేధావులను ఈ పుస్తకంలో పరిచయం చేస్తాను. రాజకీయ విశ్వాసము? అలా కూడా కాదు. చాలా కొద్ది మతాలలో మానవులు పాపాలలో మునిగిపోతారనే విశ్వాసంతో కూడిన సిద్ధాంతం. పెట్టుబడి దారులు చాలా మంది మనం స్వలాభం ద్వారా ప్రేరేపించబడ్డారని అనుకుంటారు. చాలా మంది పర్యావరణ వేత్తలు మానవులు ఈ భూమిపై విధ్వంసం సృష్టించే ప్లేగు రోగులనుకుంటారు. మానవ స్వభావంపై వేలాది అభిప్రాయాలు ఒకేలా ఉండడం నాకు ఆశ్చర్యం కలిగిస్తుంది. మనుష్యులు చెడ్డవారని మనం ఎందుకు ఊహిస్తున్నాము? మానవాళి దుష్ట స్వభావం కలదనే నమ్మకం ఎందుకు ప్రారంభమైంది?

ఒక కొత్త మందు మార్కెట్‌లోకి వచ్చిందని ఒక్క క్షణం ఊహించండి. అది అత్యంత వ్యసనం కలిగించేది, అతి కొద్ది సమయంలోనే అందరినీ కట్టిపడేసేది. శాస్త్రవేత్తలు దానిపై దర్యాప్తు జరిపి త్వరలోనే ఆ మందుపై ఒక నిర్ణయానికి వస్తారు. వారు చెప్పిన విషయాలు, "రిస్క్, ఆందోళన, తక్కువ మానసిక స్థాయుల గురించి అపోహ. నిస్సహాయత, ధిక్కారం, ఇతరుల పట్ల శత్రుత్వం గ్రహింపు, జ్ఞానం తగ్గడం."

ఈ మందును మనం ఉపయోగిస్తామా? మన పిల్లలు ప్రయత్నం చేయడానికి అనుమతి ఇస్తామా? ప్రభుత్వం దీనిని చట్ట బద్ధం చేస్తుందా? పై వాటన్నిటికీ అవును అనే చెప్పాలి. ఎందుకంటే నేను దేనిని గురించి అయితే మాట్లాడుతున్నానో ఆ మందు మా కాలంలో చాలా పెద్ద వ్యసనంగా మారింది. ఆ మందుని మేము ప్రతిరోజు ఉపయోగించేవాళ్లం, దానికి భారీగా సబ్సిడీ ఉండేది. మా పిల్లలకు పెద్ద ఎత్తున పంపిణీ చేసేవారు.

ఆ మందు ఒక వార్త.

మన అభివృద్ధి వార్తలు మంచివని విశ్వసిస్తాను. పనిలో నిమగ్నమైన ఒక పౌరుడిగా పేపరు చదవడం మన కర్తవ్యం. పేపరు చదవాలి. సాయంత్రం వార్తలు కూడా చూడాలి.

వార్తలను మనం ఎంత అనుసరిస్తామో అంతగా మనకి సమాచారం తెలుస్తుంది. మన ప్రజాస్వామ్యం అంత ఆరోగ్యకరంగా ఉంటుంది. ఇలాంటి కథలను చాలామంది తల్లిదండ్రులు తమ పిల్లలకు చెబుతుంటారు. కానీ శాస్త్ర వేత్తలు మాత్రం భిన్నమైన నిర్ణయాలకు వస్తారు. కొన్ని డజన్ల అధ్యయనాల ప్రకారం ఈ వార్త మానసిక ఆరోగ్యానికి హానికలిగిస్తుంది.

మొదటిసారిగా పరిశోధనా రంగాన్ని 1990లో జార్జ్ గెర్బనర్ (1919-2005) ప్రారంభించారు. అతను కనుగొన్న దాన్ని వివరించడానికి ఒక పదాన్ని కూడా ఉపయోగించాడు. 'మీన్ వరల్డ్ సిండ్రోమ్' నిర్లిప్తత, మానవద్వేషం, నిరాశావాదం ఈ సిండ్రోమ్ క్లినికల్ లక్షణాలు. వార్తలను చదివే ప్రజలు చాలా మంది కేవలం తమ గురించి మాత్రమే శ్రద్ధ వహిస్తారు లాంటి స్టేట్‌మెంట్లతో ఏకీభవిస్తారు. ప్రపంచాన్ని మెరుగుపరచడానికి వ్యక్తులు ఏమీ చేయలేని నిస్సహాయులని వారు తరుచు విశ్వసిస్తారు. వారు ఒత్తిడికి, నిరాశకు ఎక్కువగా గురవుతుంటారు.

కొన్ని సంవత్సరాల క్రితం 30 వివిధ దేశాలలోని ప్రజలను ఒకసాధారణ ప్రశ్న అడగడం జరిగింది. "మొత్తం మీద ఈ ప్రపంచం మెరుగుపడుతోందా, అలాగే ఉందా, లేక మరింత అధ్వాన్నంగా ఉందా?"

రష్యా నుండి కెనడా, మెక్సికో నుండి హంగరీ వరకు ప్రతి దేశంలోను అత్యధిక మంది ప్రపంచం అధ్వాన్నంగా తయారవుతోందని సమాధానం రాశారు. అయితే వాస్తవం ఇందుకు భిన్నంగా ఉంది.

గత కొన్ని దశాబ్దాలుగా తీవ్రమైన పేదరికం, యుద్ధ బాధితులు, పిల్లల మరణాలు నేరాలు, కరువు, బాలకార్మికులు, ప్రకృతి వైపరీత్యాల వల్ల మరణాలు, అనేక విమాన ప్రమాదాలు బాగా తగ్గాయి. మనం ధనిక, సురక్షితమైన, ఆరోగ్యకరమైన యుగంలో జీవిస్తున్నాం.

అయితే మనం ఎందుకు ఈ విషయం గ్రహించలేకపోతున్నాం? ఇది చాలా సులభం. ఎందుకంటే ఈ వార్తలు అసాధారణమైనవి, అసాధారణమైన సంఘటనల గురించి- అది ఉగ్రవాది దాడి కావచ్చు, హింసాత్మక తిరుగుబాటు లేదా ప్రకృతి విపత్తు – వీటి వార్తా విలువ చాలా పెద్దది. మీరు ఎప్పుడూ ఇలాంటి హెడ్‌లైన్ చూసి ఉండరు. తీవ్రమైన దారిద్ర్యంలో మగ్గుతున్న వారి సంఖ్య తగ్గింది. నిన్నటికి 1,37,000కి చేరుకుంది. గత 25 సంవత్సరాలుగా ప్రతిరోజు దీనికి సంబంధించిన వివరాలు రిపోర్ట్ చేస్తూనే ఉన్నారు. ఒక రిపోర్టర్ ఈ విధంగా లైవ్‌లో ప్రసారంచేస్తున్నది కూడా ఎప్పుడూ విని ఉండరు. "నేను ఇక్కడ మధ్యలో నిలబడి ఉన్నాను. ఇక్కడ ఈ రోజుకు యుద్ధ సంకేతాలేవీ లేవు"

మీడియాలో విమాన ప్రమాదాలపై ఏ విధంగా రిపోర్ట్ చేస్తారనే దానిపై రెండేళ్ల క్రితం డచ్ సామాజిక వేత్తల బృందం విశ్లేషించింది. 1991-2005 మధ్య విమాన ప్రమాదాలు స్థిరంగా తగ్గుతూ వచ్చాయి. మీడియా ఇలాంటి ప్రమాదాలు పెరుగుతున్నాయంటూ రిపోర్ట్ చేయడంపై ఈ బృందం దృష్టి సారించింది. సురక్షితమైన విమానాలు పెరుగుతున్నప్పటికీ, వీటిలో ప్రయాణించడానికి ప్రజలు ఎంత భయపడతారో మనం ఊహించవచ్చు.

మరో అధ్యయనంలో మీడియా పరిశోధనాకారుల బృందం, వలస, నేరం. ఉగ్రవాదానికి సంబంధించి నాలుగు మిలియన్ల (40 లక్షలు)పైగా వార్తలను సమీకరించింది.

ఇందులో ఏమన్నా పద్ధతులుంటాయేమో నిర్ణయించడానికి. వలస లేదా హింస తగ్గిపోయిన తర్వాత వార్తాపత్రికలు వీటికి అత్యధిక కవరేజ్ ఇచ్చినట్లు ఆ బృందం కనుగొంది. వార్తలకి, వాస్తవికతకు మధ్య సంబంధం లేదనీ కనీసం ప్రతికూల సంబంధం కూడా లేదని ఆ బృందం తేల్చేసింది.

వాస్తవానికి ఈ వార్తల ద్వారా మొత్తం జర్నలిజం ఇది అని చెప్పడం నా ఉద్దేశ్యం కాదు. జర్నలిజంలోని అనేక కోణాలు ప్రపంచాన్ని బాగా అర్థం చేసుకోవడానికి మనకు సహాయ పడతాయి. కానీ వార్తలు–ఇటీవల రిపోర్ట్ చేసినవి యాదృచ్ఛికమైనవి– అని నా ఉద్దేశ్యం.

సంచలనాత్మక సంఘటనలు–ఇవి సర్వ సాధారణమైనవి. పాశ్చాత్య దేశాలలో పది మందిలో ఎనిమిది మంది పెద్దవారు ప్రతిరోజూ వార్తలు చదువుతారు. సగటున ప్రతి రోజు ఒక గంట వార్తలు చదవడానికి సమయం కేటాయిస్తున్నామనుకుంటే మన జీవిత కాలంలో మూడేళ్లు వార్తలు చదవడానికే వెచ్చిస్తున్నామనమాట.

వార్తలలో పరిస్థితి బాగాలేకపోయినా, ఆశాజనకంగా లేకపోయినా మనుషులు వాటిని చదవడానికి ఎందుకంత ఆసక్తి చూపుతారో? రెండు కారణాలున్నాయి. మనస్తత్వవేత్తలు చెప్పే ఒక కారణం ప్రతికూల పక్షపాతం. మనం మంచికంటే చెడువైపే ఎక్కువగా మొగ్గుచూపడం. మనం వేటాడే, గుమిగూడే రోజులలోకి వెళితే మనం తరుచుగా, అంతే దాదాపు ఓ వందసార్లు అయినా సాలీడు లేదా పాముకి భయపడి ఉంటాం. ఏదో కొన్నిసార్లు భయపడకపోయి ఉండవచ్చు. అతి భయం మనని చంపదు, కొద్దిపాటి భయం కచ్చితంగా చంపవచ్చు.

ఇక రెండవ కారణం దొరికినదానిపట్ల పక్షపాతం భారాన్ని కూడా మోయడం. ఇచ్చిన విషయంలో ఉదాహరణలను మనం సులభంగా గుర్తుచేసుకోగలిగితే ఆ విషయం సాపేక్షంగా సాధారణమైందని అర్థం అవుతుంది. విమాన ప్రమాదాలు, పిల్లల అపహరణలు, శిరచ్ఛేదాల గురించిన భయంకరమైన కథలతో ప్రతి రోజు మనని హడలెత్తిస్తున్నారన్నది వాస్తవం. ఇవి మన జ్ఞాపకాలలో ఉంటాయి. ప్రపంచం పట్ల మన దృక్పథాన్ని మార్చి వేస్తాయి.

లెబనీస్ గణాంకశాస్త్రవేత్త నస్సియ్ నికోలస్ తాలెబ్ చెప్పినట్లు, "ప్రెస్ ముందు బైటపడడానికి మనం తగినంత హేతుబద్ధంగా లేము".

ఈ డిజిటల్ యుగంలో మనకు అందుతున్న వార్తలు మరింత తీవ్రంగా ఉంటున్నాయి. పాతరోజులలో తమ వ్యక్తిగత పాఠకుల గురించి పాత్రికేయులకి తెలియదు. వారు ప్రజల కోసం రాసేవారు. కానీ ఫేస్‌బుక్, ట్విట్, గూగుల్ వెనుక ఉన్నవారికి ఇప్పుడు రాస్తున్నదెవరో తెలుసు. మిమ్మల్ని ఏది షాక్‌కు గురిచేస్తుందో, భయపెడుతుందో అంతే కాదు ఎలారాస్తే మీరు 'క్లిక్' చేస్తారన్నది బాగా తెలుసు. మీ దృష్టిని ఎలా ఆకర్షించాలో ఎలా పట్టి ఉంచాలో తెలుసు. కాబట్టి వారు వ్యక్తిగత ప్రకటనలతో ఆకర్షణీయమైన లాభదాయకమైన సహాయాన్ని అందజేస్తున్నారు.

ఈ ఆధునిక మీడియా ఉన్మాదం, ప్రపంచంపై దాడికంటే తక్కువైనది కాదు. నిజాయితీగా ఉండండి. చాలా మంది జీవితాలు అందంగా ఊహించదగినవి. బాగానే ఉంది కానీ విసుగ్గా ఉంటుంది. కాబట్టి విసుగ్గా ఉన్న జీవితాలలోకి మనం మంచి పొరుగు వారిని కలిగి ఉండాలని కోరుకోవాలి. (చాలామంది పొరుగువారు వినోదాన్ని కలుగజేసేవారు గానే

ఉంటారు. అందుకు కృతజ్ఞతలు) విసుగ్గా ఉన్నంత మాత్రాన కూర్చోనివ్వదు. సూచనలు తీసుకోండి. “బాగుంది” ప్రకటనలను అమ్మదు. అన్నీ పూర్తిగా తెలిసిన సిలికాన్ వ్యాలీ మనల్ని సంచలనాత్మక క్లిక్ బైట్‌లోకి నెట్టుతుంది. స్విస్ నవలా రచయిత అన్నట్లు వార్తలు మనసుకి సంబంధించినవి, షుగర్ శరీరానికి సంబంధించింది.

కొన్నేళ్లక్రితం బ్రేక్‌ఫాస్ట్ సమయంలో నా ఫోన్‌లో వార్తలు చూడకూడదని లేదా స్క్రోలింగ్ చేయకూడదని నిర్ణయించుకుని మార్పు చేసుకున్నాను. ఇక ఇప్పటి నుండి చరిత్ర, సైకాలజీ ఫిలాసఫీకి సంబంధించిన మంచి పుస్తకం చదవాలనుకున్నాను.

కానీ చాలా త్వరగానే బాగా తెలిసిన విషయాన్ని గమనించాను. పుస్తకాలు కూడా అసాధారణమైనవే అని. బాగా పేరున్న చరిత్ర పుస్తకాల బెస్ట్ సెల్లర్లు కూడా విపత్తులు, ప్రతికూలతలు, నియంతృత్వం, అణచివేతల విషయంలో చాలా స్థిరంగా ఉన్నారు. యుద్ధం విషయానికొస్తే వాటికి మసాలాలు జోడించి రాశారు. ఒక వేళ యుద్ధం లేకపోతే మనం యుద్ధాల మధ్య ఉన్న సమయం దానినే చరిత్రకారులు ‘యాంటిబెల్లమ్’ (యుద్ధానికి ముందున్నకాలం)లో ఉన్నట్లు పేర్కొంటారు.

విజ్ఞాన శాస్త్రంలో కూడా అనేక దశాబ్దాల పాటు మానవాళి చెడ్డది అనే అభిప్రాయం రాజ్యం ఏలింది. మానవ స్వభావంపై రాసిన పుస్తకాల పేర్లు చూడండి. డెమొనిక్ మేల్స్ (రాక్షసపురుషులు), దిసెల్ఫిష్ జీన్ (స్వార్థపూరిత జన్యువు) దిమర్డరర్ నెక్స్ట్ డోర్(పక్కింట్లో హంతకుడు)

జీవశాస్త్రజ్ఞులు చాలా కాలంగా పరిణామక్రమం గురించి ఒక అంధకార సిద్ధాంతాన్ని కల్పించారు. అందులో చివరికి ఒక జంతువు దయతో ఏదన్నా చేస్తున్నట్లు కనిపించినా దానిని స్వార్థం కిందే జమకట్టారు. కుటుంబ అభిమానం? బంధు ప్రీతి! కోతి అరటిని ముక్కలు చేసింది? ఉచితంగా లోడ్ చేయడం ద్వారా దోపిడీ చేయబడింది. ఒక అమెరికన్ జీవశాస్త్రవేత్త అపహాస్యం చేస్తూ “అవకాశవాదం, దోపిడీల మిశ్రమమే సహకారం” అన్నారు.

పరోపకారాన్ని స్క్రాచ్ చేసి చూస్తే కపట రక్తస్రావం కనిపిస్తుంది.

ఇక ఆర్థిక శాస్త్ర పరంగా చూస్తే దాదాపు అంతా సమానమే.

ఆర్థిక శాస్త్ర వేత్తలు మన జాతిని హోమో ఎకనామికస్ (నిర్ణయం తీసుకునే ముందు ప్రతిచర్య యొక్క, ఖర్చులు, ప్రయోజనాలను హేతుబద్ధంగా లెక్కించే సైద్ధాంతిక మానవుడుగా అభివర్ణించారు. అనేక ఆర్థిక సిద్ధాంతాలు, నమూనాలకు ఆధారం)

ఎల్లప్పుడూ రోబోలను లెక్కించడం, స్వార్థం వంటి వ్యక్తిగత ప్రయోజనాలపైనే దృష్టి. మానవ స్వభావంలోని ఈ భావనపై ఆర్థిక వేత్తలు అనేక సిద్ధాంతాలను, నమూనాలను రూపొందించి, పుంఖాను పుంఖాలుగా ఉన్న చట్టాలను తెలియజేస్తూ ఆందోళన కలిగిస్తున్నారు.

హోమో ఎకనామికస్ అనేది వాస్తవంగా ఉనికిలో ఉందా లేదా అనేది ఇంత వరకు ఎవరూ పరిశోధించలేదు. ఆర్థిక వేత్త జోసఫ్ హెన్రిచ్ అతని బృందం 2000 సంవత్సరంలో ఈ విషయం చేపట్టే వరకు తెలియదు.

5 ఖండాలలోని 12 దేశాలలో 15 సముదాయాలను కలిశారు. వీరిలో వ్యవసాయదారులు, సంచారజాతులు, వేటగాళ్లు, విషయ సేకరణదారులు ఉన్నారు. వారందరూ కూడా కొన్ని దశాబ్దాలుగా ఆర్థిక సిద్ధాంతానికి మార్గదర్శనం చేస్తున్న పూర్వీకుల కోసం శోధిస్తున్నారు. ఫలితం శూన్యం. ప్రతిసారి మానవులు చాలా మంచి వారని, దయగల వారని ఫలితాలు చూపించాయి. తాము కనుగొన్న అత్యంత ప్రభావవంతమైన విషయాన్ని ప్రచురించిన తర్వాత, అనేక మంది ఆర్థిక వేత్తలు తమ సిద్ధాంతాల చుట్టూ తిరగడానికి కారణమైన ప్రాచీన జీవి ఎవరో కనుగొనాలని హెన్రిచ్ తమ పరిశోధన కొనసాగించారు. చివరకు అతను కనుగొన్నాడు: మాంసంలో హోమో ఎకనామికస్. హోమో అనేది సరైన పదం కాదు. హో మో ఎకనామికస్ అనేది మానవుడు కాదు. అది చింపాంజీ. సాధారణమైన ప్రయోగాల వల్ల చింపాంజీ ప్రవర్తనను అంచనా వేయడంలో విజయం సాధించడానికి హోమో ఎకనామికస్ నమూనా దోహదపడింది, అని హెన్రిచ్ పొడిమాటలతో పేర్కొన్నాడు. కాబట్టి సిద్ధాంతపరమైన చర్యలేవీ వృధాకాలేదు. కాకపోతే వాటిని తప్పుడు జాతులకు వర్తింప చేశారు. అని పేర్కొన్నాడు.

ఇందులో కొద్దిపాటి హాస్య భరితమైన విషయం ఏమిటంటే మానవస్వభావం యొక్క మసకబారిన దృశ్యం ఇప్పుడు దశాబ్దాలుగా నోస్ బోగా పనిచేసింది. 1990లలో చివరికి మానవులను ఎంత అహంభావం కలిగినవారుగా చూస్తారో చూసి ఎకనామిక్స్ ప్రొఫెసర్ రాబర్ట్ ఫ్రాంక్ ఆశ్చర్యపోయారు. ఇది తన విద్యార్థులను ప్రభావితం చేస్తుందని అనుకున్నారు. వారి ఔదార్యాన్ని అంచనా వేయడానికి వారికి కొన్ని పనులను రూపొందించి ఇచ్చారు. ఫలితం ఏమిటంటే? వారు ఎంత ఎక్కువ కాలం ఎకనామిక్స్ అధ్యయనం చేస్తే అంత ఎక్కువగా స్వార్థపరులవ్వడం చూసి "మేము నేర్పించే వాళ్లం అయ్యాం" అని ఫ్రాంక్ పేర్కొన్నారు. మానవులు సహజంగా స్వార్థపరులు అనే సిద్ధాంతం పాశ్చాత్య కానీన్‌లో పవిత్రమైన సాంప్రదాయం.

తుసిడైడ్స్, అగస్టిన్, మాకియ వెల్లి, హాబ్స్, లూథర్, కాల్విన్, బురకే, బెంథం, నీట్చే, ఫ్రాయిడ్ వంటి గొప్ప ఆలోచనాపరులు, అమెరికా వ్యవస్థాపక పితామహులు ఒక్కొక్కరిది నాగరికతకు సంబంధించిన వెనీర్ సిద్ధాంతంపై వారివారి స్వంత అభిప్రాయాలున్నాయి. వీరంతా మనం ప్లానెట్ 'బి'లో నివసిస్తున్నామనే భావించారు.

ఈ వితండ అభిప్రాయం అప్పటికే ప్రాచీన గ్రీకులలో వ్యాపించి ఉంది. మొదటి చరిత్రకారులు తుసిడైడ్స్ రచనలలో ఇవి చదివాం. 427 బీసీలో గ్రీకు ద్వీపం కోర్సిరాలో జరిగిన అంతర్యుద్ధాన్ని ఆయన వివరించారు. "చట్టాలు ఉన్నచోట కూడా మానవ స్వభావం కించపరచడానికి ఎల్లప్పుడూ సిద్ధంగా ఉంటుంది, తమ అసలైన రంగుల్ని గర్వంగా చూపిస్తుంది తద్వారా సాధారణ నాగరిక జీవితం సమావేశాలు గందరగోళంలో పడతాయి. అంటే ప్రజలు జంతువుల్లా ప్రవర్తించారన్నమాట.

తొలి రోజుల్లో క్రైస్తవమతం గురించి ప్రతికూల దృక్పథం విస్తరించింది. మానవులు పాపులుగా జన్మించారనే ఐడియాను ప్రచారం చేయడంలో చర్చిఫాదర్ అగస్టిన్ (354–

430) సహాయపడ్డారు. "పాపులు కానివారు ఎవరూ లేరు, ఈ భూమిపై పుట్టిన శిశువు ఒక రోజు బతికినా సరే పాపికిందే లెక్క" అని ఆయన రాశారు. రోమన్ కాథలిక్ చర్చితో ప్రొటెస్టంట్లు విడిపోయినప్పుడు జరిగిన సంస్కరణ ద్వారా అసలు పాపం అనే భావన బాగా ప్రాచుర్యం పొందింది. వేదాంతవేత్త, సంస్కరణకర్త జాన్ కాల్విన్ ప్రకారం, మన స్వభావం మంచితనం లేకపోవడం, అభాగ్యమైనదే కాదు, ప్రతి చెడును సోమరిగా ఉండనీయనంతటి సారవంతమైనది, ఫలవంతమైనది కూడా.

ఈ విశ్వాసాన్ని హైడెల్బర్గ్ కాటేచిజం వంటి ముఖ్యమైన ప్రొటెస్టంట్ల గ్రంథాలలో ఉటంకిస్తూ. మానవులు ఏ మంచినీ చేయలేని అసమర్థులనీ, చెడు పనులు చేయడానికే పూర్తిగా మొగ్గు చూపుతారని పేర్కొన్నారు.

క్రైస్తవ మతంలోనే కాదు విచిత్రంగా, విశ్వాసానికి కారణం చెప్పిన జ్ఞానోదయంలోను మానవ స్వభావపు భయంకరమైన దృశ్యం పాతుకు పోయింది. మనదయ భ్రష్టుపట్టిపోయింది. దానిని భక్తి అనే సన్నని పొరతోకప్పడం మంచిదని సనాతన ధర్మం పాటించేవారిని నమ్మించడం జరిగింది. మనం భ్రష్టు పట్టిపోయామని జ్ఞానోదయం పొందిన తత్వవేత్తలు కూడా భావించి దీనిని నిర్ధారించడానికి ఒక కారణం కూడా సూచిస్తూ పూత పూసారు.

మానవ స్వభావం గురించిన భావనల విషయానికొస్తే అంతటా పాశ్చాత్య ఆలోచనల ఆకర్షణ కొనసాగుతోంది. "పురుషుల గురించి సాధారణంగా ఈ విధంగా చెప్తుంటారు. వాళ్లు కృతఘ్నులు, చపల చిత్తులు, వంచకులు."

పొలిటికల్ సైన్స్ వ్యవస్థాపకుడు నికోలోమాకియ వెల్లి చెప్పిన దాన్ని "వీలైతే పురుషులందరూ కూడా నిరంకుశలవుతారు" అని సంక్షిప్తంగా చెప్పుకోవచ్చు. అమెరికన్ ప్రజాస్వామ్య సంస్థాపకుడు జాన్ ఆడమ్స్ దీనితో ఏకీభవించారు. ఆధునిక మనస్తత్వ వేత్త వ్యవస్థాపకుడు సిగ్మండ్ ఫ్రాయిడ్, మనం హంతకుల తరాల అంతులేని క్రమం నుండి అవరోహణలో వచ్చామన్నారు.

చార్లెస్ డార్విన్ 19వ శతాబ్దంలో పరిణామ సిద్ధాంతంతో సీన్‌లోకి చూసుకువచ్చాడు. అది కూడా చాలా వేగంగా వెనీర్ చికిత్స నిచ్చింది.

జీవితం అనేది ఒక పెద్ద యుద్ధమనీ, మనిషి మనిషితో అలాగే ఒక దేశం మరో దేశంతో పోరాడుతూనే ఉంటుందని, డార్విన్ బుల్‌డాగ్‌గా పేర్కొనే ప్రఖ్యాత శాస్త్రవేత్త థామస్ హెన్రీ హక్‌స్లీ బోధించాడు.

ఈ యుద్ధపు జ్వాలలను మనం గాలితో మరింత వ్యాప్తి చెందేలా చేస్తున్నామని, పేదవారిని వదిలించుకుని ప్రపంచాన్ని శుభ్రం చేసి మంచికి స్థానం కల్పించడానికి ప్రకృతి శాయశక్తులా కృషి చేస్తోంది, అనే వాదనతో రచించిన వందలాది, వేలాది పుస్తకాలను తత్వవేత్త హెర్బర్ట్ స్పెన్సర్ అమ్ముకున్నాడు.

అన్నింటికన్న విచిత్ర మేమిటంటే, ఈ విధమైన ఆలోచనాపరుల్ని దాదాపు అందరూ వాస్తవికవాదులని ప్రశంసించగా, మానవ మర్యాదపై విశ్వాసం ఉండి, భిన్నమైన ఆలోచన కలిగిన వారిని ఎగతాళి చేశారు.

స్త్రీవాది ఎమ్మా గోల్‌డ్‌మన్, స్వేచ్ఛ, సమానత్వం కోసం చేసిన పోరాటం ఆమెకు జీవిత కాల అపవాదాన్ని, ధిక్కారం సంపాదించి పెట్టాయి. ఒక సారి ఆమె ఇలా రాసింది: ''పాపం మానవ స్వభావం, ఈ పేరు మీద భయంకరమైన నేరాలు జరిగాయి!.... మానసికంగా తాను గొప్ప మేధావినని మనిషి అనుకుని నటించడం, మానవ స్వభావం, దుష్టత్వం బలహీనతలని అంత త్వరగా వదిలించుకోలేదు.''

ఇటీవల వివిధ రంగాలకు చెందిన శాస్త్రవేత్తలు ఒక సమావేశంలో మానవత్వం యొక్క భయంకరమైన దృక్పథంపై సమూలంగా పునశ్చరణ జరగాల్సి ఉందని ఒక అభిప్రాయానికి వచ్చారు. ఈ అవగాహన ఇప్పటికీ ఆరంభ దశలోనే ఉంది. అలాంటి అవసరం ఉందని చాలా మంది గ్రహించలేని స్థితిలో ఉన్నారు. జీవశాస్త్రంలో కొత్త ప్రవాహాల గురించి చెప్పినప్పుడు ఒక ప్రముఖ మనస్తత్వ శాస్త్రవేత్త ఆశ్చర్యపోయారు: ఓరి దేవుడా అక్కడ కూడా జరుగుతోందా?" అన్నారు

4

మానవజాతి కొత్త దృష్టి కోణం కోసం నా తపన గురించి నివేదించే ముందు మూడు విషయాలను పంచుకోవాలను కుంటున్నాను. వీటిని సున్నితమైన హెచ్చరికలుగా స్వీకరించండి.

మొదటిది, మనిషి మంచితనం కోసం నిలబడితే అందుకు వ్యతిరేకంగా హైడ్రా – ఏడుతలల పౌరాణిక రాక్షసుడు మళ్లీ రెండు తలలతో పెరగడంతో ప్రతి ఒక్కరు ధైర్యం కోల్పోతారు: ద్వేషం ఆ రకంగా పనిచేస్తుంది. మీరు వివరించే ప్రతి అయిష్టమైన వాదనకు మరో రెండు వాదనలు అక్కడ సిద్ధంగా ఉంటాయి. వెనీర్ సిద్ధాంతం అనేది ఒక జాంబీ (చనిపోయినా మళ్లీ ప్రాణం పోసుకుని లేచిరావడం) లాంటిది. అది అలా వస్తూనే ఉంటుంది.

ఇక రెండవది, మానవుడు మంచితనం కోసం నిలబడడం అంటే శక్తులకు వ్యతిరేకంగా నిలబడడమే. ఒక శక్తివంతమైన దానికి మానవ స్వభావానికి సంబంధించిన ఆశాజనక వీక్షణ స్పష్టంగా బెదిరింపే కాగలదు, విద్రోహం, దేశద్రోహం కూడా... మనం స్వార్థపరులమైన జంతువులం కాదనీ, దీనిని నియంత్రించాల్సిన, అడ్డుకోవాల్సిన, క్రమబద్ధీకరించాల్సిన అవసరం ఉందని సూచిస్తుంది. మనకి విభిన్నమైన నాయకత్వం ఉండాలని సూచిస్తుంది. అంతర్గతంగా ప్రేరేపితులైన ఉద్యోగులున్న కంపెనీకి మేనేజర్లు అవసరం లేదు. నిబద్ధతతో కూడిన ప్రజలు గల ప్రజాస్వామ్యానికి వృత్తిపరమైన రాజకీయ నాయకులు అవసరం లేదు. మూడవది, మానవ మంచితనం కోసం నిలబడడం అంటే ఎగతాళి అనే తుఫాన్‌కి ఎదురు వెళ్లటమే మిమ్మల్ని అమాయకుడి కింద జమకడ్తారు. మూర్ఖుడంటారు. మీ వాదనలో ఏ మాత్రం బలహీనత ఉన్నా కనికరం లేకుండా బహిర్గతం చేస్తారు. ఈ విషయంలో మౌలికంగా పట్టనట్లుండడం సులభం.

మానవ అథోగతి సిద్ధాంతం గురించి బోధించే నిరాశావాది అయిన ప్రొఫెసర్ అతను అనుకున్నవి ప్రవచిస్తుంటాడు. అతడి ప్రవచనాలు ఇప్పుడు నిజంకాకపోతే వేచి ఉండండి: వైఫల్యం ఎల్లప్పుడూ అక్కడే పొంచి ఉంటాయి. లేదా చెప్పిన కారణాలు చెడువాటిని నిరోధిస్తాయి. దురదృష్టం గురించి ప్రబోధించే వారు. వారు ఏది చెప్పినా ఓహ్ అనే శబ్దం గంభీరంగా వినవస్తోంది. ఆశకు కారణాలు ఇందుకు భిన్నంగా ఎల్లప్పుడూ తాత్కాలికమైనవే. ఇంత వరకు ఏదీ కూడా తప్పు కాలేదు. ఇంత వరకు మీరు మోసగించబడలేదు. ఒక ఆదర్శవాది ఆమె జీవితమంతా సక్రమంగా సరిగా జరిగినప్పటికీ, ఆమె అమాయకురాలని ఇప్పటికే కొట్టివేయవచ్చు. అలాంటి దాన్ని మార్చడమే ఈ పుస్తకం ఉద్దేశ్యం. ఎందుకంటే అసమంజసం, అవాస్తవం, అసాధ్యం అని ఈ రోజు అనుకున్నవి రేపు అనివార్యం కావచ్చు.

కొత్త వాస్తవికతకు ఇది సమయం. మానవజాతి పట్ల కొత్త దృష్టి కోణానికి ఇది సమయం.

2

ది రియల్ లార్డ్ ఆఫ్ ది ప్లేయిస్

1

ఈ పుస్తకం రాయడం ప్రారంభించినప్పుడు ఒక కథను గురించి ప్రస్తావించాల్సి ఉందని నాకు తెలుసు.

పసిఫిక్‌లోని ఒక ప్రాంతంలో ఉన్న ఎడారి ద్వీపంలో జరిగిన కథ ఇది. ఒక విమానం ఆ ద్వీపం మీద దిగిపోయింది. కొంతమంది బ్రిటిష్ పాఠశాల విద్యార్థులు ప్రాణాలతో బయటపడ్డారు. వారు తమ అదృష్టాన్ని నమ్మలేకుండా ఉన్నారు. వారికి తమ సాహస పుస్తకాలలో చెప్పినట్లుగా క్రాష్-ల్యాండ్ చేసినట్లుగా అనుకుంటున్నారు. బీచ్, షెల్స్, మైళ్ల కొద్దీనీళ్లు తప్ప అక్కడ మరేమీలేదు. పెద్దవాళ్లెవరూ లేరు. అంతవరకు మంచిదయింది.

మొదటి రోజే ఆ బాలురు ఒక రకమైన ప్రజాస్వామ్యాన్ని ఏర్పాటు చేసుకున్నారు. వారిలో ఒక బాలుడు 'రాల్ఫ్' అనే వాడిని గ్రూప్ లీడర్‌గా ఎన్నుకున్నారు. క్రీడాకారుడు. ఆకర్షణీయంగాను, అందంగాను ఉన్నాడు. ఆ గ్రూపులోని అందరిలోకి బంగారు బొమ్మలా ఉన్నాడు. రాల్ఫ్ ఆట ప్రణాళిక చాలా సింపుల్‌గా ఉంది: 1. వినోదాత్మకం 2. మనుగడ 3. అటువైపుగా వెళ్లే ఓడలకు పొగసంకేతాలు ఇవ్వడం.

మొదటిది విజయవంతమైంది. మిగతావారి మాటేమిటి? వారు అంత గొప్పగా లేరు. అబ్బాయిలలో ఎక్కువ మంది విందు, విహరించడం పట్ల అత్యంత ఆసక్తిగా ఉన్నారు తప్ప నిప్పురాజేయడంలో అనాసక్తంగా ఉన్నారు. ఎరుపురంగులో ఉన్న జాక్‌కి పందులను వేటాడడం అంటే ఇష్టం. సమయం గడుస్తున్న కొద్దీ అతను, అతని స్నేహితులలో నిర్లక్ష్యం పెరగసాగింది. ఎట్టకేలకు కొద్ది దూరంలో ఒక ఓడ దాటినప్పుడు వారు తమ పనిని వదిలేశారు.

"మీరు నియమాలను అతిక్రమిస్తున్నారు!"

రాల్ఫ్ కోపంగా అరిచాడు.

జాక్ నిర్లక్ష్యంగా భుజాలు ఎగురవేస్తూ, "ఎవరు పట్టించుకుంటారు?" అన్నాడు.

"మనకి కేవలం రూల్స్ మాత్రమే ఉన్నాయి!" రాత్రయింది. బాలురు భయభ్రాంతులకు గురైయ్యారు. భయంకరమైన జంతువు ఆ ద్వీపంలో ఏదో ఒక మూల దాగి ఉందని, వారు అనుకుంటున్నారు. కానీ ఆ జంతువు వాస్తవానికి వారిలోపలే ఉంది. చాలాకాలం ముందే వారు వారి ముఖాలకు రంగులు పూసుకున్నారు. దుస్తులు వదిలేసారు. అధికంగా శక్తిని అభివృద్ధి చేసుకుంటారు. ఆ శక్తి గిల్లాలని, తన్నాలని, కొరకాలని కోరుకుంటుంది.

ఆ బాలురందరిలోను ఒక అబ్బాయి మాత్రం శాంతంగా ఉంటున్నాడు. అతనికి మిగిలిన వారందరూ 'పిగ్గీ' అని పేరు పెట్టారు. ఎందుకంటే అతను మిగతావారికన్నా లావుగా ఉన్నాడు. కళ్లజోడు పెట్టుకుని ఉన్నాడు. అతనికి ఆస్తమా. ఈతకొట్టలేడు. అతని గొంతు పందిపిల్లలా కీచుగా ఉంది. అతను ఏం మాట్లాడుతున్నాడో ఎవరికీ అర్థం కావడం లేదు. అతను తనలో తానే కుమిలిపోతూ 'మేమేమిటి?' అనుకుంటున్నాడు. 'మనుష్యులమా? లేదా జంతువులమా? లేక ఆటవికులమా?'

వారాలు గడిచాయి. తర్వాత ఒక రోజు ఒక బ్రిటిష్ నౌకాదళాధికారి ఆ తీరానికి వచ్చాడు. ఆ ద్వీపం ప్రస్తుతం కుమిలి కాలిపోయిన ఒక వ్యర్థ ప్రదేశం. పిగ్గీతో సహా ముగ్గురు పిల్లలు మరణించారు.

ఆ అధికారి వాళ్లని చూసి తిరస్కార భావంతో "బ్రిటిష్ బాలురు ఇంతకన్నా మంచి తెగువ చూపించగలరా లేదా అనేది నేను ఆలోచించి ఉండాల్సింది" అని మండిపడ్డాడు. అంతకుముందు బాలురకు నాయకత్వం వహించిన సత్ప్రవర్తన గల రాల్ఫ్ ఒక్కసారిగా కన్నీళ్ల పర్యంతం అయ్యాడు. చివరికి ఇలా అమాయకుడయిపోయినందుకు, మనిషి హృదయంలోని చీకటి కోణం వల్ల రాల్ఫ్ రోదించాడు.

ఈ కథ ఎప్పుడూ జరగలేదు. ఒక ఇంగ్లీష్ స్కూల్ మాస్టర్ 1951లో ఈ కథ కల్పించారు. ఇది మంచి ఐడియా కాదా అని ఒక రోజు విలయం గోల్డింగ్ తన భార్యను అడిగాడు. ఒక ద్వీపంపై కొంతమంది బాలురు ఉండడం, వారు వాస్తవంగా ఎలా ప్రవర్తించారన్నది కథలో చూపడం ఐడియానేగా?

గోల్డింగ్ పుస్తకం "లార్డ్ ఆఫ్ ది ఫ్లయిస్" కొన్ని లక్షల కాపీలు అమ్ముడుపోయాయి. 30 పైగా భాషలలోకి అనువదింపబడింది. అంతేకాదు ఇరవయ్యవ శతాబ్దపు క్లాసికల్లో ఒకటిగా ప్రశంసలు పొందింది.

ఈ పుస్తకం విజయవంతం కావడానికి వెనుక ఉన్న రహస్యం స్పష్టంగా ఉంది. గోల్డింగ్‌కి మానవ జాతి చీకటి లోతులను ఆవిష్కరించే నైపుణ్యం ఉంది. మనం శుభ్రంగా ఉన్న ఒక పలకను తీసుకున్నా అతను తన పబ్లిషర్‌కి రాసే మొదటి ఉత్తరం, "మన స్వభావం మనల్ని కదల్చేలా చేస్తుంది" లేదా తర్వాత అయినా "తేనెటీగ తేనెను ఉత్పత్తి చేసినట్లు మనిషి చెడును ఉత్పత్తి చేస్తాడు" అని రాస్తాడు.

వాస్తవానికి గోల్డింగ్ తన పరంగా 1960ల నాటి సమయస్ఫూర్తిని కలిగి ఉన్నాడు. ఆ దశకంలో కొత్త తరం వారు రెండవ ప్రపంచ యుద్ధం దారుణాలను గురించి తమ తల్లిదండ్రులను ప్రశ్నించేవారు. ఆ ష్విట్జ్‌లోని వైపరీత్యాలు లేదా మనలోని ప్రతి ఒక్కరిలో నాజీ దాక్కుని ఉన్నాడేమో అనేది వారు తెలుసుకోవాలనుకునేవారు.

'లార్డ్ ఆఫ్ ది ఫ్లయిస్‌లో' విలియం గోల్డింగ్ తేనెటీగ ఉదాహరణతో తక్షణ హిట్ సాధించాడు. ఎంతగా అంటే ప్రభావవంతమైన విమర్శకుడు లియోనెల్ ట్రిల్లింగ్‌తో వాదించి, ఈ నవల సంస్కృతిలో విశిష్టమైన మార్పును తెచ్చిందనేది ఆయన నోటి ద్వారా చెప్పించాడు.

చివరికి గోల్డింగ్ తన ఘనతకు నోబెల్ ప్రైజ్ కూడా సాధించాడు. అతను రచించిన "ఇల్యూమినేట్(ట్స్) ది హ్యూమన్ కండిషన్ ఇన్ ది వరల్డ్ టుడే పుస్తకంపై స్వీడిష్ నోబెల్ కమిటీ ఇలా రాసింది. వాస్తవాలను కళాత్మకంగా వివరించడంతో బాటు, పౌరాణిక వైవిధ్యం, విశ్వవ్యాప్తతను సులభంగా అర్థమయ్యే రీతిలో రాశారు."

ప్రస్తుతం 'లార్డ్ ఆఫ్ ది ఫ్లయిస్'ని కేవలం నవలగా కాక మరింత ఎక్కువగా భావించి చదువుతున్నారు.

కచ్చితంగా ఇది మిగతా అన్ని కల్పనలతో తయారుచేయబడిన కథ. కానీ గోల్డింగ్ మానవ స్వభావాన్ని కూడా తీసుకొని తయారు చేశారు. వెనీర్ సిద్ధాంతంపై నిజమైన పాఠ్యపుస్తకం గోల్డింగ్ కన్నా ముందు పిల్లలకు సంబంధించిన పుస్తకాలలో ఇలాంటి ముడివాస్తవికతతో ఎవరూ రాయడానికి ప్రయత్నించలేదు. పచ్చిక బయళ్లపై ఇళ్లకు సంబంధించి, ఒంటరిగా ఉన్న చిన్న రాజకుమారి లాంటి సెంటిమెంట్ కథలకు పిల్లలు ఇష్టపడతారు.

2

నేను టీనేజర్‌గా ఉన్నప్పుడు మొదట సారి 'లార్డ్ ఆఫ్ ది ఫ్లయిస్' చదివాను. నేను భ్రమలో పడిన ఫీలింగ్ నాకు ఇంకా గుర్తు ఉంది. ఆ తర్వాత నేను మనసులో పదే పదే మననం చేసుకున్నాను. ఒక్క సెకనులో ఎలాంటి అనుమానం లేకుండా మానవ స్వభావం పట్ల గోల్డింగ్ దృక్పథం తేటతెల్లమైంది.

కొన్నేళ్ల తర్వాత మళ్లీ ఆ పుస్తకం తిరగేసేవరకు మళ్లీ ఆ విధంగా జరగలేదు. నేను ఆ రచయిత జీవితంలోకి తొంగి చూసినప్పుడు అతను ఎంత అసంతృప్తిగా ఉన్నాడో అర్థం అయ్యింది. అతను తాగుబోతు, నిరాశ అంచుల్లో ఉన్నాడు. తన పిల్లలను బాగా కొట్టేవాడు. "నేను నాజీలను ఎప్పుడూ అర్థం చేసుకుంటుండేవాడిని. ఎందుకంటే నా స్వభావం కూడా వాళ్లలాంటిదే." అని గోల్డింగ్ ఒప్పుకున్నాడు. అతని స్వీయ అనుభవంలోని విషాదం ఆధారంగానే "లార్డ్ ఆఫ్ ది ఫ్లయిస్" రాశాడు.

ఇతరుల పట్ల గోల్డింగ్ పెద్దగా ఆ సక్తి చూపలేదు. అతని జీవిత చరిత్ర రాసిన వ్యక్తి పరిశీలన ప్రకారం, తన పరిచయస్తుల పేర్లు స్పెల్లింగ్ రాయడంలో కూడా కనీసం గోల్డింగ్ శ్రద్ధచూపలేదు.

(ఎ) వాస్తవానికి ప్రజలను కలవడం కన్నా నాకు చాలా అత్యవసరమైన విషయం క్యాపిటల్ 'ఎం'తో కూడిన మానవ స్వభావం అన్నారు గోల్డింగ్

దాంతో నేను ఆశ్చర్యపోయాను: ఎడారి ద్వీపంలో నిజంగా పిల్లలు ఒంటరిగా ఉంటే ఏం చేస్తారనే దానిపై ఎవరూ కూడా ఎందుకు అధ్యయనం చేయలేదు? ఈ అంశంపై నేను ఒక వ్యాసం రాశాను. అందులో "లార్డ్ ఆఫ్ ది ఫ్లయిస్"ని ఆధునిక శాస్త్రీయ అంతర్ దృష్టితో పోల్చాను. అన్ని సంభావ్యతలలో పిల్లలు చాలా భిన్నంగా వ్యవహరిస్తారని వ్యాసం ముగించాను.

జీవశాస్త్ర వేత్త ఫ్రాన్సిడి వాల్ చెప్పినదాన్ని ఉదహరించాను. పిల్లలు తాము వదిలేసిన స్వంత పరికరాలు ఏమి చేస్తారనడానికి ఆధారాలు ఉండవు.

ఆ భాగాన్ని చదివిన వారు తెలివిగా స్పందించారు. నా ఉదాహరణలన్నీ ఇంట్లో, స్కూలులో వేసవి శిబిరంలో ఉన్న పిల్లలకు సంబంధించినవి. వాళ్లు ప్రాథమిక ప్రశ్నకు సమాధానం ఇవ్వలేదు. ఎడారి ద్వీపంలో ఒంటరిగా పిల్లలను వదిలేస్తే ఏమీ జరగుతుంది?

ఈ విధంగా నిజ జీవితంలో లార్డ్ ఆఫ్ ది ఫ్లయిస్ కోసం నా తపన ప్రారంభమైంది.

వాస్తవానికి, 1950లలో సైతం ఏ విశ్వవిద్యాలయం కూడా బాలలను నిర్జన ప్రదేశాలలో ఒంటరిగా పరిశోధనాకారులకి కూడా అనుమతి ఇవ్వడం అనేది చాలా అరుదు.

కానీ అది ఎక్కడో, ఎప్పుడో ప్రమాదవ శాత్తు జరిగి ఉండలేదా? చెప్పండి, ఓడ నాశనం అయిన తర్వాత?

నేను నాశనమైన పిల్లల ఓడతో ఇంటర్నెట్‌లో ముందుగా శోధన ప్రారంభించాను. "రియల్ లైఫ్ లార్డ్ ఆఫ్ ది ఫ్లయిస్" ద్వీపంలో పిల్లలు.

నా శోధనలో 2008 నుండి వస్తున్న ఒక భయంకరమైన బ్రిటిష్ రియాల్టీ కనిపించింది. అందులో పాల్గొంటున్నవారు ఒకరికొక్కరు వ్యతిరేకంగా ఉన్నారు. కొంతసేపు వెబ్‌లో ట్రోలింగ్ చేసిన తర్వాత ఒక అస్పష్టమైన బ్లాగును చూశాను. అది ఒక నిర్బంధానికి సంబంధించిన కథ. 1977లో ఒక రోజు ఆరుగురు అబ్బాయిలు ఫిషింగ్ ట్రిప్‌పై టోంగా నుండి బయలుదేరారు. భారీ తుఫాన్‌లో చిక్కుకున్నారు. ఓడ నాశనం అవ్వడంతో ఒక ఎడారి ద్వీపంలో వెళ్లి పడ్డారు. వాళ్లు ఏం చేయగలరు. చిన్న తెగవారు. ఎప్పుడూ గొడవపడకూడదని ఒప్పందం చేసుకున్నారు. ఈ వ్యాసం ఎలాంటి ఆధారాలు ఇవ్వలేదు. మరో రెండు గంటలు శోధించిన తర్వాత ప్రముఖ అరాచకవాది కోలిన్ వార్డ్ రచించిన "ది చైల్డ్ ఇన్ ది కంట్రీ"(1988) పుస్తకంలోనిది ఈ కథ అని కనుగొన్నాను. అంతర్జాతీయ కమిటీ లేదా మరేదో దాని కోసం ఇటాలియన్ రాజకీయ వేత్త సుసన్న అగ్నెల్లి సంకలనం చేసిన నివేదికను వార్డ్ ఉదహరించాడు.

ఎంతో ఆశతో ఆ నివేదికను వెతకడం ప్రారంభించాను. నా అదృష్టం బాగుంది, యూకేలోని ఒక సెకండ్ హ్యాండ్ పుస్తకాల షాపులో ఉంది. ఒక కాపీని తీసుకున్నాను. రెండు వారాల తర్వాత అది నా ఇంటికి చేరింది. లోలోపల ఆశ మినుకు మినుకు మంటోంది. నాకు కావాల్సిన విషయం 94వ పేజీలో ఉంది. ఆరుగురు అబ్బాయిలు ద్వీపంలో ఒంటరిగా అదే కథ. అవే వివరాలు. అవే పదాలు – కానీ మళ్లీ అదే సమస్య– మూలం లేదు.

సరే సుసన్నా అగ్నెల్లి ఎక్కడుందో పట్టుకుని ఆమె ఈ కథ ఎక్కడ తీసుకున్నారో అడుగుదామనుకున్నా. కానీ అదృష్టం నన్ను వరించలేదు. ఆమె 2009లోనే మరణించింది. ఈ కథ నిజంగానే జరిగి ఉంటే దీనికి సంబంధించిన వ్యాసం 1977 తర్వాత వచ్చి ఉండాలి, అంతే కాదు ఆ బాలురు కూడా ఇప్పటికీ జీవించే ఉండాలి అనుకుని ప్రాచీన గ్రంథాలయాలన్నీ తిరిగాను. ఫలితం శూన్యం ఏమీ దొరకలేదు.

ఒక్కోసారి అనుకోకుండా అదృష్టం తలుపుతడ్తుంది. ఒక రోజు వార్తా పత్రికల ఆర్కివ్‌ని క్షుణ్ణంగా పరిశీలిస్తున్నప్పుడు పొరబాటున సంవత్సరం 1960గా తప్పుగా టైప్ చేశాను.

అక్కడి నుండి వెతకగా అప్పుడు దొరికింది. అగ్నెల్లి నివేదికలో పేర్కొన్న 1977 అనేది అక్షర దోషం. తప్పుగా టైప్ చేయబడింది.

ఆస్ట్రేలియన్ వార్తా పత్రిక 'ది ఏజ్'లో 1966 అక్టోబర్ 6వ తేదీన హెడ్ లైన్స్‌లో "సండే షోయింగ్ ఫర్ టోంగన్ కాస్టవేస్" అని ఉంది. ఈ కథలో ఆరుగురు అబ్బాయిలను పసిఫిక్ మహాసముద్రంలోని ద్వీపాల సమూహంలో టోంగాకు దక్షిణాన ఉన్న పర్వతాల ద్వీపం (1970 వరకు ఇది బ్రిటిష్ వారి అధీనంలో ఉంది)లో కనుగొన్నారు. ఈ బాలుడ్ని ఆస్ట్రేలియన్ సముద్రకెప్టెన్ సంవత్సరంపైగా 'అట' ద్వీపంలో తిరుగుతున్న రక్షించారు. ఈ కెప్టెన్‌కి టెలివిజన్ స్టేషన్ కూడా ఉండడంతో ఆ బాలుర సాహస కృత్యాలపై ఫిలిం కూడా తీసినట్లు ఆ వ్యాసంలో పేర్కొన్నారు.

వారి మనుగడ కథ ఇప్పటికీ గొప్ప సముద్రపు క్లాసికల్ కథలలోని ఒకటిగా పరిగణించబడుతోందని ఆ వ్యాసం ముగింపులో పేర్కొన్నారు.

నా మనసంతా బోలెడన్ని ప్రశ్నలతో నిండిపోయింది. ఆ బాలురు ఇంకా బతికే ఉన్నారా? నేను ఆ టెలివిజన్ ఫుటేజ్‌ని చూడగలనా? మరీ ముఖ్యంగా నాకు ఒక ఆధారం దొరికింది. ఆ కెప్టెన్ పేరు పీటర్ వార్నర్ అతను బతికే ఉండవచ్చు! భూగోళానికి ఆవలివైపున ఉన్న ఆ పెద్ద మనిషి ఆచూకీ కనుగొనడం ఎలా?

నేను కెప్టెన్ పేరు శోధించడం ప్రారంభించాను. మరోసారి అదృష్టం నా తలుపు తట్టింది. ఆస్ట్రేలియాలోని 'మాకే' నుండి వెలువడే స్థానిక చిన్న పేపర్ 'డైలీ మెర్క్యునరీ' ఇటీవలి సంచికలో ఒక హెడ్‌లైన్ నా కంటబడింది. అందులో "50 సంవత్సరాల అనుబంధాన్ని పంచుకోబోతున్న మిత్రులు" అని ఉంది. దీని పక్కనే ఒక చిన్న ఫొటో అందులో ఇద్దరు వ్యక్తులు నవ్వుతున్నారు. ఒక వ్యక్తి మరో వ్యక్తి భుజంపై చేతులు వేశాడు.

ఆ వ్యాసం ఇలా ప్రారంభమైంది: లిస్ మోరే సమీపంలోని తుల్లేరాలోని అరటితోటల లోపల ఇద్దరు స్నేహితులు కూర్చున్నారు. వీరి నవ్వుతున్న కళ్లు. మెరిసే శక్తి వారి వయస్సును కప్పి పుచ్చుతున్నాయి. అందులో పెద్దవాడికి 83 సంవత్సరాలు. ధనవంతుడైన పారిశ్రామికవేత్త కుమారుడు. చిన్నవాడికి 67 సంవత్సరాలు. అక్షరాల ప్రకృతి బిడ్డ.

వాళ్ల పేర్లు? పీటర్ వార్నర్, మానో తొతావ్. వాళ్లు ఎక్కడ కలిశారు?

ఒక ఎడారి ద్వీపంలో...

3

మేము సెప్టెంబర్‌లో ఒక రోజు ఉదయం బయలు దేరాం. నేను, నా భార్య మార్ట్జే– ఆస్ట్రేలియా తూర్పుతీరంలోని బ్రిస్బేన్‌లో కారు అద్దెకు తీసుకున్నాం. నేను డ్రైవింగ్ సీట్లో కూర్చున్నాను. నేను డ్రైవింగ్ శిక్షణ పరీక్ష పాస్ అవడానికి ఆరుసార్లు ప్రయత్నించిన

విషయం శరీరానికి తెలుసుకాబట్టి అవి ఏదో ఒకటి చేస్తుండవచ్చు. రోడ్డుకి ఎడమ వైపున కూర్చుని డ్రైవ్ చేస్తున్నాను. అంతేకాదు సముద్రపు గొప్పక్లాసిక్ కథలోని ప్రధాన పాత్రను చూడబోతున్నాను.

మూడు గంటల ప్రయాణం తర్వాత మా గమ్యస్థానం గూగుల్ మ్యాప్‌లో చూపించిన స్పాట్ వద్దకు చేరుకున్నాం. ఆ మురికిరోడ్డులోని ఒక చిన్న ఇంటి ముందు ఒక వ్యక్తి కూర్చుని ఉన్నాడు. యాభై సంవత్సరాల కిందట తప్పిపోయిన ఆరుగురు అబ్బాయిలను కాపాడిన ఆ వ్యక్తి పేరు కెప్టెన్ పీటర్ వార్నర్.

అతని కథ చెప్పే ముందు, మీరు పీటర్ గురించి కొన్ని విషయాలు తెలుసుకోవాల్సి ఉంది. ఎందుకంటే అతని జీవితం ఒక సినిమా తీయదగినంత విలువ గలది. ఒకప్పుడు ఆస్ట్రేలియాలో శక్తివంతమైన, ధనవంతులలో ఒకరైన ఆర్థర్ వార్నర్ చిన్నకుమారుడే ఈ పీటర్ వార్నర్. 1930లలోకి వెళితే ఆర్థర్ భారీ ఎలక్ట్రానిక్ పరిశ్రమల సామ్రాజ్యాన్ని ఏలుతూ, దేశంలోని రేడియో మార్కెట్ లో తిరుగులేని స్థానంలో వున్నాడు.

పీటర్ తన తండ్రి అడుగు జాడల్లో నడవడానికి బదులు పదిహేడు సంవత్సరాల వయసులో ఇంటి నుండి పారిపోయాడు. సముద్రంలో సాహస కృత్యాలు చేయడానికి వెళ్లాడు. నాకు మనుష్యులతో పోరాడడానికన్నా ప్రకృతితో పోరాడడం ఇష్టం అని ఆయన తర్వాత చెప్పుకున్నాడు.

పీటర్ ఆ తర్వాత కొన్ని సంవత్సరాలు ఏడు సముద్రాలపై ప్రయాణం చేశాడు. హాంగ్‌కాంగ్ నుండి స్టాక్ హోమ్, షాంగే నుండి సెయింట్ పీటర్స్ బర్గ్ వరకు ప్రయాణించాడు. ఐదు సంవత్సరాల తర్వాత అతను తిరిగి వచ్చిన తర్వాత చరిత్ర సృష్టించిన కుమారుడు ఎంతో గర్వంగా తండ్రికి తన స్వీడిష్ కెప్టెన్ సర్టిఫికెట్‌ను చూపించాడు. ఏ మాత్రం సంతృప్తి చెందని సీనియర్ వార్నర్ ఏదైనా ఉపయోగపడే వృత్తిని నేర్చుకోమని కుమారుడిని ఆదేశించాడు. "సులభంగా ఉండేదేది?" అని పీటర్ అడిగాడు.

"అకౌంటెన్సీ" అని తండ్రి అబద్ధం చెప్పాడు. మరో ఐదేళ్లు నైట్ స్కూల్‌లో చదివి పీటర్ డిగ్రీ సంపాదించాడు. తండ్రి కంపెనీలో పనిలో చేరాడు. కానీ మనసంతా సముద్రం మీదే ఉండేది. బుద్ధి పుట్టినప్పుడల్లా పీటర్ టాస్మానియా వెళ్లేవాడు. అక్కడ అతను చేపలు పట్టే పడవ ఉంది. ఇలా చేపలు పట్టాలనే కోరికే అతడ్ని 1966 శీతాకాలంలో టోంగా చేర్చింది. టోంగాన్ జలాలలో ఎండ్రకాయలను పట్టడానికి రాజుగారి అనుమతి కోసం కొంతమంది ప్రేక్షకులను ఏర్పాటు చేశాడు. దురదృష్టవశాత్తు, రాజు నాలుగవ తౌఫా అహవు నిరాకరించారు. నిరాశ చెందిన పీటర్ టాస్మానియా తిరిగి వస్తూ దారిలో రాజుగారి అధీనంలోని జలాలలో కాక, వాటి పరిధికి బయట ఒక చిన్న ప్రయాణం సాగించి వలలను వేశాడు. అప్పుడు అతను అజూరే సముద్రంలో అతిచిన్న ద్వీపాన్ని చూశాడు. అదే 'అటా' ద్వీపం:

చాలా ఏళ్లుగా అక్కడ ఏ ఓడలు లంగరు వేయలేదని పీటర్‌కి తెలుసు: ఒక బానిస ఓడ 1863లో ఒక చీకటి రోజున అక్కడ కనిపించి ఆ ద్వీపంలోని వారందరినీ తీసుకెళ్లిపోయిన

తర్వాత ఆ ద్వీపం నిర్జనమైంది. అప్పటి నుండి 'ఆటా' ఎడారిగా మారిపోయింది– శపించబడింది. విస్మరింపబడింది.

కానీ పీటర్ అక్కడ విచిత్రమైన దేదో జరుగుతోందని గమనించాడు. బైనాక్యులర్స్ నుండి తదేకంగా చూస్తే ఆకుపచ్చ కొండపై కాలిపోయిన మచ్చలు కనిపించాయి. ఆరవశతాబ్దం తర్వాత ఉష్ణమండలాల్లో అగ్ని అకస్మాత్తుగా ప్రారంభం కావడం అసాధారణం. అని ఆయన మాకు చెప్పారు. కాబట్టి అదేంటో చూద్దామని నిర్ణయించుకున్నాడు. తన బోటు ద్వీపం పశ్చిమ కొన వద్దకు చేరుకుంది, కాకి గూడు నుండి శబ్దాలు రావడం పీటర్ విన్నాడు...

"ఎవరో మనని పిలుస్తున్నారు!" అని అతని సహచరుడు చెప్పాడు.

"నాన్సెన్స్" పీటర్ గట్టిగా అరిచాడు. "అది సముద్రపు పక్షుల అరుపులు" అన్నాడు. కానీ ఆ తర్వాత తన బైనాక్యులర్ ద్వారా నగ్నంగా ఉన్న ఒక అబ్బాయిని చూశాడు. అతని జుట్టు భుజాలను దాటి ఉంది. ఆ అడవి జీవి కొండపై నుండి నీటిలోకి దూకింది అకస్మాత్తుగా మరికొంతమంది అబ్బాయిలు పెద్దగా అరుస్తూ అతడి వెనుకవచ్చారు.

తుపాకులు ఎక్కుపెట్టమని పీటర్ తన సిబ్బందిని ఆదేశించాడు. ప్రమాదకరమైన నేరస్థులను ఇలాంటి మారుమూల ద్వీపాలలో పడేయడం పాలినేషియన్‌ల ఆచారం. మొదట దూకిన అబ్బాయి బోటు దగ్గరకు చేరడానికి ఎక్కువ సమయం పట్టలేదు. "నా పేరు స్టీఫెన్" అని స్వచ్ఛమైన ఆంగ్ల భాషలో అరిచి చెప్పాడు. మేము మొత్తం ఆరుగురం, మా లెక్క ప్రకారం పదిహేను నెలలుగా మేము ఇక్కడ ఉన్నాం" పీటర్ ఇంకా కొంచెం సందిగ్ధంలో ఉన్నాడు. ఆ బాలురందరూ బోటులోకి ఎక్కారు. తాము టోంగన్ రాజధాని నుకు అలోఫాలోని బోర్డింగ్ స్కూల్ విద్యార్థులమనీ, స్కూల్ భోజనంతో అనారోగ్యం వస్తుండడంతో ఒక రోజు చేపలపడవ తీసుకెళ్లి చేపలు పట్టాలని నిర్ణయించుకున్నామనీ, తీరా తుఫాన్‌లో చిక్కుకున్నామని చెప్పారు. పీటర్ వాళ్లు కథ చెప్తున్నారనుకున్నాడు. అతను తన రేడియో (దానిలో మాట్లాడవచ్చు వినవచ్చు) ఉపయోగించి "నుకు అలోఫా"కు ఫోన్ చేశాడు. నాకు ఇక్కడ ఆరుగురు పిల్లలు కలిశారు. నేను మీకు వాళ్ల పేర్లు ఇస్తాను. మీరు ఆ స్కూల్‌కి ఫోన్ చేసి వారు ఆస్కూల్ విద్యార్థులేనా అన్నది కనుక్కోగలరా? అని ఆపరేటర్‌కి చెప్పాడు.

"వేచి ఉండండి" అవతలి నుండి సమాధానం వచ్చింది.

ఇరవై నిమిషాలు గడిచాయి (పీటర్ కథలోని ఈ భాగం చెప్తున్నప్పుడు అతని కళ్లు చెమర్చాయి) చివరగా, "ఆపరేటర్ రేడియోలోకి వచ్చింది. ఆమె కన్నీళ్లతో "మీరు వారిని కనిపెట్టారా! ఆ బాలురు చనిపోయారనుకుని వారికి అంత్యక్రియలు కూడా నిర్వహించారట. నిజంగా వారే అయితే ఇది అద్భుతం!" అంది.

"లార్డ్ ఆఫ్ ది ఫ్లయిస్" పుస్తకం గురించి విన్నారా అని పీటర్‌ని అడిగాను.

"అవును, నేను ఆ పుస్తకం చదివాను" అంటూ నవ్వాడు. "ఆ కథ పూర్తిగా భిన్నమైంది!" అన్నాడు.

4

తరువాతి నెలల్లో నేను ఆ చిన్న ద్వీపం అటాలో ఏంజరిగిందో దానిని నా శాయశక్తులా పునర్నిర్మించటానికి ప్రయత్నించాను. పీటర్‌కి 90 ఏళ్ల వయస్సులో కూడా అద్భుతమైన జ్ఞాపకశక్తి. అతను చెప్పిన ప్రతి విషయం మిగతా మార్గాల ద్వారా నేను సేకరించిన విషయాలకు అనుగుణంగా ఉంది. నా మొట్టమొదటి ఆధారం పీటర్ ఇంటికి కొన్ని గంటల ప్రయాణం దూరంలోనే ఉన్నాడు. 'మనోటోట్!' ఆ సమయంలో అతని వయస్సు 15 సంవత్సరాలు. ఇప్పుడు 70 ఏళ్ల వాడైనాడు. అతను తన సన్నిహిత మిత్రులలో పీటర్‌ని ఒకరిగా చేర్చుకున్నాడు. బ్రిస్బేన్‌కి ఉత్తరాన ఉన్న డిసెప్షన్ బేలోని తన గరాజ్ వద్ద నాకు, నా భార్యకు స్వాగతం పలకడానికి వేచి ఉన్నారు.

నిజమైన లార్డ్ ఆఫ్ ఫ్లయిస్ 1965 జూన్‌లో ప్రారంభమైందని మనో చెప్పారు. పాత్రధారులు ఆరుగురు బాలురు. వీరందరూ కూడా నుకుఅలోఫాలోని కఠినమైన కాథలిక్ బోర్డింగ్ స్కూల్ సెయింట్ ఆండ్రూస్‌కి చెందినవారు. వీరిలో అందరికన్నా పెద్దవాడి వయస్సు 16 కాగా చిన్నవాడి వయస్సు 13 సంవత్సరాలు వారందరిలోను కామన్‌గా ఉన్న ప్రధాన విషయం: యాంత్రిక జీవితంతో బోరెత్తిపోయారు. పాఠశాలలోని అసైన్‌మెంట్స్ కన్నా సాహస కృత్యాలంటే ఇష్టం. పాఠశాలలో కన్నా సముద్రం అంటే ఇష్టం ఈ బాలురికి. అందుకని అక్కడి నుండి తప్పించుకోవడానికి పథకం వేసారు. అక్కడికి 500 మైళ్ల దూరంలో ఉన్న 'ఫిజీ'కి లేదా న్యూజిల్యాండ్‌కి వెళ్లాలని ప్లాన్ చేశారు. స్కూల్‌లో వీరితో పాటు చదువుతున్న చాలా మందికి ఈ విషయం తెలుసుకానీ, వాళ్లు ఇదంతా జోక్ అనుకున్నారని 'మనో' చెప్పారు.

కానీ వచ్చిన చిక్కల్లా ఏమిటంటే వారెవరికీ స్వంత బోటులేదు. అందుకని వారు వారికి ఇష్టంలేని మత్స్యకారుడు 'తనీలాఉఊహిలా' నుండి ఒక బోటు అడిగి తీసుకుందామని నిర్ణయించుకున్నారు. తమ ప్రయాణానికి సంబంధించి ఏర్పాట్లు చేసుకోవడానికి కొంత సమయం తీసుకున్నారు. రెండు బస్తాల అరటిపండ్లు, కొన్ని కొబ్బరి బోండాలు, చిన్న గ్యాస్ బర్నర్, మిగతా కొన్ని కావాల్సిన వాటిని ప్యాక్ చేసుకున్నారు. దిక్సూచీ మాట దేవుడెరుగు కనీసం వారిలో ఎవరికీ మ్యాప్ తీసుకుని రావాలన్న ఆలోచన కూడా లేదు. మరో విషయం ఏమిటంటే వారిలో ఎవరికీ బోటు నడిపిన అనుభవం కూడా లేదు. అందరిలోకి చిన్నవాడైన డేవిడ్‌కి స్టీరింగ్ ఎలా తిప్పాలని మాత్రమే తెలుసు. (అందుకే వాళ్లు నన్ను తమతో రమ్మన్నారని డేవిడ్ చెప్పాడు) ఎలాంటి అవరోధాలు లేకుండా ప్రయాణం ప్రారంభమైంది. ఆ సాయంత్రం నౌకాశ్రయం నుంచి ఈ చిన్ని బోట్ బయలుదేరడం ఎవరూ గమనించలేదు. ఆకాశం నిర్మలంగా ఉంది. తేలికపాటి గాలి, ప్రశాంతమైన సముద్రం.

ఆ రాత్రి బాలురు పెద్ద తప్పిదం చేశారు. అందరూ నిద్రపోయారు. కొన్ని గంటల తర్వాత వారికి మెలకువ వచ్చి చూసుకుంటే వారిపై నుండి నీరు వేగంగా ప్రవహిస్తోంది. చాలా చీకటిగా ఉంది. వారి చుట్టూ నురగతో ఉన్న అలలు. గాలికి తెరచాప చీలికలైపోయింది. చుక్కాని విరిపోయింది. బాలురు అందరిలోకి పెద్దవాడైన సియోన్ జోక్ చేస్తూ, మనం ఇంటికి వెళ్లగానే తనీలా దగ్గరకెళ్లి నీ బోటు నీలాగే పాతదైపోయి విరిగిపోయిందని చెప్దాం అన్నాడు.

రోజులు గడుస్తుంటే జోకులు వేయడం తగ్గింది. ఆహారం, నీళ్లు లేకుండా ఎనిమిది రోజులు కొట్టుకొని పోయాం చెప్పాడు మనో బాలురు చేపలు పట్టడానికి ప్రయత్నించారు. కొబ్బరి చిప్పలలో వర్షపు నీటిని ఎలాగో పట్టివాళ్లందరూ సమానంగా పంచుకున్నారు. ఒక్కొక్కరు పొద్దున ఒక సిప్, సాయంత్రం ఒక సిప్ తాగుతున్నారు. సియోన్ సముద్రపు నీటిని గ్యాస్ బర్నర్‌పై కాచడానికి ప్రయత్నించాడు. కానీ బర్నర్ మీద పడడంతో అతని కాలు చాలా భాగం కాలింది.

ఎనిమిదవ రోజు ఒక అద్భుతం జరిగింది. ఒక చిన్న ద్వీపం, చాలా చిన్నది. అక్కడ గాలికి ఊగే తాటిచెట్లు, ఇసుక బీచ్‌లు లేవు. పెద్ద పెద్ద పొడవైన పర్వతాలున్నాయి. సముద్రమట్టం నుండి వేయి అడుగులుపైగా పొడవుతో మొనదేలి ఉన్నాయి.

ఆటో ద్వీపంలో ఆరుగురు కుర్రాళ్ల సాహస యాత్ర పసిఫిక్ మహాసముద్రంలో ఎనిమిది రోజులు దారీతెన్నూ తెలియని విపత్కర పరిస్థితి

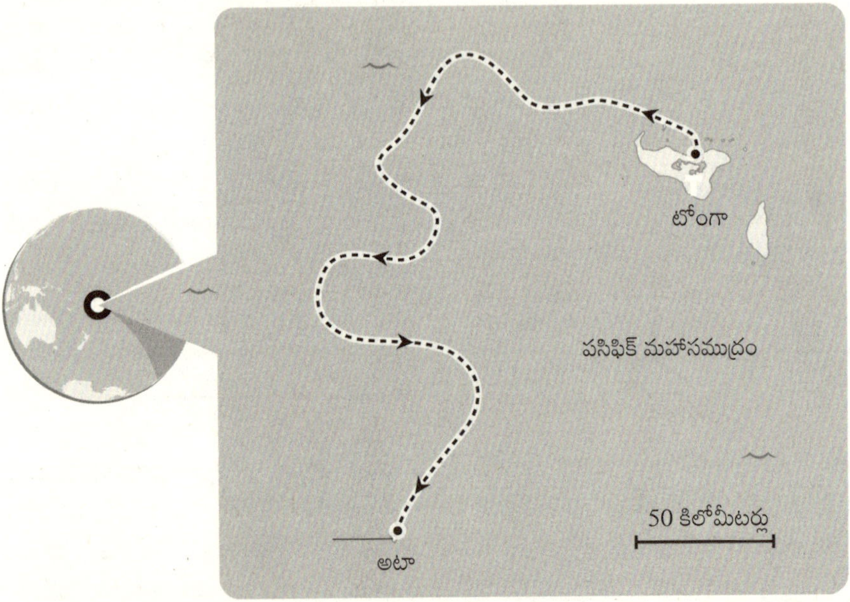

చాలాకాలంగా ఆటా జనావాసాలు లేని ద్వీపంగా పరిగణించబడుతోంది. కొన్నేళ్ల క్రితం ఒక సాహసవంతుడైన స్పానిష్ వ్యక్తి ఈ విషయాన్ని కనుగొన్నాడు. గొప్పవారి అసాధారణ అవసరాల కోసం అతను నిర్వహిస్తూ ఉండే నౌకా విచ్ఛిన్న ప్రయాణాల కిది మంచి ప్రదేశం కాగలదని అనుకున్నాడు. తను ఆ ప్రదేశాన్ని తనిఖీ చేయడానికి వెళ్లాడు. కానీ తొమ్మిది రోజులలోనే వెనుదిరగాల్సి వచ్చింది. మీరు మీ కంపెనీని కొండలతో ఉన్న ప్రాంతానికి విస్తరిస్తారా అని ఒక జర్నలిస్టు అడిగినప్పుడు అతను సరిగ్గా సమాధానం చెప్పలేకపోయాడు. “అబ్బేలేదు, ఈ ద్వీపం ఏ మాత్రం అనుకూమైంది కాదు, చాలా కష్టం.”

ఈ బాలురకు మాత్రం చాలా భిన్నమైన అనుభవం కలిగింది. కెప్టెన్ వార్నర్ తన జ్ఞాపకాలలో ఇలా రాశాడు. "మేము అక్కడికి వెళ్లేటప్పటికి అక్కడ ఆహార తోటకు సంబంధించి ఒక చిన్న సమాచారం ఏర్పాటు చేయబడి ఉంది. చెట్టు బోలుగా ఉన్న కాండాలను వాన నీటి నిల్వ కోసం ఏర్పాటు చేసుకున్నారు. ఆసక్తి కరమైన బరువులతో ఒక వ్యాయామశాల, బ్యాడ్మింటన్ కోర్టు, చికెన్ పెన్నులు, ఎప్పటికీ ఆరకుండా ఉండే అగ్నిని ఏర్పాటు చేసుకున్నారు. వీటన్నిటినీ వారు చేతితో పాత బ్లేడు కత్తితో ఎంతో దృఢ సంకల్పంతో తయారు చేసుకున్నారు."

నిజమైన లార్డ్ ఆఫ్ ఫ్లయిస్...

దీని సృష్టికర్త స్టీఫెన్ – ఆ తర్వాత అతను ఇంజినీరు అయ్యాడు.

లెక్కలేనన్ని సార్లు ప్రయత్నం చేసిన తర్వాత రెండు కర్రలను ఉపయోగించి నిప్పు రవ్వను ఉత్పత్తి చేయగలిగాడు. ఫ్లయిస్ ప్రభువు నిప్పుని ఊది మంటగా మారుస్తాడని బాలురు నమ్మేవారు; వాస్తవ జీవితంలోని ఫ్లయిస్ ప్రభువులు మాత్రం మంటను కాపాడుతుండేవారు. దాంతో మంట ఆరకుండా ఉండేది. సంవత్సరంపైగా అది మండింది.

బాలురు రెండు బృందాలుగా పనిచేసేవారు. తోట, వంటగది, గార్డు డ్యూటీ కోసం కచ్చితమైన ప్లాన్ వేసుకున్నారు. కొన్ని సార్లు వారు గొడవ పడేవారు. అలా గొడవ పడినప్పుడల్లా ఒక టైములోగా దానిని పరిష్కరించుకునేవారు. కోపం వచ్చినప్పుడు బాలురు ద్వీపంలోని మరో చివరకు వెళ్లేవారు కోపం చల్లార్చుకునేందుకు. నాలుగు గంటలు లేదా అంతకన్నా ఎక్కువగానే వాళ్లని వెళ్లి తీసుకొచ్చేవాళ్లమని, మనోగుర్తుచేసుకుంటూ చెప్పాడు. సరే ఇప్పుడు క్షమాపణ చెప్తున్నాం అనే వాళ్లం. ఆ విధంగా మేము స్నేహితులుగా కలిసి ఉన్నాం.

పాట, ప్రార్థనతో వారి రోజు మొదలయ్యేది, అంతమయ్యేది కోలో ప్రవాహంలో కొట్టుకొచ్చే కొయ్య ముక్కలతో గిటార్లు తయారు చేసేవాడు. సగం కొబ్బరిచిప్ప, విరిగిపోయిన తమ బోటు శిథిలాల నుండి సేకరిచిన ఆరు ఇనుప తీగలను గిటారు తయారీకి ఉపయోగించాడు. అలాంటి గిటార్‌ను పీటర్ ఇన్ని సంవత్సరాలు తన వద్దే ఉంచుకున్నాడు. తమలో ఆత్మ విశ్వాసాన్ని పెంపొందించుకోవడానికి ఆగిటార్ వాయిస్తూ ఉండేవారు. వారిలో ఆత్మ విశ్వాసం పెంపొందాల్సిన అవసరం ఉంది. వేసవిలో చాలా అరుదుగా వర్షం పడేది. బాలురు దాహంతో కొట్టు మిట్టాడుతుండేవారు. ఎలాగైనా ఆ ద్వీపం వదిలి వెళ్లిపోవాలనుకుని ఒక తెప్పతయారు చేసుకోవడానికి ప్రయత్నించారు. కానీ అది అలల తాకిడికి ధ్వంసం అయ్యింది.

అప్పుడు ద్వీపం అంతటా తుఫాన్ వ్యాపించి ఉంది. వారు నిర్మంచుకున్న గుడిసె పైన చెట్టు పడింది. అన్నిటికన్నా దురదృష్టం ఏమిటంటే స్టీఫెన్ ఒక రోజు కొండపై నుండి పడిపోవడంతో కాలు విరిగింది. అతని వెనకాలే వచ్చిన మిగతా బాలురు అతడ్ని లేవదీసి పైకి మోసుకెళ్లారు. ఆకులు, కర్రలతో అతని కాలుసెట్ చేశారు. ఏమీ ఆందోళన చెందకు అని సియోన్ జోక్ చేశాడు. మీరు తౌఫా అహోవు రాజులాగా పడుకుంటే మేము మీ పనులన్నీ చేస్తాం అన్నాడు.

చివరకు 1966 సెప్టెంబర్ 11వ తేదీన బాలుడికి అక్కడి నుండి విముక్తి కలిగింది. శారీరకంగా వారు ఉన్నత స్థితిలో ఉన్నారు.

స్థానిక వైద్యుడు డాక్టర్ పొసేసి ఫోనువా వారిని పరీక్షించి వారికండరాలు, పూర్తిగా నయం అయిన స్టీఫెన్ కాలును చూసి ఆశ్చర్యంతో నోరు వెళ్ళబెట్టాడు.

కానీ బాలురు చిన్న సాహసానికి ఇది ముగింపు కాదు. వారు "నుకు అలోఫా"కి తిరిగి వచ్చేటప్పటికి పోలీసులు వారిని కలవడానికి వేచి ఉన్నారు. తిరిగి వచ్చిన పట్టణానికి చెందిన ఆరుగురు బాలుర వ్యవహారం థ్రిల్లింగ్‌గా ఉండడంతో పోలీసు అధికారులు వచ్చారని మీరు అనుకుంటున్నారు కదూ. కానీ వాళ్ళు వచ్చింది అందుకు కాదు, వారు పీటర్ పడవలోకి ఎక్కి బాలుర్ని అరెస్ట్ చేసి జైలులో పెట్టారు. పదిహేను నెలల క్రితం తానియేలా ఉహిలా బోటుని వీరు అడిగితీసుకెళ్లారు. అతనికి వారి మీద చాలా కోపంగా ఉంది. అతను ఆ బోటు చార్జీలను వారి నుండి వసూలు చేయాలని నిర్ణయించాడు.

అదృష్టవశాత్తు బాలుర కోసం పీటర్ ఒక ప్లాన్ రూపొందించాడు. బాలుర నౌకా ప్రయాణం కచ్చితంగా హాలీవుడ్‌కి తగిన కథ అని అతనికి అనిపించింది. ఆరుగురు పిల్లలు ఒక ద్వీపంలో గడపడం... కొన్నేళ్ల పాటు ప్రజలు ఈ విషయాన్ని కథలు కథలుగా చెప్పుకుంటూనే ఉంటారు. తండ్రికి కార్పొరేట్ అకౌంట్ ఉండడంతో పీటర్ కంపెనీ చలన చిత్ర హక్కులను తీసుకొని టెలివిజన్ ద్వారా ప్రజలకు తెలిసేలా చేశాడు.

ఏమి చేయాలో కెప్టెన్‌కి కచ్చితంగా తెలుసు. ముందుగా అతను టోంగా నుండి సిడ్నీలోని చానెల్ 7 మేనేజర్ని పిలిపించాడు. మీకు ఆస్ట్రేలియన్ హక్కులుంటాయి. నాకు ప్రపంచ హక్కులివ్వండి. అని అతడ్ని అడిగాడు. తర్వాత మనం ఆ పిల్లలను జైలు నుండి బయటకు తెచ్చివారిని మళ్లీ ఆ ద్వీపానికి తీసుకెళదాం అన్నాడు. తర్వాత పీటర్ ఊహిలా వద్దకు వెళ్లి అతని పాతబోటుకి 150 డాలర్లు ఇచ్చారు. ఆ పిల్లలు తమ సినిమాకు సహకరించే షరతు మీద వారిని జైలు నుండి విడుదల చేసి తీసుకువచ్చారు.

కొన్ని రోజుల తర్వాత చానెల్ 7 బృందం టోంగాకి వారానికి ఒకసారి వచ్చే పాత డిసి-3 విమానంలో వచ్చారు. మార్ట్ జెకి, నాకు సీన్ వివరిస్తూ అని పీటర్ నవ్వాడు. ఆ విమానంలో నుండి మూడు రకాల టీవీలకు సంబంధించిన ముగ్గురు పట్టణ సూట్స్, పాయింట్‌గా ఉండే షూస్ ధరించినవారు దిగారు.

ఆరుగురు బాలురతో పాటు బృందాన్ని 'ఆటా' ద్వీపం దగ్గరకు లాక్కుంటూ వచ్చేటప్పటికి చానెల్-7 బృందం వారి శరీరం అంతా నాచు పేరుకుపోయింది. ఇంకా అధ్వాన్నం అయిన విషయం ఏమిటంటే వారికి ఈత రాదు. ఏమీ చింతించకండి ఈ బాలురు మిమ్మల్ని రక్షిస్తారు అన్నాడు పీటర్. వణుకుతున్న బోటులోని వారిని కెప్టెన్ బ్రేకర్ల వద్దకు తెచ్చారు. 'మీరు దిగాల్సింది ఇక్కడే' అన్నాడు.

ఇప్పటికే యాభై ఏళ్లు గడిచినప్పటికీ ఆ జ్ఞాపకాలు పీటర్ కళ్లల్లో నీళ్లు తెప్పిస్తాయి- అయితే ఇప్పుడు మాత్రం అది ఆనంద బాష్పాలు "నేను వాళ్లని బయటకు దింపేసాను. ఆస్ట్రేలియన్ టెలివిజన్ వాళ్లు నీటిలో మునిగిపోసాగారు. టోంగన్స్ నీళ్లలోపలికి వెళ్లి. వారిని కొండలను బలంగా ఢీకొంటున్న అలల నురుగు నుండి బయటకు తెచ్చాడు."

తరువాత ఈ బృందం కొండ ఎక్కడానికి మిగిలిన రోజంతాపట్టింది. కొండ చివరకు వారు చేరేటప్పటికి టీవీ బృందం కూలబడిపోయారు. బాగా అలసిపోయారు. ఆటాపై డాక్యుమెంటరీ విజయవంతంకాలేక పోయినందుకు పెద్దగా ఆశ్చర్యపోవాల్సింది ఏమీలేదు. షాట్స్ బాగా రాక పోవడమే కాక 16 ఎం.ఎం. ఫిలింలో చాలా భాగం మిస్ అయ్యింది. కేవలం 30 నిమిషాల నిడివి మాత్రమే మిగిలింది. వాస్తవానికి 20 నిమిషాలు మాత్రమే ఫిలిం, మిగతావి ప్రకటనలు అని పీటర్ చెప్పారు.

చానల్ 7 డాక్యుమెంటరీని గురించి విన్న వెంటనే, సహజంగానే నేను దానిని చూడాలనుకున్నాను. కానీ పీటర్ దగ్గర లేదు. పాత రికార్డింగులను పునరుద్ధరించడంలో ట్రాక్ చేయడంలో స్పెషలిస్టులైన నెదర్లాండ్స్‌లోని ఒక ఏజెన్సీని సంప్రదించాను. వారు శాయశక్తులా శోధించారుగానీ, వారికి అదెక్కడా దొరకలేదు.

అప్పుడు పీటర్ మళ్లీ జోక్యం చేసుకుని, స్వతంత్ర చిత్ర నిర్మాత స్టీవ్ బౌమన్‌కి నన్ను పరిచయం చేశాడు. అతను 2006లో ఆ బాలురిని కలిశాడు. ఆ బాలుర కథ ఎంతో ప్రాచుర్యం పొందాల్సిన అర్హత ఉన్నా తగినంత గుర్తింపు పొందలేదని స్టీవ్‌కి బాధగా ఉండేది. ఆయన స్వంత డాక్యుమెంటరీ వెలుగు చూడలేకపోవడానికి కారణం అతని డిస్ట్రిబ్యూటర్ దివాలా తీశాడు. ''కానీ అతని వద్ద ఇంకా ముడి ఇంటర్వ్యూలు చాలానే ఉన్నాయి. ఆయన ఎంతో దయతో వాటిని నాతో పంచుకున్నారు. అంతేకాక సియోన్‌ని నాకు పరిచయం చేశారు. ఆ ఆరుగురిలో సియోన్ పెద్దవాడు. ఒరిజినల్ 16 ఎంఎం డాక్యుమెంటరీ ఏకైక కాపీ తన వద్ద ఉందని చెప్పాడు.''

"నేను దానిని చూడవచ్చా?" స్టీవ్‌ని అడిగాను

"తప్పకుండా" సమాధాన మిచ్చాడు.

ఆ రకంగా ఆ కథ కోసం నానాతంటాలు పడిన తర్వాత నాశనమైన పడవ, అందులోని ఆరుగురు బాలుర గురించి ఒక అస్పష్టమైన బ్లాగు నేను లాప్‌టాప్‌లో 1966 అసలైన ఫుటేజ్ చూస్తుండగా అకస్మాత్తుగా "నేను సియోన్ ఫటావా" అని ప్రారంభమైంది. సెయింట్ ఆండ్రూస్ హైస్కూల్‌కి చెందిన నా ఐదుగురు క్లాస్‌మేట్స్ నేను 1965 జూన్‌లో ఈ ద్వీపానికి కొట్టుకుని వచ్చాం.''

"బాలురు టోంగాలోని తమ తల్లిదండ్రుల వద్దకు తిరిగి వచ్చినప్పుడు ఎంతో ఉల్లాసంగా ఉన్నారు. 900 జనాభా కలిగిన హాఫీవా ద్వీపం. వారందరూ బాలుర్ని స్వాగతించారు. ఒకళ్ల తర్వాత ఒకళ్లుగా పార్టీలివ్వడం ప్రారంభించారు. 1966 డాక్యుమెంటరీ వాయిస్ ఓవర్ వివరించింది.

పీటర్‌ని జాతీయ వీరుడిగా ప్రకటించారు. అంతేకాదు కింగ్ తౌఫా అహావుతుఫౌ నుండి ఒక సందేశాన్ని కూడా అందుకున్నాడు. అందులో ఇతర ప్రజల కోసం వారిని ఆహ్వానిస్తూ, ''మా ప్రజలు ఆరుగురిని రక్షించినందుకు ధన్యవాదాలు. నేను మీకు ఏమైనా ఇప్పుడు చేయగలనా?'' అని రాజుగారు అడిగారు.

"పీటర్ క్షణం ఆలస్యం చేయకుండా ఈ జలాలలో ఎండ్రకాయలను పట్టుకోవడానికి అనుమతిస్తే నేను ఇక్కడ వ్యాపారం చేసుకుంటాను" అన్నాడు.

రాజుగారు అనుమతి ఇచ్చారు– పీటర్ సిడ్నీ తిరిగి వచ్చి తన తండ్రి కంపెనీలో ఉద్యోగానికి రాజీనామా చేసి కొత్త ఓడను తీసుకున్నాడు. తర్వాత ఆ ఆరుగురు బాలురని తీసుకొచ్చి వారికి ఆ ఓడని అప్పగించాడు. టోంగా బయటి ప్రపంచాన్ని చూసే అవకాశాన్ని ఆ బాలురు సియోన్, స్టీఫెన్, కోలో, డేవిడ్, లూక్, మనోలకు ఇచ్చి వారిని తన సిబ్బందిగా నియమించుకున్నాడు. ఆ ఓడపేరు 'అటా' అని పెట్టాడు.

5

ఇది లార్డ్ ఆఫ్ ఫ్లయిస్ నిజ జీవితం.

ఇది హృదయాన్ని కదిలించే కథగా మారింది. అత్యధికంగా అమ్ముడుపోయే నవలలు, బ్రాడ్ వే నాటకాలు, బ్లాక్ బస్టర్ మూవీస్‌ని అధిగమించింది.

ఇది ఒక కథ. ఎవరికీ తెలియదు. కాగా ఆటా బాలురు అపరిచితం అయిపోయారు.. విలియం గోల్డింగ్ పుస్తకం మాత్రం ఇప్పటికే విస్తృతంగా చదవబడుతోంది. మీడియా చరిత్ర కారులు నేటికీ టెలివిజన్‌లో వచ్చే అత్యంత ప్రజాదరణ పొందిన వినోదాత్మక ప్రసార ఆద్యుడు, సృష్టికర్తగా ఆయనను కీర్తిస్తుంటారు.

రియాలిటీ టీవీ బిగ్ బ్రదర్ నుండి టెంప్టేషన్ ఐల్యాండ్ వరకు ప్రదర్శించిన అన్ని రియాలిటీ షోలలోను మనిషి తన యుక్తులన్నిటినీ వదిలి వేసిన తర్వాత జంతువుల్లాగా ప్రవర్తిస్తున్నట్లుగా చూపిస్తున్నారు.

హిట్ సిరీస్ "సర్వైవర్" సృష్టి కర్త ఒక ఇంటర్వ్యూలో తాను 'లార్డ్ ఆఫ్ ఫ్లయిస్'ని అనేక సార్లు చదివానని చెప్పారు. 'మొదట నేను పన్నెండు సంవత్సరాల వయస్సులో తర్వాత ముప్పై సంవత్సరాల వయస్సులో చదివాననీ. అప్పటి నుండి ప్రోగ్రాంలు చేస్తున్నానని' చెప్పారు.

ఈ మొత్తం షోలలో, ఎంటీవీ వారి "రియల్ వరల్డ్" అనే షో, దీనిని 1992లో ప్రారంభించారు. ప్రతి ఎపిసోడ్ ముందు ఆ షోకి సంబంధించిన సభ్యుడొకరు ఈ విధంగా చెప్తారు. ఇది ఏడుగురు అపరిచితులకు సంబంధించిన వాస్తవ కథ. ప్రజలు మర్యాదగా ఉండడం మానేస్తే, వారి అసలు స్వరూపం బయటపడితే ఏం జరుగుతుందో చూడండి.

అబద్ధం, మోసం, రెచ్చగొట్టడం, విరోధం వీటిని మనకు ప్రతి ఎపిసోడ్‌లోను వాస్తవాలుగా నమ్మించేలా చిత్రీకరించారు. కానీ తెరవెనుక కార్యక్రమాన్ని చూడండి, అక్కడ ఈ పాత్రధారుల ప్రవర్తన, తాగడం, ఒకరిపట్ల మరొకరి ప్రవర్తన మనని షాక్‌కి గురిచేస్తుంది. ప్రజలలోని అధ్వాన్నస్థితిని వెలికితీయడానికి ఎన్ని విధాలా ప్రయాస పడుతారో అర్థం అవుతుంది. మరో రియాల్టీ షో "కిడ్‌నేషన్" ఇందులో 40 మంది పిల్లలు ఒకరి గొంతులనొకరు నులిమేసుకుంటారన్న ఆశతో వారినందరినీ న్యూ మెక్సికోలోని ఒక దెయ్యపు పట్టణంలో

పడేయడానికి ప్రయత్నించారు. అయితే ఆ విధంగా జరుగలేదు. క్రమంగా వారందరూ బాగా కలిసిపోతున్నట్లు వారు కనిపెట్టారు. అందులో పాల్గొన్న ఒక పాత్రధారి తర్వాత ఈ విషయం గుర్తుచేసుకుంటూ.. ''మీమందరం కొట్టుకోవడానికి వారు మమ్మల్ని ప్రేరేపించడానికి ఏదో చేసేవారు'' అన్నారు.

మీరు అడగవచ్చు ఇందులో వాస్తవం ఏముంది? మనందరికీ తెలుసు కదా ఇది కేవలం ఎంటర్‌టైన్‌మెంటని.

కానీ చాలా అరుదుగా కథ కేవలం కథగానే ఉంటోంది. కథలు కూడా ప్రతికూల ప్రభావాలు కలిగిస్తాయి.

లార్డ్ ఆఫ్ ది ఫ్లయిస్ – వంటి టెలివిజన్‌న కార్యక్రమాలు చూడడం వల్ల ప్రజలలో ఆవేశం మరింతగా పెరుగుతుందని మనస్తత్వ వేత్త బ్రయాన్ గిబ్బన్ ప్రదర్శించి నిరూపించినట్లు ఇటీవలి అధ్యయనం పేర్కొంది. పిల్లలలో హింసాత్మక దృశ్యాలు, ఆవేశంతో చూడడం వల్ల కలిగే అనుభవం.

ఆస్బెస్టాస్ వల్ల క్యాన్సర్ రావడంకన్న లేదా కాల్షియవల్ల ఎముకలు గట్టిగా దృఢంగా అవడంకన్నా కూడా రెండింతలు ఎక్కువ.

స్వార్థంతో కూడిన కథలు మనం చూస్తున్న ప్రపంచంపై మరింత అధికమైన ప్రభావాన్ని చూపుతాయి. బ్రిటన్‌లో చేసిన మరో అధ్యయనంలో అధికంగా రియాలిటీ టీవీ షోలు చూసే అమ్మాయిలలో జీవితంలో ముందుకు సాగాలన్నా అభివృద్ధి చెందాలన్నా నీచంగా ఉండాలనీ, అబద్ధాలు చెప్పాలనే భావం నెలకొంటోందని వెల్లడైంది.

సంస్కృతి గురించి ఎవరైతే కథలు చెబుతారో వారు మానవ నడవడికను వాస్తవానికి నియంత్రిస్తున్నారని మీడియా శాస్త్రవేత్త జార్జ్ గెర్బనర్ సంక్షిప్తంగా చెప్పారు.

మనం విభిన్నమైన కథ చెప్పాల్సిన సమయం ఇది.

"రియల్ లార్డ్ ఆఫ్ ఫ్లయిస్" స్నేహం, విధేయత విశ్వాసానికి సంబంధించిన కథ. పరస్పరం ఒకరిపై మరొకరు ఆధారపడి ఉన్నప్పుడు ఎంత శక్తి వంతంగా ఉంటామో వివరించే కథ ఇది. వాస్తవానికి ఇది ఒక్కగానొక్క కథ. కానీ ఒక వేళ "లార్డ్ ఆఫ్ ది ఫ్లయిస్"ని లక్షలాది మంది చేత చదివింపచేయాలనుకుంటే మాత్రం ఎడారి ద్వీపంలో అసలైన పిల్లలు నిస్సహాయస్థితిలో చిక్కుకున్న సమయాన్ని గురించి కూడా తెలియజేయాలి.

"నేను వారి కథను సోషల్ స్టడీస్ క్లాసులలో చెప్పేవాడిని", అని ఆ బాలురలో ఒకరి టీచర్ చెప్పారు. ఆయన టోంగాలోని సెయింట్ ఆండ్రూస్ హైస్కూల్ టీచర్. ఆయన కొన్నేళ్ల తర్వాత ఈ విషయాన్ని గుర్తుచేసుకున్నారు. "నా విద్యార్థులు దాని గురించి తగినంత తెలుసుకోలేకపోయారు.

అయితే పీటర్, మనోకి ఏమైంది? మీరు లిస్‌మోర్ సమీపంలోని తుల్ లరా వెలుపలగల అరటితోటలకు గానీ వెళితే అక్కడ ఇద్దరు వృద్ధులు ఒకరి భుజాలపై మరొకరు చేతులు వేసుకుని జోక్స్ వేసుకుని నవ్వుతూ కనిపిస్తారు. అందులో ఒకరు పెద్ద పారిశ్రామికవేత్త

కుమారుడు. మరొకరు వినయ విధేయతలు గల కుటుంబం నుంచి వచ్చాడు. వాళ్ళు ప్రాణస్నేహితులు.

నా భార్య పీటర్ ఫొటో తీసిన తర్వాత అతను క్యాబినెట్ వైపు తిరిగాడు. కాసేపు పుస్తకాల కాగితాలను చిందరవందరగా వెతికి ఒక భారీ కాగితాల కట్టను తీసి నా చేతుల్లో పెట్టాడు. అవి అతని జ్ఞాపకాలు. తన పిల్లలు, మనవళ్లు, మనవరాళ్ల కోసం రాశాడు.

నేను మొదటి పేజీ చూశాను.

"జీవితం నాకు నేర్పిన గొప్ప పాఠం అని ప్రారంభమైంది –" ప్రజలలో మీరు ఎల్లప్పుడూ మంచి కోసం సానుకూలమైన వాటి కోసం చూడండి.

పీటర్ వార్నర్, సెప్టెంబర్ 2017

మనోటోట్, సెప్టెంబర్ 2017

మొదటి భాగం

మానవ స్వభావం
తీరూ, తెన్నూ

అన్ని కాలాలలోను, అన్ని ప్రదేశాలలోని మానవజాతి ఒకేలా ఉంటుంది. ఈ విషయంలో కొత్తగానీ, వింతగానీ ఏమీలేదని చరిత్ర చెప్తోంది. దాని ప్రధాన ఉపయోగం మానవస్వభావపు స్థిరమైన, సార్వత్రిక సూత్రాలను కనుగొనడం మాత్రమే.

– డేవిడ్ హ్యూమ్ (1711-1776)

‘ఆటా’ ద్వీపంలో ఆరుగురు బాలుర హృదయాన్ని కదిలించే కథ అసాధారణమైందా? లేక అది మరింత లోతైన విషయాన్ని సూచిస్తోందా? ఇది ప్రత్యేకమైన వినోదాత్మకమైన వాస్తవకథా లేక మానవ స్వభావానికి యొక్క విలక్షణమైన ఉదాహరణా?

మనం మనుష్యులం, మరో మాటలో చెప్పాలంటే మీరు ఎక్కువగా మొగ్గుచూపేది మంచికా లేక చెడుకా?

వందల ఏళ్లుగా తత్వవేత్తలను పట్టిపీడిస్తున్న ప్రశ్న. ఆంగ్లేయుడైన థామస్ హాబ్స్ (1588-1679) “లెవియథాన్“ 1651లో ప్రచురించబడినప్పుడు అందర్నీ షాక్‌కి గురిచేసింది. హాబ్స్‌ని నిందించారు, ఖండించారు, అపహాస్యం చేశారు. అయినా సరే అతని పేరు నేటికీ నిలిచిఉంది. అతడిని విమర్శించినవారిని అందరూ ఏనాడో మరిచేపోయారు.

“ఆక్స్‌ఫర్డ్ హిస్టరీ ఆఫ్ వెస్టర్న్ ఫిలాసఫీ” అనే నా పుస్తకం ఎంతో మహత్తరమైనదిగా కొనియాడ బడింది. రాజకీయతత్త్వశాస్త్రంపై ఇంతవరకు ఎవరూ రాయని గొప్ప పుస్తకంగా పేర్కొనబడింది.

లేదా ఫ్రెంచ్ తత్వవేత్త జీన్ జాక్వెస్ రూసోను తీసుకుందాం(1712-1778) అతను వరుసగా పుస్తకాలు రాశారు - వాటివల్ల చాలా తీవ్రమైన ఇబ్బందులను ఎదుర్కొన్నాడు. అతనిని ఖండించారు. పుస్తకాలను తగుల బెట్టారు. అతడిని అరెస్ట్ చేస్తామని వారెంట్ జారీ చేశారు. కానీ ఇబ్బంది పెట్టిన వారందరూ కాలగర్భంలో కలిసిపోయారు గానీ రూసో పేరు మాత్రం నేటికీ నిలిచిపోయింది.

ఈ ఇద్దరు తత్వవేత్తలు ఏనాడూకలువ లేదు. రూసో పుట్టేనాటికి హబ్స్ మరణించి ముప్పై మూడు సంవత్సరాలైనప్పటికీ వారు శాస్త్ర తత్త్వ సంబంధమైన వాదోపవాదాలు పరస్పరం ఉసిగొల్పుకుంటూ కొనసాగుతున్నారు. ఒక వైపు హబ్స్ నిరాశావాది. మానవ స్వభావపు దుష్టత్వం గురించి మనని నమ్మించేలా నొక్కిచెబుతున్నారు. మనం ప్రాథమిక ప్రవృత్తుల నుండి పౌర సమాజం మాత్రమే రక్షించగలదని గట్టిగా చెబుతున్నారు. మరొక వైపు రూసో- మన హృదయాలలోని హృదయం మనమంతా మంచివారని చెబుతోంది అని చెప్పాడు. దీనికి పరిష్కారం చాలా దూరంలో ఉంది.

‘నాగరికత’ మనని నాశనం చేస్తోందని రూసో నమ్మకం.

మీరు వారిని గురించి ఎప్పుడూ వినకపోయినప్పటికీ అత్యంత శక్తివంతమైన వీరిరువురి పరస్పర భిన్నాభిప్రాయాలు సమాజాన్ని ఎంతో లోతుగా విభజించిన చోట ఉన్నాయి. అందనంత ఎత్తున వివాదం ఉండడం లేదా చేరువకాలేని విధంగా శాఖోపశాఖలుగా సాగే చర్చల గురించి తెలియదు. మెరుగైన సామాజిక సేవలకు వ్యతిరేకంగా కఠినమైన శిక్షలు,

సంస్కరణ స్కూల్ వర్సెస్ ఆర్ట్ స్కూల్, టాప్ డౌన్ మేనేజ్‌మెంట్ వర్సెస్ అధికారం కలిగిన జట్లు, పాతకాలపు బ్రెడ్ విన్నర్స్ వర్సెస్ బేబీ టోటింగ్ తల్లిదండ్రులు ఇలా ఏదైనా ఒక చర్చ గురించి ఆలోచించండి. ఆ చర్చ చివరకు ఏదో విధంగా హాబ్స్, రూసోల మధ్య వ్యతిరేకత దిశగా దారితీస్తుంది.

థామస్ హాబ్స్‌తో మనం ప్రారంభిద్దాం. నిజంగానే మనం మన గురించి తెలుసుకోవాలనుకుంటున్నామా అనే వాదనను ప్రారంభించిన మొదటి తత్వవేత్త. ఒకవేళ తెలుసుకోవాలనుకుంటే మన పూర్వీకులు ఎలా జీవించారో మనం అర్థం చేసుకోవాలన్నాడు. మనం ఒక యాభై వేల సంవత్సరాలకు పూర్వం ఉన్నట్లు ఊహించండి. వేటాడడం, గుమికూడడం. ఆ రోజు మనం ఎలా మమేకం అయ్యామో ఊహించండి. చట్టాలు లేవు, కోర్టులు లేదా న్యాయమూర్తులు, జైళ్లు లేదా పోలీసులు లేనప్పుడు మనని మనం ఎలా మనుగడ సాగించాం?

హాబ్స్ ఆ విషయం తనకు తెలుసు అనుకున్నాడు.. "మీరే చదువుకోండి" అని రాశాడు: మీరు మీ భయాలను, భావోద్వేగాలను విచ్ఛేదం చేసుకుంటే అప్పుడు చదవగలుగుతారు. ఇలాంటి సందర్భాలలో ఇతరుల అభిరుచులు ఏమిటో, ఆలోచనలు ఏమిటో తెలుసుకో గలుగుతారు అన్నాడు. అయితే హాబ్స్ ఈ పద్ధతిని తనకు అన్వయించుకున్నప్పుడు అతను చేసిన నిర్ధారణ వాస్తవానికి చాలా అస్పష్టంగా ఉంది.

'మనం పాత రోజులను చూస్తే, చాలా స్వేచ్ఛగా ఉండేవాళ్లం. ఏం చేయాలనిపిస్తే అవి చేసేవాళ్లం. కానీ పర్యవసానాలు భయంకరంగా ఉండేవి' అని హాబ్స్ రాశారు. అలాంటి పరిస్థితిలో మానవ జీవితం ఏకాంతమైనది. పేదరికం, నీచమైనది, క్రూరమైనది, చాలా అల్పమైంది అని రాశాడు. దీనికి కారణం అతను సిద్ధాంతీకరించింది మాత్రం చాలా సాధారణమైంది. మానవులు భయస్తులు. ఇతరులను చూసి భయపడతారు. మరణాన్ని చూసి భయపడతారు. భద్రత కోసం ఆశపడతాం. శాశ్వతమైన, విరామం లేని అధికారం కోరుకొంటాం. ఆ కోరిక కేవలం మరణంతోనే అంతమవుతుంది.

దీనిఫలితం? అందరూ పరస్పరం పోరాటం చేసుకునే పరిస్థితి, అని పేర్కొన్నారు హాబ్స్. "అయినా ఆందోళన చెందకండి." అని హాబ్స్ మనకి భరోసా ఇచ్చారు. అరాచకత్వం నిర్మూలించబడుతుంది. శాంతి నెలకొంటుంది – అదీ మనం మన స్వేచ్ఛను వదులుకోవడానికి అంగీకరిస్తేనే. మనని, మన శరీరాన్ని ఆత్మని సార్వభౌమాధికారం చేతుల్లో పెట్టాలి. హాబ్స్ ఈ సంపూర్ణ పాలకుడికి బైబిల్ సముద్ర రాక్షసుడి లెవియాథన్ పేరు పెట్టాడు.

తన తర్వాత నిర్దేశకులు నియంతలు, గవర్నర్లు, జనరల్స్ ద్వారా వేలాదిగా...కాదు మిలియన్ల కొలది పునరావృతమయ్యే వాదన కోసం హాబ్స్ ఆలోచన ఒక ప్రాథమిక తాత్విక హేతువును అందించింది.

"మాకు శక్తిని ఇవ్వండి, లేదా అన్నీ పోతాయి''.

వంద సంవత్సరాలు వేగంగా ముందుకు రండి. పారిస్ వెలుపల విన్సెన్స్ వద్ద జైలుని సందర్శించడానికి వెళ్తున్న ఒక పేరులేని సంగీతకారుడు జీన్ జాక్వెస్ రూసోకి ఒక రోజు ఎదురుపడడం జరిగింది. ప్రభుత్వ మంత్రి శ్రీమతి గురించి దురదృష్టకరమైన జోక్ చేసినందుకు

రూసో స్నేహితుడు, పేదవాడు, తత్వవేత్త డెనిస్ డిడెరోట్ ఆ జైలులో ఉండడంతో అతడ్ని చూడడానికి రూసో వెళ్తున్నాడు. ఒక చెట్టు నీడన విశ్రాంతి తీసుకోవడానికి రూసో వెళ్లినప్పుడు ఒక సంఘటన జరిగింది. రూసో, మెర్క్యూర్ డి ఫ్రాన్స్ తాజా సంచిక తిరగేస్తున్నప్పుడు ఒక ప్రకటన అతని కంటబడడంతో అతని జీవితమే మారిపోయింది. ఆ ప్రకటన అకాడమీ ఆఫ్ డిజోన్ ద్వారా నిర్వహింపబడ్తున్న వ్యాస రచన పోటీలకు దరఖాస్తులకు ఆహ్వానం.

పోటీలో పాల్గొనేవారు ఈ క్రింది ప్రశ్నకు సమాధానం రాయాలని సూచించారు. "నీతిని ప్రక్షాళన చేయడంలో శాస్త్రాలు, కళల పునరుద్ధరణ దోహదపడిందా?"

రూసోకు తన సమాధానమేమిటో తక్షణం తెలుసు. "అది చదువుతున్న క్షణంలో నేను మరో విశ్వాన్ని చూశాను. మరో వ్యక్తిని అయ్యాను" అని రూసో తర్వాత రాసుకున్నారు. ఆ క్షణంలో అతను పౌర సమాజం అనేది ఆశీర్వాదం కాదు శాపం, అని గ్రహించారు. అమాయకుడైన తన స్నేహితుడ్ని నిర్బంధించిన చోటికి వెళ్తున్నప్పుడు, సహజంగా మనిషి మంచివాడే, ఈ సంస్థలకి వచ్చినప్పుడే దుర్మార్గులు అవుతున్నారని" రూసో అర్థం చేసుకున్నాడు. రూసో వ్యాసం మొదటి బహుమతి గెలుచుకుంది.

> తర్వాతి సంవత్సరాలలో రూసో ప్రముఖ తత్వవేత్తలలో ఒకరయ్యారు. అతని రచనలు ఇప్పటికీ చదివింపచేస్తాయి. రూసో కేవలం గొప్ప ఆలోచనా పరుడే కాదు, గొప్ప రచయితకూడా. ప్రైవేట్ ఆస్తి ఆవిష్కరణ గురించి ఈ కటువైన భాగాన్ని చూడండి. మొట్టమొదటి వ్యక్తి ఈ భూమిని చుట్టి తన తలపై పెట్టుకుని ఇది నాది అన్నాడు. ప్రజలు అతని మాట నమ్మి అతను పౌర సమాజపు అసలైన వ్యవస్థాపకుడనుకున్నారు. ఎన్ని నేరాలు, ఎన్ని యుద్ధాలు, ఎన్ని హత్యలు, ఎన్ని దురదృష్టాలు, భయానక సంఘటనల నుండి మనిషి మానవ జాతులను కాపాడాడు, ఎవరు గుంజల్ని లాగారో లేదా ఎవరు గుంటలను పూడ్చారో వారు తమ సహచరుల కోసం కష్టపడి ఉంటారు. కచ్చితంగా వంచకుడి గురించి విని ఉండరు: ఈ భూమి మీద ఫలాలు మనందరికీ సమానంగా చెందినవి, ఈ భూమితో ఎవరికీ చెందదు అనే భావనలో ఉంటే మనం మన అస్థిత్వాన్నే మర్చిపోయినట్లే.

శాపంతో కూడిన పౌర సమాజం పుట్టినప్పటి నుండి విషయాలన్నీ తప్పు దారిపట్టాయని రూసో వాదన. వ్యవసాయం, పట్టణీకరణ, జాతీయవాదం–ఇవేవీ మమ్మల్ని గందరగోళంలో నుండి బయటపడవేయ లేదు. కానీ బానిసలుగా, దురదృష్ట వంతులుగా చేసింది. రాయడం, ప్రింటింగ్ ప్రెస్ ఆవిష్కరణలు విషయాలను మరింత దిగజార్చాయి. టైపోగ్రాఫిక్ అక్షరాలకు ధన్యవాదాలు, హబ్స్ ప్రమాదకరమైన ఆలోచనలు ఎప్పటికీ నిలిచే ఉంటాయి అని రూసో రాశాడు.

బ్యూరోక్రాట్లు, రాజులకు ముందున్న బంగారపు పాతరోజులో అన్ని విషయాలు బాగుండేవని రూసో నమ్మకం. సహజ స్వభావస్థితిలో మానవులు ఉన్నప్పుడు మనం దయగల జీవులమే, ప్రస్తుతం మనం విరక్తి స్వార్థంగా ఉన్నాము. ఒకప్పుడు మనం ఆరోగ్యంగా,

శక్తివంతంగా ఉన్నాం. ఇప్పుడు మనం సోమరిపోతుల్లా, బలహీనంగా ఉన్నాం. అతని అభిప్రాయంలో నాగరికత అనేది చాలా పెద్ద తప్పు. మనం ఎప్పుడూ కూడా మన స్వేచ్ఛను పోగొట్టుకోకూడదు.

రూసో ఆలోచన ప్రాథమిక తాత్విక హేతువును అందించింది. ఈ వాదన వేలాదిగా కాదు, మిలియన్ల సార్లు పునరావృతం అవుతోంది. అతని తర్వాత అరాచకవాదులు, ఆందోళనకారులు, స్వేచ్ఛగా ఉండే ఆత్మలు, ఫైర్ బ్రాండ్స్:

''మాకు స్వేచ్ఛ ఇవ్వండి లేదా అన్నీపోతాయి'' అన్నారు.

కాబట్టి మూడు వందల సంవత్సరాల తర్వాత మనం ఇక్కడ ఉన్నాం.

మరికొంతమంది తత్వవేత్తలు మన రాజకీయాలు, విద్య, ఈ రెండింటిపై ప్రపంచ దృక్పథంపై తీవ్ర ప్రభావాన్ని చూపారు.

ఆర్థిక శాస్త్రం విజ్ఞానం మొత్తం హాబ్బేసియన్ మానవ స్వభావ భావనపై ఆధారపడింది. అది మనను హేతుబద్ధమైన, స్వయం సేవ వ్యక్తులుగా చూస్తుంది.

రూసో విషయానికి వస్తే అతని ప్రభావం విద్యపై ఉంది, పద్దెనిమిదవ శతాబ్దపు విప్లవం కారణంగా పిల్లలు స్వేచ్ఛగా,దేనికీ కట్టుబడకుండా ఎదుగుతారని అతని నమ్మకం. ఈ రోజు వరకు హబ్స్, రూసోల ప్రభావం అస్థిరంగానే ఉంది.

మన సంప్రదాయం, ప్రగతిశీల ఆధునిక శిబిరాల వాస్తవికవాదులు, ఆదర్శవాదులు వాటిని గుర్తించవచ్చు. ఎప్పుడైతే ఆదర్శవాది మరింత స్వేచ్ఛను, సమానత్వాన్ని సమర్థిస్తాడో రూసోను సమర్థించినట్లే ఎప్పుడైతే ఒక విరసుడు ఇది కేవలం మరింత హింసను రేకెత్తిస్తుందని గొణుగుతాడో హబ్స్ అంగీకరిస్తూ తల ఆడించినట్లే ఈ రెండు రచనలు తేలికపాటి పఠనం కోసం ఉద్దేశించినవి కావు. ముఖ్యంగా రూసో వ్యాఖ్యానానికి చాలా పెద్ద వేదికనే వదిలాడు. కానీ ఈ రోజుల్లో మనం వారి ప్రధాన వాదనను పరీక్షించే స్థితిలో ఉన్నాం. హబ్స్, రూసో ఏమైనప్పటికీ గొప్ప సిద్ధాంతకర్తలు. మనం దశాబ్దాలుగా శాస్త్రీయ ఆధారాలను సేకరిన్నం. ఈ పుస్తకం మొదటి భాగంలో నేను ప్రశ్నను పరీక్షిస్తాను: ఏ తత్వవేత్త కరెక్ట్? సహజ మానవ స్వభావం అంతరించిపోయిందని భావించాలా? ఒకప్పుడు కూడా ముసుగు కప్పుకున్న ఆటవికులమేన?

ఈ గొప్ప వ్యవహారం సమాధానంపై ఆధారపడి ఉంది.

3

హోమో పప్పీ పెరుగుదల

1

మానవ జాతి గురించి అర్థం చేసుకోవాల్సిన మొదటి విషయం ఏమిటంటే పరిణామ పరంగా మనం పిల్లలం. ఒక జాతిగా మనం ఇప్పుడే ఉద్భవించాం. కాల పరిమితిలో భూమి జీవిత చరిత్ర మొత్తం నాలుగు బిలియన్లకు (400 సంవత్సరాలు) బదులుగా ఒక క్యాలెండర్ సంవత్సరంగా ఊహించండి. అక్టోబర్ మధ్య వరకు బాక్టీరియా తమకు చోటు కల్పించుకుంటుంది. నవంబర్ వరకు మనకు తెలిసినట్లుగా ఇది మొగ్గలు, కొమ్మలు, ఎముకలు మరియు మెదడ్లతో కనిపిస్తుంది.

మనం మనుష్యులం? డిసెంబర్ 31వ తేదీ సుమారు రాత్రి 11 గంటలకు మనం ప్రవేశించాము. ఆ తర్వాత ఒక గంట వేట గాళ్లలాగా తిరుగుతూ గడిపాము. కేవలం వ్యవసాయాన్ని మాత్రమే మా చుట్టూ చేర్చుకోవడానికి రాత్రి 11:58 వరకు తిరిగాం. అర్థరాత్రి చివరి 60 సెకండ్లలో జరిగిన దానిని మాత్రమే మనం చరిత్ర అని పేర్కొంటాం. అన్ని పిరమిడ్లు, కోటలు, యోధులు, మహిళలు, ఆవిరి ఇంజన్లు, రాకెట్ ఓడలు కనురెప్పపాటులో ఈ ప్రపంచమంతా మానవజాతి జనాభాతో నిండిపోయింది. మంచుతో నిండిన ధృవ ప్రాంతాలు మొదలుకుని బాగా వేడిగా ఉండే ఎడారి ప్రాంతాల వరకు ఈ జనాభాతో నిండిపోయింది. ఈ గ్రహం నుండి చంద్రుడిపై కాలు మోపిన మొదటి జాతిగా పేరు పొందాము. కానీ మనమే ఎందుకు? మొదటి వ్యోమగామి అరటి పండు ఎందుకు కాలేకపోయింది? ఆవు లేదా చింపాంజీ ఎందుకు కాలేకపోయాయి?

ఇవి పిచ్చి ప్రశ్నలుగా మీకు అనిపించవచ్చు. కానీ జన్యుపరంగా మనం 60 శాతం అరటి పండుతో, 80 శాతం వరకు ఆవులతో 99 శాతం చింపాంజీలతో సమానమైన వాళ్లం. అలా అని మనం ఆవులకు పాలు పోస్తున్నామని కాదు, అవే మనకు పాలిస్తాయి లేదా చింపాంజీలను పంజరాలలో బంధించడం తప్ప మనకు మరో దారిలేదు. ఆ ఒక్క శాతం ఇన్ని తేడాలను ఎందుకు కలిగిస్తున్నాయి?

చాలా కాలం మనం మన ప్రత్యేక స్థానాన్ని దేవుడి ప్రణాళికలో భాగంగా పరిగణించాము. మానవ జాతి మంచిది, తెలివైనది. ఇతర జీవులకన్నా ఉన్నతమైంది. అతని సృష్టికిది పరాకాష్ట. కానీ మళ్లీ ఊహించండి. పది మిలియన్ సంవత్సరాల క్రితం (సుమారుగా డిసెంబర్ 30) గ్రహాంతర వాసులు భూమిని సందర్శించారు. మానవ జాతి పెరుగుదలను వారు ఊహించి ఉంటారా? అవకాశం లేదు. మానవజాతి అప్పటికి ఉనికిలో లేదు. భూమి కచ్చితంగా కోతుల గ్రహం. కచ్చితంగా ఎవరూ నగరాలను నిర్మించి ఉండరు. పుస్తకాలు రాసి ఉండరు. లేదా రాకెట్లను ప్రారంభించి ఉండరు.

భూమి మీద జీవరాశుల ఉనికి ఆద్యంతాల వైనం (4 వందల కోట్ల సంవత్సరాల చరిత్ర)

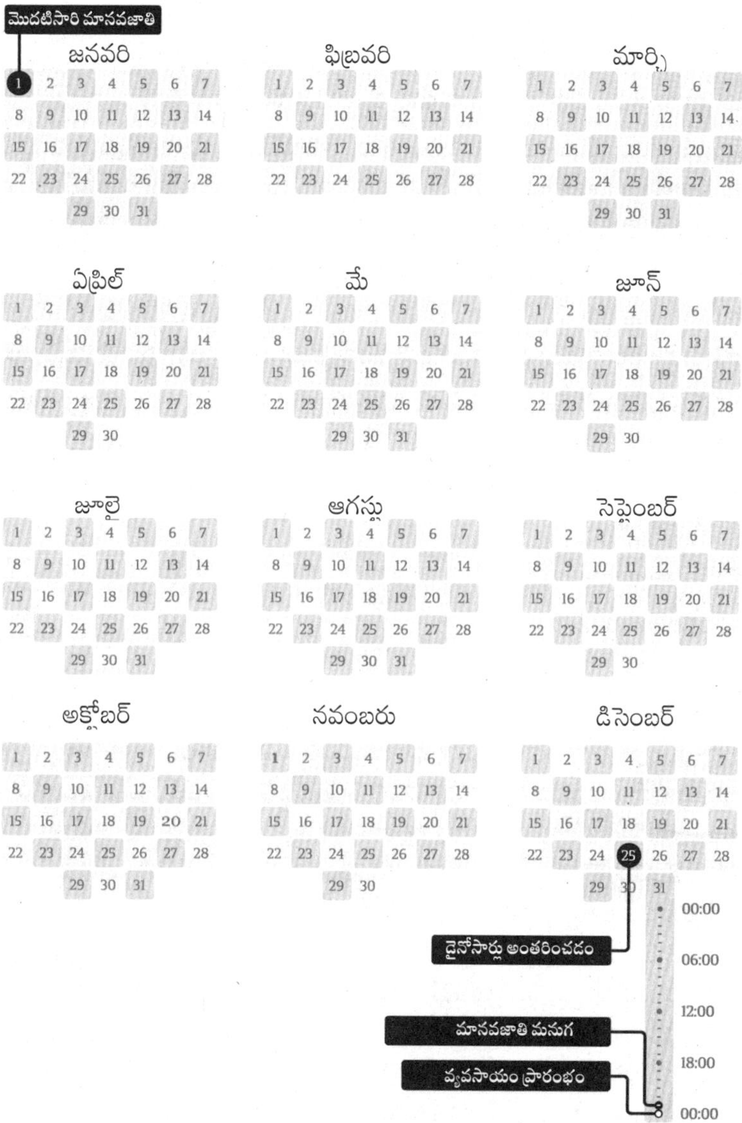

అసలు చేదు నిజం ఏమిటంటే మనం కూడా జీవులమే–కానీ మనం ప్రత్యేకమైన వారిగా పరిగణించుకుంటున్నాం– ఇది పరిణామంగా పేర్కొంటున్న గుడ్డి ప్రక్రియ ఉత్పాదనే. మనం వానరులుగా అనుకుంటున్న శరీరం అంతటా ఎక్కువగా వెంట్రుకలున్న క్రూరమైన కుటుంబానికి చెందిన వాళ్లం.

అర్ధరాత్రికి సరిగ్గా పది నిమిషాల ముందు వరకు కూడా ఇతర జాతులు మన వెంటే ఉన్నాయి. వారు అంతుచిక్కని విధంగా అదృశ్యమయ్యే వరకు మనతోనే ఉన్నారు.

మొదట నేను పరిణామం ప్రాముఖ్యతను గ్రహించేటప్పుడు ఈ విషయం స్పష్టంగా గుర్తుంచుకున్నాను. నాకు అప్పుడు 19 సంవత్సరాల వయస్సు. నేను 'ఐపాడ్'లో చార్లెస్ డార్విన్ గురించి లెక్చర్ వింటున్నాను. వారం రోజుల పాటు నిరాశకు గురి అయ్యాను. చిన్నప్పుడే కచ్చితంగా ఇంగ్లీష్ శాస్త్రవేత్త గురించి నేర్చుకున్నాను.

కానీ నేను ఒక క్రిస్టియన్ పాఠశాలలో చదివాను. మా జీవశాస్త్ర టీచర్ పరిణామాన్ని మరొక ఆషామాషీ సిద్ధాంతంగా చెప్పారు. అంత కచ్చితంగా కాదు. దాన్ని తర్వాత నేర్చుకున్నాను.

జీవన పరిణామానికి ప్రాథమిక విషయాలు సూటిగా ఉంటాయి. అందుకు కావాల్సినవి.

అనేక బాధలు...

బోలెడంత పోరాటం...

బోలెడంత సమయం...

సంక్షిప్తంగా చెప్పాలంటే... పరిణామ ప్రక్రియ ఈ కిందికి వస్తుంది. జంతువులకి అవి ఆహారం ఇవ్వగలదానికంటే సంతానం ఎక్కువగా ఉంటుంది. తమ పరిసరాలకు అనుగుణంగా తట్టుకు పోగలిగిన వాటికి (మందమైన బొచ్చు లేదా మభ్యపెట్టడం) బతకడానికి, సంతానోత్పత్తికి అవకాశం ఉంటుంది. మీరు చనిపోయే వరకు సాగే స్నేహపూర్వక ఆటను ఊహించుకోండి. ఇందులో బిలియన్ల కొలది జీవుల దుమ్ములో అంతమవుతాయి. కొన్ని తాము చనిపోయే ముందే తమ అధికారాన్ని సంతానానికి అప్పగిస్తాయి. నాలుగు బిలియన్ సంవత్సరాల పాటు నడకని సాగనివ్వండి. సూక్ష్మమైన వైవిధ్యాలు తల్లిదండ్రులు, పిల్లల మధ్య శాఖోపశాఖలుగా చీలి విస్తారమైన, విభిన్నమైన చెట్టు జీవితంలాగా ఉంటుంది. అది అంతే, సాధారణమైంది గానీ తెలివైంది. డార్విన్ జీవశాస్త్ర వేత్త. ఒకప్పుడు మత ప్రవక్తకావాలనుకున్నారు. సృష్టికి సంబంధించి బైబిల్ కథ ద్వారా క్రూరమైన స్వభావాన్ని మార్చడం అసాధ్యమని భావించడంతో అతడికి దేవుడిపై విశ్వాసం పోయింది. పరాన్నజీవి అయిన కందిరీగ అనే కీటకం తన గుడ్లను బతికి ఉన్న గొంగళి పురుగుపై పొదగడానికి కోసం వెద్తుంది. లార్వా గొంగళిపురుగుని లోపలి నుండి తింటుంది. అంటే భయంకరమైన మరణాన్ని ప్రేరేపిస్తుంది.

మనస్సు ఎలాంటి అనారోగ్యానికి గురి అయితే ఆలోచన కూడా అలాగే ఉంటుంది. అక్కడ ఎవరూ ఉండరు. సూత్రధారులు, గొప్ప రూపకల్పన, నెప్పి, బాధ, పోరాటం ఇవన్నీ

పరిణామానికి కేవలం ఇంజన్లు. డార్విన్ తన సిద్ధాంతాన్ని చాలా సంవత్సరాల పాటు ప్రచురించకుండా ఆపినందుకు మీరు అతనిని నిందించగలరా? డార్విన్ తన మిత్రుడికి రాసిన లేఖలో "ఒక హత్యను అంగీకరిస్తున్నట్లుగా ఉంది" అని పేర్కొన్నాడు.

అప్పటి నుండి పరిణామ సిద్ధాంతానికి ఎటువంటి ఆనందం లభించలేదు. 1976లో బ్రిటిష్ జీవశాస్త్రవేత్త రిచర్డ్ డాకిన్స్ జీవన పరిణామంలో జన్యువుల హేతువైన పాత్రపై తన మహత్తరమైన రచనను ప్రచురించారు. దీనికి స్వార్థపరజన్యువుగా నామకరణం చేశారు. ఇది చదివితే నిరుత్సాహం కలుగుతుంది.

ప్రపంచాన్ని మెరుగైన స్థితిలో ఉంచడానికి మీరు ప్రకృతిని పరిగణనలోకి తీసుకుంటున్నారా? అలా అయితే డాకిన్స్ స్పష్టంగా ఉంది. ఊపిరి బిగబట్టకండి. మనం పుట్టుకతోనే స్వార్థంతో ఉంటాం కాబట్టి, ఔదార్యం, పరోపకారం నేర్పడానికి ప్రయత్నిద్దాం అని డాకిన్స్ రాశారు. అది ప్రచురించబడిన నలభై సంవత్సరాల తర్వాత బ్రిటిష్ ప్రజలు "ది సెల్ఫిష్ జీన్" (స్వార్థపూరిత జన్యువు)కు ఓటు వేశారు. ఇప్పటి వరకు రాసిన సైన్స్ పుస్తకాలలో ఇది ప్రభావవంతమైనది.

అయితే పుస్తకం చివరి వరకు చదివిన అసంఖ్యాకమైన ప్రజలు నిరాశకు గురైయ్యారు. ఇది మానవ స్వభావపు భయంకరమైన నిరాశావాద దృక్పథాన్ని ప్రదర్శించినప్పటికీ ఆ దృక్పథాన్ని ఖండించడానికి నేను ఎలాంటి వాదనలను సమర్పించలేదు.

"నేను దీనిని చదవకూడదని కోరుకుంటున్నాను", అని రాశారు.

అదే విధంగా ఇక్కడ మానవజాతి ఒక క్రూరమైన, ఉత్పత్తి, దీర్ఘకాలిక ప్రక్రియ. కాగా 99.9 శాతం జాతులు అంతరించిపోయాయి. మనం ఇంకా ఇక్కడే ఉన్నాం. మనం ఈ గ్రహాన్ని జయించాము–పాలపుంత తర్వాత జయిస్తుందేమో–ఎవరికి తెలుసు?

కానీ మనకు ఎందుకు?

మీరు అనుకోవచ్చు. అన్నిటిలోకి మన జన్యువులు అత్యంత స్వార్థపూరితమైనవని అనుకుంటారు కాబట్టి. ఎందుకంటే మనం బలంగా, తెలివిగా, సన్నగా అర్థవంతంగా ఉంటాం కాబట్టి అయినప్పటికీ... మనమేనా? బలంగా ఉండడానికి లేదు, నిజంగా కాదు. ఒక చింపాంజీ చెమటోడ్చకుండానే మనని చాలా బలంగా కొట్టగలదు. ఒక ఎద్దు అప్రయత్నంగా దాని పదునైన కొమ్ముతో మనని పొడుస్తుంది. పుట్టినప్పుడు అది నిస్సహాయంగా ఉంటుంది. తర్వాత బలహీనంగా, నెమ్మదిగా, అలా అని అన్నీ మంచిగా ఉండి తప్పించుకొని చెట్లపైకి ఎక్కలేవు. బహుశా మనం బాగా తెలివైన వాళ్లం కావడం వల్లనేమో? మీరు అలా అనుకుంటున్నారేమో.

ఉత్తర ధృవం వద్ద ఆవిరి లాగా మానవజాతి మెదడులోని ఊహించనలవికాని దేదో, శక్తిని దురాశతో కబళిస్తుంది అనుకుంటారేమో. మన శరీర బరువులో మెదడు కేవలం 2శాతం మాత్రమే ఉంటుంది. కానీ, మనం తీసుకునే కాలరీలలో 20 శాతం అదే ఉపయోగించుకుంటుంది.

కానీ మనుష్యులందరూ నిజంగా అంత తెలివైన వాళ్లా? మనం కష్టమైన పని చేయాల్సి వచ్చినప్పుడు లేదా ఒక అందమైన చిత్రాన్ని గీయాల్సి వచ్చినప్పుడు సాధారణంగా ఆ నైపుణ్యాన్ని ఇతరుల వద్ద నేర్చుకుంటాం. ఉదాహరణకు పది వరకు నేను లెక్కపెట్టగలను. ఇది కచ్చితంగా ఆకట్టుకుంటుంది. అయితే నేను కేవలం సంఖ్యా పద్ధతితో పైకి రాగలనా అనేది అనుమానం.

ఏ జంతువు అత్యంత సహజమైన తెలివితేటలు గలది అనేదానిపై ఎన్నో ఏళ్లుగా శాస్త్రవేత్తలు పరిశోధనలు జరుపుతున్నారు. దీనికి ప్రామాణికప్రక్రియ మానవుల తెలివితో ఇతర ఒరంగుటాన్, చింపాంజీల వంటి వానర జాతికి చెందిన వాటి తెలివిని పోల్చిచూస్తారు. (సాధారణంగా ఇతర వ్యక్తులను అనుకరించడానికి చాలా తక్కువ సమయం ఉంటుంది, కాబట్టి మానవ సంబంధిత అంశాలను చిన్నపిల్లలతో సమానంగా పరిగణిస్తారు) ఒక మంచి ఉదాహరణ ఏమిటంటే, జర్మనీ పరిశోధన బృందం 38 పరీక్షలతో ఒక శ్రేణిని రూపొందించింది. ఇది ప్రాదేశిక అవగాహన, లెక్కింపు, కార్య కారణ భావంపై అంచనా వేస్తుంది. ఈ కింది చార్టు ఫలితాలను సూచిస్తుంది.

వాస్తవంగా మనుష్యులు ఎంత తెలివైన వాళ్లు?

తెలివితేటలపై మూడు పరీక్షల స్కోరు

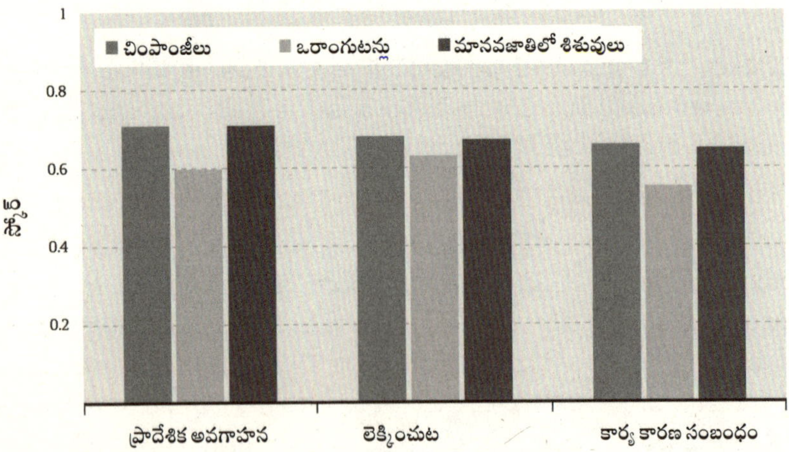

జంతు ప్రదర్శనశాలలోని జంతువులతో సమానంగా చిన్న పిల్లల స్కోర్ ఉంది. ఇది కరెక్ట్. అది అది మరింత అధ్వాన్నంగా తయారవుతుంది. మన పని జ్ఞాపకశక్తి, సమాచారాన్ని ప్రాసెసింగ్ చేయడంలో వేగం– మానవమేధస్సుకి మూలస్తంభాలలో భాగంగా సాంప్రదాయంగా పరిగణిస్తు న్నారు– మనల్ని గెలవలేరు, ఏ బహుమతులు గెలుచుకోలేరు.

చింపాంజీలతో పోలిస్తే మనుష్యులు ఏ విధంగా రాణిస్తారు అనే దాన్ని అంచనా వేయడానికి జపనీస్ పరిశోధనాకారులు ఒక పరీక్షను తయారు చేసి ప్రదర్శించారు.

విషయాలు తెరముందు ఉంచారు. ఒకటి నుండి తొమ్మిది వరకు ఉన్న అంకెలను పెట్టారు. ఒక సెకండ్ కన్నా తక్కువగా ఇచ్చిన సమయంలో ఆ అంకెలను తెల్లటి చతురస్రపు గళ్లలో పూరించాలి. తెరపై చుక్కలను టాప్ చేస్తే అంకెలు ప్రత్యక్షమవుతాయి.

చిన్న అంకె నుండి పెద్ద అంకె వరకు క్రమంలో వాటిని గళ్లలో నింపాలని ఆదేశించారు. క్లుప్తంగా మానవ బృందం, చింపాంజీల బందాన్ని ఓడిస్తుందనేలా ఉంది, కానీ పరిశోధనాకారులు పరీక్షను మరింత కఠినం చేసినప్పుడు (అంకెలుత్వరగా అదృశ్యమయ్యేలా చేసినప్పుడు) చింపాంజీలు ముందు వచ్చారు. వారి బృందంలో 'ఐన్‌స్టీన్' అయ్యాడు. కొన్ని తప్పులు చేసినప్పటికీ బృందంలోని ఇతరుల కంటే చాలా వేగంగా చేస్తుంది. 'ఆయుమ' అనేది చింపాంజీ.

ఓకే, ఆ చిక్కు మెదడు శక్తిపై తీర్పు ఇవ్వబడింది. బొచ్చుతోనిండిన మన దాయాదులకన్నా మనుష్యులు ఏమీ బాగా చేయలేదు. అంటే మనం మన గొప్ప పెద్ద మెదళ్లను దేనికి ఉపయోగిస్తున్నాం?

బహుశా మనం మరింత చాకచక్యంగా ఉంటామేమో. అది మాకియ వెల్లియన్ తెలివితేటల పరికల్పన కీలకాంశం. 'ది ప్రిన్స్‘ (1513) రచయిత, ఇటాలియన్ పునరుజ్జీవ తత్వవేత్త నికోలో మాకియా వెల్లి పేరు ఈ పరికల్పనకు పెట్టారు.

పాలకుల కోసం రాసిన ఈ హ్యాండ్ బుక్‌లో అధికారంలో ఉండాలంటే అబద్ధాలు, మోసాలతో కూడిన గూడు అల్లక తప్పదని సలహా ఇచ్చాడు. ఈ పరికల్పనకు సంబంధించిన అనుచరుల ప్రకారం, మిలియన్ల సంవత్సరాలుగా మనం కచ్చితంగా అలాగే నడుచుకుంటున్నాం. ఒకరినొకరు మోసం చేయడానికి మరిన్ని ఆవిష్కరణ మార్గాలను రూపొందించడం. ఎందుకంటే నిజాయితీగా ఉండడం కన్నా అబద్ధాలు చెప్పడానికి అధికంగా తెలివిని ఉపయోగించాల్సి వస్తుంది. మన మెదళ్లు ప్రచ్ఛన్నయుద్ధంలో అమెరికా, రష్యాలు ఉపయోగించిన అణ్వాయుధ కర్మాగారాల లాగా పెరిగాయి. ఈ మానసిక ఆయుధాల రేసు ఫలితమే మానవుల 'సూపర్ బ్రెయిన్'.

ఈ పరికల్పన నిజమైతే, మీ ప్రత్యర్థులు సులభంగా పాల్గొనే ఆటలలో ఇతర ప్రిమేట్స్ (వానరజాతి)ని మనుష్యులు ఓడించగలరని మీరు భావిస్తారు. కానీ అలాంటి అదృష్టం ఏమీలేదు. అనేక అధ్యయనాల వల్ల తెలిసిందేమంటే చింపాంజీలు ఈ పరీక్షలలో మనకంటే ఎక్కువ స్కోరు సాధిస్తాయి. మానవులు నీచమైన అబద్ధాల కోర్లు. అంతేకాదు ఇతరులను విశ్వసించడానికి ముందడుగు వేస్తున్నారు. అంటే మోసగాళ్లయిన ఆర్టిస్టులు వారి మార్కులతో ఏ విధంగా మోసం చేస్తారో వివరిస్తుంది. ఇది మానవుల అసాధారణ వింత ప్రవృత్తిని నాకు తెలియజేసింది.

మీ భావోద్వేగాలను ఎప్పుడూ వెల్లడించవద్దని మాకియ వెల్లి తన క్లాసిక్ పుస్తకంలో సలహా ఇచ్చారు. సిగ్గుపడడం వల్ల ఎలాంటి ప్రయోజనం ఉండదుగాబట్టి పేకాట మొహంతోనే పనిచేయండి. గెలవడం అనేది ముఖ్యం, నిజాయితీగా గెలిచామా లేక మోసంతో గెలిచామా అన్నది కాదు. కానీ ఇది కేవలం సిగ్గులేని విజయం. మొత్తం ఈ జంతు ప్రపంచంలో కేవలం మానవజాతి మాత్రమే ఎందుకు సిగ్గులేనిది?

మానవుల అన్ని భావాల వ్యక్తీకరణలలో కెల్లా సిగ్గు అనేది ఒక విచిత్రమైనది అన్నారు చార్లెస్ డార్విన్. ఇది సార్వత్రికమైనది అవునా, కాదా అని తెలుసుకోవడానికి తన విదేశీ నెట్‌వర్క్ పోలింగ్ మిషనరీలు, వ్యాపారులు, వలసవాదులైన అధికారులందరికీ లేఖలు పంపారు. వారు సమాధానమిస్తూ, ఇక్కడ కూడా మనుష్యులు సిగ్గుపడతారని అన్నారు.

కానీ ఎందుకు సిగ్గు ఎందుకు మాయం కాలేదు?

2

కోలోన్‌కు ఉత్తరాన ఉన్న ఒక సున్నపురాయి క్వారీలో 1856 ఆగస్టులో ఇద్దరు కార్మికులు తవ్వుతున్నప్పుడు కొన్ని అవశేషాలు బయటపడ్డాయి. అవి అత్యంత వివాదాస్పద జీవుల అస్థిపంజరాలు. అట్లాంటివి ఈ భూమిపై ఎప్పుడూ కనిపించలేదు.

ఈ విషయం వారు కనిపెట్టారని కాదు. పాత ఎముకలు, ఎలుగుబంటి లేదా హైనావి అయి ఉండవచ్చు. కార్మికులు రొటీన్‌గా తమ తవ్వకం సాగిస్తూ, వ్యర్థ పదార్థాలను పక్కకు పడేస్తున్నారు. కానీ ఈ సారి వారి పర్యవేక్షకుడు డంప్‌లో పడి, ఉన్న ఆ అవశేషాలను గమనించాడు. అవి బహుశా గుహలో ఉండే ఎలుగుబంటి ఎముకలు కావచ్చుననుకున్నాడు. స్థానిక హైస్కూల్‌లో సైన్స్ టీచర్‌గా పనిచేస్తున్న జోహాన్ కార్ల్ ఫుహ్‌ల్‌రాట్‌కి ఇది మంచి బహుమతి అని అనుకున్నాడు. ఆ రోజుల్లో అందరిలాగే నెట్‌ఫ్లిక్స్‌కి ముందు ఫుహ్‌ల్‌రాట్‌కి శిలాజాల సేకరణలో ఆసక్తి ఉండేది. ఫుహ్‌ల్‌రాట్ ఆ ఎముకలను చూడగానే అవి అసాధారణమైన ఎముకలని గ్రహించాడు. మొదట ఆ అస్థిపంజరం మానవుడిది అనుకున్నాడు గానీ, ఏదో సరిగ్గా లేదని అర్థం అయ్యింది. ఆ పుర్రె వింతగా ఉంది. అది వాలుగా పొడవుగా ఉంది. పొడుచు కొచ్చిన నుదురు, ముక్కు చాలా పెద్దగా ఉంది.

ఆ వారం, ఈ ఆశ్చర్యపరిచే ఆవిష్కరణపై స్థానిక పేపర్లు వార్త రాశాయి. నియాండర్ వ్యాలీలోని "రేస్ ఆఫ్ ఫ్లాట్ హెడ్స్" శీర్షికను రాశాయి. 'బాన్' విశ్వవిద్యాలయంలోని ప్రొఫెసర్ హర్మన్ షా ఫౌసేన్' ఈ వార్త చదివి ఫుహ్‌ల్‌రాట్‌ని సంప్రదించారు. వారిద్దరు కలవడానికి పరస్పరం ఆలోచనలు మార్చుకునేలా ఏర్పాట్లు చేసుకున్నారు. కొన్ని గంటల తర్వాత వారిరువురు ఒక ఒప్పందం చేసుకున్నారు.

ఆ ఎముకలు మానవులకు సంబంధించినవి కావు, మానవులకి పూర్తిగా భిన్నమైన జాతివి.

ఈ ఎముకలు ఇంకా అంతకు ముందు కాలానికి చెందినవని ఫుహ్‌ల్‌రాట్ వెల్లడించారు. అంటే వారు భూమిని ముంచెత్తిన గొప్ప వరదను, దేవుడి కంటే ముందు నివసించిన ఒక జీవి ఆ వరదల్లో కొట్టుకొని పోగా మిగిలిన అవశేషాలుగా తేల్చేశారు.

ఆ సమయంలో ఈ తీర్మానం ఎంత దిగ్భ్రాంతి కలిగించిందో చెప్పడం కష్టం. పూర్తి నాస్తికత్వం.

ఫుహ్‌ల్‌రాట్, షాఫ్ హౌసేన్ తాము కనుగొన్నవాటిని రైన్ సొసైటీ ఫర్ సైన్స్ అండ్ మెడిసిన్ మేధావుల దిగువ సమావేశంలో వెల్లడించినప్పుడు వారు అపనమ్మకంతో ఆశ్చర్యపోయారు.

ఇది చాలా హాస్యాస్పదంగా ఉంది అని అనాటమీ ప్రొఫెసర్ పెద్దగా అరిచారు. ఈ అస్థిపంజరం, నెపోలియన్‌తో జరిగిన యుద్ధంలో మరణించిన రష్యన్ కొసాక్‌దని అన్నారు.

నాన్సెన్స్ అని మరొకరు లేచారు. "ఇది పేదవాడైన మూర్ఖుడు లేదా ఏకాకిగా ఉన్న వ్యక్తిది అయి ఉండవచ్చని, అతని తల వ్యాధి వల్ల అలా తయారై ఉండవచ్చు" అన్నారు.

కానీ అప్పుడు ఇంకా ఎక్కువ ఎముకలు కనిపిస్తాయి. యూరోప్‌లో ఉన్న మ్యూజియంలు అన్ని తమ సేకరణలను ముమ్మరం చేశాయి. ముఖ్యంగా పొడుచుకొని వచ్చినట్లున్న పుర్రెల కోసం అన్వేషణ సాగించారు. మొదట వాటిని వైకల్యాలుగా కొట్టివేసినప్పటికీ తర్వాత ఇది మానవజాతి కన్నా నిజంగానే భిన్నమైన వేమోననే అనుమానం శాస్త్రవేత్తలలో మొదలైంది.

చాలా కాలం ముందు జాతులకు ఎవరైనా పేర్లు పెట్టారనుకుంటే అది మూఢత్వం.

అతని ఆలోచనలు, కోరికలను గౌరవనీయ శరీర నిర్మాణశాస్త్రవేత్త వివరిస్తూ, జంతువుల కంటే ముందు మానవజాతి లేదు" అన్నారు,

సైన్స్ చరిత్రలో నమోదు చేసిన వర్గీకరణ అతి సూక్ష్మమైనది.ఈ ఎముకలు దొరికిన వ్యాలీని ఈ సందర్భంగా పేర్కొంది.

హోమో నియుండర్తా లెన్ సిన్.

ఈ రోజు వరకు నియాండర్తల్ ప్రసిద్ధ చిత్రం. ఒక తెలివితక్కువ క్రూరుడిది. ఎందుకు అనేది అర్థం చేసుకోవడం ఏమంతకష్టంకాదు.చాలా కాలం క్రితం మనజాతులు, ఇతర మానవ జాతులతో ఈ గ్రహంపై కలిసి ఉండేవనే చేదు నిజాన్ని అంగీకరించకతప్పదు.

మానవ జాతి మరియు

హోమోనియాండర్త-లెన్సిస్ పుర్రెలను పోల్చడం

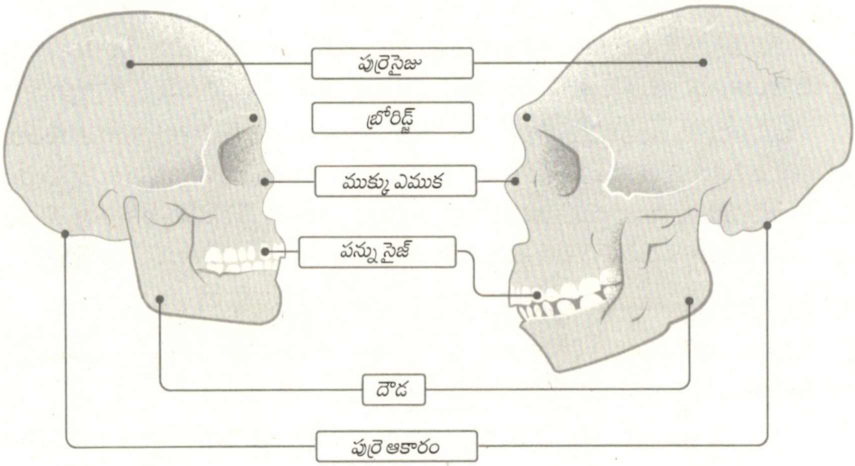

శాస్త్ర వేత్తలు 50,000 సంవత్సరాల క్రితం మనతో పాటు కనీసం ఐదు వానరజాతులుండేవి-హోమో ఎరక్టస్, హోమో ఫ్లోరోసియెన్సిస్, హోమో లూజోనెన్సిస్, హోమో డెనిసోవా, హోమో నియాండర్త లెన్సిస్ అందరూ మానవ జాతికి చెందిన వారే గోల్డ్‌ఫించ్, హువుస్ ఫించ్, బుల్‌ఫించ్ లాగానే. ఇవన్నీ ఫించులు (గోరు వంక లాంటి ఒక రకం పక్షులు) చింపాంజీలను మన పరిసరాలలో ఏదో విధంగా ఉంచుకోకుండా జంతు ప్రదన్శనశాలలో ఎందుకు వెడుతున్నామనే ప్రశ్నతలెత్తవచ్చు. ఇది ఇంకొక మిస్టరీ. ఫ్లాట్ హెడ్స్ జాతికి ఏమైంది? మన ఇతర సోదర, సోదరీ మణులతో ఏం చేస్తున్నాం? వాళ్లందరూ ఎందుకు అదృశ్యమయ్యారు?

నియాండర్తాళ్లు మన కన్నా బలహీనులా? దీనికి భిన్నంగా వారు మౌలికంగా కండరాలతో ఉన్నారు. భుజాలు బాగా పుష్టిగా ఉన్నాయి. మరీ ముఖ్యంగా వాళ్లు చాలా కఠినంగా ఉన్నారు. నియాండర్తాళ్ల ఎముకల పగుళ్లను విస్తారంగా అధిక సంఖ్యలో పరిశీలించిన ఇద్దరు అమెరికన్ పురావస్తు శాస్త్రవేత్తలు 1990లో వివరణాత్మక విశ్లేషణచేస్తూ నిర్ధారించారు. పెద్దజంతువులతో, హింసాత్మక పోరాటాల వల్ల బాధపడ్తున్న ఆధునిక వృత్తి సముదాయాలతో, సమానంగా ఉండడానికి ఈ రకమైన శారీరక పుష్టి అవసరం.

రోడియో కౌబాయ్స్. ఇది ఆషా మాషీ విషయం కాదు అనేది పురావస్తు శాస్త్రవేత్తలు మనసులో పెట్టుకున్నారు. ప్రొఫెషనల్ రోడియో కౌబాయ్స్ అసోసియేషన్ 1980లో తమ సభ్యులపై 2,593 గాయాలు నమోదు చేసింది. ఈ వివరాలను నియాండర్తల్ వివరాలతో పోల్చినప్పుడు వారు అద్భుతమైన సారూప్యతలను కనుగొన్నారు. ఒకే ఒక్క తేడా?

దుప్పులపైనా, అడవి గుర్రాలపైనా స్వారీ చేసేవారు. పెద్ద పెద్ద జంతువులను, కోరల్లాంటి పళ్లుగల పిల్లలను ఈటెలతో వేటాడేవారు. సరే వాళ్లు ఒక వేళ మనకంటే బలహీనులు కాకపోతే నియాండర్తాళ్లు బహుశా మనతో పోలిస్తే మూగవాళ్లు అయి ఉంటారు.

ఈ విషయాలు మరింత బాధాకరంగా ఉంటాయి. సగటున నియాండర్తల్ మెదడు. మన ఇప్పటి మెదడు కన్నా 15 శాతం పెద్దది. 1500 సెం.మీ vs 1500 సె.మీ మనం మనది సూపర్ బ్రెయిన్ అని ప్రగల్భాలు పలుకుతాం. వారిది గిగా బ్రెయిన్ మనది "మాక్ బుక్ ఎయిర్" 13 నుండి 16 అంగుళాలు స్క్రీన్ అయితే వారిది 'మాక్ బుక్ ప్రో' 15 నుండి 17 అంగుళాల స్క్రీన్.

నియాండర్తాల్స్ గురించి శాస్త్ర వేత్తలు కొత్త ఆవిష్కరణలు చేస్తూనే ఉన్నారు. ఆ జాతులవారు అద్భుతమైన తెలివితేటలు గలవారని శాస్త్రవేత్తలలో ఏకాభిప్రాయం పెరుగుతోంది. వారు నిప్పు రాజేసి వంటవండే వారు. దుస్తులు, వాయిద్యపరికరాలు, ఆభరణాలు, గుహలో పెయింటింగ్స్ తయారు చేసేవారు. రాతి పనిముట్లు, చనిపోయినవారిని సమాధి చేయడం వంటి కొన్నిటిని బహుశా మనం నియాండర్తాళ్ల ఆవిష్కరణల నుండి తీసుకొని ఉండవచ్చు. అంతకన్నా ఏమి ఇస్తుంది? నియాండర్తాళ్లు తమ కండబలం, పెద్ద మెదళ్లు, రెండు మంచుయుగాల పాటు నివసించగల సామర్థ్యం కలిగినవారు ఏ విధంగా ఈ భూమిలో కనుమరుగైపోతారు ?

రెండు లక్షల సంవత్సరాలపైగా భూమిపై ఉండగల సామర్థ్యం ఉన్నప్పటికీ మానవజాతి ఆవిర్భవించగానే నియాండర్తాళ్లు ఎందుకు అంతరించిపోయారు? ఒక చివరి, చాలా చెడు పరికల్పన ఉంది. నియాండర్తాళ్ల కంటే మనం బలం లేదా ధైర్యం లేదా తెలివిగా లేకపోతే మనం అల్పులం. దీనిని ఇజ్రాయిల్ చరిత్రకారుడు యువల్ నోహ్ హరారీ చాలా చక్కగా ఊహించాడు. "నియాండర్తాళ్లని మానవజాతి ఎదుర్కొన్నప్పుడు వచ్చిన ఫలితం, చరిత్రలో జాతి ప్రక్షాళన ప్రచారంలో మొదటిది, అత్యంత ప్రాముఖ్యత గలది" అన్నాడు. పులిట్జర్ బహుమతి పొందిన భౌగోళిక శాస్త్రవేత్త జారెడ్ డైమండ్ ఇలా అన్నారు: "హంతకులు బలహీనమైన సందర్భోచిత సాక్ష్యాల ఆధారంగా దోషులుగా నిర్ధారించబడ్డారు.

3

ఇది నిజమేనా? మనం మన హోమినిన్ దాయాదులను తుడిచిపెట్టామా?

ఒక్కసారి 1958వ వసంతరుతువు వరకువెళ్లండి. మాస్కో స్టేట్ యూనివర్సిటీ బయాలజీ విద్యార్థి లియుడ్మిలా ట్రూట్ ప్రొఫెసర్ డిమిత్రి బెల్యావ్ కార్యాలయానికి వెళ్లారు. ఆయన జంతుశాస్త్ర వేత్త. ఆయన కొత్త పరిశోధనా కార్యక్రమంతో ఎవరైనా ముందుకు వస్తారేమోనని ఎదురు చూస్తున్నారు. ఆమె ఇంకా స్కూల్‌లోనే ఉన్నప్పటికీ ఉద్యోగం చేయాలనే సంకల్పంతో ఉంది.

ప్రొఫెసర్ మంచి మర్యాదస్తుడు, దయగలవాడు. మహిళల పట్ల సోవియట్ శాస్త్రీయ స్థాపన వైఖరి చాలా చిన్నచూపుగా ఉండేది. ఆ సమయంలో డిమిత్రి లియుడ్మిలా మహిళలను తమతో సమానంగా చూసేవాడు. తన రహస్య ప్రణాళికలోకి ఆమెను అనుమతించాలని నిర్ణయించుకున్నాడు. ఈ ప్రణాళికలో భాగంగా ఆమె కజకిస్తాన్, మంగోలియా సరిహద్దు సమీపంలోని మారుమూల ప్రాంతమైన సైబీరియాలో పర్యటించాల్సి ఉంది. అక్కడ ఈ ప్రొఫెసర్ ఒక ప్రయోగాన్ని ప్రారంభించ నున్నారు.

ఈ యాత్ర చాలా ప్రమాదకరమైనది కాబట్టి అంగీకరించేముందు బాగా ఆలోచించుకోమని ఆయన లియుడ్మిలాను హెచ్చరించారు.

పరిణామ సిద్ధాంతం ఒక బూటకమనీ పెట్టుబడి దారులు ప్రచారం చేయడంతో అక్కడి కమ్యూనిస్ట్ పాలన, ఏ రకమైన జన్యుపరిశోధనలు జరుపరాదంటూ నిషేధించింది. అంతకు పది సంవత్సరాల క్రితం జన్యు శాస్త్రవేత్తకూడా అయిన డిమిత్రి ఆయనను ఉరితీశారు. ఈ కారణంగా ఈ బృందం విలువైన నక్కచర్మంపై అధ్యయనం చేస్తున్నట్లు బాహ్య ప్రపంచాన్ని మభ్యపెట్టి తమ ప్రయోగం చేయనుంది. వాస్తవానికి ఇది పూర్తిగా భిన్నమైన విషయం "ప్రొఫెసర్ నక్కను కుక్కలా మార్చాలనుకున్నాడు, ఆయన ఈ విషయం నాతో చెప్పాడని" లియుడ్మిలా కొన్ని సంవత్సరాల తర్వాత చెప్పింది.

ఇతిహాస అన్వేషణకు బయలుదేరడానికి ఆమె అంగీకరించింది. యువశాస్త్రవేత్త గ్రహించిన విషయం ఏమిటంటే తాను, దిమిత్రి బెల్యేవ్ కలిసి మానవజాతి మూలాన్ని విప్పబోతున్నామనేది తెలియదు. ఒక విభిన్నమైన ప్రశ్నతో వారు ప్రారంభించారు: ఒక క్రూరమైన జంతువుని స్నేహపూర్వకమైన పెంపుడు జంతువుగా మార్చడం ఎలా? వంద సంవత్సరాల క్రితం చార్లెస్ డార్విన్ అప్పటికే పెంపుడు జంతువులను గుర్తించాడు– పందులు, కుందేళ్లు, గొర్రెలు – కొన్ని సారూప్యతలు కలిగి ఉన్నాయని పేర్కొన్నాడు. ప్రారంభకుల కోసం, కొన్ని తమ ముందుతరాల క్రూరమైన వాటికన్నా ఆకారంలో చిన్నగా ఉంటాయి. వాటికి మెదళ్లు చిన్నవిగా, దంతాలు కలిగి ఉండి, వేలాడే చెవులు, వంకర తిరిగిన తోకలు లేదా తెల్లమచ్చలు కలిగిన బొచ్చుతో ఉంటాయి. బహుశా అన్నింటికంటే ఆసక్తికరమైన విషయం ఏమిటంటే వారు వారి జీవితాంతం కొన్ని బాల్యలక్షణాలను కలిగి ఉంటారు.

కొన్నేళ్లుగా దిమిత్రిని కలవరపెడ్తున్న పజిల్ ఇది. పెంపుడు జంతువులు అవి గతంలో చేసే విధంగానే ఇప్పుడు ఎందుకు కనిపిస్తాయి? లెక్కలేనన్ని సంవత్సరాల క్రితం రైతులు చేసిన వాటినే అసంఖ్యాకంగా ఉన్న రైతులు ఎందుకు చేస్తున్నారు? మెలితిరిగిన తోకలు, వేలాడే చెవులు, పసిపిల్లల మొహాలతో ఉండే కుక్క పిల్లలు, పంది పిల్లలని తీసుకుంటే అవే లక్షణాలతో ఇప్పుడు మళ్లీ వాటి పెంపకం చేయాలా?

ఈ రష్యన్ జన్యుశాస్త్రవేత్త తీవ్రమైన పరికల్పన ఉంది. ఈ అందమైన లక్షణాలు కేవలం వేరే వాటి ఉప ఉత్పత్తులేమో, ఒక వేళ తగినంత సుదీర్ఘ కాలం సేంద్రీయంగా రూపాంతరత జరిగి ఉంటే జంతువులు స్థిరంగా ఒక ప్రత్యేకమైన లక్షణాన్ని కలిగి ఉండేవేమోనని అతని అనుమానం: స్నేహభావం.

కాబట్టి ఇది దిమిత్రి ప్రణాళిక, ప్రకృతి ఉత్పత్తి చేయడానికి లక్షలాది సంవత్సరాలు తీసుకున్న దానిని రెండు దశాబ్దాలలో ప్రతి రూపం చేయాలన్నది దిమిత్రి సంకల్పం. అతను క్రూర జంతువులని పెంపుడు జంతువులుగా మార్చాలనుకున్నాడు. సింపుల్‌గా బాగా స్నేహంగా ఉండే వాటిని సంతానోత్పత్తికి ఎంచుకున్నాడు. తన పరీక్ష కేసు కోసం దిమిత్రి సిల్వర్ ఫాక్స్ (వెండినక్క)ని ఎంచుకున్నాడు. అది ఎప్పుడూ పెంపుడు జంతువుగా లేదు. పైగా చాలా క్రూరమైనది దుష్టజంతువు. కేవలం పరిశోధకులు మాత్రమే దానిని అదుపు చేయగలరు. రెండు అంగుళాల మందం గలిగి మోచేతివరకు చేతి తొడుగులు ధరించి దానిని పట్టుకుంటారు. ఎక్కువగా ఆశలు పెంచుకోవద్దని "దిమిత్రి" 'లియాడ్మిలా'ను హెచ్చరించాడు. ఈ ప్రయోగం చాలా ఏళ్లు సాగవచ్చనీ ఒక్కోసారి జీవిత కాలం పట్టవచ్చుననీ, చివరికి ఎలాంటి ఫలితాలు కూడా ఉండకపోవచ్చునని చెప్పాడు. కానీ రెండోసారి ఆలోచించాల్సిన అవసరం 'లియాడ్మిలా'కు కలుగలేదు. కొన్ని వారాల తర్వాత ఆమె ట్రాన్స్ సైబీరియన్ ఎక్స్‌ప్రెస్ ఎక్కేసింది.

దిమిత్రి కాంట్రాక్టుకు తీసుకున్న నక్కల పెంపక కేంద్రం విస్తారమైన కాంప్లెక్స్‌గా రూపుదిద్దుకుంది. వేలాదిగా ఉన్న బోనుల నుండి కర్ణ కఠోరమైన అరుపులు వినిపిస్తూ వుంటాయి. వెండి నక్కల ప్రవర్తన గురించి లియాడ్మిలా పుస్తకాలలో చదివినప్పటికీ, ఎదురుగా చూస్తున్నప్పుడు వాటి క్రూరత్వాన్ని ఎదుర్కొనేందుకు సిద్ధంగా లేదు. మొదటి వారంలో ఆమె అన్ని బోనులను చూస్తూ తిరగడం ప్రారంభించింది. రక్షిత చేతి తొడుగులను వేసుకుని జంతువులు ఎలా రియాక్ట్ అవుతాయో చూద్దామని బోనులో చేతులు దూర్చేది. రియాక్షన్ చాలా తక్కువగా ఉన్నట్లు ఉంటే దానిని సంతానోత్పత్తి కోసం లియాడ్మిలా ఎంపిక చేసేది. సింహావలోకనం చేసుకుంటే, ఇదంతా ఎంత త్వరగా జరిగిందో చాలా గొప్ప విషయం. 1964లో నాలుగోతరంలో జరిగిన ప్రయోగంలో తోక ఊపుతున్న మొదటి నక్కను లియాడ్మిలా చూసింది. దీనిని నిర్ధారించడానికి ఇలాంటి ప్రవర్తనలు వాస్తవానికి సహజ ఎంపిక ఫలితం (పొందలేదు) లియాడ్మిలా, ఆమె బృందం జంతువులతో కనీసంగా అన్ని సంబంధాలను పెట్టుకుంది. కానీ అది రాను రాను కష్టమైంది. మరికొన్ని తరాలలోనే ఆ నక్కలు వాటిపై మన శ్రద్ధ పెట్టడంకోసం ఆతృతగా ఎదురు చూడసాగాయి. ఎంతో ఆశతో తోక ఊపుకుంటూ మనవైపు చూసే నక్క పిల్లను కాదని తిరస్కరించగలమా? అడవిలో నక్కలు దాదాపు ఎనిమిది వారాల వయస్సుకే దౌర్జన్యంగా, ప్రధానంగా దూకుడుగా తయారవుతాయి– కానీ లియాడ్మిలా పెంపకంలో ఉత్పత్తి అయిన నక్కలు మాత్రం శాశ్వతంగా బాల్యంలోనే ఉండి రోజంతా ఆడుకోవడానికే మొగ్గు చూపుతున్నాయి. ఈ మచ్చికైన నక్కలు ఎదగడానికి సంబంధించిన ఆదేశాలను వ్యతిరేకించినట్లు కనబడుతోందని లియాడ్మిలా తర్వాత ఎప్పుడో రాశారు.

ఈ లోగా గుర్తించదగిన శారీరక మార్పులు కూడా జరిగాయి. నక్కల చెవులు కిందకు వాలాయి. వాటితోకలు వంకరతిరిగాయి. వాటి శరీరంపై మచ్చలు కనిపంచాయి. ముక్కలు పొట్టి అయినాయి. వాటి ఎముకలు సన్నబడ్డాయి. మగ నక్కలు, ఆడనక్కలతో పోలి ఉండడం క్రమేణా పెరిగింది. నక్కలు చివరకు కుక్కలాగా మొరగడం ప్రారంభించాయి. వాటిని

పెంచుకున్న వారు వాటిని పేర్లతో పిలిస్తే స్పందిస్తున్నాయి. ఇంతకుముందెన్నడూ నక్కలలో చూడని ప్రవర్తన లక్షణాలు.

ఇక్కడ ఒక్క విషయం గుర్తుంచుకోవాలి. ఇవేవీ కూడా లియాడ్మిలా ఎంచుకున్న లక్షణాలు కావు. ఆమె ఏకైక లక్ష్యం స్నేహపూర్వకంగా ఉండాలన్నది-ఇక మిగతా అన్ని లక్షణాలు కేవలం ఉప ఉత్పత్తులు.

ఈ ప్రయోగం ప్రారంభమై ఇరవై సంవత్సరాల తర్వాత అంటే 1978లో రష్యాలో చాలామార్పులు వచ్చాయి. ఇక జీవశాస్త్ర వేత్తలు తమ పరిశోధనలు దాచాల్సిన అవసరం లేకపోయింది. ఏది ఏమైనా పరిణామ సిద్ధాంతం అనేది పెట్టుబడిదార్ల కుట్రకాదు. ఇక ఇప్పుడు పొలిట్‌బ్యూరో రష్యన్ సైన్స్‌ని ప్రోత్సహించడంపై ఆసక్తి చూపింది.

అదే సంవత్సరం ఆగస్టులో దిమిత్రి మాస్కోలో జెనెటిక్స్‌పై అంతర్జాతీయ కాంగ్రెస్ ఏర్పాటుకు సిద్ధమయ్యారు. అతిథులను రాష్ట్ర క్రెమ్లిన్ ప్యాలెస్‌లో బస ఏర్పాటు చేశారు. అక్కడ 6000 మంది ఉండడానికి వీలుంది- అక్కడ షాంపైన్ స్వేచ్ఛగా ప్రవహించింది. చుట్టూ వంట పదార్థాలు.

దిమిత్రి ప్రసంగం ఆకట్టుకున్నంతగా అందులో ఏ ఒక్కటి కూడా అతిథులను ఆకట్టుకోలేక పోయాయి. క్లుప్తంగా పరిచయం అయిన తర్వాత, లైట్ల వెలుతురు బాగా తగ్గించి వీడియో ప్రదర్శిం చడం ప్రారంభించారు. తెరపై ఇష్టంలేని ఒక జీవి కనబడింది. అదే వెండినక్క. తోక ఆడిస్తోంది. వీడియో చూస్తున్న ప్రేక్షకులలో బోలెడన్ని ఆశ్చర్యాలు తలెత్తినాయి. తిరిగి లైట్లు వెలిగిన తర్వాత చాలా సేపటి వరకు ఎంతో ఉత్తేజంగా కబుర్లు కొనసాగాయి.

కానీ దిమిత్రి సమావేశాన్ని ముగించలేదు. మరో గంటలో అతను తన విప్లవాత్మక ఆలోచనను నిర్ధారణ చేసుకున్నాడు. నక్కలలో ఈ మార్పులకు అసలు మూలకారణం హార్మోన్స్ అని అతను అనుమానించాడు. స్నేహ పూర్వకంగా ఉన్న నక్కలు కొద్దిపాటి ఒత్తిడి గల హార్మోన్లను అధికంగా సెరొటోనిన్ (హ్యాపీ హార్మోన్లు), ఆక్సిటోసిన్ (లవ్ హార్మోన్లు) ఉత్పత్తి చేస్తాయి.

దిమిత్రి సమావేశాన్ని ముగిస్తూ చివరగా, ఇది కేవలం నక్కలకు మాత్రమే వర్తించదని, ఈ సిద్ధాంతాన్ని మానవులకు కూడా వర్తింపచేయవచ్చునని అన్నారు.

దిమిత్రి బెలియావ్ తన వెండినక్కలతో నోవోసిబిర్క్స్, 1984 అదే సంవత్సరం దిమిత్రి మరణించినప్పటికీ, ఇప్పటికీ అతని పరిశోధనా కార్యక్రమం కొనసాగుతోంది. ఆలమీ సౌజన్యంతో.

వెనక్కి తిరిగి చూస్తే అది చారిత్రాత్మక ప్రకటన.

స్వార్థ పూరిత జన్యువుల గురించి రిచర్డ్ డాకిన్స్ తన బెస్ట్ సెల్లర్‌ని ప్రచురించిన రెండేళ్ల తర్వాత. అంటే మనుష్యులు స్వార్థపరులుగా పుట్టారని అందులో ముగింపు వాక్యాలు రాసిన తర్వాత ఎవరికీ పెద్దగా తెలియని ఒక రష్యన్ జన్యుశాస్త్రవేత్త ఇందుకు భిన్నంగా పేర్కొన్నాడు.

దిమిత్రి బెలియావ్ సిద్ధాంతం ప్రకారం మానవులు మచ్చికైన పెంపుడు కోతులు. వేలాది సంవత్సరాలుగా మంచి మానవులు అధికశాతం పిల్లలు.

సంక్షిప్తంగా మన జాతి పరిణామాన్ని స్నేహపూర్వక మనుగడగా అంచనా వేయబడింది.

దిమిత్రి సిద్ధాంతం సరైనది అయితే మన స్వంత శరీరాలలోని ఆధారాలు ఈ సిద్ధాంతాన్ని రుజువు చేస్తాయి. పందులు, కుందేళ్లు, ఇప్పుడు వెండి నక్కలల్లా మానవులు కూడా చిన్నగా, అందంగా తయారై ఉండాలి.

దిమిత్రికి తన పరికల్పనను పరీక్షించుకోవడానికి వేరే మార్గంలేదు, కానీ అప్పటి నుండి సైన్స్ బాగా అడ్వాన్స్ అయ్యింది. 2014లో అమెరికన్ బృందం గత 2,00,000 కాలాన్ని

ప్రాతిపదికగా తీసుకుని మానవ పుర్రెలను పరిశీలించడం ప్రారంభించింది. వారు ఒక నమూనాను కనుగొనగలిగారు.

మన ముఖాలు, శరీరాలు కాలక్రమేణా మృదువుగా, యవ్వనంగా, అధికంగా స్త్రీలలా తయారైనాయని కనుగొన్నారు. మన మెదళ్లు కనీసం పదిశాతం క్రుంగాయనీ, మన దంతాలు, దౌడ ఎముకలు శరీర నిర్మాణానికి ఉపయోగపడ్డాయని పీడోమార్ఫిక్ దీనినే సాధారణ ఆంగ్లభాషలో పిల్లల లాగా ఉన్నాయని పేర్కొన్నారు.

మీరు మన తలలను నియాండర్తాల్ తలలతో పోలిస్తే తేడాలు మరింతగా స్పష్టంగా కనిపిస్తాయి. మనవి చిన్నవి, రౌండ్‌గా ఉండే పుర్రెలు, చిన్న నుదురు శిఖరం కలిగి వున్నామ్. తోడేళ్ల నుండి కుక్కల లాగా మనం నియాండర్తాల్ నుండి. యుక్త వయస్సులో ఉన్న కుక్కలు తోడేలు పిల్లలాగా కనిపించినట్లే మానవులు పరిణామం చెందిన కోతుల పిల్లలుగా కనిపిస్తారు.

హోమోపప్పీలను కలవండి.

మానవులను, కుక్కలను మచ్చిక చేసుకోవడం

ఫలితాలు:

- స్నేహపూర్వక ప్రవర్తన
- అధిక సెరొటోనిన్, ఆక్సీటోసిన్
- సుదీర్ఘ బాల్య స్థితి
- అధిక స్త్రీ, బాల్య రూపురేఖలు
- మెరుగైన కమ్యూనికేషన్

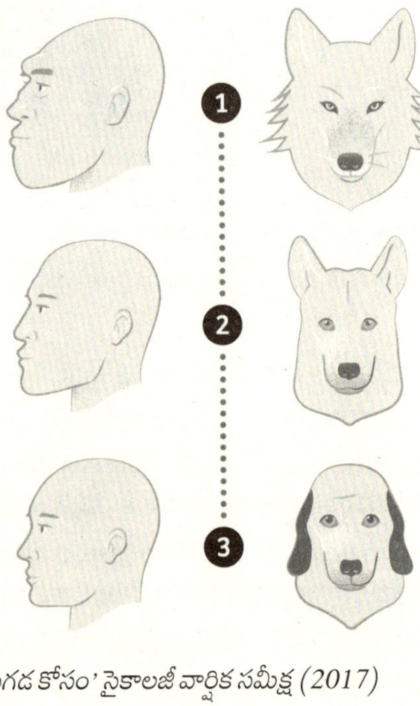

సోర్స్: బ్రియాన్ హేర్, 'స్నేహపూర్వకమైన మనుగడ కోసం' సైకాలజీ వార్షిక సమీక్ష (2017)

మన ఆకారంలో ఇలాంటి మార్పు సుమారు యాభై వేల సంవత్సరాల క్రితం నుండి వేగవంతమైంది. ఆశ్చర్యకరంగా దాదాపు అదే సమయంలో నియాండర్తాళ్లు అదృశ్యమయ్యారు. మనం కొత్త ఆవిష్కరణలతో అంటే మెరుగైన పదునుపెట్టే రాళ్లు, చేపలు పట్టే తాళ్లు, బాణాలు, విల్లంబులు, పడవలు, గుహ పెయింటింగ్స్ వాటితో వచ్చాము. ఇందులో ఏ ఒక్కటీ కూడా పరిణామ భావాన్ని వ్యక్తం చేయడంలేదు. ప్రజలు బలహీనంగా దాడికి అనువుగా, ఎక్కువగా శిశు సంబంధంగా తయారయ్యారు. మన మెదళ్లు చిన్నవైనప్పటికీ మన ప్రపంచం మరింత సంక్లిష్టమైంది. ఎలా వస్తాయి? హోమో కుక్క పిల్లలు ఈ ప్రపంచాన్ని జయించగలగడం సాధ్యమా?

4

అసలైన కుక్కపిల్లల నిపుణుడు తప్ప ఈ ప్రశ్నకు ఎవరు మెరుగైన సమాధానం ఇవ్వగలరు? 1980లలో అట్లాంటాలో పెరిగిన బ్రియాన్ హారేకి కుక్కలంటే అమిత ఆసక్తి. అతను జీవశాస్త్రం చదవాలని నిర్ణయించుకున్నాడు. ఎందుకంటే జీవశాస్త్ర వేత్తలు కుక్కల విషయంలో ఎందుకు అంతగా ఆసక్తి చూపడం లేదో తెలుసుకోవాలనుకున్నాడు. వాటికి పళ్లు కోరల్లాగా ఉండవచ్చు కానీ అవి అంత తెలివైనవి కావు.

కళాశాలలో బ్రియాన్, డెవలప్ మెంటల్ సైకాలజీ ప్రొఫెసర్ తాము సెల్లోతో కలిసి క్లాస్ తీసుకున్నాడు. అతని బ్రియాన్‌కి గురువు సహోద్యోగి. తోమసెల్లో పరిశోధన చింపాంజీలపై దృష్టిపెట్టింది. ఈ జాతి సాధారణంగా కుక్కల కన్నా ఎక్కువ ఆసక్తి కలిగిస్తుంది. కళాశాలలో రెండవ సంవత్సరం చదువుతున్న బ్రియాన్ వయస్సు అప్పుడు కేవలం పందొమ్మిది సంవత్సరాలే. తెలివికి సంబంధించిన పరీక్ష నిర్వహించడంలో బ్రియాన్, తోమసెల్లోకి సహాయం చేశాడు.

ఇది క్లాసిక్ ఆబ్జెక్ట్ చాయిస్ పరీక్ష. ఇందులో ఒక రుచికరమైన పదార్థాన్ని దాచిపెడ్తారు. ఎక్కడ దానిని వెతుక్కోవాలి అనే దానికి కొన్ని క్లూలు ఇస్తారు. మానవుల పిల్లలు దీనిని కనిపెట్టగలుగుతారు గానీ ఇది చింపాంజీలను ఇరుకున పెడ్తుంది. ప్రొఫెసర్ తోమసెల్లో, అతని విద్యార్థులు వారు అరటి పండును దాచిన ప్రదేశం వైపుగా చూపిస్తున్నప్పటికీ చింపాంజీలు 'క్లూ' తెలియని వాటిగానే ఉండిపోయాయి. మరొక రోజంతా సంజ్ఞలు చేసినప్పటికీ లాభం లేకపోయింది. అప్పుడు బ్రియాన్ అస్పష్టంగా 'నా కుక్క అరటిపండును కనుగొనగలదని అనుకుంటున్నాను' అన్నాడు. "తప్పకుండా" అంటూ ప్రొఫెసర్ నవ్వుకున్నాడు.

"లేదు, నిజంగా చెప్తున్నా" అని బ్రియాన్ పట్టుబట్టాడు. "ఈ పరీక్షలో నేను నెగ్గగలనని పందెం కాస్తున్నా" అన్నాడు. ఇరవై సంవత్సరాల తర్వాత పరిణామాత్మక మానవ శాస్త్రంలో బ్రియాన్ హారే ప్రొఫెసర్‌గా పనిచేస్తున్నారు.

కచ్చితమైన ప్రయోగాల శ్రేణిలో ఉపయోగించి కుక్కలు చాలా తెలివైనవని నిరూపించ గలిగాడు, కొన్ని సందర్భాల్లో చింపాంజీల కంటే తెలివైనవని నిరూపించాడు (కుక్కల మెదళ్లు చిన్నవైనప్పటికీ) ఆబ్జెక్ట్ చాయిస్ పరీక్షలో ఉత్తీర్ణత చెందేంత తెలివి కుక్కలకు ఎలా ఉంటుంది? అనేది మొదట్లో శాస్త్రవేత్తలకు కొంచెం కూడా అర్థం కాలేదు. అవి కచ్చితంగా తమ మెదళ్లను తమ పూర్వీకులైన తోడేళ్ల నుండి వారసత్వంగా పొందలేదు. ఎందుకంటే బ్రియాన్ పరీక్షలో ఒరంగుటాన్‌లు, చింపాంజీల కన్నా తోడేళ్లు తక్కువ స్కోరు సాధించాయి. కుక్క పిల్లలు తొమ్మిది వారాల వయస్సులోనే పరీక్షలో ఉత్తీర్ణత సాధించగలిగాయి.

మెలితిరిగిన తోక, కిందకు పడినట్లుండే చెవుల వంటి ఉప ఉత్పత్తుల లాగే వాటికి స్వయంగా తెలివి పెరిగే అవకాశం ఉండవచ్చునని బ్రియాన్ సహోద్యోగి, సలహాదారు, ప్రిమటాలజిస్ట్ రిచర్డ్ రాంగావామ్ సూచించారు. కానీ బ్రియాన్ ఆలక్షణాలను కొని తెచ్చుకోలేదు. ఒక లక్షణం అనేది సామాజిక తెలివిలాగా అకస్మాత్తుగా వచ్చే లక్షణమా?

మన పూర్వీకులు తెలివిగల కుక్కలను ఎంపిక చేసుకున్నారేమో అని కూడా యువ జీవశాస్త్రవేత్త అనుమానం. తన అనుమానం నివృత్తి చేసుకోవడానికి బ్రియాన్‌కి ఒకే ఒక దారి ఉంది. సైబీరియా పర్యటనకు సమయం ఆసన్నమైంది. కొన్ని సంవత్సరాల ముందు బ్రియాన్, ఒక రష్యన్ జన్యుశాస్త్ర వేత్త నక్కలను కుక్కలుగా మార్చిన ఒక అస్పష్టమైన అధ్యయనం గురించి చదివాడు. బ్రియాన్ 2003లో ట్రాన్స్ సైబీరియన్ ఎక్స్‌ప్రెస్ దిగే సమయానికి లియాడ్మిలా ఆమె బృందం అప్పటికే నలభై ఐదు తరాల సంతానోత్పత్తి నిర్వహించారు. 30 డినక్కలపై అధ్యయనం చేయడానికి వచ్చిన మొదటి విదేశీ శాస్త్రవేత్త బ్రియాన్. అతను ఆబ్జెక్ట్ చాయిస్ పరీక్షతో ప్రారంభించాడు.

అతని పరికల్పన సరైనదయితే, స్నేహ పూర్వక నక్కల, భయంకరమైన నక్కలు పరీక్షను సమానంగా పాసై ఉండేవి. ఎందుకంటే దిమిత్రి, లియాడ్మిలా వాటిని స్నేహపూర్వక ఆధారంగా పెంచారు తప్ప వాటి తెలివి ఆధారంగా కాదు. ఒక వేళ బ్రియాన్ సలహాదారు రిచర్డ్ వాదన కరెక్ట్ అనుకుంటే తెలివి, స్నేహపూర్వకతల యాధృచ్చిక ఉప ఉత్పత్తి అయి ఉంటే అప్పుడు ఎంపికచేసిన నక్కల సంతానం పరీక్షలో గొప్పగా ఉత్తీర్ణత సాధిస్తుంది.

క్లుప్తంగా పెద్ద కథ: ఉప ఉత్పత్తి సిద్ధాంతానికి ఫలితాలు మద్దతు నిచ్చాయి బ్రియాన్ వాదన తప్పు అని నిరూపించాయి. స్నేహపూర్వక నక్కల కొత్త తరం అసాధారణమైన వివేకం గలవే కాదు, తమ దూకుడు ప్రత్యర్థుల కంటే అధికంగా తెలివితేటలు కలిగి ఉన్నాయి. "ఈ నక్కలు పూర్తిగా నా ప్రపంచాన్ని కుదిపివేశాయి." అని బ్రియాన్ పేర్కొన్నాడు.

పెంపుడు జంతువులుగా మారడం వల్ల మెదడు శక్తి తగ్గుతుందనే అభిప్రాయం అప్పటి వరకు ఉండేది. వాస్తవానికి పరిపక్వతకు సంబంధించిన పదార్థాన్ని తగ్గిస్తుంది. అడవిలో నివసించడానికి త్యాగం చేయగలనైపుణ్యం ఈ ప్రక్రియలో అవసరమవుతుంది. మనందరికీ కొన్ని పదాలు ఒకేలాగా చెప్పే అలవాటు ఉంది. నక్కలాగా జిత్తుల మారి, ఎద్దులాగా మూగ, కానీ బ్రియాన్ పూర్తిగా భిన్నమైన ముగింపుకి వచ్చాడు. "మీకు తెలివిగల నక్క కావాలంటే మీరు తెలివితేటలను కాక స్నేహపూర్వక లక్షణాలున్న నక్కని ఎంపిక చేసుకోండి". అన్నాడు.

5

ఇది నేను అధ్యాయం ప్రారంభంలో అడిగిన ప్రశ్న దగ్గరకు తిరిగి వస్తుంది. మానవులలో ఉన్న ప్రత్యేకత ఏమిటి? మనం ఎందుకు మ్యూజియంలు నిర్మిస్తున్నాం. నియాండర్తాళ్లు ప్రదర్శనలలో చిక్కుకున్నప్పుడు మ్యూజియంలు నిర్మించాలా?

కోతులు, పిల్లలపైన చేసిన ముప్పై ఎనిమిది పరీక్షల ఫలితాలను మరోసారి చూద్దాం. నేను ఇంతకు ముందు ప్రస్తావించడంలో నిర్లక్ష్యం చేసిన విషయం ఏమిటంటే నాలుగో నైపుణ్యం మీద కూడా విషయాలను అంచనా వేస్తారనేది: సామాజిక అభ్యాసం. అంటే ఇతరుల నుండి నేర్చుకునే సామర్థ్యం. ఈ చివరి పరీక్ష ఫలితాలు వెల్లడించే విషయాలు ఆసక్తికరంగా ఉంటాయి.

మానవుల నిజమైన సూపర్ పవర్

నాలుగు తెలివితేటల పరీక్షల స్కోరు

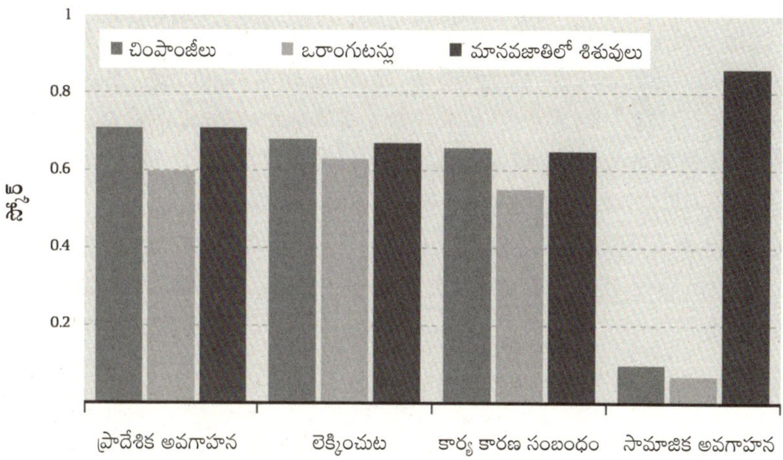

ఈ సంఖ్య మానవులను వేరుగా వుంచే నైపుణ్యాలను కచ్చితంగా వివరిస్తుంది. చింపాంజీలు, ఒరంగ్‌ఉటాన్‌లు మానవుల రెండేళ్ల పిల్లలతో సమానంగా దాదాపు అన్ని తెలివితేటల పరీక్షలలో స్కోర్ చేశాయి. కానీ నేర్చుకునే విషయానికి వస్తే పిల్లలు విజయం సాధిస్తారు. అధిక శాతం పిల్లలు వంద మార్కులు సాధిస్తే అధిక శాతం కోతులు సున్న మార్కులు సాధించాయి. మానవులు అసాధారణమైన సామాజికజ్ఞాన యంత్రాలుగా మారారు. మనం నేర్చుకోవడానికి, బంధాలు ఏర్పరుచుకోవడానికి, ఆడడానికి జన్మించాము. బహుశా ఇది వింతకాకపోవచ్చు, ముఖం ఎర్ర బారడం (కందిపోవడం) అనే భావ వ్యక్తీకరణ మానవులకి ప్రత్యేకం. ఎర్రబారడం(బ్లషింగ్) అనేది సామాజికంగా సర్వోత్కృష్టమైంది.

ఇతరులు ఏమనుకుంటున్నారో, అనేదానిపై ప్రజలు శ్రద్ధ చూపుతున్నారనేది, తెలియజేస్తుంది. ఇది నమ్మకాన్ని సహకారాన్ని అనుమతిస్తూ ప్రోత్సహిస్తుంది.

మనం కళ్లతో ఒకరినొకరు చూసుకున్నప్పుడు ఇదే విధంగా జరుగుతుంది. ఎందుకంటే మనుష్యులకు మరొక వింత లక్షణం ఉంది. మనకళ్లలో తెలుపు రంగు ఉంటుంది. ఇది ఇతరుల చూపుల దిశను అనుసరించడానికి అనుమతిస్తుంది. ఇది దీని ప్రత్యేకత. ప్రతి, ఇతర వానర జాతి (ప్రిమేట్స్) మొత్తం రెండు వందలపైగా జాతులు "మెలసిన్"ను ఉత్పత్తి చేస్తాయి. ఇది వారికళ్లకు రంగుల నిస్తాయి. ఇది పేకాట ఆడేవారు షేడ్స్ ధరించినట్లు ఉంటుంది. ఇది వారి చూపుల దిశను అస్పష్టం చేస్తుంది.

కానీ మనుష్యులు అలాకాదు. మనం తెరిచిన పుస్తకాల్లాంటివారం. మన దృష్టికి వచ్చిన దాన్ని అందరూ చూడవచ్చు. మనం పరస్పరం కళ్లతో చూసుకోలేకపోతే మన స్నేహాలు, శృంగారం ఎలా భిన్నంగా ఉంటాయో ఊహించుకోండి. మనం ఒకరినొకరు విశ్వసించడానికి ఎలా భావిస్తాం?

మన అసాధారణమైన కళ్లు మానవ పెంపకానికి చెందిన మరొక ఉత్పత్తిగా బ్రియాన్ హరే అనుమానించారు. మనం మరింత సామాజికంగా ఎదగడానికి మనం మన అంతర్గత ఆలోచనలను, భావోద్వేగాలను బహిర్గత పరచాల్సి వస్తుంది.

దీనికి మన మృదువైన శిఖరంలాంటి నుదురు, ముందుకు పొడుచుకొని వచ్చినట్లున్న కనుబొమ్మలను జోడించండి. ఇట్లాంటివి నియాండర్తాళ్ల పుర్రెలలో జీవించి ఉన్న చింపాంజీలలో, ఒరంగ్ ఉటాన్‌లలో కనిపిస్తాయి. ఈ విధంగా పొడుచుకొని వచ్చిన శిఖరం కమ్యూనికేషన్‌కి ఆటంకం కలిగిస్తోందేమోనని శాస్త్రవేత్తలు భావించారు. ఎందుకంటే మనం ఇప్పుడు అన్ని రకాల సూక్ష్మ మార్గాలకు కనుబొమ్మలను ఉపయోగిస్తున్నాం.

ఆశ్చర్యాన్ని, సానుభూతిని లేదా చిరాకులాంటి భావాలను వ్యక్తం చేయడానికి ప్రయత్నించండి, అప్పుడు కనుబొమ్మలు ఏ విధంగా ఉంటాయో వాటి పాత్ర ఎంత ఉందో గమనించండి.

క్లుప్తంగా చెప్పాలంటే మానవులు ఏదైనా కానీ పేకాట మొహాలు కలిగి ఉంటారు. మనం నిరంతరం భావోద్వేగాలను వ్యక్తం చేస్తుంటాం. మనచుట్టూ ఉన్నవాళ్లతో సంబంధం కలుపుకోవడానికి కష్టపడతాం. ప్రతి బంధకంగా ఉండడానికి ఇష్టపడం ఇదే మన నిజమైన సూపర్‌శక్తి. ఎందుకంటే కలుపుగోరుగా ఉండేవారు మన చుట్టూ ఉండడం సరదాగా ఉంటుంది. చివరికి వారు తెలివిగా కూడా ఉంటారు.

దీని భావాన్ని గ్రహించడానికి ఉత్తమమైన మార్గం ఏమిటంటే, ఈ గ్రహంపై రెండు తెగలు నివసిస్తున్నాయని ఊహించండి. ఒక తెగ వారు మేధావులు, రెండో తెగ వారు కాపీ రాయుళ్లు (అనుకరించేవారు) మేధావులు చాలా తెలివైన వారు, ప్రతి పదిమందిలో ఒకరు ఏదో ఒక రోజు జీవితంలో అద్భుతమైనది కనుగొంటారు. (ఉదాహరణకి ఫిషింగ్‌రాడ్) ఈ కాపీ రాయుళ్లు చాలా తక్కువ తెలివితో ఉంటారు. ప్రతి వేయిమందిలో ఒకరు అతనికి లేదా

ఆమెకు చేపల గురించి నేర్పిస్తారు. ఇది కాపీరాయుళ్లకంటే మేధావులను వందరెట్లు ఎక్కువ తెలిగలవారిగా చూపిస్తుంది.

కానీ మేధావులకు ఒక సమస్య ఉంది. వారు అంత సామాజికంగా ఉండరు. సగటున ఫిషింగ్‌రాడ్ కనిపెట్టిన మేధావికి ఒక్క స్నేహితుడు మాత్రమే ఉంటారు. అతనికి చేపలు పట్టడాన్ని నేర్పుతాడు. కాపీ రాయుళ్లకి సగటున పది మంది వరకు స్నేహితులుంటారు. మేధావులతో పోలిస్తే వీరు పదిరెట్లు ఎక్కువగా సామాజికంగా ఉండగలరు.

వేరొకరు చేపలను పట్టడంలో గమ్మత్తుగా సగం సమయంలో మాత్రమే విజయవంత మవుతుం దనుకుందాం. ఇక్కడ ప్రశ్న ఏమిటంటే: ఆవిష్కరణ వల్ల ఏ గ్రూపు ఎక్కువగా లాభపడ్తుంది? మానవశాస్త్రవేత్త జోసెఫ్ హెన్రిచ్ దీనికి సమాధానం ఈ విధంగా లెక్కించారు. ఐదుగురు మేధావులలో ఒకరు మాత్రమే చేపలు పట్టడం నేర్చుకుంటారు. సగం మంది స్వంతంగా నేర్చుకుంటే మరో సగం మంది ఇతరుల నుండి నేర్చుకుంటారు. దీనికి విరుద్ధంగా 0.1 శాతం మంది కాపీరాయుళ్లు వారి స్వంతగా ఒక టెక్నిక్‌ని రూపొందిస్తారు. 99.9 శాతం మంది చేపలు పట్టగలుగుతారు. ఎందుకంటే వారు ఇతర కాపీరాయుళ్ల నుండి తీసుకుంటారు. నియాండర్తాళ్లు కొద్దిగా మేధావులలాగే ఉన్నారు. వ్యక్తిగతంగా వారి మెదళ్లు పెద్దవి కానీ, సమిష్టిగా చూస్తే అంత తెలివిగా అనిపించవు. స్వయంగా ఒక హోమో నియాండర్తాలెన్సిస్, ఒక మానవజాతి కన్నా తెలివిగా ఉండవచ్చు. కానీ మానవజాతి పెద్ద సమూహాలుగా కలిసిపోయి ఒక సమూహం నుండి మరొక సమూహంలోకి తరుచుగా వలసలు పోతూ, మంచిగా అనుకరించే వారిగా కూడా తయారై ఉండవచ్చు. నియాండర్తాళ్లు సూపర్ ఫాస్ట్ కంప్యూటరయితే మనం పాతఫ్యాషన్ పీసీతో వైఫై లాంటివాళ్లం. మనం సాధారణ తెలివి కలవారం అయినా బాగా కనెక్ట్ అయ్యాం.

మానవ భాష అభివృద్ధి కూడా మన సామాజిక స్వభావానికి ఫలితమని కొంతమంది శాస్త్రవేత్తలు సిద్ధాంతీకరించారు.

కాపీరాయుళ్లు తమను గురించి తాము ఆలోచించుకోకపోయినా ఒకరి నుండి ఒకరు నేర్చు కుంటూ ఉంటారు. కాలక్రమేణా లియాడ్మిలా నక్కల అరుపు మాదిరిగానే మానవులతో మాట్లాడడం అధికం చేస్తారు.

కాబట్టి, నియాండర్తాళ్లకు ఏం జరిగింది? హోమో కుక్కపిల్ల వాటినన్నిటినీ తర్వాత తుడిచిపెట్టి బయటకు పంపిందా? ఈ భావన కుతూహలంగా చదవడానికి లేదా డాక్యుమెంటరీకి పనికి వస్తుంది తప్ప. దీనిని సమర్థించగల పురావస్తు శాస్త్రం లేదు. అత్యంత ఆమోద యోగ్యమైన సిద్ధాంతం ఏమిటంటే, మానవులు అతికఠినమైన చివరి మంచుయుగం (115,000–15,000 సంవత్సరాలు) బాగానే ఎదుర్కోగలిగారు. ఎందుకంటే మనం కలిసి ఉండే సామర్థ్యాన్ని అభివృద్ధి చేశాం.

నిరాశపరిచే పుస్తకం "సెల్ఫిష్ జీన్? (స్వార్థపూరితమైన జన్యువు). అది 1970-దశకం నాటి ఆలోచనకు సరిపోతుంది– ఆ సమయాన్ని 'నాదశాబ్దం' అంటూ న్యూయార్క్ మ్యాగ్‌జైన్ కొనియాడింది. 1990 దశకం చివరిలో ఆసక్తిగల రిచర్డ్ డాకిన్స్ అభిమాని

డాకిన్స్ ఆలోచనలను ఆచరణలో పెట్టాలని నిర్ణయించుకున్నాడు. డాకిన్స్ నిరాశావాదిగా మిగిలిపోవడం అతనికిష్టం లేకపోయింది. ఈ పుస్తకం సీఈవో 'జెఫ్రీ స్కిల్లింగ్'ని నిరాశని కలిగించకుండా 'విశాలమైన ఇంధన ఎన్‌రాన్' పై పూర్తి కార్పొరేషన్‌ని అత్యాశతో నడిపించేలా ప్రేరేపించింది. ఎన్ రాన్ వద్ద సమీక్షలు నిర్వహించడానికి, నైపుణ్యం కోసం "రాంక్ & యాంక్" వ్యవస్థను ఏర్పాటు చేసింది.

కంపెనీ నిర్వహణలో అత్యుత్తమ పనితీరు ప్రదర్శించిన వారిని స్కోరు '1' స్థానంలో నిలిపి వారికి అత్యధికంగా బోనస్ ఇస్తారు. స్కోరు '5'లో ఉంటే చివరిలో పెట్టి ఈ గ్రూపును సైబీరియాకు పంపడంతో బాటు బాగా అవమానిస్తారు. రెండు వారాలలో మీరు మరో స్థానానికి మారకపోతే ఉద్యోగం నుండి తొలగిస్తారు. ఉద్యోగుల మధ్య తీవ్రమైన పోటీ అనేది హబ్బేసియన్ వ్యాపార సంస్కృతి. ఫలితం ఎన్‌రాన్‌లో భారీ ఎత్తున అకౌంట్‌లో మోసాలు జరిగాయని 2001 సంవత్సరం చివరిలో వచ్చిన వార్తలు సంచలనం రేపాయి. స్కిల్లింగ్ జైలుపాలైన తర్వాత ఆ దుమారం సద్దుమణిగింది.

ప్రస్తుతం అమెరికా కార్పొరేషన్లలో అధిక భాగం అంటే 60 శాతం ఇప్పటికే రాంక్ & యాంక్ పద్ధతిలోని కొంత వైవిధ్యాన్ని ఉపయోగిస్తున్నారు. ఇది "హాబ్బేసియన్ ప్రపంచం" అని జర్నలిస్ట్ జోరిస్‌లు మెండిజ్క్ అన్నారు. 2008 క్రెడిట్ సంక్షోభం తర్వాత ఆయన లండన్ ఫైనాన్షియల్ సర్వీసెస్ సెక్టర్ (లండన్ ఆర్థిక సేవల రంగం) గురించి చెప్తూ నీచమైన క్రూరమైన అల్పమైన లక్షణాలు గల సంబంధాలతో అందరూ అందరికీ వ్యతిరేకమైనారని అన్నారు.

ఇదే వ్యవహారం అమెజాన్, ఉబర్ వంటి సంస్థల్లో ఒక క్రమపద్ధతిలో కార్మికులు ఒకరికొకరు గోతులు తవ్వుకునేలా కొనసాగుతోంది. ఉబర్ అంటే, హాబ్బేసియన్ అడవనీ, అక్కడ ఎవరైనా ఒకరు చనిపోతే తప్ప మరొకరు ఎదగలేరని అందులో పనిచేస్తున్న ఉద్యోగి ఒకరు చెప్పారు.

సైన్స్ 1970 దశకం నుండి గణనీయంగా అభివృద్ధి చెందింది. సెల్ఫిష్ జీన్ తర్వాత సంచికలలో రిచర్డ్ డాకిన్స్ మానవుల అంతరంగిక స్వార్థం గురించిన తనవాదనలను తుడిచివేశాడు. ఆయన సిద్ధాంతం జీవశాస్త్ర వేత్తలో విశ్వసనీయతను కోల్పోయింది. జీవన పరిణామంలో పోరాటం, పోటీ స్పష్టమైన కారకాలుగా ఉన్నప్పటికీ, ఇప్పుడు జీవశాస్త్రం మొదటి సంవత్సరం విద్యార్థి సహకారం అనేది అత్యంత క్లిష్టమైనదని నేర్చుకుంటాడు.

ఇది పర్వతాల కంటే కూడా అతి పురాతనమైన వాస్తవం. సామూహిక, అరుదుగా వ్యక్తుల ఆరాధన ప్రాముఖ్యత గురించి మన దూరపు పూర్వీకులకు తెలుసు.

ప్రపంచ వ్యాప్తంగా అంటే అతి శీతలంగా ఉండే టండ్రాస్ నుండి అత్యంత వేడిగా ఉండే ఎడారుల వరకు ఉన్న వేటాడే వారు, సేకరించేవారి వరకు ప్రతిదీ అనుసంధానించబడిందని నమ్ముతారు. వారు తమని తాము, అన్ని ఇతర జంతువులు, చెట్లు, పుడమితల్లితో సంబంధమున్న అతిపెద్ద దానిలో భాగమని అనుకున్నారు. బహుశా ఈ రోజు మనకన్నా మానవుల పరిస్థితి మెరుగ్గా ఉందని అర్థం చేసుకుని ఉంటారు.

ఒంటరితనం అక్షరాలా మనని అనారోగ్యానికి గురిచేస్తుందనడంలో ఏమన్నా ఆశ్చర్యం ఉందా? ఇతరులతో ఎలాంటి సంబంధం లేకుండా ఉన్నదాన్ని రోజుకి పదిహేను సిగరెట్లు కాల్చడంతో పోల్చి చూడాలా?

మనకి డిప్రెషన్ వచ్చే రిస్క్‌ని పెంపుడు జంతువు తగ్గిస్తుందా?

మనుష్యులు దగ్గరగా ఉండాలని, కలిసి ఉండాలని అన్యోన్యంగా ఉండాలని కోరుకుంటారు.

మన శరీరాలు ఆకలికి, ఆహారాన్ని కోరుకున్నట్టే మన ఆత్మలు సంబంధాల కోసం ఆరాటపడతాయి. మిగతా అన్నిటికన్నా ఈ కోరికే చంద్రుడి కోసం షూట్ చేయడానికి హోమో కుక్కపిల్లను సమర్థురాల్ని చేయగలిగింది. పరిణామం భావన అంత తక్కువ, అంతకన్నా నీచమైనది కాదని నేను అర్థం చేసుకున్నాను. బహుశ సృష్టికర్తకి కూడ, కాస్మిక్ ప్లాన్ ఏదీ కాకుండా జరిగి వుండవచ్చు. కొన్ని లక్షల సంవత్సరాల తర్వాత మనగుడ్డి తడబాటువల్ల మన ఉనికి పరాన్నజీవిగా బహుశా మారుతుందేమో. కానీ కనీసం మనం ఒంటరి వాళ్లం కాదు. మనం ఒకరికొకరు ఉన్నాం.

4

కల్నల్ మార్షల్, ఆయన సైనికులు షూట్ చేయరు

1

ఇప్పుడు అందరికీ తెలిసినా ఎవరు మాట్లాడని పెద్ద సమస్య గురించి మాట్లాడుకుందాం.

మానవులకు కూడా ఒక చీకటి కోణం ఉంటుంది. కొన్నిసార్లు హోమో కుక్కపిల్ల భయంకరమైన పనులు చేస్తుంది. జంతురాజ్యంలో ఇది అసాధారణ విషయం. కానరీలు (ఒకరకం పక్షులు) జైలు శిబిరాలు నిర్వహించవు. మొసళ్లు గ్యాస్ చాంబర్లు నిర్మించవు. కోలా తమ జాతి వారిని లెక్కించడానికి, నిర్బంధించడానికి, తమ జాతిని పూర్తిగా తుడిచిపెట్టడానికి ప్రేరేపించబడినట్లు చరిత్రలో ఎక్కడా కనిపించదు. ఇలాంటి నేరాలన్నీ కేవలం మానవజాతిలోనే చూస్తాం. అసాధారణంగా సామాజిక అనుకూలంగా ఉంటూనే హోమో కుక్కపిల్ల కూడా దిగ్భ్రాంతి కలిగించేలా క్రూరంగా ప్రవర్తిస్తుంది. ఎందుకు?

మనం ఒక బాధాకరమైన వాస్తవాన్ని ఎదుర్కోవాల్సి వచ్చేలా కనిపిస్తుంది. "ఆ విధానం మనని దయగల జాతిగా తయారుచేస్తుంది. అలాగే మనని ఈ గ్రహంపై క్రూరమైన జాతిగా కూడా తయారు చేస్తుంది" అన్నారు- బ్రియాన్ హస్ట్రర్ - ఆయన కుక్కపిల్లల నిపుణుడు.

మనుష్యులు సామాజిక జంతువులు. కానీ ప్రాణాంతక లోపం ఉంది. మనలాగా ఉండే వారితో సన్నిహితంగా ఉంటే మనం ఎంతో ఫీల్ అవుతాం.

ఈ ప్రవృత్తి మన డీఎన్ఏలో ఉన్న సంకేతం ఉంది. ప్రసవంలో, తల్లిపాలివ్వడంలో ఆక్సిటోసిన్ అనే హార్మోన్ కీలకపాత్ర వహిస్తుందని చాలాకాలం క్రితమే జీవశాస్త్ర వేత్తలు కనుగొన్నారు. వారు మొదట ఈ హార్మోన్ శృంగారంలో కీలకమని కనుగొన్నప్పుడు వారి ఉత్సాహానికి అవధులు లేకుండా పోయాయి.

మీ ముక్కులో కొద్దిగా ఆక్సిటోసిన్ స్ప్రే చేసుకుంటే, ఈ రోజు చాలా మంచి రోజు అని మీకే అనిపిస్తుంది.

వాస్తవానికి పంట దుమ్ము మనుష్యులను ఎందుకు కప్పేయదు? ఆక్సిటోసిన్- దీనిని లియాడ్మిలాట్రూట్‌ల అందమైన సైబీరియన్ నక్కల అధిక స్థాయిలో చూపించాయి- అవి మనల్ని దయామయులుగా, సున్నితమైనవారిగా, మరింత వేయబడిన, నిర్మలమైన వారిగా తయారు చేశాయి. ఇవి స్నేహపూర్వకమైన కుక్కపిల్లగా రూపాంతరం చెందడం అనేది ఒక పెద్ద కుదుపు కుదిపినట్లయింది. అందుకే దీనిని తరుచుగా తల్లిపాలు, దయ, హగ్ హార్మోన్స్ వంటి సున్నిత పదాలతో ప్రచారం చేస్తుంటారు.

కానీ అప్పుడు మరొక న్యూస్ ఫ్లాష్ వచ్చింది. ఆమ్‌స్టర్ డామ్ విశ్వవిద్యాలయం పరిశోధకులు 2010లో ఆక్సిటోసిన్ ప్రభావం ఎవరి స్వంత గ్రూప్‌కి వారికే పరిమితమని

కనుగొన్నారు. ఈ హార్మోన్ స్నేహితుల పట్ల అభిమానాన్ని పెంచడమే కాక అపరిచితుల పట్ల విరక్తిని పెంచుతుంది. సార్వత్రిక సోదర భావానికి ఆక్సిటోసిన్ దోహదపడదు. ఇది "మొదట నావాళ్లు" అనే ఫీలింగ్స్‌ని శక్తివంతం చేస్తుంది.

2

బహుశా థామస్ హబ్స్ కరెక్ట్ అయి ఉండవచ్చు.

బహుశా మన పూర్వ చరిత్ర "అందరితో అందరూ జరిపే వ్యతిరేక యుద్ధం కావచ్చు." స్నేహితుల మధ్య కాదు కానీ శత్రువుల మధ్య అయి ఉండవచ్చు. మనకి తెలిసిన వాళ్లు కాకపోవచ్చు. మనకి తెలియని అపరిచితులై ఉండవచ్చు. ఒక వేళ అది వాస్తవమయితే. అప్పుడు పురావస్తు శాస్త్రవేత్తలు మన పోరాటాలకు సంబంధించిన అసంఖ్యాకమైన కళాఖండాలను కనుగొని ఉండేవారు. వారి తవ్వకాలు కచ్చితంగా మనం యుద్ధ కోసం చాలా కష్టపడ్డామనే సాక్ష్యాలు బయటపెట్టి ఉండేవి.

అలాంటివి ఉండే ఉంటాయని నేను భయపడ్తున్నాను.

అలాంటి ఆధారాలు 1924లో మొదట బయటపడ్డాయి. దక్షిణాఫ్రికా వాయువ్య ప్రాంతంలోని తౌంగ్ గ్రామ శివారులో ఒక మైనర్ బాలుడు కోతి పుర్రెలాంటి ఆకారంలో ఉన్న చిన్న పుర్రెను కనుగొన్నాడు.

ఈ పుర్రె అనాటమిస్ట్ రేమండ్ డాక్టర్ చేతిలో పడింది. డాక్టర్ దీనిని 'ఆస్ట్రలో పిథెకస్ ఆఫ్రికానస్'గా గుర్తించాడు. ఇది బహుశా మూడు మిలియన్ల సంవత్సరాల క్రితం భూమిపై నడిచిన మొదటి వానరజాతి అయి ఉండవచ్చు. మొదటి నుంచి డార్ట్ తన ఆవిష్కరణలతో సతమత మవుతూనే ఉన్నాడు. ఈ పుర్రెను, ఇతర మన పూర్వీకుల పుర్రెలను అధ్యయనం చేస్తున్నప్పుడు అతను ఆ పుర్రెలపై అనేక గాయాలుండడం చూశాడు. ఈ గాయాలకు కారణమేమిటి? అతని నిర్ధారణ సంతృప్తికరంగా లేదు. ఈ ఆరంభంలోని వానరజాతి బహుశా రాళ్లను ఉపయోగించి ఉంటుంది. తమ ఎరను చంపడానికి రాళ్లతో బాటు. దంతాలు, కొమ్ములను కూడా ఉపయోగించి ఉంటారు అని డాక్టర్ అభిప్రాయపడ్డాడు. అదీగాక ఆ అవశేషాలను చూస్తుంటే కేవలం జంతువులు మాత్రమే బాధితులు కావనీ, అవి పరస్పరం కూడా చంపుకునేవని తెలుస్తోంది. మానవులని రక్తపిపాసులని, మాంస భక్షకులని పేర్కొన్న మొట్ట మొదటి శాస్త్ర వేత్త రేమండ్ డార్ట్ అతని కిల్లర్ ఏప్ థియరీ ప్రపంచ వ్యాప్తంగా పతాక శీర్షికలలో నిలిచింది. కేవలం ఈ కారణం చేత 10,000 ఏళ్ల క్రితం వ్యవసాయం కనుగొనబడిందనీ, దానితో మనం కరుణ గల ఆహారం వైపు మారామని అన్నారు. నాగరికత ఆరంభ దశలో విస్తృతమైన వైముఖ్యానికి మనం వాస్తవంగా ఎవరు అనేది అంగీకరించలేకపోవడం కారణం కావచ్చు.

డార్ట్‌కు అలాంటి సంకోచాలు లేవు. మన పూర్వీకుల గురించి అతను ఈ విధంగా రాశాడు. "వారు ధృవీకరించిబడిన హంతకులు. మాంసాహార జీవులు, హింస ద్వారా

జీవించి ఉన్న జంతువుల నివాస స్థలాలను స్వాధీనం చేసుకున్నాయి, వాటిని కొట్టి చంపేవి, విరిగిపోయిన వాటి శరీరాలను చీల్చేవి, అవయవాలను విడదీసేవి. బాధితుల వేడి రక్తం తాగి తమ మితిమీరిన దాహాన్ని తీర్చుకునే వారు, దురాశతో చంపి కమిలిన గాయాలతో ఉన్న మాంసాన్ని భక్షించేవారు.

ఇప్పుడు డార్ట్ ప్రాథమికమైన పనులు చేశాడు. ఇది సైన్స్‌కి ఓపెన్ సీజన్. పరిశోధన కారుల ర్యాంకులు డాక్టర్ అడుగుజాడలని అనుసరించాయి. మొదటి వాడు టాంజానియాలో మన చింపాంజీ దాయాదులపై అధ్యయనం చేసిన జేన్ గూడాల్. చింపాంజీలను చాలా కాలం శాంతియుతమైన శాఖాహారులుగా పరిగణించారు. అయితే 1974లో గుడాల్ పరస్పరం చూపుకునే వానర యుద్ధం మధ్యలోకి వచ్చినప్పుడు భారీ షాక్‌కు గురైంది.

నాలుగేళ్ల పాటు చింపాంజీల రెండు గ్రూపులు దారుణంగా యుద్ధం చేశాయి. దానిని చూసి భయపడిన గుడాల్ తన ఆవిష్కరణలను దాచిపెట్టింది. చివరికి ఈ విషయాలను ప్రపంచంతో పంచుకున్నప్పుడు ఆమె మాటలను ఎవరూ విశ్వసించలేదు. ఆమె చింపాంజీల పోరాట దృశ్యాలను వివరించింది. బాధితుడి తల నొక్కిపెట్టి ముక్కులోంచి రక్తం కారిపోతుంటే ఆ రక్తాన్ని తాగడం, కాళ్లు చేతులు మెలి పెట్టి చర్మాన్ని తమ పళ్లతో ఒలిచేయడం చూసి గుడాల్ షాక్ అయింది.

మన పూర్వీకులు కచ్చితంగా ఒక రకం చింపాంజీలని 1990లో గుడాల్ విద్యార్థులలో ఒకరైన ప్రిమటాలజిస్ట్ "రిచర్డ్ రాంగ్ హామ్" (కుక్క పిల్లల నిపుణుడు బ్రియాన్ హారే సలహాదారు, 3వ అధ్యాయం నుండి) ఊహించారు.

దోపిడీ ప్రిమేట్స్ నుండి ఇరవయ్యవ శతాబ్దంలోని యుద్ధ భూమి వద్దకు ప్రత్యక్ష రేఖ నొకదాన్ని గుర్తించాడు. యుద్ధం అనేది మన రక్తంలోనే ఉందని అది నిరంతరాయంగా ఐదు మిలియన్ సంవత్సరాల ప్రాణాంతక దూకుడులో బతికిన భయంకరమైన వారిని ఆధునిక మానవులుగా ఊహించాడు.

అతను ఈ రకమైన తీర్పుకు రావడానికి దారితీసిన విషయం ఏమిటీ? సింపుల్ చంపిన వాళ్లు బతికే ఉంటారు. ఎవరు బలహీనులు, సున్నితమైనవారో వారు చనిపోతారు. చింపాంజీలు గ్యాంగ్‌గా తయారయ్యే ఒంటరిగా ఉండే తోటివారిపై ఆకస్మికంగా దాడిచేసే, బెదిరించే ప్రవృత్తి కలిగి ఉంటాయి. ఆకతాయిలు పాఠశాల ఆటస్థలాలలో తమ తుచ్ఛమైన స్వభావాన్ని బయటపెట్టుకునే లాంటి ప్రవృత్తి ఇది.

ఇవన్నీ బాగానే ఉన్నాయని మీరు భావించవచ్చు, కానీ ఈ శాస్త్ర వేత్తలు మాత్రం. చింపాంజీల గురించి ఇతర వానరుల గురించి మాట్లాడుతున్నారు. హోమో కుక్క పిల్ల ప్రత్యేక మైనది కాదా? మనం చాలా స్నేహపూర్వకమైన వారం కాబట్టి ప్రపంచాన్ని కచ్చితంగా జయించలేదా? ఇంకా వేటాడుతున్నప్పుడు, గుమిగూడుతున్న రోజుల గురించి రికార్డులు వాస్తవంగా ఏమి చూపించాయి?

ప్రారంభ అధ్యయనాలు మనకు స్పష్టత ఇచ్చినట్లు అనిపిస్తోంది. 1959లో మానవ శాస్త్రవేత్త ఎలిజిబెత్ మార్షల్ థామస్ నేటికీ కళహరి ఎడారిలో జీవించి ఉన్న ఐకుంగ్ ప్రజల

గురించి ఒక పుస్తకం ప్రచురించారు. ఈ పుస్తకం పేరు "ది హార్మ్ లెస్ పీపుల్" దాని సందేశం 1960 దశకం ఆత్మతో నిండి ఉంది. మానవ శాస్త్రంలోకి వామపక్ష శాస్త్రవేత్తల కొత్తతరం అడుగుపెట్టిన దశకం. వారు మన పూర్వీకులను రష్యన్లుగా చూపించే ఉత్సుకతతో ఉన్నారు. గతంలో మనం ఏ విధంగా ఉన్నామనేది ఎవరికన్నా తెలుసుకోవాలనుంటుంది. కాబట్టి ఇప్పటికీ ఆహారం కోసం తిరిగే సంచార జాతులను చూడాల్సిన అవసరం ఉందని వారునొక్కి చెబుతున్నారు.

అడవిలో లేదా ఉష్ణమండల పచ్చిక బయళ్లలో అప్పుడప్పుడు జరిగే పోరాటాలు, గిరిజన యుద్ధాల కన్నా కొంచెం ఎక్కువగా జరుగుతాయని థామస్ ఆమె సహచరులు తెలిపారు. కొన్ని సార్లు, ఎవరైనా బాణం వేస్తే ఒకరిద్దరు గాయపడితే గిరిజనులు సాధారణంగా ఇక ఆ రోజుకి పని పూర్తయినట్లుగా భావిస్తారు. రష్యానే సరైంది. గుహలలో నివసిస్తున్నవారు. అసలైన గొప్ప క్రూరులు చూడండి అని ప్రగతిశీల విద్యావేత్తలు అన్నారు. హిప్పీల విషయంలో పాపం కౌంటర్ సాక్ష్యం వేగంగా సేకరించడం ప్రారంభమైంది. ఆ తర్వాత మానవశాస్త్ర వేత్తలు పరిశోధనపై మరింత దృష్టి కేంద్రీకరించి, వేటగాళ్లకు కూడా ఈ హంతక వానర సిద్ధాంతం వర్తింపచేయడం సరైనదని నిర్ధారించారు. వారి ఆచార సంబంధమైన పోరాటాలు అమాయకంగా అనిపిస్తాయి. కానీ, రాత్రిళ్లు ఆ రక్తసిక్తమైన దాడులు, పురుషులను, స్త్రీలను, పిల్లలను ఊచకోత కోయడాన్ని అంత తేలికగా వివరించలేం. ఐకుంగ్ ప్రజలను బాగా దగ్గరగా చాలా కాలం చూసినప్పుడు వారికున్న రక్తదాహం రుజువైంది. (1960లలో ఐకుంగ్ ప్రజలు నివస్తున్న ప్రాంతం ప్రభుత్వ ఆధీనంలోకి వచ్చిన తర్వాత హత్యలరేటు తగ్గింది. అంటే హాబ్బెస్ లెవియథాన్ చట్టాన్ని అమలు చేయడానికి వచ్చినప్పుడు)

ఇది కేవలం ఆరంభం మాత్రమే. 1968లో మానవశాస్త్ర వేత్త నెపోలియన్ చాగ్నన్ వెనెజులా, బ్రెజిల్ లోని 'యానోమామి' తెగలను అధ్యయనం చేయడానికి వచ్చినప్పుడు వెల్లడైన విషయాలు సంచలనం కలిగించాయి. శీర్షిక? భయంకరమైన ప్రజలు (ది ఫియర్స్ పీపుల్) "ఇది దీర్ఘ కాలిక యుద్ధ స్థితిలో ఉన్న సమాజాన్ని" వర్ణించింది. ఇంకా ఘోరమైన విషయం ఏమిటంటే హంతకులైన పురుషులకు అనేక మంది భార్యలు, పిల్లలు ఉన్నారు– హింస అనేది మా రక్తంలోనే ఉందనే సంకేతాన్ని ఇచ్చినట్లుంది.

కానీ ఈ వాదన 2011 వరకు కూడా గట్టిగా నిలదొక్కుకోలేకపోయినట్లు "స్టీవెన్ పింకర్ గొప్ప పుస్తకం" ది బెటర్ ఏంజెల్స్ ఆఫ్ ఆవర్ నేచర్" ప్రచురణ ద్వారా తెలుస్తోంది. ఇది ప్రపంచంలోనే అత్యంత ప్రభావవంతమైన మేధావులలో ఒకరైన మనస్తత్వ శాస్త్రవేత్త యొక్క అద్భుతమైన కృషి: 802 పేజీలు గల ఈ పెద్ద పుస్తకంలో అదనపు చిన్న ఫాంట్‌లతో బాటు గ్రాఫ్స్, టేబుల్స్ కూడా ఉన్నాయి. శత్రువులపై పైచేయి సాధించడానికి కచ్చితంగా సరైన పుస్తకం.

"ఇక ఇప్పుడు మనం కథనాల నుండి సంఖ్యల్లోకి మారవచ్చు" అని పింకర్ రాశాడు. ఆ సంఖ్యలు తమను గురించి తామే చెబుతాయి. ఇరవై ఒక్క పురావస్తు ప్రదేశాల నుండి తీసుకున్న అస్తిపంజరాలలో సగటు వాటా హింసాత్మక మరణాల సంకేతాలను చూపిస్తున్నాయా?

పదిహేను శాతం. నేటికీ ఇంకా కొనసాగుతున్న ఎనిమిది గిరిజన తెగలలో సగటు వాటా మరణాలు హింస కారణంగానే జరుగుతున్నాయా? పద్నాలుగు శాతం. ఇరవయ్యవ శతాబ్దం మొత్తంలో రెండు ప్రపంచ యుద్ధాలతో సహా సగటు శాతం మూడు. ఇప్పుడు అదే సగటు? ఒక శాతం.

మనం దుష్టతతో ప్రారంభించాం. పింకర్ హబ్స్‌తో ఏకీభవించాడు. జీవశాస్త్రం, మానవశాస్త్రం, అన్నీ కూడా ఒకే దిశవైపు చూస్తున్నాయి. మానవులు వారి స్నేహితులకు మంచివారు, మనం బయటివారి విషయానికొస్తే క్రూరులం. వాస్తవానికి మనం ఈ గ్రహంపై అత్యంత యుద్ధాన్ని కోరుకునే ప్రాణులం. అదృష్టవశాత్తు, నాగరికత కళాఖండాల ద్వారా మనం ఆనందిద్దాం అని పింకర్ తన పాఠకులకు భరోసా ఇచ్చారు. వ్యవసాయం, రాత, రాష్ట్ర ఆవిష్కరణలు మన దూకుడు ప్రవృత్తిని నియంత్రించడానికి ఉపయోగపడినాయి. మన దుష్ట క్రూర స్వభావాన్ని నాగరికత అనే మందమైన కోటు కప్పేసింది.

గణాంకాల బరువుతో రూపొందించిన ఈ భారీ పుస్తకం వల్ల ఇక్కడితో వ్యవహారం మూతబడినట్లే అనిపిస్తోంది. కొన్నేళ్లుగా నేను స్టీవెన్ పింకర్ కరెక్టే అని అనుకుంటున్నాను. రష్యాది ఇంతే సంగతులు. అంతా బడాయి. ఏమైనా ఫలితాలు ఉన్నాయి. సంఖ్యలు అబద్ధం చెప్పవు.

అప్పుడు నేను కల్నల్ మార్షల్‌ని గురించి తెలుసుకున్నాను.

3

అది 1943 నవంబర్ 22వ తేదీ పసిఫిక్ మహా సముద్రంలోని ఒక ద్వీపంలో రాత్రి అయ్యింది. మాకిన్ యుద్ధం అప్పుడే ప్రారంభమైంది. ఏదైనా వింత జరిగినప్పుడే ప్రమాదం ఒక ప్రణాళికలాగ ముంచుకువస్తుంది.

కల్నల్, చరిత్రకారుడు సామ్యూల్ మార్షల్ అక్కడే ఉండి చూస్తున్నారు. జపాన్ వారి అధీనంలో ఉన్న ఆ ద్వీపాన్ని స్వాధీనం చేసుకునేందుకు ఆయన వెంట ఉన్న మొదటి అమెరికన్ సైనిక దళం ప్రయత్నిస్తోంది. ఒక చరిత్ర కారుడు ఈ చర్యకు దగ్గరగా ఉండడం అనేది ఒక అరుదైన విషయం. ఈ ముట్టడి కచ్చితంగా వేరుగా చేసే ఆపరేషన్. దాదాపు ఇది ల్యాబ్‌లో చేసే ప్రయోగంలాంటిది. యుద్ధం ప్రత్యక్షంగా జరుగుతున్నప్పుడు ఏ విధంగా ఉంటుందనేది పరిశీలించడానికి మార్షల్‌కి ఇది అనువైన అవకాశం.

పాదాలు బొబ్బలెక్కుతున్న ఎండలో సైనికులు ఆరోజు మూడు మైళ్లు ముందుకు వచ్చారు. సాయంత్రం మజిలీ కోసం ఆగారు. ఎవరికంటా పడకుండా దాక్కునేందుకు గోతులు తవ్వుకునే శక్తి కూడా వారికి లేదు. అక్కడికి కొద్ది దూరంలో జపాన్ వారి శిబిరం ఉందనే విషయం కూడా వారు గ్రహించలేక పోయారు. చీకటి పడగానే జపాన్ దళాలు అమెరికన్ సైన్యాన్ని ముట్టడించాయి. పదకొండుసార్లు ప్రయత్నించినప్పటికీ విఫలమైనాయి. ప్రయత్నాలు విఫలమైనప్పటికీ అమెరికన్ హద్దులను దాటడంలో దాదాపు సఫలీకృతమైనాయి.

మర్నాడు మార్షల్ తప్పు ఎక్కడ ఎలా జరిగిందా అని ఆశ్చర్యపోయాడు. మ్యాపులోని జెండాలని చూడడం ద్వారా, లేదా అధికారుల లాగ్ బుక్స్‌ని చదవడం ద్వారా మాత్రమే చాలా నేర్చుకోవచ్చని మార్షల్‌కి తెలుసు. అందుకని అతను ఇంతకుముందు ఎవరూ ప్రయత్నించనిది ఏదో చేయాలని నిర్ణయించుకున్నాడు. ప్రపంచ చారిత్రక అధ్యయనంలో ఇది ఒక విప్లవం. అదే రోజు ఉదయం అతను అమెరికన్ సైనికుల వద్దకు వెళ్లి వారిని గ్రూపులుగా చేసి వారితో ఇంటర్వ్యూ చేశాడు. స్వేచ్ఛగా మాట్లాడమని మార్షల్ సైనికులను కోరాడు. లోయర్ ర్యాంకుల్లో ఉన్నవారు తమపై అధికారులతో విబేధించడానికి అనుమతి ఇచ్చాడు.

వ్యూహాలు సక్రమంగా సాగుతున్నప్పుడు అవి ఎంతో మేధావితనంతో కూడుకొన్నవి.

కచ్చితమైన పోరాట రిపోర్టింగ్ రహస్యంలో తాను పొరబాటు చేశానని మార్షల్ దాదాపు వెంటనే గ్రహించాడు. అతని సహచరుడొకరు ఆ తర్వాత ఇలా రాశారు. "ప్రతిమనిషి ఏదో ఒకటి గుర్తుపెట్టుకుంటాడు– ఒక ముక్క గజిబిజిగా ఉన్న పజిల్‌లో అమరుతుంది. ఆ విధంగా కల్నల్ ఒక గాభరాపుట్టించే విషయం కనుగొన్నాడు. చాలామంది సైనికులు ఎప్పుడూ వారి తుపాకులను కాల్చలేదు.

శతాబ్దాలుగా, చివరికి సహస్రాబ్దిగా కూడా జనరల్స్, గవర్నర్లు, కళాకారులు, కవుల అభిప్రాయ మేమిటంటే సైనికులంటే పోరాడుతారు. మనలోని వేటగాడిని బయటకు తీసుకువచ్చే ఒక విషయం ఉంది. అదే యుద్ధం. యుద్ధం చేసినప్పుడే మనం ఎంతో మంచి మనుష్యులం. యుద్ధమంటే శత్రువులను చంపడానికి తుపాకీతో కాల్చాలి.

ఒక కల్నల్‌గా సామ్యూల్ మార్షల్ సైనికుల గ్రూపులతో ఫసిఫిక్‌లోను తర్వాత యూరోపియన్ థియేటర్‌లోను ఇంటర్వ్‌యూలు కొనసాగించాడు. వారిలో కేవలం 15 నుండి 25 శాతం మంది సైనికులు మాత్రమే తమ ఆయుధాలను ఉపయోగించినట్లు కనుగొన్నాడు. క్లిష్టమైన సమయంలో అత్యధిక మంది నిరుత్సాహపడ్డారు. దీనికి సంబంధించి బాగా విసుగెత్తిన అధికారి శ్రేణుల వద్దకు వెళ్తూ వస్తూ.

"గాడ్ డామిట్! షూటింగ్ ప్రారంభించండి అని గట్టిగా అరిచారు!" అయినప్పటికీ సైనికులు ఆ అధికారి చూస్తున్నంత సేపు మాత్రమే లేదా మరో అధికారి వారి వద్దనిలబడినప్పుడు మాత్రమే తుపాకులు కాల్చారు. ఆ రోజు రాత్రి మాకిన్‌లో పరిస్థితి చావో లేదా రేవోలా ఉంది. అందరూ తమ ప్రాణాలు కాపాడుకోవడానికి యుద్ధం చేస్తారని ఆశించారు. అతని బెటాలియన్‌లో మూడు వందల మందికి పైగా సైనికులున్నారు వారిలో కేవలం 36 మంది మాత్రమే తుపాకులు కాల్చడాన్ని మార్షల్ గమనించారు. ఇది అనుభవం లేకపోవడమా? కాదు. కొత్తగా రిక్రూట్ అయిన వాళ్లకి, అనుభవం ఉన్నవాళ్లకి మధ్య షూట్ చేయడానికి సుముఖత చూపకపోవడంలో ఎలాంటి తేడా కనిపించడంలేదు. సైనికులలో చాలామంది షూట్ చేయలేదు గానీ శిక్షణ సమయంలో క్రాక్‌షాట్స్ (ఎంతో నైపుణ్యంతో షూట్ చేయడం) చేశారు.

బహుశావారు అతికష్టం మీద పిరికివారిగా ఉండిపోయారేమో? తుపాకులు కాల్చని సైనికులు వారి స్థానంలో అలాగే ఉండిపోయారంటే వారు చాలా ప్రమాదంలో పడినట్లే. మనిషి అనేవాడు ధైర్యంగా ఉంటాడు, నమ్మకమైన దేశభక్తుడిగా ఉంటాడు, తమ సహచరుల

కోసం తమ ప్రాణాన్ని కూడా బలి ఇవ్వడానికి సిద్ధంగా ఉంటాడు. అలాంటిది తీరా అవకాశం రాగానే, వారు తమ విధులను నిర్వర్తించకుండా చేతులు ముడుచుకుని ఉండిపోయారు.

వారు తుపాకులు కాల్చడంలో విఫలమైనారు.

రెండవ ప్రపంచయుద్ధం తరువాత సంవత్సరాలలో సామ్యూల్ మార్షల్, అతని తరానికి చెందిన గౌరవనీయ చరిత్రకారులలో ఒకరుగా నిలిచారు. ఆయన చెప్పినవి అమెరికా సైన్యం వినేది. 1946లో ఆయన పుస్తకం "మెన్ అగైనిస్ట్ ఫైర్"-ని ఇప్పటికీ మిలిటరీ అకాడమీలలో చదువు తుంటారు. "సాధారణమైన ఆరోగ్యం కలిగిన సగటు వ్యక్తి తన తోటి వ్యక్తిని చంపి, అతని జీవితాన్ని అంతం చేయాలనే ఉద్దేశం లోపల లేని వ్యక్తి, సాధారణంగా అలాంటి వాటిని ప్రతిఘటిస్తాడు. అని ఆయన నొక్కిచెప్పారు. అధిక శాతం మంది భావోద్వేగాల ముసుగులో అతి సాధారణమైనది "దౌర్జన్యానికి భయపడడం" అని ఆయన రాశారు.

''ఏం జరుగుతోంది?'' కల్నల్ కొన్ని శక్తివంతమైన స్వభావాలను వెల్లడించాడు. వెనీర్ సిద్ధాంతం బాగా అత్యున్నతంగా ఉన్నప్పుడు, రేమండ్ డార్ట్ యొక్క కిల్లర్ కోతి మోడల్ బాగా ఉద్వేగంగా ఉన్నప్పుడు మార్షల్ యొక్క అన్వేషణలను పరిగణనలోకి తీసుకోవడం కష్టం. తన విశ్లేషణలు రెండవ ప్రపంచయుద్ధంలోని మిత్ర దేశాల సైనికులకు మాత్రమే పరిమితం కాదనీ, చరిత్రలోని సైనికులందరికీ వర్తిస్తుందని కల్నల్ గుడ్డి నమ్మకం. ట్రాయ్‌లోని గ్రీకుల నుండి వెర్దున్‌లోని జర్మన్ల వరకు అందరికీ వర్తిస్తుందని ఆయన నమ్మారు.

మార్షల్ తన జీవిత కాలంలో విశిష్ట ఖ్యాతిని పొందాడు, 1980 దశకంలో సందేహాలు మొదలైనాయి.

ఎంతో కీలకమైన ఎస్.ఎల్.ఎ.మార్షల్ పుస్తకంపై 1989 ఫిబ్రవరి 19న న్యూయార్క్ టైమ్స్ మొదటి పేజీలో యుద్ధం ఒక బూటకమని ప్రచురించింది. 'అమెరికన్ హెరిటేజ్' మ్యాగ్‌జైన్ దాదాపుగా ఇది ధూర్తత్వంగా పేర్కొంటూ, మార్షల్ ఏనాడూ గ్రూపు ఇంటర్వ్యూలు నిర్వహించలేదనీ, మొత్తం ఈ విషయాన్ని తనే సృష్టించాడని విమర్శించింది. ఒక మాజీ అధికారి చరిత్రను వక్రీకరించాడు, అపహాస్యం చేశాడు. మానవ స్వభావాన్ని అతను అర్థం చేసుకోలేదు.

మార్షల్ తనను తాను సమర్థించుకోలేకపోవడానికి కారణం ఆయన అంతకు పన్నెండు సంవత్సరాల క్రితమే మరణించాడు. ఇతర చరిత్రకారులు అప్పుడు రంగంలోకి దిగారు - అలాగే ఆర్కైవ్స్‌లోకి వెళ్లారు. మార్షల్ కొన్నిసార్లు వాస్తవాలను వక్రీకరించినట్లుగా కనుగొన్నారు. కానీ గ్రూపు ఇంటర్వ్యూలు మాత్రం వాస్తవమే. ఆయన కచ్చితంగా సైనికులను వారి "ఎంబన్"లు కాల్చి ఉంటే అడిగే ఉంటాడు.

రోజు తరబడి మార్షల్‌ని వ్యతిరేకించేవారు. సమర్థించేవారు అధ్యయనం చేసిన తర్వాత దీనిపై ఏమీ ఆలోచించాలో నాకుఅర్థంకాలేదు. కల్నల్ ది కరెక్టే అన్న ఆలోచన, ఆసక్తి నాలో ఎంతో కొంత ఉందా లేక పోతే నిజంగానే సరైంది కాదా? నేను ఈ వివాదంలోకి ఎంతలోతుగా వెళ్తే ఆయన అంత అంతర్‌దృష్టి గలవాడనే విషయం ధృవపడుతుంది-

ఆయన నక్షత్ర గణాంక శాస్త్రవేత్త కాదు – ఒప్పుకున్నాను, కానీ ఆయన కచ్చితంగా గ్రహణ శక్తిగల పరిశీలకుడు పెద్ద ప్రశ్న ఏమిటంటే, మార్షల్‌ని సమర్థించడానికి ఇంకా ఏమైనా ఆధారాలున్నాయా?

క్లుప్తంగా సమాధానం చెప్పాలంటే? ఉన్నాయి

సమాధానం పెద్దగా ఉండాలా? గత దశాబ్దాలుగా కల్నల్ మార్షల్ రుజువు సరైనదే అనే మాటలు కుప్పలు తెప్పలుగా వస్తున్నాయి. మొదటిది ముందు వరుసలో ఉన్న సహచరులు ఇదే విషయాన్నిమార్షల్ గమనించినట్లే గమనించారు. సిసిలీలో 1943లో జరిగి ప్రచారంలో లెఫ్టినెంట్ కల్నల్ లియోనెల్ విగ్రామ్ తన దళంలో నాలుగోవంతుకన్నా ఎక్కువ మందిపై తనకు నమ్మకంలేదని ఫిర్యాదు చేశారు. లేదా జనరల్ బెర్నార్డ్ మోంట్ గోమెరీని తీసుకుంటే, అతను ఇంటికి రాసిన ఒక లేఖలో మన బ్రిటిష్ సైనికులతో వచ్చిన చిక్కు ఏమిటంటే వారు స్వభావరీత్యా హంతకులు కారు అని రాసారు.

ఆ తర్వాత చరిత్రకారులు రెండవ ప్రపంచ యుద్ధానికి చెందిన ప్రముఖులను ఇంటర్వ్యూ చేయడం మొదలుపెట్టినప్పుడు అందులో సగం మందికి పైగా ఎవరినీ చంపలేదని వెల్లడైంది. కొద్దిమంది సైనికుల కారణంగానే మరణాలు సంభవించాయని తెలిసింది.

యూఎస్ వైమానిక దళంలో ఒక శాతం కన్నా తక్కువ మంది ఫైటర్ పైలట్లు దాదాపు 40 శాతం విమానాల కూల్చివేతకు బాధ్యులు, చాలామంది పైలట్లు ఏ విమానాన్ని కూల్చలేదు, కనీసం కూల్చే ప్రయత్నం కూడా చేయలేదని ఒక చరిత్రకారుడు పేర్కొన్నాడు.

ఈ ఫలితాల ద్వారా ప్రేరేపించబడిన పండితులు, ఇతర యుద్ధాల అంచనాలను తిరిగి పరిశీలించడం ప్రారంభించారు. అమెరికన్ సివిల్ వార్‌తో సమానంగా జరిగిన 1863 గెట్టిస్బర్గ్ యుద్ధం వంటివి. యుద్ధరంగం నుండి తర్వాత సేకరించిన 27,574 తుపాకులలో 90 శాతం లోడ్‌లోనే ఉన్నాయి. ఇది అసలు అర్థంకాలేదు. సగటున ఒక రైఫిల్ మాన్ తన తుపాకీని లోడ్ చేసుకోవడానికి 95 శాతం సమయం కేటాయించి మిగతా 5 శాతం తుపాకీ కాల్చడానికి కేటాయిస్తాడు. తుపాకీ కాల్చడానికి అవసరమైన మొత్తం దశల శ్రేణి (పళ్లతో కాట్రిడ్జ్‌ని చింపి తెరవండి. బ్యారెల్ కింద గన్‌పౌడర్ పోయాలి. బాల్‌ని లోపలికి జొప్పించండి. దీనిని లోపలపెట్టండి పర్క్యూషన్ క్యాప్ దాని స్థానంలో పెట్టండి. హ్యామర్ వెనక్కి కాక్ తెచ్చి (ట్రిగ్గర్నులాగాలి) ఈ విషయం చెప్పవలసిరావడం వింతగా ఉన్నా చెప్పాలి అనేక తుపాకులు ఇంకా పూర్తిగా లోడ్ అయ్యే ఉన్నాయి.

కానీ మరీ వింత విషయం ఏమిటంటే అందులో 12000 తుపాకులు రెట్టింపుల లోడ్ అయి ఉన్నాయి. అందులో సగానికి పైగా మూడు రెట్లు ఎక్కువ లోడ్ అయి ఉన్నాయి. ఒక్కో రైఫిల్‌లో 23 బాల్స్ వరకు బ్యారెల్‌లో ఉన్నాయి. ఇది అసంబద్ధం. ఈసైనికులు వారి అధికార్లు ద్వారా పూర్తిగా డ్రిల్లింగ్ చేయబడ్డారు. ఒక బాల్‌ని ఒకేసారి విడుదల చేస్తారని వారందరికీ తుపాకులు గురించి బాగా తెలుసు.

అయితే వారు ఏమి చేస్తున్నారు? చాలా కాలం తర్వాత కేవలం ఈ విషయం చరిత్రకారులు మాత్రమే చెప్పారు: తుపాకీని లోడ్ చేయడం అనేది కాల్చకుండా ఉండడానికి

ఒక సాకు మాత్రమే. ఒక వేళ ఇంత క్రితమే లోడ్ అయి ఉంటే మరేం ఫర్వాలేదు. మళ్లీ మళ్లీ లోడ్ చేస్తుండవచ్చు.

ఫ్రెంచ్ సైన్యంలోను ఇదే విషయాలు జరిగాయి. ఫ్రెంచ్ కల్నల్ ఆర్డాంట్ డుపిక్ 1860లో తన అధికారులలో జరిపిన విస్తృత సర్వేలో సైనికులందరూ యుద్ధంలో పాల్గొనలేదని తెలిసింది. వారు తుపాకులు కాల్చాల్సి వచ్చినప్పుడు వారు గాల్లోకి కాల్చారు. కొన్ని గంటల పాటు ఆ విధంగా కొనసాగింది. ఇరువైపుల సైనికులు ఒకరి తలపై ఒకరు తుపాకులు కాల్చి, తుపాకులు ఖాళీ చేశారు. ప్రతి ఒక్కరూ సాకు కోసం మరేదో చేయడానికి, ఇది తప్ప మిగతా ఏదన్నా చేయడానికి ఆ సమయంలో తెగతాపత్రయపడ్డారు. (మళ్లీ తమ తుపాకులను, ఇతర ఆయుధాలను లోడ్ చేసుకోవడం, కవర్ కోసం వెతకడం లాంటివన్నీ చేశారు)

"చాలామంది సైనికులు శత్రువులను చంపడానికి ప్రయత్నించలేదు అనేది స్పష్టమైన ముగింపు" అని సైనిక నిపుణుడు డేవ్‌గ్రాస్మన్ రాశారు.

ఇది చదువుతుంటే అకస్మాత్తుగా నా అభిమాన రచయితలలో ఒకరు ఇదే విషయం గురించి రాసిన పాసేజ్ గుర్తుకొచ్చింది. ఈ యుద్ధంలో మానవ సాధ్యమైనప్పుడు ప్రతి ఒక్కరూ మరొకరిని ఎల్లప్పుడూ వదిలిపెట్టేస్తారు, అని జార్జ్ ఆర్వెల్ తన స్పానిష్ సివిల్ వార్ క్లాసిక్‌లో రాశారు.

క్యాటలోనియాకు శ్రద్ధాంజలి.

దీని అర్థం ఎలాంటి ప్రాణనష్టం జరగలేదని కాదు. కానీ ఆర్వెల్ ప్రకారం, వైద్యశాలలో గాయపడిన వారిలో ఎక్కువమంది ప్రమాదవశాత్తు తమను తాము గాయపరుచున్నవారే.

ఇటీవలి సంవత్సరాలలో నిపుణుల అధ్యయనాల్లో స్థిరంగా కల్నల్ మార్షల్ తీర్మానాలను ప్రస్తావిస్తోంది. వారిలో సామాజికశాస్త్రవేత్త రాండాల్ కాలిన్స్ కూడా ఉన్నారు. ఆయన యుద్ధంలోని వందలాది సైనికుల ఫోటోలను మార్షల్ అంచనాలు ప్రతిధ్వనించేలా విశ్లేషిస్తూ, కేవలం 13 నుండి 18 శాతం మంది మాత్రమే తమ తుపాకులను కాల్చారని లెక్కించారు.

"మానవుల హబ్బేసియన్ ఇమేజ్ సాధారణ సాక్ష్యాలతో తీర్పునిస్తోంది. ఇది అనుభవ పూర్వకంగా తప్పు" అని కాలిన్స్ నొక్కి చెప్పారు. మానవులు సంఘీభావం కోసం కఠినంగా వ్యవహరిస్తారు. ఇది హింసకు దారితీస్తుంది కాబట్టి కష్టం.

4

ఇతరులకు బాధకలిగించడం చాలా సులభమనే అపోహతో మన సంస్కృతి విస్తరించి ఉంది. రాంబో, ఎప్పుడూ ఫైటింగ్‌లు చేసే ఇండియానా జోన్స్ వంటి ట్రిగ్గర్ హ్యాపీ యాక్షన్ హీరోల గురించి ఆలోచించండి. సినిమాలలో, టీవీలలో జరుగుతూ ఉండే ఫైటింగ్‌ల విధానం చూడండి– హింస ఒక అంటువ్యాధి లాగా ఎలా వ్యాపిస్తుందో చూడండి: ఒక పాత్ర పొరబాటున మరొకరిపై పడ్తుంది. ఆ పాత్ర ప్రమాదవశాత్తు దెబ్బలు తింటుంది. ఇదంతా మీరు తెలుసుకునేలోపు మీరు పరస్పరం జరుగుతున్న పోరాటం మధ్యలో ఉంటారు.

కానీ హాలీవుడ్ రూపకల్పన చేసే సినిమా ఎలా ఉంటుందంటే అక్కడ నిజంగానే హింస జరుగుతున్నట్లు, నిజంగానే శృంగారం జరుగుతున్నట్లుగా ఫోర్నోగ్రఫీలో ఉంటుంది. వాస్తవానికి హింస అనేది అంటురోగం కాదనీ, ఇది దీర్ఘకాలం జరగదనీ, ఏది ఏమైనా ఇది చాలా సులభమని సైన్స్ చెబుతోంది.

కల్నల్ మార్షల్ విశ్లేషణలు, పరిశోధనల గురించి ఎంత ఎక్కువగా చదువుతుంటే అంత ఎక్కువగా యుద్ధాన్ని కోరుకునే మన స్వభావంపై సందేహాలు రావడం మొదలైంది. ఒక వేళ హాబ్స్ కరెక్ట్ అయితే మన మందరం కూడా మరొకర్ని చంపడంలో ఆనందాన్ని పొందేవాళ్లం. నిజమే అది శృంగారం అంత అధికమైన ఆనందాన్ని ఇవ్వకపోవచ్చు కానీ కచ్చితంగా లోతుగా ద్వేషాన్ని మాత్రం ప్రేరేపించదు.

మరోవైపు రష్యా సరైంది అయితే సంచార జాతుల వేట ఎక్కువగా శాంతియుతంగా ఉండాలి. అలాంటప్పుడు వేలాది ఏళ్లుగా సాగుతున్న రక్తపాతం పట్ల మన అంతర్గత వ్యతిరేకతను మనం అభివృద్ధి చేసుకోవాలి. హోమో కుక్కపిల్ల భూమిపై జనాభాను పెంచేపనిలో ఉండేది. బరువైన పెద్ద పుస్తకం రచయిత మానసిక శాస్త్రవేత్త స్టీవెన్ పింకర్ పొరబాటు చేశారా? అతని ఉన్నతమైన మానవుని గురించిన సమ్మోహన గణాంకాలు చరిత్ర పూర్వయుద్ధాల సంఖ్యను, నేను నామునుపటి పుస్తకాలలో వ్యాసాలలో ఎంతో ఆసక్తిగా ఉదహరించాను అది తప్పా?

నేను స్క్వేర్‌వన్‌కు తిరిగి వెళ్లాలని నిర్ణయించుకున్నాను. ఈసారి జనాదరణ పొందిన విద్యా సాహిత్యంలో లోతైన స్థానం పొందే ప్రచురణలను ప్రచురించాలని అనుకున్నాను. నేను ఇందుకు సంబంధించి ఒక నమూనాను కనుగొని ఎంతో కాలం కాలేదు. ఒక శాస్త్రవేత్త మానవులను నర హత్య చేసే ప్రిమేట్స్‌గా చిత్రీకరించినప్పుడు, మీడియా చాలా త్వరగా వాటివెంట పడింది. సహచరుడెవరన్నా ఇందుకు వ్యతిరేకంగా వాదిస్తే చాలా అరుదుగా ఎవరన్నా వింటారు.

ఇది నన్ను ఆశ్చర్యానికి గురిచేసింది. భయంకరమైన దృశ్యాలతో కూడిన అభిరుచితో మనం తప్పుదారిపడ్తున్నామా? ఒక వేళ శాస్త్రీయ వాస్తవం పూర్తిగా భిన్నమైనది ఉంటే, అధికంగా అమ్ముడుపోయే ఎక్కువమందిచదివే ప్రచురణలు మనం దేన్ని నమ్మేలా చేస్తున్నాయి?

ఆస్ట్రిలోపితికస్ ఆఫ్రికానస్ అవశేషాలను ముందుగా పరీక్షించిన రేమాండ్ డార్ట్‌ని ఒక సారి సందర్శిద్దాం. ఆయన 1920లో వెనక్కి వచ్చారు. రెండు మిలియన్ల సంవత్సరాలనాటి పాత, గాయపడిన హోమినిన్ ఎముకలను పరిశీలించిన తర్వాత రక్తపిపాసి నరమాంస భక్షకులు తప్పక ఉండే ఉంటారని నిర్ణయించుకున్నారు.

ఈ ముగింపు విజయవంతమైంది. "ఒరిజినల్ ప్లానెట్ ఆఫ్ ది ఏప్స్ అండ్ 2001" ఎస్పేస్ ఒడిస్సి (రెండూ 1968 నాటిది) వంటి సినిమాలు చూడండి. ఇవి కిల్లర్ కోతి సిద్ధాంతంపై ఆధారపడినవి. డైరెక్టర్ స్టాన్లీ క్యూబ్రిక్ ఒక ఇంటర్వ్యూలో తనకు మనిషిలోని క్రూరత్వం, హింసాత్మక స్వభావంపై ఆకస్తి ఉంది, ఎందుకంటే ఇది అతని అసలైన ప్రవృత్తి అన్నారు.

చాలా సంవత్సరాల తరువాత గానీ ఆస్ట్రలోపిథికస్ ఆఫ్రికానస్ ఫోరెన్సిక్ అవశేషాలు పూర్తిగా భిన్నమైన దిశ చూపిస్తున్నాయనే విషయం గ్రహించలేదు. ఎముకలకు నష్టం కలిగించి ఇతర హోమినిన్ల వల్ల కాదు (రాళ్ళు, దంతాలు, కొమ్ములు) ప్రిడేటర్స్ (పూర్వికులు) వల్ల అని నిపుణులు ఇప్పుడు అంగీకరిస్తున్నారు. 1924లో రేమాండ్ డార్ట్ ఒకరి పుర్రెను విశ్లేషించారు. 2006లో వచ్చిన కొత్త తీర్పు ఏమిటంటే అపరాధి ఒక పెద్ద పక్షి అని శాస్త్రవేత్తలు నిర్ధారించారు. బంధువు చింపాంజీల మాటేమిటి? రక్తపిపాస మన జన్యువులలో మిళితమై ఉండడానికి అవి జీవించి ఉన్న రుజువు కాదా?

ఇది వివాదాస్పదంగా కొనసాగుతోంది. మిగిలిన విషయాలలో చింపాంజీలు ఎందుకు దాడికి వెళ్తాయి అనే ప్రశ్నపై నిపుణులు విభేదిస్తున్నారు. కొంతమంది మానవజోక్యం అని నిందిస్తున్నారు. టాంజానియాలో జేన్ గూడాల్‌కి క్రమం తప్పకుండా అరటి పండ్లు తినిపించడం లాంటిదని అంటున్నారు– ఇది వాటిని మరింత దౌర్జన్యంగా తయారయ్యేలా ప్రేరేపిస్తుంది. ఏమైనా ఇలాంటి సమాచారాన్ని ఎవరూ వదులుకోవాలనుకోరు. ముందు ఈ వివరణ ఆశపెట్టి బాధించిన ట్లనిపించింది, కానీ చివరికి నాకు విశ్వాసం కలుగలేదు. 2014 నుండి భారీ ఎత్తున సాగించిన అధ్యయనం వివరాలు ఇవి. దాదాపు 50 సంవత్సరాలపైగా 18 చింపాంజీల కాలనీల నుండి ఈ వివరాలను సేకరించి వెల్లడించారు. వారు దీనిని ఏ విధంగా చూసినప్పటికీ పరిశోధకులు మాత్రం చింపాంజీలు చనిపోవడానికీ, ఇందులో మానవుల జోక్యానికి గల సంబంధంపై లెక్కలు కనుగొనలేకపోయారు. చింపాంజీలు బయటి నుండి ఎలాంటి ప్రేరేపణలేకపోయినా క్రూరత్వంలో మానవులతో సమానమైన సామర్థ్యంకలిగి ఉన్నాయని తేల్చారు. అదృష్టవశాత్తు మన వంశవృక్షానికి కొమ్మలు ఎక్కువగా ఉన్నాయి. ఉదాహరణకు గొరిల్లాలు– ఇవి చాలా ప్రశాంతంగా ఉంటాయి. లేదా వీటికంటే మంచివి 'బోనోబోస్ ఇవి ప్రిమేట్(వానర జాతి) బలహీనమైన మెడ, చక్కటి ఎముకలు కలిగిన చేతులు, చిన్నదంతాలు, రోజంతా ఆడడానికి ఇష్టపడతాయి. అవిపూర్తిగా ఎదగకపోయినప్పటికీ స్నేహపూర్వకంగా ఉంటాయి.

గంటలు మోగించాలా? కచ్చితంగా జీవశాస్త్ర వేత్తలు హోమో కుక్కపిల్లల్లాగే బోనో బోస్‌ల కూడా పెంపుడు జంతువులే అని అనుమానిస్తున్నారు. యాదృచ్ఛికంగా వాటి మొహాలు విలక్షణమైన మానవ ముఖాలు లాగా ఉంటాయి. మనం సమాంతరాలను గీయాలనుకుంటే మనం ఇక్కడి నుండి ప్రారంభించాలి.

కానీ మన సమీప బంధువులపై వాడి వేడి చర్చ జరపడం అనేది నిజంగా ఎంత సందర్భోచితమైనది? మనుష్యులు చింపాంజీలు కాదు, అలాగని బోన్‌బోస్ కూడా కారు. మొత్తం మీద రెండువందలపైగా ప్రిమేట్స్‌లో వివిధ రకాల జాతులుండగా వాటి మధ్య ముఖ్యమైన వైవిధ్యాలున్నాయి. మనస్వంత మానవ పూర్వీకుల గురించి కోతులు మనకు నేర్పించింది చాలా తక్కువనీ, దీనిపై చర్చ మిగిలి ఉందని ప్రముఖ ప్రిమటాలజిస్ట్ రాబర్ట్ సపోల్స్కి అభిప్రాయపడ్డారు.

మనం అసలు ప్రశ్నకి రావాల్సిన అవసరం ఉంది – ఆ ప్రశ్నహాబ్స్, రూసోలను పట్టుకుని ఉంది. మొదటి మానవులు ఎంత హింసాత్మకంగా ఉన్నారు? ఇంతకు ముందు నేను చెప్పినట్లు దీనికి రెండు మార్గాలున్నాయి. ఒకటి మన పూర్వీకులు నివసించినట్లే నివసించిన ఆధునిక వేటగాళ్ల సమూహంపై అధ్యయనం చేయడం. రెండు మన పూర్వీకులు వదిలేసిన పురాతన ఎముకలు ఇతర అవశేషాలను తవ్వితీయడం. మొదటి దానితో ప్రారంభిద్దాం. నేను ఇంత క్రితమే నెపోలియన్ చాగ్నన్ "ది ఫియర్స్ పీపుల్స్" గురించి ప్రస్తావించాను. అన్ని కాలాలకు అనుగుణంగా ఉండే బాగా అమ్ముడపోయే మానవశాస్త్ర పుస్తకం వెనెజులా, బ్రెజిల్‌లో ఉండే "యానోమామి" తెగలు యుద్ధానికి మారుపేరుగా చాగ్నస్ తెలియజేశారు.

నరహంతకులైన "యానోమామి" పురుషులు, శాంతికాముకులైన తమ ప్రత్యర్థులకంటే మూడు రెట్ల మంది పిల్లలకు తండ్రిగా ఉన్నారు. (చాగ్నన్ మాటలో వింప్స్ 36) కానీ అతని పరిశోధన ఎంతవరకు నమ్మదగింది? అనేక తెగలు ఇప్పటికీ వేటాడి జీవిస్తున్నారనీ, వీరు మన పూర్వీకులు ఎలా జీవించారనే దానికి ఏ విధంగాను ప్రాతినిధ్యం వహించలేరన్న విషయంలో శాస్త్ర వేత్తలందరిదీ ఏకాభిప్రాయమే. వారు నాగరిక సమాజానికి దగ్గర ఉన్నారనీ, వ్యవసాయదారులతో పట్టణ వాసులతో తరుచుకలుస్తూ ఉండేవారు. సాధారణ వాస్తవం ఏమిటంటే వాటినిమానవ శాస్త్రవేత్తలు అనుసరిస్తూ, అధ్యయన జనాభాగా వారు తగినవారు కాదని అభిప్రాయ పడ్తున్నారు (యాదృచ్ఛికంగా, "యానోమామి" కంటే కూడా కొన్నితెగలవారు మరింత భయంకరమైన వారు సహాయానికి బదులుగా చాగ్నన్ వారికి గొడ్డళ్లు, పెద్ద కత్తులను అంటగట్టివారు చాలా హింసాత్మకంగా ఉన్నారని అభిప్రాయం వ్యక్తం చేశాడు.

శాంతి కాముకుల కంటే హంతకులైన ఈ తండ్రులు అనేక మంది పిల్లలకు జన్మనిచ్చారని చాగ్నన్ వాదన? అయితే ఈ విషయాన్ని అక్షరాలా జోడించలేదు. ఎందుకంటే అతను రెండు తీవ్రమైన తప్పులు చేశాడు. మొదటిది అతను కాలాన్ని సరిదిద్దడం మరిచేపోయాడు. అతని వివరాలలో ఈ హంతకులు "వింప్స్" కంటే సగటున పది సంవత్సరాలు పెద్దవారు. అంటే ఇరవై ఐదు సంవత్సరాల వయస్సు వారికన్నా ముప్పై ఐదు సంవత్సరాల వయస్సువారికి పిల్లలు ఎక్కువమంది ఉన్నారు. ఇది పెద్ద ఆశ్చర్యపడాల్సిన విషయం కాదు.

చాగ్నన్ చేసిన మరో మౌలికమైన తప్పిదం ఏమిటంటే తను కేవలం ఇప్పటికీ జీవించి ఉన్న హంతకుల పిల్లల్ని మాత్రమే పరిగణనలోకి తీసుకోవడం, ఇతరులను చంపినప్పుడు వారు పొందుతున్నది ఏమిటీ, వారికి ఏం వస్తోంది అనేదాని గురించి చాగ్నన్ పట్టించుకోలేదు. మరో మాటలో చెప్పాలంటే 'పగ' ఈ కేసులను విస్మరించి, మీరు కేవలం విజేతలను మాత్రమే చూసిన తర్వాత ఇదిలాటరీ ఆడడానికి చెల్లిస్తుంది అని వాదించినా వాదిస్తారు.

మానవశాస్త్ర వేత్త సందర్శించిన తర్వాత 'యానోమామి' ఒక కొత్త పదం 'ఆంత్రో' (మానవ)ను తమ పదజాలంలో చేర్చుకుంది అంటే? లోతుగా చెదిరిన ధోరణులు, క్రూరమైన విపరీత వైఖరి గల శక్తివంతమైన అమానవీయత 1995లో ఈప్రత్యేకమైన ఆంత్రోను 'యానోమమి' భూభాగంపైకి తిరిగి రాకుండా నిషేధించారు.

చాగ్నస్ బెస్ట్ సెల్లర్ విస్మరించబడిందనేది స్పష్టం. కానీ మనకు ఇంకా మనస్తత్వవేత్త స్టీవెన్ పింకర్ 800 పేజీల పుస్తకం ఉంది. ఇందులో మన హింసాత్మక స్వభావానికి అధికారిక రుజువుగా గ్రాఫ్‌లు, టేబుల్స్ ఉంటాయి.

పింకర్ తన "ది బెటర్ ఏంజెల్స్ ఆఫ్ అవర్ నేచరల్‌లో" ఎనిమిది ఆదిమ జాతుల సమాజాలలోని సగటు నరహత్యరేటుని గురించి పేర్కొన్నారు. అది అతి భయకరంగా 14 శాతానికి చేరుకుంది. ఈ లెక్కలు ప్రతిష్టాత్మకమైన 'సైన్స్' వంటి జర్నల్స్‌లోను. వార్తా పత్రికలలో, టీవీల్లో లెక్కలేనన్ని సార్లు వస్తూనే ఉన్నాయి. ఇతర శాస్త్రవేత్తలు అతని మూల సమాచారాన్ని పరిశీలించినప్పుడు పింకర్ ఇందులో ఏవేవో కొన్ని విషయాలను చేర్చాడని కనుగొన్నారు. ఇది కొంత సాంకేతికతకు సంబంధించినదయినప్పటికీ అతను తప్పు ఎక్కడ చేశాడనేది అర్థం చేసుకోవాల్సిన అవసరంఉంది. మనకు సమాధానం కావాల్సిన అవసరం ఉంది. మనకు సమాధానం కావాల్సిన ప్రశ్న: 50,000 సంవత్సరాల క్రితం మానవులు ఎలా నివసించారనడానికి ఇప్పటికీ వేటాడి జీవిస్తున్న ఏ ప్రజలు ప్రాతినిధ్యం వహిస్తున్నారు? ఏది ఏమైనా మానవచరిత్రలో 95 శాతం మంది సంచార జాతులు, ప్రపంచంలో చిన్న సమసమాజ సమూహాలుగా తిరుగుతుండేవారు.

పింకర్ దాదాపు ప్రత్యేకంగా సంకర జాతి సంస్కృతులపై దృష్టి పెట్టడానికి ఎంచుకున్నాడు. వీరు వేటాడి జీవిస్తుండడమే కాక గుర్రపు స్వారీ చేయడం లేదా కొత్తగా గ్రామాలను ఏర్పరచుకుని నివసించడం లేదా వ్యసాయం చేసుకోవడమో చేస్తుంటారు. ఈ కార్యకలాపాలన్నీ ఇటీవలి కాలంవి. మానవులు 10,000 సంవత్సరాల క్రితం వరకు వ్యవసాయం ప్రారంభించలేదు. 5000 ఏళ్ల క్రితం వరకు గుర్రాలను పెంపుడు జంతువులుగా చేసుకోలేదు. 50,000 సంవత్సరాల క్రితం మన దూరపు పూర్వీకులు ఎలా జీవించారనేది మీరు తెలుసుకోవాలనుకుంటే గుర్రాల సంరక్షణ దార్లు, కూరగాయలు పండించేవారి నుండి అంచనా వేయడం సరైంది కాదు.

కానీ ఒక వేళ మనం పింకర్ పద్ధతుల ద్వారా చేరుకున్నప్పటికీ ఆ వివరాలు సమస్యాత్మకంగా ఉంటాయి, మనస్తత్వ శాస్త్రవేత్త ప్రకారం, పరాగ్వేలోని 'ఆచీ'లో జరిగే మరణాలలో 30 శాతం (ఆయన జాబితాలో మొదటి స్థానంలో ఉన్నతెగ) వెనెజులా, కొలంబియాలోని 'హివీ' తెగల మరణాలలో 21శాతం (మూడోస్థానంలోని తెగ) యుద్ధం కారణమని చెప్పవచ్చు. వీరు రక్త పిపాసులనే విషయం కనిపిస్తోంది. అయితే మానవ శాస్త్రవేత్త డగ్లస్ ఫ్రైకి అనుమానం వచ్చి మూలాలను సమీక్షించాడు. 'ఆచీ' తెగలో యుద్ధ మరణాలుగా పింకర్ పేర్కొన్న మొత్తం నలభై ఆరు కేసులు వాస్తవానికి "పరాగ్వేయన్ ద్వారా చిత్రీకరించబడింది" అని తెగ సభ్యుడు రూపొందించిన జాబితాకు సంబంధించింది అని కనుగొన్నారు.

వాస్తవానికి ఆచీ తెగవారు ఒకరినొకరు చంపుకోలేదు, కానీ ఏ మాత్రం కనికరం లేకుండా బానిస వ్యాపారులు వెంబడించగా పరాగ్వేయన్ సరిహద్దు మనుష్యులువారిపై దాడిచేసినట్లు అసలు మూలాలు తెలుపుతున్నాయి. అయితే వారు మాత్రం తమ శక్తివంతమైన పొరుగువారితో శాంతియుత సంబంధాలు కోరుకున్నారు. ఇదే విధంగా 'హివీ'ల విషయంలోను జరిగింది. యుద్ధ మరణాలుగా పింకర్ పేర్కొన్న పురుషులు, స్త్రీలు, పిల్లల మరణాలన్నీ స్థానిక పశువులకాపర్ల వల్ల 1968లో జరిగిన హత్యలు.

ఇనుముతో చేసిన నరహత్యలు ఉన్నాయి. అలవాటు నుండి దూరంగా ఒకరినొకరు చంపుకోవడం, ఈ సంచార వేటగాళ్లు అధునాతన ఆయుధాలను ప్రయోగించే 'నాగరిక'

రైతుల బాధితులు చార్టులను, సంఖ్యా పట్టికలు, శాతాన్ని వర్ణించే వాటినన్నిటినీ పట్టించుకోకండి, అవి శాస్త్రీయ వస్తుగత దృక్పథాన్ని తెలియజేస్తాయి అని ఫ్రై రాశారు. "కానీ ఈ కేసులో ఇదంతా ఒక భ్రమ"

ఆధునిక మానవశాస్త్రం నుండి మనం ఏమి నేర్చుకోవచ్చు? స్థావరాలు, వ్యవసాయం, గుర్రాలు లేని సమాజాన్ని పరిశీలించినప్పుడు ఏం జరుగుతుంది– ఒకప్పుడు మనం ఎలా జీవించాలమనే దానిని నమూనాగా ఆ సమాజం ఉపయోగపడ్తుందా?

మీరు ఊహించండి: మనం ఈ రకమైన సమాజాలను అధ్యయనం చేసినప్పుడు యుద్ధం అరుదుగా ఉండేదని కనుగొంటాం. సైన్స్ జర్నల్ కోసం 2013లో సంకలనం చేయబడిన ప్రాతినిధ్య తెగల జాబితా ఆధారంగా సంచార జాతుల వేటగాళ్లు హింసను తప్పించుకునే వారని డగ్లస్ ఫ్రై అభిప్రాయానికొచ్చారు. సంచార జాతుల వారు తమ విభేదాలను గురించి మాట్లాడుకునే వారు లేదా మరో లోయకు వెళ్లిపోతారు. ఇది 'అటా' లోని అబ్బాయిలలా అనిపిస్తుంది. వారిలో ఆవేశం రేగినప్పుడు ఆవేశం చల్లార్చుకోవడానికి ద్వీపంలోని వివిధ ప్రాంతాలకు వెళతారు.

మరొక విషయం.

మానవ శాస్త్ర వేత్తలు చరిత్ర పూర్వ సోషల్ నెట్‌వర్క్‌లు చాలా చిన్నవని చాలాకాలం భావించారు. ముప్పై లేదా నలభై మంది బంధువుల గుంపుతో అడవిలో సంచరించామని వారు అనుకుంటారు. ఇతర సమూహాలతో తలపడడం అనేది చాలా త్వరగా యుద్ధంలోకి దిగుతుందనుకుంటారు.

కానీ 2011లో అమెరికన్ మానవశాస్త్రవేత్తల బృందం ప్రపంచ వ్యాప్తంగా 32 ఆదిమ జాతుల సమాజాల సామాజిక నెట్‌వర్క్‌ల మ్యాప్‌ను రూపొందించింది. ఇవి అలస్కాలోని "నునామట్" నుండి శ్రీలంకలోని "వేద్దా"వరకు ఉన్నాయి.

సంచార జాతులవారు చాలా సామాజికంగా ఉంటారు. వారు నిరంతరం కలిసి తింటారు, పార్టీలు చేసుకుంటారు, పాడుతారు. ఇతర సమూహాల వ్యక్తులను వివాహం చేసుకుంటారు. నిజమే, వారు ముప్పై నుండి నలభై మంది గల చిన్న బృందాలుగా ఉంటారు. ఈ బృందాలలో ప్రధానంగా స్నేహితులుంటారు, కుటుంబ సభ్యులుండరు. వారు నిరతరం బృందంలోని సభ్యులను మార్చుకుంటూ ఉంటారు. ఈ వేటాడే వారు విస్తృతంగా సామాజిక నెట్‌వర్క్‌లను కలిగి ఉంటారు. పరాగ్వేలోని ఆచే, టాంజానియాలోని హాడ్జా తెగలలో 2014 లెక్కల ప్రకారం సగటు తెగ సభ్యుడు లేదా సభ్యురాలు తన జీవితకాలంలో వేయిమందిపైగా వ్యక్తులను కలుస్తారని ఒక అధ్యయనం పేర్కొంది.

సంక్షిప్తంగా సగటు చరిత్రకు పూర్వ వ్యక్తికి స్నేహితుల బలగం ఎక్కువని చెప్పడానికి కారణం ఉంది. నిరంతరం కొత్త వ్యక్తులను కలుస్తున్నారంటే కొత్త విషయాలను నేర్చుకుంటున్నారన్నమాట. అంటే అప్పుడు మాత్రమే నియాండర్తాళ్ల కంటే తెలివిగా తయారవుతారన్న మాట.

పూర్వ మానవుడి క్రూర స్వభావం గురించి ప్రశ్నకు సమాధానం తెలుసుకోవడానికి మరో మార్గం కూడా ఉంది. అది త్రవ్వకాల ద్వారా. హాబ్స్, రూసో మధ్య చర్చను పురావస్తు రుజువులు తెలియ చేయగలవని ఆశ. ఎందుకంటే శిలాజాల రికార్డ్‌ను గిరిజన తెగల లాగా పరిశోధకులు కలుషితం చేయలేరు. అయినా ఒక సమస్య ఉంది. వేటాడి, సేకరించే వారు పగటి పూట ప్రయాణించేవారు. వారి దగ్గర ఏమీ ఉండవు. ఏమీ వెనకేసుకోరు. అదృష్టవశాత్తు మనకు ఒక ముఖ్యమైన మినహాయింపు ఉంది. గుహలో పెయింటింగ్స్. ఒక వేళ మన స్వభావం పరస్పరం హాబ్స్ చెప్పినట్లు యుద్ధం చేసుకోవడమే అయితే ఆ కాలంలో ఎవరో ఒకరు ఏదో ఒక పాయింట్ దగ్గర దానికి సంబంధించిన దృశ్యాన్ని పెయింట్ చేసి ఉండేవారు. కానీ అలాంటి పెయింటింగ్స్ ఏమీ లేవు. ఆ కాలంలో వేలాది గుహల లోపలి పెయింటింగ్స్‌లో అడవి ఎద్దులను, గుర్రాలను, దుప్పులను వేటాడుతున్నవే ఉన్నాయి తప్ప యుద్ధానికి సంబంధించిన కనీసం ఒక పెయింటింగ్ కూడా లేదు.

అయితే పురాతన అస్థిపంజరాల మాట ఏమిటి? ఇరవై ఒక్క తవ్వకాలలో సగటున 15 శాతం హత్యకేసులని స్టీవెన్ పింకర్ పేర్కొన్నారు. కానీ అంతకు ముందు పింకర్ జాబితా కొంత గందరగోళంగా ఉంది. 21 త్రవ్వకాలలో 20 వ్యవసాయాన్ని కనుగొన్న తర్వాత, గుర్రాలను పెంపుడు జంతువుగా మచ్చిక చేసుకున్నతర్వాత లేదా స్థావరాలు పెరిగిన తర్వాతి కాలం నాటివి. ఇవన్నీ చూస్తే ఇవి ఇటీవలి కాలం నాటివని తెలుస్తోంది.

వ్యవసాయానికి, గుర్రపుస్వారీ, స్థిరపడిన సమాజాలలో నివసించడానికి ముందు పురాతన యుద్ధాలకు సంబంధించి పురావస్తు శాఖ వారి రుజువులెన్ని ఉన్నాయి? మనలో యుద్ధ స్వభావం ఉందనడానికి ఎలాంటి రుజువులున్నాయి? సమాధానం దాదాపు శూన్యమే.

ఈ రోజు వరకు మూడు వేల ఆదిమ జాతి అస్థిపంజరాలు, 400 త్రవ్వకాలలో బయటపడినాయి. ఇవి మన "సహజ స్వభావం" ఏమిటో చెప్పగలిగినంత పురాతనమైనవి. ఈ తవ్వకాలపై అధ్యయనం చేసిన శాస్త్రవేత్తలు చరిత్ర పూర్వ యుద్ధాల గురించి రుజువులను కనుగొనలేకపోయారు.

ఆ తర్వాతి కాలంలో ఇవి విభిన్నమైన కథ "ఒకసారి యుద్ధం మొదలయిన తరువాత కాలగమనంలో మళ్ళీ వెనక్కి వెళ్ళే ప్రశ్నేలేదు" ప్రముఖ మానవ శాస్త్రవేత్త బ్రియాన్ ఫెర్గుసన్.

5

నాగరికత యిచ్చిన శాపం

1

జీన్– జాక్వెస్ రూసో వాదన సరైనదేనా? మానవులు స్వభావ రీత్యా గొప్పవారు. నాగరికత వచ్చేవరకు మన మందరం బాగానే ఉన్నామా?

నేను కచ్చితంగా ఆ అభిప్రాయం పొందడానికి ప్రయత్నం ప్రారంభించాను. 1492లో ఒక ప్రయాణికుడు బహుమాన్ తీరానికి వచ్చినప్పుడు అక్కడ నివసిస్తున్నవారు ఎంత ప్రశాంతంగా ఉన్నారో చూసి ఆశ్చర్య పోయినట్లు రికార్డు చేయబడింది. ''వారి వద్ద ఆయుధాలు లేవు, వాటి గురించి తెలియదు, నేను కత్తి చూపించినప్పుడు అమాయకంగా వారు తమను తాము కోసుకున్నారు''. దాంతో అతనికి ఒక ఐడియా వచ్చింది. ''వీళ్లు మంచి పనివారుగా తయారుకాగలరు... మేము 50 మందితో వారిని లొంగదీసుకోగలిగాం, మాకు కావాల్సిన పనులు చేసేలా వారిని తయారు చేసుకున్నాం.''

క్రిస్టఫర్ కొలంబస్ అనే యాత్రికుడు– తన ప్రణాళికను అమలు చేయడంలో ఏమాత్రం ఆలస్యం చేయలేదు. ఆ మరుసటి సంవత్సరం అతను 17 ఓడలు, 1500 మంది మనుష్యులతో తిరిగివచ్చాడు. అట్లాంటిక్ బానిస వ్యాపారం ప్రారంభించాడు. అర్థ శతాబ్దం తర్వాత అసలైన కారిబ్ జనాభాలో ఒక శాతం మంది మాత్రమే మిగిలారు. మిగతావారు భయంకరమైన వ్యాధులు, బానిసత్వం కారణంగా మరణించారు. ఇది 'నాగరికత' వలస వాదులను ఎదుర్కొనే అనాగరికులు (క్రూరులు)గా పిలవబడే వారికి పెద్ద షాక్‌గానే అనుకోవాలి. కొంతమందికి, ఒక వ్యక్తి మరొక వ్యక్తిని అపహరించవచ్చు లేదా చంపవచ్చు. వారు గ్రహాంతర వాసి అయి ఉండవచ్చుననే అభిప్రాయం కూడా కలిగింది. అది సాగదీసినట్లుగా అనిపిస్తే నేటికీ హత్యను ఏమాత్రం ఊహించలేని ప్రదేశాలు ఉన్నాయి. వాటిని పరిగణనలోకి తీసుకోండి. ఉదాహరణకు ఫసిఫిక్ మహాసముద్రానికున్న విస్తారమైన ప్రాంతాలలో ఒక చిన్న పగడాల ద్వీపం ఉంది. దీని పేరు ఇఫాలిక్. రెండవ ప్రపంచయుద్ధం తర్వాత అమెరికా నౌకాదళం ఇఫాలిక్ ప్రజలతో సత్సంబంధాలు పెంపొందించుకోవడానికి ఇఫాలిక్‌లో కొన్ని హాలీవుడ్ చలన చిత్రాలను ప్రదర్శించారు. ఆ ద్వీపవాసులు ఏనాడు చూడని భయంకరమైన విషయంగా ఇది పరిణమించింది. తెరపై చూసిన హింస అక్కడి వారిని తీవ్రమైన బాధకు గురిచేసింది. కొంతమంది దీర్ఘకాలం అనారోగ్యానికి గురైనారు.

కొన్ని సంవత్సరాల తర్వాత ఇఫాలిక్‌లో ఫీల్డ్ వర్క్ చేయడానికి వచ్చిన మానవ శాస్త్రవేత్తను అక్కడి వారు పదేపదే ఒక ప్రశ్న అడుగుతూనే ఉన్నారు. "అమెరికాలోని ప్రజలు నిజంగానే మరొక వ్యక్తిని చంపుతారా? ఇది నిజమా?"

■

కాబట్టి మానవచరిత్ర గుండెలో ఈ రహస్యం ఉంది. మనం లోతుగా చూస్తే, హింసపట్ల సహజమైన విరక్తి కలిగి ఉంటే తప్పుడు పనులు ఎందుకు జరుగుతాయి? ఒక వేళ యుద్ధానికి ఆరంభం ఉంటే, ఆరంభించిందేది?

మొదట, చరిత్ర పూర్వపు జీవితం గురించిన ఒక హెచ్చరిక. మన పూర్వీకుల చిత్రాన్ని శృంగార భరితంగా చిత్రీకరించకుండా జాగ్రత్త వహించండి. మానవులు ఎప్పుడూ దేవదూతలు కాలేదు. అసూయ, కోపం, ద్వేషం ఇవన్నీ పాతకాలం నాటి భావోద్వేగాలే, అవి ఎల్లప్పుడూ నష్టం కలిగిస్తూనే ఉన్నాయి. మన పురాతనకాలంలోను ఆగ్రహంతో రగిలిపోయే వాళ్లు. నిజం చెప్పాలంటే కొన్ని అరుదైన సందర్భాలలో నేరం చేయకపోతే హోమో కుక్క పిల్లలు ఈ ప్రపంచాన్ని జయించలేవు.

ఈ చివరి అంశాన్ని అర్థం చేసుకోవాలంటే చరిత్ర పూర్వపు రాజకీయాల గురించి ఎంతో కొంత తెలుసుకోవాల్సిన అవసరం ఉంది. మౌలికంగా మన పూర్వీకులకు అసమానతపట్ల వ్యతిరేకత ఉంది. నిర్ణయాలనేవి సమూహ వ్యవహారం. దీనిపై సుదీర్ఘ చర్చలు జరగాల్సి ఉంటుంది. ఇందులో ప్రతి ఒక్కరు తమ వాదనవినిపిస్తారు. విశ్వవ్యాప్తంగా జరిపిన పటిష్టమైన 339 ఫీల్డ్ వర్క్ అధ్యయనాల ఆధారంగా ఒక అమెరికన్ మానవ శాస్త్రవేత్త “నొ మాడిక్ ఫర్ ఏజర్స్” (సంచార వేటగాళ్లు) అనివారిని నిర్ధారించారు. ఇవన్నీ కూడా ఇతరుల అధికారం నుండి విముక్తికి సంబంధించినవి.

ప్రజల మధ్య అధికార వ్యత్యాసాలు – ఒక వేళ సంచార జాతుల వారు వీటిని భరించారు అంటే అది తాత్కాలికం, ఒక ప్రయోజనం కోసం అయి ఉంటుంది. నాయకులు విజ్ఞాన వంతులు లేదా నైపుణ్యం గలవారు లేదా ఆకర్షణీయమైనవారు. అంటే ఇచ్చిన పనిని చేయగల సామర్థ్యం గలవారు. శాస్త్రవేత్తలు దీనిని అసమానత ఆధారిత సాధనగా సూచిస్తారు.

అదే సమయంలో సభ్యులను వినయంగా ఉంచడానికి సమాజాలు ఒక సాధారణ అస్త్రాన్ని ప్రయోగించాయి: సిగ్గు.

కలహరి ఎడారిలో ఐకుంగ్ మధ్య తన జీవితాన్ని గురించి కెనడియన్ మానవ శాస్త్రవేత్త ‘రిచర్డ్‌తో’ చెప్పిన ఈ విషయాలు మన పూర్వీకులలో ఇది ఎలా పనిచేస్తుందో వివరిస్తాయి. ఈ కింద పేర్కొన్నది ఒక గిరిజనుడు, ఒక విజయవంతమైన వేటగాడు తనను తాను ఏవిధంగా నిర్వహించాలనుకుంటాడనే దాని గురించి చెప్పిన వివరణ.

అతను మొదట వేరొకరు వచ్చేవరకు మౌనంగా కూర్చోవాలి. తను వెలిగించిన మంట దగ్గరకు వచ్చి ఈ రోజు ఏం చూశావు? అని అడుగుతాడు. అతను నెమ్మదిగా నేను వేటకు తగిన వాడ్ని కాను నేను ఏమీ చూడలేదు...” బహుశా ఏదో చిన్నది అయిది ఉంటుంది అని సమాధానం ఇస్తాడు. అప్పుడు నాలో నేను నవ్వుకుంటాను. ఎందుకంటే నాకు తెలుసు అతను ఏదో పెద్ద జంతువునే వేటాడాడని.

నన్ను తప్పుగా భావించవద్దు, కొన్ని యుగాలుగా అహంకారం ఉంది. అలాగే దురాశ ఉంది. కానీ వేలాది సంవత్సరాలుగా హోమో కుక్కపిల్ల అన్నీ చేసింది. అది ఈ ధోరణులను స్క్వాష్ చేయగలదు.

ఐకుంగ్ సభ్యుడిగా ఇలా అన్నాడు: ప్రగల్భాలు పలికేవారిని మేము తిరస్కరించాం. అతని గర్వం ఏదో ఒక రోజు ఎవరో ఒకరి చేతిలో చచ్చేలా చేస్తుంది. అందుకే మేము ఎల్లప్పుడు అతని మాంసం పనికిరానిదని మాట్లాడుకుంటాం. ఈ రకంగా మేం అతడి హృదయాన్ని చల్లబరిచి అతడ్ని సున్నితంగా తయారుచేస్తాం. వేటగాళ్లలో కూడబెట్టడం, దాచడం నిషిద్ధం. మా చరిత్రలో ఎక్కువ భాగం మేం విషయాలను సేకరించలేదుగానీ, స్నేహాలు చేశాం. యూరోపియన్ అన్వేషకులను ఆశ్చర్యపరచడంలో ఇది ఎప్పుడూ విఫలం కాలేదు. వారు తాము కలిసిన ప్రజల ఔదార్యంపై ఎంతో నమ్మకాన్ని వ్యక్తం చేశారు. “మీరు ఏదైనా వారిని అడిగితే వారు ఎప్పుడూ లేదు అనరు” అని కొలంబస్ తన ‘లాగ్‘లో రాసుకున్నాడు. ఇందుకు భిన్నంగా వారు ఎవరితోనైనా పాలుపంచుకోండి అని ఎదురు ఆఫర్ చేస్తారని పేర్కొన్నారు.

సమూహంలో చక్కగా పాలుపంచుకోవడానికి కట్టుబడకుండా నిరాకరించే వారు ఎల్లప్పుడు ఉంటారు. ఇలాంటి అహంకారులు, లేదా దురాశాపరులు బహిష్కరణకు గురయ్యే ప్రమాదం లేకపోలేదు. అది కూడా పనిచేయకపోతే తుది పరిహారం ఒకటి ఉంది.

ఐకుంగ్‌లో జరిగిన ఈ కింది సంఘటనను తీసుకుందాం. ఇక్కడ ప్రధాన వ్యక్తి ‘ట్వీ’ ఇతను గిరిజన తెగ సభ్యుడు. అతని ప్రవర్తన నానాటికీ దుర్భరం అవడం కాక, అతను ఇద్దర్ని చంపాడు కూడా. సమూహం విసుగెత్తిపోయింది. “వారు అతనిపై విషపు బాణాలను వేశారు. ఆ బాణాలన్నీ అతనికి గుచ్చుకొని అతను ముళ్ల పందిలా కనిపించే వరకు వేశారు. అతను చనిపోయిన తర్వాత స్త్రీలు, పురుషులందరూ అతని శవం వద్దకు చేరి ఈటలతో అతని శరీరాన్ని పొడుస్తారు. అంటే అతని చావులో అందరూ భాగస్వాములేనని చెప్పడానికి అలా చేస్తారు. ఆధిపత్య సముదాయాన్ని అభివృద్ధి చేసిన సభ్యుల పనిని గిరిజనులు చేసినప్పుడు చరిత్రపూర్వం కూడా అప్పుడప్పుడు ఇలాంటి జోక్యం జరిగి ఉండవచ్చునని మానవశాస్త్రవేత్తల భావన. మనని మనం మనుష్యుల్లాగా రూపొందించిన మార్గాలలో ఇది ఒకటి. దూకుడు వ్యక్తులకు పునరుత్పత్తి చేయడానికి తక్కువ అవకాశాలున్నాయి. స్నేహపూర్వకంగా ఉండే రకాలు ఎక్కువ సంతానం కలిగి ఉంటాయి.

మానవ చరిత్రలో అప్పట్లో స్త్రీలు, పురుషులు ఎక్కువ లేదా తక్కువ సమానంగా ఉన్నారు. గుహలలో నివసించేవారి మూస పద్ధతికి విరుద్ధంగా క్లబ్, షార్ట్ ఫ్యూజుతో ఛాతి కొట్టుకునే గొరిల్లా. మన మగ పూర్వీకులు. బహుశా అంత మగతనం గలవారు కాకపోవచ్చు. మౌలికమైన స్త్రీవాదులు మాదిరిగా ఉండేవారు.

లింగాల మధ్య సమానత్వం, నియాండర్తాల్స్ వంటి ఇతర పూర్వీకులమీద కీలకమైన ప్రయోజనం పొందేలా మానవులకు అవకాశం ఇచ్చినట్లుయిందేమోనని శాస్త్రవేత్తలు అనుమానిస్తున్నారు. పురుష ఆధిపత్య సమాజాలలో పురుషులు ఎక్కువగా సోదరులు, మగదాయాదులతో కలిసి ఉండేవారని క్షేత్ర అధ్యయనాలు తెలుపుతున్నాయి. మహిళలతో అధికార భాగస్వామ్యం గల సమాజాలలో ఇందుకు భిన్నంగా ప్రజలు మరింత విభిన్నమైన సామాజిక నెట్‌వర్క్‌లను కలిగి ఉంటారు. మనం 3వ అధ్యాయంలో చూసినట్లు ఎక్కువ మంది స్నేహితుల్ని కలిగి ఉండడం అనేది మనని తెలివిగలవారిగా చేస్తుంది.

లింగ సమానత్వం అనేది సంతానంలో కూడా వ్యక్తం అయ్యింది. ఆదిమ సమాజాలాలో పురుషులు, నేడు అనేకమంది తండ్రులు లాగే తమ పిల్లలతో ఎక్కువ సమయం గడిపేవారు. పిల్లల సంరక్షణ బాధ్యతను మొత్తం తెగపంచుకుంటుంది. ప్రతి ఒక్కరూ శిశువులను పట్టుకునేవారు. తల్లేకాక ఇతర స్త్రీలు కూడా పిల్లలకు పాలిచ్చేవారు. ఈ విధమైన ప్రారంభ అనుభవాలు. సంచార సమాజాలలోని పిల్లలు తమ ప్రపంచంలోని పని నమూనాలను ఇచ్చే స్థలాలుగా ఎందుకు భావించేవారో వివరించడానికి దోహదపడతాయని ఒక మానవశాస్త్రవేత్త పేర్కొన్నారు. మరోపక్క మన నేటి ఆధునిక తల్లిదండ్రులు కొత్తవారితో మాట్లాడవద్దని పిల్లలను హెచ్చరిస్తుంటారు. చరిత్రకు పూర్వం మనం ఆహార నమ్మకంతో పెరిగాం. మరో విషయం, వేటాడి సేకరించేవారు కూడా వారి ప్రేమ గురించి చాలా చక్కగా చెప్పేవారనడానికి బలమైన సూచనలున్నాయి. మనని కొంతమంది జీవశాస్త్రవేత్తలు ఏ విధంగా వర్ణించారంటే తరాలుగా ఏకపత్నీవ్రతులు. టాంజానియాలోని హాడ్జాలో వారి జీవిత కాలంలో సగటున ఇద్దరు లేదా ముగ్గురు భాగస్వాములుంటారు, స్త్రీలు వారి భాగస్వాములను ఎంపిక చేసుకుంటారు. లేదా పెరాగ్వే కొండ ప్రాంతాలలో నివసించే 'ఆచె'ను తీసుకుంటే అక్కడి స్త్రీలు తమ జీవితకాలంలో సగటున పన్నెండు మంది భర్తలుంటారన్నారు. తండ్రుల ఈ పెద్ద నెట్‌వర్క్‌లో ఈ తండ్రులందరూ పిల్లల పెంపకంలో భాగస్వాములవుతారు.

పదిహేడవ శతాబ్దపు మిషనరీ ఇన్నూ తెగకు (ఇది ప్రస్తుతం కెనడాలో ఉంది) చెందిన సభ్యుడిని విశ్వాస రాహిత్య ప్రమాదాన్ని గురించి హెచ్చరించినప్పుడు ఆ సభ్యుడు ఇలా చెప్పాడు. "ఇది అర్థంలేని విషయం, మీ ఫ్రెంచ్ ప్రజలు కేవలం మీ పిల్లల్ని మాత్రమే ప్రేమించండి. కానీ మేం మా తెగ పిల్లందరినీ ప్రేమిస్తాం".

2

మన పూర్వీకులు ఏ విధంగా జీవించారో నేను ఎంత ఎక్కువగా నేర్చుకుంటే అంత ఎక్కువగా నాలో ప్రశ్నలు తలెత్తుతాయి.

ఒకప్పుడు మనం స్వేచ్ఛ, సమానత్వం ప్రపంచంలో నివసించామనేది వాస్తవం అయితే మనం ఎందుకు వాటిని వదిలిపెట్టాం. సంచార వేటగాళ్లు ఆధిపత్య నాయకులను ఏ ఇబ్బందిలేకుండా తొలగించుకోగలిగినప్పుడు, ఇప్పుడు మనం అలాంటి వారిని ఎందుకు వదిలించుకోలేకపోతున్నాం?

వారు లేకుండా ఆధునిక సమాజం మనుగడ సాధించలేదని ప్రామాణిక వివరణ ఇస్తారు. రాష్ట్రాలు, బహుళ జాతి సంస్థలకు రాజులు, అధ్యక్షులు, సీఈవోలు ఉండాల్సిన అవసరం ఉంది. "భారీగా ఉన్న జనాభాలు నాయకులు లేకపోతే సరిగా పనిచేయరు, సరైన నిర్ణయాలు తీసుకోలేరు" అని భౌగోళిక శాస్త్రవేత్త జారెడ్ డైమండ్ పేర్కొన్నారు. ఈ సిద్ధాంతం నిర్వాహకులు, రాజుల చెవులకు సంగీతంలా వినిపిస్తుందనడంలో ఎలాంటి సందేహం లేదు. ఇది కచ్చితంగా ఆమోదయోగ్యంగా అనిపిస్తుంది. తోలు బొమ్మలాటలో

తీగలను లాగేవారులేకపోతే తోలు బొమ్మలు కదలనట్లే ఒక గుడి, పిరమిడ్ లేదా పట్టణాన్ని నిర్మించాలంటే వీరు ఉండాల్సి వస్తుంది. దేవాలయాలు, మొత్తం నగరాలనే ఏ విధమైన దృఢమైన క్రమానుగత శ్రేణి లేకుండానే నిర్మించడం లాంటి సమాజాల ఉదాహరణలను చరిత్ర కోకొల్లలుగా చెప్పగలదు. 1995లో భారీ ఆలయ సముదాయంలో త్రవ్వకాలు ప్రారంభించింది. అందులోని అందమైన చెక్కిన స్తంభాలు ఒక్కొక్కటి ఇరవై టన్నులపైగా బరువున్నాయి. స్మారక చిహ్నాల గురించి ఆలోచించండి. చాలా ఆకట్టుకుంటాయి. ఆ సముదాయం 11 వేల సంవత్సరాల నాటిదని ఆ స్తంభాలపై ఉన్న వివరాలను బట్టి తెలుసుకున్న పరిశోధకులు ఆశ్చర్యపోయారు.

వ్యవసాయ సమాజాల కంటే బహుశా వీటిని చాలా ముందుగా నిర్మించి ఉండివచ్చు. (రాజులు లేదా అధికారుల నియంత్రణలో) పురావస్తు శాస్త్రవేత్తలు వాస్తవానికి శాయశక్తులా పరిశోధించారు. గానీ వ్యవసాయానికి సంబంధించిన ఏ విధమైన జాడను కనుగొనలేకపోయారు. ఇలాంటి భారీ నిర్మాణాలు సంచార జాతుల పని అయి ఉంటుంది.

"గోబెక్లిటేపే" (పోట్ బెల్లీ హిల్ గా అనువాదం చేయబడింది) ప్రపంచంలోని పురాతన ఆలయం. దీనిని స్కాలర్క్ సామూహిక కట్టడంగా పేర్కొన్నారు. వేలాది మంది సహకరించారు. దూర ప్రాంతాల నుండి వచ్చిన యాత్రికులు చేయూత నిచ్చారు. అది పూర్తయిన తర్వాత కాల్చిన దుప్పులతో భారీ ఎత్తున విందు జరిగింది(పురావస్తు శాస్త్రవేత్తలు వేలాది దుప్పుల ఎముకలను కనుగొన్నారు) ఇలాంటి స్మారక కట్టడాలు కొంతమంది అధిపతుల అహాన్ని దెబ్బతీసేందుకు నిర్మించబడలేదు. ప్రజలందర్ని ఏకతాటిపైకి తీసుకురావడం దీని ప్రధాన ఉద్దేశం.

నిజం చెప్పాలంటే చరిత్ర పూర్వం అధికారంలోకి రావడానికి వ్యక్తులు అప్పుడప్పుడు ప్రయత్నాలు చేసినట్లు ఆధారాలున్నాయి. దీనికి ఒక మంచి ఉదాహరణ మాస్కోకి ఉత్తరాన 125 మైళ్ల దూరంలో సుంగీర్ వద్ద 1955లో సంపన్న సమాధి కనుగొనబడింది. పొడవైన దంతాలు, ఉన్నితో పాలిష్ చేసిన ఆడంబరంగా ఉన్న కంకణాలు, నక్క దంతాలు, ఏనుగు దంతాలతో చెక్కిన వేలాది పూసలతో తయారు చేసిన అందంగా ఉన్న శిరస్త్రాణం, ఇదంతా 30,000 ఏళ్లనాటిది. ఇలాంటి సమాధులు యువరాజులు, యువరాణులు చివరి విశ్రాంతి స్థలాలు అయి ఉంటాయి. పురాతన కాలంలో పిరమిడ్లు ఏలదా కాథడ్రల్స్ నిర్మించబడినాయి.

అయినప్పటికీ, ఇలాంటి త్రవ్వకాలు చాలా తక్కువగా ఉండగా కొన్ని ఖనన స్థలాలు మధ్య వేలాది మైళ్ల దూరం ఉంది. ఇలాంటి అరుదైన సంఘటనలపై శాస్త్ర వేత్తలు, పాలకులు అధికారంలోకి వచ్చిన తర్వాత, త్వరగానే అధికారం నుండి కూల్చివేయబడ్డారంటూ ఊహిస్తున్నారు.

పదివేల సంవత్సరాలుగా ప్రసారం చేసే ఎవరినైనా తొలగించే సమర్థవంతమైన మార్గాలను మనం కలిగి ఉన్నాం.

హాస్యం, ఎగతాళి, పుకార్లు, అవి పనిచేయకపోతే వెనుక వైపు బాణం వేయడం. కానీ అకస్మాత్తుగా ఆ వ్యవస్థ పనిచేయడం మానేసింది. హఠాత్తుగా పాలకులు పటిష్టంగా

గద్దెపై కూర్చుని అధికారాన్ని పట్టుకొని వేలాడగలిగారు. మళ్లీ మనకు ఎందుకు అనే ప్రశ్న తలెత్తుతుంది.

3

ఎక్కడ తప్పు జరిగిందో అర్థం చేసుకోవాలంటే మనం 15,000 సంవత్సరాలు వెనక్కి వెళ్లాలి. అదే మంచు యుగం చివరి దశ. అప్పటి వరకు ఈ భూమిపై చాలా తక్కువ జనాభా ఉండేది. చలిని తట్టుకోవడానికి ప్రజలంతా బాగా దగ్గరగా మెలిగేవారు. ఇది మనుగడ కోసం పోరాటంగా కాకుండా, మనుగడకు కావాల్సిన వెచ్చదనం కోసం చేసే పోరాటంగా చెప్పుకోవచ్చు. ఒకర్నొకరు వెచ్చగా ఉంచుకోవడం కోసం బాగా దగ్గరగా ఉండేవారు.

అప్పుడు వాతావరణం మారింది, పశ్చిమాన నైలునది, తూర్పున టైగ్రిస్ మధ్య ప్రాంతాన్ని పాలు, తేనె ప్రదేశంగా మార్చి వేసింది. ఇక్కడ ఇకపై మనుగడకోసం ప్రకృతికి వ్యతిరేకంగా కలిసి దగ్గరగా ఉండాల్సిన అవసరం లేకుండా పోయింది. ఆహారం సమృద్ధిగా దొరకడంతో ఎవరిమీద ఆధారపడాల్సిన అవసరం లేదు. గుడిసెలు, దేవాలయాలు నిర్మించబడ్డాయి. నగరాలు, గ్రామాలు రూపుదిద్దుకున్నాయి. జనాభా పెరిగింది. మరీ ముఖ్యంగా ప్రజల ఆస్తులు పెరిగాయి. దీని గురించి రూసో ఏమి చెప్పాలి? మొదటి మనిషి కొంత భూమిని తన అధీనంలోకి తీసుకుని 'ఈ భూమి నాది' అన్నాడు– తప్పు అనేది అక్కడ ప్రారంభమైంది. భూమి లేదా జంతువులు– లేదా ఇతర మానవులు– ఇవి ఇతరులవి అని చెప్పి ప్రజలను ఒప్పించడం ఇప్పుడు అంత సులభం కాదు. ఆహారం కోసం తిరిగేవారు ప్రతిదాన్ని పంచుకునేవారు. ఇప్పుడు యాజమాన్యం అనే ఈ కొత్త అభ్యాసంతో అసమానత పెరగడం మొదలైంది. ఎవరైనా మరణిస్తే వారి ఆస్తులన్నీ తర్వాతి తరానికి వారసత్వంగా సంక్రమిస్తున్నాయి. ఒకసారి ఈ విధమైన వారసత్వం ఆచరణలోకి రాగానే ధనిక, పేద వర్గాల మధ్య అంతరం విస్తృతమవసాగింది.

మరొక ఆసక్తికరమైన విషయం ఏమిటంటే చివరి దశ మంచు యుగం పూర్తయిన తర్వాత, ఈ దశలో ముందుగా యుద్ధాలు సంభవిస్తాయి. ఒకే ప్రదేశంలో స్థిరపడడం ప్రారంభం కాగానే మనం మొట్టమొదటి సైనిక నిర్మాణాలు నిర్మించడం ప్రారంభించామని పురావస్తు శాస్త్రవేత్తల పరిశోధన నిర్ధారించింది.

బాణాలు ఒకరిపై ఒకరు వేసుకుంటున్నట్లుగా వర్ణించే మొదటి గుహ చిత్రాలు కనిపించడం దీనికి సంకేతం. దీనికి తోడు అస్థిపంజరాల దళాలు ఆ సమయంలో కనుగొన్న వాటిమీద హింసాత్మక గాయాల స్పష్టమైన జాడలు కనిపించాయి.

ఇవి ఎలా వచ్చాయి? కనీసం దీనికి రెండు కారణాలు ఉండవచ్చునని పండితులు భావిస్తున్నారు. ఒకటి ఇప్పుడు మనకి పోరాడడానికి వస్తువులు ఉన్నాయి. భూమితో పోరాటం ప్రారంభించడం, రెండు స్థిరంగా ఒక ప్రదేశంలో ఉండడం వల్ల అపరిచితుల పట్ల అపనమ్మకం.

సంచారజాతులవారికి సభ్యత్వ విధానం ఉంది. ఎప్పటికప్పుడు కొత్తవారిని కలుసుకోవడం, సులభంగా ఇతర సముదాయాలలో చేరడం వల్ల పరిధులు దాటాల్సి వస్తుంది.

మరోపక్క గ్రామస్తులు జనాభా పెరగడం, వారు తమ సముదాయాలు, స్వంత ఆస్తులపై దృష్టి కేంద్రీకరించడం హోమో కుక్క పిల్ల సర్వ సమభావం నుండి ఇతర ప్రాంతాల వస్తువుల పట్ల విముఖత ప్రదర్శించసాగింది.

ఆ సందర్భాలలో హాస్యాస్పదమైన విషయం ఏమిటంటే మనం అపరిచితులతో బంధం ఏర్పరుచుకోడానికి ప్రధాన కారణం, యుద్ధం కోసం. ఇతర తెగల నుండి రక్షించుకోవడం కోసం తెగలు కూటములుగా ఏర్పడినాయి. నాయకులు పుట్టుకొచ్చారు. యుద్ధరంగంలో తమ సాహసాన్ని రుజువు చేసుకుని అందర్నీ ఆకట్టుకున్నవారు నాయకులైనారు. ప్రతి కొత్త పోరాటం వారి స్థానాన్ని సురక్షితం చేసింది. కాల క్రమేణ ఈ జనరల్ తమ అధికారాన్ని గట్టిగా పట్టుకున్నారు. వారు ఇక దానిని వదులుకోలేదు. చివరికి శాంతి సమయంలో కూడా వదిలిపెట్టలేదు. సాధారణంగా జనరల్స్ తమను బలవంతంగా తొలగించినట్లు కనుగొన్నారు. వేలాది మంది నడమంత్రపుసిరి దక్కించుకున్న వారు ఉండాల్సింది గానీ వారు శాశ్వతమైన అధికారాన్ని పట్టుకోవడంలో విఫలమైనారని ఒక చరిత్రకారుడు పేర్కొన్నారు. జోక్యం ఆలస్యం అయ్యిన సందర్భాలు కూడా ఉన్నాయి. ఒక జనరల్ తనను తాను రక్షించుకునేంత మంది అనుచరులను అప్పటికే పోగుచేసుకున్నాడు. ఈ పాలకుడు ఆధిపత్యం వహించిన సమాజాలు యుద్ధంపై మరింత స్థిరంగా మారాయి. యుద్ధం నేపథ్యాన్ని మనం అర్థం చేసుకోవాలంటే దాన్ని శాసించే వ్యక్తులను మనం గమనించాలి. జనరల్స్, రాజులు, అధ్యక్షులు, సలహాదారులు: యుద్ధాన్ని ప్రారంభించే శక్తి మంతులు వీరు. అది వీరి శక్తిని, ప్రతిష్టను పెంచుతుంది.

రాజును అంగీకరించడం వల్ల కలిగే ప్రమాదం గురించి సామ్యూల్ ప్రవక్త ఇజ్రాయులీయులను హెచ్చరించినట్లు పాత టెస్టమెంట్‌లో పేర్కొన్న విషయాన్ని పరిగణనలోకి తీసుకోండి. ఇది బైబిల్‌లోని అత్యంత ప్రతిష్టాత్మకమైన, చెడు భాగాలలో ఒకటి.

> మిమ్మల్ని పాలించే రాజు చేసే పనులు ఇవే. అతను మీ కుమారులను తీసుకుని తన రథానికి నియమిస్తాడు. మిమ్మల్ని గుర్రపు సైనికులుగా రథాల ముందు పరుగెత్తే వారిగా నియమిస్తాడు. అతను స్వయంగా వేలాది మందికి, యాభై మందికి కమాండర్లను నియమిస్తాడు. కొంత మందిని తన భూమి దున్నడానికి, తన పంట కోయడానికి, మరికొంతమందిని యుద్ధ సామగ్రి, రథాలకు కావాల్సిన పరికరాలను తయారు చేయడానికి వినియోగిస్తాడు. మీ కుమార్తెలను సుగంధ ద్రవ్యాలు తయారు చేసేవారిగాను, వంటవారిగాను, బేకరీ పనులు చేసేవారిగా నియమిస్తాడు. మీ భూములలో సారవంతమైన వాటిని ద్రాక్ష తోటలను, ఆలివ్ తోటలను తీసుకుని తన సేవకులకు ఇస్తాడు. మీరు పండించిన పంటలోచ ద్రాక్షతోటలలో పదవ వంతు తీసుకుని తన అధికారులకు, సేవకులకు ఇస్తాడు. మీ పురుష సేవకులను, స్త్రీసేవకులను, యువకులు, గాడిదలలో ఉత్తమమైన వాటిని ఎంపిక చేసుకుని తన పనులకు వినియోగించుకుంటాడు. మీ గొర్రెల మందలో పదవవంతు తీసుకుంటాడు. మీరు అతని బానిసలుగా ఉంటారు.

మానవజాతి చరిత్రలో స్థావరాలు, ప్రైవేట్ ఆస్తులు ఆగమనం అనే కొత్త యుగం ప్రారంభమైంది. ఒక శాతం 99 శాతాన్ని అణచివేయడం, సున్నితంగా మాట్లాడేవారు కమాండర్స్ నుండి జనరల్స్ స్థాయికి, అధిపతుల నుండి రాజుల స్థాయికి ఎదిగారు. స్వేచ్ఛ, సమానత్వం, సోదరభావం అంతమైనాయి.

4

ఇటీవల పురావస్తు ఆవిష్కరణల గురించి చదివిన తర్వాత నా ఆలోచనలు జీన్ జాక్వెస్ రూసోకు తిరిగి వచ్చాయి. స్వయం ప్రకటిత 'వాస్తవిక' రచయితలు అతనిని చాలా మూర్ఖుడని పట్టించుకోలేదు. కానీ రూసో నిజమైన వాస్తవిక వాది కావచ్చు అనిపించడం ప్రారంభమైంది.

ఫ్రెంచ్ తత్వ వేత్త నాగరికత పురోగతి భావనను తిరస్కరించారు. మనం గుసగుసలాడే గుహవాసులుగా ప్రారంభమైనామనీ, అందరూ ఒకరినొకరు విమర్శించుకుంటున్నారని నేటికీ పాఠశాలల్లో బోధిస్తున్న విషయాన్ని ఆయన తిరస్కరించారు. వ్యవసాయం, ప్రైవేట్ ఆస్తి మాత్రమే. చివరికి శాంతి, భద్రత, శ్రేయస్సును తీసుకొచ్చాయి. ఈ బహుమతులను మన పూర్వీకులు ఆత్రంగా స్వీకరించారు. వారు ఎల్లవేళలా పోరాటం, ఆకలితో అలసిపోయారు. వాస్తవానికి దూరంగా ఏదీ ఉండదని రూసో విశ్వసించాడు.

మనం ఒక చోట స్థిరపడిన తర్వాత మాత్రమే విషయాలు తారుమారు అవుతాయని ఆయన భావించిన వాటినే నేడు పురావస్తు శాస్త్రం చూపిస్తోంది.

వ్యవసాయం ఆవిష్కరణను రూసో ఒక పెద్ద అపజయంలాగా చూశాడు. దీనికి కూడా మనకు ఇప్పుడు పుష్కలంగా శాస్త్రీయ ఆధారాలున్నాయి.

ఒక విషయం ఏమిటంటే, వారానికి సగటున ఇరవై నుండి ముప్పై గంటలు పనిచేస్తూ వేటాడి ఆహారాన్ని సేకరించు కునేవారు చాలా హాయిగా జీవితాన్ని గడిపారనీ, ఇది ఎంతో ఉత్తమమైనది, ఎందుకుకాదు? ప్రకృతి వారికి కావాల్సినవన్నీ అందిస్తుంది. విశ్రాంతి తీసుకోవడానికి, సమయం వెచ్చించడానికి, ఇతర పనులు చేసుకోవడానికి కావాల్సినంత సమయం దొరుకుతుంది.

ఇందుకు భిన్నంగా రైతులు పొలాలలో శ్రమించాల్సి వస్తుంది. మట్టితో పనిచేసే వారికి విశ్రాంతి తీసుకోవడానికి చాలా కొద్ది సమయం మాత్రమే లభిస్తుంది. కష్టపడకపోతే ధాన్యం ఉండదు. కొంతమంది వేదాంత వేత్తలు పతనం కథ వ్యవస్థీకృత వ్యవసాయానికి మారడాన్ని సూచిస్తుందని అనుమానిస్తున్నారు. ఇది జన్యువు ద్వారా పూర్తిగా వర్గీకరించబడింది. మీ నుదుటి చెమట ద్వారా నువ్వు రొట్టె తింటావు.

స్థిరపడిన జీవితం మహిళలకు భారీ నష్టాన్ని తెచ్చిపెట్టింది.

ప్రైవేట్ ఆస్తులు, వ్యవసాయం పెరుగుదల, స్త్రీవాదం మొదలయినప్పుడు కాలానికి స్వస్తి పలికింది.

కుమారులు భూమి, పశువుల పెంపకంలో తండ్రికి సహకరిస్తుండగా, కుటుంబం కోసం వధువులను వెతికి తీసుకురావాల్సి వచ్చింది. కొన్ని శతాబ్దాలుగా పెళ్లికి ఎదిగిన కుమార్తెలను వస్తువుల స్థాయికి దిగజార్చారు. ఆవులు లేదా గొర్రెలలాగా మార్చుకునేవారు.

వారికొత్త కుటుంబాలలో ఈ వధువులను అనుమానంగా చూసేవారు. కేవలం కుమారుడిని కని ఇచ్చిన తర్వాతే వారిని అంగీకరించేవారు. వారికి గుర్తింపు ఉండేది. చట్టబద్ధమైన కొడుకు అంటే ఆడపిల్లలు ఎరలుగా మారడం ఆకస్మికం ఏమీకాదు.

చరిత్రకు పూర్వం మహిళలు వారికి నచ్చిన విధంగా వచ్చి వెళ్లేందుకు స్వేచ్ఛగా ఉండేవారు. ఇప్పుడు వారు ఇంటికి పరిమితమై అణచివేయబడ్డారు. పితృస్వామ్యం పుట్టింది.

విషయాలు మరింత దిగజారిపోతున్నాయి. స్థిరపడిన రైతులు, సంచార జాతులంత ఆరోగ్యంగా లేరని రూసో చెప్పిన విషయం మళ్లీ కరెక్ట్ అయ్యింది. సంచార జాతులుగా ఉండగా వ్యాయామం పుష్కలంగా ఉండేది, విటమిన్లు, ఫైబర్‌తో కూడిన వైవిధ్యమైన సంపూర్ణ ఆహారానని తీసుకునేవారు, కానీ రైతులుగా మనం ఒకే రకమైన ఆహార ధాన్యాన్ని అల్పాహారం, మధ్యాహ్నం, రాత్రి భోజనం కింద తీసుకుంటున్నాము.

మనం కూడా దగ్గరగా కట్టుకున్న ఇళ్లవంటి నిర్మాణాలలో, స్వంత వ్యర్థాలకు సమీపంలో నివసించడం ప్రారంభించాము. ఆవులు, మేకల వంటి జంతువులను పెంచుకోవడం మొదలు పెట్టాం. వాటి పాలను తాగడం ప్రారంభించాం. ఇది బ్యాక్టీరియా, వైరస్‌లను మార్చడానికి పట్టణాలను భారీ ఎత్తున వంటకాలకు నిలయంగా మార్చివేసింది. ''పౌర సమాజాల చరిత్రను అనుసరిస్తూ, ఇది మానవ అనారోగ్యానికి దారితీస్తుందని'' రూసో వ్యాఖ్యానించాడు.

సంచార జీవన శైలిలో ఉన్నంతకాలం ఏ నాడు వినని మీజిల్స్, మశూచి, క్షయ, సిఫిలిస్, మలేరియా, కలరా, ప్లేగు వంటి అంటువ్యాధులు వ్యవసాయంలోకి మారగానే రావడం మొదలైనాయి. ఇవి ఎక్కడ నుండి వస్తున్నాయి? మన కొత్త పెంపుడు జంతువుల నుండి లేదా మరీ ప్రత్యేకించి వాటి సూక్ష్మజీవుల నుండి మీ జిల్స్ ఆవుల నుండి సంక్రమిస్తాయి. ఫ్లూ, మనుష్యులు, పందులు, బాతులు మధ్య మైక్రోస్కోపిక్ మెనెజ్‌ట్రోయిస్ వల్ల వస్తుంది. ఇప్పటికే కొత్త జాతులు అన్ని సమయాలలో పుట్టుకొస్తూనే ఉన్నాయి.

లైంగిక సంక్రమణ వ్యాధుల విషయంలోను ఇదే జరుగుతుంది. వాస్తవానికి సంచార కాలంలో ఇలాంటివేమీలేవు. మత సంబంధమైనవారిలో ఇది ప్రబలంగా నడుస్తోంది. ఎందుకు? కారణం చాలా ఇబ్బందికరంగా ఉంది. మానవులు పశువులను పెంచడం ప్రారంభించినప్పుడు వారు పాశవికతను కూడా కనుగొన్నారు.

చదవండి: జంతువులతో సెక్స్. ప్రపంచం పెరుగుతున్న కొద్దీ, విలక్షణమైన రైతు పశువులపై అత్యాచారం చేసే స్థితికి మారాడు.

స్త్రీల కన్యత్వాన్ని బలిచేయడంలో పురుషుల మనస్థితికి ఇది రెండవ తార్కాణం. చట్టబద్ధమైన సంతానం విషయం పక్కకు పెడితే లైంగిక వ్యాధుల భయం కూడా ఉంది.

రాజులు, చక్రవర్తులు తమ భాగస్వాములు స్వచ్ఛంగా ఉండడం కోసం శాయశక్తులా చర్యలు తీసుకున్నారు.

అందువల్ల ఈ ఆలోచనను అంటే వివాహానికి ముందు సెక్స్ పాపం అనే దానిని నేటికీ మిలియన్ల మంది సమర్థించారు.

కరువు, వరదలు, అంటువ్యాధులు – మానవులు ఒక ప్రదేశంలో అంతత్వరగా స్థిరపడకపోతే, అప్పుడు మనం అంతులేని విపత్తులతో పోరాడుతుండేవాళ్లం. ఒక్క విఫలమైన పంట లేదా ప్రమాదకరమైన వైరస్ చాలు మొత్తం జనాభాని తుడిచిపెట్టడానికి. హోమో కుక్క పిల్లని ఈ సంఘటనలు కలవర పరుస్తాయి. ఇవి ఎందుకు జరుగుతున్నాయి? వీటి వెనుక ఉన్నది ఎవరు?

ప్రజలు దేవతలను, ఆత్మలను ఎల్లప్పుడూ విశ్వసించేవారని పండితులు అంగీకరిస్తున్నారు. కానీ మన సంచార పూర్వీకుల, దేవతల విషయానికి వస్తే కేవలం మనుషుల జీవితాలపై ఆసక్తిలేదు. వారికి ఉల్లంఘనలను శిక్షించడంపైనే ఆసక్తి. టాంజానియాలోని హాడ్జా సంచార జాతులతో కలిసి కొన్నేళ్లపాటు నివసించిన అమెరికన్ మానవశాస్త్రవేత్త వర్ణించినట్లు సంచార జాతుల మతాలన్నిటికీ చాలా దగ్గర పోలికలుంటాయి. హాడ్జా తెగకు మతం ఉందని అనుకుంటారని నేను భావిస్తున్నాను. కచ్చితంగా అనుకోవడానికి కారణం ఇది విశ్వనిర్మాణ శాస్త్రం. సంక్లిష్ట సమాజాలు (క్రైస్తవమతం, ఇస్లాం, హిందూమతం మొదలైనవి) మతం గురించి ఆలోచిస్తాయి గాబట్టి ఇది కొంత వరకు వాటితో పోలిక కలిగి ఉంటుంది. చర్చిలు లేవు, బోధకులు, నాయకులు లేరు లేదా మత సంరక్షకులు, విగ్రహాలు లేదా దేవుడి చిత్రాలు లేవు, క్రమ బద్ధమైన వ్యవస్థీకృత సమావేశాలు, మతపరమైన సమావేశాలు లేవు. మరణానంతర జీవితంపై నమ్మకంలేదు– ప్రధాన మతాల లాంటివేమీ లేవు.

మొదటి పెద్ద స్థావరాల ఆవిర్భావం మత జీవితంలో పెనుమార్పులకు కారణమైంది. పెద్ద విపత్తులను గురించి వివరించడానికి చేసే ప్రయత్నాలు హఠాత్తుగా మన ముందుకు వచ్చి పడినాయి. మనం ప్రతీకారం, సర్వశక్తి వంతమైన జీవులను నమ్మడం ప్రారంభించాం. ఎందుకంటే వారు మనం చేసిన పనికి కోపంగా ఉన్నారు కాబట్టి. దేవతలు ఎందుకు కోపంగా ఉన్నారనేది గుర్తించడం కోసం మతపెద్దల వర్గం వారంతా బాధ్యతలు నిర్వర్తించారు. ‘‘మేము నిషేధించబడిన దాన్ని ఏమన్నా తిన్నామా? ఏమన్నా తప్పు మాట్లాడామా? ఏమైనా తప్పుడు ఆలోచనలు చేశామా?’’ చరిత్రలో మొదటిసారిగా మనకి ‘పాపం’ అనే ఆలోచన అభివృద్ధి చెందింది. మనం దీనికి ప్రాయశ్చిత్తం ఏం చేసుకోవాలి అనేది తెలుసుకోవడానికి పూజారులను ఆశ్రయించడం మొదలుపెట్టాం. కొన్నిసార్లు ఇది ప్రార్థన చేయడం లేదా కఠినమైన ఆచారాలను పాటించడంతో సరిపోయేది. కానీ తరుచుగా ప్రతిష్ఠాత్మకమైన ఆస్తులను త్యాగం చేయడం ఆహారం లేదా జంతువులు ఒక్కోసారి మనుష్యులను బలి ఇవ్వడం వరకు ఉండేది. మనం దీనిని “అజ్‌టెక్స్“లలో చూడవచ్చు. వారు తమ రాజధాని టెనోచ్టిట్లాన్‌లో మానవ బలులకు సంబంధించి ఒక పెద్ద పరిశ్రమనే స్థాపించారు. 1519లో విజేతలు నగరంలోకి ప్రవేశించి తర్వాత అతి పెద్ద దేవాలయంలోకి వెళ్లారు. అక్కడ భారీగా

ఉన్నరాళ్లు, టవర్లు వాటిపై కుప్పలు తెప్పలుగా ఉన్న వేలాది మానవ పుర్రెలను చూసివారు అవాక్కయినారు. ఈ మానవ బలుల ఉద్దేశ్యం దేవతలను ప్రసన్నం చేసుకోవడం మాత్రమే కాదు, ఆచారం పాటించే సందర్భంలో బందీలను బలి ఇవ్వడం కూడా జరిగిందని పండితులు భావిస్తున్నారు. ఇది మీ స్వంత జనాభాను- నియంత్రించుకునే మార్గం. అని ఒక బలమైన రాజకీయ ప్రకటనగా ఒక పురావస్తు శాస్త్రవేత్త గమనించారు.

ఈ కష్టాలన్నిటినీ ప్రతిబింబిస్తూ-కరువు, తెగుళ్లు, అణచివేత – అడగకుండా ఉండడం కష్టం. ఎందుకు? ఒకచోట స్థిరపడడం మంచి ఆలోచనకాదా, అని మనం ఎందుకు ఎప్పుడూ ఆలోచించలేదు? మనం విశ్రాంతిగా, ఆరోగ్యవంతంగా ఉన్న సంచార జీవితం నుండి శ్రమ, ఇబ్బందిగా ఉండే రైతుల జీవితానికి ఎందుకు మార్చుకున్నాము? అప్పుడేం జరిగిందనేది పండితులు అన్నిటిని జతపరిచి ఒక అందమైన చిత్రాన్ని రూపొందించారు.

మొదటి స్థావరాలు బహుశా బాగా ఉత్సాహాన్ని ప్రేరేపించి ఉంటాయి. పండ్లతో వేలాడేచెట్లు, దుప్పులు, జింకలు మేత, ఇవన్నీ భూతల స్వర్గాన్ని తలపిస్తుండగా వీటిని వదులుకోవడం వెర్రితనమే అవుతుంది.

వ్యవసాయంతో ఇవన్నీ వస్తాయి. లైట్ బల్‌బ్‌లేని క్షణంలో ఎవరో ఇలా అరిచారు. యురేకా! పంటలు వేయడం ప్రారంభిద్దాం! పదివేల సంవత్సరాల క్రితమే మన పూర్వీకులకు మొక్కలు నాటడంవచ్చు, పంటను కోసుకోవడంవచ్చు అని తెలిసినప్పుడు సంచారమార్గంలో వెళ్లవద్దు అని కూడా తెలిసే ఉంటుంది. ప్రపంచంలో అనేక మాంగొంగొ గింజలుండగా మళ్లీ మనం నాటాల్సిన అవసరం ఏముంది? అని ఐకుంగ్ తెగ వ్యక్తి ఒకరు మానవశాస్త్ర వేత్తను అడిగారు.

దీనికొక తార్కిక వివరణ ఏమిటంటే మనం ఒక ఉచ్చులో పడిపోయాం. ఆ ఉచ్చు టైగ్రిస్, యుఫ్రటీస్ మధ్యగల సారవంతమైన వరదమైదానం. అందులో పెద్దగా శ్రమించకుండానే పంటలు పండుతాయి. అక్కడ ప్రతి సంవత్సరం జలాలు విడిచిపెడ్తున్న పోషకాలు అధికంగా ఉన్న అవక్షేపం మృదువైన పారతో సమృద్ధిగా ఉన్న మట్టిలో విత్తుకోవచ్చు. చాలా వరకు ప్రకృతి ఈ పనిచేసేస్తూ ఉంటుంది. ఆ పనితో సిగ్గుపడిన హోమో కుక్కపిల్ల వ్యవసాయం చేయడానికి సిద్ధంగా ఉంది.

మానవ జాతి ఎలా విస్తరిస్తుందనేది మన పూర్వీకులు కూడా ఊహించలేకపోయారు. వారి స్థావరాలు దట్టంగా విస్తరించడంతో అడవి జంతువుల జనాభా తగ్గిపోయింది. దీనిని భర్తీచేస్తూ సాగులో ఉన్న భూమిని సారవంతంగా లేని ప్రాంతాలలోకి కూడా విస్తరించింది. వ్యవసాయం ఇప్పుడు అంత అప్రయత్నంగా జరగడంలేదు. ఉదయం నుండి సాయంత్రం వరకు భూమిని దున్నుకుని విత్తుకోవాలి. ఈ పనిచేయడానికి అనువుగా మన శరీర నిర్మాణం జరగకపోవడంతో అన్ని రకాల నెప్పులు, బాధలు శరీరానికి పట్టుకున్నాయి. బెర్రీలను సేకరించి శరీరాన్ని చల్లబరిచే విధంగా పరిణామం చెందిన మన జీవితాలు ఇప్పుడు కఠినమైన, భారీ శ్రమకు గురవుతున్నాయి.

కాబట్టి మనం మన స్వేచ్ఛగా తిరిగే జీవన విధానానికి తిరిగి ఎందుకు వెళ్లలేదు? ఎందుకంటే చాలా ఆలస్యం అయిపోయింది. మనం కేవలం చాలా మందికి ఆహారం అందించడమే కాదు, ఇప్పుడు సంచారం చేయగల నేర్పు కూడా కోల్పోయాము. సామాను సర్దేసుకుని పచ్చికబయళ్లవైపు వెళ్లలేము. అవి ఎందుకంటే పొరుగు వారి స్థావరాలతో చుట్టుముట్టి ఉన్నాయి. వారు అతిక్రమణ దారులను స్వాగతించరు. మనం చిక్కుబడిపోయాం.

రైతులు సంచార జాతుల సంఖ్యను అధిగమించడానికి ఎక్కువ సమయం పట్టలేదు.

వ్యవసాయ స్థావరాలు ఎకరానికి ఎక్కువ ఆహారాన్ని పండించగలవు. అంటే వారు పెద్దపెద్ద సైన్యాలను కూడా పెంచగలరు. సాంప్రదాయ జీవన విధానంలో చిక్కుకున్న సంచార జాతుల తెగలు వలసవాదుల ఆక్రమణలను వారి అంటువ్యాధుల అనారోగ్యాలను నివారించాల్సి వచ్చింది. చివరికి గిరిజనులు నిరంకుశులకు విధేయులుగా ఉండడానికి నిరాకరించినందుకు సైనికుల చేతిలో దెబ్బలు తినాల్సివచ్చింది.

ప్రపంచ చరిత్రను రూపొందించే గొప్ప జాతి ప్రారంభానికి ఈ మొదటి ఘర్షణలు సంకేతాన్నిచ్చినట్లయింది. గ్రామాలపై పట్టణాలు ఆధిపత్యం చెలాయించగా పట్టణాలను నగరాలు స్వాధీనం చేసుకున్నాయి. సమాజాలన్నీ యుద్ధం అనిర్వచనీయమైన కోరికలను తీర్చడానికి పిచ్చిగా కొలవడంతో రాష్ట్రాలు నగరాలను మింగేసాయి. ఇది చివరిగా విపత్తు సంఘటనతో ముగిసింది. అని రూసో విలపించారు.

రాష్ట్ర ఆవిర్భావం.

5

మొదటి మానవులు భూమిపై నడిచినట్లు థామస్ హాబ్స్‌వేసిన పెయింట్ చిత్రం దగ్గరికి ఒక్క క్షణం తిరిగి వద్దాం. మన పూర్వీకులు స్వతంత్ర జీవితాన్ని అందరికీ వ్యతిరకంగా చేసిన యుద్ధంలో కప్పిపెట్టేశారు. మనం మొదటి తెలియాధన్లను అంగీకరించడానికి, వారు వాగ్దానం చేసిన భద్రత కోసం తొందరపడుతున్నామని (అధిపతులు, రాజులు) అర్థమవుతోందని హాబ్స్ అన్నారు.

మన సంచార పూర్వీకులు వాస్తవానికి ఈ నిరంకుశులను తప్పించుకుని తిరుగుతున్నారని మనకు ఇప్పుడు తెలిసింది.

మొదటి రాష్ట్రాలు–మెసపొటేమియాలోని యురుక్ లేదా ఫారోల ఈజిప్ట్ ఎలాంటి మినహాయింపులు లేకుండా బానిస రాష్ట్రాలు. ప్రజలందరు గుంపుగా జీవించాలనుకోలేదు. కానీ కొత్త విషయాల కోసం ఆకలిగొన్న పాలకుల ద్వారా నిర్బంధించబడుతున్నారు. వారి బానిసలు మశూచి, ప్లేగులతో చనిపోతూనే ఉన్నారు. (పాత టెస్టమెంట్ ప్రతికూల వెలుగులో పట్టణాలను చిత్రీకరించడం ప్రమాదవశాత్తు జరిగింది కాదు. వైఫల్యానికి బేబల్ టవర్ మొదలుకుని, విధ్వంసానికి సదోమ్, గొమొర్రా, పాపంతో బాధపడ్తున్న నగరాల గురించి దేవుని తీర్పు బిగ్గరగా స్పష్టంగా ఉంది) దాని చమత్కారం ఉత్తమమైంది. ఈ

రోజు మనం పట్టుకున్న విషయాలు అంటే డబ్బు ఆవిష్కరణ, రాత అభివృద్ధి లేదా న్యాయ సంస్థల పుట్టుక వంటివి నాగరికతకు మైలురాళ్లవంటివి, ఇవి అణచివేత సాధనాలుగా ప్రారంభమైనాయి.

మొదటి నాణేలను తీసుకోండి: మనం డబ్బును ముద్రించడం ప్రారంభించలేదు. ఎందుకంటే ఇది జీవితాన్ని సులభతరం చేస్తుందనుకున్నాం, కానీ పాలకులు పన్ను విధించడానికి ఇది ప్రభావవంతమైన మార్గం అనుకున్నారు. లేదా తొలినాళ్లలో రాసిన పుస్తకాల గురించి ఆలోచించండి. ఇవి శృంగార కవితల పుస్తకాలు కావు. ఇవి అప్పులకు సంబంధించిన అతిపెద్ద జాబితాలు.

మరి ఆ న్యాయ సంస్థలు బానిసలకు తప్పించుకుని పోవడానికి సహాయపడినందుకు వేసిన శిక్షలతో హమ్మురాబి మొదటి న్యాయ నియమావళి నిండిపోయింది. పాశ్చాత్య ప్రజాస్వామ్యానికి పట్టుకొమ్మ అయిన పురాతన ఎథెన్స్‌లోని జనాభాలో మూడింట రెండు వంతుల మంది బానిసలుగా ఉన్నారు. బానిసత్వం లేనిదే నాగరికతకు మనుగడలేదని ప్లాటో, అరిస్టాటిల్ వంటి గొప్ప మేధావులు విశ్వసించారు. దేశాల వాస్తవ స్వభావానికి ఉత్తమమైన ఉదాహరణ. బహుశా గ్రేట్ వాల్ ఆఫ్ చైనా అయి ఉంటుంది. ఇది ప్రపంచం వింత, అంటే ప్రమాదకరమైన అనాగరికులైనారు. అంతేకాదు విషయాలను సమర్థవంతంగా కప్పిపుచ్చడానికి కూడా. ఈ అద్భుతమైన గోడ చైనా సామ్రాజ్యాన్ని ప్రపంచంలోనే అతి పెద్ద బహిరంగ జైలుగా మార్చింది. ఈ విషయం ప్రపంచానికి ఎప్పటికీ తెలియదు.

అమెరికాలో గతంలో బాధాకరమైన బహిష్కరణ ఉండేది. దీనిపై దాదాపు చరిత్ర పుస్తకాలన్నీ నోరు మూసుకున్నాయి. ఈ విషయాన్ని అంగీకరించడానికి సిద్ధంగా ఉన్న కొద్ది మందిలో వ్యవస్థాపక పితామహుడు బెంజమిన్ ఫ్రాంక్లిన్ ఒకరు. అదే సంవత్సరం రూసో పుస్తకాలు రచించారు, క్రూరమైన జీవితాన్ని రుచి చూసిన యూరోపియను తరువాత మన సమాజాలలో జీవించలేరు అనేది బెంజమిన్ ఫ్రాంక్లిన్ అంగీకరించారు. పట్టుబడిన నాగరికులైన శ్వేత పురుషులు, మహిళలు తదనంతరం భారతీయులు విడుదల చేయగా అడవుల్లోకి తప్పించుకునే మొదటి మంచి అవకాశాన్ని కచ్చితంగా తీసుకుంటారని ఆయన వివరించారు.

వందల సంఖ్యలో వలసవాదులు అడవులలోకి పారిపోయారు. ఇందుకు విరుద్ధంగా చాలా అరుదుగా జరుగుతుంటుంది. వారిని ఎవరు నిందించగలరు? వ్యవసాయదారులు, పన్ను చెల్లింపుదారులుగా కన్నా భారతీయులుగా నివసించినప్పుడు వారు స్వేచ్ఛను ఎక్కువగా అనుభవించారు. మహిళల విషయంలో ఈ విజ్ఞప్తి మరింత ఎక్కువ. మాకు ఇష్టం వచ్చిన విధంగా మేము తీరికగా పనిచేయగలం అని తన దేశం వారి నుండి తప్పించుకుని దాక్కున్న వలవాది మహిళ అన్నారు. ఆమెను రక్షించడానికి పంపారు.

ఇక్కడ నాకు మాస్టర్ లేరు అని మరొకరు ఫ్రెంచ్ దౌత్యవేత్తకు చెప్పారు. నాకు చేసుకోవాలనిపిస్తే పెళ్లి చేసుకుంటా, లేదంటే పెళ్లి చేసుకోకుండా ఉంటా అంతా నా ఇష్టం. నేను ఉన్నంత స్వేచ్ఛగా మీ నగరాలలో ఒంటరి మహిళలున్నారా? ఇటీవలి శతాబ్దాలలో మొత్తం గ్రంథాలయాలన్నీ నాగరికతల పెరుగుదల, పతనం గురించి రాశాయి.

మాయా పిరమిడ్ కట్టడాలు పెరిగిపోవడం, గ్రీకులు వదిలివేసిన దేవాలయాల గురించి ఆలోచించండి.

నాగరికతలు విఫలమైతే ప్రతిదీ అధ్వాన్నంగా మారుతుంది, ప్రపంచాన్ని చీకటి యుగంలో ముంచెత్తుతుంది అనే పూర్వ సిద్ధాంతాన్ని ఈ పుస్తకాలన్నీ రాసాయి. బానిసలు తమ స్వేచ్ఛను తిరిగి పొందినప్పుడు అంటు వ్యాధులు తగ్గినప్పుడు, ఆహారం మెరుగుపడినప్పుడు, సంస్కృతి అభివృద్ధిచెందినప్పుడు, ఆ చీకటి కాలాన్ని తాత్కాలికమైనదిగా చిత్రీకరించడం చాలా కచ్చితంగా ఉంటుందని ఆధునిక పండితులు సూచిస్తున్నారు. మానవ శాస్త్రవేత్త జేమ్స్ పి.స్కాట్ తన అద్భుతమైన పుస్తకం "అగైనిస్ట్ ది గ్రెయిన్" (2017)లో మైసేనియన్ నాగరికత పతనమైన వెంటనే "గ్రీక్ చీకటి యుగాలు"లో (1110 నుంచి 700 బీసీ వరకు) ఉద్భవించిన ఇలియడ్, ఒడిస్సీల వంటివారు ఉత్తమ రచనల గురించి ఉటంకించారు. మరీ ఎక్కువ సమయం కాకముందే హోమర్ దీనిని రికార్డు చేశారు. అయితే అనాగరికుల పట్ల మన అవగాహన ఎందుకు ప్రతికూలంగా ఉంది? "నాగరికత" లేకపోవడాన్ని మనం ఆటోమేటిక్‌గా ఎందుకు చీకటి కాలంతో సమానం చేస్తున్నాము?

మనకు తెలుసు, చరిత్రను విజేతలు రాస్తారు. తొలి గ్రంథాలు రాష్ట్రాలు, సార్వభౌమాధికారాల కోసం ప్రచారంతో ఉన్నాయి, అణచివేతదారులు తమను ఉద్ధరించాలని కోరుతూ ప్రతి ఒక్కరినీ తక్కువగా చూస్తున్నారు. "అనాగరికులు" అనే పదాన్ని పురాతన గ్రీకుభాష మాట్లాడని ఎవరికైనా ముద్రగా వేస్తారు. అందుకే ఆ విధంగా మన చరిత్ర తల్లకిందులుగా మారుతుంటుంది. నాగరికత అనేది శాంతి, అభివృద్ధికి పర్యాయ పదంగాను, అనాగరికమనేది యుద్ధం, క్షీణతకు మారుపేరు అయ్యింది. వాస్తవానికి చాలా వరకు మానవునికి ఇది మరొక మార్గం అయ్యింది.

6

పురాతన తత్వవేత్త థామస్ హబ్స్ అనుకున్నంత ఫలితాన్ని ఇవ్వలేకపోయారు. మన పూర్వీకుల జీవితాన్ని సమయాన్ని నీచమైన, క్రూరమైన, స్వల్పమైనదిగా చిత్రీకరించాడు గానీ నిజానికి స్నేహపూర్వకమైన, ప్రశాంతమైన, ఆరోగ్యకరమైందిగా చెప్పుకోవచ్చు.

తమాషా ఏంటంటే నాగరికత శాపం హబ్స్‌ను జీవితాంతం వెంటాడింది. తన పోషకుడిని 1628లో ప్లేగు వ్యాధి కబళించింది. అస్పష్టంగా ఉన్న అంతర్యుద్ధం 1640లో అతడిని ఇంగ్లాండ్ నుంచి పారిస్ పారిపోయేలా చేసింది.

మనిషిలో మానవత్వం అనేది వ్యాధులు, యుద్ధం, విపత్తులలో తన సొంత అనుభవం ద్వారా పాతుకుపోతుంది. ఈ విషయం మానవ చరిత్రలో మొదటి 95 శాతం వాస్తవంగా తెలియదు. మానవ స్వభావం గురించి అతని అభిప్రాయం వాస్తవమైనప్పటికీ హబ్స్ ఎందుకో గానీ చరిత్రలో వాస్తవానికి పితామహుడు స్థాయి నుంచి దిగజారాడు.

అయితే నాగరికత అంత చెడ్డదేనా? ఇది మనకు అనేక మంచి విషయాలను కూడా తెచ్చిపెట్టలేదా? యుద్ధం, దురాశను పక్కనపెడితే, ఆధునిక ప్రపంచం మనకి కృతజ్ఞతతో ఉండడానికి ఏమీ ఇవ్వలేదా? వాస్తవానికి ఇచ్చింది.

నిజమైన పురోగతి ఇటీవలే వెలుగులోకి వచ్చింది అనే విషయం మరిచిపోవడం చాలా సులభం. ఫ్రెంచ్ విప్లవం(1789) వరకు దాదాపు అన్ని రాష్ట్రాలు. ప్రతీచోట బలవంతపు శ్రామికత్వానికి ఆజ్యం పోసాయి. 1800 సంవత్సరం వరకు ప్రపంచ జనాభాలో కనీసం మూడు వంతుల మంది ధనవంతులకు వెట్టిచాకిరీ చేస్తూ జీవించారు. 90 శాతం మందికి పైగా వ్యవసాయ భూములలో పనిచేశారు. 80 శాతం మందికి పైగా కటిక పేదరికంలో జీవించారు. రూసో మాటల్లో చెప్పాలంటే మనిషి స్వేచ్ఛగా పుట్టాడు. ప్రతీ చోటా అతను గొలుసులతో కట్టివేయబడిన స్థితిలో ఉన్నాడు. యుగాలకు నాగరికత ఒక విపత్తు. నగరాలు, రాష్ట్రాల ఆగమనం, వ్యవసాయ, రచనలు కనుగొనడం వల్ల ప్రజలకు బాధ తప్ప ఎలాంటి శ్రేయస్సు కలగలేదు. కేవలం గత రెండు శతాబ్దాలుగా – కనురెప్పపాటులో విషయాలు త్వరితగతిన మెరుగుపడుతుండడంతో జీవితం ఎంత దుర్భరమైందో మర్చిపోతున్నాం.

నాగరికత చరిత్ర తీసుకుంటే దానిని 24 గంటలకు సెట్ చేయండి. మొదటి 23 గంటల 45 నిమిషాలు అత్యంత దయనీయంగా మాత్రమే ఉంటుంది. కేవలం చివరి 15 నిమిషాలు మాత్రమే పౌరసమాజం అనేది మంచి ఆలోచన అని అనిపించడం ప్రారంభమౌతుంది.

ఆ చివరి 15 నిమిషాలలో అత్యంత తీవ్రమైన అంటువ్యాధులు మనపై ముద్రించబడతాయి. టీకాలు ఇప్పుడు ప్రతీ సంవత్సరం ఎక్కువ మంది ప్రాణాలను కాపాడుతున్నాయి. అవి 20వ శతాబ్దం మొత్తం మనకు ప్రపంచ శాంతి ఉండేలా దోహదపడుతుంది. రెండో విషయం, ప్రస్తుతం మనం మునుపెన్నడూ లేని విధంగా ధనికులుగా ఉన్నాం. తీవ్ర పేదరికంలో మగ్గుతున్న ప్రజల సంఖ్య ఇప్పుడు 10 శాతం కన్నా తక్కువగా ఉంది. మూడో విషయం, బానిసత్వం రద్దు చేయబడింది.

బానిస వ్యాపారం నిషేధించడానికి ఏ చర్యలు చేపడుతున్నారని 1842లో బ్రిటిష్ కౌన్సిల్ జనరల్ మొరక్కో సుల్తాన్‌కు లేఖ రాశారు. సుల్తాన్ ఆశ్చర్యపోయాడు. బానిసల రవాణా అన్ని వర్గాలు, దేశాలు, ఆడం కుమారుల సమయం నుండి ఆమోధయోగ్యమైనది. దీనిని గురించి ఆయనకు కొద్దిగా మాత్రమే తెలుసు. 150 సంవత్సరాల తర్వాత ప్రపంచ వ్యాప్తంగా బానిసత్వం అధికారికంగా నిషేధించబడింది.

అన్నింటికన్నా చివరిది, ఉత్తమమైనది ఏమిటంటే మనం అత్యంత ప్రశాంతంగా ఉండే యుగంలోకి ప్రవేశించాం. మధ్య యుగాలలో యూరప్, ఆసియా జనాభాలలో 12 శాతం మంది హింసాత్మక సంఘటనలలో మరణించారు. కానీ గత 100 సంవత్సరాలలో – రెండు ప్రపంచ యుద్ధాలతో సహా – ప్రపంచ వ్యాప్తంగా ఈ సంఖ్య 1.3 శాతానికి పడిపోయింది. యూఎస్‌ఏలో ఇది ప్రస్తుతం 0.7 శాతం కాగా, నేను నివసిస్తున్న నెదర్లాండ్స్‌లో ఇది 0.1 శాతానికన్నా తక్కువ. పౌర సమాజం గురించి ప్రాణాంతకంగా ఉండటానికి ఎటువంటి కారణం లేదు. ప్రతీవారికీ ప్రయోజనం కలిగేలా కొత్త మార్గాలలో నగరాలను, రాష్ట్రాలను నిర్వహించుకునేందుకు మనం ఎంపిక చేసుకోగల నాగరికత శాపాన్ని తొలగించుకోవచ్చు.

మనం అలా నిర్వహించగలమా? మనం ఎక్కువ కాలం జీవించి వృద్ధి చెందగలమా? ఎవరికీ తెలియదు. గత శతాబ్దాలలో జరిగిన పురోగతిని ఖండించడం లేదు, కానీ అదే సమయంలో మనం అస్తిత్వ స్థాయిలో పర్యావరణ సంక్షోభాన్ని ఎదుర్కొంటున్నాం.

గ్రహం వేడెక్కుతుంది, జాతులు చనిపోతున్నాయి, ఇప్పుడు పీడిస్తున్న ప్రశ్న.. మన నాగరిక జీవన శైలి ఎంత వరకు స్థిరమైంది?

ఫ్రెంచ్ విప్లవం 1789 ప్రభావం గురించి అడిగినప్పుడు చైనా రాజకీయ నాయకుడు 1970లో చెప్పిన మాటలు నాకు తరుచు గుర్తుకువస్తుంటాయి. "చెప్పడానికి కొంచెం కష్టం" అని అతను స్పందించాడు. బహుశా అదే నాగరికతకు వర్తిస్తుంది. ఇది మంచి ఐడియానేనా? వెంటనే చెప్పడం కష్టం అవుతుంది.

6

ఈస్టర్ ద్వీప రహస్యం

ఇప్పటికే మానవ చరిత్రపై నా పూర్తి అవగాహన మారిపోయింది. నాగరికత వేనీర్ సిద్ధాంతంపై ఆధునిక విజ్ఞాన శాస్త్రం చిన్న పని చేసింది. గత రెండు దశాబ్దాలుగా మేము దీనిపై చాలా సాక్ష్యాలను సేకరించాం. ఇది ఇంకా కుప్పలుతెప్పలుగా కొనసాగుతుంది. చరిత్రకు పూర్వం గురించి మన జ్ఞానం ఎప్పటికీ నిండు కుండలా ఉండదని విషయం ఒప్పుకోవాల్సిందే. మన పూర్వీకులను చుట్టుముట్టిన చిక్కులను మనం ఎప్పటికీ పరిష్కరించలేం. వారి పురావస్తు పజిల్‌ను కలపడం వల్ల ఊహించిన పనిలో గణనీయమైన వాటా ఉంటుంది, ఆధునిక మానవ శాస్త్ర పరిశోధనలను గతాన్ని చూపించడంలో మనం ఎల్లప్పుడూ జాగ్రత్తగా ఉండాలి.

అందుకే ప్రజలు వారి స్వంత పరికరాలను వదిలివేసినప్పుడు ఏంచేస్తున్నారో నేను ఒక్కసారి పరిశీలించాలనుకుంటున్నాను.

మనో, ఫ్లైస్ నిజ జీవిత ప్రభువు నుండి వచ్చిన ఇతర అబ్బాయిలను ఒంటరిగా విడిచిపెట్టలేదనుకుందాం. ఆ పడవలో బాలికలు కూడా ఉన్నారనుకుందాం. వారికి పిల్లలు, మనవళ్లు, మనవరాళ్లు కూడా పుట్టిన వందేళ్ల తర్వాత కూడా 'అటా' వారిని కనుగొనలేదు.

ఏం జరిగి ఉండేది? సమాజం ఒంటరిగా అభివృద్ధి చెందుతున్నప్పుడు ఎలా ఉంటుంది? చరిత్ర పూర్వ జీవితం గురించి మనం ఇప్పటి వరకు నేర్చుకున్న వాటిని తీసుకుని, దాన్ని చిత్రించడానికి ప్రయత్నించవచ్చు. కానీ మీరు నిజమైన డాక్యుమెంట్ చేసిన కేస్ స్టడీని జూమ్ చేసినప్పుడు ఊహించవలసిన అవసరం లేదు. పురాణాల రహస్యం ద్వారా అస్పష్టంగా ఉన్న మారుమూల ద్వీపంలో మునుపటి అధ్యాయాల సూక్ష్మ పరిశీలనలు ఉపయోగపడతాయి.

1

యువకుడుగా ఉండగా జాకోబ్ రోగ్‌వెన్ తన తండ్రికి వాగ్దానం చేశాడు. ఒక రోజు దక్షిణాది భూమిని కనుగొంటానని. అలాంటి ఆవిష్కరణ చరిత్రలో గొప్ప అన్వేషకులలో అతడి స్థానాన్ని భద్రపరిచింది. అతని కుటుంబానికి ఎనలేని కీర్తిని తెచ్చిపెట్టింది. ఈ ద్వీపం పసిఫిక్ మహాసముద్రంలో ఎక్కడో ఉన్నదని భావించారు. ఉత్తరార్ధ గోళంలో భూమిని సమతుల్యం చేయడానికి ఖండం ఉనికిలో ఉందని కార్టోగ్రాఫర్‌గా జాకోబ్ తండ్రి ఆరెన్ రోగ్వెన్ ఒప్పించారు. ఆ తర్వాత ప్రయాణికులు అనేక కథలను తీసుకువచ్చారు. ఫోర్చుగీసు నావిగ్రేటర్ “ఫెడ్రోఫెర్నాండెజ్ డిక్యూరిస్“ దక్షిణ భూమిపై వెలసిన స్వర్గంగా అభివర్ణించాడు. క్రైస్తవ మతం కోసం ఆరాటపడే శాంతియుత సైనికులతో ఉందన్నారు. మంచి నీరు, సారవంతమైన నేల, వెండి, బంగారం, ముత్యాల పర్వతాలున్నట్టు అతిశయోక్తిగా పేర్కొన్నారు.

అది ఆగస్టు 1, 1721లో తన తండ్రి చనిపోయి 40 ఏళ్లు తర్వాత చివరకు జాకోబ్ ప్రయాణించాడు. ఆ గమ్యం: దక్షిణ భూమి, తన ప్రధాన నౌక ‘ఆరెండ్‘ నుండి మూడు నౌకలను ఆదేశించాడు. 70 ఫిరంగులు, 244 మంది సిబ్బందితో బయలుదేరాడు. ఈ 62 సంవత్సరాల అడ్మిరల్‌కు చరిత్ర సృష్టించాలన్న ఉన్నతాశయం అతను చేశాడు. కానీ అతనికి, ఎలా అని కొద్దిగా అనుమానం.

జాకోబ్ రోగ్‌వెన్ కొత్త నాగరికతను స్థాపించలేదు కానీ పాత నాగరికతను కనుగొన్నాడు.

8 నెలల తర్వాత ఏమి జరిగిందో అది నన్ను ఆశ్చర్యపర్చింది. ఈస్టర్ ఆదివారం 1722లో రోగ్‌విన్ నౌకలలోని ఒకటి జెండాను పైకెత్తింది. దాని పక్కనే ప్రధాన నౌక ‘ఆరెండ్’ సిబ్బంది ఏం చూస్తున్నారో తెలుసుకోవడానికి వచ్చింది. సమాధానం? భూమి. వారు స్టాట్ బోర్డ్ వైపు ఒక చిన్న ద్వీపాన్ని గుర్తించారు.

మూడు అగ్నిపర్వతాలు కలిసి ఉన్న ఈ ద్వీపం వందల వేల సంవత్సరాల క్రితం ఏర్పడింది. డచ్ సిబ్బంది దీనికి పాష్ ఐలాండ్ (ఈస్టర్ ఐలాండ్)గా నామకరణం చేశారు. ఇది కేవలం 100 చదరపు మైళ్లకు విస్తరించి ఉంది. విస్తారమైన పసిఫిక్‌లోని ఒక మంచు భూమి. రోగ్‌విన్ దీనిపై పొరబాట్లు చెప్పుకోదగినంతగా చేయలేదనే చెప్పాలి.

కానీ వారి తదుపరి ఆవిష్కరణతో పోల్చితే ఈ ద్వీపంలో ఆశ్చర్యకరమైన ఉనికి: ఈ ద్వీపంలో ప్రజలు ఉన్నారు. డచ్ వాళ్లు అక్కడికి చేరేటప్పటికి తమను కలవడానికి వచ్చిన ప్రజలు అక్కడి బీచ్‌లో గుమిగూడి ఉన్నారు. రోగ్‌విన్ అయోమయంలో పడ్డాడు. వాళ్లు ఇక్కడికి ఎలా వచ్చారు? కనుచూపు మేరలో ఎక్కడ సముద్ర ప్రయాణానికి తగిన ఓడ కనిపించలేదు. మరింత కలవరపరిచే విషయం ఏమిటంటే. ద్వీపానికి చుట్టూ ఉన్న భారీ రాతి బొమ్మలు. ద్వీప వాసులు వాటిని ‘మోయి’ అని పిలుస్తున్నారు. 30 అడుగుల పొడవున్న పెద్ద టోర్సోస్‌పైన పెద్దవైన తలలను కలిగి ఉన్నాయి.

దక్షిణ ప్రాంత భూమికోసం జాకబ్ అన్వేషణ

టెక్సెల్ నుండి బయలుదేరినది ఆగస్టు ఒకటి, 1721

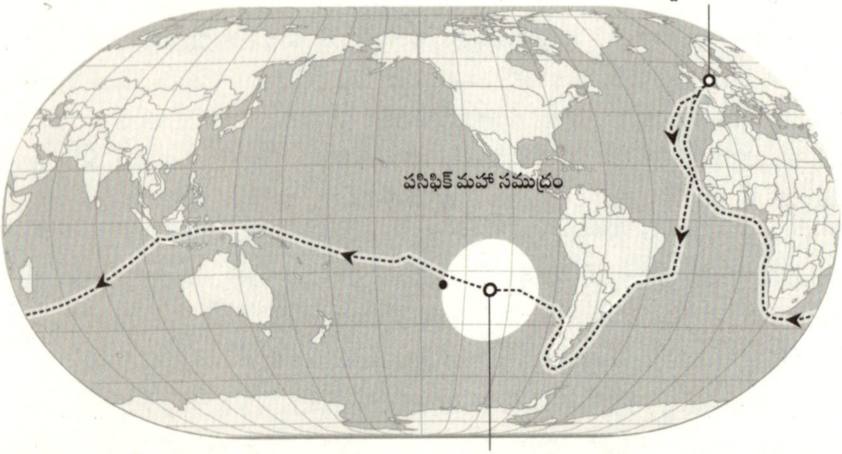

ఈస్టర్ ద్వీపంలో 2100 కిలోమీటర్ల పరిధిలో ఎక్కడా మానవ నివాసాల జాడే లేదు. మానవ నివాసం ఉన్న అతి దగ్గర ద్వీపం అంటే పిట్ కారిన్ మాత్రమే.

ఈస్టర్ ద్వీపము ఏప్రిల్ 5 1722నాడు చేరుకున్నారు.

"నిరాశ్రయులైన ఈ ప్రజలకు భారీగా లేదా మందంగా ఉన్న కలపతో బాగా దృఢంగా ఉన్న కాటేజ్ ఉన్నాయి. వీటిలో గేర్‌ని నిర్మించి వాటిని నిలబెట్టడం ఎలా సాధ్యపడింది అన్న విషయం మాకు ఏ మాత్రం అర్థం కాలేదు అని రోగ్‌విన్ తన పుస్తకంలో రాసుకున్నారు.

రోగ్‌విన్, అతని సిబ్బంది ఒక వారం తర్వాత ఓడలోకి ఎక్కినప్పుడు వారికి సమాధానాలు కన్నా ప్రశ్నలు అనేకం చుట్టుముట్టాయి. నేటికీ పసిఫిక్ సముద్రంలోని ఈ చిన్న ద్వీపం భూమిపై అత్యంత సమస్యాత్మకమైనది. అనేక శతాబ్దాలుగా విలువైన అటవీ ఊహాగానాలకు ఆజ్యం పోసింది.

ఉదాహరణకు ఈ ద్వీప వాసులు 'ఇంకా' (INCA) నుంచి వచ్చారు. ఈ విగ్రహాలను 12 అడుగుల జెయింట్స్ రేస్ ద్వారా ఏర్పాటు చేశారు. లేదా వాటిని ఏలియన్స్ పైనుంచి కిందకు పడేసి ఉంటారు. (ఈ సిద్ధాంతం మీద ఒక స్విస్ హోటల్ మేనేజర్ 7 మిలియన్ల పుస్తకాలను అమ్మగలిగారు)

ఈ వాస్తవం పెద్దగా అద్భుతమైంది కాకపోయినా కొంత వరకు అద్భుతమనే చెప్పాలి. డీఎన్ఏ పరీక్షకు ధన్యవాదాలు. రోగ్‌విన్ రావడానికి ముందు అన్వేషకులు వచ్చారని మాకు ఇప్పుడు తెలిసింది. పాలినేషియన్లు, పసిఫిక్‌పై కింగ్స్ (సముద్రపు దొంగలు) మొదట ఈ ద్వీపాన్ని కనుగొన్నారు. మతిస్థిమితం లేని ధైర్యంతో, వారు గాంబియర్ ద్వీపాల నుండి 1600 మైళ్ల దూరంలో, బహిరంగ పడవులలో వీస్తున్న గాలులకు వ్యతిరేకంగా బయల్దేరినట్లు భావిస్తున్నారు. అలాంటి ఎన్ని యాత్రలు విజయవంతం కాలేదో మనకి ఎప్పటికీ తెలియదు. కానీ ఈ కథ విజయవంతం కావడానికి ఒకటి మాత్రం అవసరం.

మరి యోయి యొక్క భారీ ఆకృతులు? కేథరిన్ రౌట్లెడ్జ్ అనే యువ మానవ శాస్త్రవేత్త 1914లో ఈ ద్వీపంలో ఫీల్డ్‌వర్క్ చేయడానికి వచ్చినప్పుడు ఒక విగ్రహం కూడా నిలబడిలేదు. అవన్నీ పడిపోయి ఉన్నాయి. కొన్ని విరిగిపోయి, కొన్ని ముక్కలయ్యి పోయి ఉన్నాయి. కలుపుమొక్కలు బాగా పెరిగిపోయి ఉన్నాయి. ఈ చిన్న సమాజం ఈ ఏక శిలలను ఎలా తయారు చేసి తరలించగలిగింది? వారు చెట్లు లేని ద్వీపంలో నివసించారు. వారి వద్ద చక్రాలు లేవు. చాలా తక్కువ క్రేన్లు ఉన్నాయి. ఒకప్పుడు ఇక్కడ ఎక్కువ జనాభా ఉండేదా? ద్వీపంలో ఉన్న పాత తరం వారిని రోట్లెజ్ కలిసి కొన్ని ప్రశ్నలు అడిగారు. వంద సంవత్సరాల ముందు అక్కడ ఏం జరిగిందనేది వారు ఆమెకు చెప్పారు. అవన్నీ గగుర్పాటు కల్పించే కథలు.

ఒకానొకప్పుడు ఇక్కడ రెండు రకాల తెగలు నివసించేవారు: పొడవైన చెవులు, చిన్న చెవుల తెగలు వాళ్లు. ఈ రెండు తెగల వాళ్లు కలిసి సామరస్యంగా జీవించారు. కానీ ఏదో అవాంఛనీయమైన సంఘటన వారిని విడదీసింది. దశాబ్దాలుగా ఉన్న శాంతిని నాశనం చేసింది. పౌరయుద్ధం నెత్తుటిని ఏరులై పారించింది. పెద్ద చెవుల తెగ ద్వీపం తూర్పు భాగానికి పారిపోయి గోతిని తవ్వి అందులో దాక్కుంది. మరుసటి రోజు ఉదయం చిన్న చెవుల తెగ రెండు వైపుల నుంచి పెద్ద తెగ దాక్కున్న గొయ్యిపై దాడి చేసి తగలబెట్టింది. పెద్ద చెవుల తెగ తాము తల దాచుకోవడానికి తీసుకున్న గొయ్యిలోనే భస్మం అయ్యిపోయింది. ఆ గొయ్యి, అవశేషాలు నేటికీ కనిపిస్తాయి. అవి కేవలం ఆరంభం మాత్రమే.

తర్వాత సంవత్సరాలలో పరిస్థితి హాబ్బేసియన్ యుద్ధం వల్ల బాగా క్షీణించింది. ఇందులో చివరికి ఈస్టర్ ద్వీప వాసులు ఒకరినొకరు చంపుకునే స్థితికి వచ్చారు. ఈ కష్టాలను ప్రేరేపించిందేమిటి? రౌట్లెడ్జ్ మాత్రమే ఊహించగలడు కానీ ఈ సమాజం తమను తాము నాశనం చేసుకోవడానికి స్పష్టంగా ఏదో జరిగింది. కొన్నేళ్ల తర్వాత 1955లో థోర్ హేయర్ డాల్ అనే నార్వేజియన్ సాహసకుడు ఈస్టర్ ద్వీపానికి యాత్ర చేశాడు. హేయర్‌డాల్ ప్రముఖుడు. కొన్నేళ్ల ముందు అతను, అతని స్నేహితులు ఐదుగురు ఒక తెప్పను తయారు చేసుకుని పెరూ నుంచి పాలినేషియాకు 4300 మైళ్ల దూరం ప్రయాణించి, చివరకు రారోయా ద్వీపంలో తెప్ప శిథిలమైంది. పాలినేషియాలో రాఫ్ట్–రోయింగ్ 'ఇంకా' తెగల జనాభా ఉండేదనడానికి హేయర్ డాల్ సుదూర రాఫ్టింగ్ యాత్ర చక్కటి రుజువు. నిపుణులను ఒప్పించడంలో విఫలమైనప్పటికీ అతని సిద్ధాంతం 50 మిలియన్ల పుస్తకాలను విక్రయించగలిగింది. బెస్ట్ సెల్లర్‌గా తనకు పట్టిన అదృష్టంతో హేయర్ డాల్ ఈస్టర్ ద్వీపానికి యాత్రకు డబ్బు ఖర్చు చేయగల స్థితికి చేరుకున్నాడు. తనతో యాత్రకు రావాల్సిందిగా ఆయన అనేక మంది ప్రముఖ శాస్త్రవేత్తలను ఆహ్వానించాడు. వారిలో అమెరికన్ శాస్త్రవేత్త విలియమ్ ముల్లోయ్ ఉన్నారు. ఆయన ఈస్టర్ ద్వీపం గురించి అధ్యయనం చేయడానికి తదుపరి జీవితాన్ని అంకితం చేశాడు. అతను హేయర్ డాల్‌తో బయల్దేరేముందు "నువ్వు ప్రచురించిన పుస్తకాన్ని నేను నమ్మాను" అని చెప్పాడు. ఆ మేరకు హేయర్ డాల్ నుంచి హామీని పొందాడు.

శాస్త్రవేత్తగా మారిన హేయర్ డాల్, డేర్‌డెవిల్ విలియమ్ ముల్లోయ్ ఆశ్చర్యకరంగా బాగానే కలిసిపోయారు. వీళ్లు ఈస్టర్ ద్వీపానికి వచ్చిన కొద్దిసేపటికి ఒక అద్భుతాన్ని కనుగొన్నారు.

చిత్తడిగా ఉన్న లోతైన ప్రదేశంలో ఒక పేరుతెలియని చెట్టునుంచి పుప్పొడిని కనుగొన్నారు. మైక్రోస్కోపిక్ విశ్లేషణ కోసం ఆ పుప్పొడిని స్టాక్ హోమ్ పంపించారు. దానిని విశ్లేషించిన ప్రముఖ ఫాలియో బొటానిస్ట్ వారికి వెంటనే తాను కనుగొన్న వివరాలు తెలియజేశారు. ఆ ద్వీపంలో ఒకప్పుడు విస్తృతమైన అడవి ఉండేదని తెలియజేశాడు.

నెమ్మదిగా, కచ్చితంగా రాతి ముక్కలను ఒక చోట చేర్చడం ప్రారంభించారు. 1974లో తన మరణానికి కొన్ని సంవత్సరాల ముందు విలియమ్ ముల్లోయ్ ఈస్టర్ ద్వీపం వాస్తవ కథను అక్కడి ప్రజల విధిని గుర్తించి పుస్తకం ప్రచురించాడు. హెచ్చరిక: ఇది అంత చక్కగా అంతం కాదు.

2

ఇదంతా మర్మమైన మోయితో ప్రారంభమైంది.

కొన్ని కారణాల వల్ల ఈస్టర్ ద్వీప వాసులు ఈ మెగాలిత్‌ల వల్ల తగినంత పొందలేకపోయారు. అని యుల్లోయ్ అన్నారు. శిల నుంచి ఒకదాన్ని తర్వాత మరొక విగ్రహాన్ని ఉలితో వేరు చేసి వాటి స్థలాలలోకి లాగారు. అసూయపడే అధిపతులు పెద్ద మోయిని డిమాండ్ చేశారు. శ్రామిక శక్తిని ప్రోత్సహించడానికి, విగ్రహాలను రవాణా చేయడానికి ఎక్కువ ఆహారం అవసరమైంది. ద్వీపంలోని చెట్లను కొట్టివేయడం జరిగింది.

పరిమితి ద్వీపంలో అనంతమైన వృద్ధి జరగడం అసాధ్యం. చివరికి చెట్లన్నీ పోయినరోజు రానే వచ్చింది. నేలలో సారం క్షీణించింది దానితో పంట దిగుబడి తగ్గిపోయింది. పడవల తయారీకి కలప లేకుండా పోయింది. చేపలు పట్టడం సాధ్యం కాదు. విగ్రహాలు తయారీ స్తంభించింది. ఉద్రిక్తతలు పెరిగాయి. రెండు తెగల మధ్య యుద్ధం ప్రారంభమైంది (పొడవైన పెద్దచెవులు, చిన్న చెవుల తెగల మధ్య యుద్ధాన్ని కేథరిన్ రౌట్లెడ్జ్ తెలిపారు) 1680లో ఈ గొప్ప యుద్ధం ముగిసేటప్పటికి పెద్ద చెవుల తెగ దాదాపు పూర్తిగా తుడిచిపెట్టుకుపోయింది.

అప్పుడు బతికిన వారు విధ్వంసానికి పాల్పడ్డారు. మోయిలను పడగొట్టారు. అధ్వాన్నంగా ఒకరినొకరు చంపుకుని తమ ఆకలిని చల్లార్చుకున్నట్టున్నారు అని ముల్లోయ్ రాశారు. “తమ పూర్వీకులు నరమాంస భక్షకులని, మీ తల్లిమాంసం నా దంతాల మధ్య అంటుకుంది అని చెప్పడం అని ద్వీప వాసులు ఇప్పటికీ చెబుతారు”.

పురావస్తు శాస్త్రవేత్తలు తవ్వకాలలో అసంఖ్యాక అబ్సిడియన్ బారపు తలలు, లేదా పెద్దఎత్తున జరిగిన వధకు మాతా సాక్ష్యాలను కనుగొన్నారు.

కాబట్టి 1722లో జాకబ్ రోగ్‌విన్ ఈస్టర్ ద్వీపంలో అడుగుపెట్టినప్పుడు అక్కడ అతను కొన్ని వేల మంది స్థానిక జనాలను ఎదుర్కోవాల్సి వచ్చింది. నేటికీ రాక్ నుండి మోయి చెక్కబడిన ‘రానో రారకు’ వద్ద ఉన్న క్వారీ హఠాత్తుగా తొందరపాటుతో వదిలివేసిన వర్క్‌షాప్ అన్న భావాన్ని కలుగజేస్తుంది. ఎక్కడ పడేసిన ఉలి అక్కడే ఉన్నాయి. వందలాది

'మోయి'లు అసంపూర్ణంగా ఉన్నాయి. విలియమ్ ముల్లోయ్ వ్యాసం ఈస్టర్ ద్వీపం రహస్యాన్ని విడదీయడంలో పురోగతిని సూచిస్తుంది.

త్వరలో ఇతర పరిశోధకుల వారసత్వం అతని కేసును సమర్ధించడానికి ఆధారాలను జోడిస్తుంది. 1984లో ద్వీపంలోని మూడు అగ్నిపర్వత క్రేటర్లలో శిలాజ పుప్పొడి ధాన్యాలను కనుగొన్నట్టు ప్రకటించిన ఇద్దరు బ్రిటిష్ భూ విజ్ఞాన శాస్త్రవేత్తలు, ఈ ద్వీపం ఒకప్పుడు అడవితో నిండి ఉండేదని పరికల్పనను ధృవీకరిస్తోంది. అంతిమంగా, ఈస్టర్ ద్వీపం విషాద చరిత్రను అమరత్వం చేసింది ప్రపంచ ప్రఖ్యాత భౌగోళిక శాస్త్రవేత్త జేర్డ్ డైమండ్. అతని 2005 బెస్ట్ సెల్లర్ కొలాప్స్ డైమండ్‌లో ముఖ్యమైన వాస్తవాలను సంగ్రహపరిచారు.

- ఈస్టర్ ద్వీపంలో 900 సంవత్సరం తొలినాళ్లలో పాలినేషియన్ల జనాభా ఉండేది.
- తవ్విన నివాసాలు విశ్లేషణను బట్టి ఈ జనాభా 15000కి చేరి ఉంటుందని అంచనా.
- మోయిల సైజు క్రమేణా పెరిగిన దాన్నిబట్టి చూస్తే శ్రామికశక్తి, ఆహారం, కలపకు కూడా డిమాండ్ పెరిగి ఉంటుంది.
- విగ్రహాలను చెట్టు ట్రంకుపై అడ్డంగా పెట్టి రవాణా చేయబడినాయి. భారీగా శ్రామిక శక్తి చాలా చెట్లు, కార్యకలాపాలను పర్యవేక్షించడానికి ఒక శక్తివంతమైన నాయకుడిని నియమించారు.
- చివరికి ఇక ఒక్క చెట్టు కూడా మిగలలేదు. నేల క్షీణతకు, వ్యవసాయంలో స్తబ్దతకు, నివాసితులలో కరువుకు కారణమైంది.
- 1680లో అంతర్యుద్ధం జరిగింది.
- 1722లో జాకబ్ రొగెవీన్ వచ్చినప్పుడు కొన్ని వేలమంది నివాసితులు మాత్రమే మిగిలి ఉన్నారు. అసంఖ్యాకంగా 'మోయి'లు పడిపోయి ఉన్నాయి. ద్వీపవాసులు ఒకరినొకరు తింటున్నారు.

ఈ కథలో నైతికత?

నైతికత మనగురించే ఈస్టర్ ద్వీపాన్ని భూమిని పక్కపక్కనే సెట్ చేయండి. కొన్ని కలతపెట్టే సమాంతరాలున్నాయి. ఒక్కసారి పరిగణనలోకి తీసుకోండి: ఈస్టర్ ద్వీపం విస్తారమైన మహా సముద్రంలో ఒక మచ్చలాంటిది. భూమి విస్తారమైన విశ్వంలో ఒక మచ్చ. ద్వీప వాసులకు పారిపోవడానికి పడవలు లేవు, మనను తీసుకెళ్లడానికి రాకెట్ నౌకలు లేవు. ఈస్టర్ ద్వీపంలో అటవీ నిర్మూలన జరిగింది. జనాభా పెరిగింది. భూమి కలుషితం అవుతోంది, వేడెక్కుతోంది. ఇది పైన పేర్కొన్న అధ్యాయాలలో నేను వాదించిన దానికి పూర్తిగా వ్యతిరేక తీర్మానానికి దారితీస్తుంది.

మానవ జాతి అత్యాశ అనంతమైంది. పురావస్తు శాస్త్రవేత్తలు పాల్‌బాన్, జాన్‌ఫ్లెన్లీ తమ పుస్తకంలో ఈస్టర్ ద్వీపం, భూమి ద్వీపం అని రాశారు. "వీరి స్వార్థం జన్యుపరంగా

పుట్టుకతోనే కనిపిస్తుంది. మీరు హాబ్స్ అంతేవేగంతో వెనీర్ సిద్ధాంతాన్ని తొలగించారని భావించినట్లయితే అది అంతే వేగంతో రెట్టింపు అవుతుంది.

ఈస్టర్ ద్వీపం కథ మానవజాతి విరక్తి దృక్పథాన్ని ధృవీకరిస్తుంది. మన భూమి వేడెక్కుతుంటే మనం తింటూనే ఉన్నాం. కలుషితం చేస్తూనే ఉన్నాం. ఈస్టర్ ద్వీపం మన భవిష్యత్‌కు పరిపూర్ణమైన రూపకంలాగా అస్పష్టంగా గోచరిస్తోంది. హోమో కుక్కపిల్లను, గొప్ప అనాగరికతను మరిచిపోండి. మన జాతులు, వైరస్ లేదా మిడుతల మేఘంలాగా కనిపిస్తాయి. ప్లేగు ఎంతలా వ్యాపిస్తుందంటే ప్రతిదీ నిష్ప్రయోజనం, విరిగిపోయేంతగా. అప్పటికే ఎంతో ఆలస్యం అయిపోతుంది.

ఈస్టర్ ద్వీపానికి ఇది ఒక గుణపాఠం అన్న మాట. దీని విపత్కర చరిత్రను డాక్యుమెంటరీలు, నవలల్లో, ఎన్‌సైక్లో పీడియా, మరియు రిపోర్ట్‌లలో, అకడమిక్ ఆర్టికల్స్‌లో, ప్రముఖ సైన్స్ పుస్తకాలలో పదేపదే చెప్తూనే ఉన్నారు. దానిని గురించి నేను స్వయంగా రాశాను.

ఈస్టర్ ద్వీపం రహస్యాన్ని విలియం ముల్లోయ్, జారెడ్ డైమండ్, వారి అనేక మంది సహచరులు పరిష్కరించారని నేను చాలా కాలం నమ్మాను. ఎందుకంటే చాలా మంది ప్రముఖ నిపుణులు ఒకేలాంటి, దుర్భరమైన తీర్మానాలను తీసుకుంటే వివాదానికి ఏమి మిగిలిఉంది?

అప్పుడు నేను జాన్‌బోయెర్సే పనిని చూడటం తటస్థించింది.

3

నేను లైడెన్ విశ్వవిద్యాలయంలోని అతని కార్యాలయానికి వచ్చినప్పుడు బాచ్ కాంటాటా నేపథ్యంలో వినవస్తున్న పాటలు వినగలిగాను. తలుపు తట్టగానే పుస్తకాల మధ్యలో నుండి పూల ప్రింట్ చొక్కా వేసుకున్న వ్యక్తి లేచివచ్చారు.

బోయెర్సమా పర్యావరణ జీవశాస్త్ర వేత్త అయినప్పటికీ అతని అల్మరాలు చరిత్ర, తత్వశాస్త్రం పుస్తకాలతో నిండి ఉన్నాయి. అతని పనులు కలలు, సైన్స్ రెండింంటినీ ఆకర్షిస్తుంది. 2002లో ఈ విధానం అతడ్ని సరళమైన లోతైన ఆవిష్కరణ దిశగా నడిపించింది. ఈస్టర్ ద్వీపం గురించి మనకు తెలిసిన దానికి విరుద్ధంగా ఉంది. లెక్కలేనంత మంది ఇతర పరిశోధకులు, రచయితలు తన పరిశోధనను చూడడంలో విఫలమవడం లేదా చూడడానికి ఇష్టపడకపోవడాన్ని అతను గమనించాడు.

బోయెర్సెమా ఒక ప్రొఫెసర్‌గా తన ప్రారంభ ఉపన్యాసాన్ని సిద్ధం చేసుకునేటప్పుడు అతనికి ఈస్టర్ ద్వీపం క్షీణత నేపథ్యం అవసరమైంది.

రోగ్గెవీర్ లాగ్‌బుక్ ఇప్పటికీ ఉందా అని ఆశ్చర్యపోతూ, లైబ్రరీ కేటలాగ్‌ని తనిఖీ చేయడానికి వెళ్లాడు. అరగంట తర్వాత అతను జాకబ్ రోగ్గెవీన్ వయోజ్ ఆఫ్ డిస్కవరీ

జర్నల్‌ను తన టేబుల్‌పై పెట్టి తెరిచాడు. బోయెర్సెమా ఆ లాంగ్‌బుక్‌లో మారణహోమం, నరమాంస భక్షణ గురించిన భయంకరమైన విషయాలుంటాయని అనుకున్నాడు కానీ అది ఒక ఉల్లాసమైన యాత్ర బుక్ అవడంతో "మొదట నాకళ్లను నేనే నమ్మలేకపోయాను" అన్నారు. సమాజం క్షీణత గురించి అందులో లేదు. ఈస్టర్ ద్వీప వాసలు స్నేహపూర్వకంగానూ, ఆరోగ్యంగా, కండరాలతో కూడిన శరీరం, తెల్లని పళ్లతో ఉన్నారు అని జాకబ్ రోగ్గెలీన్ వారిని వర్ణించాడు. వారు మమ్మల్ని ఆహారం కోసం అడుక్కోకపోగా డచ్ సిబ్బందికి వారే ఆహారం ఇచ్చారు. ద్వీపం ప్రత్యేకమైన సారవంతమైన నేల అని అంటూ కూల్చివేసిన భారీ విగ్రహాల గురించి ఎక్కడా ప్రస్తావించలేదు. ఆయుధాలు, నరమాంసభక్ష్యానికి బదులుగా ద్వీపాన్ని భూతల స్వర్గంగా వర్ణించాడు.

"కాబట్టి నేను ఆశ్చర్యపోయాను" అని బోయెర్సెమా వ్యంగ్యంగా నవ్వారు. ఇక్కడ ఏం జరుగుతోంది? ఈస్టర్ ద్వీపం విధ్వంసం గురించి విస్తృతంగా ఆమోదించిన కథనం గురించి తీవ్ర సందేహాలు వ్యక్తం చేసిన సైంటిస్టులలో మొదటి వాడు జాన్ బోయెర్సెమా ఒకరు. నేను 2002లో అతని ఉపన్యాసం చదివినప్పుడు ఈస్టర్ ద్వీపం అనేది ఒక మంచి రహస్య కథ అని నాకు తెలిసింది: ఇది ఒక శాస్త్రీయ హూడన్ ఇట్(సాధారణంగా హత్యకు సంబంధించిన క్రైమ్‌స్టోరీ) కాబట్టి బోయెర్సెమా మాదిరిగా ఈ రహస్యాన్ని స్టెప్‌బై స్టెప్ ఛేదించడానికి ప్రయత్నిద్దాం. మనం ప్రత్యక్ష సాక్షులు చెప్పినదాన్ని ధృవీకరిద్దాం. ద్వీపవాసులు స్థలాంతర స్థితి గురించి తనిఖీ చేద్దాం. వీలున్నంతగా టైమ్‌లైన్‌ను పిన్‌డౌన్ చేసి తగ్గించి మారణాయుధాలపై జూమ్ చేయండి.

మన దర్యాప్తులో చరిత్ర మొదలుకుని భూగర్భశాస్త్రం, మానవశాస్త్రం నుండి పురావస్తు శాస్త్రం వరకు అందరినీ కలుపుకొని పోవాలి. నేరం జరిగిన ప్రదేశానికి తిరిగి వెళ్లడంతో ప్రారంభిద్దాం.

పొడవైన పెద్ద చెవుల వాళ్లు 1680లో దాక్కున్న అక్కడే చనిపోయిన కందకం ఈ క్రూరమైన కథకు మూలం ఏమిటి?

1914లో కేథరిన్ రౌట్లెడ్జ్‌తో ఈస్టర్ ద్వీపవాసులు పంచుకున్న జ్ఞాపకాల మొదటి రికార్డు మన వద్ద ఉంది. మానవ జ్ఞాపకశక్తి భ్రాంతి కారకమని ప్రతి పరిశోధకుడికి తెలుసు. కానీ మనం మౌఖికంగా తరతరాలుగా చెప్తున్న జ్ఞాపకాలను పరిగణనలోకి తీసుకుందాం. రెండు లేదా మూడు వందల సంవత్సరాల క్రితం వరకు మన పూర్వీకులు ఎట్లా ఉండేవారో వివరిస్తున్నట్లుగా ఊహించుకోండి. అప్పుడు మనకు చరిత్ర పుస్తకాలు లేవు, కేవలం జ్ఞాపకాల కథల జ్ఞాపకాలపై ఆధారపడే వాళ్లం.

ముగింపు రౌట్లెడ్జ్ ఏవి అయితే గమనించారో అవి ఉత్తమమైనవికాకపోవచ్చు. కానీ నరవధకు ఇదొక్కటే సాక్ష్యం కాదు. థోర్ హేర్‌డాల్ బృందంలోని సభ్యుడు పురావస్తు శాస్త్రవేత్త కార్లెల్ స్మిత్. పొడవైన పెద్ద చెవుల తెగ ఊచకోత జరిగిన కందకం వద్ద తవ్వడం ప్రారంభించాడు. అతను రెండు బొగ్గులను నమూనాగా తీసుకుని అవి ఎప్పటివో గుర్తించమని పంపాడు. ఒక నమూనా 1676 సంవత్సరానిదిగా పేర్కొన్నారు. ఇది స్మిత్‌ని ఆకట్టుకుంది.

మౌఖికంగా ఈ నరవధ తగులబెట్టినట్లుగా చెప్తున్నదానికి ఇది దగ్గరగా ఉండడంతో అతను ఈ కథను తనిఖీ చేయాలని నిర్ణయించుకున్నాడు.

ఆ తర్వాత స్మిత్ ఈ వివరణకు కొన్ని మినహాయింపులు జోడించినప్పటికీ, ఆ తరువాత విశ్లేషణలు బొగ్గునమూనాను పునరావృతం చేసినప్పటికీ 1460 నుండి 1817 మధ్య కాలంలో ఆ నమూనాలు గానీ, మానవ అవశేషాలు గానీ ఆ ప్రదేశంలో ఎక్కడా కనిపించలేదు. ఆ కందకం కూడా తవ్వింది కాదనీ, సహజ సిద్ధంగా ఏర్పడిన ప్రకృతి దృశ్యమని భూగర్భ శాస్త్రవేత్తలు అభిప్రాయపడ్డారు. 1680లో నరవధ జరిగిందని చెప్పడం అపోహమాత్రమే అన్నారు. దీనిపై హేయర్‌డాల్, ముల్లోయ్, డైమండ్‌లు ప్రచారం సాగించారన్నారు.

ఫోరెన్సిక్ సాక్ష్యాలను పరిగణనలోకి తీసుకుంటే భయంకరంగా జరిగిందంటున్న కేసు మరింత బలహీనపడ్తుంది. ద్వీప వాసులు ఆకలితో ఉన్నందువల్ల నరమాంస భక్షకులుగా మారారన్నది సిద్ధాంతం.

వందలాది మంది నివాసుల అస్థిపంజరాలపై ఇటీవలి పురావస్తు విశ్లేషణలు నిర్ణయించాయి.

వాస్తవానికి రోగ్గెలీన్ పరిశీలనలు సరైనవి: ఈస్టర్ ద్వీపంలో నివసిస్తున్న ప్రజలు 18వ శతాబ్దం ప్రారంభంలో ఆరోగ్యంగా, ఫిట్‌నెస్‌తో ఉన్నారు. వారు ఆకలితో ఉన్నారనడానికి ఎలాంటి సూచనలు లేవు, అయితే నరవధ జరిగిందనడానికి సంబంధించిన ఆధారాలు మాట ఏమిటి?

స్మిత్ సోనియన్ సంస్థకు చెందిన మానవ శాస్త్రవేత్తల బృందం ఒకటి ఇటీవల ఈస్టర్ ద్వీపానికి చెందిన 469 పుర్రెలను పరీక్షించి అక్కడి నివాసులలో పెద్ద ఎత్తున యుద్ధం జరిగినట్లుగా చెప్తున్న జాడలేవీ కనిపెట్టలేకపోయారు.

నిజమే, రెండు పుర్రెలు మాత్రమే గాయం జాడలను కనీసం ఊహాజనితంగా కలిగి ఉన్నాయి. అంతగా ప్రసిద్ధిచెందని 'మాతా' (అబ్సిడియన్ బాణం తలలు) లను ఉపయోగించి చేసి ఉండవచ్చు. కానీ శాస్త్రవేత్తలు 'మాతా'లనేవి ఆయుధాలని నమ్మడం లేదు. పైగా అవి సాధారణ కత్తులలాగా పనిచేస్తున్నాయి, అబ్సిడియన్ ముక్కతో అక్కడి వ్యక్తి అరటిపండు తొక్కతీయడానికి ఉపయోగించడాన్ని రోగ్గెలీన్ కెప్టెన్‌లలో ఒకరు చూశారు. అమెరికా పరిశోధనా బృందం 2016లో 400 'మాతా'లను పరీక్షించి అవి ఆయుధాలుగా పనికిరావని తేల్చింది. అవి చాలా డల్‌గా ఉన్నాయి. దీనర్థం ఈస్టర్ ద్వీపవాసులకు మారణాయుధాలు తయారు చేయడం రాదని కాదు. కానీ బృందం నాయకుడు డ్రిలీ "వారు దానిని ఎంపిక చేసుకోలేదని" వ్యాఖ్యానించారు.

కాబట్టి కుట్రలు ముదురుతాయి. ఎందుకంటే వారు ఒకరినొకరు చంపుకోకపోయి ఉంటే ఒకానొకప్పుడు ద్వీపంలో నివసించిన వేలాదిమంది ఏమైపోయారు? వారు ఎక్కడికి వెళ్లిపోయారు? తాను ఆ ద్వీపాన్ని సందర్శించినప్పుడు కేవలం రెండు వేల మంది జనాభా ఉన్నారని రోగ్గెలీన్ తెలిపారు. ఇది ఇలా ఉండగా జారెడ్ డైమండ్ చెప్పినదాని ప్రకారం 15000 మంది వరకు ద్వీపంలో ఉన్నారు? వారి జాడ ఏది? డైమండ్ ఏ పద్ధతి ఉపయోగించి ఈ సంఖ్య చెప్పారో చూద్దాం. ఈ ద్వీపంలో మొదటి ఎన్ని ఇళ్లు ఉన్నాయా అని లెక్కించాడు. దీని

కోసం పురావస్తు అవశేషాలను ప్రాతిపదికగా తీసుకున్నాడు. తర్వాత ఒక ఇంట్లో ఎంతమంది నివసించారనేది అంచనా వేశాడు. తర్వాత అతను ఒక ముగింపుకి వచ్చాడు. ఇది తప్పుడు పద్ధతి లాగా అనిపించడం లేదు. ఈ నాటకం ఆడిన సమయ పరిమితిని నిర్ధారించగలిగితే మనం జనాభాను ఇంతకంటే మెరుగ్గా అంచనా వేయగలుగుతాం. ఈస్టర్ ద్వీపంలో మొదట 900 సంవత్సరంలో లేదా ఇంకా అంతకన్నా ముందు 300 సంవత్సరంలో జనాభా ఉన్నట్లు భావించారు. కానీ ఇటీవల ఆధునిక సాంకేతిక పరిజ్ఞానం ఈ తేదీని సుమారు 1100 సంవత్సరంగా గణనీయంగా ఆ తర్వాత పరిష్కరించింది.

ఈ తేదీని ఉపయోగించి జాన్ బోయెర్సెమా ఒక సాధారణ గణన చేశాడు. సుమారు వంద మంది పాలినేషియన్ నౌకాదళాలు 1100 సంవత్సరంలో ఈస్టర్ ద్వీపానికి వచ్చారనుకుందాం. జనాభా సంవత్సరానికి 0.5 శాతం వంతున పెరిగిందనుకుందాం. (పారిశ్రామిక సమాజాలకి పూర్వం గరిష్టంగా సాధించగలిగిన శాతం) అంటే రోగ్గెలీన్ ఈ ద్వీపానికి వచ్చేటప్పటికి 2200 మంది నివాసులు ఉండే అవకాశం ఉంది. ఈ నెంబర్ 18వ శతాబ్దంలో ఈ ద్వీపంపై ఆగిన యూరోపియన్ సముద్ర ప్రయాణీకులు చెప్పిన సంఖ్యతో దాదాపు సరిపోతుంది. అంటే ఆ వేలాది మంది ద్వీపవాసులు ఒకరినొకరు హింసించుకుని చంపుకుని ఒకరినొకరు తిన్నారనేది అద్భుతమైన ఎలిబీ వారి ఉనికిలేదు.

ఈస్టర్ ద్వీపంలోని అడవులలో పరిష్కరించలేని చిక్కు ఆ తర్వాత ఏమి వచ్చింది. సాధ్యమైనంత వరకు ఎక్కువ 'మోయి'లను నిలబెట్టాలని అత్యాశతో అక్కడి నివాసులు అన్ని చెట్లను నరికేశారని ఒక వేళ జారెడ్ డైమండ్, విలియం ముల్లోయ్, అక్కడికి వచ్చిన శాస్త్రవేత్తలందరూ నమ్మి ఉండవచ్చు. ఒక కెనడియన్ చరిత్ర కారుడయితే ఎంత వరకు వెళ్లాడంటే దీనికి 'ఉన్మాదం'గా సైద్ధాంతిక పాథాలజీగా నిర్ధారించేశాడు. కానీ ఒక వేళ లెక్కలు తెలిసిన వారయితే దీనిని మీరు చాలా తొందరపాటు ముగింపుగా గ్రహిస్తారు. అక్కడ గల వెయ్యి విగ్రహాలను వాటి స్థానాలలో పెట్టడానికి ఒక్కొక్క దానికి సుమారు 15 చెట్లు అవసరమవుతాయని బోయెర్సెమా లెక్కకట్టాడు. దానిని బట్టి 15000 చెట్లు టాప్స్ అవసరమవుతాయి. కాబట్టి ద్వీపంలో ఎన్ని చెట్లు ఉన్నాయి? పర్యావరణ పరిశోధన ప్రకారం-మిలియన్స్ – బహుశా 16 మిలియన్ల చెట్ల వరకు ఉండవచ్చు!

ఈ విగ్రహాలలో అధిక శాతం వీటిని చెక్కిన క్వారీ 'రానో రారకు'ను కూడా వదలలేదు. అయినప్పటికీ వదలడానికి బదులు ద్వీపం హఠాత్తుగా అంతర్యుద్ధంలో మునిగిపోయింది. వాటిని క్వారీ గార్డియన్‌లలాగా కావాలని అక్కడ వదిలేసి ఉంటారని శాస్త్రవేత్తలు భావిస్తున్నారు. చివరికి 493 విగ్రహాలను మరో ప్రదేశానికి తరల్చారు. ఇది చాలా అధిక సంఖ్యగా అనిపించవచ్చు. కానీ వందలాది సంవత్సరాలుగా ద్వీపవాసులు వాటికి చోటు కల్పించిన విషయం మరవకూడదు. గరిష్టంగా సంవత్సరానికి ఒకటి లేదా రెండు విగ్రహాలను తరలించగలిగారు. వారెందుకు ఒక డజను దగ్గర ఆగలేదు? దీనికి కూడా ఒక సాధారణ చిన్న వివరణ ఇవ్వాల్సి వస్తుందని బోయెర్సెమా అనుకున్నాడు. విసుగ్గా ఉన్నా "ఇలాంటి ద్వీపంలో నివసిస్తే, మీకు చేతులో బోలెడంత సమయం ఉంటుందని'' "నవ్వారు" లాగడం, తొయ్యడం అనేవి వారి రోజు వారి కార్యక్రమం రూపొందించుకోవడానికి దోహదపడినాయి. 'మోయి'ని తయారు చేయడం అనే దానిని ఒక సమిష్టి పని కార్యక్రమంగా చూడాల్సి ఉంటుందని నేను

అనుకుంటున్నాను. ఇది పదివేలపైగా సంవత్సరాల క్రితం (5వ అధ్యాయం చూడండి) గోబెక్లిటీపేలో నిర్మించిన దేవాలయ సముదాయం లాంటిది. లేదా ఇటీవల సుమత్రా ద్వీపానికి పశ్చిమంలో ఉన్న నియాస్ ద్వీపంలో 20వ శతాబ్దం ప్రారంభంలో దాదాపు 525 మంది ఒక అతిపెద్ద రాతి విగ్రహాన్ని చెక్కస్లెడ్జ్‌పైకి లాగిన దానితో పోల్చి చూడవచ్చు.

వీటిని మరింత సమర్థవంతంగా తీసుకెళ్లే ప్రయత్నాలు జరిగాయి. అందులో ఎలాంటి సందేహం లేదు. కానీ విషయం అదికాదు. మహత్తరమైన ఉన్మాదంగల పాలకులు కలలు గన్న ప్రతిష్టాత్మక ప్రాజెక్ట్‌లు కావు ఇవి. ఇవి ప్రజలను ఒక చోట చేర్చే మతపరమైన ఆచారాలు. అపార్థాలకు తావివ్వకండి: ఈస్టర్ ద్వీప వాసులు అధిక భాగం చెట్లను నరికేశారు. కేవలం 'మోయి'లను తరలించడానికి మాత్రమే కాదు. 'సాప్' పంట కోసం, పడవలు నిర్మించడం కోసం, పంటల కోసం భూమిని చదును చేయడం కోసం చెట్లను నరికారు. అయినప్పటికీ అడవి మొత్తం అదృశ్యం అవడం గురించి వివరించేటప్పుడు ఒక అపరాధి పేరు బయటికి ఎక్కువగా వస్తుంది. ఆ అపరాది "రాటస్ ఎక్సులన్స్" అదే పాలినేషియన్ ఎలుక.

ఈ ఎలుకలు బహుశా మొదట పడవల ద్వారా వచ్చి ఉండవచ్చు. ఈస్టర్ ద్వీపంలో సహజమైన మాంసాహారులు లేరు. అవి స్వేచ్ఛగా తిని పిల్లల్నికనేవి. ప్రయోగశాలలో ప్రతి 47 రోజులకు ఎలుకలు రెట్టింపు అయ్యేవి. దీనిని బట్టి చూస్తే కేవలం మూడు సంవత్సరాలలో ఒక జత ఎలుకలు 17 మిలియన్ల పిల్లల్ని పుట్టించగలవు. ఈస్టర్ ద్వీపంలో జరిగిన వాస్తవమైన విపత్తు ఇది. వేగంగా పెరుగుతున్న ఈ ఎలుక సంతతి చెట్ల గింజలను తిని వేయడంతో అడవి పెరుగుదల స్తంభించి పోయిందని జీవశాస్త్రవేత్తలు అనుమానిస్తున్నారు.

అటవీ నిర్మూలన ఈస్టర్ ద్వీపవాసులకు అంతపెద్ద విషయం కాదు. ఎందుకంటే ప్రతి చెట్టును కూలదోసిన కొద్దీ వ్యవసాయ యోగ్యమైన భూమిగా ఉపయోగపడింది. పురావస్తు శాస్త్రవేత్త మారాముల్రానీ 2013లో రాసిన వ్యాసంలో చెట్లు పోయిన తర్వాత వాస్తవానికి ఆహార ఉత్పత్తి పెరిగిందనీ, గాలి నుండి పంటను రక్షించుకోవడానికి వేడి, తేమ, ఉండేలా చిన్న చిన్న రాళ్లతో పొరలాగా వేయడం వంటి 'సాలీ' వ్యవసాయ టెక్నిక్‌ను ఉపయోగించినందుకు ధన్యవాదాలు తెలిపారు.

ఒక వేళ జనాభా 15000లకు పెరిగినప్పటికీ వారికి పుష్కలంగా ఆహారం ఉండేదని పురావస్తు శాస్త్రవేత్తలు పేర్కొన్నారు. ఈస్టర్ ద్వీపం బహుశా వైఫల్యం చెందకుండా, మానవ మేధావితనం ఎలా విజయవంతం అవుతుందనీ దాని యొక్క పోస్టర్ పిల్లవాడు అని సూచించేంతవరకు వెళుతుందన్నారు ముల్రోనీ.

4

ఈ విజయం స్వల్పకాలికం.

చివరికి ఈస్టర్ ద్వీపాన్ని నాశనం చేసే ప్లేగు వ్యాధి వచ్చింది. అదిలోపలి నుంచి కాదు, యూరోపియన్ ఓడలు రావడం వల్ల వచ్చింది. ఈ విషాధ అధ్యాయం 1722 ఏప్రిల్ 7వ

తేదీన రోగ్గెలీన్ అతని సిబ్బంది తీరానికి వెళ్లడానికి తయారవుతుండగా ప్రారంభమైంది. నగ్నంగా ఉన్న వ్యక్తి బోటులో పెడలింగ్ చేయడానికి వచ్చాడు. అతని వయస్సు సుమారు 50 సంవత్సరాలుంటుంది. అతను దృఢంగా ఉన్నాడు. నల్లగా టాటూలతో ఉన్న చర్మం, వినోదం కలిగించే మేకలా ఉన్నాడు. బోటులోకి అతను ఎక్కగానే ఒక జంతువులాంటి ఫీలింగ్ కలిగించాడు. అతను ఎత్తుగా ఉన్న తెరచాప కొయ్య, తాళ్ల మందాన్ని, తెరచాపలు, ఫిరంగిని చూసి ఆశ్చర్యం వ్యక్తం చేశాడు. అతను చూసిన వాటినన్నిటినీ చాలా జాగ్రత్తగా తాకి చూశాడు."

అద్దంలో తనని తాను చూసుకొన్నప్పుడు ఓడ గంట వినిపించగానే, తన జీవితం గురించి భయపడ్డాడు. ద్వీప వాసులు ఉన్నతమైన ఆత్మలు రోగ్గలీన్‌ను ఎక్కువగా ఆకట్టుకున్నాయి. అతను నాట్యం చేశాడు. పాడాడు, నవ్వాడు, పదేపదే "ఓడోరోగా! ఓడోరోగా!" అని అరిచాడు. అతను బహుశా 'స్వాగతం' అని అరుస్తున్నాడేమోనని పండితులు నిర్ధారించారు.

ఇది చేదు స్వాగతం.

రోగ్గెలీన్ 134 మంది సిబ్బంది మూడు ఓడలలో రెండు తెరచాపలతో బయలుదేరారు. ఈస్టర్ ద్వీపవాసులు ఆనందాన్ని ప్రతిసంకేతంలోనూ వ్యక్తం చేస్తున్నా, డచ్‌వారు మాత్రం యుద్ధానికి సన్నద్ధమైనట్లుగా వరుసలలో నిలబడి ఎలాంటి హెచ్చరిక చేయకుండా నాలుగైదు సార్లు తుపాకులు పేల్చారు. "ఇప్పుడు కాల్చడం ప్రారంభించండి" అని ఎవరో అరవగానే మరో 30 సార్లు కాల్చారు. ద్వీపవాసులు ద్వీపంలోకి పారిపోయారు. పదిమంది బీచ్‌లో చచ్చిపడి ఉన్నారు. వారిలో వాస్తవంగా స్వాగతం అని అరిచిన వ్యక్తికూడా ఉన్నాడు.

ఇది పొరబాటున జరిగిందని కాల్పులు జరిపిన వారు చెప్పినప్పటికీ రోగ్గెలీన్‌వారిపై చాలా కోపంగా ఉన్నాడు కానీ, తన జర్నల్‌లో ఎక్కడా వారికి శిక్ష విధించడం గురించి ప్రస్తావించలేదు. సాయంత్రం అవగానే రోగ్గెలీన్ వారిని అక్కడి నుండి వెళ్లిపొమ్మన్నాడు. అతనికి దక్షిణాది భూమిని కనుగొనాలన్న మిషన్‌ను తిరిగి ప్రారంభించాలన్న ఆసక్తితో ఉన్నాడు. అంతకు ముందు 48 సంవత్సరాల ముందు ఈస్టర్ ద్వీపానికి మరొక ఓడల గుంపు వచ్చింది. కెప్టెన్ డాన్ ఫెలిపే గొంజాలేజ్ నేతృత్వంలోని ఈ యాత్ర జరిపారు. గోంజాలేజ్ మూడు చెక్క శిలువలను నాటాడు, స్పానిష్ జెండాను ఎగురవేసి ఈ ద్వీపం వర్జిన్ మేరీ దని ప్రకటించాడు. ఈస్టర్ ద్వీపవాసులు దీనిని పెద్దగా పట్టించుకోనట్లు తెలుస్తోంది.

"అక్కడ కనీసం శత్రుత్వం సంకేతాలు లేవు", అని ద్వీపాన్ని జయించిన వారు గ్రహించారు. స్పెయిన్ దేశస్థులు ద్వీపవాసులకు విల్లు బాణం బహుమతిగా ఇచ్చినప్పుడు శాంతికాముకులైన ద్వీపవాసులు ఆ బహుమతిని ఏమి చేసుకోవాలో తెలియక అయోమయంలో పడ్డారు. చివరికి వారు వాటిని నెక్లెస్‌లాగా ధరించాలని నిర్ణయించుకున్నారు. నాలుగేళ్ల తర్వాత 1774లో ఇంగ్లీషు యాత్రికులు జేమ్స్ కుక్ నాయకత్వంలో ఈస్టర్ ద్వీపానికి వచ్చారు.

ఈ కెప్టెన్ కుక్ మూడుసార్లు పసిఫిక్ మహాసముద్రంలో యాత్రలు చేసి దక్షిణాది భూమి అంతా అపోహ మాత్రమే అని తేల్చి చెప్పినవాడు. అతను చరిత్రలో గొప్ప యాత్రికుల ప్రముఖ ర్యాంకుల్లో స్థానం సంపాదించుకున్నాడు. రోగ్గెవీన్ పేరును చరిత్ర దీర్ఘ కాలం మరిచేపోయింది.

ఈస్టర్ ద్వీపం గురించి 'కుక్' పరిశీలనలపై చెడును ముందుగానే ఊహించి చెప్పేవారు ఎందుకంత నమ్మకం ఉంచారో కుక్ ఉన్నతమైన స్థాయిని బట్టే తెలుస్తుంది.

ఇది ద్వీపాన్ని సందర్శించిన కళాకారుడు గ్యాస్‌పార్డ్ దచెడివాన్సీ గీసిన చిత్రలేఖనం అతను 1786 ఏప్రిల్ 9న ఈస్టర్ ద్వీపం సందర్శించాడు. ఈ చిత్రం ఈస్టర్ ద్వీపవాసులకన్నా ఫ్రెంచ్ దేశస్థుడు, అతని వలస వాద దృక్పథం గురించి తెలియజేస్తుంది. ఈ చిత్రం బయటపడడం అనేది ఒక అద్భుతం. జీన్ ఫ్‌రాంకోయిస్ డిగాలప్, కామ్టేడిలా పెరోష్ నాయకత్వంలో జరిపిన దురదృష్టకరమైన యాత్రలోని సభ్యుడు 'డివాన్సీ' రష్యా ఈశాన్య ప్రాంతంలోని 'కమ్చట్కా' ద్వీపకల్పానికి 1787లో ఫ్రెంచ్ వారు వచ్చారు. అక్కడ సురక్షితంగా ఉండడం కోసం లాపెరోష్ తన యాత్ర (ఈ చిత్రంతో సహా) గురించి ముందస్తు నివేదికను ఇంటికి పంపాలని నిర్ణయించాడు. ఒక సంవత్సరం తర్వాత అతని ఓడ ధ్వంసం అయింది. 'లా పెరోష్', యాత్ర చిత్రకారుడు 'డివాన్సీ' మిగతా సిబ్బంది ఏమైనారన్నది మిస్టరీగా మిగిలిపోయింది. పండితులు ఇప్పటికీ ఈ మిస్టరీని ఛేదించడానికి ప్రయత్నాలు చేస్తూనే ఉన్నారు. సోర్స్: హల్టన్ ఆర్కైల్

పడగొట్టబడిన మోయిపై మొదటి నివేదిక ఇచ్చింది 'కుక్' బహుశా అన్నిటికన్నా ముఖ్యంగా ఈస్టర్ ద్వీప వాసులని చిన్నగా, సన్నగా, దుర్భలమైన, దయనీయ స్థితిలో ఉన్నట్లు వర్ణించడం కూడా కావచ్చు. లేదా అతను ఎప్పుడూ అనే మాటలు రాసి ఉండవచ్చు. ఇది అసాధారణం, టోరంటో పరిశోధకుడు కుక్ లాగ్ బుక్‌ని చదివినప్పుడు ఈ అస్పష్టమైన వివరణ ఎక్కడా కనబడలేదు. దీనికి బదులుగా ద్వీపవాసులు చురుకుగా, చలాకీగా, మంచిలక్షణాలు కలిగి

ముఖాలు కూడా చూడలేనంత హీనంగా లేవు. పైగా స్నేహపూర్వకంగా, అపరిచుతలకు ఆతిథ్యమిచ్చేలా ఉన్నారు అని కుక్ నివేదికలో పేర్కొన్నారు.

కాబట్టి కుక్ ఆ భయంకరమైన తీర్పు ఎక్కడ ఇచ్చాడు? ఈస్టర్ ద్వీపం పతనం కథనంతో చాలా చక్కగా సరిపోయే ఈ కోట్‌ని మనం ఎక్కడ కనుగొనవచ్చు? దానిని శాస్త్రీయ పత్రిక 'నేచర్' పేజీలలో కూడా పొందపరిచాం. జారెడ్ డైమండ్, పాల్‌జాన్, జాన్‌ఫ్లెన్లీ (ఈస్టర్ ద్వీపం, భూమి ద్వీపం రచయితలు) దీనికి ఆధారాలుగా పేర్కొన్నారు. కానీ వారు ఏమీ చెప్పలేదు. ఈ నిగూఢమైన కోట్ జాడను నేనే స్వయంగా కనుక్కోవాలని నిర్ణయించాను. చాలా రోజుల తర్వాత లైబ్రరీలో 1961లో అకడమిక్ రీడర్‌షిప్ కోసం రాసిన పుస్తకంలో నేను కనుక్కున్నాను. సబ్జెక్ట్ ఈస్టర్ ద్వీపానికి యాత్ర జరిపిన నార్వే దేశస్థులు రచయిత? థోర్ హేర్‌డాల్.

ఇదినిజం: కుక్ ఉల్లేఖనానికి మూలం నార్వేకి చెందిన సాహసికుడు, కుందేలు మెదడు ఆలోచనల చాంపియన్ తప్ప మరెవరో కాదు. ఇదే వ్యక్తి ప్రసిద్ధ బెస్ట్ సెల్లర్. ఇతను ప్రచురించిన పుస్తకంలో చిన్న చెవుల పాలినేషియన్ నరమాంస భక్షకుల ద్వారా ఈ ద్వీపం పతనం అయ్యే ముందు ద్వీపంలో పొడుగు చెవుల ఇంకాస్ నివసిస్తుండేవారని అద్భుతంగా ఊహించి రాశాడు. ఇదే థోర్ హేర్‌డాల్, "హాని చేయని, స్నేహపూర్వక ద్వీప వాసులుగా కుక్ పేర్కొన్న దాన్ని, "ఆదిమనరమాంస భక్షకులు"గా పేర్కొన్నాడు. పుకార్లు ఈ విధంగా పుట్టాయి. ఈ లోగా మరో మిస్టరీని ఛేదించాల్సి ఉంది. ఈస్టర్ ద్వీప వాసులు వారి స్మారక విగ్రహాలను ఎందుకు నాశనం చేశారు?

దీనికి సమాధానం కావాలంటే మనం జాకోబ్ రోగ్గెలీన్ పత్రికలోకి వెళ్లాల్సిందే. రోగ్గెలీన్ ఇక్కడికి వచ్చేవరకు ఈ ద్వీపవాసులు వందలాది ఏళ్లుగా తమ ప్రపంచంలో తాము జీవించారు. 'మోయి'లు బయటివైపు, సముద్రం వైపు కాకుండా లోపలివైపు, ద్వీపం వైపుకి చూస్తున్నట్లుగా ఉన్నంత మాత్రాన ఎలాంటి ప్రమాదములేదు.

ఆ తర్వాత, ఆ సమయంలో అక్కడ మూడు భారీ ఓడలు కనిపించాయి. అద్భుతమైన ఓడలు, భయంకరమైన ఆయుధాలతో వచ్చిన డచ్ దేశస్థులను చూసి ద్వీపవాసులు ఏమనుకుని ఉంటారు? వారు ప్రవక్తలా? లేక దేవుళ్లా? వారి రాక, బీచ్‌లో జరిగిన మారణకాండ వారిని తీవ్ర షాక్‌కి గురిచేసి ఉంటుంది. "వారి పిల్లలు, మనవళ్లు ఆ సమయంలో ఉన్నవారు దీనిని రాబోయే తరాలకు కథలుగా చేరవేసే ఉంటారు." అని డచ్ నావికులలో ఒకరు ఊహించారు. ఆ తర్వాత ఎంతో ఆడంబరంగా, ఆర్భాటంగా స్పెయిన్ దేశస్థులు ఆ ద్వీపానికి వచ్చారు. వారు డ్రమ్స్ వాయిస్తూ జెండా ఊపుతూ పూర్తిగా ఉత్సవ ఊరేగింపుగా వస్తూ మూడు సార్లు ఫిరంగిని పేల్చి ఊరేగింపు ముగించారు.

ఈ సంఘటనలు ద్వీప వాసులపై ఎలాంటి ప్రభావం చూపాయి. వారు ఈ ప్రపంచాన్ని ఏ దృష్టితో చూశారనేది ఊహించడం సాగతీతకావచ్చు. ద్వీపవాసులు మోయిల ముందు మోకరిల్లినట్లు ఒక పక్క రోగ్గెలిన్ వివరించగా, ప్రస్తుతం ఉన్న ద్వీపవాసులు ఆ విగ్రహాలను ఇక ఎంతో కాలం విగ్రహాలుగా చూడలేరనీ, విగ్రహాల కింద పునాదులు శిథిలమైపోతున్నా ద్వీపవాసులు కనీసం వాటిని మరమ్మతులు కూడా చేసుకోవడం లేదనీ, డచ్‌వారి కాలంలో

ఉన్నట్లుగా ఆ విగ్రహాలు ఇప్పుడు లేవని, కుక్ పేర్కొన్నాడు. రష్యన్ నావికుల కథనం ప్రకారం 1804లో కేవలం కొన్ని మోయి విగ్రహాలు మాత్రమే సరిగా నిలబడి ఉన్నాయి. మిగతావి బహుశా పడిపోయి ఉండవచ్చు. లేదా కావాలనే ఎవరైనా పడగొట్టి ఉండవచ్చు లేదా ఈ రెండూ జరిగి ఉండవచ్చు." ఏమైనప్పటికీ, మోయిల చుట్టూ ఉన్న సంప్రదాయాలు మరుగున పడిపోయాయి. ఎందుకు అనేది మనకు కచ్చితగా తెలియదు''. రెండు పరికల్పనలు మన ముందుకు తెచ్చారు. ఇందులో ఒకటి లేదా రెండూ వాస్తవం అయి ఉండవచ్చు. ఒకటి ఏమిటంటే ద్వీపవాసులు కొత్త కాలక్షేపాన్ని కనుగొన్నారు. అడవులు అంతరించిన తర్వాత భారీ విగ్రహాలను కదిలించడం వారికి చాలా కష్టమైంది, కాబట్టి ప్రజలు తమ జీవనాన్ని కొనసాగించడానికి కొత్త మార్గాలను కనుగొన్నారు.

రెండవ పరికల్పనలో పండితులు పేర్కొనే సరుకు సంస్కృతిని చేర్చారు. అంటే పాశ్చాత్యులు, వారి విషయాలపై మోజు ఈస్టర్ ద్వీపవాసులు కొన్ని కారణాల వల్ల టోపీలపై మోహం పెంచుకున్నారు. ఫ్రెంచ్ యాత్రికుల బృందం ఈ ద్వీపానికి వచ్చినప్పుడు ఒక్క రోజులోనే తమ టోపీలన్నిటినీ పోగొట్టుకున్నారు. వారి రాక ద్వీపవాసులలో అత్యంత ఉల్లాసాన్ని కలిగించింది. దాదాపు ఈ సమయంలోనే ద్వీపవాసులు యూరోపియన్ ఓడ ఆకారంలో ఒక ఇంటిని నిర్మించారు, బోట్ల లాగా రాళ్ల గుట్టలను నిర్మించారు. యూరోపియన్ నావికులను అనుకరిస్తూ వారి ఆచారాలను పాటించడంలో నిమగ్నమైనారు. విదేశీయులు తమ వింతగా ఉండే, స్వాగతం పలికే బహుమతులతో తిరిగి వస్తారనే ఆశతో ప్రయత్నం చేసి ఉంటారని పండితులు భావించారు. వారు తిరిగివచ్చారు. అయితే వారు వ్యాపారం కోసం సరుకులను తీసుకురాలేదు. ఈ సారి ద్వీపవాసులు తామే అమ్మబడే సరుకులుగా మారిపోయారు.

5

మొట్టమొదటి బానిస ఓడ ద్వీపానికి 1862లో ఒక చీకటిరోజున వచ్చింది. పెరూవియన్ బానిసలకు ఈస్టర్ ద్వీపం ఒక సరైన ఎర. ఇది వెలివేసినట్లుగా ఉండే ద్వీపం. ఆరోగ్యంగా ఆనందంగా ఉండే ప్రజలు. ఏ ప్రపంచశక్తీ వీరిని తమ వారుగా చెప్పలేదు. ఒక చరిత్రకారుడు ఈ విషయాన్ని క్లుప్తంగా ఎవరికీ వీరిని గురించి తెలుసుకునే ఆసక్తిలేదు లేదా అక్కడి ప్రజలకు ఏం జరిగింది. వారిని అక్కడి నుంచి తీసుకెళ్లినా పెద్దగా జరిగే నష్టం ఏమీ లేదు. వారిపట్ల ఎవరికీ కించిత్తు శ్రద్ధలేదు అని అన్నారు.

చివరికి 16 ఓడలలోకి మొత్తం 1407 మందిని ఎక్కించారు. ఇది ద్వీప జనాభాలో మూడవ వంతు. కొంతమందిని తప్పుడు వాగ్దానాలతో, కొంతమందిని బలవంతంగా ఓడల్లోకి ఎక్కించారు. అటా (వంద సంవత్సరాల తర్వాత వెలుగులోకి వచ్చిన లార్డ్ ఆఫ్ ఫ్లైస్ కి వాస్తవరూపం ఈ ద్వీపం) ద్వీప వాసుల్ని కిడ్నాప్ చేసిన బానిస వ్యాపారులే ఈ నేరస్థులు. ఒకానొకప్పుడు పెరూలో బానిలుగా ఉన్న ద్వీప వాసుల్ని ఈగల్లాగా వదలడం ప్రారంభించారు. చనిపోయే వారు గనులలో పని చేయనివారు అంటు వ్యాధులకు గురైన

వారు పెరూవియన్ ప్రభుత్వం 1863లో అంతర్జాతీయ ఒత్తిడికి తలవొగ్గి బతికి ఉన్నవారిని తిరిగి వారి స్వస్థలానికి పంపడానికి అంగీకరించింది. వారిని వెనక్కి పంపేందుకు ఏర్పాట్లు జరుగుతుండగా, ద్వీపవాసులు పెరూవియన్ పోర్ట్ సిటీ కల్లావ్‌లో సమావేశమైనారు. వారికి తినడానికి కొద్దిగా ఆహారం ఇచ్చారు. మరీ దారుణమైన విషయం ఏమిటంటే, అమెరికన్ ఓడలోని సిబ్బందిలో ఒకరికి మశూచి సోకింది. అతడ్ని ఓడలో పడుకోబెట్టారు. వైరస్ వ్యాపించింది. ఈస్టర్ ద్వీపానికి సుదీర్ఘ ఓడ ప్రయాణం కొనసాగింది. ప్రతిరోజు కొన్ని శవాలను సముద్రంలోకి పడేయసాగారు. ద్వీపం చేరేటప్పటికి 470 మందిలో కేవలం 15 మంది మాత్రమే మిగిలారు.

ఈ బానిసలు స్వేచ్ఛపొందారు. ఈ 15 మంది కూడా చనిపోయి ఉంటే బాగుండేది. వారు తిరిగి రావడం వల్ల ద్వీపంలో మిగిలిన జనాభాకు కూడా వైరస్ వ్యాపించింది. వారి రాక మరణాలకు, విధ్వంసానికి దారి తీసింది. ఈస్టర్ ద్వీప వాసులు విధికి సమాధికట్టబడింది. ద్వీపంలో బస చేసిన యూరోపియన్లు ఇప్పుడు ద్వీపవాసులు పరస్పరం దాడి చేసుకోవడానికి ప్రత్యక్షసాక్షులైనారు. ఫ్రెంచ్ సముద్రపు కెప్టెన్, దీనిని గురించి రాస్తూ, ఎముకలు, పుర్రెలు కుప్పలు తెప్పలుగా పడి ఉన్నాయనీ, వ్యాధి గ్రస్తులు నిరాశకు గురయ్యారనీ, డజన్లకొద్దీ ఈ వ్యాధిగ్రస్తులు తమను తాము మృత్యువు వైపుకు పడేసుకున్నారని పేర్కొన్నారు. చివరికి 1857లో అంటువ్యాధి తగ్గుముఖం పట్టింది. అప్పటికి కేవలం 110 మంది నివాసితులు మిగిలారు. 800 సంవత్సరాల క్రితం ఒడ్డుకు మొట్టమొదటి సారిగా తెడ్డువేసిన వారి సంఖ్యతో ఇది సమానం. సంప్రదాయాలు పోయాయి. ఆచారాలు మరిచేపోయారు. సంస్కృతి క్షీణించింది. బానిసలు, వారి వ్యాధులు. చివరకు స్థానిక జనాభా వీరందరూ ఎలుకలు సాధించలేని వాటిని సాధించారు. ఈస్టర్ ద్వీపాన్ని సర్వనాశనం చేశారు. కాబట్టి, అసలు కథలో ఏం మిగిలిఉంది? ఇది స్వీయ కేంద్రీకృత ద్వీపవాసుల కథ. వారి స్వంత నాగరికతను తుంగలో తొక్కారా?

అదేం కాదు, యుద్ధం లేదు, కరువు లేదు. ఇతర వ్యక్తులను చంపి తినడం కాదు. అడవుల నిర్మూలన ద్వీపాన్ని ఆతిథ్యరహితంగా మార్చకపోగా ఉత్పాదకత్వాన్ని పెంచింది. 1680లో లేదా దాని దరిదాపుల్లో సామూహిక వధ జరగలేదు. 1860లో దాని దరిదాపు శతాబ్దాల తరువాత నిజమైన క్షీణత ప్రారంభం కాలేదు. ద్వీపానికి వచ్చిన విదేశీ సందర్శకులు క్షీణించిపోతున్న నాగరికతను కనుగొనలేదు. కానీ వారు క్షీణత దిశగా నెట్టారు. ద్వీపంలోని చెట్లను, జంతువులను తుడిచిపెట్టిన ఎలుకలు ప్లేగును అనుకోకుండా ప్రవేశపెట్టడం లాంటివి తప్ప ద్వీపవాసులు తమంతట తాముగా కొంత నష్టం కలిగించలేదని చెప్పడం లేదు. కానీ ఆ తర్వాత ప్రారంభమైన జీవితంలో వారు చూపిన ఎదిరించే శక్తి, స్వీకరించే సామర్థ్యం ఎంతో విశిష్టమైనవి. ప్రపంచం వారిని ప్రశంసించిన దానికంటే కూడా వారు ఎంతో తెలివైన వారయ్యారు. అంటే ఈస్టర్ ద్వీపం ఇప్పటికీ మన భవిష్యత్‌కు తగిన రూపకంగా ఉందా? ప్రొఫెసర్ "బోర్సెమా"తో నా సంభాషణ జరిగిన కొన్ని రోజుల తర్వాత వాతావరణ మార్పు ఈస్టర్ ద్వీపం విగ్రహాలను ప్రమాదంలో పడేస్తుంది. అని ప్రకటించిన వార్తా పత్రిక శీర్షికను నేను చూశాను. పెరుగుతున్న సముద్రమట్టాలు, తీర ప్రాంత కోత ప్రభావాలను శాస్త్రవేత్తలు విశ్లేషించారు. ఇది వారు ఊహించిన దృశ్యం.

వాతావరణ మార్పుల విషయంలో నాకు సందేహంలేదు. ఇది మనకాలంలోని గొప్ప సవాలు, అదీగాక ఆ సమయం అయిపోతోంది కాబట్టి నా మనసులో ఎటువంటి సందేహంలేదు. అయితే నా సంశయం అంతా పతనం గురించిన ప్రాణాంతకమైన మాటల చతురత. మనుష్యలమైన మనం స్వతహాగా స్వార్థపరులం లేదా మరీ అధ్వాన్నంగా ఈ భూమిపై ప్లేగువంటి వారమనే భావన నెలకొంది. ఈ భావన నిజం అవుతుందేమోనని నేను సందేహంలో ఉన్నాను. దీని నుంచి బయటపడేమార్గం లేదని చెప్పినప్పుడు నాకు సందేహం కలుగుతోంది.

పర్యావరణ కార్యకర్తలు అనేకులు మానవ జాతి ఎదుర్కొనే శక్తిని తక్కువగా అంచనా వేస్తున్నారు. నా భయం ఏమిటంటే, వారి విరక్తి స్వయం పూర్తిగా నింపుకునే ప్రవచనంగా మారవచ్చు. అది మనల్ని నిరాశకు గురిచేస్తుంది. అయితే ఉష్ణోగ్రతలు నిరంతరం పెరుగుతాయి. వాతావరణ ఉద్యమం కూడా కొత్త వాస్తవికతను ఉపయోగించగలదు.

సమస్యలు మాత్రమే కాకుండా పరిష్కారాలు కూడా విపరీతంగా పెరుగుతాయని గుర్తించడంలో వైఫల్యం ఉంది అని ప్రొఫెసర్ "బోయర్సేమా" నాకు చెప్పారు.

వారికి ఎలాంటి హామీలేదు, కానీ వారు చేయగలరు.

దీనికి రుజువు కావాలంటే మనం ఈస్టర్ ద్వీపాన్ని మాత్రమే చూడాలి. చివరి చెట్టు కూడా పోగానే ద్వీపవాసులు తిరిగి వ్యవసాయాన్ని ఆవిష్కరించుకున్నారు. దిగుబడిని పెంచడానికి కొత్త పద్ధతులను కనుగొన్నారు. ఈస్టర్ ద్వీపం నిజమైన కథ తెలివైన, కష్టాలను ఎదుర్కొనే శక్తిగల వ్యక్తుల కథ, సుదీర్ఘంగా కష్టాలను ఎదుర్కొన్నా నిలకడగా ఉంది. ఇది పొంచి ఉన్న దురదృష్టమైన కథకాదు. మంచి ఆశలు చిగురింపచేసేకథ.

రెండోభాగం

ఆష్విట్జ్ తర్వాత

"నా ఆదర్శాలన్నింటినీ నేను వదిలిపెట్టకపోవడం ఆశ్చర్యకరం, అవి చాలా అసంబద్ధంగా, ఆచరణాత్మకంగా కనిపించవు. ఇంకా నేను వారితో అంటిపెట్టుకుని ఉన్నాను. ఎందుకంటే, ప్రజలు నిజంగా, హృదయ పూర్వకంగా మంచివారని నేను ఇప్పటికీ నమ్ముతున్నాను.

— అన్నెఫ్రాంక్(1929-45)

మనుష్యులు స్వభావ రీత్యా దయతో హృదయ పూర్వకంగా నిజంగా వ్యవహరించే వారే అయితే అనివార్యంగా ఒక ప్రశ్నను పరిష్కరించాల్సిన సమయం వచ్చింది. నా పుస్తకం పట్ల జర్మన్ పబ్లిషర్లు అనేక మంది తక్కువ ఉత్సాహం చూపడానికి కారణం ఏమిటన్నది ప్రశ్న. నేను రాస్తున్నంత సేపు ఈ ప్రశ్న నన్ను ఎందుకు వేధిస్తూనే ఉందనేది ప్రశ్న. మీరు ఆ ష్విట్‌జ్‌ను ఎలా వివరిస్తారు? మీరు దాడులు, మారణహోమాలు, మానవసంహారాలు, నిర్బంధ శిబిరాలను ఎలా వివరిస్తారు? దీనిని అమలు చేయడానికి ఇష్టపడి హిట్లర్ లేదా స్టాలిన్, లేదా మావో లేదా పోల్‌పాట్‌తో కలిసి సంతకాలు చేసిందెవరు?

ఆరు మిలియన్ల పైగా యూదులను ఒక పద్ధతి ప్రకారం హత్య చేసిన తర్వాత సైన్స్, సాహిత్యం మనుష్యులు అంతక్రూరంగా ఎలా ఉండగలరనే ప్రశ్నలో నిమగ్నమైనాయి. మొత్తం మీద జర్మన్లను ఒక విభిన్నమైన జంతువులుగా చూడాలనే ఉత్సాహం కలిగినప్పటికీ, అన్నింటినీ పరిష్కరించడానికి వారి వక్రీకృత ఆత్మలు, అనారోగ్య మనస్సులు, అనాగరిక సంస్కృతి చూస్తుంటే ఎలాంటి పరిస్థితిలోను వారు స్పష్టంగా మనలాంటివారు కాదని అర్థమవుతుంది. కానీ ఒక సమస్య ఉంది: మానవ చరిత్రలో అత్యంత హేయమైన నేరం కొన్ని ఆదిమజాతులలో జరగలేదు, ప్రపంచంలోనే ధనిక దేశాలలో, అత్యంత అభివృద్ధి చెందిన దేశాలలో ఒకటైన దేశంలో జరిగింది. కాంట్, గోథే, బితోవెన్, బాచ్ పుట్టిన గడ్డపై జరిగింది.

పౌర సమాజం ఏమాత్రం రక్షణ కవచంగా పనిచేయదు కాబోలు. రూసో సరిగ్గానే చెప్పాడు. నాగరికత అనేది ఓ మాయదారి తెగులు. ఈ సమయంలో ఒక కొత్త శాస్త్రీయ క్రమ శిక్షణ ప్రాముఖ్యతను సంతరించుకుంది. ఆధునిక మానవులు మౌలికంగా దోషపూరితమైన వారనే అయోమయానికి గురిచేసే రుజువులను చూపించడం ప్రారంభించింది. ఆ రంగం సామాజిక మనస్తత్వశాస్త్రం.

1950, 1960లలో సాధారణ స్త్రీ, పురుషులను రాక్షసులుగా మార్చేలా సామాజిక మనస్తత్వ శాస్త్రవేత్తలు వారిని రహస్యంగా గమనించడం, వేధించడం, రెచ్చగొట్టడం చేశారు. ఈ కొత్త శాస్త్రవేత్తల జాతి మనుష్యులు భయంకరమైన చర్యలకు పాల్పడడంలో సమర్థులని నిరూపించే ప్రయోగాలను ఒకదాని తర్వాత మరొకటి అన్వేషించడం ప్రారంభించారు. మన పరిస్థితిలో ఒక సర్దుబాటు అవసరం. ప్రతి ఒక్కరిలో నుంచి నాజీలు బయటకు వస్తారు.

బెస్ట్ సెల్లార్స్ జాబితాలో "లార్డ్ ఆఫ్ ది ఫ్లయిస్" అగ్రస్థానంలో ఉన్న సంవత్సరాలలో స్టాన్లీ మిల్‌గ్రాం అనే యువ పరిశోధకుడు సందేహాస్పద అధికారుల ఆదేశాలను సైతం ప్రజలు ఎంత విధేయతతో ఆచరిస్తారనేది ప్రదర్శించి చూపారు (8వ అధ్యాయం) న్యూయార్క్ పట్టణంలో జరిగిన ఒక యువతి హత్యకు సంబంధించి ఆధునిక యుగంలో ఉదాసీనతపై వందలాది అధ్యయనాలు చేశారు (9వ అధ్యాయం) ఆ తర్వాత మనస్తత్వ శాస్త్రవేత్తలు

ముజఫర్ షరీఫ్, ఫిలిప్ జింబార్డోలు దీనిపై ప్రయోగాలు చేశారు. చిన్నప్పుడు మంచివారుగా ఉన్నవారు కూడా పరువు నిరంకుశులుగా క్షణాలమీద ఎలా మారుతారనేది స్పష్టంగా రుజువుచేసి చూపించారు.

నన్ను ఆకర్షించిన విషయం ఏమిటంటే ఈ అధ్యయనాలన్నీ అదే సమయంలో సాపేక్షంగా తక్కువ వ్యవధిలో జరిగాయి. షాకింగ్ ప్రయోగాలతో ఒక్కసారిగా విజ్ఞాన శాస్త్రవేత్తలు అయిపోవాలనే ఆతృతలో హాట్‌షాట్ పరిశోధకులున్నారు. ఇది సామాజిక మనస్తత్వ శాస్త్రవేత్తల అత్యంత గడ్డు సంవత్సరాలు.

యాభై సంవత్సరాల తర్వాత ఈ హాట్‌షాట్‌లు చనిపోవడం లేదా వెళ్లిపోవడం లేదా ప్రముఖ ప్రొఫెసర్లు లాగా ప్రపంచ పర్యటన కోసమో వెళ్లారు. వారు చేసిన పని ప్రసిద్ధి చెందింది. కొత్త తరాల విద్యార్థులకు బోధించడం కొనసాగుతోంది. కానీ ఇప్పుడు వారి యుద్ధానంతర ప్రయోగాల ఆర్కైవ్‌లు కూడా తెరవబడ్డాయి. మొదటి సారిగా మనకి తెరవెనుక దృశ్యాలను పరిశీలించే అవకాశం లభించింది.

7

స్టాన్ ఫోర్డ్ విశ్వవిద్యాలయం బేస్ మెంట్ లో

1

స్టాన్‌ఫోర్డ్ విశ్వ విద్యాలయం నేలమాళిగలో వెస్ట్‌కోస్ట్‌లో 1971 ఆగస్టు 15వ తేదీ ఉదయం 10 గంటల ప్రాంతంలో 'పాలో ఆల్టో' పోలీసులు వచ్చి, నిద్రపోతున్న 9 మంది యువకులను బలవంతంగా వారి పక్కలపై నుంచి లాగారు. వారిలో ఐదుగురిపై దొంగతనం, నలుగురిపై సాయుధ దోపిడీకి పాల్పడ్డారన్న కేసులు నమోదు చేశారు. పోలీసులు వారిని వెతుకుతూ, చేతికి అరదండాలు వేసి బయట వున్న పోలీసులు కార్లలోకి ఎక్కించడానికి బలవంతంగా లాక్కుంటూ తీసుకెళ్లడాన్ని చుట్టుపక్కల వారందరూ ఆశ్చర్యంగా చూస్తున్నారు.

ఇది ప్రయోగంలో ఒక భాగమని చుట్టుపక్కల వారెవరు గ్రహించలేదు. ఈ ప్రయోగం అత్యంత అపఖ్యాతి పాలైన శాస్త్రీయ అధ్యయనాలలో ఒకటిగా చరిత్రలో నిలిచిపోతుంది. ఒక ప్రయోగం మొదటి పేజీ వార్తలలో చోటు చేసుకుంటుంది. మిలియన్ల కొద్ది కళాశాల విద్యార్థులకు పాఠ్యాంశంగా మారుతుంది.

అదేరోజు మధ్యాహ్నం ఈ ఆరోపణలకు గురైన నిందితులు వాస్తవానికి అమాయకులైన కళాశాల విద్యార్థులు–భవనం 420 రాతిమెట్ల మీదుగా విశ్వవిద్యాలయ మనస్తత్వ విభాగానికి (నేలమాళిగలో ఉన్న) వచ్చారు. అక్కడ "ది స్టాన్ ఫోర్డ్ కౌంటీ జైల్" అనే సైన్ బోర్డు వారికి స్వాగతం పలికింది. మెట్ల కింద మరో 9 మంది విద్యార్థుల బృందం వేచి ఉంది. వాళ్లందరు యూనిఫారంలో ఉన్నారు. వారు కళ్లకి అద్దాల సన్‌గ్లాసెస్ పెట్టుకుని ఉన్నారు. చేతులకు బేడీలు ఉన్న విద్యార్థుల లాగానే వీరు అదనపు డబ్బు సంపాదన కోసం వచ్చారు. కానీ ఈ విద్యార్థులు ఖైదీల్లా నటించరు. వాళ్ళు గార్డు పాత్ర పోషించడానికి తెచ్చారు.

ఖైదీలను దుస్తులు విప్పేసి, నగ్నంగా హాలులో వరుసగా నిలబడమని ఆదేశించారు. చీలమండలం చుట్టూ గొలుసులు కట్టారు. వారి వెంట్రుకల మీదుగా నైలాన్ టోపీలను లాగారు. ప్రతి ఒక్కరికి ఒక నెంబర్ ఇచ్చారు. ఇప్పటి నుండి వారిని ఆ నెంబర్‌తోనే పిలుస్తారు. చివరగా వారికి వదులుగా ఉండే డ్రస్సులు ఇచ్చి వేసుకోమని, కటకటాలలోకి పంపారు. ముగ్గుర్ని సెల్‌లోకి పంపారు. ఆ తర్వాత జరిగింది ప్రపంచాన్ని షాక్‌కి గురిచేసింది.

కొద్ది రోజుల్లోనే స్టాన్‌ఫోర్డ్ జైలు ప్రయోగం అదుపులో లేకుండా పోయింది. ఈ ప్రక్రియ మానవ స్వభావాన్ని గురించి కొన్ని భయంకరమైన సత్యాలను వెల్లడించింది.

ఇది సాధారణ ఆరోగ్యకరమైన యువకులతో ప్రారంభమైంది. వారిలో చాలా మంది అధ్యయనం కోసం చేసే కాగితాలపై సంతకం చేసే ముందు తమను తాము శాంతి కాముకులుగా పిలుచుకున్నారు. రెండవ రోజుకల్లా విషయాలు బయటపడడం ప్రారంభించాయి.

స్టాన్ ఫోర్డ్ విశ్వవిద్యాలయం నేల మాళిగ ఆగస్టు 1971, సోర్స్: ఫిలిప్ జి.జింబార్డో

ఖైదీల మధ్య తిరుగుబాటును గార్డుల అగ్నిమాపక యంత్రాలతో ఎదుర్కొన్నారు. ఆ తర్వాత రోజుల్లో గార్డులు తమ అధీనంలో ఉన్నవారిని విడగొట్టడానికి అన్ని రకాల వ్యూహాలను రూపొందించారు. మానవ మల దుర్గంధంతో ఖైదీలు నిద్రలేమితో, అనారోగ్యాల బారినపడి ఒక్కొరొక్కరిగా మరణించారు. అయితే గార్డులు తమ శక్తియుక్తులను ప్రశంసించుకున్నారు.

ఒక ఖైదీ (8612 నెంబర్) రెచ్చిపోయాడు. తన బంధించి ఉంచిన సెల్ తలుపుని తన్నుతూ అరిచాడు: యేసుక్రీస్తు, నేను మండిపోతున్నామని చెప్పడం నా ఉద్దేశ్యం అని నీకు తెలియదా? నేను బయటికి రావాలనుకుంటున్నాను. ఇక్కడ బాగా ఇరుకుగా ఉంది. నేను మరో రాత్రి ఇక్కడ నిలబడలేను. ఇక నేను భరించలేను! అధ్యయనం చేసే ప్రధాన పరిశోధకుడు. మనస్తత్వ వేత్త ఫిలిప్ జింబార్డో కూడా ఈ నాటకంలో కొట్టుకుపోయాడు. అతను జైలు సూపరింటెండెంట్‌గా నటించాడు. ఏది ఏమైనా సరే నాటకాన్ని నడిపించాలని నిశ్చయించుకున్నాడు. ప్రయోగంలో ఈ పోస్ట్‌గ్రాడ్యుయేట్ భయపడినప్పటికీ ఆరు రోజుల వరకు పీడకలకి ముగింపు పలకలేదు. అతడి స్నేహితురాలు అతను ఏంచేస్తున్నాడని అడిగింది.

అప్పటికి ఐదుగురు ఖైదీలు విపరీతమైన భావద్వేగనిరాశ, ఏడుపు, ఆవేశం, తీవ్రమైన ఆందోళన వంటి భావాలను ప్రదర్శించారు.

ప్రయోగం తర్వాత జింబార్డో అతని బృందం బాధాకరమైన ప్రశ్నను ఎదుర్కోవాల్సి వచ్చింది ఏం జరిగింది? నేడు మీరు ఏదైనా పరిచయ మనస్తత్వ శాస్త్రంలో దీనికి సమాధానం కనుగొనవచ్చు. హాలీవుడ్ బ్లాక్ బస్టర్స్‌లో నెట్‌ఫ్లిక్స్ డాక్యుమెంటరీలలో మాల్కం గ్లాడ్ వెల్ "ది టిప్పింగ్ పాయింట్" వంటి మెగా బెస్ట్ సెల్లర్స్‌లో కనుగొనవచ్చు. లేదా ఆఫీస్ వాటర్ కూలర్‌ని పట్టుకుని ఊగుతే అక్కడ ఎవరో ఒకరు మిమ్మల్ని నింపవచ్చు. సమాధానం ఇలా ఉండవచ్చు. 1971 ఆగస్టు 15న సాధారణ విద్యార్థుల గుంపు రాక్షసులుగా మారింది. వారు చెడ్డ వ్యక్తులు అయినందుకు కాదు. కానీ వారిని ఒక చెడ్డ పరిస్థితిలో పెట్టినందుకు అలామారారు. మంచి పాఠశాలలు, సంతోషకరమైన కుటుంబాలు, మంచి పొరుగువారు, ఉన్నచోటి నుండి సాధారణమైన వ్యక్తులను తీసుకోండి, వారి ప్రవర్తనను అవి శక్తివంతంగా ప్రభావితం చేస్తాయనీ, కేవలం వారి పరిస్థితికి సంబంధించిన వివరాలు తక్షణం వారిని మార్చివేస్తాయని గ్లాడ్ వెల్ చెప్పారు. తన ప్రయోగం అంతగా చేజారిపోతుందని ఎవరూ అనుమానించలేదని ఫిలిప్ జింబారో తరువాత ప్రమాణం చేశాడు. మన మందరం అత్యంత హేయమైన చర్యలు చేయడంలో సమర్థులమని ఆయన తరువాత నిర్ధారించాల్సి వచ్చింది.

స్టాన్ ఫోర్డ్ యూనివర్సిటీలో ఏం జరిగిందనేది అర్థం చేసుకోవాలి. గార్డ్ యూనిఫాంలో ఉండడం వల్ల జరిగే సహజపరిణామంగా అయిన దీనిని పేర్కొన్నాడు.

2

పదిహేడేళ్ల క్రితం మరో ప్రయోగం నిర్వహించారనీ. అది కూడా దాదాపు ఇదే నిర్ణయానికి వచ్చినట్లు చాలా కొద్ది మందికి తెలుసు. దొంగల గుహ ప్రయోగం కొన్ని దశాబ్దాల పాటు సామాజిక మనస్తత్వ వేత్తలకు స్ఫూర్తిగా నిలిచింది. అయితే దీనిని విద్యారంగం వెలుపలివారు పెద్దగా పట్టించుకోలేదు, మరిచేపోయారు. స్టాన్‌ఫోర్డ్ అధ్యయనంలో విద్యార్థులు స్వచ్ఛందసేవకులైనారు. ఈ సారి ఈ ప్రయోగంలో అమాయక పిల్లలు. దాదాపు 11 సంవత్సరాల వయస్సుగల పన్నెండు మంది 1954 జూన్ 19న ఓక్లహోమా నగరంలోని బస్టాప్ దగ్గర వేచి ఉన్నారు. వాళ్లెవరూ కూడా ఒకరికొకరు తెలియదు. కానీ వారందరూ కూడా ఉన్నతమైన చర్చిలకు వెళ్లే కుటుంబాలకు చెందినవారు. వారి ఐక్యూలు, పాఠశాలలు వారి గ్రేడ్‌ల మాదిరిగానే సగటుగా ఉన్నాయి. వారు బెదిరింపులకు పాల్పడేవారు కాదు, ఎవరికీ ఇబ్బంది కలిగించేవారు కాదు. వారు బాగా సర్దుబాటు చేసుకునే సాధారణ పిల్లలు.

ఈ ప్రత్యేకమైన రోజున వారు చాలా ఉత్సాహంగా ఉన్న పిల్లలు. ఎందుకంటే ఆగ్నేయ ఓక్లహోమాలోని దొంగలగుహ రాష్ట్ర పార్కులో వేసవి శిబిరానికి వెళ్తున్నారు. ఆ శిబిరం

ఒకప్పుడు అక్రమ దిగ్గజాలైన బెల్లెస్టార్, జెస్సీ జేమ్స్ వంటి వారికి రహస్య స్థావరంగా ఉండేది. శిబిరం దాదాపు రెండు వందల ఎకరాల అడవిలో సరస్సులు, గుహలతో ఉంటుంది. ఈ పిల్లలకు ఈ స్వర్గాన్ని మరు రోజు ఇక్కడికి వచ్చే సమూహంతో పంచుకోవాల్సి ఉంటుందనే విషయం తెలియదు.

అంతేకాదు ఇది శాస్త్రీయ ప్రయోగం అనే విషయం కూడా వారికి తెలియదు. శిబిరానికి వస్తున్నది గినియా పందులు. టర్కిష్ మనస్తత్వ వేత్త ముజాఫర్ షెరీఫ్ ఈ అధ్యయనం నిర్వహిస్తున్నారు. రెండు సమూహాల మధ్య ఘర్షణలు ఎలా తలెత్తుతాయన్న విషయంలో ఆయన చాలా కాలంగా ఆసక్తిగా ఉన్నారు.

శిబిర నిర్వహణకు ఆయన ముమ్మరంగా ఏర్పాట్లు చేశారు. అధ్యయన బృందానికి చాలా స్పష్టంగా ఆదేశాలిచ్చారు: ఆ పిల్లలు స్వేచ్ఛగా ఉండాలి. తాము అనుకున్నది చేసేలా ఉండాలి. వారికి ఎలాంటి అడ్డంకులు ఉండకూడదు. అధ్యయనం మొదటి దశలో సమూహంలోని పిల్లలకు ఎవరికీ ఇతరులు ఉనికి గురించి తెలియదు. వారందరూ వేర్వేరు భవనాల్లో ఉంటారు. తాము పార్కులో ఒంటరిగా ఉన్నామనుకుంటారు. ఆ తర్వాత, రెండవ వారంలో వారు చాలా జాగ్రత్తగా పరిచయం చేయబడతారు. ఏమి జరుగుతుంది? వారు స్నేహితులు అవుతారా లేక నరకం కొని తెచ్చుకుంటారా?

దొంగల గుహ ప్రయోగం (రాబర్స్ కేవ్ ఎక్స్‌పెరిమెంట్) అనేది మంచి ప్రవర్తన గల చిన్న బాలుర కథ– ది క్రైమ్ ఆఫ్ ది క్రాప్ అని షెరీఫ్ తర్వాత వర్ణించినట్లు వారు కొన్ని రోజుల వ్యవధిలో దుష్టులుగా, కలత చెందిన, దుర్మార్గపు యువగుంపుల స్థాయికి దిగజారారు. విలియం గోల్డింగ్ తన "లార్డ్ ఆఫ్ ది ఫ్లయిస్" ప్రచురించిన సంవత్సరంలోనే షెరీఫ్ శిబిరం నిర్వహించారు. కానీ స్వభావరీత్యా పిల్లలు చెడ్డవారని గోల్డింగ్ భావిస్తే, ప్రతిదీ సందర్భం మీద ఆధారపడి ఉంటుందని షెరీఫ్ నమ్మారు.

శిబిరం తగినంత ఆహ్లాదకరంగానే ప్రారంభమైంది. మొదటి వారంలో రెండు బృందాలకు ఒకరి ఉనికి గురించి మరొకరికి తెలియదు. ప్రతి శిబిరంలోని బాలురు సంపూర్ణ సమ్మతితో కలిసి పనిచేశారు. వారు తాడు వంతెనను, డైవింగ్ బోర్డును నిర్మించారు. వారు హాంబర్గర్‌లను గ్రిల్ చేశారు, ఔట్‌డోర్ గేమ్స్ కోసం టెంట్లు వేశారు. పరుగెత్తారు, ఆడుకున్నారు. చాలా త్వరగా స్నేహితులయ్యారు. మరుసటి వారం ప్రయోగం మలుపు తిరిగింది. రెండు గ్రూపులలో ఒక గ్రూపు రాట్లర్స్ అని మరో గ్రూపు ఈగిల్స్ అని పేరు పెట్టుకున్నారు. జాగ్రత్తగా పరస్పరం పరిచయాలు చేసుకున్నారు.

ఈగిల్స్ తమ బేస్‌బాల్ మైదానంలో ఆడుతూ ప్రత్యర్థి గ్రూపుకు చేస్తున్న సవాళ్లను రాట్లర్స్ విన్నారు. అది ఆ వారం విరోధాన్ని, పోటీని ప్రభావితం చేసాయి. ఇక అప్పటి నుండి విషయాలు వేగాన్ని పుంజుకున్నాయి. రెండో రోజున బలప్రదర్శనలో ఓడిపోయిన ఈగిల్స్ రాట్లర్స్ జెండాను తగులబెట్టారు. దీనికి ప్రతీకారంగా రాట్లర్స్ అర్థరాత్రి దాడి జరిపి కర్టెన్లను చించేసి, కామిక్ పుస్తకాలను ఎత్తుకెళ్లిపోయారు. ఈగిల్స్ ఈ లెక్క తేల్చాలని నిర్ణయించుకుని

వారి సాక్స్‌లలో రాళ్లను నింపి ఆయుధాలుగా ఉపయోగించడానికి సిద్ధమైనారు. సరైన సమయంలో శిబిరం స్టాఫ్ మేనేజర్ జోక్యం చేసుకున్నారు. వారం రోజుల టోర్నమెంట్స్ ముగిసేటప్పటికి ఈగిల్స్‌ని విజేతలుగా ప్రకటించారు. ఆకర్షణీయమైన మెరిసే పాకెట్ కత్తులను బహూకరించారు. రాట్లర్స్ మరోసారి దాడి జరిపి వారి బహుమతులను దోచుకెళ్లడం ద్వారా ఈగిల్స్‌పై ప్రతీకారం తీర్చుకున్నారు. కోపంతో ఉన్న ఈగిల్స్‌ని ఎదుర్కొన్నప్పుడు రాట్లర్స్ ఎగతాళిగా రండి ఎల్లో బెల్లీస్ అని ఆక్షేపిస్తూ అందులో ఒకడు కత్తిని ఝుళిపించాడు.

బాలురు డకౌట్ చేయడం ప్రారంభించినప్పుడు డాక్టర్ షరీఫ్ శిబిర సంరక్షకుడుగా ఒక వైపు కూర్చుని, బిజీగా రాసుకోసాగాడు. ఈ ప్రయోగం ఒక బంగారు గని కాబోతోందని అతను ఇప్పటికే చెప్పగల స్థితిలో ఉన్నాడు.

దొంగల గుహ ప్రయోగం కథ ఇటీవల అంటే ముఖ్యంగా డోనాల్డ్ ట్రంప్ అమెరికా అధ్యక్షుడిగా ఎన్నికైనప్పటి నుండి మళ్లీ ప్రాచుర్యంలోకి వచ్చింది. మన కాలాన్ని అర్థం చేసుకోవడానికి ఎంత మంది పండితులు ఈ అధ్యయనాన్ని వృత్తాంతంగా సూచించారో నేను మీకు చెప్పలేను.

సంప్రదాయవాద, ప్రగతిశీల, అలాగే మితవాద, వామపక్షవాదుల మధ్య సర్వ వ్యాప్త ఘర్షణలకు రాట్లర్స్, ఈగిల్స్ చిహ్నం కాదా? టెలివిజన్ నిర్మాతలు అధ్యయనం విస్తారణని చూసి లక్ష్యం సాధించారు. హాలాండ్‌లో వారు సముచితంగా దిస్ మీన్స్ వార్ పేరుతో కొద్దిపాటి రీమేక్‌తో ప్రయత్నించారు అయితే దీని భావన నిజంగా యుద్ధం అని తేలినప్పుడు షూటింగ్‌ను ముందుగానే ముగించాల్సి వచ్చింది. ముజఫర్ షెరిఫ్ అసలైన 1961 పరిశోధన నివేదికను ఛేదించడానికి ఇవి తగిన కారణాలు. దానిని చదివిన తర్వాత నేను మీకు భరోసా ఇవ్వగలను: పేజీలు తిప్పడంకాదు. మొదటి పేజీలలో ఒక దానిలో షెరిఫ్ ఇలా పేర్కొన్నారు, "బయటి గ్రూప్‌ల పట్ల ప్రతికూల వైఖరి పరిస్థితిని బట్టి ఉత్పన్నమవుతుంది" దీని అర్థం యుద్ధం. కానీ అన్ని అకడమిక్ నైరూప్యతలలో నేను కొన్ని ఆసక్తికరమైన వాస్తవాలను కనుగొన్నాను. ప్రారంభకుల కోసం అంటే పిల్లలు కాదు కానీ ప్రయోగకర్తలు ఒక వారం రోజుల పోటీలు నిర్వహించాలని నిర్ణయించుకున్నారు. ఈ ఐడియా పట్ల ఈగిల్స్ ఆసక్తి చూపలేదు. మనం ఆకుర్రాళ్లతో స్నేహం చేయవచ్చేమో అప్పుడు ఎవరికీ పిచ్చిపట్టదు, పగ కూడా ఉండకపోవచ్చు, అని ఒక బాలుడు సూచించాడు.

పరిశోధకుల ఒత్తిడి వల్ల ఆ గ్రూపులు తాము స్పష్టంగా గెలిచినా, ఓడిపోయినా బేస్‌బాల్, బల ప్రదర్శన వంటి గేములనే ఆడారు. కన్సోలేషన్ బహుమతులు లేవు. జట్లు పోటాపోటీగా తలపడేలా పరిశోధకులు స్కోర్‌లను మార్చారు.

ఈ కుతంత్రాలు కేవలం ప్రారంభం మాత్రమే అని తేలింది.

3

నేను 2017 వేసవిలో గీనా పేర్రీని దొంగల గుహ ప్రయోగంపై ఆమె రాసిన పుస్తకాన్ని ప్రచురించడానికి కొన్ని నెలల ముందు మెల్‌బోర్న్‌లో కలిసాను. పెర్రీ ఆస్ట్రేలియన్ మనస్తత్వ శాస్త్రవేత్త, షెరీఫ్ ప్రయోగానికి సంబంధించిన ఆర్కైవ్‌లను పరిశీలించిన మొదటి వ్యక్తి. ఆమె నోట్స్, రికార్డింగుల కలలను తవ్వినపుడు, గత యాభై సంవత్సరాలుగా పాఠ్యపుస్తకాలలో పునరావృతం అవుతున్న ప్రతిదానికి విరుద్ధంగా ఉన్న కథను ఆమె బయటపెట్టింది. ముందుగా, షెరీఫ్ తన వాస్తవిక సంఘర్షణ సిద్ధాంతాన్ని పరీక్షించుకోవడానికి ప్రయత్నించాడని పెర్రీ కనుగొంది. న్యూయార్క్ స్టేట్‌లోని చిన్న పట్టణం మిడిల్‌గ్రోవ్ శివార్లలో 1953లో షెరీఫ్ మరొక వేసవి శిబిరాన్ని నిర్వహించాడు.

అక్కడ కూడా షెరీఫ్ ఆ కుర్రాళ్ల మధ్య వైరం పెంచడానికి తన వంతు కృషి చేశాడు. దీనిని గురించి తర్వాత ఆయన చెప్పదలుచుకున్న కేవలం ఒక విషయం – దానిని ఫుట్‌నోట్‌లో పెట్టాడు వివిధ ఇబ్బందులు, ప్రతికూల పరిస్థితుల వల్ల ప్రయోగాన్ని నిలిపివేయాల్సి వచ్చింది.

ఆ నిలిపివేసిన వేసవి శిబిరంలో వాస్తవంగా ఏం జరిగిందనేది ఆర్కైవ్స్ నుండి తెలుసుకున్నానని పెర్రీ మెల్‌బోర్న్‌లో నాకు చెప్పింది. కుర్రాళ్లు వచ్చిన రెండు రోజుల తర్వాత పిల్లలందరూ స్నేహితులైనారు. వారు ఆటలు ఆడారు, అడవిలో పరుగెత్తారు, ధనుర్బాణాలతో ఆడుకున్నారు. పాడుకున్నారు. మూడవ రోజు ప్రయోగం చేసేవారు వారిని రెండు గ్రూపులుగా విభజించారు. పాంథర్స్, పైథాన్స్ వారంలో మిగిలిన రోజులలో పుస్తకంలో సూచించిన ట్రిక్కులనన్నిటినీ ఉపయోగించి రెండు గ్రూపులు పరస్పరం వ్యతిరేకంగా తయారయ్యేలా చేయడానికి కృషి చేశారు. పాంథర్స్ గ్రూపు తమ టీషర్టులపై శాంతికి చిహ్నంగా ఆలివ్ శాఖతో రూపొందించాలని కోరుకోగా సిబ్బంది అడ్డుకున్నారు. కొన్ని రోజుల తర్వాత ప్రయోగం చేసేవారు ఒకరు పైథాన్ టెంట్‌ను చింపేశారు. పాంథర్స్‌లో వేడి రాజుకుంటుందని ఆశించారు. కానీ ఆ రెండు గ్రూపులు కలిసి టెంట్‌ను తిరిగి నిర్మించుకోవడానికి పనిచేస్తుంటే నిరాశగా చూశాడు. తర్వాత సిబ్బంది రహస్యంగా పాంథర్ శిబిరంపై దాడి చేశారు. దీనికి పైథాన్ గ్రూపుని నిందిస్తారని ఆశించారు. కానీ ఆ రెండు గ్రూపులు పరస్పరం సహాయం చేసుకున్నాయి. అందులో ఒక బాలుడి వాయిద్య పరికరం విరిగింది. అతడ్ని సిబ్బంది పిలిచి ఆసమయంలో నువ్వెక్కడున్నావ్ అని అడిగారు. “ఆ అబ్బాయి మీరు కేవలం మా ప్రతిచర్యలు ఎలా ఉంటాయో చూడాలని కోరుకుంటున్నారు.” అని తిరస్కారంగా చూస్తూ అన్నాడు. వారం పురోగమిస్తున్న కొద్దీ ప్రయోగాత్మక బృందంలో అసహనం పెరిగిపోతోంది. వారి అమూల్యమైన ప్రయోగం నాశనమైపోతోంది.

ఆ బాలురు షెరీఫ్ వాస్తవిక సంఘర్షణ సిద్ధాంతం ప్రకారం పోరాడడానికి బదులు వారు అత్యుత్తమమైన స్నేహితులైనారు. షెరీఫ్ తనను తప్ప అందర్నీ నిందించాడు.

ఉదయం రెండు గంటల వరకు ఆగాడు–పెర్రీ స్టడీస్‌లో ఆడియో రికార్డింగ్స్, తాగడం వినగలిగేలా తనకు తాను అదుపుచేసుకుంటూ, ఏకాగ్రతతో ఏదో చేసుకుంటూ ఉండిపోయాడు. చివరి సాయంత్రాలలో ఒకరోజు ఉద్రిక్తతలు చెలరేగాయి.

శిబిరాలలో ఉన్నవారు ప్రశాంతంగా నిద్రపోతున్నారు. పిల్లల మధ్య చిచ్చుపెట్టడంలో సహాయ పరిశోధకుడు విఫలమైనాడని నిందిస్తూ అతనిని షెరీఫ్ బెదిరించాడు. సహాయకుడు ఆత్మరక్షణ కోసం కర్రను తీసుకున్నాడు "డాక్టర్ షెరీఫ్!" అంటూ ఆ సహాయకుడు అరిచిన అరుపు అక్కడ ప్రతిధ్వనించింది. "నువ్వు ఆ పని చేస్తే నేను నిన్ను కొడ్తాను" అన్నాడు.

తమను మోసం చేశారని చివరికి పిల్లలు గ్రహించారు. వివరంగా పరిశీలనలను గురించి రాసిన నోట్ బుక్ ఒకటి ఒక బాలుడి కంటపడింది. ఇంత జరిగాక ప్రయోగాన్ని ఆపడం తప్ప మరో మార్గం లేదు. ఇందులో ఏదైనా నిరూపించదలుచుకుంటే, పిల్లలు ఒకసారి స్నేహితులైతే వారిని పరస్పర విరోధులుగా మార్చడం చాలా కష్టం" అని నిరూపించాల్సి ఉంటుంది. "మానవ స్వభావాన్ని వారు తప్పుగా అర్థం చేసుకున్నారని, కొన్నేళ్ల తర్వాత మనస్తత్వ శాస్త్రవేత్తల గురించి ఆ ప్రయోగంలో పాల్గొన్న బాలుడొకరు వ్యాఖ్యానించారు. వారు కచ్చితంగా పిల్లల్ని తప్పుగా అర్థం చేసుకున్నారు.

4

డాక్టర్ ముజఫర్ షెరీఫ్ అంచనాలు దారుణమైనవని మీరు భావిస్తే, పదిహేడు సంవత్సరాల తర్వాత సృష్టించిన దృశ్యాలతో పోలిస్తే అవి చాలా పేలవంగా ఉంటాయి. ప్రత్యక్షంగా చూస్తే స్టాన్‌ఫర్డ్ జైలు ప్రయోగం, దొంగల గుహ ప్రయోగాలలో సారూప్యత కలిగిన అంశాలు చాలా ఉన్నాయి. ఈ రెండింట్లోనూ పాల్గొన్న వ్యక్తులు మగవారు, తెల్లజాతివారు, రెండిటినీ కూడా మంచి వ్యక్తులు, ఆకస్మికంగా చెడు వ్యక్తులుగా మారుతారని రుజువు చేయడానికి గాను రూపొందించారు.

కానీ స్టాన్‌ఫర్డ్ జైలు ప్రయోగం మరో అడుగు ముందుకేసింది.

ఫిలిప్ జింబార్డో అధ్యయనం కేవలం సందేహాస్పదమైనదేకాదు, బూటకం కూడా.

జింబార్డ్ 2007లో ప్రచురించిన పుస్తకం "టాసిఫర్ ఎఫెక్ట్" చదువుతుంటే నాకు అనేక సందేహాలు కలిగాయి. అతని జైలుగార్డులు తమ ఇష్టం వచ్చినట్లు శాడిస్టులుగా మారారని నేను ఎప్పుడూ అనుకుంటూ ఉంటాను. జింబార్డో స్వయంగా ఈ విషయాన్ని కొన్ని వందలసార్లు చాలా కచ్చితంగా పేర్కొన్నాడు. లెక్కలేనన్ని ఇంటర్వ్యూలలో, యూఎస్ కాంగ్రెస్ ఎదుట విచారణలో సాక్ష్యమిస్తూ, శాంతి భద్రతలు, మర్యాద పాటించడంలో గార్డులు వారి స్వంత నియమాలను అమలు చేశారని చెప్పారు.

కానీ తర్వాత తన పుస్తకంలోని 55వ పేజీలో జింబార్డో హఠాత్తుగా ప్రయోగానికి ముందు శనివారం గార్డులతో జరిగిన సమావేశం గురించి ప్రస్తావించాడు. ఆ రోజు మధ్యాహ్నం గార్డులకు వారి పాత్ర గురించి క్లుప్తంగా సూచనలు చేశాడు. అతని సూచనలలో ఎలాంటి పొరబాటు లేదు.

> మనం నిరాశాభావాన్ని సృష్టించవచ్చు. వారిలో మనం భయాన్ని సృష్టించవచ్చు, వివిధ మార్గాల ద్వారా వారి వ్యక్తిత్వాలను దెబ్బతీయవచ్చు. వారు యూనిఫారంలను ధరించబోతున్నారు. ఆ క్షణం నుంచి ఎవరూ కూడా వారిని పేరుపెట్టి పిలవరు. వారికి నెంబర్లుంటాయి. ఇక కేవలం ఆ నెంబర్లతోనే పిలుస్తారు. సాధారణంగా ఇవన్నీ కూడా వారిలో తాము శక్తి హీనులమనే భావం సృష్టించడానికే చేస్తారు. ఈ వాక్యాల దగ్గరకి రాగానే నేను ఆశ్చర్యపోయాను. ఆయన స్వతంత్ర శాస్త్రవేత్త. అలాంటిది తన గార్డుల చేత ఆ అభ్యాసం చేయించానని స్పష్టంగా పేర్కొన్నాడు.

వాళ్ళు ఖైదీలను నెంబర్లతో పిలవాలనే ఐడియాతో రాలేదు. లేదా సన్‌గ్లాసెస్ ధరించాలనే, లేక శాడిస్ట్ ఆటలు ఆడాలనే ఆలోచనే వారికిలేదు. ఇవన్నీ చేయమని వారికి చెప్తేచేశారు. అంతే గాదు ప్రయోగం ప్రారంభించడానికి ముందు శనివారం జింబార్డో తాను గార్డులు ఒకే బృందంలో ఉన్నవారిలాగా మేము, వారు అనే పదాలను ఉపయోగించడం కూడా జరిగింది. ప్రయోగం పురోభివృద్ధి సాధిస్తున్న కొద్దీ జైలు సూపరింటెండెంట్ పాత్రలో తనను తాను కోల్పోతున్నట్లుగా ఆ తర్వాత ఆయన చెప్పినది నిజంకాదని దీనర్థం. జింబార్డో ప్రయోగం మొదలుపెట్టిన రోజు నుండే దెబ్బ కొడ్తూనే ఉన్నాడు. సామాజిక శాస్త్రవేత్తలు చెప్పే స్వాధికారలక్షణాల గురించి తెలుసుకోవడానికి వస్తుగత పరిశోధన ఎంత ముఖ్యమో, దానిని ఇది ఎంతగా ఆటంకపరుస్తోందనేది గ్రహించవచ్చు. ఇవి ఒక అధ్యయనం లక్ష్యాన్ని అంచనా వేయగలిగితే, సబ్జెక్టులు ప్రదర్శించే ప్రవర్తనలు, తద్వారా శాస్త్రీయ ప్రయోగాన్ని దశలవారీ ఉత్పత్తిగా మారుస్తుంది.

స్టాన్‌ఫోర్డ్ జైలు ప్రయోగం, ఒక పరిశోధనా మనస్తత్వ శాస్త్రవేత్త చెప్పినట్లు "డిమాండ్లు ప్రతిచోటా ఉంటాయి" అయితే వారి నుండి ఏమి ఆశించవచ్చని గార్డులు విశ్వసించారు?

వారు చుట్టూ కూర్చుని, కొన్ని కార్డులు ఆడవచ్చు క్రీడలు, అమ్మాయిల గురించి ఊహాగానాలు చేయగలరు. తాను ఏమి చేయబోతున్నానో ముందే మ్యాప్ వేసి పెట్టుకున్నాను, అని ఒక విద్యార్థి తర్వాత ఒక ఇంటర్వ్యూలో చెప్పాడు. ''నేను ఒక నిర్దిష్ట ప్రణాళికను దృష్టిలో ఉంచుకున్నాను. బలవంతంగా ప్రయత్నించడానికి చూశాను. ఏదో ఒకటి జరిగేలా ఒత్తిడి చేశాను.'' అప్పుడు పరిశోధకులు దానితో ఏదో ఒకటి చేస్తారు. అయితే కంట్రీక్లబ్‌లో లాగా చుట్టూ కూర్చున్న అబ్బాయిల నుండి వారు ఏమి నేర్చుకోగలుగుతారు?

స్టాన్‌ఫోర్డ్ జైలు ప్రయోగం చాలా దుర్మార్గమైనదని అంగీకరించినప్పటికీ పాఠ్య పుస్తకాల నుంచి మాత్రం తొలగించలేదు. కానీ ఇది మరింత అధ్వాన్నంగా తయారైంది. జింబార్డో 2009లో ఇచ్చిన టెడ్ (టి-టెక్నాలజీ, ఇ-ఎంటర్‌టైన్‌మెంట్, డి- డిజైన్) ప్రసంగాల విషయంలో ఫ్రెంచ్ మనస్తత్వ శాస్త్రవేత్త తిబాల్‌ట్‌లే టెక్సియర్ జూన్ 2013లో పొరబాటు చేశాడు. పార్ట్‌టైం ఫిలిం మేకర్ అయిన తిబాల్డ్ లేటెక్సియర్ దృష్టి "జింబార్డో" తెరపై చూపిన చిత్రాలపై పడింది. కేకలు వేస్తున్న విద్యార్థుల ముడి ఫుటేజ్ చూసిన లే టెక్సియర్ ప్రయోగాత్మక కంటికి సాధికారిక డాక్యుమెంటరీకి అది సరైన మెటీరియల్ అనిపించింది. కాబట్టి అతను కొంత పరిశోధన జరపాలని నిర్ణయించాడు.

లేటెక్సియర్ ఫ్రెంచ్ ఫిలింఫండ్ నుండి గ్రాంట్ పొంది, కాలిఫోర్నియాకు విమానం బుక్ చేసుకున్నాడు. స్టాన్‌ఫోర్డ్‌లో అతను రెండు షాకింగ్ ఆవిష్కరణలు చేశాడు. ఒకటి అతను "జింబార్డో ఆర్కివ్స్‌ని చూసిన మొదటి వ్యక్తి. రెండు ఆ ఆర్కివ్స్‌లో ఏమున్నదో చూశాడు. లే టెక్సియర్ అత్యుత్సాహం చాలా త్వరగా గందరగోళానికి దారితీసి దిగ్భ్రాంతి చెందేలా చేసింది: గినాపెరీలాగా అతను డాక్యుమెంట్లు, రికార్డింగ్స్‌తో చుట్టుముట్టబడినట్లు కనుగొన్నాడు. అవి పూర్తిగా భిన్నమైన ప్రయోగానికి సంబంధించినవి. ఇదంతా మోసమనే ఐడియాను అంగీకరించడానికి నాకు చాలా సమయం పట్టింది. ప్రపంచంలోనే ప్రముఖ అకడమిక్ సైకాలజీ జర్నల్ అమెరికన్ సైకాలజిస్ట్‌లో అతని తీవ్రమైన విశ్లేషణ ప్రచురించడానికి సంవత్సరం ముందు 2018 శరదృతువులో లే టెక్సియర్ నాకు చెప్పాడు.

మొదట నేను దీనిని నమ్మదలుచుకోలేదు. నేను ఆలోచించాను: "లేదు, స్టాన్‌ఫోర్డ్ యూనివర్సిటీలోని ఒక ప్రముఖ ప్రొఫెసర్ చెప్తున్నాడు. నా ఆలోచన తప్పేమో." కానీ రుజువు స్వయంగా వెల్లడించింది.

ప్రయోగం గురించి ఎన్నో కలలుగన్న జింబార్డో కాదు. అతని అండర్ గ్రేడ్స్‌లోని డేవిడ్ జాఫీ అనే యువకుడు దీనికి కారణం, కోర్స్ అసైన్‌మెంట్‌లో భాగంగా అతను, నలుగురు క్లాస్‌మేట్స్ కలిసి తమ నేలమాళిగలోని డార్మిటరీని జైలుగా మార్చడం మంచిదనే ఆలోచన చేశారు. వారు తమకు సుముఖంగా ఉండే కొంత మంది మద్దతుదారులైన స్నేహితులను కూడగట్టుకుని 1971 మే నెలలో ఆరుగురు గార్డులతో ఆరుగురుని ఖైదీలుగా, జాఫీ స్వయంగా వార్డెన్‌గా ఒక ట్రయల్ చేపట్టారు.

ఖైదీలు ఒకరినొకరు కేవలం నెంబర్లతో మాత్రమే పిలుచుకోవాలనీ, ఖైదీలు ఎల్లప్పుడూ వార్డెన్‌ని మిస్టర్ చీఫ్ కరెక్షనల్ ఆఫీసర్ అని పిలవాలనేటటువంటి నియమాలను గార్డులు రూపొందించారు. సోమవారం జరిగిన తరగతిలో జాఫీ తన ఉత్తేజకరమైన ప్రయోగం, తీవ్రమైన భావోద్వేగాల గురించి చెప్పి అందులో పాల్గొన్నవారిని రెచ్చగొట్టాడు. జింబార్డో అనుకున్నది సరిగ్గా అలాగే జరిగింది. అతను తన కోసం కూడా దీన్నే ప్రయోగించాడు.

అధ్యయనంలోని కేవలం ఒక అంశం మాత్రం జింబార్డోకి విరామం ఇచ్చింది. శాడిస్టులుగా ఉన్న గార్డులను అతను కనుగొనగలడా? ప్రజలలోని అధ్వాన్నస్థితిని బయటకు తీసుకురావడంలో అతనికి ఎవరు సహాయం చేయగలరు? అండర్ గ్రౌండ్‌ని కన్సల్టెంట్‌గా తీసుకోవాలని సైకాలజీ ప్రొఫెసర్ నిర్ణయించుకున్నారు. నన్ను వ్యూహాలను సూచించమని అడిగారు. అని జాఫీ ఆ తర్వాత వివరించారు. "మాస్టర్ శాడిస్ట్‌గా నాగత అనుభవం ఆధారంగా వివరించమని అడిగారు" అని చెప్పాడు జాఫీ.

స్టాన్‌ఫోర్డ్ జైలు ప్రయోగంలోని గార్డులకు ఎలాంటి ఆదేశాలు అందలేదని నలభై సంవత్సరాల పాటు ఇచ్చిన వందలాది ఇంటర్వ్యూలు, వ్యాసాలలో ఫిలిప్ జింబార్డో దృఢంగా పేర్కొంటూనే ఉన్నాడు. వారు అన్నింటినీ స్వయంగా ఆలోచించారు: నియమాలు, శిక్షలు, ఖైదీలకు వారు చేసిన అవమానాలు. జాఫీ ఇతరుల లాగానే మరొక గార్డుగా జింబార్డో పేర్కొన్నారు– ప్రయోగంలో కొట్టుకుపోయాడన్నారు.

సత్యానికి మించింది ఏమీ ఉండదు. 17 నియమాలలో 11 జాఫీ నుండే వచ్చాయి. ఖైదీల రాక కోసం జాఫీ ఒక వివరణాత్మక ప్రొటోకాల్‌ను రూపొందించాడు. మడమల దగ్గర గొలుసులతో కట్టేశాడు. ఇది అతని ఐడియానే. ఖైదీల బట్టలు విప్పడం? అది కూడా 15 నిమిషాల పాటు నగ్నంగా చుట్టూ నిలబడమని బలవంతం చేయడం? అది కూడా జాఫీ పనే.

ప్రయోగానికి ముందు శనివారం జాఫీ ఆరుగంటలు ఇతర గార్డులతో గడిపాడు. ఉత్తమమైన ఫలితాల కోసం గొలుసులని, లాఠీలను ఎలా ఉపయోగించాలో వారికి వివరించాడు. ఏం జరుగుతుందో నా దగ్గర జాబితా ఉంది, అని అతను వారికి చెప్పాడు. జరగబోయే కొన్ని విషయాలను చెప్పాడు.

మొత్తం పరీక్ష ముగిసిన తర్వాత అతనితోటి గార్డులు అతని సాడో సృజనాత్మక ఆలోచనలకు అతడ్ని ప్రశంసించారు. ఈ లోగా జింబార్డో కూడా శాడిస్టిక్ గేమ్ ప్లాన్‌కు సహకరిస్తూనే ఉన్నాడు. ఖైదీలను ఎక్కువ సేపు నిద్రపోనీయకపోవడం, తెల్లవారు జామున 2:30కి, 6 గంటలకు రోల్‌కాల్స్ కోసం లేపడం, వారిని తోయడం వంటివి మంచి శిక్షలనీ లేదా ముళ్లుగల స్టిక్కర్స్ లేదా వారి దుప్పట్లలో దురదపుట్టించే గడ్డి పెట్టడం అంతేగాక ఒంటరి నిర్బంధం మరింత మంచిదని కూడా అతను భావించాడు.

జింబార్డో ప్రయోగాన్ని అదుపుచేయడానికి ఎందుకంత ఇబ్బంది పడ్డాడు అని మీకు ఆశ్చర్యంగా ఉందా? దీనికి సమాధానం చాలా సాధారణమైంది. ప్రారంభంలో జింబార్డోకి గార్డుల పట్ల ఆసక్తి లేదు. ప్రారంభంలో అతని ప్రయోగం ఖైదీల మీదే దృష్టి కేంద్రీకరించి, తీవ్ర ఒత్తిడిలో ఖైదీలు ఎలా ప్రవర్తిస్తారో తెలుసుకోవాలనుకున్నాడు. వారు ఎంత విసుగు చెందుతారు? ఎంత నిరాశకు గురవుతారు? ఎంత భయపడతారు? గార్డులు తమను జింబార్డో అతని పరిశోధన సహాయకులుగా భావించారు. దీనిని బట్టి జింబార్డో వారి పట్ల ఏ విధంగా ప్రవర్తించాడో సరిగ్గా పరిగణనలోకి తీసుకుంటే అర్థమవుతుంది. వారి క్రూరమైన ప్రవర్తనకు జింబార్డో దిగ్భ్రాంతికరమైన ప్రతిస్పందనకు తోడు ప్రయోగం అసలైన పాఠం ఇదేనన్న వారి ఐడియా, ఈ రెండూ కూడా వాస్తవం తర్వాత రూపొందించబడినాయి.

ప్రయోగం సమయంలో జింబార్డో, జాఫీ ఇద్దరూ ఖైదీల పట్ల మరింత కఠినంగా ప్రవర్తించమని గార్డులపై ఒత్తిడి తెచ్చారు. అందులో చేరడంలో విఫలమైన వారిని మందలించారు. అప్పటి నుండి చెలామణిలో ఉన్న ఆడియో రికార్డింగులో ఖైదీలతో కఠినంగా వ్యవహరించడానికి గాను రెండు రోజుల ముందే మెత్తగా ఉండే జాన్ మార్కస్ అనే గార్డుతో మాట్లాడి అతడ్ని ముందుకు నెట్టినట్లు తెలుస్తుంది.

> జాఫీ: సాధారణంగా మీది చాలా దయగల నేపథ్యం అని తెలుసు. మీరు ఇందులో చురుకుగా పాల్గొనాలని మేము కోరుకుంటున్నాము. ఎందుకంటే ఇందులో పాల్గొనే ప్రతిగార్డు కఠినంగా ఉండాలనే విషయం తెలిసుకోవడం మంచిది. ఇప్పటి వరకు ఉమ్....
>
> మార్కస్: నేను కఠినమైన వాడ్ని కాను...

జాఫీ: అవును, కానీ మీరు మీలో కాఠిన్యాన్ని నింపుకోవడానికి ప్రయత్నించండి...

మార్కస్: కాఠిన్యం గురించి నాకు తెలియదు...

జాఫీ: చూడండి, కఠిన మంటే మీరు గట్టిగా ఉండాలి. మీరు చేతలలో చూపాలి. ఏది తప్పో అది చేయాలి. ఉమ్.. ప్రయోగానికి ఈ విధంగానే పనిచేయాలి....

మార్కస్: క్షమించండి, నన్ను క్షమించండి. అది పూర్తిగా నావరకైతే నేను ఏమీ చేసేవాడిని కాదు. నేను దానిని అలా వదిలేసేవాణ్ణి.

ఆసక్తికరమైన విషయం ఏమిటంటే స్టాన్‌ఫోర్డ్ జైలు ప్రయోగంలోని చాలా మంది గార్డులు శాయశక్తులా ఒత్తిడి చేసినప్పటికీ కాఠిన్యాన్ని చూపడానికి విముఖత చూపారు. క్రూరమైన ఈ క్రీడలలో పాలుపంచుకోవడానికి మూడింట రెండు వంతుల మంది తిరస్కరించారు. మిగిలిన ఒక వంతు మంది ఖైదీలను దయతో చూశారు. జింబార్డో అతని బృందం నిరాశ చెందింది.

ఒక గార్డు ప్రయోగం ప్రారంభం కావడానికి ముందు ఆదివారం రాజీనామా చేస్తూ తాను ఆదేశాల ప్రకారం నడవలేనన్నాడు. జింబార్డో డబ్బులు బాగా చెల్లిస్తాడని చాలా మంది ప్రయోగంలో పాల్గొనడానికి ఇష్టపడ్డారు. రోజుకు వారికి 15 డాలర్లు వస్తాయి. అవి ఇప్పుడు వంద డాలర్లతో సమానం. కానీ ఆ తర్వాత వారికి డబ్బులు రాలేదు. జింబార్డో నాటకీయతకు అనుగుణంగా నడుచుకోకపోతే, తమకు డబ్బులు చెల్లించరేమోనని గార్డులు, ఖైదీలు భయపడేవారు.

కానీ ఒక ఖైదీకి మాత్రం డబ్బు అంత ప్రోత్సాహకరంగా అనిపించలేదు. ఒక రోజు గడిచేటప్పటికే అతను చాలా విసిగిపోయి వదిలేసి వచ్చేద్దామనుకున్నాడు. అతని ఖైదీ నెంబర్ 8612. డగ్లస్ కోర్పి అనే 22 సంవత్సరాల యువకుడు. అతను రెండో రోజున సహనం కోల్పోయాడు (నా ఉద్దేశం ఏసుక్రీస్తు, నేను ఇక ఈ ప్రయోగంలో ఉండలేను!)

అతను విరుచుకుపడడాన్ని అన్ని డాక్యుమెంటరీలలో చూపించారు. స్టాన్‌ఫోర్డ్ జైలు ప్రయోగం మొత్తంలో ఇది అత్యంత ప్రసిద్ధరికార్డయింది. ఒక పత్రికా ప్రతినిధి అతడిని 2017 వేసవిలో చూశాడు. తాను మధ్యలో వదులుకొని వచ్చేశాననడం శుద్ధ అబద్ధమని, ప్రారంభం నుంచి పూర్తి అయ్యేవరకు ఉన్నాడనీ, ఈ విషయాన్ని తాను ఎన్నడూ దాచలేదని చెప్పాడు. వాస్తవానికి ప్రయోగం ముగిసిన తర్వాత తాను అందరికీ ఈ విషయం చెప్పానన్నాడు.

జిబార్డో అతడ్ని విస్మరించాడు. డాక్యుమెంటరీ ఫిలింమేకర్ ఎడిటింగ్‌లో తనను ఆ మూవీలో తీసేవారని చెప్పారు.

సైకాలజీలో పీహెచ్‌డీ చేయడానికి వెళ్లిన డగ్లస్ కోర్పి, ఆ ప్రయోగంలో ప్రారంభంలో తాను ఆస్వాదించలేకపోయానని ఆ తర్వాత చెప్పారు. మొదటి రోజు సరదాగా అనిపించింది. అని గుర్తుచేసుకుంటూ చెప్పారు. నేను హిస్టీరికల్‌గా నటిస్తూ అరవడం, కేకలు వేయడం చేశాను. నేను ఖైదీలాగా నటించాను. నేను మంచి ఉద్యోగిని, అది గొప్ప సమయం. సరదా

ఎంతోసేపు నిలవలేదు. పరీక్షల కోసం చదువుకోవడానికి సమయాన్ని వెచ్చించగలను అనుకొని అతను సంతకం చేశాడు. కానీ ఒకసారి అతను కటకటాల వెనక్కి వెళ్లగానే జింబార్డో, అతని బృందం కోర్పిని పుస్తకాలు తెచ్చుకోనీయలేదు. దాంతో మరు రోజు అతను ప్రయోగం నుండి వెళ్లిపోవాలని నిర్ణయించుకున్నాడు.

ఆశ్చర్యకరమైన విషయం ఏమిటంటే జింబార్డో అతడ్ని పంపివేయడానికి నిరాకరించాడు. శారీరకంగా లేదా మానసికంగా ఏదన్నా సమస్య ఉన్నట్లు చూపిస్తేనే ఖైదీలను విడుదల చేస్తారు. అందువల్ల కోర్పి తనకు కడుపునెప్పిగా ఉందని అబద్ధం చెప్పాడు. కానీ ఆ పాచిక పారలేదు. దాంతో మానసిక రోగిలా నటించే ప్రయత్నం చేశాడు(నా ఉద్దేశ్యం ప్రభూ, నేను దీన్ని భరించలేను! నీకు తెలియదా? నేను బయటికి వెళ్లిపోవాలనుకుంటున్నాను. ఇవన్నీ నా లోపల చిక్కుకున్నాయి! ఇక మరొక్క రాత్రి నేనిక్కడ ఉండలేను.

ఆ కేకలు ప్రపంచవ్యాప్తంగా అపఖ్యాతి పాలైనాయి.

ప్రయోగం తర్వాతి దశాబ్దాలలో ఫిలిప్ జింబార్డో రంగస్థల ప్రహసనానికి మిలియన్ల మంది ప్రజలు పడిపోయారు. అధ్వాన్న విషయం ఏమిటంటే నలభై సంవత్సరాల పాటు చాలా శ్రద్ధగా ఈ విషయంపై దృష్టి కేంద్రీకరించినందుకు జింబార్డోకు బహుమతి కూడా లభించిందని 2011లో ఖైదీలలో ఒకరు చెప్పారు. తనడాటాను విశ్లేషించడానికి ముందే జింబార్డో తన ప్రయోగం ఫుటేజ్‌ని టెలివిజన్ స్టేషన్లకు పంపించాడు. ఆ తర్వాత సంవత్సరాలలో జింబార్డో అత్యంత ప్రముఖ మనస్తత్వ శాస్త్రవేత్తగా ప్రఖ్యాతి చెందాడు. అమెరికన్ సైకలాజికల్ అసోసియేషన్‌కి అధ్యక్షుడయ్యే స్థాయికి వెళ్లాడు.

స్టాన్‌ఫోర్డ్ జైలు ప్రయోగానికి సంబంధించిన 1990 నాటి డాక్యుమెంటరీలో పరిశోధకులు గార్డులను ముందుకు నెట్టకపోతే ఏమై ఉండేదని విద్యార్థి గార్డు 'డేవ్ ఎషెల్మాన్' ఆశ్చర్యం వ్యక్తం చేశారు. మేము చేసింది ఎవరికీ తెలిసి ఉండేది కాదని నిట్టూర్చాడు.

మేము చేశాం కాబట్టి తెలిసిందని అన్నాడు. ఇద్దరు బ్రిటిష్ సైకాలజిస్టులు రెండవ ప్రయోగానికి పునాది వేశారనే విషయం ఎషెల్ మాన్‌కి తెలియదు.

కింది ప్రశ్నకు సమాధానం చెప్పడానికే ఈ ప్రయోగం రూపొందించబడింది: సాధారణ వ్యక్తులు యూనిఫారం ధరించి జైలులోకి అడుగుపెట్టినప్పుడు ఏమి జరుగుతుంది?

5

బీబీసీ నుండి 2001లో పిలుపువచ్చింది.

అది రియాలిటీ టీవీ ప్రారంభ రోజులు. బిగ్‌బ్రదర్ అప్పుడే రంగ ప్రవేశం చేసింది. ప్రతిచోట టెలివిజన్ నెట్‌వర్క్‌లు తర్వాతి విజయ సూత్రం కోసం మెదడులో సంచలనం రేకెత్తించడంలో బిజీగా ఉన్నాయి. కాబట్టి బీబీసీ అభ్యర్థన పూర్తిగా అకస్మాత్తుగా వచ్చినది కాదు:

ఖైదీలతో, గార్డులతో ఒళ్లు గగుర్పాటు కలిగించే ప్రయోగంలో మీరు మరొక కత్తి పోటును పొడిపించుకోవాలనే ఆసక్తితో ఉన్నారా? కానీ ఇప్పుడు ప్రైమ్ టైమ్ కోసమా?

అలెగ్జాండర్ హస్లామ్, స్టీఫెన్ రిచెర్ వీరిరువురు మన్తత్వశాస్త్రం వైద్యులు. ఈ ఆఫర్ కోసం వారు కలలు కన్నారు.

స్టాన్‌ఫోర్డ్ జైలు ప్రయోగంలో ఉన్న అతి పెద్ద సమస్య ఇది చాలా అనైతికమైనది ఎవరూ కూడా దీనిని పునరావృతం చేయడానికి సాహసం చేయలేరు. కాబట్టి జింబార్డో కొన్ని దశాబ్దాల పాటు ఆనందం అనుభవించాడు. కానీ ఇప్పుడు ఈ ఇద్దరు బ్రిటిష్ మనస్తత్వ శాస్త్రవేత్తలకు తెరపై ఈ విధంగా చేయించడానికి అవకాశం కల్పిస్తూ ఆఫర్ వచ్చింది.

హస్లామ్, రీచర్ రెండు షరతులపై అంగీకరించారు. ఒకటి తమకు అధ్యయనంపై పూర్తి నియంత్రణ ఉండాలి. రెండు ఏ సమయంలో నైనా విషయం తమచేజారిపోయే ప్రమాదం ఉన్నదని భావించినప్పుడు ప్రయోగాన్ని ఆపివేసే అధికారం నైతిక సంఘానికి కల్పించాలి.

ప్రసారానికి కొన్ని నెలలు ముందు, ప్రజలు ఎంత దిగజారిపోతారు? ఈ రియాలిటీ టీవీకి పిచ్చిపట్టిందా? వంటి ఊహాగానాలతో బ్రిటిష్ ప్రెస్ నిండిపోయింది. గార్డియన్ ఆశ్చర్యపోయింది.

ఫిలిప్ జింబార్డో కూడా చివరికి అసహనం వ్యక్తం చేశాడు. "నా మౌలిక అధ్యయనంలో లాగా హైడ్రామా సృష్టించబడుతుందనే ఆశతో సహజంగానే వారు అధ్యయనం చేస్తున్నారు.

ప్రయోగం మొదటి ఎపిసోడ్ 2002 మే 1వ తేదీన ప్రసారమైనప్పుడు బ్రిటన్ అంతటా మిలియన్ల మంది ప్రజలు తమ టీవీలకు అతుక్కుపోయి కూర్చున్నారు.

ఆ తర్వాత ఏదో జరుగుతుందనుకుంటే.. వాస్తవానికి అలా ఏమీ జరగలేదు. ఆ తర్వాత ఏం జరిగిందంటే ఏమీ లేదు. నాలుగు గంటల నిడివి గల ఎపిసోడ్‌లు అన్నింటినీ కూర్చుని చూడడానికి నేను నిజంగా ప్రయత్నం చేయాల్సి వచ్చింది. చాలా అరుదుగా నేను మెదడుని మొద్దుబారింపచేసే ఇలాంటి కార్యక్రమాన్ని చూశాను. బీబీసీ మాత్రం ఎక్కడ తప్పింది? హస్లామ్, రీచర్ ఒక విషయం వదిలేసారు. వారు గార్డులకు ఏమి చేయాలో చెప్పలేదు. మనస్తత్వ వేత్తలందరూ గమనించసాగారు. వారందరూ కంట్రీక్లబ్‌లో చుట్టూరా కూర్చునే సాధారణ వ్యక్తుల మాదిరి కూర్చున్నారు. గార్డు పాత్రకు తానుసరిపోనని ఫీల్ అవుతున్నానని ఒక గార్డు ప్రకటించినప్పుడు అసలు వ్యవహారం మొదలైంది "నిజాయితీగా నేను ఖైదీగా ఉండాలనుకుంటున్నాను" అన్నాడు.

రెండవ రోజు, ఖైదీలలో మనోధైర్యాన్ని పెంచడానికి గార్డుల ఆహారాన్ని వారితో పంచుకోవాలని మరో వ్యక్తి సూచించాడు. నాలుగో రోజు ఇలాంటివే మరికొన్ని రావచ్చని అనిపించింది. "మనం దీని ముగింపుకి వెళ్లగలిగితే మనం పబ్‌లోకి వెళ్లి తాగవచ్చు" అని గార్డు ఒకరు ఖైదీకి సలహా ఇచ్చారు.

"మనం మనుషుల్లాగా దీనిని గురించి చర్చిద్దాం" అని మరో గార్డు అన్నాడు.

ఐదవ రోజున ఖైదీలలో ఒకరు ప్రజాస్వామ్యాన్ని ఏర్పాటు చేయాలని ప్రతిపాదించారు.

ఆరవరోజు కొంతమంది ఖైదీలు తమ సెల్‌ల నుండి తప్పించుకున్నారు. వారు పొగను ఆస్వాదించడానికి గార్డుల క్యాంటీన్ వైపు వెళ్లారు. అక్కడ వారిని కలవడానికి గార్డులు వచ్చారు.

ఏడవ రోజున ఒక సమూహాన్ని సృష్టించేందుకు అనుకూలంగా ఈ గ్రూపు ఓటు వేసింది. ఇద్దరు గార్డులు కొంచెం ఆలస్యంగా ఆ గ్రూపును తమ అసలు స్థితికి వెళ్లాల్సిందిగా నచ్చజెప్పడానికి ప్రయత్నించారు. గానీ వారు దానిని తీవ్రంగా తీసుకోలేదు. ప్రయోగం ఇటువంటి విషమ స్థితిలో ఉన్నప్పుడు మొత్తం విషయం నిలిపివేయాల్సి వచ్చింది. చివరి ఎపిసోడ్‌లో ఎక్కువగా వ్యక్తులు సోఫాలో తిరుగుతున్న దృశ్యాలున్నాయి. చివర్లో ఒకరినొకరు హత్తుకునీ కొన్ని సెంటిమెంట్ షాట్‌లను తీశారు. ఒక గార్డు ఖైదీలలో ఒకరికి తన జాకెట్‌ని ఇస్తాడు.

ఈ లోగా ప్రేక్షకులు తాము మోసపోయామని భావిస్తారు. గొలుసులతో కట్టేసిన పాదాలు ఏవి? వారి తలలపై కాగితపు సంచులు ఏవి? క్రూరమైన ఆటలు ఎప్పుడు ప్రారంభమవుతాయని ఆశించవచ్చు? బీబీసీ ఈ నాలుగు గంటల ప్రసారంలో పొగత్రాగడం, చిన్నపాటి చర్చ, చుట్టూ కూర్చోవడం వంటివి చిత్రీకరించింది. లేదా, సండే హెరాల్డ్‌లో పేర్కొన్నట్లు, మంచివ్యక్తులను, చెడు ప్రదేశంలో ఉంచి చిత్రీకరించినప్పుడు ఏమి జరుగుతుంది. వాస్తవానికి అంతలా జరగదు.

టీవీ నిర్మాతలకు ఈ ప్రయోగం ఒక కఠినమైన నిజాన్ని తెలియజేసింది. మీరు సాధారణ ప్రజలను ఒంటరిగా వదిలేస్తే ఏమీ జరగదు. లేదా అధ్వాన్నంగా ఉండదు. వారు అహింసావాద సమాజాన్ని ఏర్పాటు చేయడానికి ప్రయత్నిస్తారు. శాస్త్రీయ దృక్పథ నుండి చూస్తే ఈ ప్రయోగం అద్భుతమైన విజయం. వీటి ఫలితాల గురించి ప్రతిష్టాత్మక అకడమిక్ జర్నల్‌స్‌లో హస్లామ్, రీచర్ పదికి పైగా ఎక్కువగా కథనాలను ప్రచురించారు. కానీ మిగతా విషయాల కొస్తే ఇది వైఫల్యం అని చెప్పవచ్చు.

బీబీసీ జైలు అధ్యయనం అప్పటి నుండి మరుగున పడిపోయింది. కానీ ప్రజలు ఇప్పటికీ స్టాన్‌ఫోర్డ్ జైలు ప్రయోగం గురించి మాట్లాడుతూనే ఉన్నారు.

మరి వీటన్నింటిని గురించి ఫిలిప్ జింబార్డో ఏమంటున్నారు? 2018లో ఒక జర్నలిస్ట్ అడిగినప్పుడు ఆయన ఇలా చెప్పాడు. ఈ రోజు ప్రజలు అతని ప్రయోగాన్ని ఎలా చూస్తున్నారు. తారుమారైన కొత్త విషయాలు దీనిని ఎలా మార్చివేశాయి అనే విషయమై అడిగితే తాను ఈ విషయాలను పట్టించుకోనని మనస్తత్వవేత్త జింబార్డో స్పందించారు. ప్రజలు వారిష్టం వచ్చినవి చెప్పగలరు. మనస్తత్వ చరిత్రలో ప్రస్తుత సమయంలో ఇదే అత్యంత ప్రసిద్ధమైన అధ్యయనం. యాభై సంవత్సరాల తర్వాత అయినా ప్రజలు చర్చించుకునేందుకు మరో అధ్యయనం లేదు. సాధారణ ప్రజలందరికీ ఈ విషయం తెలుసు. దీనికి ఇప్పుడు అంతటి ప్రాధాన్యం ఏర్పడింది. ఇక దీనిని నేను సమర్థించాల్సిన అవసరం లేదు.

దీర్ఘకాలం చెలామణిలో ఉండడమే దీని గొప్పదనాన్ని రుజువు చేస్తుంది.

8

స్టాన్లీ మిల్‌గ్రామ్ - షాక్‌మెషిన్

1

స్టాన్ ఫోర్డ్ జైలు ప్రయోగం కన్నా అత్యంత ప్రసిద్ధమైన మానసిక ప్రయోగం ఫిలిప్ జింబార్డో కంటే కూడా విస్తృతంగా ప్రసిద్ధి గాంచిన మనస్తత్వ వేత్త ఉన్నారు. నేను ఈ పుస్తకంపై పని ప్రారంభించినప్పుడు, అతడ్ని విస్మరించకూడదని నాకు తెలుసు. అతడే స్టాన్లీ మిల్‌గ్రాం. మిల్‌గ్రాం 1961 జూన్ 18న తన అధ్యయనాన్ని ప్రారంభించినపుడు యువకుడు, అసిస్టెంట్ ప్రొఫెసర్. ఆ రోజు న్యూహెవన్ రిజిస్టర్లో పూర్తి పేజీ ప్రకటన వెలువడింది. "మీరు మీ సమయంలో ఒక గంట కేటాయిస్తే మేము మీకు 4 డాలర్లు చెల్లిస్తాం."

మానవ జ్ఞాపకశక్తిపై పరిశోధనలో పాల్గొనడానికి 500 మంది సాధారణ క్షురకులు, వస్తు వినిమయ వ్యాపారులు, బిల్డర్లు, వ్యాపార వేత్తలు కావాలని ఆ ప్రకటనలో పేర్కొన్నారు.

తర్వాత కొన్ని నెలలు వందలాది మంది యేల్ విశ్వవిద్యాలయంలోని స్టాన్లీ మిల్‌గ్రాం ప్రయోగశాలను సందర్శించారు. జంటలుగా వచ్చేవారు. అందులో ఒకరికి ఉపాధ్యాయుడి పాత్ర, మరొకరికి అభ్యాసకుడి పాత్ర కేటాయించేవారు. ఉపాధ్యాయుడ్ని ఒక పెద్ద పరికరం ముందు కూర్చోబెట్టేవారు. ఆ పరికరం పేరు షాక్ మెషిన్ అని వారికి చెప్పేవారు. దీనితో అభ్యాసకుడికి జ్ఞాపకశక్తి పరీక్ష నిర్వహించమని చెప్పేవారు. అభ్యాసకుడిని పక్కగదిలో కుర్చీకి కట్టేసేవారు. ప్రతి తప్పు సమాధానానికి ఎలక్ట్రిక్ షాక్ ఇవ్వడానికి ఉపాధ్యాయుడు స్విచ్ నొక్కాల్సి ఉంటుంది. వాస్తవానికి అభ్యాసకుడు ఎల్లప్పుడూ మిల్‌గ్రాం బృందం సభ్యుడు, మెషిన్ స్విచ్ నొక్కితే ఎలాంటి షాక్ కొట్టదు. కానీ ఉపాధ్యాయ పాత్రధారులకి ఈ విషయం తెలియదు.

ఇది జ్ఞాపకశక్తిపై శిక్ష ప్రభావంపై అధ్యయనంగా వారు భావించారు తప్ప వాస్తవానికి అధ్యయనం వారిపైనే అనేది వారు గ్రహించలేకపోయారు... షాకులు చాలా తక్కువగా 15 ఓల్టులతో ప్రారంభమైనాయి. కానీ ప్రతిసారి అభ్యాసకుడు తప్పు సమాధానమిచ్చినప్పుడు బూడిదరంగు ల్యాబ్ కోటు వేసుకున్న వ్యక్తి ఓల్టేజి పెంచమని ఉపాధ్యాయుడ్ని ఆదేశించేవాడు. 15 ఓల్టుల నుండి 30, 30 నుండి 45, అలా ఓల్టులు పెంచుతుండేవారు. పక్క గదిలోని అభ్యాసకుడు ఎంత పెద్దగా అరిచినా, ప్రమాదం తీవ్రమైన షాక్ అనే జోన్ టేవుల్ వరకు చేరినా పట్టించుకునే వారు కాదు. 350 ఓల్టులు వద్ద అభ్యాసకుడు గోడకు కొట్టుకుని నిశ్శబ్దం అయిపోయినా పట్టించుకోరు.

తన పరీక్ష సబ్జెక్టులు ఎంత వరకు వెళ్లవచ్చే అంచనా వేసి చెప్పమని మిల్‌గ్రాం తనతోటి సహచరులు దాదాపు 40 మంది మనస్తత్వ వేత్తలను అడిగాడు.

గరిష్టంగా 1 లేదా 2 శాతం కేవలం స్పష్టంగా మానసిక రోగులు వారు 450 వోల్టుల వరకు కొనసాగవచ్చునని వారంతా ముక్తకంఠంతో చెప్పారు.

ప్రయోగం తర్వాత నిజమైన షాక్ వచ్చింది: అధ్యయనంలో పాల్గొన్న 65 శాతం మంది అత్యంత తీవ్రమైన స్థితి వరకు అంటే 450 ఓల్టుల వరకు కొనసాగారు. మూడింట రెండు వంతుల మంది సాధారణ తండ్రులు, స్నేహితులు, భర్తలు, యధేచ్ఛగా ఒక అపరిచితుడి చేతిలో విద్యుదాఘాతానికి సిద్ధపడడం స్పష్టంగా కనిపించింది.

'ఎందుకు?' అంటే వారికెవరో చెప్పారు.

ఆ సమయంలో మనస్తత్వ వేత్త స్టాన్లీ మిల్గ్రాం వయస్సు 28 సంవత్సరాలు. అతను అప్పటికప్పుడు సెలబ్రిటీ అయిపోయాడు. ప్రతివార్తా పత్రిక, రేడియో స్టేషన్, టెలివిజన్ చానెళ్లన్నీ అతని ప్రయోగాన్ని కవర్ చేశాయి.

పరీక్షలో 65 శాతం మంది గుడ్డిగా నొప్పిని భరించే ఆదేశాన్ని విధేయతతో పాటిస్తారు, అని న్యూయార్క్ టైమ్స్ శీర్షికలో పేర్కొంది.

గ్యాస్ చాంబర్స్‌కి మిలియన్ల మందిని పంపగల సామర్థ్యం గలవాడు ఎలాంటివాడు? అని పేపర్ ప్రశ్నించింది. మిల్గ్రాం కనుగొన్న వాటిని గమనిస్తే సమాధానం మనకి స్పష్టంగా తెలుస్తుంది.

స్టాన్లీ మిల్ గ్రామ్ ఆయన తయారు చేసిన షాక్ మెడిసిన్ : ఉన్నత విద్యకు సంబంధించిన పూర్వగాధ

స్టాన్లీ మిల్‌గ్రాం యూదుడు. మారణహోమానికి సంబంధించిన అత్యున్నత వివరణను ప్రారంభం నుండి ఇస్తూ తన పరిశోధనను సమర్పించాడు. ముజఫర్ షెరీఫ్ మాత్రం యుద్ధం ప్రారంభమవుతుందనీ, త్వరలోనే ప్రజా సమూహాలు ఎదుర్కోవాల్సి వస్తుందని ఊహించాడు. జింబార్డో (అతను మిల్‌గ్రాంతో కలిసి స్కూల్‌కి వెళ్లాడు) ఏమన్నాడంటే మనం యూనిఫారం ధరించిన వెంటనే రాక్షసులుగా మారిపోతామనీ, మిల్‌గ్రాం వివరణ చాలా స్పష్టమైంది. అత్యంత తెలివైనది అంటూనే, వీటితో బాటు మరింత కలవరపెట్టేదిగా ఉందన్నాడు.

ఇదంతా అధికారంపై ఆధారపడి ఉందని మిల్‌గ్రాం అభిప్రాయం. మనుష్యులు గుడ్డిగా ఆదేశాలను పాటించేవారంటాడు.

యేల్‌లో నేలమాళిగలో ఉన్న తన ప్రయోగశాలలో ఎదిగిన వ్యక్తులు ఆలోచనలేని పిల్లల్లాగా శిక్షణ పొందిన పెద్ద సైజు కుక్కల్లాగా మారి 'కూర్చో' 'కదులు' లేదా "బ్రిడ్జ్‌పై నుండి దూకు" వంటి ఆదేశాలను సంతోషంగా పాటిస్తున్నారు. ఇదంతా కూడా యుద్ధం తర్వాత నాజీలు చేసినట్లుగానే వింతగా ఉంది. ఒక పాత పద బంధం: ఆదేశాలంటే ఆదేశాలే. అంతే దానినే కొనసాగిస్తున్నారు. మిల్‌గ్రాం ఇందులో ఒకే ఒక్క ముగింపును తీసుకోవాల్సి ఉంటుంది.

మానవ స్వభావం రూపొందించబడిన ప్రాణాంతకమైన లోపం వల్ల ఏర్పడుతుంది. అది మనల్ని విధేయత కలిగిన కుక్కపిల్లల్లా ప్రవర్తించేలా, అత్యంత భయంకరమైన పనులు చేసేలా తయారుచేస్తుంది.

అమెరికా సంయుక్త రాష్ట్రాలలోని ఏదైనా మధ్యతరహా అమెరికన్ పట్టణంలో మృత్యు శిబిరాల వ్యవస్థను ఏర్పాటు చేస్తే వాటికి తగినంత మంది సిబ్బందిని కూడా సమకూర్చుకోవాల్సి ఉంటుందని మనస్తత్వ వేత్త అన్నారు. మిల్‌గ్రాం ప్రయోగ సమయం సరిగ్గాలేదు. మొదటి వాలంటీర్ అతని ప్రయోగశాలలోకి వచ్చినరోజే ఒక వివాదాస్పద విచారణ చివరి వారంలోకి వచ్చింది. నాజీ యుద్ధ నేరస్థుడు అడాల్ఫ్ ఐచ్‌మన్‌ను జెరూసలేంలో 700 మంది జర్నలిస్ట్‌ల కళ్ల ముందే విచారించారు. అందులో యూదు తత్వవేత్త హన్నా ఆరెండ్ కూడా ఉన్నాడు. ఆయన న్యూయార్క్ మ్యాగ్‌జైన్‌లో ఈ కేసుపై రిపోర్ట్‌ను రాశారు. అతని నిర్బంధానికి ముందు జరిపిన విచారణలో ఆరుగురు నిపుణులు అతని మానసిక స్థితిని అంచనా వేయడానికి పరీక్షించారు. వారిలో ఏ ఒక్కరూ కూడా అతనిలో ప్రవర్తనా రుగ్మత లక్షణాలను కనుగొనలేదు. అందులో ఒక డాక్టర్ మాత్రం ఒక వింత విషయం కనుగొన్నారు. అదేమిటంటే అతను సాధారణ స్థితి కన్నా కూడా అత్యంత సాధారణంగా ఉన్నాడన్నారు. ఐచ్‌మాన్ సైకోపాత్ లేదా రాక్షసుడు కాదని ఆరెండ్ రాశాడు.

అతను మిల్‌గ్రాం ప్రయోగశాలకు వచ్చిన క్షురకులు, వస్తుమార్పిడి వ్యాపారులు, బిల్డర్లు, వ్యాపారవేత్తలలాగే అతి సామాన్యుడన్నారు.

ఆమె తన పుస్తకం చివరి వాక్యంలో ఈ విషయాన్ని చెడుకున్న సామాన్యతగా నిర్ధారిస్తూ పేర్కొంది. మిల్‌గ్రాం అధ్యయనం, ఆరెండ్ తత్వ శాస్త్రం అప్పటి నుండి ముడిపడి ఉన్నాయి.

హన్నా ఆరెండ్ ఇరవయ్యవ శతాబ్దపు గొప్ప తత్వవేత్తలలో ఒకరిగా పరిగణించబడ్డారు. స్టాన్లీ మిల్‌గ్రాం తన సిద్ధాంతాన్ని నిర్ధారించే రుజువుని అందించారు.

మొత్తం డాక్యుమెంటరీలు, నవలలు, రంగస్థల నాటకాలు, టెలివిజన్ ధారావాహికల హోస్ట్ మిల్‌గ్రాం ప్రసిద్ధ షాక్ యంత్రానికి అంకితమయ్యారు.

దీనిని జాన్‌ట్రవోల్టా చలన చిత్రాలు మొదలుకుని సింపన్స్ ఎపిసోడ్స్, ఫ్రెంచ్ టీవిలో గేమ్‌షో వరకు ప్రతిదానిలో ప్రదర్శించారు. ''సామాజిక మనస్తత్వ శాస్త్రరంగంలో, బహుశా మనస్తత్వ శాస్త్రంలోనే మిల్‌గ్రాం విధేయతా ప్రయోగం మానవ విజ్ఞానానికి ఏకైక గొప్పవరం,'' అని తోటి మనస్తత్వ వేత్త ముజాఫర్ షెరీఫ్ కూడా దీనిని గురించి చెప్పేంత వరకు వెళ్ళారు.

నేను నిజాయితీగా ఉంటాను. వాస్తవానికి నేను మిల్‌గ్రాం ప్రయోగాలను క్రాష్ చేయాలనుకున్నాను. ఈ పుస్తకాన్ని రాసేటప్పుడు ప్రజలలో మంచి ఛాంపియన్స్, పెద్ద ఛాలెంజర్లు అనేక మంది ఈ జాబితాలో ఉన్నారు. విలియం గేల్డింగ్ అతని చీకటి ఊహ, రిచర్డ్ డాకిన్స్ అతని స్వార్ధపూరిత జన్యువులు, జారెడ్ డైమండ్ అతని నిరుత్సాహపరిచే ఈస్టర్ ద్వీపం కథ, ఇకపోతే ఫిలిప్ జింబార్డో ప్రపంచంలోనే అత్యంత ప్రముఖుడైన మనస్తత్వ వేత్త.

కానీ నా జాబితాలో అగ్రస్థానాన్న ఉన్నది స్టాన్లీ మిల్గ్ గ్రాం. ఇంత విరక్తిగా, నిరుత్సాహపరిచే ఇతర అధ్యయనాలు ఉంటాయని నేను అనుకోను, కానీ మరోవైపు షాకింగ్ మిషన్ వంటి ప్రఖ్యాతిగాంచిన ప్రయోగాలు. కొన్ని నెలల పరిశోధన పూర్తి చేసిన సమయంలో, అతని వారసత్వంలో స్థిరపడడానికి తగినంత విషయాన్ని సేకరించుకోగలిగానని భావించాను.

ప్రారంభకుల కోసం అతని వ్యక్తిగత ఆర్కైవ్స్ ఉన్నాయి. వాటిని ప్రజల కోసం ఇటీవల అందుబాటులోకి తెచ్చారు. అందులో కొంత చెత్తకూడా ఉందనే విషయం తెలుస్తుంది.

ఆర్కైవల్ మెటీరియల్ అందుబాటులో ఉందని నేను విన్నప్పుడు. గినా పెర్రీ నా మెల్ బోర్న్ సందర్శన సమయంలో, ''తెర వెనుక ఏం జరిగిందో చూడాలని నాకు చాలా కుతూహలంగా ఉంది.'' అన్నారు (ఇదే గినా పెర్రీ ''దొంగల గుహ ప్రయోగం'' అంతా మోసం అని బహిర్గతం చేశారు. అధ్యాయం 7 చూడండి.)

పెర్రీ నిరాశ ప్రక్రియగా పేర్కొనే దానిని ప్రారంభించింది. తాను కనుగొన్న విషయాలను డాక్యుమెంట్ చేసే ఒక దారుణమైన పుస్తకంలో ఇది ముగుస్తుంది. ఆమె కనుగొన్న విషయాలు ఆమెను మిల్ గ్రాం అభిమానికి తీవ్ర విమర్శకురాలిగా మార్చాయి.

పెర్రీ కనుగొన్నవాటిని మొదట పరిశీలిద్దాం. మళ్లీ ఇది ప్రతిష్ట, ప్రశంసల వెంట నడిచే మనస్తత్వ వేత్త కథ. ఒక వ్యక్తితాను కోరుకున్న ఫలితాలను పొందడానికి తప్పుదారి పట్టించాడు. తారుమారు చేశాడు. తనకు సహాయం చేయాలనుకునే విశ్వసనీయమైన వ్యక్తులకు ఉద్దేశ్య పూర్వకంగా తీవ్రమైన బాధను కలిగించిన వ్యక్తి.

2

ప్రయోగం యొక్కచివరి మూడు రోజులు 1962 మే 25 వ తేదిన మొదలైనాయి. ఏదో మిస్ అయినట్లు మిల్ గ్రాం గ్రహించే సమయానికి దాదాపు వేయి మంది వలం టీర్లు షాక్ మిషన్ వద్ద ఉన్నారు. ఫొటోలు ఇందులో పాల్గొంటున్న వారి యాక్షన్లను రికార్డు చేయడానికి రహస్య కెమెరాను త్వర త్వరగా ఏర్పాటు చేశారు.

ఈ సెషన్లలోనే మిల్ గ్రాం తన ప్రధాన సబ్జెక్ట్ ని కనుగొన్నాడు. అతని పేరు చెడుకున్న సామాన్యతకు పర్యాయపదంగా మారుతుంది. లేదా అతని మారు పేరు "ఫ్రెడ్‌ప్రోజీ" అవుతుంది.

మీరు ఎప్పుడైనా మిల్ గ్రాం ప్రయోగాల పుటేజీని, వందలాది డాక్యుమెంటరీలలో ఒకదానిలో లేదా యూట్యూబ్‌లోని క్లిప్‌లో చూసినట్లయితే, మీరు బహుశా ప్రోజీని చర్యలో చూసి ఉండవచ్చు.

జింబార్డో ఖైదీ 8612 లాగా ఫ్రెడ్ ప్రోజీ రికార్డింగులు మిల్ గ్రాం సందేశం ఇంటికి చేరేలా చేశాయి.

మేము స్నేహ పూర్వకంగా కనిపించే దాదాపు యాభై సంవత్సరాల వయస్సుగల వ్యక్తిని చూస్తాం. అతను అయుష్టతను ప్రదర్శిస్తూనే అతను అయిష్టతను ప్రదర్శిస్తూనే అతను చెప్పినట్లు చేస్తాడు. ''కానీ అక్కడ చనిపోయింది అతనే కావచ్చు! అతను ఎంతో బాధతో ఏడుస్తాడు. ఆ తర్వాత మరోస్విచ్ నొక్కాడు.

డ్రామాను చూస్తూంటే అది వీక్షకుడ్ని కళ్లార్పకుండా చూసేలా కట్టిపడేస్తుంది. ఇద్దరూ భయంతో, కుతూహలంతో ప్రోజీ ఎంత దూరం వెళ్తాడా అని చూస్తున్నారు. దీనిని టెలివిజన్ చాలా సంచలనాత్మకంగా రక్తికట్టిస్తుందన్న విషయం మిల్‌గ్రాంకి తెలుసు. ప్రోజీ ప్రదర్శించిన తీరును బ్రహ్మాండంగా ఉందని కొనియాడారు. అతను పోజీ యొక్క సంపూర్ణ పదవీ త్యాగం, అద్భుతమైన ఉద్రికతలకు ఉద్వేగ భరితుడై తన సినిమాలో అతడిని ప్రధాన పాత్రకు ఉపయోగించుకోవాలని నిర్ణయించుకున్నాడు.

మిల్‌గ్రాం శాస్త్రవేత్త కంటే కూడా డైరెక్టర్‌గా ఎక్కువగా కనిపిస్తున్నాడని మీరు భావిస్తూ ఉన్నట్లయితే, అది వాస్తవం అని అనిపించడానికి మరెంతో సమయం పట్టదు. త్వరలోనే మీరు అతని వాస్తవ వృతి కన్నా డైరెక్టర్ గా ఎక్కువగా కనిపించనున్నాడు. అతని స్క్రిప్ట్‌లో ఉన్నదానికి ఎవరైనా విరుద్ధంగా ప్రవర్తిస్తే, ఎంతో ఒత్తిడి చేసి తిరిగి తన దారిలోకి తెచ్చుకుంటాడు. బూడిద రంగు ల్యాబ్ కోటు వేసుకున్న వ్యక్తి జీవశాస్త్ర ఉపాధ్యాయుడు, అతడ్ని మిల్‌గ్రాం పనికోసం తెచ్చుకున్నాడు. అతని పేరు జాన్ విలియమ్స్. అక్కడికి వచ్చిన వ్యక్తులు అధిక స్థాయి స్విచ్‌లను కనీసం ఎనిమిది లేదా తొమ్మిది సార్లు నొక్కేలా చేయించగలడు. షాక్ మిషన్‌ని ఆపేసిన 46 సంవత్సరాల వయస్సుగల మహిళ చేతిలో అతను చివరికి దెబ్బలు కూడా తిన్నాడు. విలియమ్స్ తిరిగి మిషన్‌ను ఆన్ చేసి ఆమె కొనసాగేలా డిమాండ్ చేశాడు. "అధికారానికి బానిస విధేయతగా" పేర్కొంటూ ఈ రికార్డింగ్‌లను వింటుంటే ఎప్పుడూ బెదిరింపులు, బలవంతం చేయడం వంటి శబ్దాలే వస్తాయని గీనా పెర్రీ రాశారు.

నిజమైన షాకులనే అమలు చేశారా వంటి ప్రయోగాత్మక విషయాలను విశ్వసించారా లేదా అనేది కీలకమైన ప్రశ్న. ప్రయోగం జరిగిన కొంతకాలం తర్వాత, కొన్ని మినహాయింపులతో ప్రయోగాత్మక పరిస్థితి వాస్తవికతపై వారిని ఒప్పించగలిగినట్లు. "మిల్‌గ్రాం రాశారు. అయినప్పటికీ ఇందులో పాల్గొన్న వారు సందేహాలతో వెలిబుచ్చిన వివరణలతో ఆర్కైవ్స్ నిండి ఉన్నాయి. ఈ పరిస్థితి ఎంత వింతగా అనిపించిందో అనేది ఆలోచిస్తే బహుశా ఇది మీకు ఆశ్చర్యం కలిగించకపోవచ్చు. ప్రతిష్టాత్మకమైన 'యేల్' వంటి సంస్థలలో శాస్త్రవేత్తల పర్యవేక్షణలో ఎవరినైనా చిత్రహింసలు పెడుతున్నారు, చంపుతున్నారంటే ప్రజలు తీవ్రంగా విశ్వసిస్తారని భావిస్తారా?

అధ్యయనం ముగిసిన తర్వాత మిల్‌గ్రాం అందులో పాల్గొన్నవారికి ఒక ప్రశ్నాపత్రం పంపారు. అందులో ఒక ప్రశ్న "మీరు కనుగొన్న పరిస్థితిని ఎంత వరకు నమ్మవచ్చనుకుంటున్నారు?" ఈ ప్రయోగాలకు సంబంధించి పది సంవత్సరాల తర్వాత ప్రచురించిన అతని పుస్తకం చివరి అధ్యాయంలో ఆయన వారి సమాధానాలను ప్రచురించారు. దీనిని బట్టి ఇందులో పాల్గొన్న వారిలో కేవలం 56 శాతం మంది మాత్రమే అభ్యసించేవారికి నిజమైన బాధ కలిగించారని విశ్వసించినట్లు తెలుస్తోంది. అంతేకాదు ఒక వేళ షాక్స్ నిజమైనవని వారు విశ్వసించి ఉంటే పాల్గొన్నవారిలో అత్యధికశాతం మంది ప్రయోగం నుండి నిష్క్రమించి ఉండే వారని ప్రచురణకు నోచుకోని మిల్‌గ్రాం సహాయకుల్లో ఒకరి విశ్లేషణ వెల్లడించింది.

కాబట్టి పాల్గొన్నవారిలో దాదాపు సగం మంది ఈ ప్రయోగం అంతా మోసం అని అనుకుని ఉంటే మిల్‌గ్రాం పరిశోధన ఏమై ఉండేది?

తన ఆవిష్కరణలు, మానవ స్వభావంలోని యొక్క గాఢమైన, కలవర పరిచే సత్యాలని బహిరంగంగా మిల్‌గ్రాం అభివర్ణిస్తూ వెల్లడించినప్పటికీ వ్యక్తిగతంగా అతనికి సందేహాలున్నాయి.

పెద్ద ఎత్తున చేస్తున్న ఈ ప్రయోగం ముఖ్యమైన శాస్త్రాన్ని సూచిస్తుందా లేక కేవలం ప్రభావవంతమైన థియేటర్‌గా ఉంటుందా అనేది బహిరంగ ప్రశ్న, 1962 జూన్‌లో ఆయన తన వ్యక్తిగత జర్నల్‌లో తాను చివరి వివరణను అంగీకరించడానికే మొగ్గు చూపుతున్నట్లు రాసుకున్నాడు. మిల్‌గ్రాం 1963లో తన ఫలితాలను ప్రచురించినప్పుడు అతని షాక్ ప్రయోగం జుగుప్సకలిగించింది. బహిరంగ చిత్రహింసలు, క్షుద్రమైన, నాజీల మానవ ప్రయోగాల అడుగుజాడలలో, ఇవన్నీ అతను చేసిన పనులను వర్ణించే కొన్ని మార్గాలు మాత్రమే.

ప్రజల నుండి తీవ్ర విమర్శలు రావడంతో ప్రయోగాత్మక పరిశోధనలకు నైతిక మార్గదర్శకాల రూపకల్పనకు దారితీసింది. మిల్‌గ్రాం మరో రహస్యాన్ని దాచిపెట్టాడు. ప్రయోగంలో షాక్స్ నిజమైనవి కావనే విషయాన్ని ప్రయోగంలో పాల్గొన్న దాదాపు 600మందికి ఆ తర్వాత తెలియజేయకుండా దాచి పెట్టాడు. తన పరిశోధనకు సంబంధించిన వాస్తవాలు బయటపడితే ఇకపై తన పరీక్షకు కావాల్సిన వారు రారేమోనని భయపడ్డాడు. దాంతో వారు మరో వ్యక్తిని విద్యుదాఘాతానికి గురిచేశామేమోననే భ్రమలో ఉండిపోయేలా

చేశాడు. ప్రయోగం జరిగిన సుమారు రెండు వారాల తర్వాత నేను న్యూహెవెన్ రిజిస్టర్‌లోని డెత్ నోటీసులను తనిఖీ చేశాను. ఎందుకంటే అభ్యాసకులుగా పిలవబడే వారి మరణంలో నేను పాల్గొన్నానా లేక అందుకు దోహదపడే కారకంగా ఉన్నా నా అని తెలుసుకోవడానికి అని తర్వాత ఒకరు చెప్పారు.

3

ఈ అధ్యాయం మొదటి కథనంలో నేను దానిని వదిలిపెట్టాను. చివరగా నేను చెప్పదలుచుకున్న దేమిటంటే ఫిలిప్ జింబార్డో శాడిస్టిక్ నాటకం నటనలాగా మిల్‌గ్రాం పరిశోధన ఒక ప్రహసనంలా ఉంది. కానీ జినా పెర్రీని కలిసిన కొన్ని నెలల తర్వాత నన్ను ఒక సందేహం పీడించసాగింది.

షాక్ మిషన్‌ని ఫుట్‌పాత్‌పైకి తన్నడానికి నేను కొద్దిగా ఆసక్తి చూపిస్తున్నానా? అనే సందేహం. నేను దాదాపు నలభై మంది సహోద్యోగులతో మిల్‌గ్రాం ఎంపిక గురించి చర్చించాను. పూర్తి 450 వోల్ట్‌ల వరకు ఎంతమంది వెళ్తారో అంచనా వేయమని వారిని అడిగాను. కలవరం చెందేవారు, లేదా చాపల్యం ఉన్నవారు మాత్రమే ఫైనల్ స్విచ్‌నొక్కుతారని వారిలో ప్రతి ఒక్కరు చెప్పారు.

ఒక విషయం కచ్చితం: ఆనిపుణులు కూడా చాలా తప్పుగా ఉన్నారు. మిల్‌గ్రాం పక్షపాత దృక్కోణానికి కారకాలలో సతాయించే సహాయకుడు, తన వాలంటీర్లలో సంశయం చాలా మంది అధికారానికి తలవంచడం వంటివి ఉన్నాయి. అనేక మంది సాధారణ వ్యక్తులు షాక్స్ నిజమని నమ్మడం, "అత్యధిక స్విచ్"ని నొక్కడం కొనసాగించడం చేశారు. మీరెలా దానిని చూశారన్నది పక్కనబెడితే, మిల్‌గ్రాం ఫలితాలు మాత్రం తీవ్రంగానే కలవరపరిచాయి. ఇవి కేవలం మిల్‌గ్రాం ఫలితాలు మాత్రమే కాదు, ప్రపంచవ్యాప్తంగా మనస్తత్వ వేత్తలు అతని షాక్ ప్రయోగాన్ని కొద్దిపాటి మార్పులతో (స్వల్ప వ్యవధివంటివి) విశ్వవిద్యాలయ నీతి బోర్డులను సంతృప్తి పరచడానికి పునరావృతం చేశారు.

ఈ అధ్యయనాలను ఎంతయినా విమర్శించవచ్చు. అయితే సహించలేని వాస్తవం ఏమిటంటే, పదే పదే ఫలితం అదే వస్తుంది.

మిల్‌గ్రాం పరిశోధన అజేయమైనది. బుల్లెట్ ప్రూఫ్ జాంబీ చనిపోవడానికి తిరస్కరించినట్లు ఉంది, అది తిరిగి వస్తూనే ఉంటుంది. ప్రజలు దానిని పడగొట్టడానికి ప్రయత్నించారు. అది ఎల్లప్పుడూ నిటారుగానే ఉంటుంది. అని ఒక అమెరికన్ మనస్తత్వవేత్త వ్యాఖ్యానించారు.

సాధారణ మానవులు కూడా స్పష్టంగా ఒకరిపట్ల మరొకరు భయంకరమైన క్రూరత్వాన్ని కలిగి ఉంటారు. కానీ ఎందుకు? మరి హోమో కుక్కపిల్ల 450 వోల్ట్ స్విచ్‌ని ఎందుకు తాకింది? మనం దయగా ఉండడానికి ఇబ్బంది పడ్తున్నామా? నేను సమాధానం చెప్పాల్సిన అవసరం ఉన్న ప్రశ్న అది. నేను ఆశ్చర్యపోయిన విషయం ఏమిటంటే మిల్‌గ్రాం

విధేయత ప్రయోగాలు నిజంగానే విధేయతను పరీక్షించాయా? ఆయన విలియమ్స్ కోసం రాసిన స్క్రిప్ట్‌ని తీసుకుంటే బూడిదరంగు ల్యాబ్ కోట్ ధరించిన ప్రయోగకర్త: నాలుగు నిర్దిష్ట ప్రాడ్స్‌కి తీవ్రమైన అంశాలను ఇవ్వాల్సిందిగా అతనిని ఆదేశించడం జరిగింది.

మొదటిది: దయచేసి కొనసాగించు

తర్వాతది: ప్రయోగాన్ని మీరు కొనసాగించాల్సిన అవసరం ఉంది.

ఆ తర్వాతది: మీరు కొనసాగించడం కచ్చితంగా అవసరం

ఇక చివరిగా మాత్రమే: నీకు వేరే మార్గంలేదు. నువ్వు ముందుకు నడవాల్సిందే.

కేవలం చివరిలైన్ మాత్రమే ఆదేశమని ఆధునిక మనస్తత్వ వేత్తలు ఎత్తిచూపారు. టేపులను కానీ విన్నట్లయితే, విలయం ఈ పదాలను ఉచ్చరించగానే అందరూ ఆగిపోయారు. దీని ప్రభావం తక్షణం అవిధేయత. ఇది 1961లో వాస్తవమైనది. అప్పటి నుండి మిల్‌గ్రాం ప్రయోగాల పునరావృత్తిలోను ఇది వాస్తవం. మిల్‌గ్రాం షాక్ మిషన్స్ వద్ద వందలాది సెషన్ల శ్రమతో కూడిన విశ్లేషణలు ఇంకా ఏమి వెల్లడించాయంటే అవిధేయత మరింతగా పెరిగిపోవడం వల్ల బూడిద రంగు కోటు ధరించిన వ్యక్తికి మరింత భారం పెరిగిందని తెలిపాయి.

మరో రకంగా చెప్పాలంటే: హోమో కుక్కపిల్ల అధికారుల ఆదేశాలను తెలివితక్కువగా అనుసరించలేదు.

యజమాని ప్రవర్తన స్పష్టమైన విరక్తిగా మార్చేసినట్లు తేలింది. అలాంటప్పుడు మిల్‌గ్రాం వారిని స్విచ్‌లు నొక్కేలా ఎలా ప్రేరేపించగలిగాడు? బీబీసీ జైలు అధ్యయనం వెనుక ఉన్న (ఏడవ అధ్యాయం చూడండి) మనస్తత్వ వేత్తలు అలెక్స్ హస్లామ్, స్టీవ్‌రీచర్ ఒక గమ్మత్తయిన సిద్ధాంతంతో ముందుకు వచ్చారు.

బూడిద రంగు కోటు ప్రయోగకర్తకు లోబడడం కంటే, అతనితో చేరాలని ప్రయోగంలో పాల్గొనేవారు నిర్ణయించుకున్నారు. ఎందుకు? ఎందుకంటే వారు అతనిని విశ్వసించారు. అధ్యయనానికి స్వచ్ఛందంగా వచ్చినవారు తాము సహాయం చేయడానికి వచ్చినట్లు ఫీల్ అవడాన్ని హస్లామ్, రీచెర్ గమనించారు. విలియం చేస్తున్నపనికి తాము సహాయపడాలనుకున్నారు.

మిల్‌గ్రాం యేల్ కున్న ఉన్నతమైన అమెరికాకు విరుద్ధంగా సాదా కార్యాలయంలో ప్రయోగాన్ని నిర్వహించినప్పుడు సాధారణ సద్భావన శాతం ఎందుకు క్షీణించిందో ఇది వివరిస్తుంది. శాస్త్రీయ లక్ష్యాన్ని (ప్రయోగానికి మీరు కొనసాగించాల్సిన అవసరం వంటిది) 'ప్రోడ్స్' ఎందుకు అత్యంత ప్రభావవంతంగా ఉన్నాయో అందులో పాల్గొనేవారు బుద్ధిహీనమైన రోబోట్‌ల్లా ఎందుకు ప్రవర్తిం చారో, సందేహంతో ఎందుకు ప్రవర్తించారో కూడా ఇది వివరించగలదు. ఒక పక్కన టీచర్లు సిమెంట్ రంగు ల్యాబ్ కోట్ వేసుకున్న వ్యక్తితో గుర్తింపు పొందుతున్నారు. అతను పదే పదే ఇదంతా శాస్త్రీయ పరమైన ఆసక్తితో జరుగుతున్నదని చెప్తూ ఉంటాడు. మరో పక్క వారు పక్క గదిలో ఇబ్బంది పడ్తున్న అభ్యాసకుల్ని విస్మరించలేకపోతున్నారు. అందులో పాల్గొంటున్నవారు పదే పదే ఇక నేను

ఇందులో కొనసాగలేను, నేను వదిలేస్తాను అని మరో స్విచ్ దిశగా అడుగులేస్తున్నప్పటికీ అరుస్తూనే ఉన్నారు.

మెదడు పక్షవాతంతో బాధపడుతున్న తన ఆరు సంవత్సరాల కుమార్తె కోసం తాను నిరంతరం ప్రయత్నిస్తున్నాననీ ఏదో ఒక రోజు వైద్యరంగంలో దీనికి చికిత్స లభిస్తుందని ఆశతో చేస్తున్నానని ఒక వ్యక్తి ఆ తర్వాత చెప్పాడు. చూడండి, మానవాళికి సహాయం చేయడానికి నేను సిద్ధంగా ఉన్నాను అని మాత్రమే చెప్పగలను. దానిని ఆ విధంగానే చూద్దాం.

దీనికి అనుగుణంగా మిల్‌గ్రాం కూడా తాను చేపట్టిన ఈ కార్యక్రమం సైన్స్‌కి ఎంతో మేలు చేస్తుందనీ చెప్పడంతో చాలా మంది ఎంతో సంతోషంతో ఊపిరిపీల్చుకున్నారు. "నేను ఈ సేవలో భాగస్వామిని అయినందుకు సంతోషంగా ఉంది" అని అందరిది ఒకేరకమైన స్పందన. మంచి అనేది వచ్చే వరకు మీ ప్రయోగాన్ని కొనసాగించండి, అని ముక్త కంఠంతో అంటున్నారు. మన ఈ వెర్రి మిశ్రమ ప్రపంచంలో ప్రతి ఒక్కదానిలో మంచితనం అవసరం.

70వ దశకంలో మిల్‌గ్రాం ప్రయోగాన్ని సైకాలజిస్ట్ డాన్ మిక్సన్ పునరావృతం చేసినప్పుడు ఇదే నిర్ధారణకు వచ్చాడు. "వాస్తవానికి ప్రజలు మంచిగా ఉండడానికి ఎంత వరకైనా వెళతారు. ఎంతటి బాధనైనా అనుభవిస్తారు. మంచిగా ఉండాలనే ప్రయత్నంలో ప్రజలు చిక్కుకున్నారు" అని ఆ తర్వాత అతను పేర్కొన్నాడు.

మరో మాటలో చెప్పాలంటే మీరు ప్రజలను మీ శాయశక్తులా నెట్టివేసి, పొడిచి, గిచ్చి ప్రలోభపెట్టి, మోసపుచ్చితే మనలో చాలామంది నిజంగానే చెడు పనులు చేయగలరు. నరకానికి మార్గం మంచి ఉద్దేశ్యంతోనే సుగమం చేయబడింది. కానీ చెడు ఉపరితలం కింద ఉండదు. అది బయటకు రావడానికి అపారమైన కృషి చేస్తుంది. మరీ ముఖ్యంగా చెడు మంచి చేస్తున్నముసుగులో ఉంటుంది.

హాస్యాస్పదమైన విషయం ఏమిటంటే, స్టాన్‌ఫోర్డ్ జైలు ప్రయోగంలో మంచి ఉద్దేశ్యాలు కూడా ప్రధాన పాత్ర పోషించాయి.

(అధ్యాయం 7 నుంచి)

ఒక వేళ అలా చేయమని, అతను స్పష్టంగా సూచించకపోయినా, తాను విషయాలను అంతదూరం తీసుకెళ్లగలిగేవాడా అని విద్యార్థి గార్డ్ డేవ్ ఎషల్మాన్ ఆశ్చర్యపోతూ, తనను తాను హృదయమున్న శాస్త్రవేత్తగా కూడా అభివర్ణించుకున్నాడు. ఆ తర్వాత, తాను సానుకూలంగా ఏదో చేసినట్లు చెప్పాడు, ఎందుకంటే మానవస్వభావాన్ని అర్థం చేసుకొనే మార్గంలో కొన్నింటిలో తాను సహకరించానన్నాడు. అసలైన జైలు అధ్యయన భావనతో ముందుకు వచ్చిన జింబార్డో సహాయకుడు డేవిడ్ జాఫ్‌కి కూడా ఇది వర్తిస్తుంది. ఈ అధ్యయనం వెనుక ఉన్న గొప్ప ఉద్దేశ్యాలను ఎత్తిచూపడం ద్వారా మరింత కఠినంగా వ్యవహరించేలా మంచి ఉద్దేశ్యాలతో వచ్చిన గార్డులను జాఫ్ ప్రోత్సహించాడు.

"మనం ఏమి చేయాలనుకుంటున్నాం, అనేది మనం ఈ ప్రపంచానికి చేసి చూపించగలగాలి. ఇప్పుడు చూడండి" మీరు గార్డులు ఈవిధంగా ప్రవర్తిస్తేనే మనం అనుకున్నది సాధించగలుగుతాం. ఆక్రమంలో ఆ విధంగా ప్రవర్తించేగార్డులు మనకు ఉండాలి" అని ఏమి చేయాలా అని ఊగిసలాడుతున్న గార్డుతో జాఫ్ అన్నాడు.

చివరికి డేవిడ్ జాఫ్, ఫిలిప్ జింబార్డో జైలు వ్యవస్థను సమగ్రంగా మార్చే దిశగా తమ పని జరగాలనుకున్నారు. ఆశాజనకమైన ఈ అధ్యయనం నుండి వచ్చేతీవ్రమైన సిఫార్సులు సంస్కరణల కోసమని జాఫ్ గార్డుకి హామీ ఇచ్చారు. అదే తమ ధ్యేయమన్నారు. మనమందరం శాడిస్టుల మవ్వడంతో మనం దీన్ని చేయడానికి ప్రయత్నించడంలేదు.

4

అది మనల్ని తిరిగి అడాల్ఫ్ ఐచ్మన్ వద్దకు తీసుకెళ్తుంది. 1961 ఏప్రిల్ 11వ తేదీని యుద్ధ నేరాలకు సంబంధించి నాజీ అధికారి విచారణ ప్రారంభమైంది. ఆ తర్వాత 14 వారాల్లో వందలాది మంది సాక్షుల అభిప్రాయం తీసుకున్నారు. ఐచ్మన్ ఎంతటి రాక్షసుడో చూపించడానికి 14 వారాల పాటు ప్రాసిక్యూషన్ తన వంతు కృషి చేసింది. ఇది ఒక కోర్టు కేసుకంటే ఎక్కువ. ఇది ఒక అతిపెద్ద చరిత్రపాఠం. లక్షలాది మంది ప్రజలు ట్యూన్ చేసిన మీడియా దృశ్యం. వీరిలో స్టాన్లీ మిల్గ్రాం కూడా ఉన్నారు. విచారణ పురోగతిని నిశితంగా పరిశీలించిన అతనిని ఆయన భార్య వ్యసనం సోకినవాడిగా అభివర్ణిస్తారు.

ఇంతలో హన్నా అరెండ్కి కోర్టు గదిలో సీటు వచ్చింది. ఆ తర్వాత ఆమె ఐచ్మన్తో ఉన్న ఇబ్బంది గురించి రాస్తూ, చాలా మంచి కచ్చితంగా వక్రబుద్ధి గలవారిగానో శాడిస్టులుగానో అతని లాగే ఉన్నారని వారు, చాలా భయంకరంగా ఇప్పటికీ ఉన్నారన్నారు. తరువాతి సంవత్సరాలలో మనలో ప్రతి ఒక్కరిలో ఉండే సాధారణమైన చెడుకి ప్రతీకగా బుద్ధి హీనుడైన పరోక్ష హంతకుడిగా ఐచ్మన్ మిగిలిపోయాడు.

ఇటీవలి కాలంలో చరిత్రకారులు కొన్ని భిన్నమైన ముగింపులకు వచ్చారు. ఇజ్రాయిల్ రహస్య సంస్థ 1960లో ఐచ్మన్ని పట్టుకున్నప్పుడు అతను అర్జెంటీనాలో దాక్కుని ఉన్నాడు. అక్కడ మాజీ డ్ ఎస్ఎస్ అధికారి విల్లెం సస్సెన్ కొన్ని నెలల పాటు ఐచ్మన్ని ఇంటర్వ్యూ చేశారు. మారణహోమం అనేది నాజీల పాలనను అప్రతిష్టపాలు చేయడానికి కల్పించిన అబద్ధమని ఐచ్మన్ చేత ఒప్పించాలని సస్సెన్ ఆశించాండుగానీ, లాభం లేకపోవడంతో నిరాశచెందాడు.

"నేనేం పశ్చాత్తాపపడడం లేదు" అన్నాడు ఐచ్మన్. లేదా అతను 1945లోనే ఈ విధంగా ప్రకటించాడు. "నేను నవ్వుతూ నా సమాధిలోకి దూకుతాను. ఎందుకంటే ఐదు మిలియన్ల మంది మనుష్యులు నాలో ఉన్నారనే మనస్సాక్షి నాకు అసాధారణమైన సంతృప్తికి మూలం."

వికృతమైన ఆలోచనలు, కల్పనలతో నిండిఉన్న పదమూడు వందల పేజీల ఇంటర్వ్యూలను చదివితే ఐచ్మాన్ మెదడులేని బ్యూరోక్రాట్ కాదనేది స్పష్టంగా కనిపిస్తుంది. అతను ఒక మతోన్మాది. అతను ఉదాసీనతతో కాదు నమ్మకంతో వ్యవహరించాడు. మిల్గ్రామ్ ప్రయోగాత్మక విషయాలలాగే అతను చెడుచేశాడు. ఎందుకంటే అతను తను మంచి చేస్తున్నానని నమ్మాడు.

అతని విచారణ సమయంలో సాసెన్ ఇంటర్వ్యూల ట్రాన్స్ స్క్రిప్ట్స్ అందుబాటులో ఉన్నప్పటికీ, వాటి ప్రామాణికతపై ఐచ్‌మాన్ సందేహం వ్యక్తం చేస్తూ, ప్రపంచం మొత్తాన్ని తప్పుదోవ పట్టించడంలో విజయం సాధించాడు. ఆ సమయంలో ఇంటర్వ్యూ టేపులు కోబ్లెంజ్‌లోని బుండె సర్చివ్‌లో అచ్చేవేయబడినాయి. తత్వవేత్త బెట్టినా స్టాంగ్నెత్ యాభై సంవత్సరాల తర్వాత వాటిని అక్కడ కనుగొన్నారు. ఆమె విన్నవన్నీ సాసెన్స్ ట్రాన్స్ స్క్రిప్ట్స్ వాస్తవమని ధృవీకరించాయి. అడాల్ఫ్ హిట్లర్ లేదా నాపైన గల ఏ ఒక్క ఉన్నతాధికారి నుండి ముందుగా ఆదేశాలు లేకుండా నేను పెద్దది లేదా ఏ చిన్నపని కూడా చేయలేదు అని ఐచ్‌మన్ విచారణ సమయంలో వాంగ్మూలం ఇచ్చారు. ఇది నిస్సిగ్గుగా చెప్పిన అబద్ధం. ఈ అబద్ధాన్నే లెక్కలేనంత మంది నాజీలు చిలకపలుకులుగా పలికారు. "మేము ఆదేశాలు పాటించామంతే" అని చెప్పారు. థర్డ్ రీచ్ బ్యూరోక్రాటిక్ యంత్రాంగం లోపల జారీ చేయబడిన ఆదేశాలు అస్పష్టంగా ఉన్నట్లు చరిత్రకారులు గ్రహించారు. అధికారిక ఆదేశాలు చాలా అరుదుగా జారీ చేయబడినాయి. కాబట్టి హిట్లర్ అనుచరులు వారి స్వంత ఆలోచనలపై ఆధారపడాల్సి వచ్చింది. వాళ్ల నాయకుడి పట్ల కేవలం విధేయత చూపడమే కాకుండా అతని కోసం పనిచేస్తున్న స్ఫూర్తితో పనిచేయడానికి ప్రయత్నించాడని చరిత్రకారుడు ఇయాన్ కెర్షా వివరించారు.

ఇదివన్- అప్ మాన్‌షిప్ సంస్కృతిని ప్రేరేపించింది. దీనిలో పెరుగుతున్న రాడికల్ నాజీలు హిట్లర్ అనుగ్రహాన్ని పొందడానికి మరింత తీవ్రమైన చర్యలను రూపొందించారు. మిల్‌గ్రాం వాలంటీర్లు ఆలోచించడం మానకుండా స్విచ్‌లను నొక్కినట్లే, మరో విధంగా చూస్తే మారణకాండ అనేది మానవులు అకస్మాత్తుగా రోబోలుగా మారి చేసిన పనికాదు. నేరస్తులు తాము చరిత్రకు సరైన వైపునే ఉన్నామని విశ్వసించారు. ఆ ష్విట్జ్ సుదీర్ఘమైన సంక్లిష్టమైన చారిత్రకప్రక్రియ. ఇందులో వోల్టేజ్‌ని అంచెలంచెలుగా పెంచుతూ చెడును ఎంతో మంచిగా నమ్మిస్తూ కొనసాగించారు. నాజీల ప్రచార యంత్రాంగం తన రచయితలు, కవులు, తమ తత్వవేత్తలు, రాజకీయ నాయకులు కొన్నేళ్ల పాటు జర్మన్ ప్రజల మనస్సులను విషపూరితం చేసి బండబారిపోయేలా చేయడంలో తమ వంతు కృషి చేశారు. హోమో కుక్కపిల్ల మోసగించబడింది, బోధించబడింది, బ్రెయిన్ వాష్ చేయబడింది. అలాగే తారుమారు చేయబడింది. అప్పుడే అనూహ్యమైనది జరగవచ్చు.

ఐచ్‌మన్ రాక్షసుడు కాదు అని హన్నా అరెండ్ రాయడం తప్పుదోవ పట్టించడం కాదా? అతని చర్య ద్వారా ఆమె ఈ విధమైన వైఖరి ప్రదర్శించిందా? ఆమె పుస్తకాన్ని ఉదహరించే చాలా మంది చరిత్రకారులు "గొప్ప ఆలోచన, చెడు ఉదాహరణ"గా అభిప్రాయ పడ్డారు. కానీ కొంతమంది తత్వవేత్తలు ఈ అభిప్రాయంతో విబేధిస్తూ, అరెండ్ ఆలోచనలను ఈ చరిత్రకారులు అర్థం చేసుకోవడంలో విఫలమైనారని వాదించారు. అరెండ్ వాస్తవానికి విచారణ సమయంలో ఐచ్‌మన్‌తో సాసెన్ ఇంటర్వ్యూల భాగాలను అధ్యయనం చేసింది. అంతేకాదు ఐచ్‌మన్ ఆదేశాలను మాత్రమే పాటించాడని ఆమె ఎక్కడా రాయలేదు. అంతేగాక మిల్‌గ్రాం విధేయత ప్రయోగాలను అరెండ్ బహిరంగంగా విమర్శించింది. సెంటిమెంట్ పరస్పరమైంది కాకపోయినా యువ మనస్తత్వవేత్త, తత్వవేత్తను ఎంతగానో మెచ్చుకున్నాడు.

దుర్బోధ చేయడం, బలవంతం చేయడం రెండూ ఒకటేనని మిల్‌గ్రాం గుడ్డిగా నమ్మడాన్ని అరెండ్ తీవ్రంగా విమర్శించారు. మనలో ప్రతి ఒక్కరిలో నాజీ ఉన్నాడని మిల్‌గ్రాంలా ఆమె ఆలోచన చేయలేదు.

మిల్‌గ్రాం, అరెండ్ కలిసి చరిత్ర పుస్తకాలలోకి ఎందుకు ఎక్కారు? అరెండ వక్రభాష్యం చెప్పడం వల్లేనని కొంతమంది అరెండ్‌నిపుణులు విశ్వసిస్తున్నారు. సులువుగా, తప్పుగా, అర్థం చేసుకోగలిగే సమస్యాత్మక పదజాలాన్ని ఉపయోగించి సూత్రాలు మాట్లాడే తత్వవేత్తలలో ఆమె ఒకరు. ఐచ్‌మన్ 'ఆలోచించలేదు' అని ఆమె చెప్పిన వాంగ్మూలాన్ని తీసుకోండి.

అతను రోబోటిక్ డెస్క్ కిల్లర్ అని ఆమె చెప్పలేదు అయితే ఆరెండ్ నిపుణుడు, రోజర్ బెర్కోవిట్జ్ ఎత్తి చూపినట్లుగా ఐచ్‌మన్ వేరొకరి కోణం నుండి ఆలోచించలేకపోయాడు.

వాస్తవానికి లోతుగా ఉండే చాలామంది ప్రజలు చాలా మర్యాదగల వారని, నమ్మే అరుదైన తత్వవేత్తలలో హన్నా ఆరెండ్ ఒకరు. ద్వేషం, హింస పట్ల ఏ విధమైన మొగ్గుని చూపడం కన్నా ప్రేమ, స్నేహం మనకు అవసరమని ఆమె వాదించింది. మనం చెడు మార్గాన్ని ఎంచుకున్నప్పుడు మనం తప్పనిసరిగా అబద్ధాలు, సునరుక్తుల చాటున దాక్కోవాల్సి వస్తుందని మనం భావిస్తాం. అది మనకు ధర్మం సాదృశ్యతను ఇస్తుంది.

ఐచ్‌మన్ ఒక ప్రధాన ఉదాహరణ. తాను చాలా గొప్పపని చేశాననీ. ఇది ఒక చారిత్రాత్మకమైనదని భవిష్యత్ తరాలవారు మెచ్చుకుంటారని ఐచ్‌మన్ తనకు తాను సర్దిచెప్పుకున్నాడు. అది అతనిని రాక్షసుడిగానో లేక రోబోగానో తయారు చేయలేదు. అది అతనిని ఒక లింకుగా చేసింది. చాలా ఏళ్ల తర్వాత మిల్‌గ్రాం పరిశోధన గురించి తత్వవేత్తలు అదేవిధమైన నిర్ణయానికి వచ్చారు. షాక్ ప్రయోగాలు విధేయత గురించి కాదు, అవి నిర్ధారణ కోసం. హన్నా అరెండ్ సరిగ్గా అదే పరిశీలన చేసినప్పుడు, ఆమె తన సమయం కంటే ఎంత ముందున్నదో ఆశ్చర్యం కలిగిస్తుంది.

పాపం స్టాన్లీ మిల్‌గ్రాం సరళమైన తగ్గింపుల సిద్ధాంతం (మానవులు ఆలోచించకుండా చెడుకులోబడుతారనేది) హన్నా అరెండ్ స్తరిత వేదాంతం (మనుష్యులు చెడు ముసుగులో మంచి ద్వారా దుర్వృత్తికి పురికొల్పబడతారనేది) ప్రతిపాదన కన్నా మరింత శాశ్వతమైన ముద్రవేసింది.

ఇది మిల్‌గ్రాం దర్శకత్వ ప్రతిభను తెలియజేస్తుంది. అతనికి నాటకాల పట్ల టెలివిజన్ కార్యక్రమాల సరళిపై చక్కటి అవగాహన బాగా ఉన్నాయని అర్థం అవుతుంది. ఇది మిల్ గ్రాహం దర్శకత్వ ప్రతిభను తెలియజేస్తుంది – అంతేకాదు, అతనికి నాటకాలపట్ల ఉన్న ఆసక్తినీ, టెలివిజన్ కార్యక్రమాల సరళిపై అతనికి ఉన్న చక్కటి అవగాహననీ తెలియజేస్తాయి.

కానీ అన్నింటికంటే మిల్‌గ్రాం అంత ప్రసిద్ధిచెందడానికి కారణం అతను పాతకాలపు నమ్మకాలకు మద్దతు నిచ్చే సాక్ష్యాలను అందించడమేనని నేను అనుకుంటున్నాను.

"అతని ప్రయోగాలు బలమైన మద్దతు ఇస్తున్నట్లు అనిపించింది" అని మనస్తత్వవేత్త డాన్ మిక్సన్ రాశారు. చరిత్రలో పురాతనమైన, అత్యంత ముఖ్యమైన స్వయం సంతృప్త ప్రవచనం. మనం పాపులుగా పుట్టామనేది. అనేకమంది, చివరికి నాస్తికులు సైతం మన పాపపు స్వభావాన్ని గుర్తుచేసుకోవడం మంచిదని నమ్ముతారు. మనలోని అవినీతిని

నమ్మడంలో మనల్ని అంత కుతూహలంగా ఉంచుతున్న దేమిటి? వెనిర్ సిద్ధాంతం ఎందుకు అనేక ప్రస్తారణలలో తిరిగివస్తుంది? ఇది సౌలభ్యంగా అనేక పనులు చేస్తుందని నా అనుమానం. మనపాపపు స్వభావం చాలా సుఖంగా ఉందని నమ్మడం విచిత్రంగా ఉంటుంది. ఇది ఒక రకమైన విమోచనం కలిగిస్తుంది. ఎందుకంటే ఒక వేళ చాలా మంది చెడువాళ్లయినప్పుడు, ఒప్పందం, ప్రతిఘటన ప్రయత్నాలిక విలువయినవి కావు. మానవజాతి పాపపు స్వభావం, చెడు ఉనికి గురించి వివరణ ఇస్తుందని కూడా విశ్వసించడం. ద్వేషం లేదా స్వార్థం ఎదురైనప్పుడు. ఓహ్! అది కేవలం మానవ స్వభావం అని మీకు మీరు చెప్పుకోవచ్చు. కానీ మీరు ప్రజలు తప్పనిసరిగా మంచివారని నమ్మితే, అప్పుడు చెడు ఎందుకు ఉనికిలో ఉందని మీరు ప్రశ్నించాలి. ఒప్పందం, ప్రతిఘటన విలువైనవనే గూడార్థం వ్యక్తమవుతుంది, అది చర్యతీసుకునీ బాధ్యతకలిగిస్తుంది.

మనస్తత్వవేత్త మాథ్యూ హోలాండర్ మిల్‌గ్రాం షాక్ మిషన్‌కి సంబంధించి 117 టేప్‌రికార్డులను సమీక్షించారు. విస్తృతమైన విశ్లేషణ తర్వాత ఆయన ఒక నమూనాను కనుగొన్నాడు, ప్రయోగంలో పాల్గొన్న కొంతమంది మూడు వ్యూహాలను అమలు చేసి ప్రయోగాన్ని ఆపగలిగారు

1. బాధితులతో మాట్లాడడం
2. గ్రే ల్యాబ్‌కోట్ వేసుకున్న వ్యక్తికి అతని బాధ్యత గుర్తుచేయడం
3. కొనసాగడాన్ని పదేపదే తిరస్కరించడం

ఇందులో పాల్గొన్న వారందరూ వాస్తవానికి కమ్యూనికేషన్, ఘర్షణ, దయ ప్రతిఘటన వంటి వాటిని ఉపయోగించారని హోలండర్ కనుగొన్నాడు. వీటన్నిటినీ అందరూ ఆపివేయాలని కోరు కున్నాడు, కానీ వీటిని ఎక్కువగా ఉపయోగించిన వారు సఫలీకృతులైనారు. శుభవార్త ఏమిటంటే, ఇవన్నీ శిక్షణ పొందగల నైపుణ్యాలు.

ప్రతిఘటన అభ్యాసం మీద వస్తుంది. ఎక్కువగా ప్రశ్నించదగిన అధికారాన్ని ప్రతిఘటించడంలో బోధించదగిన యోగ్యత మిల్‌గ్రాం హీరోలలో ఉన్న విలక్షణమైన స్వభావంగా హోలాండర్ గమనించాడు. ప్రతిఘటన విఫలమవుతుందని మీరనుకుంటే, ఈ అంశంపై చివరగా నేను చెప్పే ఒక కథ రెండవ ప్రపంచ యుద్ధ సమయంలో డెన్మార్క్‌లో జరిగింది. ఇది సాధారణ వ్యక్తులు అసాధారణమైన ధైర్యాన్ని ప్రదర్శించిన కథ. అన్నీ కోల్పోయినట్లు అనిపించినప్పటికీ ప్రతిఘటన ఎల్లప్పుడు విలువైనదేనని ఇది వెల్లడిస్తుంది.

5

తేదీ 28 సెప్టెంబర్ 1943

కోపెన్ హాగన్‌లోని 24 రోమర్స్‌గేడ్, వర్కర్స్ అసెంబ్లీ భవనంలోని ప్రధాన కార్యాలయంలో సోషల్ డెమోక్రటిక్ పార్టీ నాయకులందరూ సమావేశమయ్యారు. నాజీ యూనిఫారంలో ఒక సందర్శకుడు వారి ముందు నిలబడి ఉన్నాడు. వారు షాక్‌తో అతనివైపు చూస్తున్నారు.

"విపత్తు దగ్గరలోనే ఉంది. అంతా వివరంగా ప్లాన్ చేయడమైనది. నౌకలు కోపెన్హాగన్ మూరింగ్ ఆఫ్ వద్ద లంగరు వేస్తాయి. గెస్ట్‌పో చేతిలో చిక్కుకున్న మీ పేద యూదు దేశస్థులను బలవంతంగా తీసుకు వచ్చి ఓడలలోకి ఎక్కించి తెలియని విధి దగ్గరకు తీసుకుపోతున్నారు. అని ఆ వ్యక్తి చెబుతున్నాడు.

ఆ వ్యక్తి వణికిపోతున్నాడు. అతని మోహం పేలవంగా ఉంది. అతని పేరు జార్జ్ ఫెర్నినాండ్ డక్విట్జ్. అతను పరివర్తన చెంది నాజీగా చరిత్రలో మిగిలిపోతాడు. అతని హెచ్చరిక అద్భుతంగా పనిచేస్తుంది. ఈ దాడి 1943 అక్టోబర్, శుక్రవారం జరగాలని నిర్ణయించారు. ఎస్ఎస్ వారు రూపొందించిన వివరణాత్మక ప్రణాళికను అనుసరిస్తారు. రాత్రి సరిగా 8 గంటలు కాగానే వందలాది మంది జర్మన్ బలగాలు, దేశంలో నలుమూలల ఉన్న డేనిష్ యూదుల తలుపులు తట్టి వారిని చుట్టుముడతారు. వారిని నౌకాశ్రయానికి తీసుకువెళ్లి ఓడలోకి ఎక్కిస్తారు. ఆరువేల మంది ఖైదీలను ఓడలోకి ఎక్కించవచ్చు. షాక్ ప్రయోగాల పరంగా చెప్పాలంటే. డెన్మార్క్ వారు 15 నుంచి 30, 30 నుంచి 45 ఓల్ట్‌లకి యివ్వరు, ఒక్కసారిగా 450 ఓల్టుల కరెంట్ షాక్ ఇవ్వబడుతుంది.

ఈ క్షణం వరకు కూడా వివక్షతతో కూడిన చట్టాలు లేవు, పసుపు రంగు బ్యాడ్జీలు తప్పనిసరి కాదు, యూదుల ఆస్తులను జప్తు చేయడం అనేది లేదు. తమకు ఏమి జరుగబోతోందో తెలుసుకునేలోపే డానిష్ యూదులు, తాము పోలీష్ నిర్బంధ శిబిరాలకు తీసుకురాబడినామని గ్రహించారు. అది ఒక ప్రణాళిక. తమకు నిర్ణయించిన రాత్రి, వేలాది సాధారణ మంది బార్బర్లు, వస్తు వినిమయదార్లు, బిల్డర్లు, వ్యాపారవేత్తలు షాక్ మిషన్‌లో చివరి స్విచ్‌ని నొక్కడానికి నిరాకరించరు.

ఈ దారి గురించి ముందుగా తెలిసిన యూదులు అనేకమంది పారిపోయినట్లు, ఆ రాత్రి జర్మన్లు కనుగొన్నారు.

వాస్తవానికి ఆ హెచ్చరికకు ధన్యవాదాలు. దాదాపు 99 శాతం మంది డెన్మార్క్ యూదులు యుద్ధం నుండి బయటపడ్డారు. డెన్మార్క్ అద్భుతాన్ని మనం ఏరకంగా వివరించగలం? చీకటి సముద్రంలో వెలుగును ఈ దేశం ఏ రకంగా ప్రసరింపచేయగలిగింది? యుద్ధం తర్వాత చరిత్రకారులు దీనికి అనేక సమాధానాలు సూచించారు. ఒక ముఖ్యమైన విషయం ఏమిటంటే నాజీలు డెన్మార్క్‌లో పూర్తిగా అధికారాన్ని స్వాధీనం చేసుకోలేదు. తమ రెండు ప్రభుత్వాలు సామరస్యంగా కలిసి పనిచేస్తున్నాయనే విషయాన్ని సార్థకం చేసుకోవాలనే

కోరికతోనే స్వాధీనం చేసుకోలేదు. దీనికి పర్యవసానంగా ఇతర దేశాలలో లాగా అంటే ఆక్రమిత హ్యాలెండ్‌లో లాగా జర్మన్ల పట్ల వ్యతిరేకతను ప్రతిఘటించడం డెన్మార్క్‌లో అంత ప్రమాదంగా లేకపోయింది.

''కానీ చివరగా సమాధానాన్ని కాదనలేం'' అని చరిత్ర కారుడు బోలిడెగార్డ్ రాశారు.

డానిష్ యూదులు వారి స్వదేశీయుల స్థిరమైన నిశ్చయం వల్ల రక్షింపబడ్డారు అన్నారు.

దాడి వార్త వ్యాప్తి చెందడంతో అన్ని రంగాల నుండి ప్రతిఘటన వచ్చింది. చర్చిలు, విశ్వవిద్యాలయాలు, వ్యాపార సముదాయాలు, రాజకుటుంబం, న్యాయవాదుల కౌన్సిల్, డానిష్ మహిళా జాతీయ మండలి – ఇలా అన్ని వైపుల నుండి అభ్యంతరాలు వ్యక్తమయినాయి.

వెంటనే తప్పించుకునే మార్గాలను, ఎలాంటి కేంద్రీకృత ప్రణాళిక, వందలాది మంది వ్యక్తుల ప్రయత్నాలను సమన్వయం చేసే ప్రయత్నం కూడా చేయకుండా నిర్వహించబడింది. సమయం లేదు. వేలాదిమంది పేద, ధనిక, యువత, వృద్ధులయిన డేన్లు చర్య తీసుకునే సమయం ఆసన్నమైందనీ, ఇప్పుడు పట్టించుకోకపోతే అది దేశద్రోహం కాగలదని అర్థం చేసుకున్నారు.

చివరికి యూదులనుండి అభ్యర్థన వచ్చినా, వాటిని ఎప్పుడూ తిరస్కరించలేదని చరిత్రకారుడు లెనియాహిల్ పేర్కొన్నారు.

పాఠశాలలు, ఆసుపత్రులు తమతలుపులు తెరిచే ఉంచాయి. వందలాది మంది శరణార్థులకు చిన్న మత్స్యకార గ్రామాలు ఆశ్రయంకల్పించాయి. నాజీలకు సహకరించడానికి నిరాకరించిన డానిష్ పోలీసులు వీరికి సహకరించారు.

"మేము డేన్స్‌మి, మా రాజ్యాంగాన్ని మార్చుకోం'' అని డాన్స్క మానెడ్ స్పోష్ట్ విరుచుకుపడింది. 'కనీసం పౌరుల సమానత్వ విషయంలో మేము రాజీపడం' అని పేర్కొంది. అనేక సంవత్సరాల పాటు జరిగిన జాత్యహంకార ప్రచారంలో శక్తివంతమైన జర్మనీ డోప్ చేయబడింది. నిరాడంబరమైన డెన్మార్క్ మానవతావాద స్ఫూర్తితో నిండి ఉంది. డానిష్ నాయకులు ఎల్లప్పుడు, ప్రజాస్వామ్య పాలనా చట్టం యొక్క పవిత్రతను నొక్కి చెప్పారు. ప్రజలు ఒకరినొకరు ఎదిరించేవారిని డేన్‌లుగా ఉండదగిన అర్హత లేదన్నట్లుగా పరిగణించేవారు. యూదుల ప్రశ్న అనేదే లేదనీ ఒకే మాట వున్న దేశ ప్రజలు అంటారు. కొద్ది రోజులలోనే ఏడు వేల మందికి పైగా డ్యానిష్ యూదులను స్వీడన్ నుండి డెన్మార్క్‌కు చిన్న ఫిషింగ్ బోట్లలో తీసుకువెళ్లారు. వారు రక్షించింది కొద్ది మందిని మాత్రమే అయినా గాఢాంధకారంలో అది ఒక వెలుగు రేఖలాంటిది. అది మానవత్వానికి ధైర్యానికి విజయం.

డానిష్ అసాధారణత పౌరసమాజం మానవతావాద సమీకరణను ప్రదర్శిస్తుంది. ఇది సిద్ధాంత పరంగా సాధ్యపడేది కాదు. కానీ దీనిని అమలు చేశారు అని లిడెగార్డ్ పేర్కొన్నారు.

మనకు తెలుసు, ఎందుకంటే ఇది జరిగింది.

డానిష్ ప్రతిఘటన ఒక అంటువ్యాధిగా మారింది. చివరికి డెన్మార్క్‌లో వున్న హిట్లర్‌కి అత్యంత విశ్వసనీయమైన అనుచరులు కూడా సందేహాలను ఎదుర్కోవాల్సి వచ్చింది. తాము కేవలం ఒక కారణం కోసమే మద్దతునిస్తున్నట్లుగా నటించడం రానురాను బాగా

కష్టమైపోయింది. చివరికి అన్యాయానికి కూడా చట్టానికి సాదృశ్యం అవసరమైంది, అని లిడెగార్డ్ గమనించాడు. సమాజం మొత్తం బలవంతుల హక్కును వ్యతిరేకించినప్పుడు ఇది కనుగొనడం కష్టం అవుతుంది.

బల్గేరియా, ఇటలీలలో మాత్రమే నాజీలు పోల్చదగిన ప్రతిఘటనను ఎదుర్కొన్నారు. అక్కడ యూదుల మరణాల సంఖ్య సారూప్యంగా తక్కువగా ఉంది.

ఆక్రమిత ప్రాంతాలలో బహిష్కరణల స్థాయి ప్రతి దేశం సహకారంపై ఆధారపడి ఉంటుందని చరిత్రకారులు నొక్కి చెప్పారు. జర్మన్లు మిగతా చోట్ల కంటే డెన్మార్క్‌లో ఎక్కువ ఇబ్బందులు ఎదుర్కొన్నారని, అడాల్ఫ్ ఐచ్‌మన్ కొన్నేళ్ల తర్వాత విల్లెం సాసెన్‌కి చెప్పాడు. ఫలితం చాలా తక్కువగా ఉంది.. నేను నా లక్ష్యాన్ని కూడా గుర్తుచేసుకోవలసి వచ్చింది. ఇది నాకు చాలా అవమానకరం.

స్పష్టంగా చెప్పాలంటే డెన్మార్క్‌లో స్థిరపడిన జర్మన్లు అంత సున్నితమైన వారు కాదని అక్కడ అత్యున్నత స్థాయి నాజీ వెర్నర్ బెస్ట్ వున్నాడు. ఆయన బ్లడ్ హవుండ్ ఆఫ్ పారిస్‌గా ప్రసిద్ధి చెందాడు. 'డక్విట్జ్' సైతం ఇతను కొపెన్‌హాగన్‌లో మార్చబడిన నాజీ. 1930లలో తీవ్రమైన యూదు వ్యతిరేకిగా ఉండేవాడు. కానీ సంవత్సరాలు గడిచేకొద్దీ అతనిలో మానవత్వం అనే డానిష్ ఆత్మ ప్రవేశించి కలుషితం చేసింది.

హన్నా అరెండ్ట్ తన పుస్తకం "ఐచ్‌మన్ ఇన్ జెరూసలెం"లో డానిష్ యూదులను రక్షించడం గురించి మనోహరమైన పరిశీలన చేసింది. "ఇదొక్కటే కేసు మనకి తెలుసు దీనిలో నాజీలు బహిరంగంగా వ్యతిరేక ప్రతిఘటనను ఎదుర్కొన్నారు. తత్ఫలితంగా ప్రతిఘటనను ఎదుర్కొన్నవారు తమ మనసులు మార్చుకున్నారు. వారు తమంత తాముగా ప్రజలందర్నీ నిర్మూలించాలన్న దానిపై దృష్టి సారించలేదనీ. సిద్ధాంత పరంగా ప్రతిఘటనను ఎదుర్కొన్నట్లు స్పష్టమవుతోంది. వారిలోని "కఠినత్వం" సూర్యుని వేడికి వెన్నకరిగిపోయినట్లుగా కరిగిపోయింది..."

9

క్యాథరీన్ సుసాన్ జెనోవేస్ మరణం

1

1960ల నాటి మరో కథ చెప్పాల్సిన అవసరం ఉంది. మానవ స్వభావం గురించిన బాధాకరమైన సత్యాన్ని బట్టబయలు చేసే మరో కథ. ఈ సారి మనం చేసే పనుల గురించి కాదు. మనం ఏ పనులు చేయడంలో విఫలమైనామో వాటి గురించి చెప్పుకుందాం. ఇది రెండవ ప్రపంచయుద్ధంలో లక్షలాది మంది యూదులు అరెస్టయినారు, బహిష్కరింపబడ్డారు. హత్యగావింపబడిన తర్వాత అనేక మంది జర్మన్లు, డచ్‌వారు. ఫ్రెంచ్, ఆస్ట్రియన్స్, ఇతర యూరోపియన్ దేశాల వారు 'మాకు ఏమీ తెలియదు' అని చెప్పిన మాటకు సంబంధించిన కథగా కూడా చెప్పుకోవచ్చు.

అది 1964 మార్చి 13వ తేదీ తెల్లవారుజామున టైమ్ మూడుంపావు. కేథరీన్ సుసాన్ జెనోవేస్ తన ఎరుపురంగు ఫియట్ కారును డ్రైవ్ చేసుకుంటూ, చీకట్లో కనిపించే 'నో పార్కింగ్' గుర్తును దాటి ఆస్టిన్ స్ట్రీట్ సబ్‌వే స్టేషన్ వెలుపలికి వచ్చింది. 'కిట్టీ'గా అందరికీ సుపరిచితురాలైన ఈమె సుడిగాలిలాంటి శక్తివంతమైనది. ఆమె వయస్సు 28 సంవత్సరాలు, ఆమెకు డ్యాన్స్ అంటే పిచ్చి. ఖాళీగా వున్న సమయం కంటే కూడా ఎక్కువగా స్నేహితులున్నారు. కిట్టీకి 'న్యూయార్క్' పట్టణ మంటే చాలా ఇష్టం పట్టణానికి కూడా ఆమె అంటే ఇష్టం. ఇది ఆమె స్వయంగా ఉండగలిగిన స్వేచ్ఛగా ఉండగలిగిన ప్రదేశం. ఆ రోజు రాత్రి బయట బాగా చలిగా ఉంది. కిట్టీ తన ఆడ స్నేహితురాలితో ఇంటికి వెళ్లాలన్న తొందర్లో ఉంది. ఇది వారి మొదటి వార్షికోత్సవం. మేరీ ఆన్‌ని కౌగిలించుకోవాలనే ఆతృతలో ఉంది. త్వరగా లైట్లు ఆర్పి కారు తలుపులు లాక్ చేసి తమ చిన్న అపార్ట్‌మెంట్ వైపు వెళ్లసాగింది. అది వంద అడుగుల కంటే తక్కువ దూరంలోనే ఉంది.

ఆమెకు తెలియని విషయం ఏమిటంటే, అదే ఆమె జీవితానికి చివరిగంట అని.

"ఓరి భగవంతుడా, అతను నన్ను పొడిచాడు! సహాయం చేయండి!"

సమయం తెల్లవారు జామున 3:19. ఆమె అరుపులు నిశీథిని చీల్చుకుని వినబడుతున్నాయి. చుట్టుపక్కల ఉన్న అనేక అపార్ట్‌మెంట్‌ల వారిని, ఇరుగుపొరుగును లేపడానికి ఆ అరుపులు చాలు. అందరిళ్లలో లైట్లు వెలిగాయి. కిటికీ తలుపులు తెరుచుకున్నాయి. రాత్రిపూట గొంతుకలు గుసగుసలాడుతున్నాయి. ఎవరో 'ఆ అమ్మాయిని అలాగే ఉండనివ్వండి' అని అరిచారు.

కిట్టీపై దాడి చేసిన వ్యక్తి తిరిగి వచ్చి రెండవసారి తన కత్తితో మళ్లీ పొడిచాడు.

ఒక మూల వణికిపోతూ కిట్టీ, 'నేను చచ్చిపోతున్నాను! చచ్చిపోతున్నాను!' అని అరుస్తోంది. ఎవరూ బయటకు రాలేదు. ఎవరూ ఆమెకు సహాయం చేయడానికి రాలేదు సరికదా 'రియాల్టీ షో'ను చూస్తున్నట్లుగా డజన్ల కొద్దీ ఉన్న పొరుగువారు కిటికీల నుండి చూస్తున్నారు. ఒక జంట కుర్చీలను లాగి లైటు కాంతిని తగ్గించి మరీ చూస్తోంది.

దాడి చేసిన వ్యక్తి మూడవసారి తిరిగివచ్చి ఆమె తన అపార్ట్‌మెంట్ భవనంలోపల మెట్ల వద్ద పడి ఉండడం గమనించాడు. మేరీ ఆన్‌కి ఇదేమీ తెలియదు. నిద్రపోతోంది.

కిట్టీపై దాడిచేసిన వ్యక్తి మళ్లీ మళ్లీ ఆమెను పొడిచాడు. పోలీస్‌స్టేషన్‌కి మొదటికాల్ వచ్చేటప్పటికి తెల్లవారుజామున 3:50 అయింది టైమ్. ఫోన్ చేసిన వ్యక్తి పొరుగింటివాడు. ఏం చేయాలి అని చాలా సేపు తర్జనభర్జన పడ్డాడు. రెండు నిమిషాల్లో అధికారులు సంఘటనా స్థలానికి చేరుకున్నారు. కానీ అప్పటికే చాలా ఆలస్యం అయింది. ''నేను ఇందులో జోక్యం చేసుకోదలుచుకోలేదు''. ఫోన్ చేసిన వ్యక్తి పోలీసుల వద్ద అంగీకరించాడు.

"నేను ఇందులో జోక్యం చేసుకోదలుచుకోలేదు" అనే ఈ పదాలు ప్రపంచమంతా ప్రతిధ్వనించాయి.

న్యూయార్క్ పట్టణంలో ఆ సంవత్సరం జరిగిన 636 హత్యలలో కిట్టీ హత్య ఒకటి. జీవితం అర్థాంతరంగా ముగిసింది. ప్రేమ కోల్పోయింది. నగరం కదిలింది. కానీ రెండు వారాల తర్వాత పేపర్లు కథ తయారు చేశాయి. ఆమె హత్య చరిత్ర పుస్తకాలలో చేరుతుంది. హంతకుడు, లేదా బాధితురాలి వల్ల కాదు, ప్రేక్షకుల వల్ల చేరుతుంది. మీడియా దుమారం 1964 మార్చి 27వ తేదీన గుడ్‌ఫ్రైడే రోజు ప్రారంభమైంది.

"37 మంది హత్యను చూసినవారు పోలీసులను పిలవలేదు". న్యూయార్క్ టైమ్స్ మొదటి పేజీలో ఉంది. క్వీన్స్‌లో ఉన్న 38 మంది గౌరవనీయులు చట్టాన్ని గౌరవించేవారు, క్యూగార్డెన్స్‌లో ఒక హంతకుడు మూడుసార్లు జరిపిన వేర్వేరు దాడుల్లో ఒక యువతిని కత్తితో పొడవడాన్ని చూశారు. అంటూ వార్తా కథనం ప్రారంభించారు. ఒక ఫోన్ కాల్‌గానీ చేసి ఉంటే ఒక డిటెక్టివ్ చెప్పినట్లు కిట్టీ బతికి ఉండేది అని అందులో రాశారు.

గ్రేట్ బ్రిటన్ నుండి రష్యా, జపాన్ నుండి ఇరాన్ వరకు కిట్టీ పెద్ద వార్త అయ్యింది. పెట్టుబడీదారి విధానం ఆటవికనైతికతకు సంబంధించి ఇక్కడ రుజువు ఉందని సోవియట్ వార్తా పత్రిక ఇజ్వెస్టియా రిపోర్ట్ చేసింది.

"సిలువ వేసిన యేసులాగా అమెరికన్ సమాజం వ్యాధి గ్రస్తమైందని బ్రూక్లిన్ మంత్రి ప్రవచించాడు. ఒక కాలమిస్ట్ తన దేశ ప్రజలను "నిర్లక్ష్యమైన కోడి హృదయం గల అనైతిక ప్రజలని" తూర్పారబట్టాడు. కిట్టీ నివసించిన క్యూగార్డెన్స్‌కి జర్నలిస్టులు, ఫొటోగ్రాఫర్లు, టీవీ సిబ్బంది క్యూకట్టారు. ఎంతో శుభ్రంగా, చక్కగా, గౌరవ ప్రదమైన పొరుగువారున్న ఈ ప్రాంతంలో ఇలా జరగడాన్ని ఎవరూ నమ్మలేకపోతున్నారు. ఇలాంటి ప్రదేశంలో నివసిస్తున్నవారు పూర్తిగా, భయానకమైన ఉదాసీనతను ఎలా ప్రదర్శించగలిగారు? ఇది టెలివిజన్ నిస్తేజ ప్రభావం అని ఒకరు అంటే, కాదు స్త్రీ వాదం పురుషులను పిరికి పందల్లాగా

మార్చిందని మరొకరు అన్నారు. పెద్ద నగరాల జీవిత అనామకతను సూచిస్తోందని మరికొందరు అనుకున్నారు. ఇది మారణకాండ తర్వాత జర్మన్లను గుర్తు చేయడం లేదా? వారు కూడా దీనిని అజ్ఞానం అనీ పేర్కొంటున్నారు. మనకు ఏమీ తెలియదు.

న్యూయార్క్ టైమ్స్ మెట్రోపాలిటిన్ ఎడిటర్, అప్పటితరంలో ప్రముఖ పాత్రికేయుడు అబెరోసెంతల్ చేసిన విశ్లేషణ విస్తృతంగా ఆమోదించబడింది.

"ఆస్టిన్ స్ట్రీట్‌లోని అపార్ట్‌మెంట్లలో ఇళ్లలో జరిగినది మానవస్థితిలోని భయంకరమైన వాస్తవిక లక్షణం. అని ఆయన రాశారు. ఆ విషయానికి వస్తే మనం ఒంటరివాళ్లమే.

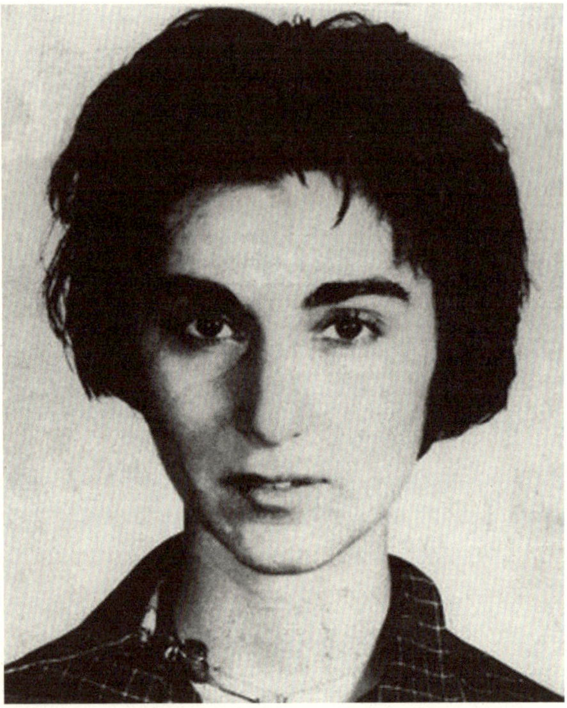

సుసాన్ జెనోవేస్ ఫొటో రైటర్: ఇది కిట్టీ జెనోవేస్ అత్యంత ప్రసిద్ధి చెందిన చిత్రం. పోలీసులు 1961లో ఈ ఫొటో తీశారు. దుష్ప్రవర్తన కింద (ఆమె ఒక బార్‌లో పనిచేస్తూ గుర్రపు పందేలపై ప్యాట్రన్స్ బెట్‌స్‌ని బుక్ చేశారు) ఆమెను అరెస్ట్ చేసిన వెంటనే తీసిన ఫొటో. కిట్టీకి 50 డాలర్ల జరిమానా విధించారు. న్యూయార్క్ టైమ్స్ వారు ఈ మగ్‌షాట్‌ని క్రాప్ చేసి ప్రపంచవ్యాప్తంగా ప్రసారం చేశారు. మూలం: వికీపీడియా

2

కిట్టీ జెనోవేస్ గురించి మొదట చదివినప్పుడు నేను విద్యార్థిని. లక్షలాది మంది ప్రజలులాగే నేనూ జర్నలిస్ట్ మాల్కమ్ గ్లాడ్‌వెల్ తొలి పుస్తకం 'టిప్పింగ్ పాయింట్' చదివాను. 27వ పేజీలో ఉన్న ఆ 38 మంది ప్రత్యక్ష సాక్షులను గురించి తెలుసుకున్నాను. మిల్‌గ్రాం షాక్ మిషన్, జింబార్డ్ జైలు కథలలాగే ఈ కథ కూడా నన్ను ఆకట్టుకుంది. దీనికి సంబంధించి ఇప్పటికీ నాకు మెయిల్స్ వస్తాయి." అని ఆ తర్వాత రోసెంతల్ చెప్పారు.

(ప్రజలు) ఈ కథలో నిమగ్నమై ఉన్నారు. ఇది ఒక రత్నాభరణం లాంటిది. దీనిని మీరు చూస్తూ ఉండండి. వివిధ విషయాలు మీకు స్ఫురిస్తాయి. ఈ దురదృష్ట సంఘటన జరిగిన 13వ తేదీ శుక్రవారం నాటకాలకు, పాటలకు అంశంగా మారింది. అమెరికన్ టీవీ సిరీస్, బాలికలు, శాంతిభద్రతలు ఎపిసోడ్స్ మొత్తం దీనికే అంకితమైనాయి.

క్యూగార్డెన్స్‌లో 1994లో అమెరికా అధ్యక్షుడు బిల్‌క్లింటన్ కిట్టీ హత్యకు సంబంధించి ఉదాసీన సందేశాన్ని గుర్తుచేసుకున్నారు. యూఎస్ డిఫెన్స్ డిప్యూటీ సెక్రటరీ పాల్ వోల్ఫ్విట్జ్ 2003 ఇరాక్ దాడికి పరోక్షమైన సమర్థనగా కూడా దీనిని పేర్కొన్నారు. (యుద్ధాన్ని వ్యతిరేకించిన అమెరికన్లు కూడా ఆ 38 మంది ప్రత్యక్షసాక్షుల వంటి ఉదాసీనత గల వారేనని ఆయన అన్నారు)

ఈ కథలోని నీతి నాకు కూడా స్పష్టమైంది. కిట్టీ జెనోవేస్‌కి సహాయం చేయడానికి ఎవరూ ఎందుకు రాలేదు? ఎందుకంటే ప్రజల మొద్దు బారిపోయి, ఉదాసీనంగా తయారైనారు. ఈ సందేశం ప్రాచుర్యం బాట పట్టే నాటికే కిట్టీ జెనోవేస్ ఇంటి పేరుగా మారింది– అదే సమయంలో "లార్డ్ ఆఫ్ ది ఫ్లయిస్" బెస్ట్ సెల్లర్‌గా మారింది. అడాల్ఫ్ ఐచ్‌మన్ విచారణ జరుగుతోంది, స్టాన్లీ మిల్‌గ్రాం ప్రపంచ వ్యాప్తంగా షాక్ తరంగాలు పంపాడు, ఫిలిప్ జింబార్డ్ తన కెరీర్ ప్రారంభించాడు.

కానీ కిట్టీ మరణం చుట్టూ ఉన్న పరిస్థితులపై పరిశోధనను చదవడం ప్రారంభించినప్పుడు. నేను మళ్లీ పూర్తిగా భిన్నమైన కథ బాటలో ఉన్నాను.

ఆ రోజుల్లో బిబ్‌లాటానే, జాన్ డార్లీ ఇద్దరూ యువ మనస్తత్వవేత్తలు. అత్యవసర పరిస్థితులలో వ్యక్తులు ఏమిచేస్తారనే దాని మీద వారు అధ్యయనం చేస్తూ వారు ఒక వింత గమనించారు. కిట్టీ హత్య జరిగిన కొద్ది కాలానికి వారు ఒక ప్రయోగం చేయాలని నిర్ణయించుకున్నారు. ఈ ప్రయోగానికి వారు ఎలాంటి అనుమానాలు లేని కళాశాల విద్యార్థులను ఎంచుకుని వారిని ఏకాంతంగా ఒక గదిలో కూర్చోబెట్టి తలుపులు మూసేశారు. వారిని ఇతరులతో ఇంటర్‌కామ్‌లో కాలేజ్ జీవితం గురించి సంభాషించమన్నారు.

వీరు తప్ప ఇతర విద్యార్థులు ఎవరూ లేరు: దీనికి బదులుగా పరిశోధకులు ముందుగా రికార్డు చేసి పెట్టుకున్న ఆడియో టేప్‌ను ప్లే చేస్తారు. ఏదో ఒక పాయింట్ దగ్గర ఒక స్వరం మూలుగుతూ "నేను నిజంగానే మీ నుండి కొంత సహాయం ఆశిస్తున్నాను." కాబట్టి ఎవరైనా కొద్దిగా సహాయం చేస్తే.. ఎవరైనా.. సహాయం.. చేస్తే (ఎవరో గొంతు నులుముతుంటే మాట్లాడుతున్నట్లుగా మాట్లాడడం – శబ్దాలు) నేను చనిపోతున్నా..."

ఆ తర్వాత ఏం జరుగుతుంది? సహాయం కోసం అరుస్తున్న అరుపులు తాము మాత్రమే విన్నామని అనుకున్న ఆ గదిలోని వారు కారిడార్‌లోకి పరుగెత్తుకెళ్లారు. ఒక్కరు కూడా వెనక్కి తగ్గకుండా అందరూ జోక్యం చేసుకోవడానికి పరుగెత్తారు. సమీపంలోని గదులలో మరో ఐదుగురు విద్యార్థులు కూర్చొని ఉన్నారని వారు అనుకున్నారు. కేవలం 62 శాతం మంది మాత్రమే చర్యకు ఉపక్రమించారు.

ఇది ఎలాంటి చర్యలో పాల్గొనకుండా ప్రేక్షక పాత్ర వహించిన వారి ప్రభావం. లాటానే, డార్లీ పరిశోధనలు సామాజిక మనస్తత్వశాస్త్రానికి అత్యంత కీలకమైన రచనలు. రానున్న ఇరవై సంవత్సరాలలో అత్యవసర పరిస్థితుల్లో ప్రేక్షకులు ఎలా ప్రవర్తిస్తారనే దానిపై వేయికి పైగా వ్యాసాలు పుస్తకాలు ప్రచురితమవుతాయనడంలో ఎలాంటి సందేహం లేదు.

క్యూగార్డెన్స్‌లో 38 మంది సాక్షులు ప్రేక్షక పాత్ర వహించడంపై వాటి ఫలితాలు కూడా వివరణ ఇస్తాయి. కిట్టీ జెనోవేస్ తన అరుపులతో ఇరుగుపొరుగు వారిని లేపినప్పటికీ చనిపోవడానికి కారణం వారు ప్రేక్షకపాత్ర వహించడమే.

తన భర్త పోలీసులను పిలవడానికి వెళ్తుంటే అతడ్ని వెనక్కిలాగుతూ,"ఇప్పటికే 30 కాల్స్ పోలీసులకు వెళ్లి ఉంటాయని" చెప్పానని, ఆభవనంలో నివసించే ఒక మహిళ ఆ తర్వాత విలేకరికి చెప్పింది. ఒక వేళ కిట్టీపై ఒక నిర్జన ప్రదేశంలో దాడి జరిగి, ఒకే ఒక సాక్షి ఉండి ఉంటే కిట్టీ బతికి ఉండేది. ఇవన్నీ కేవలం కిట్టీ కీర్తికి ఆజ్యంపోశాయి.

ఆమె కథ పది గొప్ప మనస్తత్వ పాఠ్యపుస్తకాల బాట పట్టింది. ఈ రోజు వరకు జర్నలిస్టులు, పండితుల ద్వారా ఎత్తి చూపబడుతూనే ఉంది.

పెద్దనగర జీవితం ప్రమాదకరమైన అనామకత్వంపై ఆధునిక ఉపమానం కంటే ఇదేమీ తక్కువ కాదు.

3

మహానగర జీవితంలో ప్రేక్షకుల పాత్ర అనివార్యమైన భాగంగా చాలా సంవత్సరాలుగా నేను భావిస్తూ వచ్చాను. కానీ నేను పనిచేస్తున్న అదే నగరంలో ఒక సంఘటన జరిగింది. నా భావనలపై పునరాలోచనచేసేలా నన్ను ప్రేరేపించింది.

అది 2016 ఫిబ్రవరి 9వ తేదీ. మధ్యాహ్నం పావు తక్కువ నాలుగు గంటలయింది. 'సన్నే' తన తెల్లటి 'ఆల్ఫారోమియో' కారును ఆమ్‌స్టర్‌డామ్‌లో కాలువ పక్కగా ఉండే స్లోటర్ కేడ్ వీధిలో పార్క్ చేసింది. ఆమె కారు దిగి, కారు సీటులో ఉన్న తన పసిబిడ్డను తీసుకోవడానికి కారుతలుపు తీయడానికి ఇవతలివైపుకు వచ్చింది. హఠాత్తుగా కారు కదులుతున్నట్లు తెలుసుకుని వెనుక చక్రం వైపుకి దూకి కారును ఆపడానికి ప్రయత్నించింది. కానీ అప్పటికే ఆలస్యమైంది. కారు కాలువలోకి వెళ్లి మునిగిపోవడం ప్రారంభించింది.

చెడువార్త: కొన్ని డజన్ల మంది జరుగుతున్న సంఘటనను చూశారు. ఇంకా ఎక్కువమందే 'సన్నే' అరుపులు విని ఉంటారనడంలో ఎలాంటి సందేహం లేదు. క్యూగార్డెన్స్‌లోలా అపార్ట్‌మెంట్‌లు ఉన్నాయి. ఈ విపత్తుని పట్టించుకోలేదు. ఇది కూడా మంచి ఉన్నత మధ్యతరగతి ఇరుగుపొరుగు వారున్న ప్రదేశమే.

కానీ అప్పుడే మనం ఊహించనివి జరుగుతాయి. అది అప్పటికప్పుడు జరిగే ప్రతిచర్యలాంటిది. అక్కడే ఒక పక్కగా ఉండే రియల్ ఎస్టేట్ ఏజెన్సీ యజమాని రూబీన్ అబ్రహామ్స్. ఆ తర్వాత స్థానిక ఒక టీవీ రిపోర్టర్‌కి ఇలా చెప్పాడు. "నీళ్లలో కారా? అది మంచిది కాదు." అతను సుత్తి తీసుకురావ దానికి పరుగెత్తుకెళ్లి ఆఫీసు టూల్ బాక్స్ నుండి తీసుకొని మంచు కాలువలోకి దూకాడు.

క్రీడాకారుడు, పొడవైన శరీరం, బూడిద రంగులో దుబ్బుగా ఉన్న జుట్టు కలిగిన రూబెన్ జనవరిలో ఒక చల్లని రోజు నన్ను కలిసి ఈ సంఘటన ఎక్కడ జరిగిందో చూపించాడు. ఇది ఒక యాధృచ్ఛికమైన విచిత్ర సంఘటన. ఒక్క క్షణంలో జరిగింది అని చెప్పాడు.

రూబెన్ కాలువలోకి దూకినప్పుడు రియెంక్ కెంటీ– అతను కూడా ప్రేక్షకుడే. అప్పటికే అతను మునిగిపోతున్న వాహనం దిశగా ఈదుతూ వెళుతున్నాడు. మరో ప్రేక్షకుడు రీనియర్ బాష్ కూడా నీళ్లలో ఉన్నాడు. చివరి క్షణంలో ఒక మహిళ అతనికి ఇటుక అందజేసింది. కొన్ని క్షణాలలో అది చాలా కీలకమైన పరికరంగా మారింది.

వీట్‌స్మోల్ ఇతను నాలుగో ప్రేక్షకుడు. అతను తన కారులో నుండి అత్యవసరమైన సుత్తి తీసుకుని పరుగెత్తాడు. అక్కడ ఈదుకుంటూ వెళ్తున్న వారిలో చివరివాడు. "మేం కారు కిటికీలపై కొట్టడం ప్రారంభించాం" అని రూబెన్ వివరించసాగాడు.

రీయర్ సైడ్ విండో ఒక దానిని పగలగొట్టడానికి ప్రయత్నించాడు, కానీ లాభం లేకపోయింది. మరోవైపు కారు అటూ ఇటూ కదిలిపోతూ మునిగిపోతోంది. రీనియర్ ఇటుకతో వెనుక కిటికీ వైపు బలంగా కొడుతున్నాడు. ఎట్టకేలకు అది పగిలింది. ఆ తర్వాత ప్రతి చర్యా చకచకా జరిగింది. పిల్లవాడి తల్లి వెనుక కిటికీ గుండా పిల్లవాడిని రూబెన్‌కు అందించే ప్రయత్నం చేసింది. ఒక క్షణం పిల్లవాడు అక్కడ ఇరుక్కుపోయాడు. కానీ కన్ని క్షణాల తర్వాత రూబెన్, రీనియర్ పిల్లవాడిని సురక్షితంగా బయటకు తీయడంలో కృతకృత్యులైనారు. తల్లికారులోపలే ఉంది. కారు పూర్తిగా మునిగి పోవడానికి మరికొన్న అంగుళాల దూరంలోనే ఉంది. సరైన సమయంలో రూబెన్, రియెంక్, విట్సీ ఆమె బయటకు రావడానికి సహాయపడ్డారు. మరో రెండు సెకన్లలో కారు కాలువ నీటిలో మునిగి కనిపించకుండా పోయింది.

ఆ సమయానికి అక్కడున్న ప్రేక్షకులందరూ కాలువ ఒడ్డున గుమిగూడారు. వారు తల్లీ, బిడ్డను. సహాయపడడానికి వెళ్లిన నలుగురు వ్యక్తులకు నీటిలో నుండి బయటకు రావడానికి సహాయపడ్డారు. వారిని తువాళ్లతో చుట్టారు. ఈ రెస్క్యూ ఆపరేషన్ రెండు నిమిషాలలోపే ముగిసింది.

రక్షించడానికి వెళ్లిన నలుగురు వ్యక్తులు ఒకరికొకరు తెలియదు. ఒకరితో ఒకరు మాట్లాడుకో లేదు. వారిలో ఏ ఒక్కరు వెళ్లడానికి ఇష్టపడక ఒక సెకండ్ వెళ్లకపోయినా

అనర్థం జరిగి ఉండేది. ఆ నలుగురు కాలువలోకి జంప్ చేయకపోయినా రెస్క్యూ ఆపరేషన్ విఫలం అయి ఉండేది. చివరి క్షణంలో అనామకుడైన ప్రేక్షకుడు రీనియర్‌కి ఇటుకను అందజేయకుండా ఉండి ఉంటే అతను వెనుక కిటికీని పగులగొట్టగలిగి ఉండేవాడు కాదు. తల్లీబిడ్డను బయటకు తీయగలిగేవారు కాదు. మరో మాటలో చెప్పాలంటే, సన్నె, ఆమె బిడ్డ ప్రాణాలతో బయటపడడానికి అక్కడ పెద్ద సంఖ్యలో ఉన్న ప్రేక్షకులు కారణం కాదు. కేవలం ఆ నలుగురే కారణం.

4

ఇప్పుడు మీరు ఆలోచించుకోవచ్చు. ఈ కథ కచ్చితంగా మనస్సుకు హత్తుకునేదే. కానీ ఇది బహుశా ప్రేక్షకుల నియమానికి మినహాయింపు కావచ్చు. లేదా డచ్ సంస్కృతిలో లేదా ఆమ్‌స్టర్ డ్యాంలోని ఈ పొరుగు ప్రాంతం గురించి లేదా ఈ నలుగురికి సంబంధించి ఏదైనా ప్రత్యేకత ఉండవచ్చు. లేక ఇందుకు భిన్నంగా ఇది అసాధారణతకు కారణమా?

ప్రేక్షకుల ప్రభావాన్ని గురించి ఇప్పటికీ అనేక పాఠ్య పుస్తకాల ద్వారా నేర్పించి ఉండవచ్చు, అత్యవసర సమయాలలో ప్రేక్షకులు ఏమి చేస్తారనే దానిపై 2011లో ప్రచురించబడిన మెటా విశ్లేషణ కొత్త వెలుగును నింపి ఉండవచ్చు. మెటా విశ్లేషణ అనేది పరిశోధనలను పరిశోధిస్తుంది. అంటే ఇది ఇతర గ్రూపు భారీ అధ్యయనాలను విశ్లేషిస్తుంది. ఈ మెటా విశ్లేషణ. డార్లీ మొదటి ప్రయోగం (గదిలో విద్యార్థులతో బాటు)తో సహా గత 50 సంవత్సరాలుగా ప్రేక్షకుల ప్రభావంపై 105 అత్యంత ముఖ్యమైన అధ్యయనాలు చేసింది.

అధ్యయనాల అధ్యయనం నుండి రెండు విషయాలు వెలుగులోకి వచ్చాయి. ఒకటి ప్రేక్షకుల ప్రభావం ఉంది. కొన్నిసార్లు అత్యవసర పరిస్థితులలో మనం జోక్యం చేసుకోవాల్సిన అవసరం లేదనుకుంటాం. ఎందుకంటే ఎవరో ఒకళ్లు ఆ పనిచేస్తార్లే అని భావించడం, మనం ఏమన్నా తప్పుగా చేస్తే ఎవరన్నా ఏమన్నా అంటారేమో అనే భయం. ఒకోసారి మనం ఏదైనా తప్పుగా భావిస్తారేమో అనికూడా అనుకోకపోవడం, ఎందుకంటే ఎవరూ ఎలాంటి చర్యా తీసుకోకపోవడంతో ఇలాంటి భావం కలుగుతుంది.

ఇక రెండవ విషయం ఏమిటంటే, అత్యవసరం అనేది ఒకవేళ ప్రాణానికి ముప్పుకలిగించే అవకాశం ఉన్నప్పుడు (ఎవరైనా నీళ్లలో మునిగిపోతున్న లేదా ఎవరన్నా దాడి చేస్తున్నా) ఒకరితో ఒకరు కమ్యునికేట్ చేసుకోగలిగితే (అంటే వారు వేర్వేరు గదుల్లో ఒక్కరే ఉంటే చేసేదేం లేదు) అప్పుడు విలోమ ప్రేక్షక ప్రభావం ఉంటుంది. ''అదనపు ప్రేక్షకులు ఉంటే వారు సహాయం తక్కువగా చేసినా కనీసం ముందుకు వెళతారు'' అని వ్యాసం రాసిన రచయితల అభిప్రాయం. సరే అవన్నీ కాదు.

కొన్ని నెలల తర్వాత రూబెన్‌ను హఠాత్తుగా రక్షించడానికి చేసిన ప్రయత్నం గురించి ఇంటర్వ్యూ చేయడం జరిగింది. ఆమ్‌స్టర్ డామ్‌లోని ఒక కేఫ్‌లో డానిష్‌ను మనస్తత్వవేత్త మేరీలిండే గార్డ్‌తో మీటింగ్ ఏర్పాటు చేశాను. ఇంకా వర్షపు బిందువులను కదిలిస్తూ

ఆమె కూర్చుని తన ల్యాప్‌టాప్ తెరిచి, నా ముందు కాగితాల దొంతరను పడేసి ఉపన్యాసం ప్రారంభించింది.

ఈ సంక్లిష్టమైన ప్రయోగాలు ప్రశ్నావళులు, ఇంటర్వ్యూల గురించి మనం ఎందుకు ఆలోచిస్తాం అని అడిగిన మొదటి పరిశోధకుల్లో లిండెగార్డు ఒకరు. వాస్తవ పరిస్థితులలో నిజమైన వ్యక్తుల నిజమైన ఫుటేజీని మనం ఎందుకు చూడకూడదు? అన్నింటికంటే ఆధునిక నగరాలలో కెమెరాలు ఏర్పాటు చేయబడినాయి. ఇది గొప్ప ఆలోచన అని మేరీ సహోద్యోగులు అన్నారు. కానీ మనం ఆ ఫుటేజీని ఎప్పటికీ పొందలేము... మనం వాటిని గురించి చూద్దాం అని మేరీ సమాధానమిచ్చింది. ప్రస్తుతం మేరీ వద్ద కొపెన్‌హాగన్, కేప్‌టౌన్, లండన్, ఆమ్‌స్టర్ డామ్‌కి చెందిన వేయికిపైగా వీడియోలు ఉన్న డేటా బేస్ ఉంది. వారు గొడవలు, అత్యాచారాలు, హత్యాప్రయత్నాలను రికార్డుచేస్తారు. ఆమె కనుగొన్న విషయాలు సామాజిక శాస్త్రాలలో చిన్న విప్లవాన్ని ప్రారంభించాయి. మేరీ ల్యాప్‌టాప్‌ను నా వైపు నెట్టింది. చూడండి, రేపు మేము ఈ కథనాన్ని ప్రముఖ సైకాలజీ జర్నల్‌కు మళ్లీ పంపిస్తున్నాం.

నేను వర్కింగ్ టైటిల్‌ని చదివాను, "ప్రేక్షకుల ప్రభావం గురించి మీ ఆలోచన, మీకు తెలిసింది దాదాపు అంతా తప్పే"

లిండేగార్డు క్రిందకి స్క్రోల్ చేసి టేబుల్ చూపించాడు. చూడండి 90 శాతం కేసులలో ప్రజలు ఒకరికొకరు సహాయం చేసుకుంటారు అని ఇక్కడ మీరు చూడవచ్చు.

5

అయితే రూబెన్, రీనియర్, రియెంక్, వీట్సే ఆ ఫిబ్రవరిలో మధ్యాహ్నం ఆమ్‌స్టర్‌డామ్ కాలువలోని మంచులా చల్లగా ఉన్న నీటిలోకి ఎందుకు దిగారనేదానిలో ఎలాంటి రహస్యం లేదు. ఇది సహజ ప్రతిస్పందన. ఇప్పుడు విషయం ఏమిటంటే, కిట్టీ జెనోవీస్ హత్యకు గురైన రాత్రి 1964 మార్చి 13న ఏం జరిగింది? బాగా తెలిసిన కథనంలో ఎంతవరకు నిజం ఉంది? ప్రత్యక్షసాక్షుల ఉదాసీనతను ప్రశ్నించిన మొదటి వ్యక్తులలో ఒకరు క్యూగార్డెన్స్‌కి కొత్తగా వచ్చిన జోసెఫ్ డియే. ఔత్సాహిక చరిత్రకారుడు. కిట్టీ మరణించిన పదేళ్ల తర్వాత అక్కడికి వెళ్లాడు. పొరుగు వారిని అపఖ్యాతి పాల్జేసిన హత్య విషయంలో ఆయన ఎంతో ఆసక్తిగా ఉన్నాడు. డియే తనుస్వంతగా పరిశోధన చేయాలని నిర్ణయించుకున్నాడు. అతను ఆర్కైవ్‌ల ఆధారంగా వెళ్లడం ప్రారంభించాడు. సగం మసకబారిన ఫొటోలు, పాత వార్తా పత్రికలు, పోలీసు నివేదికలను తిరగేసాడు. ఒక్కొక్క ముక్కను ఒక చోట చేర్చడం ప్రారంభించినప్పుడు. నిజంగా ఏమి జరిగిందనేది ఒక చిత్రంగా బయటపడింది.

1964 మార్చి 13 నాటి సంఘటనలన్నీ ఇక్కడ ఉన్నాయి. ఇప్పుడు పైనుండి ఒక్కొక్కదాన్ని పరిశీలిద్దాం. ఈ సారి డియే, అతనిని అనుసరించి ఇతరులు ఎంతో శ్రమించి చేసిన పరిశోధనపై ఆధారపడి ఉంది.

ఆస్టిన్ స్ట్రీట్‌లో భయంకరమైన అరుపు నిశ్శబ్దాన్ని ఛేదించినప్పుడు సమయం తెల్లవారుజామున 3 గంటల 19 నిమిషాలు. బయట చల్లగా ఉంటుంది. నివాసితులు చాలామంది కిటికీలు మూసుకొని ఉన్నారు. వీధిలో వెలుతురుసరిగా లేదు. బయటకు చూసే చాలామంది వ్యక్తులు దేనినీ గమనించరు. కొంతమంది వీధిలో తిరుగుతున్న స్త్రీ ఛాయా చిత్రాన్ని తయారు చేస్తారు. ఆమె తాగి ఉంటుందని ఊహిస్తారు. ఇది అసాధారణ విషయం కాకపోవడానికి కారణం వీధిలో బార్ ఉంది. అయినప్పటికీ ఇద్దరు నివాసితులు ఫోన్ తీసుకుని పోలీసులకు కాల్ చేసారు. వారిలో ఒకరు మైఖేల్ హాఫ్ మాన్ తండ్రి. ఆయన ఆ తర్వాత స్వయంగా సైన్యంలో చేరారు. మరొకరు సమీప అపార్ట్‌మెంట్‌లో నివసిస్తున్న హాటీ గ్రండ్ అని వారు చెప్పారు. కొన్నేళ్ల తర్వాత మళ్లీ ఆమె, మాకు కాల్స్ వచ్చాయనేమాట పునరుద్ఘాటించింది. కానీ పోలీసులు రారు. పోలీసులు రాలేదా? సైరన్‌లు మోగిస్తూ వారు స్టేషన్ నుండి ఎందుకు బయటకు రాలేదు?

మొదటి కాల్స్‌ని ఆధారంగా చేసుకుని పంపిన వ్యక్తి అది వైవాహిక సమస్యగా భావించి ఉండవచ్చు. హాఫ్ మన్ ఇప్పుడు సైన్యం నుండి రిటైర్ అయ్యారు. అందుకే వారు సంఘటనా స్థలానికి చేరుకోవడంలో జాప్యం చేశారని అనుకుంటున్నారు. భర్త తన భార్యని కొట్టడాన్ని ప్రజలు పెద్దగా పట్టించుకోని రోజులవి. చివరికి భార్యపై అత్యాచారం చేయడం కూడా క్రిమినల్ నేరం కాదు అని గుర్తుంచుకోండి.

అయితే మరి ఆ 38 మంది ప్రత్యక్ష సాక్షుల విషయం ఏమిటి?

పాటలు, నాటకాల నుండి బ్లాక్ బస్టర్‌లు, బెస్ట్ సెల్లర్స్ వరకు అన్నింటిలోను కనిపించే ఆ సంఖ్య పోలీసు డిటెక్టివ్‌లు, ఆ కేసులో ప్రశ్నించబడిన వ్యక్తుల జాబితా నుండి వచ్చింది. ఆ జాబితాలో ఉన్న చాలా మంది ప్రత్యక్ష సాక్షులు కారు. చాలా మంది నిద్రమత్తులో ఏదో విన్నారు. కానీ వారికి మెలకువ పూర్తిగా రాలేదు. ఇందులో రెండు స్పష్టమైన మినహాయింపులు ఉన్నాయి. ఒకరు భవనంలో పొరుగున ఉన్న జోసెఫ్ ఫింక్. అతను యూదులను ద్వేషించే విచిత్రమైన ఒంటరి వ్యక్తి. (స్థానిక పిల్లలు అతన్ని "అడాల్ఫ్'' అని పిలిచేవారు) ఈ సంఘటన జరిగినప్పుడు అతను మెలకువగా ఉన్నాడు. అతను కిట్టిపై మొదటి దాడిని చూశాడు. కానీ ఏమీ చేయలేదు. మరో వ్యక్తి కారల్‌రాస్. ఆమెతో మేరీ ఆన్‌తో స్నేహం చేసిన పొరుగు వ్యక్తి. కిట్టీని ఆమె కర్మకి వదిలేశాడు. రాస్ మెట్ల దారి మీద నుండి రెండవదాడిని ప్రత్యక్షంగా చూశాడు. (వాస్తవానికి రెండు దాడులు జరిగాయి. మూడు కాదు) కానీ భయపడి అక్కడి నుండి వెళ్లిపోయాడు. ఈ విషయంలో తాను జోక్యం కలిగించుకోదలుచుకోలేదని కూడా అతను పోలీసులకు చెప్పాడు. తాను ప్రచారం కోరుకోవడం లేదన్నది అతని ఉద్దేశం. ఆ రోజు రాత్రి అతను తాగి ఉన్నాడు. తాను స్వలింగ సంపర్కుడననే విషయం ఎక్కడ బయటకు వస్తుందోనని భయపడ్డాడు.

ఆ రోజుల్లో స్వలింగ సంపర్కం చట్ట విరుద్ధం. స్వలింగసంపర్కాన్ని ప్రమాదకరమైన వ్యాధిగా అపకీర్తి పాలు చేసిన పోలీసులు, న్యూయార్క్ టైమ్స్ వంటి పత్రిక రెండింటికి కూడా రాస్ భయపెట్టాడు. 1964లో స్వలింగ సంపర్కులను పోలీసులు క్రూరంగా హింసించే వారు. ఆ పత్రిక స్వలింగ సంపర్కాన్ని ప్లేగు వ్యాధిగా చిత్రీకరించింది. (ముఖ్యంగా ప్రఖ్యాతి

గాంచిన సంపాదకుడు అబేరో సెంథాల్ అపఖ్యాతి పాలైన స్వలింగ సంపర్కుడు. కిట్టీ హత్యకు కొద్దికాలం ముందు అతను సిటీలో బహిరంగ స్వలింగ సంపర్క సమస్య పెరుగుదల విస్తృత ఆందోళన కలిగిస్తోంది అని ప్రచురించాడు)

వాస్తవానికి వీటిలో ఏదీ కార్ల్‌రాస్ నిర్లక్ష్యాన్ని క్షమించదు. అతను తాగి భయపడి ఉన్నా స్నేహితురాలికి మరింత సహాయం చేసి ఉండాల్సింది. బదులుగా అతను మరొక స్నేహితుడికి ఫోన్ చేసి వెంటనే పోలీసులకు కాల్ చేయమని చెప్పాడు తప్ప, తన స్వంత అపార్ట్‌మెంట్ నుంచి ఫోన్ చేయడానికి ధైర్యం చేయలేదు. తన పక్కింటి ఇంటిపైకప్పు మీదకు ఎక్కి ఆ పక్కన నివసించే స్త్రీని లేపాడు. ఆ మహిళ సోఫియా ఫర్రార్. కిట్టి రక్తపు మడుగులో కింద పడి ఉందని వినగానే సోఫియా ఒక్క క్షణం కూడా ఆలస్యం చేయకుండా తన అపార్ట్‌మెంట్ నుండి బయటకు పరుగెత్తుతూ తన భర్తను లేపింది. తాను నేరుగా హంతకుడి చేతుల్లోకి పరుగెత్తుతున్నానని ఆమెకు తెలుసు. కానీ ఆగలేదు. ''నేను సహాయం చేయడానికి పరుగెత్తాను. ఇది సహజమైన పనిగా అనిపించింది'' అంది ఆమె.

కిట్టిపడి ఉన్న మెట్ల బావి తలుపు తెరవగానే హంతకుడు పారిపోయాడు. సోఫియా తన స్నేహితురాలి చుట్టూ చేతులు వేసింది. కిట్టి ఒక్క క్షణం రిలాక్స్ అయి ఆమె ఒళ్లోకి వాలిపోయింది. కేథరిన్ సుసాన్ జెన్‌వేస్ వాస్తవానికి పొరుగున ఉన్న మహిళ కౌగిలిలో ఒదిగిపోయి మరణించింది. ''చాలా ఏళ్ల తర్వాత కిట్టీ తన స్నేహితురాలి చేతిలో ప్రాణాలు వదిలిందనే కథ విన్న తర్వాత నా కుటుంబంలో మార్పు వచ్చింది'' అని ఆమె సోదరుడు బిల్ చెప్పాడు.

సోఫియా ఎందుకు మర్చేపోయింది?

ఏ ఒక్క పేపర్‌లోను ఎందుకు ఈ విషయం పేర్కొన లేదు?

నిజం చాలా నిరుత్సాహ పరుస్తుంది. అప్పట్లో మా అమ్మ ఒక వార్తాపత్రికలో పనిచేసే మహిళతో మాట్లాడింది. కానీ మరుసటి రోజు వచ్చిన వార్తలో సోఫియా జోక్యం చేసుకోవడానికి ఇష్టపడడం లేదని, రావడంతో అది చదివిన మా అమ్మకి బాగా కోపం వచ్చింది. ఇకపై ఏ జర్నలిస్టుతో మాట్లాడనని ప్రమాణం చేసింది అని చెప్పాడు ఆమె కొడుకు. సోఫియా ఒక్కరే కాదు, క్యూగార్డెన్ నివాసితులు అనేకమంది తమ మాటలను ప్రెస్ వారు వక్రీకరిస్తున్నారని ఫిర్యాదు చేశారు. చాలా మంది మనస్తాపంతో ఆ ప్రాంతం నుండి బయటకు వచ్చేశారని చెప్పారు. కిట్టి మరణించిన మొదటి వార్షికోత్సవానికి రెండు రోజుల ముందు 1965 మార్చి 11న జర్నలిస్టులు రాసాగారు. ఒక విలేకరి క్యూగార్డెన్‌కి వెళ్లి అర్ధరాత్రి రక్తపు హత్య అని అరవడం జోక్‌గా భావించాడు. నివాసితుల ప్రతి స్పందనను తీయడానికి ఫొటోగ్రాఫర్లు కెమెరాలతో సిద్ధంగా ఉన్నారు. మొత్తం పరిస్థితి పిచ్చిగా అనిపిస్తోంది. న్యూయార్క్ నగరంలో క్రియాశీలత ప్రారంభమైన అదే సంవత్సరంలో మార్టిన్ లూథర్ కింగ్‌కు నోబెల్ శాంతి బహుమతి లభించింది. లక్షలాది మంది అమెరికన్లు వీధుల్లో కవాతు చేయడం ప్రారంభించారు. రెండువందలకు పైగా కమ్యూనిటీ సంస్థలను క్వీన్స్ లెక్కించారు. అది "ఉదాసీనత అంటువ్యాధి"గా భేరీ మోగించడంపై పత్రికలు వ్యామోహాన్ని పెంచుకున్నాయి.

జర్నలిస్ట్, డానీ మీనన్ అనే రేడియో రిపోర్టర్ ఉన్నారు. అక్కడ నిలబడి ప్రేక్షక పాత్ర వహించిన వారి నిరాసక్తత గురించి కథపై సందేహం వ్యక్తం చేసారు. కానీ అతను వాస్తవాలను తనిఖీ చేసినప్పుడు, చాలా విషయాలు కనుగొన్నాడు. ప్రత్యక్ష సాక్షులు ఆ రాత్రి తాగిన మహిళను చూశారని భావించాడు. ఆ సమాచారాన్ని తన సమాచారంలో ఎందుకు పొందుపరచలేదని మీనన్ న్యూయార్క్ టైమ్స్ విలేకరిని అడిగినప్పుడు, 'ఇది కథను నాశనం చేసేది.' అని అతను సమాధానం ఇచ్చాడు.

కేథరీన్ సుసాన్ జెనోవేస్ మరణం

ఇంతకీ మీనన్ ఈ విషయం ఎందుకు బయట పెట్టలేదు? స్వీయ రక్షణ. ఆ రోజుల్లో, ఏ ఒక్క జర్నలిస్ట్ ప్రపంచంలోని అత్యంత శక్తివంతమైన వార్తాపత్రికకు విరుద్ధంగా ఏమీ బయటపెట్టేవాడు కాదు. తమ ఉద్యోగాన్ని నిలబెట్టుకోవాలనుకున్నారు.

కొన్ని సంవత్సరాల తర్వాత మరొక విలేఖరి ఒక విమర్శనాత్మక విషయాన్ని వినిపించినప్పుడు, అతనికి 'న్యూయార్కుటైమ్స్' అబే రోసెంతల్ నుండి కోపంతో కూడిన ఫోన్ కాల్ వచ్చింది ''అమెరికాలోని పరిస్థితికి ఈ కథ సంకేతంగా మారిందని మీరు గ్రహించారా?'' ఎడిటర్ అరిచాడు. 'ఇది సోషియాలజీ కోర్సులు, పుస్తకాలు, వ్యాసాలకి' 28 సబ్జెక్ట్‌గా మారింది.'

అసలు కథ ఎంత తక్కువగా మారిపోయిందో ఆశ్చర్యంగా ఉంది. దురదృష్టకరమైన ఆ రాత్రి, విషయంలో సాధారణ న్యూయార్క్ వాసులే కాదు, అధికారులు విఫలమయ్యారు. కిట్టి ఒంటరిగా చనిపోలేదు, తన స్నేహితుడి చేతుల్లో మరణించింది. ఇక ప్రేక్షకుల విషయానికి వస్తే సైన్స్ దీర్ఘకాలంగా నొక్కిచెప్పిన దానికి వ్యతిరేక ప్రభావం. మనం ఈ పెద్ద నగరంలో, సబ్‌వేలో, రద్దీ వీధులలో ఒంటరిగా లేం. మనం ఒకరికొకరు ఉన్నాం. కిట్టి కథ అక్కడతో ముగియలేదు. ఫైనల్ గా విచిత్రమైన ట్విస్ట్ ఒకటి ఉంది,

కిట్టి మరణించిన ఐదు రోజుల తర్వాత, క్వీన్స్ నివాసి రౌల్ క్లియరీ,తన వీధిలో ఒక అపరిచితుడిని గమనించాడు. అతను పొరుగున ఉన్నఒక ఇంటి నుండి పగటిపూట టెలివిజన్ సెట్‌ని తీసుకుని బయటకు వస్తున్నాడు. రౌల్ అతనిని ఆపినప్పుడు, ఆ వ్యక్తి తాను మూవర్ వాడినని చెప్పాడు. అయితే రౌల్‌కు అనుమానం వచ్చి పొరుగింటి వ్యక్తి జాక్ బ్రౌన్ కి ఫోన్ చేశాడు.

'బానిస్టర్సు వెళ్లి పోతున్నారా?' అని అడిగాడు.

"ఎక్కడికీ వెళ్లడం లేదు," బ్రౌన్ సమాధానం చెప్పాడు.

అక్కడి వ్యక్తులు సంకోచించలేదు. జాక్ ఆ వ్యక్తి వాహనాన్ని నిలిపివేస్తే, రౌల్ పోలీసులను పిలిచాడు, అతను పారిపోవడానికి ప్రయత్నిస్తున్నప్పుడు అరెస్టు చేయడానికి పోలీసులు వచ్చారు. కొన్ని గంటల తరువాత, తలుపులు పగులగొట్టడం లోపలికి ప్రవేశించడం మాత్రమే కాదు, కీవ్ గార్డెన్స్ లో ఒక యువతిని హత్య కూడా చేశానని దొంగ అంగీకరించాడు.

అది నిజమే, కిట్టి హంతకుడు ఇద్దరు ప్రేక్షకుల జోక్యం వల్ల పట్టుబడ్డాడు. ఒక్క పేపర్ కూడా దీనిని రిపోర్టు చేయలేదు.ఇది కిట్టి జెనోవేస్ నిజమైన కథ. మొదటి సంవత్సరం విద్యార్థులు, ఔత్సాహిక పాత్రికేయులు కూడా మనస్తత్వశాస్త్రం కోసం మాత్రమే చదవడం అవసరం, ఎందుకంటే అది మనకు మూడు విషయాలను బోధిస్తుంది. ఒకటి, మానవ స్వభావం తరచుగా చెంపదెబ్బ కొట్టినట్లు ఎలా ఉంటుంది. రెండు,సంచలనాత్మక కథనాలను విక్రయించడానికి, పాత్రికేయులు ఎంత నేర్పుగా బటన్లు నెట్టారు చివరిది, ఎలా ఖచ్చితంగా అత్యవసర పరిస్థితుల్లో మనం ఒకరిపై ఒకరు ఆధార పడతాం అన్న విషయం.

మేం ఆమ్స్టర్డామ్లోపారుతున్న నీటిని చూస్తున్నప్పుడు, కాలువలో మునిగిన తర్వాత హీరోగా ఫీల్ అయావా అని నేను రూబెన్ అబ్రహాం ని అడిగాను. అతను భుజాలు తడుముకుంటూ ''అబ్బేలేదు, 'మనము జీవితంలో ఒకరినొకరు చూసుకోవాలిగా'' అన్నాడు.

మూడవ భాగం

ఎందుకు మంచి వ్యక్తులు చెడుగా మారతారు

'నేను మనుషుల చర్యలను చూసి హేళన చేయకుండా ఉండటానికి గానీ వాటి పట్ల ఆవేదన చెందకుండా ఉండటానికి గానీ ప్రయత్నించాను. వారిని ద్వేషించడానికి కూడా ప్రయత్నించలేదు. కేవలం అర్థం చేసుకునే ప్రయత్నం చేశాను.

– బరూచ్ స్పినోజా (1632–77)

కొంతకాలం క్రితం నేను 2013లో డచ్‌లో తిరిగి వ్రాసిన పుస్తకంతో కూర్చున్నాను. దీని శీర్షిక ను 'ది హిస్టరీ ఆఫ్ ప్రోగ్రెస్' గా అనువదించడం జరిగింది.దాన్ని మళ్లీ చదవడం ఒక అసౌకర్యమైన అనుభవం. దానిలో నేను ఫిలిప్ జింబార్డో స్టాన్‌ఫోర్డ్ జైలు 'పరిశోధన'ను ఎటువంటి విమర్శలు లేకుండా, మంచి వ్యక్తులు ఆకస్మికంగా రాక్షసులుగా మారిపోగలరని రుజువు చేస్తూ రాసిన పుస్తకం. ఈ పరిశీలన నాకు ఎదురులేనిదని ఏదో స్పష్టంగా అనిపించింది.

నేను ఒక్కడినే కాదు. రెండవ ప్రపంచం యుద్ధం ముగిసినప్పటి నుండి వెనిర్ సిద్ధాంతంపై లెక్కలేనన్ని వైవిధ్యాలు ముందుకొచ్చాయి. వాటిని సమర్థించడంకోసం గట్టి సాక్ష్యాలు కూడా మనముందు ఉంచబడ్డాయి. స్టాన్లీ మిల్గ్రామ్ తన షాక్ యంత్రాన్ని ఉపయోగించి దానిని ప్రదర్శించాడు. కిట్టి జెనోవేస్ మరణాన్ని అనుసరించిన మీడియా పైకప్పుల నుండి అరిచింది. విలియం గోల్డింగ్, ఫిలిప్ జింబార్డో కీర్తి కోసం ప్రపంచమంతా సిద్ధాంతాన్నివ్యాప్తి చేశారు. ప్రతి మానవునిలో చెడు కేవలం ఆవేశరూపంలో ఉపరితలం క్రింద ఉంటుంది. థామస్ హోబ్స్ మూడు వందల సంవత్సరాల క్రితమే ఈ వాదన ఛేశాడు. కానీ ఇప్పుడు హత్య కేసు, ప్రయోగాల ఆర్కైవ్స్ వెలుగులోకి వచ్చాయి. అవన్నీ వెనుక నుండి ముందుకు వచ్చాయి. జింబార్డో జైలులోని గార్డులు? వారు నటనలో భాగస్వాములు. నటులు. మిల్గ్రామ్ షాక్ మెషిన్ వద్ద వాలంటీర్లు? వాళ్లు మంచి చేయాలనుకున్నవారు. మరి కిట్టి? ఆమె పొరుగువారి చేతుల్లో మరణించింది. ఈ వ్యక్తులలో చాలామంది, కేవలం సహాయం చేయాలని కోరుకున్నారు. ఎవరైనా విఫలమైనారూ అంటే వారు బాధ్యత వహించే వ్యక్తులు – శాస్త్రవేత్తలు, ప్రధాన సంపాదకులు, గవర్నర్లు, పోలీసు ఉన్నతాధికారులు. వారు రక్షించడానికి బదులుగా అబద్ధం తారుమారు చేసిన లెవియాథన్స్. తమ దుష్ట స్వభావాల నుండి వచ్చిన ప్రజలు, ఈ అధికారులు ప్రజలను ఒకరికొకరు వ్యతిరేకంగా ఉంచుకోవడానికి తమ శాయశక్తులా కృషి చేశారు. ఇది మనల్ని ప్రాథమిక ప్రశ్నకు తిరిగి తీసుకువస్తుంది: ప్రజలు చెడు పనులు ఎందుకు చేస్తారు? హోమో కుక్కపిల్ల ఎలా వచ్చింది, అది స్నేహపూర్వకంగా ఉంటుంది. జైళ్లు, గ్యాస్ గదులను నిర్మించిన ఏకైక జాతి ఎలా వస్తుంది? మునుపటి అధ్యాయాల్లో, మానవులు మంచివారిగా ముసుగు వేసుకున్నప్పుడు చెడుతో శోధించబడవచ్చని మనం నేర్చుకున్నాం. కానీ ఈ అన్వేషణ వెంటనే మరో ప్రశ్నను లేవనెత్తుతుంది: చరిత్ర గమనంలో మనల్ని మోసగించడంలో చెడు ఎందుకు ప్రావీణ్యం పొందింది? మనం ఒకరిపై ఒకరు యుద్ధాన్ని ప్రకటించే స్థాయికి అది మనల్ని ఎలా తీసుకురాగలిగింది? నేను 3వ అధ్యాయం నుండి కుక్కపిల్ల నిపుణుడు బ్రియాన్ హేర్ చేసిన ఒక పరిశీలన గురించి ఆలోచిస్తూ ఉంటాను. ఆయనిలా అన్నాడు: 'మనల్ని

అత్యంత దయగల జాతులుగా చేసే యంత్రాంగం, మనల్ని భూమ్మీది క్రూర జాతులను కూడా చేస్తుంది.'

మనం చూసినంతవరకు, మానవ చరిత్రలో చాలా మందికి ఈ ప్రకటన వర్తించదు. మనం ఎప్పుడూ అంత క్రూరంగా లేం. వేల సంవత్సరాలపాటు, మనం సంచార జాతులుగా ప్రపంచంలో సంచరించినా వివాదాలకు దూరంగా ఉండేవాళ్ళం. మనం యుద్ధం చేయలేదు, నిర్బంధ శిబిరాలను నిర్మించలేదు.

కానీ హేర్ దీనిపై పరిశీలనకు వెళ్తే? మనం శాశ్వత జనావాసాల్లో నివసించడం ప్రారంభించినప్పటి నుండి, మానవ చరిత్రలోని చివరి 5 శాతం వరకు ఆయన పరిశీలన అన్వయించ బడితే ఎలా ఉంటుంది? సుమారు పదివేల సంవత్సరాల క్రితం యుద్ధానికి సంబంధించిన మొదటి పురావస్తు ఆధారాలు అకస్మాత్తుగా కనిపించడం యాదృచ్ఛికం కాదు, ఇది ప్రైవేట్ ఆస్తి, వ్యవసాయం అభివృద్ధితో సమానంగా ఉంటుంది. ఈ సందర్భంలో మన శరీరాలు, మనస్సులు సంసిద్ధంగా ఉండని, ఒక జీవన విధానాన్ని మనం ఎంపిక చేసుకుంటామా?

పరిణామాత్మక మనస్తత్వవేత్తలు దీనిని సరిపోలనిదిగా పేర్కొంటారు, అంటే ఆధునిక కాలానికి శారీరక లేదా మానసిక సంసిద్ధత లేకపోవడం. దీనికి అత్యంత సుపరిచితమైన దృష్టాంతం ఊబకాయం: వేటగాళ్ళుగా మనం ఇప్పటికీ సన్నగా, ఫిట్ గా ఉన్నాం, ఈ రోజుల్లో ఎక్కువ మంది ప్రజలు ఊబకాయులు.

పరిణామాత్మక మనస్తత్వవేత్తలు దీనిని అసమతుల్యతగా సూచిస్తారు. ఎక్కువ మంది ప్రజలు ప్రపంచవ్యాప్తంగా ఆకలితో కంటే అధిక బరువుతో ఉన్నారు. శరీర అవసరాన్ని మించి మనం క్రమం తప్పకుండా చాలా ఎక్కువ కేలరీలు గల చక్కెరలు, కొవ్వులు, లవణాలు అధికంగా ఉన్న ఆహారం తీసుకుంటున్నాం.

కాబట్టి మనం సరిగ్గా తినడం ఎందుకు కొనసాగించాలి? సింపుల్: మన డిఎన్ఎ మనం ఇంకా అడవిలో తిరుగుతున్నామని అనుకుంటుంది. చరిత్రపూర్వంలో మీరు కడుపు నింపుకోవడం కోసం బరువుగా ఉన్న పండ్ల చెట్టుపై ఎక్కడం అనేది అర్థవంతమైన విషయం. ఇది కూడా తరచుగా జరగలేదు, కాబట్టి శరీర కొవ్వు అదనపు పొరను నిర్మించడం ప్రాథమికంగా స్వీయ-సంరక్షణ వ్యూహం. కానీ ఇప్పుడు, చౌకైన, ఫాస్ట్ ఫుడ్‌తో నిండిన ఈ ప్రపంచంలో, అదనపు కొవ్వును పోగు చేయడం స్వీయ-విధ్వంసం వంటిది.

మానవ చరిత్ర లోని చీకటి అధ్యాయాల గురించి మనం కూడా ఇలాగే ఆలోచించాలి

అది కూడా నాటకీయ అసమతుల్యత ఫలితం కావచ్చు. ఆధునిక కాలపు హోమో కుక్కపిల్ల అత్యంత హేయమైన క్రూరత్వాన్ని ఎలా చేయగలదో అది వివరించగలదా? ఆ సందర్భంలో, ఆధునిక, 'నాగరిక' ప్రపంచంలో జీవితాన్ని ఎదుర్కొన్నప్పుడు మన స్వభావంలోని ఏదో ఒక అంశం ఉండాలి - సహస్రాబ్దాలుగా మనల్ని ఇబ్బంది పెట్టని, అకస్మాత్తుగా దాని లోపాలను బహిర్గతం చేసిన కొన్ని కోరికలు. ఏదో, కానీ ఏమిటి?

తరువాతి మూడు అధ్యాయాల్లో, ఇది నా అన్వేషణ. రెండవ ప్రపంచ యుద్ధం చివరి వరకు జర్మన్లు ఎందుకు అలుపెరగని పోరాటం చేశారో అర్థం చేసుకోవడానికి

నిశ్చయించుకున్న ఒక యువ అమెరికన్ ను నేను మీకు పరిచయం చేస్తాను (అధ్యాయం 10). శక్తితో వచ్చే విరక్తివాదంపై మానసిక పరిశోధనలోకి దిగుదాం (అధ్యాయం 11). అప్పుడు మనం అంతిమ ప్రశ్నను పరిశీలిద్దాం: ప్రజలు సరిపోలకపోవడాన్ని అంగీకరించి, మానవత్వం గురించి కొత్త, వాస్తవిక దృక్పథాన్ని అవలంబించడానికి ఎంచుకున్నప్పుడు మీరు ఎటువంటి సమాజాన్ని పొందగలరు?

10

సహానుభూతి మనిషిని అంధుణ్ణి చేస్తుంది

1

మోరిస్ జానోవిట్జ్ కి రెండవ ప్రపంచ యుద్ధం ప్రారంభం నాటికి ఇరవై రెండు సంవత్సరాల వయస్సు. ఒక సంవత్సరం తరువాత, యుఎస్ ఆర్మీ నుండి ఒక ముసాయిదా నోటీసు అతని డోర్ మ్యాట్‌కు వచ్చింది. ఎట్టకేలకు తనను జాబితాలో చేర్చినందుకు మోరిస్ కి ఆగ్రహం వచ్చింది. పోలండ్ నుండి వచ్చిన యూదు శరణార్థుల కుమారునిగా, యూనిఫామ్ ధరించి, నాజీలకు సహాయం చేయడానికి ఆయన వేచి ఉండలేకపోయాడు. ఆ యువకుడు ఎంతోకాలం నుండి సామాజిక శాస్త్రాలపట్ల ఆకర్షితు డయ్యాడు. ఇప్పుడు, తన తరగతిలో ఉన్నత స్థానంలో కళాశాల నుండి పట్టభద్రుడయ్యాడు, అతను తన నైపుణ్యాన్ని లక్ష్యం కోసం పనిచేయడానికి ఉపయోగించాడు.

మోరిస్ ను హెల్మెట్, రైఫిల్ తో యుద్ధానికి పంపలేదు, కానీ పెన్ను, కాగితంతో లండన్ లోని సైకలాజికల్ వార్ ఫేర్ డివిజన్ కి పంపారు. కోవెంట్ గార్డెన్ సమీపంలోని ఏజెన్సీ ప్రధాన కార్యాలయంలో, మోరిస్ డజన్ల కొద్దీ అగ్రశ్రేణి శాస్త్రవేత్తలతో చేరాడు, వారిలో చాలా మంది తరువాత సామాజిక శాస్త్రం, మనస్తత్వశాస్త్రంలో ప్రసిద్ధమైన వృత్తికి వెళ్లనున్నారు. కానీ ఇది నైరూప్య సిద్ధాంతీకరణకు సమయం కాదు. సైన్స్ కు సంబంధించిన చర్య జరగాల్సి ఉంది. చేయవలసిన పని ఉంది, వృథాచేయడానికి ఒక్క క్షణం కూడా లేదు. తెలివైన భౌతిక శాస్త్రజ్ఞులు అమెరికన్ సౌత్ వెస్ట్ లోని లాస్ అలమోస్ పట్టణంలో మొదటి అణుబాంబును వేసే ప్రయత్నంలో ఉండగా, తెలివైన గణిత శాస్త్రజ్ఞులు బ్లెచ్లే పార్క్ లోని ఆంగ్ల గ్రామీణ ప్రాంతంలో జర్మన్ల ఎనిగ్మా కోడ్ ను బద్దలు కొడుతున్నారు., మోరిస్, అతని సహచరులు అన్నిటికంటే కఠినమైన పనితో సతమతమవుతున్నారు. వారు నాజీ మనస్సులోని రహస్యాన్ని ఛేదించేపనిలో ఉన్నారు.

1944వ సంవత్సరం ప్రారంభంలో ఒక సంఘటన శాస్త్రజ్ఞులను ఉక్కిరిబిక్కిరి చేసింది. జర్మన్లు ఎందుకు అంత కష్టపడి పోరాడుతూనే ఉన్నారు ? వారి సైనికులలో ఎక్కువ మంది తమ ఆయుధాలను కింద పడేసి ఓటమిని ఎందుకు అంగీకరించలేదు?

యుద్ధాన్ని సర్వే చేసే ఎవరైనా ఫలితం ఎలా ఉంటుందో చూడవచ్చు. చాలా ఎక్కువ సంఖ్యలో ఉన్న జర్మన్లు తూర్పున పురోగమిస్తున్న రష్యన్లకూ, పశ్చిమాన ఆసన్నమైన మిత్రరాజ్యాల దండయాత్రకూ మధ్య నలిగిపోయారు. క్షేత్రస్థాయిలో ఉన్న సగటు జర్మన్లు తమకు వ్యతిరేకంగా అసమానతలు ఎంత భారీగా పేర్చబడ్డాయో గ్రహించలేదా, మిత్రరాజ్యాలు ఆశ్చర్యపోయాయి? వారు అంత పూర్తిగా బ్రెయిన్ వాష్ చేయబడ్డారా? జర్మన్లు చివరి శ్వాస వరకు ఎందుకు పోరాటం కొనసాగించారో ఏది వివరించగలదు?

యుద్ధం ప్రారంభం నుండి చాలామంది మనస్తత్వవేత్తలు, ఒక సైన్యం పోరాట శక్తిని నిర్ణయించడంలో, ఒక అంశం ప్రతి ఒక్కరినీ అధిగమించిందని దృఢంగా నమ్మేవారు. భావజాలం. ఉదాహరణకు, ఒకరి దేశం పట్ల ప్రేమ లేదా ఒకరు ఎంచుకున్న పార్టీపై విశ్వాసం. తాము చరిత్రకు సరైన వైపున నిలబడ్డామని, తమది చట్టబద్ధమైన ప్రాపంచిక దృక్పథం అని అత్యంత బలంగా నమ్మిన సైనికులు, కాబట్టి ఆలోచన ఉత్తమ పోరాటదిశగా సాగింది.

చాలా మంది నిపుణులు జర్మన్లు పూర్తి అవగాహన కలిగి ఉన్నారని అంగీకరించారు. సున్నాకు చేరుకున్న వారి నిష్క్రమణ రేటు, అమెరికన్లు, బ్రిటిష్ వారి కంటే ఎందుకు గట్టిగా పోరాడారో ఇది వివరించింది. యుద్ధానంతరం చరిత్రకారుల లెక్కల ప్రకారం, సగటు వెహ్ర్మాక్ట్ సైనికులు తన మిత్రరాజ్యాల ప్రత్యర్థికన్నా 50 శాతం ఎక్కువ ప్రాణనష్టాన్ని చవిచూశారు.

జర్మన్ సైనికులు అన్ని విషయాల్లోనూ మెరుగ్గా ఉండేవారు. దాడి చేసినా, రక్షించినా, వైమానిక మద్దతుతో లేదా లేకుండా అయినా, అది ఎటువంటి వ్యత్యాసాన్ని కలిగించలేదు. ఆ తర్వాత ఒక బ్రిటిష్ చరిత్రకారుడు ఇలా వ్యాఖ్యానించాడు: 'తప్పించుకోలేని సత్యమేమిటంటే, హిట్లర్ వెహ్ర్మాక్ట్ రెండవ ప్రపంచ యుద్ధంలో పోరాట శక్తి అత్యంత గొప్పగా ఉంది, అది చరిత్రలోనే అత్యంత గొప్పది.'

ఈ సైన్యం నైతిక స్థైర్యాన్ని విచ్ఛిన్నం చేయడానికి మిత్రరాజ్యాలు ఒక మార్గాన్ని కనుగొనవలసి వచ్చింది. మోరిస్, అతని బృందం వారు పెద్దది, చాలా పెద్దదిగా ఆలోచించాల్సిన అవసరం ఉందని తెలుసు. సైకలాజికల్ వార్ ఫేర్ డివిజన్ సిఫార్సుపై, లక్షలాది ప్రచార కరపత్రాలు శత్రు భూభాగంపై వదిలివేయబడ్డాయి, డి-డే తరువాత నార్మాండీలో మోహరించిన జర్మన్ దళాలలో 90 శాతం వరకు చేరుకున్నాయి. జర్మన్ స్థితి నిస్సహాయంగా, నాజీ తత్త్వం హేయమైనదనీ, మిత్రరాజ్యాల లక్ష్యం సమర్థనీయమైనదనీ వారు పదేపదే పంపించిన సందేశం.

ఈ సైన్యం ధైర్యాన్ని మిత్రరాజ్యాలు గుర్తించవలసి వచ్చింది

ఇది పని చేసిందా? మోరిస్ జానోవిట్జ్ కు మసకబారిన ఆలోచన లేదు. అతని డెస్క్ పరిమితుల నుండి తెలుసుకోవడానికి తక్కువ అవకాశం ఉంది, కాబట్టి అతను, అతని తోటి పరిశోధకుడు ఎడ్వర్డ్ షిల్స్ కరపత్రం ప్రచార ప్రభావాన్ని కొలవడానికి ఒక వివరణాత్మక సర్వేను రూపొందించాలని నిర్ణయించుకున్నారు. కొన్ని నెలల తర్వాత, మోరిస్ వందలాది మంది జర్మన్ యుద్ధ ఖైదీలను ఇంటర్వ్యూ చేయడానికి విముక్తి పొందిన పారిస్ కు బయలుదేరాడు. ఈ చర్చల సమయంలోనే ఆయన కళ్లు తెరుచుకోవడం ప్రారంభమైంది.

వారు అన్ని విషయాలు తప్పుగా అర్థం చేసుకున్నారు. కొన్ని వారాల పాటు మోరిస్ జర్మన్ బందీలని ఒకరి తర్వాత మరొకరిని ఇంటర్వ్యూ చేశాడు. అతను అవే ప్రతిస్పందనలను వింటూనే ఉన్నాడు. లేదు, ఇది నాజీ భావజాలం వదిలివేసినట్లు కాదు. లేదు, వారు ఇప్పటికీ ఏదో ఒక విధంగా గెలవగలరనే భ్రమలు వారికి లేవు. లేదు, వారు బ్రెయిన్ వాష్ చేయబడలేదు. జర్మన్ సైన్యం దాదాపు మానవాతీత పోరాటాన్ని ముందుకు తీసుకురాగల సామర్థ్యాన్ని కలిగి ఉండటానికి అసలు కారణం చాలా సులభం.

కామెరాడ్స్చాఫ్ట్.

స్నేహం.

స్నేహం.

ఆ వందలాది బేకర్లు, కసాయివారు, ఉపాధ్యాయులు, దర్జీలు; మిత్రరాజ్యాల పురోగతిని ప్రతిఘటించిన ఆ జర్మన్ పురుషులందరూ ఒకరొకరు ఆయుధాలు తీసుకున్నారు. అది వచ్చినప్పుడు, వారు వెయ్యి సంవత్సరాల రీచ్ కోసం లేదా బ్లట్ ఉండ్ బోడెన్ కోసం పోరాడలేదు. 'రక్తం - నేల' - కానీ వారు తమ సహచరులను నిరాశపరచడానికి ఇష్టపడలేదు.

'నాజీయిజం ముందు వరుసకు పది మైళ్ల దూరంలో మొదలవుతుంది', అని ఒక జర్మన్ ఖైదీ ఎగతాళి చేశాడు, అయితే స్నేహం ప్రతి బంకర్ లోనూ, కందకంలోనూ అక్కడే ఉంది. సైన్యాధి పతులకు ఈ విషయం బాగా తెలుసు, ఆ తర్వాత చరిత్రకారులు కనుగొన్నట్లుగా, దాన్ని తమకు ప్రయోజనకరంగా ఉపయోగించుకున్నారు.

నాజీ సేనాధిపతులు కామ్రేడ్లను ఏకతాటిపై ఉంచడానికి ఎంతగానో కృషి చేశారు. స్నేహాన్ని ఏర్పరచుకోవడానికి క్రొత్తగా రిక్రూట్ చేసుకున్నవారు, అవసరమైనంత కాలం మొత్తం విభాగాలను ఉపసంహరించుకున్నారు. ఆ తర్వాతే ప్రతి ఒక్కరినీ తిరిగి బరిలోకి దింపారు. వెర్మాఖ్ట్ లో ఈ స్నేహానికున్న బలాన్ని ఊహించడం అంత సులభం కాదు. అన్నింటి తరువాత, మిత్రరాజ్యాల ధైర్యం, జర్మన్ పిచ్చి గురించి హాలీవుడ్ ఇతిహాసాలతో మనం దశాబ్దాలుగా మునిగిపోయాం.

మాసైనికులు ఒకరి కోసం ఒకరు తమ జీవితాలను త్యాగం చేశారా? తార్కికం. వారు విడదీయరాని సహోదరుల బృందాలుగా ఎదిగారా? అర్థవంతంగా ఉంటుంది. కానీ జర్మన్ సమూహాలలో అదే ఊహించగలమా? లేదా, అంతకంటే ఘోరంగా, జర్మన్లు మరింత బలంగా ఉన్న స్నేహాలను పెంపొందించుకుంటూ ఉండగలరా? ఆ స్నేహాల కారణంగానే వారి సైన్యం మెరుగ్గా ఉందా?

కొన్ని సత్యాలు దాదాపుగా అంగీకరించడానికి చాలా బాధాకరమైనవి. ఆ రాక్షసులు కూడా మానవత్వంలోని మంచితో ప్రేరేపించబడ్డారని - వారు కూడా ధైర్యం, విశ్వసనీయత, భక్తి సంఘీ భావంతో ఆజ్యం పోశారని ఎలా చెప్పవచ్చు? అయినప్పటికీ మోరిస్ జానోవిట్జ్ సరిగ్గా అదే ముగించాడు.

సైకలాజికల్ వార్ ఫేర్ డివిజన్లోని పరిశోధకులు కొంత మందిని కలిపినప్పుడు, తమ ప్రచారం ఎందుకు ప్రభావం చూపించలేదో వారు అకస్మాత్తుగా అర్థం చేసుకున్నారు. శత్రువుల లైనుల వెనుక పడివున్న లక్షలాది కరపత్రాల ప్రభావం గురించి వ్రాస్తూ, జానోవిట్జ్, షిల్స్ ఇలా పేర్కొంటున్నారు: 'జర్మన్ నాయకులపై సైద్ధాంతిక దాడులకు ఎంతో కృషి చేయడం జరిగింది, కానీ ఖైదీల్లో కేవలం ఐదు శాతం మంది మాత్రమే [ప్రశ్నించబడినప్పుడు] ఈ అంశాన్ని ప్రస్తావించారు.'

నిజానికి, ఆ కరపత్రాలు జాతీయ సోషలిజాన్ని విమర్శించాయని కూడా చాలా మంది జర్మన్లకు గుర్తులేదు. పరిశోధకులు ఒక జర్మన్ సార్జెంట్ ను తన రాజకీయ అభిప్రాయాల గురించి అడిగి నప్పుడు, ఆ వ్యక్తి పగలబడి నవ్వాడు: 'మీరు అలాంటి ప్రశ్న అడిగినప్పుడు,

ఒక సైనికుడు పోరాడడానికి కారణమేమిటో మీకు తెలియకపోవడం నాకు బాగా అర్థమైంది.' వ్యూహాలు, శిక్షణ, భావజాలం – ఇవన్నీ సైన్యానికి కీలకం అని మోరిస్, అతని సహచరులు ధృవీకరించారు. కానీ అంతిమంగా, ఒక సైన్యం తన సైనికుల మధ్య సాంగత్యం బంధాల తో మాత్రమే బలంగా ఉంటుంది. యుద్ధాలలో విజయం సాధించే ఆయుధం స్నేహం.

యుద్ధం జరిగిన కొంతకాలానికి ఈ విషయాలు ప్రచురించబడ్డాయి, ఆ తర్వాత జరిగిన అనేక అధ్యయనాలు వాటిని పునరుద్ఘాటించాయి. కానీ 2001 లో చరిత్రకారులు యుఎస్ సీక్రెట్ సర్వీస్ విన్న 150,000 టైప్ చేసిన సంభాషణల పేజీలను కనుగొన్నప్పుడు పరిష్కారం వచ్చింది. వాషింగ్టన్ డిసిలోని ఫోర్ట్ హంట్ వద్ద ఉన్న ఒక వైర్–టాప్డ్ యుద్ధ ఖైదీల శిబిరంలో సుమారు నాలుగు వేల మంది జర్మన్లు చెప్పిన విషయాల ప్రతిలేఖనాలు ఇవి. వారి ప్రసంగం సాధారణ వెర్మాచ్ట్ సైనికుల జీవితాల్లోకి, మనస్సుల్లోని అపూర్వమైన తెరని తొలగించింది.

జర్మన్లు గొప్ప 'యుద్ధ నీతి'ని కలిగి ఉన్నారని, విశ్వసనీయత, స్నేహభావం, ఆత్మత్యాగం వంటి లక్షణాలకు అధిక విలువనిచ్చారని ఈ ప్రతిలేఖనాలు చూపిస్తున్నాయి. దీనికి విరుద్ధంగా, యూదు వ్యతిరేక భావం, సైద్ధాంతిక స్వచ్ఛత కేవలం చిన్న పాత్ర మాత్రమే నిర్వహించాయి. ఒక జర్మన్ చరిత్రకారుడు ఇలా వ్రాశాడు: "ఫోర్ట్ హంట్ నుండి తెప్పించబడిన ప్రతిలేఖనం ప్రకారం, చాలామంది వెహ్ర్మాచ్ట్ సభ్యుల చైతన్యంలో భావజాలం అత్యంత తక్కువ పాత్ర వహించింది."

రెండవ ప్రపంచ యుద్ధంలో అమెరికన్ల విషయంలో కూడా ఇదే జరిగింది. 1949లో, సామాజిక శాస్త్రజ్ఞుల బృందం ధాదాపు ఐదు మిలియన్ల అమెరికన్ యుద్ధ అనుభవజ్ఞులలో ఒక విస్తారమైన సర్వే ఫలితాలను ప్రచురించింది, ఇది వారు ప్రధానంగా ఆదర్శవాదం లేదా భావజాలం ద్వారా ప్రేరేపించబడలేదని వెల్లడించింది. ఒక అమెరికన్ సైనికుడు దేశభక్తి స్ఫూర్తికి ఆజ్యం పోసేవాడు కాదు, ఒక బ్రిటిష్ సైనికుడు ప్రజాస్వామిక చట్టపాలన ద్వారా, తమ సహచరుల కోసం పోరాడటం వారి దేశాలలో అంతగా లేదు.

ఈ బంధాలు ఎంత లోతుగా ఉన్నాయంటే అవి కొన్ని విచిత్రమైన పరిస్థితులకు దారితీస్తాయి. వేరే విభాగానికి బదిలీ చేయడం అంటే సైనికులు పదోన్నతిని తిరస్కరిస్తారు. గాయపడిన, అనారోగ్యంతో ఉన్న చాలా మంది సెలవును తిరస్కరించారు, ఎందుకంటే వారికి తమ స్థానంలో కొత్త నియామకం తీసుకోవడం ఇష్టం లేదు. అనారోగ్యంతో పడకల మీద ఉన్నవారు సైతం దొంగ తనంగా తిరిగి యుద్ధరంగానికి వెళ్లిన దాఖలాలు కూడా ఉన్నాయి.

ఒక సామాజిక శాస్త్రవేత్త ఆశ్చర్యంతో ఇలా అన్నాడు: 'ఒక వ్యక్తి తన స్వప్రయోజనాలకు అనుగుణంగా ప్రవర్తించడంలో విఫలమైన సందర్భాలను మేము చాలాసార్లు ఎదుర్కొన్నాం, [ఇతరుల్ని నిరుత్సాహపరుస్తాడనే భయంతో].

2

ఈ ఆలోచనలతో పట్టు సాధించడానికి నాకు చాలా సమయం పట్టింది. హాలండ్లో పెరుగుతున్న ఒక యువకుడిగా, నేను రెండవ ప్రపంచ యుద్ధాన్ని ఇరవయ్యవ శతాబ్దపు లార్డ్ ఆఫ్ ది రింగ్స్ గా చిత్రీకరించాను – ధైర్యవంతులైన వీరులు, దుష్ట ప్రతినాయకుల మధ్య ఉత్కంఠభరితమైన యుద్ధం. కానీ మోరిస్ జానోవిట్జ్ పూర్తిగా భిన్నమైన ఏదో జరుగుతుందని చూపించాడు. చెడు మూలాలు క్షీణించిన చెడ్డవారి క్రూరమైన ధోరణులలో కాదు, ధైర్యవంతులైన యోధుల సంఘీభావంలో ఉన్నాయని అతను కనుగొన్నాడు. రెండవ ప్రపంచ యుద్ధం ఒక వీరోచిత పోరాటం, ఇందులో స్నేహం, విశ్వసనీయత, సంఘీభావం – మానవాళి ఉత్తమ లక్షణాలు – చరిత్రలోనే అత్యంత దారుణమైన మారణహోమానికి పాల్పడటానికి లక్షలాది మంది సాధారణ పురుషులను ప్రేరేపించాయి.

మనస్తత్వవేత్త రాయ్ బౌమీస్టర్ మన శత్రువులు దురుద్దేశపూర్వక శాడిస్టులు అనే తప్పుడు ఊహను 'స్వచ్ఛమైన చెడు వల్ల కల్పితం' అని పేర్కొన్నాడు. వాస్తవానికి, మన శత్రువులు మనలాగే ఉన్నారు. ఉగ్రవాదులకు కూడా ఇది వర్తిస్తుంది. వారు కూడా మనలాగే ఉన్నారని నిపుణులు నొక్కి చెబుతారు. ఆత్మాహుతి బాంబర్లు రాక్షసులు అని అనుకోవడం దుర్బోధ కలిగిస్తుంది.

మానసికంగా, శారీరకంగా – వారు అన్ని రకాల ఒత్తిడులకు గురై ఉండాలి. వారు మానసిక రోగులు అయి ఉండాలి, లేదా వారు ఎన్నడూ పాఠశాలకు వెళ్ళని వారై ఉండాలి, లేదా హీనమైన పేదరికంలో పెరిగినవారై ఉండాలి – వారు సగటు వ్యక్తి నుండి ఎందుకు దూరంగా ఉన్నారో వివరించడానికి ఏదో ఒకటి ఉండాలి.

సామాజిక శాస్త్రవేత్తలు ఈ విషయాన్ని అంగీకరించడం లేదు. ఈ ఉదాసీనవైఖరిని అధ్యయనం చేసి శాస్త్రవేత్తలు తమను తాము పేల్చివేసిన వ్యక్తుల వ్యక్తిత్వ లక్షణాలతో మైళ్ళకొద్దీ ఎక్సెల్ షీట్లను నింపేశారు. అనుభవపూర్వకంగా, 'సగటు ఉగ్రవాది' ఏదీ లేదని తీర్మానించడానికి మాత్రమే. తీవ్రవాదులు ఉన్నత స్థాయి నుండి తక్కువ విద్యావంతుల వరకు, ధనవంతుల నుండి పేదవారి వరకు, వెర్రి నుండి తీవ్రమైనవారి వరకు, మతపరమైన వారినుండి దైవభక్తి లేని వారి వరకు విస్తరించి ఉన్నారు. కొద్దిమందికి మానసిక వ్యాధులు, బాధాకరమైన బాల్యం కూడా చాలా అరుదుగా కనిపిస్తుంది.

ఉగ్రవాద చర్య తర్వాత మీడియా తరచుగా ఇరుగుపొరుగు వారి ఆశ్చర్యకరమైన ప్రతిస్పంద నను బీభత్సం చేసి చూపుతుంది,

ఆత్మాహుతి బాంబర్ గురించి అడిగినప్పుడు తెలిసినవారు, స్నేహితులు

వారిని 'స్నేహపూర్వక' లేదా 'మంచి వ్యక్తి' అని గుర్తుచేయండి.

టెర్రరిస్టులు పంచుకునే ఒక లక్షణం ఏదైనా ఉంటే, అది వారు చాలా సులభంగా ప్రభావితు లవుతారని నిపుణులు అంటున్నారు. ఇతర వ్యక్తుల అభిప్రాయాలతో ప్రభావితులవుతారు. అధికారుల వల్ల ప్రభావితులవుతారు. వారు తమ కుటుంబాలు, స్నేహితులచే చూడాలని సరిగ్గా చేయాలని కోరుకుంటారు. 'ఉగ్రవాదులు కేవలం ఒక

కారణం కోసం చంపి,చనిపోరు' అని ఒక అమెరికన్ మానవ శాస్త్రవేత్త పేర్కొన్నాడు. 'వారు ఒకరినొకరు చంపుకుని, మరణిస్తారు.'

మరింత వివరంగా చెప్పుకోవాలంటే, ఉగ్రవాదులు స్నేహితులు,ప్రేమికులతో కలిసి ఉగ్రవాదానికి పాల్పడుతారు తప్ప తమంతట తాముగా ఉగ్రవాదం చేయరు.

తీవ్రవాద సెల్‌లలో అధికభాగం నాలుగు జతల కంటే తక్కువ కాకుండా ఈ అన్నదమ్ముల అనుబంధంతో ఉంటుంది. 2001 ట్విన్ టవర్స్‌పై జరిగిన దాడులలో సోదరులు పాల్గొన్నారు,

2013 బోస్టన్ మారథాన్ బాంబర్లు సోదరులు, అలాగే బటాక్లాన్‌లో 2015 పారిస్ వధకు బాధ్యులైన సలా, బ్రహ్మీ అబ్దెస్లాం. సోదరులు.

ఉగ్రవాదులు ఎందుకు కలిసి పనిచేస్తారనేది అంతుచిక్కని రహస్యమేమీ కాదు: క్రూరమైన హింస భయానకంగా ఉంటుంది. ఎంత భయానకమంటే రాజకీయ నాయకులు 'పిరికిపంద చర్యల' గురించి మాట్లాడినంత. వాస్తవానికి, మరణం వరకు పోరాడటానికి చాలా ధైర్యం, సంకల్పం అవసరం. ఒక స్పానిష్ ఉగ్రవాద నిపుణుడు ఇలా అంటున్నాడు: 'మీరు నమ్మి ప్రేమించేవారితో కలిసి ఉగ్రవాదం లోకి దూకడం చాలా సులభం.' ఉగ్రవాదులు దాడి చేసినప్పుడు, వార్తా మాధ్యమాలు ప్రధానంగా దాడికి ఆజ్యం పోసిన అనారోగ్య భావజాలంపై దృష్టి సారిస్తాయి. వాస్తవానికి, భావజాలం ముఖ్యం. ఇది నాజీ జర్మనీలో ముఖ్యమైనది,

ముఖ్యంగా ఉగ్రవాద సంస్థల నాయకులకు ఇది ఖచ్చితంగా ముఖ్యమైనది

అల్-ఖైదా, ఇస్లామిక్ స్టేట్ (IS), వీరిలో చాలా మంది ఉన్నారు

రాడికల్ ఇస్లాం గురించి పుస్తకాలను చదివి తమను తాము యువకులు తీర్చి దిద్దుకున్నారు.

(ఉదాహరణకు ఒసామా బిన్ లాడెన్, పుస్తకాల పురుగు).

కానీ ఈ సంస్థల సైనికులపై, భావజాలం గణనీయమైన చిన్న పాత్రను పోషించిందని పరిశోధనలు చూపిస్తున్నాయి. 2013,2014 లో సిరియాకు బయలుదేరిన వేలాది మంది జిహాదీలను తీసుకుంటే వీరిలో మూడు వంతుల మంది పరిచయస్తులు, స్నేహితుల ద్వారా నియమించబడినట్లు తెలిసింది..

లీకైన ఐఎస్ పోల్ కు వచ్చిన ప్రతిస్పందనల ప్రకారం, చాలా మందికి ఇస్లామిక్ విశ్వాసం గురించి తెలియదు. కొంతమంది తెలివిగా డమ్మీల కోసం ఖురాన్‌ని కొనుక్కున్నారు. సి.ఐ.ఎ అధికారి ఒకరు ఇలా అంటున్నాడు, 'మతం అనేది ఒక తర్వాతి ఆలోచన'.

మనం అర్థం చేసుకోవలసిన విషయం ఏమిటంటే, వీరిలో అత్యధిక తీవ్రవాద ఏజెంట్లు మత ఛాందసవాదులు కాదు. వారు మంచి స్నేహితులు. వారందరు కలిసి, తమ జీవితాలను పెద్దదిగా, తమ జీవితానికి ఏదో పరమార్థం ఉందని భావించారు.

చివరకు వారు కల్పితగాథలను రచించారు. కాదు, ఇది వారి నేరాలకు ఏ విధంగానూ సాకు కాదు. ఇది ఒక వివరణ అంతే.

3

ముప్పై సంవత్సరాల క్రితం స్టాన్లీ మిల్గ్రామ్ తన షాక్ యంత్రం ప్రయోగాలని నిర్వహించిన విశ్వవిద్యాలయంలో 1990 శరదృతువులో, కొత్త పరిశోధనా కేంద్రం ప్రారంభించబడింది.

యేల్ శిశు జ్ఞాన కేంద్రం లేదా 'బేబీ ల్యాబ్' పేరు పొందిన ఈ కేంద్రం అత్యంత ఉత్తేజకరమైన పరిశోధనలు చేయసాగింది.

ఇక్కడ పరిశోధించబడిన ప్రశ్నలు వాటి మూలాలను హాబ్స్, రూసోల నుండి గుర్తించాయి. మానవ స్వభావం అంటే ఏమిటి? పోషణకున్న పాత్ర ఏమిటి? ప్రజలు ప్రాథమికంగా మంచివారా లేక చెడ్డవారా?

2007లో, బేబీ ల్యాబ్ పరిశోధకుడు కిలీ హామ్లిన్ ఒక అద్భుతమైన అధ్యయనం ఫలితాలను ప్రచురించారు. ఆమె, ఆమె బృందం శిశువులు నైతికత సహజ భావాన్ని కలిగి ఉన్నారని నిరూపించగలిగారు. ఆరు నెలల వయస్సు ఉన్న శిశువులు మంచి, చెడును వేరు చేయటమే కాకుండా, వారు చెడు కంటే మంచిని కూడా ఇష్టపడతారు.

బహుశా హామ్లిన్ అంత ఖచ్చితంగా ఎలా ఉండగలరని మీరు ఆశ్చర్యపోతున్నారు. శిశువులు తమంతట తాముగా ఎక్కువ చేయలేరు. ఎలుకలు మార్గాలను కనుగొనగలవు, కానీ పిల్లలు? వారు బాగా, చేయగలిగే ఒక విషయం ఉంది: పిల్లలు పరిశీలించగలరు.. కాబట్టి పరిశోధకులు తమ అత్యంత చిన్న విషయం కోసం ఒక తోలుబొమ్మ ప్రదర్శనను ఉంచారు (ఆరు నుండి పది నెలల వయస్సు), ఇందులో ఒక తోలుబొమ్మలాట సహాయకారిగా వ్యవహరించిన ఒక తోలుబొమ్మ, కుదుపు వలె ప్రవర్తించిన మరొక తోలుబొమ్మ ఉంటాయి. అప్పుడు శిశువులు ఏ తోలుబొమ్మను పట్టుకోవాలనుకుంటారు?

మీరు ఊహించండి: శిశువులు సహాయక తోలుబొమ్మకు అనుకూలంగా ఉన్నారు. 'ఇది సూక్ష్మమైన గణాంక ధోరణి కాదు' అని పరిశోధకులలో ఒకరు తరువాత రాశారు. 'కేవలం పిల్లలందరూ మంచి వ్యక్తి నే ఎంచుకున్నారు.' పిల్లలు ఈ లోకాన్ని ఎలా చూస్తారో శతాబ్దాల తరబడి ఊహించిన తర్వాత, మనకు సహజ నైతిక దిక్సూచి ఉందని, హోమో కుక్కపిల్ల ఖాళీ పలక కాదని సూచించేందుకు ఇక్కడ జాగ్రత్తగా రుజువు చేయబడింది. మనం మంచి ప్రాధాన్యతయిస్తూ పుట్టాం; ఇది మన స్వభావంలో ఉంది.

ఇంకా నేను బేబీ పరిశోధన ప్రపంచాన్ని లోతుగా తవ్వినప్పుడు,

నేను త్వరలోనే తక్కువ ఆశావాదాన్ని అనుభవించడం ప్రారంభించాను.

విషయం ఏమిటంటే, మానవ స్వభావానికి మరొక కోణం ఉంది. ఈ మొదటి ప్రయోగం జరిగిన కొన్ని సంవత్సరాల తర్వాత, హామ్లిన్, ఆమె బృందం ఒక వైవిధ్యమైన ఆలోచనతో ముందుకు వచ్చింది. ఈసారి, గ్రాహం, క్రాకర్స్, ఆకుపచ్చ బీన్స్ మధ్య ఎంపిక చేసుకునే అవకాశాన్ని శిశువులకు కలిగించారు. వారికి,ఒకటి టపాకాయలను ఇష్టపడేది, మరొకటి బీన్స్ ను ఇష్టపడే రెండు తోలుబొమ్మలను పెట్టారు: మరోసారి, పిల్లలు ఏ తోలుబొమ్మను ఇష్టపడతారో వారు గమనించారు.

ఆశ్చర్యకరమైన విషయమేమిటంటే, అత్యధికులు తమ అభిరుచికి అనుగుణంగా ఉన్న తోలుబొమ్మలాట వైపు ఆకర్షితులయ్యారు.

మరింత ఆశ్చర్యకరమైన విషయం ఏమిటంటే, సారూప్య-మనస్సుగల తోలుబొమ్మ అల్పమైనది, ఉత్సాహభరితమైనదని, మరొక తోలుబొమ్మ మంచిదని వెల్లడించిన తర్వాత కూడా ఈ ప్రాధాన్యత కొనసాగింది. హామ్లిన్ సహోద్యోగుల్లో ఒకరు ఇలా అన్నాడు, 'మనం పదేపదే కనుక్కునేదేమిటంటే, పిల్లలు తమపట్ల తాము భిన్నంగా ఉండే [మంచి] వ్యక్తితో నిజంగా తక్కువగా ఉండే వ్యక్తిని [కానీ వాటిని పోలిన] ఎంపిక చేసుకుంటారు."

మీరు ఎంత నిరుత్సాహాన్ని పొందే అవకాశం ఉంది?

మనం మాట్లాడటం నేర్చుకోకముందే, మనకు తెలియని వారిపై విరక్తి కలగడం కనిపిస్తుంది.

బేబీ ల్యాబ్‌లోజరిపిన అనేక పరిశోధనలు పిల్లలు తెలియని ముఖాలు, తెలియని వాసనలు, విదేశీ భాషలు లేదా వింత స్వరాలు ఇష్టపడరని వెల్లడించాయి. దీనిని బట్టి చూస్తే మనమందరం జెనోఫోబ్సు(విదేశీ వస్తువుల పట్ల విముఖత)గా జన్మించినట్లుగా ఉంది.

అప్పుడు నేను ఆశ్చర్యపోపడం మొదలుపెట్టాను: ఇది మన లక్షణం కావచ్చు

ఘోరమైన అసమతుల్యత? మనం దేనికి మన సహజమైన ప్రాధాన్యత ఇవ్వగలం.

మానవ ఉనికిలో చాలా వరకు పెద్ద విషయం ఏమీ లేదని తెలుసు.

నాగరికత పెరుగుదల సమస్యగా మారుతుందా? అన్నింటికంటే ఎక్కువ అంటే

మన చరిత్రలో 95 శాతం,, మనం సంచార జీవులం.

మనం ఎప్పుడైనా ఒక అపరిచితుడితో కలిసి దారిలో నడుస్తున్నప్పుడు మనము వారితో సంభాషించడం ఆపినంత మాత్రాన ఆ వ్యక్తి ఇకపై అపరిచితుడు కాదు

ఈ రోజుల్లో, విషయాలు చాలా భిన్నంగా ఉన్నాయి. మనం అనేక నగరాలలో నివసిస్తున్నాం, మనలో కొందరు లక్షలాది మంది అపరిచితులలో ఉన్నారు. ఇతర వ్యక్తుల గురించి మనకు తెలిసిన వాటిలో ఎక్కువ భాగం మీడియా నుండి పాత్రికేయుల నుండి వస్తాయి, వారు చెడ్డ వాటిని జూమ్ ఇన్ చేస్తారు. అపరిచితులపై మనం ఇంత అనుమానాస్పదంగా మారడంలో ఆశ్చర్యం ఏదైనా ఉందా? తెలియని వారిపట్ల మన సహజమైన విరక్తి టైమ్ బాంబు అవుతుందా? కిలీ హామ్లిన్ చేసిన ఆ మొదటి అధ్యయనం నుండి, పిల్లల నైతికతను పరీక్షించడానికి మరెన్నో అధ్యయనాలు జరిగాయి. ఇది పరిశోధన చేయడానికి ఆకర్షణీయమైన రంగం, అయినప్పటికీ ఇది ఇంకా శైశవదశలో ఉంది.

ఈ రకమైన పరిశోధనతో పెద్ద అడ్డంకి ఏమిటంటే, శిశువులు సులభంగా పరధ్యానంలో ఉంటారు, ఇది నమ్మదగిన ప్రయోగాలను రూపొందించడం కష్టతరం చేస్తుంది. అదృష్టవశాత్తూ, మానవులు పద్దెనిమిది నెలల వయస్సుకు చేరుకునే సమయానికి, చాలా తెలివైనవారుగా ఉంటారు కాబట్టి అధ్యయనం చేయడం సులభంగా ఉంటుంది. జర్మన్ మనస్తత్వవేత్త ఫెలిక్స్ వార్నెకెన్ చేసిన పనిని తీసుకోండి. పి.హెచ్.డి విద్యార్థిగా, పసిపిల్లలు ఎంత సహాయకారిగా ఉన్నారో పరిశోధించడంలో అతను ఆసక్తి కనబరిచాడు.

2000 ల ప్రారంభంలో ఇదంతా సాధారణమైనట్లు - అతని సూపర్వైజర్లు అతని ఆలోచనను తిరస్కరించారు. పసిపిల్లలు ప్రాథమికంగా నడిచే అహంభావులు అని నమ్మారు. కానీ వార్నెకెన్ నిరుత్సాహపడలేదు, చివరికి ప్రపంచవ్యాప్తంగా పునరావృత మయ్యేలా ప్రయోగాలను చేశాడు.

ప్రపంచవ్యాప్తంగా ఫలితాలు ఒకేలా ఉన్నాయి. పద్దెనిమిది నెలల చిన్న వయస్సులో కూడా పిల్లలు ఇతరులకు సహాయం చేయడానికి చాలా ఆసక్తిగా ఉన్నారని, సరదాగా, కలిసి ఆడడంలో, ఆటలలో మీరు బంతిని గొయ్యిలోకి విసిరినప్పుడు ఆటను ఆపేసి బంతిని తీయడానికి అపరిచితుడికి సహాయం కూడా చేస్తారని ప్రయోగాలు వెల్లడించాయి. దానికి ప్రతిగా వారికి ఏమి అక్కరలేదు.

కానీ ఇప్పుడు కొన్ని చెడు వార్తల కోసం. ఫెలిక్స్ వార్నెకెన్ ఉత్తేజపరిచే పరిశోధన గురించి తెలుసుకున్న తరువాత, నేను కొన్ని అధ్యయనాలను కూడా పరిశీలించాను, వాటి ఫలితాలు అంత ఆశాజనకంగా లేవు. ఆ ఫలితాలు పిల్లలు ఒకరికొకరు వ్యతిరేకంగా తిరగబడతారని చూపిస్తున్నాయి. ముజాఫర్ షెరీఫ్ దొంగల గుహ ప్రయోగంలో (అధ్యాయం 7 చూడండి) మేం దీనిని గమనించాం, ఇది మార్టిన్ లూథర్ కింగ్ జూనియర్ హత్య జరిగిన మరుసటి రోజు ప్రారంభించిన 1960 ల నుండి ఒక అపఖ్యాతి పాలైన ప్రయోగం ద్వారా మళ్ళీ వెలుగు చూసింది. 1968 ఏప్రిల్ 5న, జేన్ ఇలియట్ అయోవాలోని రైస్విల్లేలోని ఒక చిన్న పాఠశాలలో తన తరగతికి థర్డ్ గ్రేడర్ల తరగతిని ఇవ్వాలని నిర్ణయించుకుంది, ఇది జాతివివక్షకు సంబంధించిన ఒక పాఠం.

'గోధుమ కళ్లున్న వాళ్లే ఈ గదిలో మంచి వ్యక్తులు' అంటూ ఇలియట్ ప్రారంభించింది. 'వారు పరిశుభ్రంగా ఉంటారు, తెలివిగా ఉంటారు.' ఆమె బోర్డు మీద సుద్దముక్కతో పెద్ద అక్షరాలతో మెలనిన్ అనే పదాన్ని రాసి, ప్రజలను తెలివితేటలు గలవారిగా మార్చే రసాయనం ఇదేనని వివరిస్తున్నారు.

గోధుమ రంగు కళ్లతో ఉన్న పిల్లలకు ఇది ఎక్కువగా ఉంటుంది, వారు మరింత తెలివైనవారు,

కాగా నీలి రంగు కళ్లు గల వారు, వారి 'చుట్టూ కూర్చుంటారు తప్ప ఏమీ చేయరు.

గోధుమ రంగు కళ్లవారు, నీలి కళ్లవారితో మాట్లాడటం ప్రారంభించడానికి, ఆ తర్వాత నీలికళ్ల వారు ఆత్మవిశ్వాసాన్ని కోల్పోవటానికి ఎక్కువ సమయం పట్టలేదు. సాధారణంగా తెలివైన నీలి కళ్ళ అమ్మాయి గణిత పాఠం సమయంలో తప్పులు చేయడం ప్రారంభించింది. ఆ తర్వాత విరామ సమయంలో, ముగ్గురు గోధుమ కళ్ల స్నేహితులు ఆమెను సమీపించారు. 'మా దారిలోకి వచ్చినందుకు మాకు క్షమాపణ చెప్పడం మంచిది,' అని వారిలో ఒకరు అన్నారు, 'ఎందుకంటే మేం మీకంటే మెరుగ్గా ఉన్నాం.'

కొన్ని వారాల తర్వాత జానీ కార్సన్ నటించిన ప్రసిద్ధ టునైట్ షోకు ఇలియట్ అతిథిగా హాజరైనప్పుడు, తెల్ల అమెరికా ఆగ్రహానికి గురైంది. 'తెల్ల పిల్లలపై ఈ క్రూరమైన ప్రయోగాన్ని ప్రయత్నించడానికి మీకు ఎంత ధైర్యం ఉంది' అని ఒక కోపోద్రిక్తుడైన ప్రేక్షకుడు వ్రాశాడు.

'నల్లజాతి పిల్లలు ఇలాంటి ప్రవర్తనకు అలవాటు పడతారు, కానీ తెల్ల పిల్లలు, వారు దానిని అర్థం చేసుకునే అవకాశం లేదు. తెల్లజాతి పిల్లల పట్ల ఇది క్రూరమైనది, వారికి గొప్ప మానసిక నష్టాన్ని కలిగిస్తుంది."

జేన్ ఇలియట్ తన జీవితమంతా ఈ రకమైన జాత్యహంకారంతో పోరాడుతూనే ఉంది. కానీ ఆమెది ఒక శాస్త్రీయ సెటప్ కాదని గుర్తుంచుకోవడం చాలా ముఖ్యం. ఆమె తన కనుపాపలను ఒకదానికొకటి వ్యతిరేకంగా పిట్ చేయడానికి చాలా కష్టపడింది, ఉదాహరణకు నీలం కళ్ళ పిల్లలను తరగతి గది వెనుక కూర్చోమని బలవంతం చేసింది, వారికి తక్కువ విరామ సమయాన్ని ఇస్తుంది. వారి గోధుమ కళ్ళ తోటివారితో ఆడటానికి వారిని అనుమతించలేదు. మీరు పిల్లలను సమూహాలుగా విభజించినప్పుడు ఏమి జరుగుతుందనే ప్రశ్నకు ఆమె ప్రయోగం సమాధానం ఇవ్వలేదు, కానీ మరే విధంగానూ జోక్యం చేసుకోవద్దు.

2003 శరదృతువులో, మనస్తత్వవేత్తల బృందం ఖచ్చితంగా ఆ పని చేయడానికి ఒక అధ్యయనాన్ని రూపొందించింది. టెక్సాస్ లోని రెండు డే కేర్ సెంటర్లలో మూడు నుంచి ఐదు సంవత్సరాల వయస్సు ఉన్న తమ పిల్లలందరినీ ఎరుపు లేదా నీలం రంగు చొక్కాలు ధరించాలని వారు కోరారు. కేవలం మూడు వారాల తర్వాత, పరిశోధకులు అప్పటికే కొన్ని నిర్ధారణలకు రాగలిగారు. మొట్టమొదటగా, పెద్దలు రంగుల్లో తేడాను విస్మరించినంతకాలం, పసిపిల్లలు కూడా వాటి గురించి శ్రద్ధ చూపించలేదు. ఏదేమైనా, పిల్లలు సమూహ గుర్తింపు భావాన్ని అభివృద్ధి చేశారు. పరిశోధకులతో సంభాషణలలో, వారు తమ సొంత రంగును 'తెలివైనది', 'మెరుగైనది' అని పిలిచారు. పెద్దలు తేడాలను ('గుడ్ మార్నింగ్, రెడ్స్, బ్లూస్!' నొక్కి చెప్పిన ప్రయోగంపై వైవిధ్యంలో), ఈ ప్రభావం మరింత బలంగా ఉంది.

ఆ తర్వాత జరిగిన ఒక అధ్యయనంలో, ఐదు సంవత్సరాల పిల్లల గుంపు అదే విధంగా ఎరుపు లేదా నీలి రంగు చొక్కాలు ధరించి, అవే రంగులు లేదా ఇతర రంగును ధరించిన తోటివారి ఛాయాచిత్రాలను చూపించింది. చిత్రించబడిన వ్యక్తుల గురించి మరేదీ తెలియకుండానే, అధ్యయన కర్తలు తమ సొంత రంగును ధరించిన పిల్లల గురించి మరింత ప్రతికూల దృక్పథాన్ని కలిగివుండడం పరిశోధకులు గమనించారు, వారి అభిప్రాయాలు 'కేవలం ఒక సామాజిక గుంపులో కేవలం సభ్యత్వం ద్వారా విస్తృతంగా వక్రీకరించబడ్డాయి, అది కలవరపెట్టే చిక్కులతో కూడిన ఒక శోధన'.

కఠినమైన పాఠం ఏమిటంటే పసిపిల్లలు వర్ణాంధులు కాదు. చాలా విరుద్ధంగా: చాలా మంది పెద్దలు గ్రహించిన దానికంటే వారు తేడాల విషయంలో ఎక్కువ సున్నితంగా ఉంటారు. ప్రజలు ప్రతి ఒక్కరినీ సమానంగా చూడటానికి ప్రయత్నించినప్పుడు, చర్మం రంగు, రూపం లేదా సంపదలో వైవిధ్యాలు లేనట్లుగా వ్యవహరించినప్పటికీ, పిల్లలు తేడాను గ్రహిస్తారు. మన మెదడులో గిరిజనత కోసం ఒక బటన్ తో పుట్టినట్లు అనిపిస్తుంది, స్విచ్ ఆన్ చేయడం మాత్రమే అవసరం అవుతుంది.

4

నేను శిశువులు, పసిపిల్లలలో విభిన్న స్వభావం గురించి చదువుతున్నప్పుడు – ప్రాథమికంగా స్నేహపూర్వకంగా పూరితంకానీ ధోరణులతో – నాకు 'ప్రేమ హార్మోన్' ఆక్సిటోసిన్ గుర్తుకు వచ్చింది. సైబీరియాలోని ల్యుడ్మిలా ట్రట్ నక్కలలో అధిక సాంద్రతలలో కనిపించే పదార్థం అది (అధ్యాయం 3 చూడండి). ప్రేమ, ఆప్యాయతల్లో కీలక పాత్ర పోషించే ఈ హార్మోన్ అపరిచితులపై మనకు అపనమ్మకాన్ని కలిగిస్తుందని శాస్త్రవేత్తలకు తెలుసు.

మంచి వ్యక్తులు ఎందుకు చెడు పనులు చేస్తారో వివరించడానికి ఆక్సిటోసిన్ సహాయం చేయగలదా?

మన స్వంత సమూహంతో బలమైన సంబంధాలు ఇతరుల పట్ల మనల్ని శత్రుత్వానికి గురిచేస్తాయి.

హోమో కుక్కపిల్ల ప్రపంచాన్ని జయించేందుకు దోహదపడిన కలుపుగోలుతనం కూడా మానవజాతి ఘోరమైన అతిక్రమణలకు మూలంగా ఉండగలదా? 33 మొదట్లో ఈ ఆలోచనా విధానం అసాధ్యమని నాకనిపించింది.

అన్ని తరువాత, ప్రజలు మా కుక్కపిల్ల స్వభావంలో లోతుగా పాతుకుపోయిన మరొక ఆకట్టుకునే ప్రవృత్తిని కలిగి ఉన్నారు: సానుభూతిని అనుభవించే సామర్థ్యం. మనం మన బుడగ నుండి మరొకరి బూట్లలోకి అడుగు పెట్టవచ్చు. ఒక భావోద్వేగ స్థాయిలో, అపరిచితుడిగా ఉండటం ఎలా ఉంటుందో అనుభూతి చెందడానికి మనం సిద్ధం గా ఉన్నాం.

మనం దీన్ని మాత్రమే చేయలేం, కానీ మనం దానిలో మంచిగా ఉన్నాం. ప్రజలు భావోద్వేగ వాక్యూమ్ క్లీనర్లు, ఎల్లప్పుడూ ఇతరుల భావాలను పీల్చుకుంటారు. పుస్తకాలు, సినిమాలు మనల్ని ఎంత సులభంగా నవ్విస్తాయో లేదా ఏడిపించ గలవో ఆలోచించండి. నాకు, విమానాలపై విచారకరమైన సినిమాలు ఎల్లప్పుడూ చెత్తగా ఉంటాయి (నేను నిరంతరం విరామబటన్ని నొక్కుతుంటాను, దానివల్ల తోటి ప్రయాణీకులు నన్ను ఓదార్చాల్సిన అవసరం లేదు).

మరొక వ్యక్తి బాధను అనుభవించే ఈ అద్భుతమైన ప్రవృత్తి ప్రజలను దగ్గరకు తీసుకురావడానికి సహాయపడుతుందని నేను చాలా కాలంగా అనుకున్నాను. ప్రపంచానికి కావలసింది, ఖచ్చితంగా, చాలా ఎక్కువ సానుభూతి. కానీ అప్పుడు నేను ఆ పిల్ల పరిశోధకులలో ఒకరు రాసిన కొత్త పుస్తకాన్ని చదివాను. తన పుస్తకం దేని గురించి అని ప్రొఫెసర్ బ్లూమ్ ను ప్రజలు అడిగినప్పుడు, అతను ఇలా చెబుతాడు:

'ఇది తాదాత్మ్యం గురించి'. అని చెప్పినప్పుడు వారు చిరునవ్వు నవ్వి తల ఊపుతారు. 'నేను దానికి వ్యతిరేకంగా ఉన్నాను' అని చెప్పే వరకు వారు తల ఊపుతారు – పాల్ బ్లూమ్ జోక్ చేయడం లేదు. ఈ మనస్తత్వవేత్త ప్రకారం, సానుభూతి ప్రపంచాన్ని ప్రకాశవంతం చేసే దయగల సూర్యుడు కాదు. ఇది ఒక స్పాట్ లైట్. ఒక సెర్చ్ లైట్. ఇది మీ జీవితంలోని ఒక నిర్దిష్ట వ్యక్తిని లేదా వ్యక్తుల సమూహాన్ని వేరు చేస్తుంది, మీరు ఆ కాంతి కిరణంలో స్నానం చేసిన అన్ని భావోద్వేగాలను పీల్చుకోవడంలో బిజీగా ఉన్నప్పుడు, మిగిలిన

ప్రపంచం మసకబారుతుంది. మరొక మనస్తత్వవేత్త చేపట్టిన ఈ క్రింది అధ్యయనాన్ని తీసుకోండి.

ఈ ప్రయోగంలో, స్వచ్ఛంద సేవకుల పరంపర మొదట ఒక ప్రాణాంతక వ్యాధి నుండి బయటపడిన షెరీ సమ్మర్స్ అనే పదేళ్ల చిన్నారి విషాద గాథను వింది. ఆమె ప్రాణాలను కాపాడే చికిత్స కోసం వెయిటింగ్ లిస్ట్ లో ఉంది, కానీ సమయం మించిపోతోంది. కర్తలు షెరీని వెయిటింగ్ లిస్ట్ పైకి తరలించవచ్చని చెప్పారు, కానీ వారి నిర్ణయంలో నిష్పాక్షికంగా ఉండాలని వారిని కోరారు. చాలా మంది షెరీకి ప్రయోజనం చేయాలని అనుకోలేదు. ఆ జాబితాలోని ప్రతి పిల్లవాడు అనారోగ్యంతో ఉన్నాడని, చికిత్స అవసరమని వారు పూర్తిగా అర్థం చేసుకున్నారు.

ఆ తర్వాత ట్విస్ట్ వచ్చింది. రెండవ సమూహానికి అదే దృశ్యం ఇవ్వబడింది, కానీ అప్పుడు షెరీ ఎలా భావిస్తుందో ఊహించమని అడిగారు: 'ఈ చిన్న అమ్మాయి అంత అనారోగ్యంతో ఉండటం హృదయ విదారకంగా లేదా?'

సానుభూతి ఈ ఒక్క అంశం ప్రతిదానిని మార్చింది. మెజారిటీ సభ్యులు ఇప్పుడు షెరీని లైన్ జంప్ చేయడానికి అనుమతించాలని కోరుకున్నారు. మీరు దాని గురించి ఆలోచిస్తే, అది చాలా అస్థిరమైన నైతిక ఎంపిక. షెరీ కథ జాబితాలో ఎక్కువ కాలం ఉన్న ఇతర పిల్లల మరణాన్ని సూచిస్తుంది. ఇప్పుడు మీరు ఇలా అనుకోవచ్చు: 'ఖచ్చితంగా! అందుకే మనకు మరింత సానుభూతి అవసరం." మనం షెరీ స్థానంలోనే కాదు, ప్రపంచవ్యాప్తంగా ఉన్న వెయిటింగ్ లిస్ట్ లలో ఉన్న ఇతర పిల్లల స్థానాల్లో కూడా మనల్ని మనం ఉంచుకోవాలి. ఎక్కువ భావోద్వేగాలు, ఎక్కువ భావాలు, మరింత సానుభూతి!

కానీ స్పాట్ లైట్లు ఎలా పనిచేస్తాయో అది కాదు. ముందుకు సాగండి. ప్రయత్నించండి: మిమ్మల్ని మీరు మరొక వ్యక్తి పరిస్థితిలో ఊహించుకోండి. ఇప్పుడు వంద మంది ఇతర వ్యక్తుల బూట్లలో మిమ్మల్ని మీరు ఊహించుకోండి. ఒక మిలియన్. ఏడు బిలియన్ల గురించి ఆలోచిస్తే ఎలా ఉంటుంది? మనము ఆ పని చేయలేం. ఆచరణాత్మక పరంగా, ప్రొఫెసర్ బ్లూమ్ చెప్పారు, సానుభూతి అనేది నిస్సహాయంగా పరిమితమైన నైపుణ్యం.

ఇది మనకు దగ్గరగా ఉన్న వ్యక్తుల కోసం మనం అనుభూతి చెందే విషయం; ప్రజల కోసం బహుశా మనం కుటుంబం,స్నేహితుల కోసం, మన అభిమాన బ్యాండ్ అభిమానుల కోసం, మన స్వంత వీధి మూలలో నిరాశ్రయులైన వ్యక్తి కోసం. వాసన చూడగలము, చూడగలం, వినగలం, తాకగలం. మనం టీవీలో – ఎక్కువగా కెమెరా జూమ్ ఇన్ చేసి చూపే వ్యక్తుల కోసం, బ్యాక్ గ్రౌండ్ లో విషాదకరమైన సంగీతం వస్తున్నప్పటికీ

అందమైన కుక్కపిల్లలను మనం కౌగిలించుకోవచ్చు. పెంపుడు జంతువులను పట్టుకోవచ్చు, ఫ్యాక్టరీ పొలాలలో దుర్వినియోగం అవుతున్న జంతువులను మనం కంటికి కనిపించక పోయినా తినగలుగుతున్నాం.

నేను బ్లూమ్ పుస్తకాన్ని చదువుతున్నప్పుడు, సానుభూతి ఆ ఆధునిక కాలపు దృగ్విషయంలా ఏమీ లేదని నేను గ్రహించడం ప్రారంభించాను: వార్త. చాప్టర్ 1లో, వార్తలు కూడా స్పాట్ లైట్ లాగా పనిచేస్తాయని మనం చూశాం. ప్రత్యేక సి పై జూమ్

ఇన్ చేయడం ద్వారా సానుభూతి మనల్ని తప్పుదోవ పట్టించినట్లే, అసాధారణమైన వాటిపై జూమ్ ఇన్ చేయడం ద్వారా వార్తలు మనల్ని మోసం చేస్తాయి. ఒక విషయం ఖచ్చితంగా ఉంది: మెరుగైన ప్రపంచం మరింత సానుభూతితో ప్రారంభం కాదు. ఏదైనా ఉంటే, సానుభూతి మనల్ని తక్కువ క్షమించేలా చేస్తుంది, ఎందుకంటే బాధితులతో కలిసి మనం ఎంత ఎక్కువగా గుర్తింపు పొందితే, మన శత్రువుల గురించి మనం అంత ఎక్కువగా సాధారణీకరిస్తాం.

మనం ఎంపిక చేసుకున్న కొంతమందిపై ప్రకాశించే స్పాట్ లైట్ మన శత్రువుల దృక్కోణానికి మనల్ని గుడ్డివారిగా చేస్తుంది, ఎందుకంటే ప్రతి ఒక్కరూ మన దృష్టికి వెలుపల ఉంటారు. కుక్కపిల్ల నిపుణుడు బ్రియాన్ హేర్ చెప్పిన యంత్రాంగమిది – ఈ యంత్రాంగం మనలను ఈ భూమ్మీద స్నేహపూర్వకంగా, క్రూరంగా ఉండేలా చేస్తుంది. విచారకరమైన నిజం ఏమిటంటే, సానుభూతి, జెనోఫోబియా రెండూ కలిసి పనిచేస్తాయి. అవి ఒకే నాణేనికి రెండు వైపులా ఉంటాయి.

5

కాబట్టి మంచి వ్యక్తులు ఎందుకు చెడ్డవారు అవుతారు? మనం ఇప్పుడు ఒక సమాధానాన్ని తయారు చేయడం ప్రారంభించవచ్చని అనుకుంటున్నాను. రెండవ ప్రపంచ యుద్ధంలో, వెహ్ర్మాచ్ట్ సైనికులు మొట్టమొదట, అగ్రభాగంలో పోరాడారు. చాలామంది శాడిజం చేతనో, రక్త దాహంతోనో కాకుండా, స్నేహపూరితంగా ప్రవర్తించడం ద్వారా ప్రేరేపించబడ్డారు. ఒకసారి యుద్ధంలో సైనికులు చంపడానికి ఎంత కష్టపడతారో మనం చూశాం. 4వ అధ్యాయంలో, మనం కల్నల్ మార్షల్తో కలిసి పసిఫిక్ సముద్రంలో ఉన్నాం, చాలామంది సైనికులు తమ తుపాకులను ఎన్నడూ ఉపయోగించలేదని ఆయన గ్రహించాడు. స్పానిష్ అంతర్యుద్ధం సమయంలో, జార్జ్ ఆర్వెల్ అదే విషయాన్ని ఒక రోజు అతను తాదాత్మ్యంతో తనను తాను అధిగమించినట్లు కనుగొన్నప్పుడు గమనించాడు.

> ఈ సమయంలో ఒక వ్యక్తి [...] కందకం నుండి దూకి పారాపెట్ పైభాగంలో పూర్తి వీక్షణలో పరిగెత్తాడు. అతను సగం దుస్తులు ధరించి ఉన్నాడు. అతను పరిగెత్తుతున్నప్పుడు రెండు చేతులతో తన ప్యాంటును పట్టుకున్నాడు. నేను అతనిపై కాల్పులు జరపడం మానేశాను. [...] ప్యాంటు గురించి ఆ వివరాల కారణంగా నేను పాక్షికంగా షూట్ చేయలేదు. 'ఫాసిస్టుల'పై కాల్పులు జరిపేందుకు నేను ఇక్కడికి వచ్చాను. కానీ తన ప్యాంటును పట్టుకున్న వ్యక్తి 'ఫాసిస్టు' కాదు, అతను మనలాంటి తోటి జీవి, మీరు అతనిపై కాల్పులు జరపాలని అనుకోరు.

మార్షల్స్, ఆర్వెల్ పరిశీలనలు చాలా దగ్గరగా వచ్చే వ్యక్తులకు హాని కలిగించే ఇబ్బందులను వివరిస్తాయి. ట్రిగ్గర్ ను లాగడానికి మనల్ని అసమర్థుడిని చేసే ఏదో ఒకటి ఉంది. షూట్ చేయడం కంటే చాలా కష్టమైన విషయం ఒకటి ఉంది, మిలటరీ చరిత్రకారులు కనుగొన్నారు: తోటి మనిషిని కత్తితో పొడిచి చంపడం.

ఉదాహరణకు, వాటర్ లూ (1815), సోమే (1916) వద్ద జరిగిన యుద్ధాల్లో 1 శాతం కంటే తక్కువ గాయాలు, బయోనెట్లను ఉపయోగించే సైనికుల వల్ల సంభవించాయి. కాబట్టే ఆ వేలాది బయోనెట్లు వందలాది మ్యూజియాలలో ప్రదర్శించబడ్డాయా? చాలా వరకు ఎప్పుడూ ఉపయోగించ బడలేదు. ఒక చరిత్రకారుడు పేర్కొన్నట్లుగా, 'ఒక వైపు లేదా మరొక వైపు సాధారణంగా బయోనెట్లు దాడికి ముందు మరెక్కడైనా అత్యవసర నియామకాన్ని గుర్తుకు తెస్తుంది'. ఇక్కడ కూడా, టెలివిజన్, సినిమా పరిశ్రమలు మనల్ని తప్పుదారి పట్టించాయి. గేమ్ ఆఫ్ థ్రోన్స్ వంటి సిరీస్ లు, స్టార్ వార్స్ వంటి సినిమాలు మరొక వ్యక్తిపై ద్వేషాన్ని చూపడం కేక్ ముక్కలాంటిదన్నట్లుగా మనకు నమ్మకం కలిగిస్తాయి. కానీ వాస్తవానికి మరొక వ్యక్తి శరీరం పై దాడి అనేది మానసికంగా చాలా కష్టం.

గత పదివేల సంవత్సరాల్లో జరిగిన యుద్ధంలో జరిగిన లక్షలాది మరణాలకు మనమెలా కారణంగా ఉంటాం? ఆ ప్రజలందరూ ఎలా చనిపోయారు? ఈ ప్రశ్నకు సమాధానమివ్వడానికి బాధితుల ఫోరెన్సిక్ పరీక్ష అవసరం, కాబట్టి రెండవ ప్రపంచ యుద్ధంలో బ్రిటిష్ సైనికుల మరణానికి గల కారణాలను ఉదాహరణగా తీసుకుందాం:

ఇతరవిధాలవల్ల: 1%
రసాయనం వల్ల: 2%
బ్లాస్ట్, క్రష్: 2%
ల్యాండ్‌మైన్, బూబీ ట్రాప్: 10%
బుల్లెట్, యాంటీ ట్యాంక్ గని: 10%
మోర్టార్, గ్రెనేడ్, ఏరియల్ బాంబ్, షెల్: 75%

ఏదైనా గమనించారా? ఈ బాధితులను ఒకదానితో ఒకటి ముడిపెట్టే ఒక విషయం ఉంటే, చాలా మంది రిమోట్‌గా తొలగించబడ్డారు. ఒక బటన్ నొక్కడం, బాంబు జారవిడిచడం లేదా మందుపాతరలు పెట్టడం ద్వారా వారిని ఎన్నడూ చూడని వ్యక్తి ద్వారా అత్యధిక సంఖ్యలో సైనికులు చంపబడ్డారు., వారు అర్ధనగ్నంగా ఉన్నప్పుడు, వారి ప్యాంటును పట్టుకోవడానికి ప్రయత్నిస్తున్నప్పుడు ఖచ్చితంగా కాదు. చాలా వరకు యుద్ధ సమయంలో చంపడం అనేది చాలా దూరం నుండి చేసే పని. సైనిక సాంకేతిక పరిజ్ఞానం మొత్తం పరిణామాన్ని శత్రు రేఖలు మరింత దూరంగా పెరిగిన ప్రక్రియగా మీరు వర్ణించవచ్చు.

కర్రలు, కత్తులు నుండి విల్లులు, బాణాల వరకు, మస్కెట్లు, ఫిరంగి నుండి బాంబులు,గ్రెనేడ్ల వరకు. చరిత్ర గమనంలో, అన్ని యుద్ధాల ప్రధాన సమస్యను అధిగమించడంలో ఆయుధాలను మరింత మెరుగ్గా రూపొందాయి: హింస పట్ల మన

ప్రాథమిక విరక్తి, వారి కళ్ళలోకి చూస్తున్నప్పుడు ఒకరిని చంపడం మనకు ఆచరణాత్మకంగా అసాధ్యం. మనలో చాలామంది ఆవును వధించమని బలవంతం చేస్తే వెంటనే శాకాహారిగా మారినట్లే, శత్రువు చాలా దగ్గరగా వచ్చినప్పుడు చాలామంది సైనికులు మనస్సాక్షితో వ్యతిరేకించేవారిగా తయారవుతారు.

యుగాలుగా, చాలా యుద్ధాలను గెలవడానికి మార్గం దూరం నుండి వీలైనంత ఎక్కువ మందిని షూట్ చేయడం. వంద సంవత్సరాల యుద్ధం (హండ్రెడ్ ఇయర్స్ వార్) (1337-1453) సమయంలో క్రెసీ, అగిన్ కోర్ట్ వద్ద ఫ్రెంచ్ వారిని ఆంగ్లేయులు ఓడించారు, పదిహేనవ, పదహారవ శతాబ్దాలలో కాంక్విస్టాడర్లు అమెరికాను ఎలా జయించారు, నేడు యుఎస్ మిలిటరీ సాయుధ డ్రోన్ల దళాలతో ఏమి చేస్తుంది. సుదూర-శ్రేణి ఆయుధాలతో పాటు, సైన్యాలు శత్రువుకు మానసిక దూరాన్ని పెంచే మార్గాలను కూడా అనుసరిస్తాయి. మీరు మరొకరిని అమానవీయంగా చేయగలిగితే – ఉదాహరణకు, వారిని పురుగులుగా చిత్రీకరించడం ద్వారా – వారు నిజంగా అమానవీయంగా ఇతరులను చూడటం సులభం చేస్తుంది.

హింస పట్ల వారి సహజ సహానుభూతి, వ్యతిరేకతను తగ్గించడానికి మీరు మీ సైనికులకు మత్తుమందు కూడా ఇవ్వవచ్చు. ట్రాయ్ నుండి వాటర్లూ వరకు, కొరియా నుండి వియత్నాం వరకు, కొన్ని సైన్యాలు మత్తు పదార్థాల సహాయం లేకుండా పోరాడాయి, జర్మన్ సైన్యం ముప్పై ఐదు మిలియన్ల మెథాంఫేటమైన్ మాత్రలు (అకా క్రిస్టల్ మెత్, విపరీతమైన దూకుడుకు కారణమయ్యే ఔషధం) ఉపయోగించక పోయి ఉంటే 1940 లో పారిస్ పడిపోయి ఉండేది కాదని పండితులు కూడా భావిస్తున్నారు.

సైన్యాలు కూడా తమ దళాలను 'కండిషన్' చేయవచ్చు. రెండవ ప్రపంచ యుద్ధం తరువాత కల్నల్ మార్షల్ తప్ప మరెవరూ సిఫారసు చేయకపోవడంతో యు.ఎస్. సైన్యం ఈ పని చేయడం ప్రారంభించింది. వియత్నాం నియామకాలు బూట్ క్యాంపుల్లో మునిగిపోయాయి, అవి సోదరభావాన్ని పెంచడమే కాకుండా, పురుషులను 'కిల్! చంపు! చంపండి!' వారు గగ్గోలు పెట్టే వరకు అత్యంత క్రూరమైన హింసను కూడా పెంచాయి,. రెండవ ప్రపంచ యుద్ధ అనుభవజ్ఞులు (వారిలో చాలామంది ఎన్నడూ చంపడం నేర్చుకోలేదు) ఈ బ్రాండ్ శిక్షణకు సంబంధించిన చిత్రాలను చూపించినప్పుడు షాక్ కు గురయ్యారు.

ఈ రోజుల్లో, సైనికులు ఇకపై సాధారణ కాగితంలో ని బుల్స్ కళ్ళపై ప్రాక్టీస్ చేయరు, కానీ వాస్తవిక మానవులపై సహజంగా కాల్చడానికి డ్రిల్ చేయబడతారు. తుపాకీని కాల్చడం అనేది ఆటోమేటెడ్, పావ్లోవియన్ రియాక్షన్ గా మారుతుంది, మీరు ఆలోచించకుండా చేయగలరు. స్నిపర్లకు, శిక్షణ మరింత రాడికల్. శిక్షణ పొందిన వ్యక్తిని కుర్చీకి కట్టి కూర్చోబెడతారు, ఒక ప్రత్యేక పరికరం వారి కళ్ళు విశాలంగా తెరిచి ఉండేలా చూసుకుంటున్నప్పుడు, క్రమక్రమంగా మరింత భయంకరమైన వీడియోల శ్రేణిని ప్రదర్శించడం ఒక ప్రయత్నించిన, పరీక్షించిన పద్ధతి.

కాబట్టి హింస పట్ల మన సహజమైన, లోతైన విరక్తిని రూపుమాపడానికి మనం మార్గాలను కనుగొంటున్నాం. ఆధునిక సైన్యాలలో, స్నేహానికి తక్కువ ప్రాముఖ్యత ఉంది. బదులుగా, ఒక అమెరికన్ అనుభవజ్ఞుడిని ఉదహరించడానికి, 'తయారు చేసిన ధిక్కారం'. ఈ

కండిషనింగ్ పనిచేస్తుంది. పాత-పాఠశాల సైన్యానికి ఎదురుగా ఈ పద్ధతులను ఉపయోగించి శిక్షణ పొందిన సైనికులను సెట్ చేయండి. రెండవది ప్రతిసారీ అణిచివేయబడుతుంది. ఫాక్లాండ్స్ వార్ (1982)ని తీసుకోండి: పెద్ద సంఖ్యలో ఉన్నప్పటికీ, పాతకాలపు శిక్షణతో అర్జెంటీనా సైన్యం బ్రిటన్ కండిషన్డ్ షూటింగ్ యంత్రాలకు వ్యతిరేకంగా ఎప్పుడూ అవకాశం పొందలేదు.

అమెరికన్ మిలిటరీ కూడా తన 'ఫై రింగ్ నిష్పత్తి'ని పెంచగలిగింది, కొరియా యుద్ధంలో కాల్పులు జరిపే సైనికుల సంఖ్యను 55 శాతానికి, వియత్నాంలో 95 శాతానికి పెంచింది. కానీ దీనికి మూల్యం చెల్లించాల్సి వచ్చింది. మీరు శిక్షణలో లక్షలాది మంది యువ సైనికులను బ్రెయిన్ వాష్ చేస్తే, వియత్నాం తరువాత చాలా మంది చేసినట్లుగా వారు పోస్ట్ ట్రామాటిక్ స్ట్రెస్ డిజార్డర్ (పిటిఎస్డి) తో తిరిగి వచ్చినప్పుడు ఆశ్చర్యపోనవసరం లేదు. అసంఖ్యాకమైన సైనికులు ఇతర ప్రజలను చంపడమే కాక, వారిలోపల ఏదో ఒకటి చనిపోయింది. చివరగా, శత్రువును సులభంగా దూరంగా ఉంచగల ఒక సమూహం ఉంది: నాయకులు.

సైన్యాల కమాండర్లు, ఉన్నత స్థాయి నుండి ఆదేశాలు ఇచ్చే తీవ్రవాద సంస్థల కమాండర్లు తమ ప్రత్యర్థి పట్ల సానుభూతి భావాలను అణచివేయాల్సిన అవసరం లేదు. ఆశ్చర్యకరమైన విషయం ఏమిటంటే, సైనికులు సాధారణ ప్రజలుగా ఉన్నప్పటికీ, వారి నాయకులది వేరే కథ. ఉగ్రవాద నిపుణులు, చరిత్రకారులు అధికార స్థానాల్లో ఉన్న వ్యక్తులు విలక్షణమైన మానసిక లక్షణాలను కలిగి ఉన్నారని స్థిరంగా సూచిస్తున్నారు. అడాల్ఫ్ హిట్లర్, జోసెఫ్ గోబెల్స్ వంటి యుద్ధ నేరస్థులు అధికార-ఆకలి, మతిస్థిమితం లేని నార్సిసిస్టులకు క్లాసిక్ ఉదాహరణలు. అల్-ఖైదా, ఐఎస్ నాయకులు కూడా అదే విధంగా మానిప్యులేటివ్ గా, అహంకారపూరితంగా ఉండేవారు, కనికరం లేదా సందేహ భావాలతో చాలా అరుదుగా ఇబ్బంది పడతారు.

ఇది మనల్ని తదుపరి మిస్టరీకి తీసుకువస్తుంది. హోమో కుక్కపిల్ల అంత సహజంగా స్నేహపూర్వక జీవి అయితే, అహంకారులు,అవకాశవాదులు, నార్సిసిస్టులు,సోషియోపథ్ లు ఎందుకు పైకి వస్తూనే ఉన్నారు? మానవులమైన మనం – బ్లష్ చేసిన ఏకైక జాతులలో ఒకటి – పూర్తిగా సిగ్గులేకుండా ఉన్న నమూనాల ద్వారా మనల్ని మనం పాలించుకోవడానికి ఎలా అనుమతించగలం?

11

అధికారం అవినీతికి దారితీస్తుంది

1

అధికారం గురించి రాయాలనుకుంటే, మీరు తప్పించుకోలేని ఒక పేరు ఉంది. అతని గురించి 3వ అధ్యాయంలో క్లుప్తంగా వివరించాను. ఏదైనా సాధించాలనుకునే ఎవరైనా అబద్ధాలు మోసం గూడు ను అల్లడం ఉత్తమం అనే సిద్ధాంతాన్నిగురించి అక్కడ చర్చించాను.

అతని పేరు మాకియవెల్లి. 1513 శీతాకాలంలో పబ్ లో మరో సుదీర్ఘ రాత్రి తర్వాత, ఒక నగర గుమాస్తా ది ప్రిన్స్ అనే కరపత్రాన్ని రాయడం ప్రారంభించాడు. మాకియవెల్లి వర్ణించినట్లు ఈ 'నా చిన్న కోరిక' పాశ్చాత్య చరిత్రలో అత్యంత ప్రభావవంతమైన రచనల్లో ఒకటిగా నిలవడం. చార్లెస్ ఐదవ చక్రవర్తి, 14వ లూయీ రాజు, ప్రధాన కార్యదర్శి స్టాలిన్ల పడకగది బల్లల మీద రాకుమారుడు తిరుగుతాడు. జర్మన్ ఛాన్సలర్ ఒట్టో వాన్ బిస్మార్క్ వద్ద చర్చిల్, ముస్సోలినీ, హిట్లర్ లాగానే ఒక ప్రతి ఉంది. వాటర్లూలో ఓడిపోయిన కొద్దికాలానికే నెపోలియన్ క్యారేజీలో కూడా అది దొరికింది.

నికోలో మాకియవెల్లి తత్వశాస్త్రపు పెద్ద ప్రయోజనం ఏమిటంటే అది చేయదగినది. మీకు అధికారం కావాలంటే, మీరు దానిని పట్టుకోవాలి అని అతను వ్రాశాడు. మీరు నిస్సిగ్గుగా, సూత్రాలు లేదా నైతిక విలువలతో సంబంధం లేకుండా ఉండాలి. అంతిమ ఫలితాలే అందకు చేరే మార్గాలను నిర్దేశిస్తాయి–లేదా సమంజసంగా చూపిస్తాయి. మీరు మీ కోసం చూడకపోతే, ప్రజలు మీపై వాల్ట్జ్ చేస్తారు. మాకియవెల్లి ప్రకారం, 'సాధారణంగా మనుష్యుల గురించి వారు కృతజ్ఞతారహితులు, చంచలంగా ఉండడం, విడదీయడం, వేషధారణ, పిరికివారు, దురాశపరులు అని చెప్పవచ్చు'. ఎవరైనీ నీకు మంచి మలుపు తిప్పితే మోసపోవద్దు; అది ఒక బూటకము, ఎందుకంటే 'మనుష్యులు అవసరంతో తప్ప మరే మంచి పనులు చేయరు'.

మాకియవెల్లి పుస్తకం తరచుగా 'వాస్తవికమైనది' అని పిలువబడుతుంది. మీరు దానిని కావాలనుకుంటే మీ దగ్గర్లోని బుక్ షాప్ ని సందర్శించండి. ఎల్లప్పుడు అమ్మకాలు చేసే వారికోసం వెళ్లండి. లేదా మీరు అతని తత్వశాస్త్రం కోసం అంకితమైన అనేక స్వయం సహాయక పుస్తకాలలో ఒకదాన్ని ఎంచుకోవచ్చు, మాకియావెల్లి ఫర్ మేనేజర్స్ నుండి మాకియావెల్లి ఫర్ మమ్స్ వరకు, లేదా అతని ఆలోచనల నుండి ప్రేరణ పొందిన ఎన్నో నాటకాలు, సినిమాలు, టీవీ ధారావాహికలను చూడవచ్చు. ది గాడ్ ఫాదర్, హౌస్ ఆఫ్ కార్డ్స్, గేమ్ ఆఫ్ థ్రోన్స్ – ఇవన్నీ ప్రాథమికంగా ఈ పదహారవ శతాబ్దపు ఇటాలియన్ రచనకు ఫుట్ నోట్స్.

అతని సిద్ధాంతం ప్రజాదరణను బట్టి, మాకియవెల్లి వాదం సరైనదేనా అని అడగడం అర్థవంతంగా ఉంటుంది. అధికారాన్ని సంపాదించుకోవడానికి, నిలుపుకోవడానికి ప్రజలు

సిగ్గులేకుండా అబద్ధాలు చెప్పి మోసగించాలా? తాజా శాస్త్రం ఏమి చెబుతుంది? ప్రొఫెసర్ డాచర్ కెల్ట్నర్ అనువర్తిత మాకియవెల్లియనిజంపై ప్రముఖ నిపుణుడు. తొంభైలలో అధికార మనస్తత్వశాస్త్రంపై ఆయనకు మొట్టమొదట ఆసక్తి కలిగినప్పుడు, రెండు విషయాలను గమనించాడు. ఒకటి: దాదాపు ప్రతి ఒక్కరూ మాకియావెల్లి చెప్పింది నిజమేనని నమ్మారు.

రెండు: దానికి మద్దతు ఇవ్వగల శాస్త్రాన్ని దాదాపు ఎవరూ రాయలేదు. కెల్ట్నర్ మొదటివాడు కావాలని నిర్ణయించుకున్నాడు. అతను తన 'సహజ స్థితి' ప్రయోగాలను అభివర్ణించిన దానిలో, అమెరికన్ మనస్తత్వవేత్త, మానవులు వసతి గదుల నుండి వేసవి శిబిరాల వరకు ఆధిపత్యం కోసం స్వేచ్ఛగా పోటీ పడే అమరికల వరుసలోకి చొరబడ్డాడు. ప్రజలు మొదటిసారిగా కలుసుకునే ఈ రకమైన ప్రదేశాలలోనే, మాకియవెల్లి కాలాతీతమైన జ్ఞానాన్ని పూర్తి ప్రదర్శనలో చూడాలని అతను ఆశించాడు. నిరాశ చెందాడు. ప్రిన్స్ సూచించిన విధంగా ప్రవర్తించండి, చరిత్రపూర్వ కాలంలోలా, ఈ మినీ-సమాజాలు అహంకారాన్ని సహించవు.

మీరు శిబిరం నుండి బయటకు పరుగెత్తుతారు. చరిత్రపూర్వ కాలంలోలా ఈ మినీ-సమాజాలు అహంకారాన్ని సహించవు అని కెల్ట్నర్ కనుగొన్నాడు,

ప్రజలు మీరు ఒక ఊపు ఊపుతారని అని భావించి మిమ్మల్ని కప్పి ఉంచుతారు. అధికార స్థానాలకు ఎదిగిన వ్యక్తులు స్నేహపూర్వకంగా, అత్యంత సానుభూతితో ఉంటారని కెల్ట్నర్ కనుగొన్నాడు. ఇది స్నేహపూర్వకమైన వారి మనుగడ. ఇప్పుడు మీరు ఆలోచిస్తూ ఉండవచ్చు: ఈ ప్రొఫెసర్ కార్యాలయంలోకి ప్రవేశించి, నా బాస్ ను కలుస్తాడనీ – అది మంచి నాయకుల గురించి అతని చిన్న సిద్ధాంతం రుజువు చేస్తుందని అనుకుంటారు... కానీ ఆగండి, ఈ కథ ఇంకా చాలా ఉంది.

ప్రజలు దానిని పొందిన తరువాత శక్తి ప్రభావాలను కూడా కెల్ట్నర్ అధ్యయనం చేశాడు. ఈసారి అతను పూర్తిగా భిన్నమైన నిర్ధారణకు వచ్చాడు. బహుశా అత్యంత వినోదాత్మకంగా కుకీ మాన్ స్టర్ అధ్యయనం, ఇది సెసేమ్ స్ట్రీట్ నుండి బొచ్చుగల నీలం ముప్పెట్ కు పేరు పెట్టబడింది. 1998లో, కెల్ట్నర్, ఆయన బృందం వద్దకు ముగ్గురు స్వచ్ఛంద సేవకులతో కూడిన చిన్న గుంపులు వారి ప్రయోగశాలలోకి వచ్చాయి. ఒకరిని యాదృచ్ఛికంగా గ్రూపు లీడర్ గా నియమించారు. వారందరికీ ఒక మందకొడి పని అప్పగించి పూర్తి చేయమన్నారు. ఒక సహాయకుడు సమూహం భాగస్వామ్యం చేయడానికి ఐదు కుకీలను కలిగి ఉన్న ప్లేట్ ను తీసుకువచ్చాడు. అన్ని సమూహాలు ప్లేట్ మీద ఒక కుకీని విడిచిపెట్టాయి (మర్యాద పూర్వకమైన నియమం), కానీ దాదాపు ప్రతి సందర్భంలోనూ నాల్గవ కుకీని నాయకుడు స్వాహా చేశాడు.

ఇంకేముంది, కెల్ట్నర్ డాక్టోరల్ విద్యార్థులలో ఒకరు నాయకులు కూడా కక్కుర్తి గా తినేవారిగా కనిపించడాన్ని గమనించారు. వీడియోలను రీప్లే చేస్తూ, ఈ 'కుకీ రాక్షసులు' తరచుగా నోరు తెరిచి తినడం, ఎక్కువ శబ్దంతో తినడం, వారి చొక్కాలపై ఎక్కువ ముక్కలు పిచికారీ చేసినట్లుగా పడడం స్పష్టంగా కనిపించేది. బహుశా ఇది మీ బాస్ లాగా అనిపించవచ్చు? మొదట్లో నేను ఈ రకమైన తెలివితక్కువ ప్రయోగాన్ని నవ్వించడానికి

మొగ్గ చూపాను, కాని ప్రపంచవ్యాప్తంగా ఇటీవలి సంవత్సరాలలో డజన్ల కొద్దీ ఇలాంటి అధ్యయనాలు ప్రచురించబడ్డాయి.

కెల్ట్నర్, అతని బృందం ఖరీదైన కారు మానసిక ప్రభావాన్ని చూస్తూ మరొకటి చేశారు. ఇక్కడ, మొదటి సెట్ సబ్జెక్టులను బీట్-అప్ మిత్సుబిషి లేదా ఫోర్డ్ పింటో చక్రం వెనుక ఉంచి, ఒక పాదచారి కెర్బ్ నుండి అడుగుపెడుతున్న క్రాస్ వాక్ దిశలో పంపబడింది. డ్రైవర్లందరూ చట్టానికి అనుగుణంగా ఆగిపోయారు. కానీ అధ్యయనం రెండవ భాగంలో, కర్తలు స్నాజీ మెర్సిడెస్ ను నడపవలసి వచ్చింది. ఈసారి పాదచారుల కోసం 45 శాతం మంది ఆగలేకపోయారు. వాస్తవానికి, కారు ఎంత ఖరీదైనది అయితే, రోడ్డు మర్యాదలు అంతే కఠినంగా ఉంటాయి.

'బిఎమ్ డబ్ల్యూ డ్రైవర్లు అత్యంత చెత్తగా ఉండేవారు' అని ఇతర పరిశోధకుల్లో ఒకరు న్యూయార్క్ టైమ్స్ కు చెప్పారు. (ఈ అధ్యయనం ఇప్పుడు ఒకే విధమైన ఫలితాలతో రెండుసార్లు పునరావృతం చేయబడింది.) డ్రైవర్లు ఎలా ప్రవర్తించారనే విషయాన్ని గమనించి, కెల్ట్నర్ చివరికి అది తనకు ఏమి గుర్తు చేసిందో గ్రహించాడు. ఈ వైద్య పదం 'అక్వైర్డ్ సోషియోపతి': పంతొమ్మిదవ శతాబ్దంలో మనస్తత్వవేత్తలచే మొదటిసారిగా నిర్ధారించబడిన వంశపారంపర్యంగా కాని సంఘవిద్రోహ వ్యక్తిత్వ రుగ్మత. తలకు దెబ్బ తగిలిన తర్వాత మెదడులోని కీలక ప్రాంతాలను దెబ్బతీస్తుంది. ఎంతో మంచిగా ఉన్న వ్యక్తులను కూడా అత్యంత దారుణమైన మాకియావెల్లియన్ అనుయాయులుగా మార్చగలదు. అధికారంలో ఉన్న వారు ఇలాంటి ధోరణులను ప్రదర్శిస్తారు. వారు అక్షరాలా మెదడు దెబ్బతిన్న వ్యక్తిలా ప్రవర్తిస్తారు.

వారు మరింత హఠాత్తుగా, స్వీయ-కేంద్రీకృతంగా, నిర్లక్ష్యంగా, అహంకారంగా, సగటు కంటే మొరటుగా ఉండటమే కాకుండా, వారు తమ జీవితభాగస్వాములను మోసగించే అవకాశం ఎక్కువగా ఉంటుంది, ఇతర వ్యక్తుల పట్ల తక్కువ శ్రద్ధ, ఇతరుల దృక్కోణాల పట్ల తక్కువ ఆసక్తి కలిగి ఉంటారు. వారు మరింత సిగ్గుమాలినవారు, ఆదిమజాతులలో మానవులను ప్రత్యేకంగా చేసే ఒక ఘటనను ప్రదర్శించడంలో తరచుగా విఫలమవుతారు. వారు సిగ్గుపడరు. శక్తి ఒక మత్తుమందు లాగా పనిచేస్తుంది, ఇది మిమ్మల్ని ఇతర వ్యక్తుల పట్ల సున్నితంగా చేస్తుంది. 2014 లో జరిపిన ఒక అధ్యయనంలో, ముగ్గురు అమెరికన్ న్యూరాలజిస్టులు శక్తివంతమైన, తక్కువ శక్తివంతమైన వ్యక్తుల ప్రతిస్పందన పనితీరును పరీక్షించడానికి 'ట్రాన్స్కానియల్ మాగ్నెటిక్ స్టిమ్యులేషన్ మెషిన్'ను ఉపయోగించారు. తాదాత్మ్యంలో కీలక పాత్ర పోషించే ఒక మానసిక ప్రక్రియ అయిన మిర్రరింగ్ అని పిలువబడేదానికి శక్తికున్న భావం అంతరాయం కలిగిస్తుందని వారు కనుగొన్నారు.

సాధారణంగా, మనము ఎల్లప్పుడూ ప్రతిస్పందిస్తాం. మరొకరు నవ్వుతారు, మీరు కూడా నవ్వుతారు; ఎవరైనా ఆవలిస్తే, మీరు కూడా ఆవలిస్తారు. కానీ శక్తివంతమైన వ్యక్తులు చాలా తక్కువగా ప్రతిస్పందిస్తారు. వారు తమ తోటి మానవులతో కనెక్ట్ కానట్లు అనిపిస్తుంది. శక్తివంతులైన వ్యక్తులు ఇతరులతో తమకు 'సంబంధం' తక్కువగా ఉంటుందని భావిస్తే, వారు కూడా మరింత విరక్తిగా ఉండడంలో ఆశ్చర్యమేమైనా ఉందా? శక్తికున్న ప్రభావాలలో

ఒకటి, అసంఖ్యాకమైన అధ్యయనాలు చూపిస్తున్నాయి, ఇది ఇతరులను ప్రతికూల కాంతిలో చూసేలా చేస్తుంది. మీరు శక్తివంతులైనట్లయితే, చాలామంది ప్రజలు సోమరిపోతులు, నమ్మదగనివారు అని మీరు అనుకునే అవకాశం ఎక్కువగా ఉంటుంది. వారిని పర్యవేక్షించడం, వారితో వ్యవహరించటం, వారిని నియంత్రించడం, సెన్సార్ చేయడం, ఏమి చేయాలో చెప్పడం అవసరం. శక్తి మిమ్మల్ని ఇతర వ్యక్తుల కంటే ఉన్నతమైనదిగా భావించేలా చేస్తుంది కాబట్టి, ఈ పర్యవేక్షణ అంతా మీకు అప్పగించారని మీరు విశ్వసిస్తారు. విచారకరమైన విషయమేమిటంటే, అధికారం లేకుండా ఉండడం ఖచ్చితంగా వ్యతిరేక ప్రభావాన్ని చూపిస్తుంది.

శక్తిహీనులుగా భావించే వ్యక్తులు కూడా చాలా తక్కువ ఆత్మవిశ్వాసం కలిగి ఉంటారని మానసిక పరిశోధన చూపిస్తుంది.వారు ఒక అభిప్రాయాన్ని చెప్పడానికి సంకోచిస్తారు. సమూహాలలో, వారు తమను తాము చిన్నవారిగా చేసుకుంటారు, వారు తమ స్వంత తెలివితేటలను తక్కువగా అంచనా వేస్తారు. అలాంటి అనిశ్చితి భావాలు అధికారంలో ఉన్నవారికి సౌకర్యవంతంగా ఉంటాయి, ఎందుకంటే స్వీయ సందేహం వల్ల ప్రజలు వెనక్కి తగ్గే అవకాశం ఉండదు. సెన్సార్ షిప్ అనవసరం అవుతుంది, ఎందుకంటే ఆత్మవిశ్వాసం లేని వ్యక్తులు తమకు తాము మౌనం వహిస్తారు. ఇక్కడ మనం చర్యలో ఒక నోసెబోను చూస్తాం: ప్రజలను వారు తెలివితక్కువవారిగా భావిస్తే వారు తమను తాము తెలివితక్కువవారుగా భావించడం ప్రారంభిస్తారు, ప్రజలు తమ గురించి తాము ఆలోచించడానికి చాలా మందమతులుగా ఉన్నారని పాలకులు తర్కించడానికి దారితీస్తుంది. అందువల్ల వారు - వారి దృష్టి, అంతర్దృష్టితో బాధ్యత తీసుకోవాలి.

కానీ ఇది ఖచ్చితంగా వేరే మార్గం కాదా? మనల్ని దూరదృష్టితో చేసేది శక్తి కాదా? మీరు పైకి చేరుకున్న తరువాత, ఇతర దృక్కోణాల నుండి విషయాలను చూడటానికి ప్రేరణ తక్కువగా ఉంటుంది. సానుభూతికి అత్యవసరం లేదు, ఎందుకంటే మీరు అహేతుకంగా లేదా చిరాకుగా భావించే ఎవరైనా నిర్లక్ష్యం చేయబడవచ్చు, మంజూరు చేయవచ్చు, లాక్ చేయవచ్చు లేదా అధ్వాన్నంగా ఉండవచ్చు. శక్తివంతమైన వ్యక్తులు తమ చర్యలను సమర్థించుకోవాల్సిన అవసరం లేదు. అందువల్ల మిణుకుమిణుకుమంటున్న వీక్షణను భరించగలరు.

సానుభూతి పరీక్షలలో పురుషుల కంటే మహిళలు ఎందుకు ఎక్కువ స్కోర్ చేస్తారో వివరించడానికి కూడా ఇది సహాయపడుతుంది. 2018 లో కేంబ్రిడ్జ్ విశ్వవిద్యాలయంలో ఒక పెద్ద అధ్యయనం ఈ వైవిధ్యానికి జన్యుపరమైన ఆధారాన్ని కనుగొనలేదు. బదులుగా శాస్త్రవేత్తలు సామాజికీకరణ అని పిలిచే దానికి ఆపాదించారు. అధికారం సాంప్రదాయంగా పంచిపెట్టబడిన విధానం కారణంగా, పురుషులను అర్థం చేసుకోవడం చాలామట్టుకు స్త్రీల చేతుల్లోనే ఉంది. ఒక ఉన్నతమైన స్త్రీ అంతర్ దృష్టి గురించి ఆ నిరంతర ఆలోచనలు బహుశా అదే అసమతుల్యతలో పాతుకుపోయాయి - స్త్రీలు విషయాలను పురుష దృక్పథం నుండి చూడాలని ఆశించబడతారు, అరుదుగా ఇతర మార్గంలోకూడా.

2

శక్తి కున్న మనస్తత్వశాస్త్రం గురించి నేను ఎంత ఎక్కువగా తెలుసుకున్నానో, శక్తి ఒక ఔషధం వంటిదని అర్థం చేసుకున్నాను – దుష్ప్రభావాల మొత్తం కేటలాగ్ తో ఒకటి. 'అధికారం భ్రష్టుపట్టిపోతుంది, అధికారం పూర్తిగా భ్రష్టుపట్టిస్తుంది' అని బ్రిటిష్ చరిత్రకారుడు లార్డ్ యాక్టన్ పందొమ్మిదవ శతాబ్దంలో ప్రసిద్ధి చెందిన విమర్శ చేశాడు.. మనస్తత్వవేత్తలు, సామాజికవేత్తలు, చరిత్రకారులు ఏకగ్రీవంగా అంగీకరించే కొన్ని ప్రకటనలు ఉన్నాయి.

డాచర్ కెల్ట్నర్ దీనిని 'పవర్ పారడాక్స్' అని పిలుస్తాడు. మనల్ని నడిపించేందుకు అత్యంత నిరాడంబరమైన, దయగల హృదయంగల వ్యక్తులను మనం ఎంపిక చేసుకుంటామని అనేక అధ్యయనాలు చూపిస్తున్నాయి. కానీ వారు పైకి చేరుకున్న తర్వాత, అధికారదర్పం తరచుగా నేరుగా వారి తలలకు వెళుతుంది. ఆ తరువాత వాటిని విడదీయడం అదృష్టం. ఒక నాయకుడిని పడగొట్టడం ఎంత గమ్మత్తైనదో చూడటానికి మనం మన గొరిల్లా, చింపాంజీ దాయాదులను మాత్రమే చూడాలి. గొరిల్లా దళాలలో ఒక సిల్వర్ బ్యాక్ నియంత ఉన్నాడు, అతను అన్ని నిర్ణయాలు తీసుకుంటాడు. ఆడ అంతఃపురానికి ప్రత్యేకమైన అస్తిత్వం కలిగి ఉంటాడు. చింపాజీ నాయకులు కూడా అగ్రస్థానంలో ఉండటానికి చాలా దూరం వెళ్తారు, సంకీర్ణాలను రూపొందించడంలో బలమైన, అత్యంత నైపుణ్యం కలిగిన పురుషుడికి ఈ స్థానం రిజర్వ్ చేయబడింది.

'మాకియవెల్లిలోని మొత్తం భాగాలు చింపాంజీ ప్రవర్తనకు నేరుగా వర్తిస్తాయి' అని జీవశాస్త్రవేత్త ఫ్రాన్స్ డి వాల్ తన పుస్తకం చింపాంజీ పాలిటిక్స్ లో పేర్కొన్నాడు, ఇది ఎనభైల ప్రారంభంలో ప్రచురించబడింది. ఆల్ఫా పురుషుడు – రాకుమారుడు – అతను–మనిషిలా చుట్టూ తిరుగుతాడు. తన ఆజ్ఞను నెరవేర్చేలా ఇతరులను తారుమారు చేస్తాడు. అతని డెప్యూటీలు పగ్గాలను పట్టుకోవడానికి అతనికి సహాయం చేస్తారు, కాని అతని వీపుపై పొడిచి చంపడానికి కూడా అంత సులభంగాను కుట్ర చేయగలరు.

మన డిఎన్ఎలో 99 శాతం చింపాంజీలతో పంచుకుంటామని శాస్త్రవేత్తలకు దశాబ్దాలుగా తెలుసు. 1995లో, ఇది అప్పటి ప్రతినిధుల సభాపతి అయిన న్యూట్ గింగ్రిచ్‌ను డి వాల్ పుస్తకం డజన్ల కొద్దీ కాపీలను తన సహోద్యోగులకు అందజేయడానికి ప్రేరేపించింది. యుఎస్ కాంగ్రెస్ అతని దృష్టిలో చింపాంజీ కాలనీ నుండి చాలా భిన్నంగా లేదు. ఉత్తమంగా, దాని సభ్యులు తమ ప్రవృత్తులను దాచడానికి కొంచెం ఎక్కువ ప్రయత్నం చేశారు.

ఆ సమయంలో ఇంకా విస్తృతంగా తెలియని విషయం ఏమిటంటే, మానవులకు మరొక దగ్గరి పూర్వీక బంధువు ఉన్నాడు, అది మన డిఎన్ఎలో 99 శాతం పంచుకుంటుంది. బోనోబో. ఫ్రాంస్ డి వాల్ మొదటిసారి ఒకదాన్ని చూసాడు. మొదటిసారిగా డెబ్బైల ప్రారంభంలో తిరిగి వచ్చింది, అవి ఇప్పటికీ 'పిగ్మీ చింపాంజీలు' అని పిలువబడుతున్నాయి. చాలా కాలం పాటు, చింపాజీలు, బోనోబోలు కూడా ఒకే జాతిగా భావించబడ్డాయి. వాస్తవానికి, బోనోబో పూర్తిగా భిన్నమైన జీవి. 4వ అధ్యాయంలో హోమో కుక్కపిల్ల మాదిరిగానే ఈ కోతులు కూడా తమను తాము మచ్చిక చేసుకున్నాయని మనం చూశాం.

ఈ ప్రక్రియలో ఈ జాతికి చెందిన ఆడ జీవులు కీలకంగా కనిపిస్తాయి, ఎందుకంటే, మగ జీవుల వలె బలంగా లేనప్పటికీ, తమలో ఒకరు భిన్నమైన లైంగిక వర్గంచే వేధించబడిన ఏ సమయంలోనైనా అవి విభేదాలను మర్చిపోయి ప్రవర్తిస్తాయి. మూసివేస్తాయి. అవసరమైతే, అవి అతని పురుషాంగాన్ని సగానికి కొరుకుతాయి. శక్తి ఈ సమతుల్యతకు ధన్యవాదాలు, బోనోబో జాతి ఆడజీవులు తమ స్వంత సహచరులను ఎంపిక చేసుకోవచ్చు, ఎంచుకోవచ్చు, మంచి కుర్రాళ్ళు సాధారణంగా త్వరగా విషయం తేల్చవచ్చు.

(ఈ ప్రక్రియ అంతా నీరసమైన లైంగిక జీవితానికి దోహదపడుతుందని మీరు భావిస్తే, మళ్ళీ ఆలోచించండి: 'బోనోబోస్ జాతిజీవులు కామసూత్రాన్ని చదివినట్లుగా ప్రవర్తిస్తారు,' అని డి వాల్ వ్రాశాడు, 'ఎవరైనా ఊహించగల ప్రతి స్థానాన్ని, వైవిధ్యాన్ని ప్రదర్శిస్తారు.' బోనోబోల రెండు గుంపులు మొదటిసారి కలుసుకున్నప్పుడు, ఆ కలయిక తరచూ ఒక భావావేశంలో ముగుస్తుంది.)

మనం చాలా ఉత్సాహంగా ఉండటానికి ముందు: మానవులు స్పష్టంగా బోనోబోస్ కాదు. అయినప్పటికీ, మాకియావెల్లియన్ చింపాంజీలతో పోలిస్తే ఈ స్నేహపూర్వక కోతులతో మనకు చాలా ఎక్కువ సారూప్యత ఉందని పెరుగుతున్న పరిశోధన సూచిస్తుంది.ఈ విషయంలో అంతగా పరిచయం లేనివారికి చెప్పేదేమంటే మానవ చరిత్రలో చాలా వరకు మన రాజకీయ వ్యవస్థలు బోనోబోస్‌ను చాలా దగ్గరగా పోలి ఉన్నాయి. కుంగ్ తెగ సభ్యుల వ్యూహాలను గుర్తు చేసుకోండి! (అధ్యాయం 5 చూడండి): 'ప్రగల్భాలు పలికిన వ్యక్తిని మనం తిరస్కరిస్తాము, ఎందుకంటే ఏదో ఒక రోజు అతని అహంకారం ఎవరినైనా చంపేస్తుంది. కాబట్టి మనం ఎల్లప్పుడూ అతని ప్రవర్తన ఎందుకూ పనికిరానిదని మాట్లాడతాం. ఈ విధంగా మనం అతని హృదయాన్ని చల్లబరుస్తాం. అతన్ని సున్నితంగా చేస్తాం."

వేటగాళ్ల సమాజాలపై జరిపిన నలభై ఎనిమిది అధ్యయనాల విశ్లేషణలో, ఒక అమెరికన్ మానవ శాస్త్రవేత్త మాకియావెల్లియనిజం దాదాపు ఎల్లప్పుడూ విపత్తుకు ఒక సూచిక అని నిర్ధారించాడు. దీనిని ఉదాహరించడానికి, ఈ శాస్త్రజ్ఞుని ప్రకారం, చరిత్రపూర్వ కాలంలో నాయకునిగా ఎన్నుకోబడడానికి అవసరమైన కొన్ని లక్షణాలు

ఉదారమైన

ధైర్యవంతమైన

వివేకం

ఆకర్షణీయమైన

సముచితంగా

నిష్పాక్షిక

నమ్మకమైన

లౌక్యమైన

బలమైన

వినయపూర్వకం ఇక్కడ ఇవ్వబడ్డాయి. మీరు ఇలా ఉండాలి:

వేటాడి ఆహారాన్ని సేకరించేవారిలో నాయకత్వం తాత్కాలికమైనది. సమూహ నిర్ణయాలు తీసుకోబడతాయి. మాకియవెల్లి సూచించిన విధంగా ఎవరైనా తెలివితక్కువగా వ్యవహరిస్తే వారు వారి ప్రాణాలను పణంగా పెడుతున్నారనమాట. స్వార్థపరులు, దురాశపరులు తెగ నుండి బయటపడి ఆకలిని ఎదుర్కొనే అవకాశం ఉంది. ఎవరూ స్వార్థపరులతో ఆహారాన్ని పంచుకోవడానికి ఇష్టపడలేదు. మానవ ప్రవర్తన చింపాంజీల కంటే బోనోబోలను మరింత దగ్గరగా పోలి ఉంటుందనడానికి మరొక సూచన అసమానత పట్ల మన సహజమైన విరక్తి. గూగుల్ స్కాలర్ లో 'అసమానత విముఖత' కోసం శోధించండి. మీరు ఈ ఆదిమ ప్రవృత్తి గురించి పది వేలకు పైగా శాస్త్రీయ వ్యాసాలను కనుగొంటారు.

మూడు సంవత్సరాల వయస్సు ఉన్న పిల్లలు ఇప్పటికే ఒక కేక్ ను సమానంగా విభజించారు, ఆరు సంవత్సరాల వయస్సులో ఒక వ్యక్తికి పెద్ద భాగాన్ని ఇవ్వడానికి ఇష్టపడక ఒక ముక్కను దూరంగా విసిరేస్తారు. బోనోబోస్ వలే, మానవులు మతోన్మాదంగా, తరచూ పంచుకుంటారు. అలాగని, మనం కూడా అటువంటి ఆవిష్కరణలను అతిశయోక్తి చేయకూడదు. కుక్కపిల్ల సహజంగా జన్మించిన కమ్యూనిస్టు కాదు. ఇది న్యాయబద్ధమైనదని మనం భావిస్తే, విషయాలు సముచితంగా అనిపించినంత కాలం కొంచెం అసమానతతో మనం బాగానే ఉన్నామని మనస్తత్వవేత్తలు నొక్కి చెబుతారు. మీరు తెలివైనవారు లేదా మంచివారు లేదా పవిత్రంగా ఉన్నారని మీరు ప్రజలను ఒప్పించగలిగితే, మీరు బాధ్యత వహిస్తున్నారని, మీరు వ్యతిరేకతకు భయపడాల్సిన అవసరం లేదని అర్థం అవుతుంది.

మొదటి జనావాసాల రాకతో, అసమానతల పెరుగుదలతో, అధిపతులు, రాజులు తమ పౌరుల కంటే ఎక్కువ ఆధిక్యతలను ఎందుకు అనుభవించారో చట్టబద్ధం చేయడం ప్రారంభించవలసి వచ్చింది. మరో మాటలో చెప్పాలంటే, వారు ప్రచారంలో పాల్గొనడం ప్రారంభించారు. సంచార తెగల అధిపతులందరూ వినయంగా ఉండే చోట, ఇప్పుడు నాయకులు నెత్తికెక్కడం ప్రారంభించారు. రాజులు తాము దైవిక హక్కుతో పరిపాలించామని లేదా తామే దేవుళ్ళమని ప్రకటించుకున్నారు.

నిజమే, ఈ రోజుల్లో అధికార ప్రచారం మరింత సూక్ష్మంగా ఉంది, కానీ కొంతమంది వ్యక్తులు ఇతరులకంటే ఎక్కువ అధికారాన్ని, హోదాను, లేదా సంపదను ఎందుకు 'అర్హతగా' చేస్తారో సమర్థించేందుకు మనం ఆపని చాకచక్యమైన భావజాలాలను రూపొందించడం లేదని కాదు. మనం చేస్తాం. పెట్టుబడిదారీ సమాజాలలో, మనం యోగ్యత వాదనలను ఉపయోగిస్తాం. కానీ ఎవరికి ఎక్కువ యోగ్యత ఉందో సమాజం ఎలా నిర్ణయిస్తుంది? సమాజానికి ఎవరు ఎక్కువగా దోహద పడుతున్నారో మీరు ఎలా నిర్ణయిస్తారు? బ్యాంకర్లు లేదా బిన్ మెన్? నర్సులు లేదా విధ్వంసకారులు అని పిలువబడే వారు ఎల్లప్పుడూ – ఒరవడికి విరుద్ధంగా ఆలోచిస్తారా? మీ గురించి మీరు ఎంత మంచి కథను అల్లగలిగితే, మీరు అంత గొప్పవారు. వాస్తవానికి, నాగరికత మొత్తం పరిణామాన్ని మీరు తమ ఆధిక్యతల కోసం నిరంతరం కొత్త సమర్థనలను రూపొందించిన పాలకుల చరిత్రగా చూడవచ్చు.

కానీ ఇక్కడ ఏదో వింత జరుగుతోంది. మన నాయకులు చెప్పే కథలను మనం ఎందుకు నమ్ముతాం? కొంతమంది చరిత్రకారులు మనం అమాయకులం కాబట్టి – అది ఒక జాతిగా మన సూపర్ పవర్ కావచ్చు. సరళంగా చెప్పాలంటే, ఆ సిద్ధాంతం ఇలా ఉంటుంది:

వేలాదిమంది అపరిచితులను ఒక జట్టుగా ఏర్పరిచి పని చేయించాలనుకుంటే, విషయాలను ఒకచోట చేర్చడానికి ఏదో కావాల్సిన అవసరం ఉంటుంది. ఈ బంధం స్నేహభావం కంటే బలంగా ఉండాలి, ఎందుకంటే హోమో కుక్కపిల్ల సోషల్ నెట్ వర్క్ అన్ని పూర్వికు లలో అతిపెద్దది అయినప్పటికీ, ఇది నగరాలు లేదా రాష్ట్రాలను సృష్టించ కలిగినంత పెద్దది కాదు.

సాధారణంగా, మన సామాజిక సంబంధీకుల సంఖ్య సుమారు నూట యాభై మందికి మించవు. 1990వ దశకంలో శాస్త్రవేత్తలు ఈ పరిమితికి చేరుకున్నారు, ఇద్దరు అమెరికన్ పరిశోధకులు వాలంటీర్ల బృందాన్ని వారు క్రిస్మస్ కార్డులు పంపిన స్నేహితులు, కుటుంబ సభ్యులందరినీ జాబితా చేయమని అడిగారు. సగటున అరవై ఎనిమిది గృహాలు ఉన్నాయి, వీటిలో సుమారు నూట యాభై మంది వ్యక్తులు ఉన్నారు. మీరు చూడడం ప్రారంభించినప్పుడు, ఈ సంఖ్య ప్రతిచోటా పెరిగిపోతుంది. రోమన్ సైన్యాల నుండి భక్తిగల వలసవాదుల వరకు, కార్పొరేట్ విభాగాల నుండి ఫేస్బుక్ లో మన నిజమైన స్నేహితుల వరకు, ఈ సంఖ్య అన్ని చోట్లా ఒకేరకంగా కన్పిస్తుంది. మానవ మెదడు నూట యాభై కంటే ఎక్కువ అర్థవంతమైన సంబంధాలను గారడీ చేయడానికి సిద్ధంగా లేదని సూచిస్తుంది.

సమస్య ఏమిటంటే, నూటయాభై మంది అతిథుల కోసం ఒక గొప్ప విందు తయారు చేసినప్పటికీ, పిరమిడ్ నిర్మించడానికి లేదా చంద్రుడికి రాకెట్ పంపడానికి ఇది ఎక్కడా సరిపోదు. ఆ స్థాయిలో ప్రాజెక్టులు చాలా పెద్ద సమూహాలలో సహకారాన్ని కోరుతున్నాయి, కాబట్టి నాయకులు మనల్ని ప్రోత్సహించాల్సిన అవసరం ఉంది. ఎలా? అపోహలతో. మనము ఎన్నడూ కలవని వ్యక్తులతో బంధుత్వాన్ని ఊహించుకోవడం నేర్చుకున్నాం. మతాలు, రాజ్యాలు, కంపెనీలు, దేశాలు - ఇవన్నీ నిజంగా మన మనస్సుల్లో, మన నాయకులు, మనమే చెప్పే కథల్లో మాత్రమే ఉనికిలో ఉన్నాయి. 'ఫ్రాన్స్'ను ఎవరూ కలుసుకోలేదు లేదా 'రోమన్ క్యాథలిక్ చర్చి'తో కరచాలనం చేయలేదు. కానీ మనం కల్పిత కథ కోసం సంతకం చేస్తే అది పట్టింపు లేదు.

అలాంటి పురాణానికి అత్యంత స్పష్టమైన ఉదాహరణ దేవుడే. లేదా అసలు బిగ్ బ్రదర్ అని పిలవండి. యుక్తవయసులో ఉన్నప్పుడు కూడా, నేను క్రైస్తవ సృష్టికర్త మానవుల గురించి, మన ప్రాపంచిక క్రియల గురించి ఎందుకు ఎంత శ్రద్ధ వహించాడా అని ఆలోచించాను. అప్పట్లో, మన సంచార పూర్వీకులు దైవం గురించి చాలా భిన్నమైన భావనను కలిగి ఉన్నారని, వారి దేవుళ్ళు మానవ జీవితాలపై తక్కువ ఆసక్తి కలిగి ఉన్నారని నాకు తెలియదు (అధ్యాయం 5 చూడండి).

ప్రశ్న ఏమిటంటే: సర్వశక్తిమంతుడైన దేవునిపై ఈ నమ్మకం మనకి ఎక్కడినుంచి వచ్చింది? మానవ పాపానికి కోపగించుకున్న దేవునిలోనా? శాస్త్రవేత్తలు ఇటీవల ఒక మనోహరమైన సిద్ధాంతంతో ముందుకు వచ్చారు. దీనిని అర్థం చేసుకోవడానికి, మనం 3 వ అధ్యాయానికి తిరిగి వెళ్ళాలి, అక్కడ హోమో కుక్కపిల్ల కళ్ళలో ఏదో ఒక ప్రత్యేకత ఉందని మనం తెలుసుకున్నాం. మన కనుపాపల చుట్టూ ఉన్న తెల్లదనానికి ధన్యవాదాలు, మనం ఒకరి చూపుల దిశను మరొకరు అనుసరించవచ్చు. ఇది ఇతరుల మనస్సులలోకి మనకు ఇచ్చే సంగ్రహావలోకనం నమ్మకం బంధాలను ఏర్పరచడానికి చాలా ముఖ్యం.

మనం వేలాదిమంది అపరిచితులతో కలిసి పెద్ద గుంపులుగా కలిసి జీవించడం ప్రారంభించినప్పుడు, ప్రతిదీ మారిపోయింది. అక్షరాలా, మనం పరస్పర దృష్టిని కోల్పోయాం. మీరు వేలాది లేదా పదుల సంఖ్యలో లేదా లక్షలాది మంది ప్రజలతో కళ్ళూకాళ్ళూ కలిపే మార్గం లేదు, కాబట్టి మన పరస్పర అపనమ్మకం పెరగడం ప్రారంభమైంది. ప్రజలు సమాజాన్ని స్పాంజింగ్ చేస్తున్నారని ఇతరులను అనుమానించడం ప్రారంభించారు; వారు తమ వీపులను విరగ్గొట్టుకుంటు న్నప్పుడు, మిగిలిన వారంతా తమ పాదాలను పైకి లేపుతున్నారని. కాబట్టి పాలకులకు ప్రజలపై నిఘా ఉంచడానికి. ప్రతిదీ విన్న, ప్రతిదీ చూసిన వ్యక్తి అవసరం. అన్నిటిని చూడగలిగిన కన్ను. దేవుడు.

కొత్త దేవతలు ప్రతీకార రకాలుగా ఉండటం యాదృచ్ఛికం కాదు. దేవుడు రోజుకు ఇరువది నాలుగు గంటలు, వారంలో ఏడు రోజులు ప్రతి ఒక్కరిమీదా గూఢచర్యం చేస్తూ, ఒక సూపర్ (వివైథన్) శక్తి అయ్యాడు. మీ ఆలోచనలు కూడా సురక్షితంగా లేవు. బైబిలు మత్తయి 10:30లో మనకు ఇలా చెబుతోంది: 'నీ తలవెంద్రుకలు కూడ లెక్కించబడ్డాయి. ఒక సర్వజ్ఞుడైన జీవి, ఇప్పటినుంచీ ఆకాశంలో కాపలాగా ఉంటూ, పర్యవేక్షించడం, అవసరమైనప్పుడు కొట్టడం చేస్తాడు.

మానవ జాతికి సహాయపడటానికి పురాణాలు కీలకం. మన నాయకులు ఇంతకు ముందు మరే ఇతర జాతులు చేయని పనిని చేస్తారు. లక్షలాదిమంది అపరిచితులతో కలిసి భారీ స్థాయిలో కలిసి పనిచేసేందుకు అవి మనకు సహాయం చేశాయి. ఇంకా, ఈ సిద్ధాంతం ఈ గొప్ప కల్పనా శక్తుల నుండి గొప్ప నాగరికతలు ఉద్భవించాయని చెబుతుంది. జుడాయిజం, ఇస్లాం, జాతీయవాదం, పెట్టుబడిదారీ విధానం - ఇవన్నీ మన ఊహల ఉత్పత్తులు. 'ఇదంతా కథలు చెప్పడం చుట్టూ తిరుగుతోంది' అని ఇజ్రాయిల్ చరిత్రకారుడు యువల్ నోహ్ హరారీ తన పుస్తకం సేపియన్స్ (2011)లో రాశాడు, 'వాటిని నమ్మేలా ప్రజలను ఒప్పించాడు.' ఇది ఆకర్షణీయమైన సిద్ధాంతం, కానీ దానికి ఒక లోపం ఉంది. ఇది మానవ చరిత్రలో 95 శాతం విస్మరిస్తుంది.

ఇది జరుగుతున్నప్పుడు, మన సంచార పూర్వీకులు అప్పటికే నూట యాభై మంది స్నేహితుల మాయా పరిమితిని అధిగమించారు. నిశ్చయంగా, మనము చిన్న చిన్న గుంపులుగా వేటాడి, గుమికూడేవాళ్ళం, కానీ గుంపులు కూడా క్రమంగా సభ్యులను మార్చుకునేవాళ్ళం, అందువల్ల మనల్ని పరపరాగసంపర్క హోమో కుక్కపిల్లల అపారమైన కూటమిలో భాగంగా చేశాయి. పరాగ్వేలోని అచే, టాంజానియాలోని హడ్జా వంటి తెగలతో 3వ అధ్యాయంలో మనం దీనిని చూశాం. వారి సభ్యులు తమ జీవితకాలంలో వెయ్యి మందికి పైగా కలుసుకుంటారు.

ఇంకేముంది, చరిత్రపూర్వ ప్రజలు కూడా గొప్ప ఊహాశక్తిని కలిగి ఉన్నారు. మనం ఎల్లప్పుడూ తెలివైన అపోహలను వ్యాప్తి చేశాం, మనం ఒకరికొకరు చెప్పుకున్నాం. అది సమూహాల మధ్య సహకారాన్ని పెంచేలా చేసింది. ఆధునిక కాలపు టర్కీలోని గోబెక్లీ టెపే దగ్గర ఉన్న ప్రపంచంలోని మొట్టమొదటి ఆలయం (అధ్యాయం 5 చూడండి) వేలాది మంది సమిష్టి కృషి ద్వారా నిర్మించబడిన ఒక ఉదాహరణ. ఒకే ఒక వ్యత్యాసం ఏమిటంటే, చరిత్రపూర్వ కాలంలో ఆ పురాణాలు తక్కువ స్థిరంగా ఉన్నాయి. అధిపతులను సంక్షిప్తంగా

పడగొట్టవచ్చు. స్మారక చిహ్నాలను వేగంగా కూల్చివేయవచ్చు. ఇద్దరు మానవ శాస్త్రజ్ఞుల మాటల్లో చెప్పాలంటే:

> ఏదో ఒక ఆదిమ అమాయకత్వంలో మునిగి తేలడానికి బదులుగా, అసమానత జన్యువు ఏదో ఒక విధంగా సరిదిద్దబడనంత వరకు, మన చరిత్రపూర్వ పూర్వీకులు విజయవంతంగా సీసా ను క్రమం తప్పకుండా తెరిచి, మూసివేసినట్లు అనిపిస్తుంది, ఆచారబద్ధమైన వేషధారణ నాటకాలకు అసమానతలను పరిమితం చేశారు, దేవుళ్ళను, రాజ్యాలను వారి స్మారక చిహ్నాలు చేసినట్లుగా నిర్మించారు, ఆపై వాటిని మరోసారి ఉల్లాసంగా విడదీయడం. సహస్రాబ్దాలుగా, మనకు చెప్పబడిన కథల విషయంలో మనకు సందేహం ఉండే అవకాశం ఉంది. ఒక వ్యక్తి బిగ్గరగా అరుస్తూ తాను దేవుని చేతిలో ఒంటరిగా ఉన్నానని ప్రకటిస్తే అతని భుజం తట్టవచ్చు, ఒకవేళ ఆ వ్యక్తి విసుగు చెందినట్లయితే, త్వరలోనే అతడు లేదా ఆమె వెనుక భాగంలో బాణం కనిపించవచ్చు.

హోమో కుక్కపిల్ల స్నేహపూర్వకమైనది, అమాయకమైనది కాదు. సైన్యాలు, వాటి కమాండర్ల ఆవిర్భావం వరకు ఇవన్నీ మారలేదు. అన్ని వ్యతిరేకతలు చర్మం, సజీవ దహనం, లేదా గీయబడి పావులు కట్టిన ఒక బలమైన వ్యక్తి కోసం నిలబడటానికి ప్రయత్నించండి. మీ విమర్శలు అకస్మాత్తుగా అంత అత్యవసరంగా అనిపించవు. సాయుధులైన ప్రవక్తలందరూ ఎందుకు విజయం సాధించారు, నిరాయుధులైన ప్రవక్తలందరూ పడిపోవడానికి ఇదే కారణం' అని మాకియవెల్లి వ్రాశాడు.

ఈ విషయం నుండి, దేవుళ్ళు, రాజులు ఆ తర్వాత అంత సులభంగా తొలగించబడలేదు. ఒక పురాణానికి మద్దతు ఇవ్వకపోవడం ఇప్పుడు ప్రాణాంతకమని రుజువు చేస్తుంది. మీరు అనుచితమైన దేవుణ్ణి విశ్వసిస్తే, మీరు దానిని మీ వద్దే ఉంచుకుంటారు. జాతీయ రాజ్యం ఒక మూర్ఖపు భ్రమ అని మీరు విశ్వసిస్తే, అది మీ తలకు ప్రమాదాన్ని తెచ్చిపెడుతుంది. 'వారు ఇకపై నమ్మనప్పుడు, బలప్రయోగంతో వారిని నమ్మేలా చేయడానికి విషయాలను ఏర్పాటు చేయడం ఉపయోగకరంగా ఉంటుంది,' అని మాకియవెల్లి సలహా ఇచ్చాడు. హింస అనేది ఈ సమీకరణంలో పెద్ద భాగం కాదని మీరు అనుకోవచ్చు – కనీసం వారి విసుగు పుట్టించే నిరంకుశాధికారంలో వున్న కనీస ప్రజాస్వామ్యా లలో కాదు.

కానీ తప్పు చేయవద్దు: హింస ముప్పు ఇప్పటికీ చాలా ఉంది, ఇది విస్తృతంగా ఉంది. పిల్లలున్న కుటుంబాలు తనఖా చెల్లింపులను ఎగవేసినందుకు వారి ఇండ్ల నుండి తరిమివేయబడడానికి ఇదే కారణం. మనం 'ఐరోపా', 'యునైటెడ్ స్టేట్స్' అని పిలిచే కల్పనలలో వలసదారులు సరిహద్దు వెంబడి తిరగడానికి ఇది కారణం. మనం డబ్బును నమ్మడం కొనసాగించడానికి ఇది కూడా కారణం. ఈ విషయాన్ని పరిగణనలోకి తీసుకోండి:

వారానికి నలభై గంటలపాటు కొన్ని లోహాలు, కాగితం ముక్కలు లేదా వారి బ్యాంకు ఖాతాకు కొన్ని అంకెలు జోడించుకోవడానికి బదులుగానే కదా 'ఆఫీసులు' అని పిలుచుకుంటున్న బోనుల్లో ప్రజలు అసంతృప్తిగా ఉన్నప్పటికీ కూర్చుంటున్నారు.

ఆ శక్తుల ప్రచారం ద్వారా మనం గెలిచాం కాబట్టేనా? అలాగైతే, అసమ్మతివాదులు వాస్తవంగా ఎందుకు లేరు? 'హే మిస్టర్, నేను పురాణాల శక్తి గురించి ఒక ఆసక్తికరమైన పుస్తకాన్ని చదివాను. డబ్బు ఒక కల్పన అని గ్రహించాను, కాబట్టి నేను ఈ సంవత్సరం పన్నులను ఎగవేస్తున్నాను' అని ఎవరూ పన్ను అధికారుల వద్దకు ఎందుకు వెళ్ళరు. కారణం స్వార్థం. ఇది స్పష్టమైనది. ఒకవేళ మీరు బిల్లును విస్మరిస్తే లేదా మీ పన్నులు చెల్లించనట్లయితే, మీరు ఫైల్ చేయబడతారు లేదా లాక్ చేయబడతారు. మీరు ఇష్టపూర్వకంగా పాటించకపోతే, అధికారులు మీ వెనుక వస్తారు. డబ్బు ఒక కల్పన కావచ్చు, కానీ ఇది చాలా నిజమైన హింస, బెదిరింపు ద్వారా అమలు చేయబడుతుంది.

3

నేను డాచర్ కెల్ట్నర్ రచనను, అధికార మనస్తత్వశాస్త్రాన్ని గూర్చి చదువుతున్నప్పుడు, ప్రైవేటు ఆస్తి, వ్యవసాయాభివృద్ధి హోమో కుక్కపిల్లను ఎలా తప్పుదారి పట్టించి ఉండవచ్చో అర్థం చేసుకోసాగాను. సహస్రాబ్దాలుగా, మనం బాధ్యత వహించడానికి మంచి అబ్బాయిలను ఎంచుకున్నాం. మన చరిత్రపూర్వ రోజుల్లో కూడా అధికారం భ్రష్టుపట్టిపోతుందని మనకు బాగా తెలుసు, కాబట్టి మనం సమూహ సభ్యులను అదుపులో ఉంచడానికి కపటంలో తోటివారి ఒత్తిడి వ్యవస్థను కూడా ఉపయోగించుకున్నాం. కానీ 10,000 సంవత్సరాల క్రితం శక్తివంతులను గద్దె దించడం గణనీయంగా మరింత కష్టంగా తయారైంది. మనము నగరాల్లో, రాజ్యాల్లో స్థిరపడి, మన పాలకులు మొత్తం సైన్యాలపై పట్టు సాధించినప్పుడు, మామూలు మాటలు లేదా మంచి లక్ష్యంగల ఈటెలు ఇక సరిపోవు. రాజులు తమను తాము పదవీచ్యుతుడిని చేయడానికి అనుమతించలేదు. తిట్లు, ఎగతాళిలతో అధ్యక్షులను కిందకు దించలేదు.

కొంతమంది చరిత్రకారులు మనం ఇప్పుడు వాస్తవానికి అసమానతపై ఆధారపడి ఉన్నామని అనుమానిస్తున్నారు. ఉదాహరణకు, యువల్ నోహ్ హరారీ ఇలా వ్రాశాడు, 'సంక్లిష్టమైన మానవ సమాజాలకు ఊహాజనిత సోపానక్రమాలు, అన్యాయమైన వివక్ష అవసరం ఉన్నట్లు అనిపిస్తుంది' (అలాంటి ప్రకటనలకు పైభాగంలో తీవ్రమైన ఆమోదం లభించిందని మీరు ఖచ్చితంగా చెప్పవచ్చు.) కానీ నన్ను ఆకర్షించే విషయం ఏమిటంటే, ప్రపంచవ్యాప్తంగా ఉన్న ప్రజలు, నాయకులు, రాజులు వచ్చిన తరువాత కూడా తమ నాయకులను మచ్చిక చేసుకోవడానికి మార్గాలను కనుగొనడం కొనసాగించారు, ఒక స్పష్టమైన పద్ధతి విప్లవం. ఫ్రెంచ్ (1789), రష్యన్ (1917), లేదా అరబ్ స్ప్రింగ్ (2011) వంటి ప్రతి విప్లవం కూడా అదే డైనమిక్ ద్వారా ఆజ్యం పోసింది. ప్రజలు ఒక నిరంకుశుడిని పడగొట్టడానికి ప్రయత్నిస్తారు.

అయితే, చాలా విప్లవాలు చివరికి విఫలమవుతాయి. ఒక నిరంకుశుడిని కిందకు దించిన వెంటనే, ఒక కొత్త నాయకుడు లేచి నిలబడి, అధికారంకోసం తీరని వాంఛను

పెంపొందించుకుంటాడు. ఫ్రెంచి విప్లవం తరువాత అది నెపోలియన్. రష్యన్ విప్లవం తరువాత అది లెనిన్, స్టాలిన్. ఈజిప్టు కూడా మరొక నియంతగా తిరిగి వచ్చింది. సామాజికవేత్తలు దీనిని 'నిరంకుశత్వపు ఉక్కు నియమం' అని పిలుస్తారు: సోషలిస్టులు, కమ్యూనిస్టులు కూడా, స్వేచ్ఛ, సమానత్వం వారి గొప్ప ఆదర్శాలు, మితిమీరిన అధికారం, భ్రష్టుపట్టిన ప్రభావానికి దూరంగా ఉన్నారు. కొన్ని సమాజాలు పంపిణీ చేయబడిన అధికార వ్యవస్థను ఇంజనీరింగ్ చేయడం ద్వారా దీనిని ఎదుర్కొన్నాయి – లేకపోతే 'ప్రజాస్వామ్యం' అని పిలుస్తారు. ఈ పదం ప్రజలే పరిపాలిస్తారని సూచించినప్పటికీ (ప్రాచీన గ్రీకులో, డెమోస్ అంటే 'ప్రజలు', క్రాటోస్ అంటే 'శక్తి' అని అర్థం), ఇది సాధారణంగా ఆ విధంగా పనిచేయదు.

ఈ విధమైన ప్రభుత్వ రూపం మరింత ఖచ్చితంగా 'ఎలక్టివ్ కులీనవర్గం' అని రూసో ఇదివరకే గమనించాడు, ఎందుకంటే ఆచరణలో ప్రజలు అధికారంలో లేరు. బదులుగా మనపై ఎవరు అధికారం కలిగి ఉన్నారో నిర్ణయించడానికి మనకు అనుమతి ఉంది. ఈ నమూనా వాస్తవానికి సమాజంలో సామాన్య ప్రజలను మినహాయించడానికి రూపొందించబడిందని గ్రహించడం కూడా చాలా ముఖ్యం. అమెరికన్ రాజ్యాంగాన్ని తీసుకోండి: చరిత్రకారులు ఇది 'ఆ కాలపు ప్రజాస్వామ్య ధోరణులను తనిఖీ చేయడానికి రూపొందించిన ఒక కులీన పత్రం' అని అంగీకరిస్తున్నారు. సాధారణ ప్రజానీకం రాజకీయాల్లో చురుకైన పాత్ర పోషించాలన్నది అమెరికన్ వ్యవస్థాపక పితామహుల ఉద్దేశం కాదు. ఇప్పుడు కూడా, ఏ పౌరుడైనా ప్రజల కోసం పరిగెత్తగలిగినప్పటికీ, దాతలు, లాబీయిస్టుల కులీన నెట్వర్క్ ప్రాప్యత లేకుండా ఎన్నికలలో గెలవడం కష్టం. అమెరికన్ 'ప్రజాస్వామ్యం' వంశపారంపర్య ధోరణులను ప్రదర్శిస్తుందనడంలో ఆశ్చర్యం లేదు – కెన్నెడీలు, క్లింటన్లు, బుష్ల గురించి ఆలోచించండి.

మంచి నాయకుల వస్తారని మనం పదేపదే ఆశిస్తున్నాం, కాని చాలా తరచుగా ఆ ఆశలు అడియాసలవుతాయి. దానికి కారణం, ప్రొఫెసర్ కెల్టనర్ ఇలా అంటాడు, అధికారం వల్ల ప్రజలు తమను ఎన్నుకున్న దయను, వినయాన్ని కోల్పోతారు, లేదా వారు అసలు ఎన్నికకు ముందే ఆ అద్భుతమైన లక్షణాలను ఎన్నడూ కలిగి ఉండరు. క్రమానుగతంగా వ్యవస్థీకృత సమాజంలో, మాకియవెల్లి సిద్ధాంతం ప్రకారం ఒక అడుగు ముందున్నారు. వారిని పోటీలో ఓడించడానికి వారికి అంతిమ రహస్య ఆయుధం ఉంది. వారు సిగ్గులేకుండా ఉన్నారు. హోమో కుక్కపిల్ల సిగ్గును అనుభవించడానికి పరిణామం చెందిందని మనం ఇంతకు ముందు చూశాం.

జంతు రాజ్యంలోని అన్ని జాతులలో, సిగ్గుపడే కొన్ని జాతులలో మనం ఒకటి అని ఒక కారణం ఉంది. సహస్రాబ్దాలుగా, మన నాయకులను మచ్చిక చేసుకోవడానికి కపటం ఒక్కటే ఖచ్చితమైన మార్గం, అది నేటికీ పని చేయగలదు. నియమనిబంధనలు లేదా ఖండన, బలవంతం కంటే సిగ్గు మరింత ప్రభావవంతంగా ఉంటుంది, ఎందుకంటే సిగ్గుగా భావించే వ్యక్తులు తమను తాము నియంత్రించుకుంటారు. వారు అంచనాలను నిరాశపరిచినప్పుడు వారి ప్రసంగం తడబడుతుంది లేదా వారు పుకార్ల విషయం అని తెలుసుకున్నప్పుడుఅవి వదురుబోతు మాటలని అర్థం అవుతుంది. స్పష్టంగా చెప్పాలంటే, సిగ్గుకు కూడా ఒక చీకటి పార్శ్వం ఉంటుంది (ఉదాహరణకు, పేదరికంవల్ల ప్రేరేపించబడిన అవమానం),

కానీ అవమానం లేకుండా ఉంటే సమాజం ఎలా ఉంటుందో ఊహించుకోవడానికి ప్రయత్నించండి. అది నరకం అవుతుంది.

దురదృష్టవశాత్తు, వారు అధికారం మత్తులో ఉండడం లేదా సామాజిక రోగ లక్షణాలతో జన్మించిన చిన్న అల్పసంఖ్యాక వర్గాలలో ఉన్నప్పటికీ, సిగ్గును అనుభవించలేని వ్యక్తులు ఎల్లప్పుడూ ఉన్నారు. అటువంటి వ్యక్తులు సంచార తెగలలో ఎక్కువ కాలం ఉండరు. వారు సమూహం నుండి బహిష్కరించబడతారు. ఒంటరిగా చనిపోవడానికి వదిలివేయబడతారు. కానీ మన ఆధునిక విస్తృత సంస్థలలో, కలుపుగోలుగా ఉన్నవారు వాస్తవానికి కెరీర్ నిచ్చెనలో కొన్ని అడుగులు ముందున్నట్లు అనిపిస్తుంది. సాధారణ జనాభాలో 1 శాతం మందితో పోలిస్తే 4 నుండి 8 శాతం మంది సిఇఒలు రోగనిర్ధారణ చేయగల కలుపుగోరుతనాన్ని కలిగి ఉన్నారని అధ్యయనాలు చెబుతున్నాయి. మన ఆధునిక ప్రజాస్వామ్యంలో సిగ్గులేకుండా ఉండడం ప్రయోజనకరంగా ఉంటుంది. సిగ్గుపడని రాజకీయ నాయకులు ఇతరులు ధైర్యం చేయని పనులు చేయడానికి స్వేచ్ఛగా ఉంటారు.

మిమ్మల్ని మీరు మీ దేశంలోని అత్యంత తెలివైన ఆలోచనాపరుడని చెప్పుకుంటారా, లేక మీ లైంగిక పరాక్రమం గురించి గొప్పలు చెప్పుకుంటారా? మీరు ఒక అబద్ధంలో చిక్కుకొని, ఆపై ఒక విషయం కూడా మిస్ కాకుండా మరొకరికి చెప్పగలరా? చాలా మంది ప్రజలు ప్లేట్ లో చివరి కుకీని వదిలివేసినట్లే సిగ్గులో మగ్గి పోతుంటారు. కానీ సిగ్గుమాలినవారు పెద్దగా పట్టించుకోరు. వారి సాహసోపేతమైన ప్రవర్తన మన ఆధునిక మీడియా క్రేజ్ ఉన్నవారికి డివిడెండ్లను చెల్లిస్తుంది, ఎందుకంటే వార్తలు అసాధారణమైన, అసంబద్ధమైన వాటిని వెలుగులోకి తెస్తాయి. ఈ రకమైన ప్రపంచంలో, ఉన్నత స్థానానికి ఎదగడానికి స్నేహపూర్వక, అత్యంత సానుభూతి కలిగిన నాయకులు కాదు, కానీ వారికి పూర్తిగా భిన్నమైన వారు అయి ఉండాలి.. ఈ ప్రపంచంలో, ఇది సిగ్గుమాలిన వారి మనుగడ.

12

జ్ఞానోదయం కూడా కొన్ని విషయాల్లో మనకు దారి చూపలేదు

1

అధికార మనస్తత్వశాస్త్రంలోకి ప్రవేశించిన తర్వాత, నా ఆలోచనలు ఈ పుస్తకపు ఉపోద్ఘాతంలోని కథకు తిరిగి వచ్చాయి. సారాంశంలో, మునుపటి అధ్యాయాల్లోని పాఠాలన్నీ బ్లిట్జ్ కథలో, బాంబులు పడినప్పుడు లండన్‌లో ఏమి జరిగిందో ఆ కథలో కనుక్కోవచ్చునని నాకు అనిపించింది.

బ్రిటిష్ అధికారులు విస్తృతమైన భయాందోళనలను అంచనా వేశారు. లూటీ. అల్లర్లు. ఈ విధమైన విపత్తు మన అంతరంగిక మృగాలను నిశ్చయంగా నిర్మూలించి, మనలను అందరితో యుద్ధంలోకి నెట్టివేస్తుంది. కానీ వాస్తవానికి దీనికి విరుద్ధంగా విపత్తులు మనలో ఉన్న ఉత్తమమైన వాటిని బయటకు తెస్తాయని తేలింది. వారు సామూహిక రీసెట్ స్విచ్ ను ఫ్లిప్ చేసినట్లుగా, మనం మన మంచి స్వభావాలకు తిరిగి తెస్తాం.. బ్లిట్జ్ రెండవ పాఠం ఏమిటంటే, మనం సమూహ జంతువులం. లండన్ వాసులు తమ ధైర్యసాహసాలు అగ్నికి ఆహుతి అయ్యాయని భావించారు. వారి ఎదుర్కొనేశక్తి వారి గట్టి పై పెదవి లేదా పొడి హాస్యంతో సమానం అని వారు భావించారు – అధ్యాయం 10లో ఉన్నతమైన సంస్కృతి మరొక అంశం. ఈ రకమైన సమూహ పక్షపాతం మానవులకు విలక్షణమైనదని మనం చూశాం. మనమందరం 'మనం', 'వారు' పరంగా ఆలోచించ డానికి చాలా మొగ్గు చూపుతున్నాం. యుద్ధం విషాదం ఏమిటంటే, ఇది మానవ స్వభావం ఉత్తమ కోణాలు – విధేయత, స్నేహం, సంఘీభావం – హోమో కుక్కపిల్లను ఆయుధాలు చేపట్టడానికి ప్రేరేపిస్తుంది.

మనం ముందు వరుసలకు చేరుకున్న తర్వాత, తరచుగా మన ఉక్రోషాన్ని కోల్పోతాం. మానవులకు దౌర్జన్యంపట్ల లోతైన విరక్తి ఉందని 4, 10 అధ్యాయాల్లో మనం చూశాం. శతాబ్దాలుగా, చాలా మంది సైనికులు ట్రిగ్గర్ను లాగడానికి కూడా తమను తాము సిద్ధం చేసుకోలేకపోయారు. బయోనెట్స్ ఉపయోగంలోకి రాకుండా పోయాయి. పైలట్లు లేదా తుపాకులు చేపట్టిన వారు తమ శత్రువుల కళ్ళలోకి చూడవలసిన అవసరం లేని చాలా మంది క్షతగాత్రులకు దూరంగా ఉన్నారు. ఇది కూడా బ్లిట్జ్ పాఠం, ఇక్కడ దారుణమైన దాడులు పై నుండి వచ్చాయి.

అప్పుడు బ్రిటిష్ వారు తమ స్వంత బాంబు దాడిని ప్లాన్ చేసినప్పుడు, అధికారం భ్రష్టుపట్టిన ప్రభావం దాని వికారమైన ఆలోచనలను పెంచింది. చర్చిల్ అంతర్గత వృత్తంలో ఒకరైన ఫ్రెడరిక్ లిండేమాన్, బాంబులు నైతిక స్థైర్యాన్ని విచ్ఛిన్నం చేయలేవనే అన్ని ఆధారాలను పక్కన పెట్టాడు. అతను అప్పటికే జర్మన్లు లొంగిపోవాలని నిర్ణయించుకున్నాడు, అతనితో విభేదించడానికి శ్రద్ధ వహించే ఎవరైనా దేశద్రోహిగా ముద్ర వేయబడతారు. ఆ

తర్వాత ఒక చరిత్రకారుడు ఇలా వ్యాఖ్యానించాడు: 'బాంబింగ్ విధానం ఎంతో తక్కువ వ్యతిరేకతతో బలవంతంగా చేయబడిందనే వాస్తవం అధికార హిప్నాసిస్కు ఒక విలక్షణమైన ఉదాహరణ.' చివరగా మనం రూసో, హబ్స్ అడిగిన ప్రశ్న దగ్గరకి వస్తాం, మానవ స్వభావంగా ప్రాథమికంగా మంచిదా, చెడ్డదా అని నిర్ధారించాలి.

ఈ సమాధానానికి రెండు పార్శ్వాలు ఉన్నాయి, ఎందుకంటే హోమో కుక్కపిల్ల పూర్తిగా విరుద్ధమైన జీవి. మొట్టమొదటగా, జంతు రాజ్యంలో స్నేహపూర్వక జాతులలో మనమూ ఒకటి. మన గతంలో చాలాకాలం వరకు, రాజులు లేదా కులీనులు, అధ్యక్షులు లేదా సీఈఓలు లేని సమతావాద ప్రపంచంలో మనం నివసించాం. అప్పుడప్పుడూ వ్యక్తులు అధికారానికి ఎదిగేవారు, కానీ, 11వ అధ్యాయంలో మనం చూసినట్లుగా, వారు కూడా అంతే వేగంగా అణచివేయబడ్డారు. అపరిచితుల పట్ల మన సహజమైన వాత్సల్యం చాలా కాలం పాటు పెద్ద సమస్యలను కలిగించలేదు. మన స్నేహితుల పేర్లు, ముఖాలు మనకు తెలుసు, మనం ఒక అపరిచితుడితో సంబంధాలు ఏర్పర్చు కునే క్రమంలో సులభంగా ఉమ్మడి ఆసక్తిగల అంశాలను కనుగొన్నాం. ప్రజలను ప్రతిపక్షంలో ఉంచే ప్రకటనలు లేదా ప్రచారాలు లేవు, వార్తలు లేదా యుద్ధం లేదు. ఒక సమూహాన్ని విడిచిపెట్టి, మరొక గ్రూపులో చేరడానికి ప్రక్రియ నిర్మాణ విస్తరణ సంబంధమైన నెట్ వర్క్ ల్లో మనకు స్వేచ్ఛ ఉంది.

కానీ 10,000 సంవత్సరాల క్రితం, సమస్య ప్రారంభమైంది. మనం ఒక చోట స్థిరపడి, ప్రైవేట్ ఆస్తిని కూడబెట్టడం ప్రారంభించిన క్షణం నుండి, మన సమూహ ప్రవృత్తి ఇకపై అంత నిరపాయమైనది కాదు. కొరత, సోపానక్రమాలతో కలిపి, ఇది పూర్తిగా విషపూరితంగా మారింది. నాయకులు తమ ఆజ్ఞను నెరవేర్చడానికి సైన్యాలను పెంచడం ప్రారంభించిన తరువాత, అధికారం భ్రష్టుపట్టిన ప్రభావాలను ఆపడం లేదు. రైతులు, పోరాట యోధులు, నగరాలు, రాష్ట్రాలతో కూడిన ఈ కొత్త ప్రపంచంలో, మనం స్నేహానికి, విదేశీయులపట్ల అయిష్టతల మధ్య అసౌకర్యంగా సన్నని రేఖను విస్తరించాం. స్వంతం అనే భావన కోసం పరితపిస్తూ, మనం త్వరగా బయటివారిని తిప్పికొట్టడానికి మొగ్గు చూపాం. మన స్వంత నాయకులు చరిత్ర, తప్పు వైపు మనల్ని నడిపించినప్పటికీ, వారికి వద్దని చెప్పడం మనకు కష్టంగా అనిపించింది

నాగరికత ప్రారంభంతో, హోమో కుక్కపిల్ల వికారమైన పార్శ్వం తెరపైకి వచ్చింది. ఇజ్రాలీయులు, రోమన్లు, హూణులు, వాండల్లు, క్యాథలిక్కులు, ప్రొటెస్టంట్లు, ఇంకా ఎంతోమంది చేసిన లెక్కలేనన్ని ఊచకోతలను చరిత్ర గ్రంథాలు వృత్తాంతంగా వివరిస్తున్నాయి. పేర్లు మారతాయి, కానీ యంత్రాంగం అలాగే ఉంటుంది: సహవాసం నుండి ప్రేరణ పొంది, విరక్తిగల బలమైన వ్యక్తులచే ప్రేరేపించబడిన, ప్రజలు ఒకరికొకరు అత్యంత భయంకరమైన పనులు చేస్తారు. ఇది సహస్రాబ్దాలుగా మన దుస్థితి. నాగరికత చరిత్రను మీరు అన్ని కాలాలలో అతిపెద్ద తప్పుకు వ్యతిరేకంగా ఒక పురాణ పోరాటంగా కూడా చూడవచ్చు. హోమో కుక్కపిల్ల దాని సహజ ఆవాసం నుండి వేరు చేయబడిన జంతువు. అప్పటి నుండి ఒక గుహలో నివసించే వారి 'సరిపోలని' వంతెనను పూడ్చడానికి తనను తాను లోపలికి తిప్పుతున్న జంతువు. నేను 5వ అధ్యాయంలో రాసినట్లు వ్యాధి, యుద్ధం, అణచివేతల

శాపాన్ని పారద్రోలడానికి నాగరికత శాపాన్ని ఎత్తివేయడానికి వేలాది సంవత్సరాలుగా ప్రయత్నిస్తున్నారు. ఇటీవల మాత్రమే, మనం దీన్ని చేయగలమని అనిపించింది.

2

పదిహేడవ శతాబ్ది తొలినాళ్ళలో, మనం ఇప్పుడు 'జ్ఞానోదయం' అని పిలిచే ఒక ఉద్యమం ప్రారంభమైంది. అదొక తాత్విక విప్లవం. జ్ఞానోదయ ఆలోచనాపరులు ఆధునిక ప్రపంచానికి, చట్ట పాలన నుండి ప్రజాస్వామ్యం వరకు, విద్య నుండి సైన్స్ వరకు పునాదులు వేశారు. మొదటి చూపులో, థామస్ హాబ్స్ వంటి జ్ఞానోదయ ఆలోచనాపరులు, మునుపటి పూజారులు, మంత్రుల కంటే భిన్నంగా కనిపించలేదు. అవన్నీ మానవ స్వభావం భ్రష్టుపట్టిందనే ఒకే ఊహతో పనిచేశాయి. స్కాటిష్ తత్త్వవేత్త డేవిడ్ హ్యూమ్ జ్ఞానోదయ దృక్పథాన్ని సంక్షిప్తీకరించాడు, 'ప్రతి మనిషిని ఒక వంచకుడిగా భావించాలి, అతని అన్ని చర్యలలో, వ్యక్తిగత ప్రయోజనం తప్ప మరే ఇతర ముగింపును కలిగి ఉండకూడదు'.

అయినప్పటికీ, ఈ ఆలోచనాపరుల అభిప్రాయం ప్రకారం, మన స్వప్రయోజనాలను ఉత్పాదకంగా ఉపయోగించుకోవడానికి ఒక మార్గం ఉంది. మానవులమైన మనకు ఒక అసాధారణమైన ప్రతిభ ఉందని వారు చెప్పారు, ఇతర జీవుల నుండి మనల్ని వేరు చేసే పొదుపు చేసుకోగల తెలివి. ఇది మనం అంటిపెట్టుకుని ఉండగల బహుమతి. ఇది మన ఆశలను నిలబెట్టగల అద్భుతం, కారణం. సానుభూతి, భావోద్వేగం లేదా విశ్వాసం కాదు. కారణం. జ్ఞానోదయ తత్వవేత్తలు తమ విశ్వాసాన్ని దేనిమీదైనా ఉంచగలగడం అనేది హేతుబద్ధమైన ఆలోచన శక్తిలో ఉంది. మానవులు మన సహజ స్వార్థానికి కారకమైన తెలివైన సంస్థలను రూపొందించగలరని వారు నమ్మారు. మన చీకటి ప్రవృత్తుల మీద నాగరిక పొరను చిత్రించగలమని వారు నమ్మారు. లేదా, మరింత ఖచ్చితంగా చెప్పాలంటే, సాధారణ మంచికి సేవచేయడానికి మన చెడు లక్షణాలను మనం సంపాదించుకోవచ్చు.

జ్ఞానోదయ ఆలోచనాపరులు ఆచరించే ఒక పాపం ఉంది అంటే, అది అత్యాశ, అది వారు 'వ్యక్తిగత దురాచారాలు, ప్రజా ప్రయోజనాలు' అనే నినాదం కింద బూతులు తిట్టారు. వ్యక్తిగత స్థాయిలో సంఘ విద్రోహ ప్రవర్తన విస్తృత సమాజానికి ప్రతిఫలాన్ని ఇవ్వగలదనే తెలివైన అభిప్రాయానికి ఇది నిదర్శనం. జ్ఞానోదయ ఆర్థికవేత్త ఆడమ్ స్మిత్ ఈ ఆలోచనను తన క్లాసిక్ ది వెల్త్ ఆఫ్ నేషన్స్ (1776) లో పేర్కొన్నాడు, ఇది స్వేచ్ఛా మార్కెట్ సూత్రాలను సమర్థించిన మొదటి పుస్తకం. దానిలో ఆయన ప్రసిద్ధంగా ఇలా వ్రాశాడు: 'కసాయివాడు, బ్రూవరు, లేదా బేకర్ల దయాదాక్షిణ్యాల నుండి మనం మన భోజనాన్ని ఆశించడం కాదుగానీ, తమ స్వప్రయోజనాల విషయంలో వారి విషయం నుండి మనం ఆశించాల్సి ఉంటుంది. వారి మానవత్వం గురించి కాదు, వారి ఆత్మప్రేమ గురించి మనల్ని మనం సంబోధిస్తాం. మన సొంత అవసరాల గురించి వారితో ఎన్నడూ మాట్లాడం, వారి ప్రయోజనాల గురించి మాట్లాడం."

స్వార్థాన్ని అణచివేయకూడదు అని వాదించిన ఆధునిక ఆర్థికవేత్తలు బింకంగా ఉండలేకపోయారు. ఈ విధంగా, సంపద కోసం ఉండాలనే కోరిక ఏ మత ప్రచారకుల సైన్యమూ ఎన్నడూ సాధించనిది సాధిస్తుంది: ప్రపంచవ్యాప్తంగా ఉన్న ప్రజలను ఏకం చేయండి. ఈ రోజుల్లో, మనం సూపర్ మార్కెట్ వద్ద కిరాణా సరుకుల కోసం చెల్లించేటప్పుడు, మనం మన ట్రోలీలలో వస్తువుల ఉత్పత్తి, పంపిణీకి దోహదపడే వేలాది మందితో కలిసి పనిచేస్తున్నాం. మనం మన కోసం ఆలోచిస్తున్నాం కానీ మన హృదయాలలోని మంచితనం వల్ల కాదు.

జ్ఞానం కల ఆలోచనాపరులు ఆధునిక ప్రజాస్వామ్య నమూనాకు మద్దతు ఇవ్వడానికి అదే సూత్రాన్ని ఉపయోగించారు. యుఎస్ రాజ్యాంగాన్ని తీసుకోండి, ఇది ఇప్పటికీ అమలులో ఉన్న ప్రపంచంలోనే పురాతనమైనది. స్థాపక పితామహులు గీసిన, మన స్వార్థపూరిత స్వభావాన్ని నిగ్రహించుకోవాల్సిన అవసరం ఉందనే వారి నిరాశావాద దృక్పథంపై ఆధారపడి ఉంది. ఈ మేరకు, వారు 'చెక్స్ అండ్ బ్యాలెన్స్' అనే వ్యవస్థను ఏర్పాటు చేశారు, దీనిలో ప్రతి ఒక్కరూ ప్రతి ఒక్కరిపై ఒక కన్నేసి ఉంచారు.

అధికారంలో ఉన్నవారు (కుడి నుండి ఎడమకు, రిపబ్లికన్లు, డెమొక్రాట్లు), ఉన్నత ప్రభుత్వ సంస్థలు (సెనేట్, హౌస్ ఆఫ్ రిప్రజెంటేటివ్స్, వైట్ హౌస్, సుప్రీం కోర్ట్) అంతటా ఒకరినొకరు అదుపులో ఉంచుకుంటే, అప్పుడు అమెరికన్ ప్రజలకి అవినీతి స్వభావం ఉన్నప్పటికీ సామరస్యంగా కలిసి జీవించగలుగుతారు. భ్రష్టుపట్టిన రాజకీయనాయకులను అదుపులో ఉంచడానికి ఉన్న ఏకైక మార్గం, ఇతర రాజకీయనాయకులతో పోలిస్తే వారిని సమతుల్యం చేయడమేనని ఈ హేతువాదులు నమ్మారు. అమెరికన్ రాజనీతిజ్ఞుడు జేమ్స్ మాడిసన్ మాటల్లో చెప్పాలంటే: 'ఆశయాన్ని ప్రతిఘటించడానికి ఆశయాన్ని తయారు చేయాలి.'

ఈ మధ్యలో, ఈ శకం ఆధునిక చట్ట పాలన పుట్టుకకు కూడా సాక్ష్యంగా నిలిచింది. ఇక్కడ మన చీకటి ప్రవృత్తులకు మరొక విరుగుడు ఉంది, ఎందుకంటే లేడీ జస్టిస్ నిర్వచనం ప్రకారం గుడ్డిది. తాదాత్మ్యం, ప్రేమ లేదా పక్షపాతంతో సంబంధం లేకుండా, న్యాయం కేవలం కారణం ద్వారా మాత్రమే నియంత్రించబడుతుంది. అదే విధంగా, మన కొత్త బ్యూరోక్రాటిక్ వ్యవస్థల పునాదులను సమకూర్చింది, ఇది ప్రతి ఒక్కరినీ ఒకే పద్ధతులు, నియమాలు, చట్టాలకు గురి చేసింది.

ఇప్పటి నుండి, మీరు వారి మతం లేదా మతంతో సంబంధం లేకుండా, మీరు కోరుకున్న ఎవరితోనైనా వ్యాపారం చేయవచ్చు. ఒక దుష్ప్రభావమేమిటంటే, బలమైన చట్టబద్ధమైన నియమం ఉన్న ఆ దేశాల్లోనే, నిబంధనలు, ఒప్పందాలు గౌరవించబడతాయని హామీ ఇవ్వడం, ప్రతీకారం తీర్చుకునే దేవునిపై నమ్మకం తగ్గిపోయింది. తండ్రి అయిన దేవుని పాత్రను రాజ్యంలో విశ్వాసంతో భర్తీ చేయాలి. జ్ఞానోదయం నేపథ్యంలో, మతం పర్యవసానంగా చాలా స్నేహపూర్వక ప్రవర్తనను స్వీకరించింది. ఈ రోజుల్లో, కొన్ని రాజ్యాలు ఇప్పటికీ దేవుని తీర్పుని వాయిదా వేస్తున్నాయి, రక్తసిక్తమైన పోరాటాలకు పిలుపునిచ్చే బదులు, పోప్ లు 'సున్నితత్వంలోని విప్లవం' గురించి హృదయపూర్వక ప్రసంగాలు చేస్తారు.

డెన్మార్క్ లేదా స్వీడన్ వంటి దేశాలలో నాస్తికుల అతిపెద్ద సంఖ్యలో ఉండటం యాదృచ్ఛికమేనా? ఈ దేశాలు అత్యంత బలమైన చట్ట పాలనను, అత్యంత విశ్వసనీయమైన పెత్తందారీతనాన్ని కూడా కలిగి ఉన్నాయి. అలాంటి దేశాల్లో మతం స్థానభ్రంశం చేయబడింది. సామూహిక ఉత్పత్తి ఒకప్పుడు సాంప్రదాయ చేతివృత్తులవారిని పక్కన పెట్టినట్లే, దేవుడు పెత్తందార్ల చేతిలో కీలుబొమ్మ అయ్యాడు. కాబట్టి కొన్ని శతాబ్దాలపాటు హేతువు యుగంలో మనం ఉన్నాం. అన్ని విషయాలను పరిగణనలోకి తీసుకుంటే, జ్ఞానోదయం మానవాళికి ఒక విజయమని, మనకు పెట్టుబడిదారీ విధానాన్ని, ప్రజాస్వామ్యాన్ని, చట్ట పాలనను తీసుకువచ్చిందని మనం నిర్ధారణకు రావాలి. గణాంకాలు స్పష్టంగా ఉన్నాయి. మన జీవితాలు చాలా మెరుగ్గా ఉన్నాయి. ప్రపంచం మునుపెన్నడూ లేనంత సంపన్నమైనది, సురక్షితమైనది, ఆరోగ్యకరమైనది.

కేవలం రెండు వందల సంవత్సరాల క్రితం, మీరు ప్రపంచంలో ఎక్కడ నివసించినప్పటికీ, ఏ విధమైన స్థిరమైన జీవితం అయినా ఇప్పటికీ తీవ్రమైన పేదరికం అని అర్థం. ఈ రోజుల్లో, ప్రపంచ జనాభాలో 10 శాతం కంటే తక్కువ మంది విషయంలో ఇది నిజం. అతి పెద్ద అంటువ్యాధులను జయించడం మంచిదే, వార్తలు మిమ్మల్ని వేరే విధంగా ఆలోచించడానికి దారితీసినప్పటికీ, గత కొన్ని దశాబ్దాలుగా పిల్లల మరణాలు, ఆకలి హత్యలు, యుద్ధ మరణాల వరకు ప్రతిదానికీ రేట్లు అద్భుతంగా పడిపోయాయి. కాబట్టి మనకు అపరిచితులపై అపనమ్మకం కలిగితే మనం సామరస్యపూర్వకంగా ఎలా జీవించగలం? 10,000 సంవత్సరాలుగా మనల్ని పట్టిపీడిస్తున్న నాగరికత, రోగాలు, బానిసత్వం, అణచివేత శాపానికి మనమెలా భూతవైద్యం చేయగలం? జ్ఞానోదయం చల్లని, కఠినమైన కారణం ఈ పాత సందిగ్ధతకు సమాధానం ఇచ్చింది.

ఇప్పటి వరకు ఇది ఉత్తమ సమాధానం. ఎందుకంటే, నిజాయితీగా ఉండండి, జ్ఞానోదయానికి కూడా చీకటి పార్శ్వం ఉంది. గత కొన్ని శతాబ్దాలుగా మనం పెట్టుబడిదారీ విధానం భ్రష్టుపట్టించగలదని, సామాజిక మార్గాలు అధికారాన్ని చేజిక్కించుకోగలవని, నియమాలు, ప్రోటోకాల్స్ ఆధిపత్యం చెలాయించే సమాజానికి వ్యక్తి పట్ల పెద్దగా సంబంధం లేదని తెలుసుకున్నాం. జ్ఞానోదయం మనకు సమానత్వాన్ని ఇస్తే, అది జాత్యహంకారాన్ని కూడా కనిపెట్టిందని చరిత్రకారులు సూచిస్తున్నారు. పద్దెనిమిదవ శతాబ్దానికి చెందిన తత్త్వవేత్తలు మానవులను అసమానమైన 'జాతులు'గా వర్గీకరించిన మొదటివారు. ఉదాహరణకు, డేవిడ్ హ్యూమ్ ఇలా వ్రాశాడు: 'నీగ్రోలను అనుమానించడం సముచితం [...] తెల్లవారికంటే సహజంగానే హీనంగా ఉండటం'. ఫ్రాన్స్ లో వోల్టేర్ ఇలా అంగీకరించాడు: 'వారి అవగాహన మన స్వభావంకంటే భిన్నంగా ఉండకపోతే, అది కనీసం ఎంతో అల్పమైనదే.' అటువంటి జాత్యహంకార భావాలు చట్టాలు, ప్రవర్తనా నియమాలలో సాంకేతికంగా చేర్చబడ్డాయి. అమెరికన్ డిక్లరేషన్ ఆఫ్ ఇండిపెండెన్స్ లో 'పురుషులందరూ సమానంగా సృష్టించబడ్డారు' అనే చారిత్రాత్మక వాక్యాన్ని రాసిన థామస్ జెఫర్సన్ ఒక బానిస యజమాని. అంతేకాక, ఆయనిలా అన్నాడు: 'ఒక నల్లజాతీయుడు సాదాసీదాగా వర్ణించే స్థాయికి ఎంతో ఎత్తులో ఒక ఆలోచనను చేయగలడని నేను ఎన్నడూ ఊహించలేకపోయాను.' ఆపై చరిత్రలో అత్యంత రక్తసిక్తమైన సంఘర్షణ వచ్చింది. హోలోకాస్ట్ జ్ఞానోదయం ఊయలగా ఉన్న దానిలో

బయటపడింది. ఇది ఒక అత్యాధునిక పెత్తందారీతనంతో ప్రభావితమైంది, దీనిలో నిర్బంధ శిబిరాల నిర్వహణను ఎస్.ఎస్ ప్రధాన 'ఆర్థిక, పరిపాలనా' విభాగానికి అప్పగించారు. ఆ విధంగా అనేకమంది విద్వాంసులు ఆరు లక్షలమంది యూదులను నాశనం చేయడం క్రూరత్వానికి పరాకాష్టగా మాత్రమే కాక, ఆధునికతకు పరాకాష్టగా పరిగణించారు.

జ్ఞానోదయం వైరుధ్యాలు మానవ స్వభావిచిత్రణను పరిశీలించినప్పుడు ప్రత్యేకంగా నిలుస్తాయి. పైకి, డేవిడ్ హ్యూమ్, ఆడమ్ స్మిత్ వంటి తత్వవేత్తలు విరక్తికరమైన అభిప్రాయాన్ని తీసుకున్నారు. ఆధునిక పెట్టుబడిదారీ విధానం, ప్రజాస్వామ్యం, చట్టపాలన అన్నీ ప్రజలు స్వార్థపరులే అనే సూత్రం మీద ఆధారపడి ఉన్నాయి. కానీ మీరు నిజంగా వారి పుస్తకాలను చదివినట్లయితే, జ్ఞానోదయం రచయితలు అస్సలు కరుడుగట్టిన స్వార్థపరులు కాదని మీరు గ్రహిస్తారు. ది వెల్త్ ఆఫ్ నేషన్స్ (పెట్టుబడిదారీ బైబిల్ గా మారడానికి ఉద్దేశించినది) ప్రచురించడానికి పదిహేడు సంవత్సరాల ముందు, ఆడమ్ స్మిత్ ది థియరీ ఆఫ్ మోరల్ సెంటిమెంట్స్ అనే పేరుతో ఒక సంపుటిని వ్రాశాడు. అందులో, మనిషి ఎంత స్వార్థపరుడని భావించినా, అతని స్వభావంలో కొన్ని సూత్రాలు ఉన్నాయని, అవి ఇతరుల అదృష్టం పట్ల అతనికి ఆసక్తిని కలిగిస్తాయని, వాటి ఆనందాన్ని అతనికి అవసరమైనవిగా చేస్తాయని, అయినప్పటికీ అతను దానిలో చూసిన ఆనందాన్ని తప్ప మరేమీ పొందలేడని రాసారు.

స్మిత్, హ్యూమ్ వంటి ప్రభావవంతమైన హేతువాదులు సానుభూతి, పరోపకారం కోసం మానవులు చూపించే విస్తారమైన సామర్థ్యాన్ని నొక్కిచెప్పారు. ఈ తత్త్వవేత్తలందరూ మన మెచ్చుకోదగిన లక్షణాలకు అనుగుణంగా ఉంటే, వారి సంస్థలు (ప్రజాస్వామ్యం, వాణిజ్యం, పరిశ్రమలు) తరచుగా నిరాశావాదంపై ఎందుకు ఆధారపడి ఉన్నాయి? వారు మానవ స్వభావం గురించి ప్రతికూల దృక్పథాన్ని పెంపొందించుకోవడంలో ఎందుకు కొనసాగారు? డేవిడ్ హ్యూమ్ పుస్తకాలలో ఒకదానిలో ఈ సమాధానాన్ని మనం గుర్తించవచ్చు, దీనిలో స్కాటిష్ తత్వవేత్త జ్ఞానోదయ ఆలోచనలోని ఈ వైరుధ్యాన్ని ఖచ్చితంగా వ్యక్తపరిచాడు: 'కాబట్టి, ప్రతి మనిషి ఒక కపటిగా భావించబడాలనేది న్యాయమైన రాజకీయ సూక్తి: అదే సమయంలో, రాజకీయాల్లో ఒక సూక్తి నిజం, వాస్తవానికి అబద్ధం.

మరో మాటలో చెప్పాలంటే, అవి పని చేయవని మనకు తెలిసినప్పటికీ ప్రజలకు స్వార్థపూరిత స్వభావం ఉన్నట్లుగా ప్రవర్తించాలని హ్యూమ్ నమ్మాడు.. నేను దీన్ని గ్రహించినప్పుడు, నా మనస్సులో ఒకే ఒక్క పదం మెరిసింది: నోసెబో. జ్ఞానోదయం, పొడిగింపు ద్వారా, మన ఆధునిక సమాజం - తప్పుచేసే విషయం ఇదేనా? మానవ స్వభావపు తప్పు నమూనాపై మనం నిరంతరం పనిచేస్తామా? 1వ అధ్యాయంలో, కొన్ని విషయాలు మనం నమ్మినంత మాత్రాన అవి నిజమవుతాయని మనం గ్రహించాం - నిరాశావాదం స్వయంగా నెరవేరే ప్రవచనంగా తయారవుతుంది. ఆధునిక ఆర్థికవేత్తలు ప్రజలు స్వార్థపరులు అని భావించినప్పుడు, వారు స్వీయ-సేవ ప్రవర్తనను పెంపొందించే విధానాలను సమర్థించారు. రాజకీయాలు ఒక విరక్తికరమైన ఆట అని రాజకీయ నాయకులు తమను తాము ఒప్పించుకున్నప్పుడు, సరిగ్గా అదే అయింది. కాబట్టి విషయాలు భిన్నంగా ఉంటాయా? అని.

ఇప్పుడు మనం అడగాలి:

కొత్త సంస్థలను రూపొందించడానికి మన మెదడును ఉపయోగించి, హేతుబద్ధతను ఉపయోగించుకోగలమా? మానవ స్వభావం గురించి పూర్తిగా భిన్నమైన దృక్పథంతో పనిచేసే సంస్థలు? పాఠశాలలు, వ్యాపారాలు, నగరాలు, దేశాలు చెత్తను ఊహించడానికి బదులుగా ప్రజల నుండి ఉత్తమమైనవి ఆశిస్తే ఏమిటి? ఈ ప్రశ్నలే ఈ పుస్తకంలోని మిగిలిన భాగాలకు కేంద్రబిందువు.

నాలుగవ భాగం

ఒక కొత్త వాస్తవికత

'కాబట్టి మనం ఒక రకంగా ఆదర్శవాదులుగా ఉండాలి, ఎందుకంటే అప్పుడు మనం నిజమైన, వాస్తవికవాదులుగా మారిపోతాం.'

– విక్టర్ ఫ్రాంక్ల్ (1905-97)

1

తత్త్వశాస్త్రంలో నా మొదటి ఉపన్యాసానికి హాజరైనప్పుడు నాకు పందొమ్మిదేళ్ళ వయస్సు. ఆ రోజు ఉదయం, ఉట్రెచ్ట్ విశ్వవిద్యాలయంలోని ఒక ఆడిటోరియంలోని ప్రకాశవంతమైన ఫ్లోరోసెంట్ లైట్ల క్రింద కూర్చొని ఉన్ననాకు బ్రిటిష్ గణితశాస్త్రజ్ఞుడు, తత్వవేత్త బెర్ట్రాండ్ రస్సెల్ (1872-1970) పరిచయమయ్యారు. అక్కడ, ఆ తర్వాత, అతను నా కొత్త హీరో అయ్యాడు.

రస్సెల్ ఒక తెలివైన తర్కశాస్త్రవేత్తగా, ఒక విప్లవ పాఠశాల స్థాపకుడిగా ఉండటమే కాకుండా, స్వలింగ సంపర్కులకు ప్రారంభ న్యాయవాదిగా, రష్యన్ విప్లవం దుఃఖంలో ముగుస్తుందని ముందుగానే ఊహించిన స్వేచ్ఛావాదిగా, ఎనభై తొమ్మిదవ ఏట శాసనోల్లంఘన చేసినందుకు జైళ్లలో వేయబడిన యుద్ధ వ్యతిరేక ఉద్యమకారుడు, అరవైకి పైగా పుస్తకాలు, రెండు వేల వ్యాసాల రచయిత, ఒక విమాన ప్రమాదం నుండి ప్రాణాలతో బయటపడినవాడు. సాహిత్యానికి నోబెల్ బహుమతిని కూడా గెలుచుకున్నాడు.

రస్సెల్ గురించి నేను వ్యక్తిగతంగా ఎక్కువగా ఆరాధించేది అతని మేధో సమగ్రత, సత్యం పట్ల అతని విశ్వసనీయత. రస్సెల్ మనకు సరిపోయేదాన్ని నమ్మే మానవ సామర్థ్యాన్ని అర్థం చేసుకున్నాడు, అతను తన జీవితమంతా దానిని ప్రతిఘటించాడు. పదేపదే, ఆటుపోట్లకు వ్యతిరేకంగా ఈదాడు, అది చాలా శ్రమ అవుతుందని తెలుసు. ముఖ్యంగా అతని ఒక ప్రకటన నామనస్సులో ప్రత్యేకంగా నిలిచి పోయింది. 1959లో, బిబిసి రస్సెల్ ను భవిష్యత్తు తరాలకు ఎటువంటి సలహా ఇస్తారని అడిగింది. ఆయనిలా జవాబిచ్చాడు:

> ''మీరు ఏదైనా విషయాన్ని అధ్యయనం చేస్తున్నప్పుడు లేదా ఏదైనా తత్త్వశాస్త్రాన్ని పరిశీలించేటప్పుడు, వాస్తవాలు ఏమిటి, వాస్తవాలు చూపించే సత్యమేమిటనేది అని మాత్రమే మిమ్మల్ని మీరు ప్రశ్నించుకోండి. మీరు విశ్వసించదలచుకున్నదాన్ని బట్టిగాని, లేదా నమ్మినట్లయితే సామాజిక ప్రభావాలను కలిగి ఉంటుందని, మీరు భావించే దాని ద్వారా గానీ మిమ్మల్ని మీరు మళ్ళించుకోవద్దు, కేవలం వాస్తవాలు ఏమిటో మాత్రమే చూడండి.''

ఈ మాటలు నాపై పెద్ద ప్రభావాన్ని చూపాయి. నేను దేవునిపై నాకున్న నమ్మకాన్ని ప్రశ్నించడం ప్రారంభించిన సమయంలో ఆయన కలిశారు. ఒక బోధకుని కుమారునిగా, క్రైస్తవ విద్యార్థి సమాజ సభ్యునిగా నా సందేహాలను గాలికి వదిలేయడం నా ప్రవృత్తి. నాకు ఏమి కావాలో నాకు తెలుసు: మరణానంతర జీవితం ఉండాలని నేను కోరుకున్నాను, ప్రపంచంలోని అన్ని

తప్పులను పరలోకంలో సరిదిద్దాలని, విశ్వంలోని ఈ రాతిపై మన స్వంతంగా ఉండకూడదని నేను కోరుకున్నాను.

కానీ అప్పటినుండి రస్సెల్ ఇచ్చిన హెచ్చరిక నన్ను వెంటాడింది: 'మీరు నమ్మదలిచినదాన్నిబట్టి మిమ్మల్ని మీరు మభ్యించుకోకుండా ఉండండి.' ఈ పుస్తకం రాస్తున్నప్పుడు నేను నా వంతు కృషి చేశాను. రస్సెల్ సలహాను పాటించడంలో నేను విజయం సాధించానా? నేను అలా ఆశిస్తున్నాను. అదే సమయంలో, నాకు నా సందేహాలు ఉన్నాయి. నన్ను ట్రాక్ లో ఉంచడానికి విమర్శనాత్మక పాఠకుల నుండి నాకు చాలా సహాయం అవసరమని నాకు తెలుసు. కానీ అప్పుడు, రసెల్ స్వయంగా ఉదహరించడానికి, 'మా నమ్మకాలు ఏవీ పూర్తిగా నిజం కావు; వాటన్నింటికి కనీసం అస్పష్టత, దోషం ఉపఛ్చాయ ఉంది." కాబట్టి మనం సత్యానికి సాధ్యమైనంత సన్నిహితంగా ఉండాలని లక్ష్యం పెట్టుకుంటే, మనం ఖచ్చితత్వాన్ని విడనాడి, అడుగడుగునా మనల్ని మనం ప్రశ్నించుకోవాలి. 'ది విల్ టు డౌట్', అని రస్సెల్ ఈ విధానాన్ని పిలిచాడు.

ఈ బ్రిటిష్ ఆలోచనాపరుడి గురించి తెలుసుకున్న కొన్ని సంవత్సరాల తరువాత, అతని సూక్తిలో ఒక సూచన ఉందని నేను కనుగొన్నాను. మరో తత్త్వవేత్త విలియం జేమ్స్ (1842-1910) కు వ్యతిరేకంగా తనను తాను ఉంచుకోవడానికి రస్సెల్ 'ది విల్ టు డౌట్' అనే పదబంధాన్ని రూపొందించాడు. దీని గురించి నేను ఇప్పుడు మీకు చెప్పదలుచుకున్నాను. విలియం జేమ్స్ థియోడోర్ రూజ్ వెల్ట్, గెర్ట్రూడ్ స్టెయిన్, డబ్ల్యు.ఇ.బి. డు బోయిస్ అమెరికా చరిత్రలోని అనేక ఇతర ప్రముఖులకు మార్గదర్శకుడు. అతను ప్రియమైన వ్యక్తి. తనను కలిసిన రస్సెల్ చెప్పినట్లు, జేమ్స్ 'మానవ దయతో ఆప్యాయతతో నిండిపోయాడు'.

అయినప్పటికీ రస్సెల్ జేమ్స్ ఆలోచనల పట్ల అంతగా ఆకర్షితుడయ్యాడు. 1896లో ఆయన ఒక ప్రసంగాన్ని సందేహించే సంకల్పం గురించి కాదుగానీ,'నమ్మే సంకల్పం' గురించి మాట్లాడాడు. కొన్ని విషయాలు నిజమని మనం నిరూపించలేనప్పటికీ, కొన్ని విషయాలను విశ్వాసం మీదే తీసుకోవాల్సి ఉంటుందని జేమ్స్ అన్నాడు. స్నేహాన్ని తీసుకోండి. మీరు ఎల్లప్పుడూ ఇతర వ్యక్తులను అనుమానిస్తూ ఉంటే, మీకు నచ్చని విధంగా మీరు ప్రవర్తిస్తారు. స్నేహం, ప్రేమ, నమ్మకం, విశ్వసనీయత వంటి విషయాలు మనం వాటిని విశ్వసించడం వల్లనే నిజమవుతాయి.

ఒకరి నమ్మకాన్ని తప్పు అని రుజువు చేయవచ్చని జేమ్స్ అనుమతించినప్పటికీ, 'భయం ద్వారా డూప్' కంటే 'ఆశ ద్వారా డూప్ చేయడం' మంచిదని అతను వాదించాడు. బెర్ట్రాండ్ రస్సెల్ ఈ రకమైన మానసిక జిమ్నాస్టిక్స్ కోసం వెళ్ళలేదు. అతను స్వయంగా ఆ వ్యక్తిని ఎంతగా ఇష్టపడ్డాడో, అతను జేమ్సు తత్వశాస్త్రాన్ని ఇష్టపడలేదు. సత్యం అంటే ఊహలో విహరించటం కాదు-.

చాలా సంవత్సరాలుగా అదే నా నినాదంగా ఉండిపోయింది. నాకు అనుమానం, మీదే అనుమానం బయల్దేరేంతవరకూ.

2

1963వ సంవత్సరం, బిబిసితో రస్సెల్ ఇంటర్వ్యూ చేసిన నాలుగు సంవత్సరాల తరువాత. కేంబ్రిడ్జ్, మసాచుసెట్స్‌లో, యువ మనస్తత్వవేత్త బాబ్ రోసెంతల్ తన హార్వర్డ్ విశ్వవిద్యాలయం ప్రయోగ శాలలో ఒక చిన్న ప్రయోగాన్ని చేయాలని నిర్ణయించుకున్నాడు. రెండు ఎలుకల బోనుల పక్కన, అతను ఎలుకలను ప్రత్యేకంగా శిక్షణ పొందిన తెలివైన నమూనాలుగా, మరొకదానిలో నిస్తేజంగా, మసకబారినవిగా గుర్తించే వివిధ సంకేతాలను పోస్ట్ చేస్తాడు. ఆ రోజు తరువాత, రోసెంతల్ తన విద్యార్థులను ఎలుకలను ఒక గజిబిజిలో ఉంచమని, ప్రతి ఒక్క దాని మార్గాన్ని కనుగొనడానికి ఎంత సమయం పడుతుందో నమోదు చేయమని ఆదేశించాడు. అతను విద్యార్థులకు చెప్పని విషయం ఏమిటంటే, వాస్తవానికి ఏ జంతువు కూడా ఏ విధంగానూ ప్రత్యేకమైనది కాదు – అవన్నీ సాధారణ ప్రయోగశాల ఎలుకలు మాత్రమే. కానీ అప్పుడు ఒక విచిత్రమైన విషయం జరుగుతుంది. తెలివిగా, వేగంగా ఉంటాయని విద్యార్థులు నమ్మే ఎలుకలు నిజంగా మంచి పనితీరును కనపరుస్తాయి.

ఇది మ్యాజిక్ లాంటిది. 'తెలివైన' ఎలుకలు, వాటి 'నిస్తేజమైన' ప్రతిరూపాలకు భిన్నంగా లేనప్పటికీ, రెండుసార్లు కూడా ప్రదర్శిస్తాయి. మొదట, రోసెంతల్ ను ఎవరూ నమ్మలేదు. దశాబ్దాల తర్వాత ఆయన ఇలా గుర్తుచేసుకున్నాడు: 'వీటిలో దేనినైనా ప్రచురించడంలో నాకు ఇబ్బంది ఎదురైంది. ఆటలో మర్మమైన శక్తులు లేవనీ, పూర్తిగా హేతుబద్ధమైన వివరణ ఉందనీ అంగీకరించడంలో ఆయనకు కూడా మొదట్లో సమస్య ఎదురైంది. రోసెంతల్ గ్రహించిన విషయం ఏమిటంటే, అతని విద్యార్థులు 'తెలివైన' ఎలుకలను నిర్వహించారు – వాటిమీద వారు అధిక అంచనాలు కలిగి ఉన్నారు – మరింత వెచ్చగా, సున్నితంగా. ఈ చికిత్స ఎలుకల ప్రవర్తనను మార్చింది. వాటి పనితీరును మెరుగుపరిచింది.

అతని ప్రయోగం నేపథ్యంలో, రోసెంతల్ మనస్సులో ఒక సంపూర్ణ ఆలోచన వేళ్ళూనుకుంది; అతనికి ఒక అదృశ్య ఇంకా ప్రాథమిక శక్తిని కనుగొన్నాననే నమ్మకం కలిగింది. అమెరికన్ సైంటిస్ట్ అనే పత్రికలో రోసెంతల్ ఇలా ఊహించాడు, 'ఎలుకలు ఊహించినప్పుడు తెలివిగా తయారైతే, పిల్లలు తమ ఉపాధ్యాయులు ఆశించినప్పుడు తెలివిగా ఉండగలరని భావించడం ఎంతో కష్టంగా ఉండదు'.

కొన్ని వారాల తర్వాత, మనస్తత్వవేత్తకు ఒక లేఖ వచ్చింది. ఇది శాన్ ఫ్రాన్సిస్కోలోని స్ప్రూస్ ఎలిమెంటరీ స్కూల్ ప్రిన్సిపాల్ నుండి వచ్చింది, అతను రోసెంతల్ వ్యాసాన్ని చదివి, తిరుగులేని ఆఫర్ ను ఇస్తూ. 'నేను సహాయం చేయగలనో లేదో దయచేసి నాకు తెలియజేయండి', అని ఆమె రాసింది. రోసెంతల్ కి ఒకటికి రెండుసార్లు ఆలోచించాల్సిన అవసరం లేదు. అతను వెంటనే ఒక కొత్త ప్రయోగానికి రూపకల్పన చేసే పనిలో పడ్డాడు. ఈసారి అతని కర్తలు ప్రయోగశాల ఎలుకలు కాదు, పిల్లలు.

కొత్త విద్యా సంవత్సరం ప్రారంభమైనప్పుడు, స్ప్రూస్ ఎలిమెంటరీలోని ఉపాధ్యాయులు డాక్టర్ రోసెంతల్ అనే ప్రఖ్యాత శాస్త్రవేత్త తమ విద్యార్థులకు ఒక పరీక్షను నిర్వహిస్తారని తెలుసుకున్నారు. ఈ 'ఇన్ఫ్లెక్టెడ్ అక్విజిషన్ టెస్ట్' (సంగ్రహపరిచే పరీక్ష) ఆ సంవత్సరం పాఠశాలలో ఎవరు గొప్ప పురోగతి సాధిస్తారో సూచించింది. వాస్తవానికి ఇది ఒక సాధారణ

లేదా ఐక్యూ పరీక్ష, స్కోర్లు లెక్కించబడిన తర్వాత, రోసెంతల్, అతని బృందం వాటన్నింటినీ పక్కన పెట్టారు. ఏ పిల్లలు 'అధిక-సమర్థులు' అని ఉపాధ్యాయులకు చెబుతారో నిర్ణయించడానికి వారు టాస్ వేశారు కానీ పిల్లలు ఏమీ చెప్పలేదు.

ఖచ్చితంగా, నిరీక్షణ శక్తి మాయాజాలం వేగంగా పనిచేయడం ప్రారంభించింది. ఉపాధ్యాయులు 'తెలివైన' విద్యార్థుల సమూహానికి మరింత శ్రద్ధను, మరింత ప్రోత్సాహాన్నిఇస్తూ, ప్రశంసలను కురిపించారు, తద్వారా పిల్లలు తమను తాము చూసుకోవడంలో మార్పు తెచ్చారు. ఈ ప్రభావం చిన్న పిల్లలలో స్పష్టంగా ఉంది, వారి ఐక్యూ స్కోర్లు ఒకే సంవత్సరంలో సగటున ఇరవై ఏడు పాయింట్లు పెరిగాయి. కాలిఫోర్నియాలో సాధారణంగా అత్యల్ప అంచనాలకు లోబడి ఉన్న లాటినో సమూహ బాలురలో చాలా ఎక్కువ లాభాలు కనిపించాయి.

రోసెంతల్ తన ఆవిష్కరణను పిగ్మలియన్ ఎఫెక్ట్ అని పిలిచాడు, పౌరాణిక శిల్పి తన స్వంత సృష్టిలో ఒకదాని కోసం చాలా కష్టపడిన తరువాత, దేవతలు అతని విగ్రహానికి ప్రాణం పోశారు. మనం అంకితమైన నమ్మకాలు - అవి నిజమైనా లేక ఊహాజనితమైనా - అదే విధంగా జీవితంలోకి వస్తాయి, ఇది ప్రపంచంలో చాలా నిజమైన మార్పును కలిగిస్తుంది. పిగ్మలియన్ ప్రభావం ప్లెసిబో ప్రభావాన్ని పోలి ఉంటుంది (దీనిని నేను 1వ అధ్యాయంలో చర్చించాను), తనకు తానుగా ప్రయోజనం పొందే బదులు, ఇవి ఇతరులకు ప్రయోజనం చేకూర్చే ఆకాంక్షలు.

1960ల నాటి ఇతర మధ్యస్థ ప్రయోగాల మాదిరిగానే, ఈ పాత అధ్యయనం ఇప్పుడు ఖచ్చితంగా తొలగించబడి ఉంటుందని మొదట అనుకున్నాను. అస్సలు కాదు. యాభై సంవత్సరాల తరువాత, పిగ్మలియన్ ప్రభావం మానసిక పరిశోధనలో ఒక ముఖ్యమైన అన్వేషణగా మిగిలిపోయింది. సైన్యంలో, విశ్వవిద్యాలయాలలో, న్యాయస్థానాలలో, కుటుంబాలలో, నర్సింగ్ హోమ్ లలో, సంస్థలలో వందలాది అధ్యయనాల ద్వారా ఇది పరీక్షించబడింది. నిజమే, ప్రత్యేకించి పిల్లలు ఐక్యూ పరీక్షల్లో ఎలా పనిచేస్తారనే విషయానికి వస్తే.

మొదట్లో రోసెంతాల్ అనుకున్నంత బలమైన ప్రభావం ఎల్లప్పుడూ ఉండదు,

ఏదేమైనా, 2005 లో ఒక విమర్శనాత్మక సమీక్షా అధ్యయనం 'ఉపాధ్యాయుల ఆకాంక్షలు విద్యార్థులను స్పష్టంగా ప్రభావితం చేస్తాయని పుష్కలంగా సహజ, ప్రయోగాత్మక ఆధారాలు చూపిస్తున్నాయి - కనీసం కొన్నిసార్లు'. అధిక ఆకాంక్షలు ఒక శక్తివంతమైన ఉపకరణంగా ఉండవచ్చు. మేనేజర్ల ద్వారా చేయించినప్పుడు, ఉద్యోగులు మరింత మెరుగ్గా పనిచేస్తారు. అధికారులు పట్టుకున్నప్పుడు, సైనికులు గట్టిగా పోరాడతారు. నర్సులు సేవచేసినప్పుడు రోగులు వేగంగా కోలుకుంటారు. అయినప్పటికీ, రోసెంతల్ ఆవిష్కరణ అతను, అతని బృందం ఆశించిన విప్లవాన్ని ప్రేరేపించలేదు. 'పిగ్మలియన్ ప్రభావం గొప్ప విజ్ఞానశాస్త్రం, అది అంతగా అన్వయించబడడం లేదు' అని ఒక ఇజ్రాయిల్ మనస్తత్వవేత్త బాధపడ్డాడు. 'ఈ ప్రపంచంలో అది ఉండవలసిన తేడాను అది కలిగించలేదు, అది చాలా నిరాశపరిచింది.'

నాకు మరిన్ని చెడు వార్తలు వచ్చాయి: సానుకూల అంచనాలు చాలా నిజమైన ప్రభావాలను కలిగి ఉన్నట్లే, పీడకలలు కూడా నిజం కావచ్చు. పిగ్మాలియన్ ఎఫెక్ట్ ఫ్లిప్ సైడ్ గోలెమ్ ఎఫెక్ట్ అని పిలువబడేది, ఇది ప్రేగ్ పౌరులను రక్షించడానికి ఉద్దేశించిన జీవికి బదులుగా ఒక రాక్షసుడిగా మారుతుంది, దీనిలో యూదుల పురాణపురుషుడి పేరు పెట్టబడింది. పిగ్మలియన్ ప్రభావం వలె, గోలెమ్ ప్రభావం సర్వవ్యాప్తమైనది. ఒకరి గురించి మనకు ప్రతికూల అంచనాలు ఉన్నప్పుడు, మనం వారిని తరచుగా చూడము. వారి నుంచి మనల్ని మనం దూరం చేసుకుంటాం. మనము వారిని చూసి అంతగా నవ్వం. ప్రాథమికంగా, రోసెంతల్ విద్యార్థులు 'తెలివితక్కువ' ఎలుకలను చిక్కుల్లోకి విడుదల చేసినప్పుడు ఏమిచేసాయో సరిగ్గా అదే చేశారు.

గోలెం ప్రభావంపై జరిగిన పరిశోధన చాలా తక్కువ, ఇది ప్రజలను ప్రతికూల అంచనాలకు గురిచేయడానికి నైతిక అభ్యంతరాలను ఇచ్చినప్పుడు ఆశ్చర్యపోనవసరం లేదు. కానీ మనకు తెలిసినది షాకింగ్ గా ఉంది. 1939లో అయోవాలోని డావెన్ పోర్ట్ లో మనస్తత్వవేత్త వెండెల్ జాన్సన్ చేసిన అధ్యయనాన్ని తీసుకోండి. అతను ఇరవై మంది అనాథలను రెండు సమూహాలుగా విభజించాడు, ఒకరు మంచివారు, వక్తలు, మరొక సమూహం వారు నత్తిగా మాట్లాడేవారిగా మారతారని చెప్పాడు. ఇప్పుడు 'ది మాన్స్టర్ స్టడీ' అని పిలువబడే ఈ ప్రయోగం అనేక మంది వ్యక్తులను జీవితకాలపు ప్రసంగ అవరోధాలతో వదిలివేసింది.

గోలెం ప్రభావం అనేది ఒక రకమైన నోసెబో: పేద విద్యార్థులు మరింత వెనుకబడిపోవడానికి, నిరాశ్రయులు ఆశను కోల్పోవటానికి, ఒంటరి టీనేజర్లను సమూలంగా సంస్కరించడానికి కారణమయ్యే ఒక నోసెబో. ఇది జాత్యహంకారం వెనుక ఉన్న మోసపూరిత యంత్రాంగాలలో ఒకటి, ఎందుకంటే మీమీద తక్కువగా అంచనాలు ఉన్నప్పుడు, మీరు మీ అత్యుత్తమ పనితీరును ప్రదర్శించరు, ఇది ఇతరుల అంచనాలను మరింత తగ్గిస్తుంది. తద్వారా మీ పనితీరును మరింత బలహీనపరుస్తుంది. గోలెమ్ ప్రభావం, ప్రతికూల అంచనాలను పెంచే దాని దుర్మార్గపు చక్రం మొత్తం సంస్థలను నేలపైకి నడిపించగలదని సూచించడానికి ఆధారాలు కూడా ఉన్నాయి.

3

పిగ్మలియన్, గోలెమ్ ప్రభావాలు మన ప్రపంచమనే వస్త్రంలో అంతర్భాగంగా అల్లబడ్డాయి. ప్రతిరోజూ, మనం ఒకరినొకరు తెలివైన లేదా తెలివితక్కువగా, బలంగా లేదా బలహీనంగా, వేగంగా లేదా నెమ్మదిగా ఉండేలా తయారు చేస్తాం. మన చూపులు, మన హావభావాలు, మన స్వరాల ద్వారా అంచనాలను లీక్ చేయకుండా ఉండలేం. మీ గురించి నా ఆకాంక్షలు మీ పట్ల నా దృక్పథాన్ని నిర్వచిస్తాయి, నేను మీ పట్ల ప్రవర్తించే విధానం మీ ఆకాంక్షలను, అందువల్ల నా పట్ల మీ ప్రవర్తనను ప్రభావితం చేస్తుంది. మీరు దాని గురించి ఆలోచిస్తే,

ఇది మానవ పరిస్థితిలో ముఖ్యాంశానికి చేరుకుంటుంది. హోమో కుక్కపిల్ల ఒక యాంటెన్నా వంటిది, నిరంతరం ఇతర వ్యక్తులతో అనుసంధానించబడి ఉంటుంది. వేరొకరి వేలు తలుపులో చిక్కుకుంటుంది. మీరు వెనక్కి తగ్గుతారు.

బాగా లాగి గట్టిగా కట్టిన తాడుపై నడవగలిగిన వ్యక్తి సన్నని తాడుపై బ్యాలెన్స్ చేసుకోగలగడమే కాక తన కడుపును ఒర లాగా అనుభూతి చెందుతాడు. ఎవరైనా ఆవలిస్తే మీరు ఆవలించకుండా ఉండటం దాదాపు అసాధ్యం. మనం ఒకరినొకరు అద్దంలోప్రతిబింబింప చేయడానికి ఎక్కువ సమయం శ్రమిస్తాం, ఈ మిర్రరింగ్ బాగా పనిచేస్తుంది. ప్రతి ఒక్కరూ డ్యాన్స్ ఫ్లోర్‌లో, దినచర్యలో భాగంగా కలిసి చేస్తున్నప్పుడు ఇది కనెక్షన్లు, మంచి ప్రకంపనలను పెంపొందిస్తుంది,. ఇతరులను ప్రతిబింబించాలనే మన సహజ ప్రవృత్తి ఖచ్చితంగా ఈ కారణం వల్ల సానుకూల కాంతిలో కనిపిస్తుంది, కానీ ప్రవృత్తి రెండు విధాలుగా పనిచేస్తుంది. ద్వేషం, అసూయ, దురాశ వంటి ప్రతికూల భావోద్వేగాలను కూడా మనం ప్రతిబింబిస్తాం. మనం ఒకరి చెడు తలంపులను మరొకరు అవలం బించినప్పుడు, అవి మన చుట్టూవున్న ప్రతి ఒక్కరికీ ఉండే ఆలోచనలుగా భావించినప్పుడు, దాని ఫలితాలు పూర్తిగా వినాశకరంగా ఉండవచ్చు.

ఆర్థిక బుడగలు తీసుకోండి. 1936లో, బ్రిటిష్ ఆర్థికవేత్త జాన్ మేనార్డ్ కీన్స్ ఆర్థిక మార్కెట్లకు అందాల పోటీలకు మధ్య ఒక అద్భుతమైన సమాంతరం ఉందని తేల్చారు. మీకు వందమంది పోటీదారులు ఉన్నారని ఊహించుకోండి, కానీ, మీ యిష్టాన్ని ఎంచుకునే బదులు, ఇతరులు దేనిని ఇష్టపడతారో మీరు సూచించాలి. అలాంటి పరిస్థితిలో, ఇతరులు ఏమి ఆలోచిస్తారో ఊహించడమే మన ఇష్టం. అదేవిధంగా, షేర్ విలువ పెరుగుతుందని ప్రతి ఒక్కరూ అనుకుంటే, అప్పుడు షేరు విలువ పెరుగుతుంది. ఇది చాలా కాలం పాటు కొనసాగవచ్చు, కానీ చివరికి బుడగ పగిలిపోతుంది. ఉదాహరణకు, 1637 జనవరిలో తులిప్ మానియా హాలండ్ ను తాకినప్పుడు అది జరిగింది, ఒకే తులిప్ బల్బు ఒక నైపుణ్యంగల హస్తకళాకారుడి వార్షిక వేతనంకన్నా పదిరెట్లు ఎక్కువకు అమ్ముడైంది.

ఈ రకమైన బుడగలు ఆర్థిక ప్రపంచం నుంచి వేరుచేయబడవు. అవి ప్రతిచోటా ఉన్నాయి. డ్యూక్ విశ్వవిద్యాలయంలో మనస్తత్వవేత్త అయిన డాన్ ఆరీలీ ఒకసారి ఒక కళాశాల ఉపన్యాస సమయంలో అద్భుతమైన ప్రదర్శన ఇచ్చాడు. తన ప్రవర్తనా అర్థశాస్త్ర రంగాన్ని వివరించడానికి, అతను తరగతికి చాలా సాంకేతిక నిర్వచనంలా అనిపించేదాన్ని అందించాడు. అయితే, విద్యార్థులకు తెలియకుండా, అతను ఉపయోగించిన అన్ని పదాలు కంప్యూటర్ ద్వారా సృష్టించబడ్డాయి, 'మాండలిక నిగూఢ సిద్ధాంతం', 'నియోడెకన్స్ట్రక్టివ్ హేతువాదం' గురించి గిబ్బరిష్ను ఉత్పత్తి చేయడానికి యాదృచ్ఛిక పదాలు, వాక్యాల శ్రేణిలో కలిసిపోయాయి.

అరిలీ విద్యార్థులు – ప్రపంచంలోని అగ్రశ్రేణి విశ్వవిద్యాలయాలలో ఒకదానిలో – ఈ భాషా పరమైన మాష్-అప్ ను శ్రద్ధతో విన్నారు. నిమిషాలు గడిచిపోతున్నా. ఎవరూ నవ్వలేదు. ఎవరూ చేయి ఎత్తలేదు. అర్థం కాలేదన్న ఏ సంకేతాన్ని ఇవ్వలేదు. ' ఇది మనల్ని పెద్ద ప్రశ్నకు తీసుకువస్తుంది...' అంటూ చివరికి ఆరీలీ ముగించారు. 'నేను "#$?@" గురించి మాట్లాడుతుంటే ఎందుకని ఎవరూ ఇది ఏమిటని నన్నుఅడగలేదు.

సైకాలజీ సర్కిల్స్ లో, ఆ తరగతి గదిలో ఏమి జరిగిందో దానిని బహుళ అజ్ఞానం అని పిలుస్తారు. లేదు, ఇది యంత్రం ద్వారా ఉత్పత్తి చేయబడిన పదం కాదు. వ్యక్తిగతంగా, ఆరీలీ విద్యార్థులు ఆయన వృత్తాంతాన్ని అనుసరించడం అసాధ్యమని గ్రహించారు, కానీ తమ తోటి విద్యార్థులు శ్రద్ధగా వినడం చూసి, ఆ సమస్య తమదేనని వారు భావించారు. (ఈ దృగ్విషయం నిస్సందేహంగా 'నెట్వర్క్ సమాజంలో విచ్ఛిన్నకరమైన సహ–సృష్టి' వంటి అంశాలపై సమావేశాలకు హాజరైన పాఠకులకు సుపరిచితం.)

ఈ సందర్భంలో అది హానిచేయనిదే అయినప్పటికీ, బహుళత్వ అజ్ఞానం ప్రభావాలు వినాశకరంగా ఉంటాయని, చివరికి ప్రాణాంతకంగా కూడా ఉంటుందని పరిశోధనలు చూపిస్తున్నాయి. అతిగా తాగడాన్ని పరిశీలించండి. సర్వేలో కళాశాల విద్యార్థులు చాలామంది తమను తాము మరచిపోవడానికి త్రాగడం తమకు ఇష్టమైన కాలక్షేపం కాదని చెబుతారు. కానీ ఇతర విద్యార్థులు త్రాగడానికి ఇష్టపడతారని వారు భావించడం వల్ల, వారు మద్యం తాగడాన్ని కొనసాగించడానికి ప్రయత్నిస్తారు. ఆ విధంగా ప్రతి ఒక్కరూ మురికి గుంటలోకి దూకుతున్నారు. జాత్యహంకారం, సామూహిక అత్యాచారం, పరువు హత్యలు, టెర్రరిస్టులు, నియంతృత్వ పాలనలకు మద్దతు, చివరికి మారణహోమం వంటి లోతైన సామాజిక దురాచారాలకు కూడా ఈ రకమైన ప్రతికూల సుడి కారణమవుతుందని నిరూపించే రీముల కొలది డేటాను పరిశోధకులు సంకలనం చేశారు. ఈ చర్యలను తమ మనస్సుల్లో ఖండిస్తూనే, నేరస్థులు తాము ఒంటరిగా ఉన్నామని భయపడతారు, అందుకే ప్రవాహంతోపాటు వెళ్లాలని నిర్ణయించుకుంటారు. హోమో కుక్కపిల్ల పోరాడే విషయం ఏదైనా ఉంటే, అది సమూహంతో కలిసి నిలబడుతుంది. కొన్ని ఔన్సుల అవమానం,లేదా సామాజిక అసౌకర్యంకంటే ఒక పౌండ్ చెత్త రకమైన దుఃఖాన్ని మనం ఇష్టపడతాం.

అది నన్ను ఆశ్చర్యానికి గురిచేసింది: మానవ స్వభావం గురించి మన వ్యతిరేక భావాలు వాస్తవానికి బహుళత్వ అజ్ఞానానికి ఒక రూపమైతే ఎలా ఉంటుంది? చాలామంది ప్రజలు తమ సొంత లాభాన్ని వీలున్నంత ఎక్కువగా పొందడానికే చూస్తున్నారనే మన భయం, ఇతరులు అలా అనుకుంటున్నారనే ఊహ నుండి ఇది పుట్టిందా? అప్పుడు మనలో చాలామంది మరింత దయ, ఐక్యతతో కూడిన జీవితం కోసం ఆరాటపడుతున్నప్పుడు, మనం ఒక విరక్తికరమైన దృక్పథాన్ని అవలంబించుకుంటామా? చీమలు వృత్తాలలో క్రాల్ చేస్తూ ఎలా చిక్కుకుపోతాయో నాకు కొన్నిసార్లు గుర్తు వస్తుంది. చీమలు ఒకదానికొకటి ఫెరోమోన్ జాడలను అనుసరించడానికి ప్రోగ్రామ్ చేయబడతాయి. ఇది సాధారణంగా చీమల చక్కని కాలిబాటలకు దారితీస్తుంది, కానీ అప్పుడప్పుడు ఒక సమూహం పక్కదారి పట్టి నిరంతర వృత్తంలో 'ప్రయాణాన్ని' మూసివేస్తుంది. వేలాది సంఖ్యలో చీమలు వందల అడుగుల వెడల్పు గల వృత్తాలలో తిరుగుతూ చిక్కుకుపోతాయి. అలసటకు, తిండి లేకపోవడానికి లొంగిపోయి చనిపోయే వరకు అవి గుడ్డిగా కొనసాగుతాయి. అప్పుడప్పుడు కుటుంబాలు, సంస్థలు, మొత్తం దేశాలు కూడా ఈ రకమైన వృత్తాలలో చిక్కుకున్నట్లు కనిపిస్తాయి. మనం వృత్తాలలో తిరుగుతూనే ఉంటాం, ఒకరి గురించి మరొకరం చెత్తగా భావిస్తాం. మనలో కొద్దిమంది ప్రతిఘటించడానికి కదులుతారు, కాబట్టి మనం మన స్వంత పతనానికి కవాతు చేస్తాం.

బాబ్ రోసెంతల్ కెరీర్ ప్రారంభమై యాభై సంవత్సరాలు అయింది, ఈ రోజు వరకు అతను ఇంకా మన ప్రయోజనం కోసం ఆశించే శక్తిని ఎలా ఉపయోగించుకోవచ్చో గుర్తించాలనుకుంటున్నాడు. ఎందుకంటే ద్వేషంలాగే నమ్మకం కూడా సంక్రమించగలదని ఆయనకు తెలుసు. మొదట్లో అవాస్తవికంగా, అమాయకంగా కూడా చూడబడే వ్యక్తి ఎవరైనా ప్రవాహానికి వ్యతిరేకంగా వెళ్ళడానికి ధైర్యం చేసినప్పుడు నమ్మకం తరచుగా ప్రారంభమవుతుంది –.

ఈ పుస్తకం తరువాత భాగంలో, అటువంటి అనేక మంది వ్యక్తులను మీకు పరిచయం చేయాలనుకుంటున్నాను. తమ సిబ్బందిపై పూర్తి విశ్వాసం ఉన్న మేనేజర్లు. పిల్లలు ఆడుకోవడానికి ఉచిత నియంత్రణను ఇచ్చే ఉపాధ్యాయులు. ఎన్నుకోబడిన అధికారులు తమ భాగస్వాములను సృజనాత్మక, నిమగ్నమైన పౌరులుగా పరిగణిస్తారు. వీరు విలియం జేమ్స్ 'ది విల్ టు బిలీవ్' అని పిలిచే దాని ద్వారా ఆజ్యం పోసిన వ్యక్తులు. ప్రపంచాన్ని తమ స్వంత ఇమేజ్ లో పునఃసృష్టించే వ్యక్తులు.

13

అంతర్గత ప్రేరణాశక్తి

1

నేను కొంతకాలంగా జోస్ డి బ్లోక్ ను కలవడానికి ఆసక్తిగా ఉన్నాను. తన హోమ్ హెల్త్ కేర్ ఆర్గనైజేషన్ బుర్ట్ జార్గ్ విజయం గురించి చదివిన తరువాత, అతను ఒక కొత్త వాస్తవికత ప్రతిపాదకులలో ఒకడని ఊహించాను. మానవ స్వభావపు కొత్త దృక్పథం. కానీ నిజాయితీగా చెప్పాలంటే, మొదటిసారి అతనితో మాట్లాడినప్పుడు, అతను గొప్ప ఆలోచనాపరుడుగా తట్టలేదు. ఒక స్పష్టమైన ప్రకటనలో అతను మొత్తం నిర్వహణ వృత్తిని తోసిపుచ్చాడు: 'నిర్వహణ అనేది బూటకపు పని. ప్రజలని తమ పని తాము చేసుకోనివ్వండి." ఖచ్చితంగా, జోస్, మీరు అనుకుంటున్నారు. మరొకటి కలిగి ఉండండి. కానీ ఇది వేళాకోళంగా చెపుతున్నది కాదని అప్పుడు మీరు గ్రహిస్తారు:

పద్నాలుగు వేల మందికి పైగా ఉపాధి కల్పించే భారీ విజయవంతమైన సంస్థను నిర్మించిన వ్యక్తి. నెదర్లాండ్స్ లో ఐదుసార్లు ఎంప్లాయర్ ఆఫ్ ది ఇయర్ గా ఎన్నికయ్యారు. న్యూయార్క్ నుండి టోక్యోకు వెళ్ళే ప్రొఫెసర్లు ఆయన జ్ఞానాన్ని ప్రత్యక్షంగా చూడడానికి అల్మెలో పట్టణానికి ప్రయాణిస్తారు. జోస్ డి బ్లోక్ ఇచ్చిన ఇంటర్వ్యూలను చూడటానికి నేను తిరిగి వెళ్ళాను. ఆయన కొద్దిసేపటికే నన్ను నవ్వించారు:

ఇంటర్వ్యూ చేసే వ్యక్తి: మిమ్మల్ని మీరు ప్రేరేపించుకోవడానికి మీరు ఏదైనా చేస్తారా? స్టీవ్ జాబ్స్ ప్రతి ఉదయం అద్దంలో ఇది నా చివరి రోజు, అయితే నేను ఏమి చేస్తాను తనను తాను ప్రశ్నించుకున్నట్లు వుంది.

> **జోస్:** నేను అతని పుస్తకం కూడా చదివాను, నేను దాని లోని ఒక్క విషయాన్ని కూడా నమ్మను.
>
> **ఇంటర్వ్యూ చేసే వ్యక్తి:** మీరు ఎప్పుడైనా నెట్ వర్కింగ్ సెషన్ లకు హాజరవుతారా?
>
> **జోస్:** వీటిలో చాలా విషయాల్లో, ప్రతి ఒక్కరి అభిప్రాయాలను పునరుద్ఘాటించడం మినహా మరేదీ జరగదు. అది నా కోసం కాదు.
>
> **ఇంటర్వ్యూ చేసే వ్యక్తి:** మీ ఉద్యోగులను మీరు ఏవిధంగా ప్రేరేపిస్తారు?
>
> **జోస్:** నేను చేయను. ఆదరించేలా అనిపిస్తుంది.
>
> **ఇంటర్వ్యూ చేసే వ్యక్తి:** హోరిజోన్ మీద మీ మచ్చ ఏమిటి,

జోస్ – మీకు, మీ బృందానికి ప్రేరణ కలిగించే సుదూర లక్ష్యం ఏమిటి?

జోస్: నాకు సుదూర లక్ష్యాలు లేవు. మచ్చల నుండి ప్రేరణ పొందినవి అన్నీ ఇన్నీ కావు.

ఇది అలా అనిపించక పోవచ్చు,కానీ ఆ వ్యక్తి లండన్ లోని రాయల్ సొసైటీ ఆఫ్ ఆర్ట్స్ నుండి ప్రతిష్టాత్మక ఆల్బర్ట్ మెడల్ అందుకున్నాడు. వరల్డ్ వైడ్ వెబ్ వెనుక మేధావులైన టిమ్ బెర్నర్స్-లీ, డిఎన్ఎ నిర్మాణ గుట్టుని విప్పిన ఫ్రాన్సిస్ క్రిక్; అద్భుతమైన భౌతిక శాస్త్రవేత్త స్టీఫెన్ హాకింగ్ వంటి వారు అతనికి ర్యాంకింగ్ ఇచ్చారు. నవంబర్ 2014 లో, చిన్న పట్టణం హాలండ్ నుండి జోస్ డి బ్లోక్ ఈ గౌరవాన్ని అందుకున్నాడు. బ్రిటిష్ విద్యావేత్తల క్రీమ్ అతని కీలక ప్రసంగానికి హాజరయ్యారు. వచ్చీ రాని ఇంగ్లీష్ భాషలో, డి బ్లోక్ మొదట ఇది ఒక జోక్ అని భావించానని,కానీ అది జోక్ కాదు. ఇది అత్యంత గౌరవప్రదమైన అవకాశమని ఒప్పుకున్నాడు..

2

డి బ్లోక్ ఆలోచనలను ఇంత విప్లవాత్మకంగా, క్రాకింగ్ డిఎన్ఎతో సమానంగా – అర్థం చేసుకోవడానికి మనం ఇరవయ్యో శతాబ్దం ప్రారంభానికి తిరిగి వెళ్ళాలి. అప్పుడే బిజినెస్ అడ్మినిస్ట్రేషన్ రంగప్రవేశం చేసింది. మానవులు స్వభావరీత్యా అత్యాశపరులనే హాబ్బీసియన్ దృక్పథంలో ఈ కొత్త విజ్ఞాన క్షేత్రం దాని మూలాలను దృఢంగా నాటింది. మనల్ని నిటారుగా, ఇరుకైనదిగా ఉంచడానికి మనకు మేనేజర్లు అవసరం. మేనేజర్లు – ఆలోచన వెళ్ళింది – మనకు సరైన 'ప్రోత్సాహకాలు' అందించవలసి వచ్చింది. బ్యాంకర్లు బోనస్ లను పొందుతారు ఎందుకంటే ఇది వారిని మరింత కష్టపడి పనిచేసేలా చేస్తుంది. నిరుద్యోగ ప్రయోజనాలు ప్రజలను మంచం నుండి బలవంతంగా నెట్టడానికి షరతులతో కూడినవి. పిల్లలు తదుపరి టర్మ్ లో మెరుగైన ప్రయత్నం చేయడానికి ఎఫ్ గ్రేడ్ లను పొందుతారు..

ఆసక్తికరమైన విషయం ఏమిటంటే, ఇరవయ్యో శతాబ్దపు రెండు ప్రధాన సిద్ధాంతాలు – పెట్టుబడిదారీ విధానం, కమ్యూనిజం – రెండూ మానవాళి ఈ దృక్పథాన్ని పంచుకున్నాయి. ప్రజలను కార్యరూపంలోకి తీసుకురావడానికి రెండు మార్గాలు మాత్రమే ఉన్నాయని పెట్టుబడిదారులు, కమ్యూనిస్టులు ఇద్దరూ మీకు చెబుతారు: క్యారెట్లు, కర్రలు. పెట్టుబడిదారులు క్యారెట్లపై ఆధారపడేవారు (చదవండి: డబ్బు), కమ్యూనిస్టులు ప్రధానంగా కర్రల గురించి (చదవండి: శిక్ష). వారి అన్ని విభేదాలకు, రెండు వైపులా అంగీకరించగల ఒక ప్రాథమిక ఆధారం ఉంది: ప్రజలు తమను తాము ప్రేరేపించుకోరు.

ఇప్పుడు మీరు ఆలోచిస్తూ ఉండవచ్చు: ఓహ్, ఇది అంత చెడ్డది కాదు. నేను, ఒకదానితో, పుష్కలంగా ప్రేరణ పొందాను. నేను వాదించబోడం లేదు వాస్తవానికి, మీరు చెప్పింది

నిజమేనని ఖచ్చితంగా అనుకుంటున్నాను. నా పాయింట్ ఏమిటంటే, ఆ ఇతర వ్యక్తులకు ప్రేరణ లేదని మనం భావిస్తాం. స్టాన్ ఫోర్డ్ విశ్వవిద్యాలయానికి చెందిన ప్రొఫెసర్ చిప్ హీత్ దీనిని మన బాహ్య ప్రోత్సాహకాల పక్షపాతంగా సూచిస్తాడు. అంటే, ఇతర వ్యక్తులు కేవలం డబ్బు ద్వారా మాత్రమే ప్రేరేపించబడతారని మనం భావిస్తాం. ఉదాహరణకు, లా విద్యార్థులలో ఒక సర్వేలో, హీత్ 64 శాతం మంది తాము న్యాయశాస్త్రాన్ని చదువుతున్నామని చెప్పారు, ఎందుకంటే ఇది దీర్ఘకాలిక కల లేదా అది వారికి ఆసక్తి కలిగిస్తుంది. కేవలం 12 శాతం మంది మాత్రమే తమ తోటివారికి ఇది వర్తిస్తుందని నమ్మారు. ఆ ఇతర విద్యార్థులందరూ? వారు డబ్బు కోసం దానిలో ఉన్నారు.

మానవాళి పట్ల ఈ విరక్తికరమైన దృక్పథమే పెట్టుబడిదారీ విధానానికి పునాదులు వేసింది. 'కార్మికులు తమ యజమానుల నుండి అన్నిటికీ మించి ఎక్కువగా కోరుకుంటున్నది, ఎక్కువ వేతనాలే' అని ప్రపంచంలోని మొట్టమొదటి వ్యాపార సలహాదారుల్లో ఒకరైన ఫ్రెడరిక్ టేలర్ కొన్ని వందల సంవత్సరాల క్రితం నొక్కిచెప్పాడు. టేలర్ శాస్త్రీయ నిర్వహణ ఆవిష్కర్తగా పేరు తెచ్చుకున్నాడు. ఫ్యాక్టరీలను సాధ్యమైనంత సమర్థవంతంగా తయారు చేయాలంటే పనితీరును సాధ్యమైనంత ఖచ్చితత్వంతో కొలవాలన్న భావనపై ఆధారపడిన ఈ పద్ధతి. ఒక స్క్రూను బిగించడానికి లేదా ఒక పెట్టెను ప్యాక్ చేయడానికి ఎంత సమయం పడుతుందో నమోదు చేయడానికి మేనేజర్లు ప్రతి ప్రొడక్షన్ లైన్ వద్ద, సిద్ధంగా ఉన్న స్టాప్ వాచ్ వద్ద ఉండాలి. టేలర్ స్వయంగా ఆదర్శవంతుడైన ఉద్యోగిని మెదడులేని రోబోతో పోల్చాడు: 'ఎంత తెలివితక్కువవాడు అంటే దాదాపు ఎద్దును పోలివుంటాడు.'

ఈ ఉత్సాహభరితమైన సందేశంతో, ఫ్రెడరిక్ టేలర్ అత్యంత ప్రసిద్ధ నిర్వహణ శాస్త్రవేత్తలలో ఒకరిగా ఎదిగాడు. ఇరవయ్యో శతాబ్ది తొలినాళ్ళలో ప్రపంచమంతా కమ్యూనిస్టులు, ఫాసిస్టులు, పెట్టుబడిదారులు వంటి ఆయన ఆలోచనలతో ఉక్కిరిబిక్కిరి అయింది. లెనిన్ నుండి ముస్సోలినీ వరకు, రెనాల్ట్ నుండి సిమెన్స్ వరకు – టేలర్ నిర్వహణా తత్వశాస్త్రం వ్యాప్తి చెందుతూనే ఉంది. అతని జీవితచరిత్ర రచయిత మాటల్లో చెప్పాలంటే, టేలర్ వాదం 'ఒక వైరస్ చేసే విధానాన్ని, దాదాపు ప్రతిచోటా సరిపోతుంది'. నిజమే, టేలర్ కాలం నుండి చాలా మారిపోయింది. ఫ్లిప్ ఫ్లాప్ లను ధరించి ఆఫీసు వద్ద చూపించగల స్టార్టప్ లు ఇప్పుడు మీరు పుష్కలంగా కనుగొనవచ్చు. ఈ రోజుల్లో చాలా మంది కార్మికులు తమ స్వంత పని గంటలను సెట్ చేసుకునే వెసులుబాటును కలిగి ఉన్నారు. కానీ మానవత్వం గురించి టేలర్ దృక్పథం, క్యారెట్లు, కర్రలు మాత్రమే ప్రజలను కదిలించగలవనే నమ్మకం, ఎప్పటిలాగే విస్తృతంగా ఉంది. టైలరిజం టైమ్ షీట్ లు, బిల్లబుల్ అవర్స్ కేపీఎల్ లలో, డాక్టర్ పే ఫర్ పెర్ఫార్మెన్స్ ప్రోగ్రామ్ ల్లో గోదాము సిబ్బందిలో అంతర్గతంగా ఉంటుంది, దీని ప్రతి కదలిక సిసిటివి ద్వారా మానిటర్ చేయబడుతుంది.

3

అసమ్మతికి చెందిన మొదటి గొణుగుడు 1969 వేసవిలో వచ్చింది. ఎడ్వర్డ్ డెసి ఒక యువ మనస్తత్వవేత్త, ఈ రంగం ప్రవర్తనావాదానికి క్షీణదశలో ఉన్న సమయంలో పి.హెచ్.డి.పై పనిచేస్తున్నాడు. ఈ సిద్ధాంతం – ఫ్రెడరిక్ టేలర్‌లా – ప్రజలు మార్పులేని జీవులు అని పేర్కొంది. మనల్ని చర్యకు పురికొల్పేంత శక్తివంతమైన ఏకైక విషయం, ప్రతిఫలం గురించిన వాగ్దానం లేదా శిక్షించబడుతుందనే భయం మాత్రమే. అయినప్పటికీ డెసికి ఈ సిద్ధాంతం పేరుకుపోలేదని ఒక బాధాకరమైన భావన ఉంది. ఇది ఇలా ఉండగా ప్రజలు ప్రవర్తనా దృక్పథం లేని అన్ని రకాల నట్టి పనులు చేస్తూ తిరుగుతారు. పర్వతాలను అధిరోహించడం (హార్డ్!), స్వచ్ఛందంగా (ఉచితం!) పిల్లలను కలిగి ఉండటం (తీవ్రమైన!). వాస్తవానికి, మనం నిరంతరం కార్యకలాపాల్లో నిమగ్నమై ఉన్నాం – మన స్వేచ్ఛా సంకల్పం – మనకు ఒక్క పైసా సంపాదించదు, పూర్తిగా అలసిపోతుంది. ఎందువల్ల?

ఆ వేసవిలో డెసి ఒక వింత క్రమరాహిత్యాన్ని ఎదుర్కొన్నాడు. కొన్ని సందర్భాల్లో, క్యారెట్లు, కర్రలు పనితీరు మందగించడానికి కారణమవుతాయి. అతను విద్యార్థి వాలంటీర్లకు ఒక పజిల్ ను పరిష్కరించడానికి ఒక డాలర్ చెల్లించినప్పుడు, వారు పనిపై ఆసక్తిని కోల్పోయారు. 'డబ్బు పని చేయవచ్చు', అని డెసి ఆ తర్వాత వివరించాడు, 'ఒక కార్యకలాపం కోసం ఒకరి అంతర్గత ప్రేరణను కొనుక్కోవడానికి'. ఈ పరికల్పన ఎంత విప్లవాత్మకంగా ఉందంటే, ఆర్థికవేత్తలు దాన్ని తిరస్కరించారు. ఆర్థిక ప్రోత్సాహకాలు ప్రేరణను పెంచడానికి మాత్రమే ఉపయోగపడాయి, వారు స్థిరంగా కొనసాగించారు, కాబట్టి ఒక విద్యార్థి ఒక పజిల్ చేయడం ఆనందించినట్లయితే, బహుమతి వారిని మరింత ఉత్సాహపరుస్తుంది. తోటి మనస్తత్వవేత్తలు ఎడ్వర్డ్ డెసిని, అతని ఆలోచనలను సమానంగా ధిక్కరించారు. 'మనం ప్రధాన స్రవంతికి దూరమయ్యాం' అని తన సహ పరిశోధకుడు, సన్నిహిత స్నేహితుడు రిచర్డ్ ర్యాన్ గుర్తుచేసుకున్నాడు. 'బహుమతులు కొన్నిసార్లు ప్రేరణను బలహీనపరుస్తాయనే ఆలోచన ప్రవర్తనావాదులకు అసహ్యంగా ఉంది.'

కానీ అప్పుడు స్థిరమైన అధ్యయనాల ప్రవాహం డెసి అనుమానాలను ధృవీకరించడం ప్రారంభించింది. 1990వ సంవత్సరం చివరిలో ఇజ్రాయేలులోని హైఫాలో చేయబడిన దాన్ని తీసుకోండి, అక్కడ డే కేర్ సెంటర్ల చైన్ ఒక సంక్షోభంలో చిక్కుకుపోయింది. తల్లిదండ్రుల్లో పావువంతు మంది తమ పిల్లలను ఆలస్యంగా తీసుకెళ్లారు, ముగింపు సమయం దాటి వచ్చారు. ఫలితంగా గజిబిజిగా ఉన్న పిల్లలు, సిబ్బంది ఓవర్ టైమ్ పని చేయవలసి వచ్చింది. కాబట్టి సంస్థ ఆలస్య రుసుమును అంటే తల్లిదండ్రులు ఆలస్యంగా వచ్చిన ప్రతిసారీ మూడు డాలర్లు విధించాలని నిర్ణయించింది. ఇది ఒక మంచి ప్రణాళిక లాగా అనిపిస్తుంది, అవునా? ఇప్పుడు తల్లిదండ్రులకు ఒకటి కాదు రెండు ప్రోత్సాహకాలు అంటే నైతిక, ఆర్థిక సంబంధమైన ప్రోత్సాహకాలు సకాలంలో వచ్చేందుకు ఉన్నాయి.

కొత్త విధానాన్ని ప్రకటించారు, ఆలస్యంగా వచ్చే తల్లిదండ్రుల సంఖ్య... పెరగసాగింది. కొంతకాలానికి, మూడింట ఒక వంతు క్లోజింగ్ సమయం తర్వాత వచ్చేది, కొన్ని వారాల్లోనే

40 శాతం వచ్చేది. కారణం సూటిగా ఉంది: తల్లిదండ్రులు ఆలస్య రుసుమును ఒక ఫైన్ గానే కాకుండా సర్ ఛార్జీగా అర్థం చేసుకున్నారు, ఇది ఇప్పుడు వారి పిల్లలను సకాలంలో తీసుకెళ్లాల్సిన బాధ్యత నుండి వారిని విడుదల చేసింది. ఆ తర్వాత అనేక ఇతర అధ్యయనాలు ఈ విషయాన్ని ధృవీకరించాయి. కొన్ని పరిస్థితులలో, ప్రజలు పనులు చేయడానికి గల కారణాలన్నీ జోడించబడవని తేలింది. కొన్నిసార్లు, వారు ఒకరినొకరు రద్దు చేసుకుంటారు.

కొన్ని సంవత్సరాల క్రితం, మసాచుసెట్స్ విశ్వవిద్యాలయానికి చెందిన పరిశోధకులు పనిచేసే ప్రదేశాలలో ఆర్థిక ప్రోత్సాహకాల ప్రభావాలపై యాభై ఒక్క అధ్యయనాలను విశ్లేషించారు. బోనస్ వల్ల ఉద్యోగుల అంతర్గత ప్రేరణ, నైతిక దిక్సూచి మొద్దుబారిపోతాయని వారు 'విపరీతమైన సాక్ష్యాలను' కనుగొన్నారు. అది అంత చెడ్డది కానట్లుగా, బోనస్లు, లక్ష్యాలు సృజనాత్మకతను తగ్గించగలవని కూడా వారు కనుగొన్నారు. బాహ్య ప్రోత్సాహకాలు సాధారణంగా వస్తురూపంలో చెల్లించబడతాయి. గంటల వంతున చెల్లిస్తే మీరు ఎక్కువ గంటలకి పారితోషికం పొందుతారు. ప్రచురణ ద్వారా చెల్లిస్తే, మీరు మరిన్ని ప్రచురణలను పొందుతారు. శస్త్రచికిత్సా విధానం ద్వారా చెల్లిస్తే మీరు మరిన్ని శస్త్రచికిత్సా విధానాలను పొందుతారు. ఇక్కడ కూడా పాశ్చాత్య పెట్టుబడిదారీ ఆర్థిక వ్యవస్థకు, మునుపటి సోవియట్ యూనియన్ ఆర్థిక వ్యవస్థకు మధ్య పోలికలు ప్రస్ఫుటంగా కనిపిస్తున్నాయి. సోవియట్-యుగపు నిర్వాహకులు లక్ష్యాలతో పనిచేశారు. లక్ష్యాలు పెరిగినప్పుడు – ఫర్నిచర్ ఫ్యాక్టరీలో – ఫర్నిచర్ నాణ్యత పడిపోయింది.

తరువాత టేబుళ్లు, కుర్చీలు బరువును బట్టి ధర నిర్ణయించబడినప్పుడు, అకస్మాత్తుగా ఫ్యాక్టరీ నడవడానికి చాలా బరువైన ముక్కలను ఉత్పత్తి చేస్తుంది. ఇది సరదాగా అనిపించవచ్చు, కానీ విచారకరమైన నిజం ఏమిటంటే ఇది ఇప్పటికీ అనేక సంస్థలలో జరుగుతోంది. పెర్ ట్రీట్ మెంట్ ప్రాతిపదికన చెల్లించే సర్జన్లు మెరుగైన సంరక్షణ అందించడం కంటే వారి ఆపరేషన్ చేసే కత్తులకు పదును పెట్టడానికి ఎక్కువ మొగ్గు చూపుతారు. ఒక పెద్ద న్యాయ సంస్థ తన సిబ్బంది కనీసం గంటలు (సంవత్సరానికి 1,500) బిల్లు చేయవలసి ఉంటుంది, ఎక్కువ కాలం పని చేయడానికి మాత్రమే తప్ప దాని న్యాయవాదులు మరింత మెరుగ్గా పనిచేయడానికి ప్రేరేపించడం లేదు,. కమ్యూనిస్టు లేదా పెట్టుబడిదారు, రెండు వ్యవస్థలలో సంఖ్యాబల నిరంకుశత్వం మన అంతర్గత ప్రేరణను ముంచి వేస్తుంది.

కాబట్టి బోనస్ లు డబ్బు పూర్తి వ్యర్థమా? పూర్తిగా కాదు. ప్రవర్తనా అర్థశాస్త్రవేత్త డాన్ ఆరీలీ చేసిన పరిశోధనలో, ఫ్రెడరిక్ టేలర్ ప్రొడక్షన్ లైన్స్ పై తన స్టాప్ వాచ్ పై టైమ్ చేసిన విధంగా, పనులు సరళంగా, రొటీన్ గా ఉన్నప్పుడు అవి ప్రభావవంతంగా ఉంటాయని తేలింది. ఖచ్చితంగా చెప్పాలంటే, ఆధునిక ఆర్థిక వ్యవస్థలు రోబోట్లను ఎక్కువ చేసే పనులు, రోబోట్లకు స్వాభావిక ప్రేరణ అవసరం లేదు. కానీ మానవులమైన మనం ప్రేరణ లేకుండా చేయలేం.

విచారకరమైన విషయం ఏమిటంటే ఎడ్వర్డ్ డెసి పాఠాలు దాదాపు దైనందిన అభ్యాసంలోకి ప్రవేశించలేకపోయాయి. చాలా తరచుగా ప్రజలు ఆఫీసులో. స్కూల్లో.. ఆసుపత్రిలో.. సామాజిక సేవల్లో..ఇప్పటికీ రోబోట్ల వలె చికిత్స చేయబడతారు.

పదేపదే, ఇతరులు తమ గురించి మాత్రమే శ్రద్ధ వహిస్తారని మనం భావిస్తాం. ప్రతిఫలం లేకపోతే, ప్రజలు విశ్రాంతి తీసుకోవడానికి ఎక్కువగా ఇష్టపడతారు. ఒక బ్రిటిష్ అధ్యయనం ఇటీవల జనాభాలో అత్యధికులు (74 శాతం) సంపద, హోదా, అధికారం కంటే సహాయం, నిజాయితీ, న్యాయం వంటి విలువలతో మరింత సన్నిహితంగా గుర్తించారని కనుగొన్నారు. కానీ ఒక పెద్ద వాటా (78 శాతం) ఇతరులు నిజంగా ఉన్నదానికంటే ఎక్కువ స్వీయ-ఆసక్తి కలిగి ఉన్నారని భావిస్తారు.

కొంతమంది ఆర్థికవేత్తలు మానవ స్వభావంపై ఈ వక్రీకరించిన విధానం సరికాదని భావిస్తారు. ఉదాహరణకు, నోబెల్ బహుమతి గెలుచుకున్న ఆర్థికవేత్త మిల్టన్ ఫ్రీడ్మాన్, మీ అంచనాలు సరైనవని రుజువు చేసినంత కాలం ప్రజల గురించి తప్పుడు ఊహలు ముఖ్యం కాదని వాదించారు. కానీ ఫ్రీడ్ మాన్ నోసెబో ప్రభావంలో కారకం మరచిపోయాడు: కేవలం దేన్నైనా నమ్మడం వల్ల అది నిజమౌతుంది. మీరు చేసే పనికి మీకు ఎలా చెల్లింపులు లభిస్తాయి అనేది మిమ్మల్ని పూర్తిగా భిన్నమైన వ్యక్తిగా మారుస్తుంది. ఇద్దరు అమెరికన్ మనస్తత్వవేత్తలు కొన్ని సంవత్సరాల క్రితం, న్యాయవాదులు, సలహాదారులు కార్యాలయం వెలుపల కూడా తమ సమయంలో మూల్యం చెల్లించాల్సి ఉంటుందని నిరూపించారు. పర్యవసానం? తమ గంటలను జాగ్రత్తగా లాగ్ చేసే న్యాయవాదులు కూడా ప్రో బోనో పని చేయడానికి తక్కువ మొగ్గు చూపుతారు.

లక్ష్యాలు, బోనస్‌లు జరిమానాల ద్వారా మనం ఎలా ట్రిప్ అవుతామో చూడటం మనస్సును కదిలిస్తుంది,

- త్రైమాసిక ఫలితాలపై మాత్రమే దృష్టి సారించే, వారి కంపెనీలను గ్రౌండ్ లోకి నడిపించే సిఈఓల గురించి ఆలోచించండి.
- తమ పబ్లిష్డ్ అవుట్ పుట్ పై మదింపు చేయబడ్డ విద్యావేత్తలు, తరువాత బోగస్ రీసెర్చ్ ని ముందుకు తీసుకురావడానికి ప్రలోభాలకు గురవుతారు.
- తమ ప్రామాణిక పరీక్షా ఫలితాలపై మదింపు చేయబడ్డ స్కూళ్లు, అందువల్ల లెక్కించలేని ఆ నైపుణ్యాలను బోధించడాన్ని విడిచిపెట్టండి.
- చికిత్స కొనసాగించడానికి డబ్బు చెల్లించే రోగులను అవసరమైన దానికంటే ఎక్కువ కాలం చికిత్సలో ఉంచుతారు.
- సబ్ ప్రైమ్ తనఖాలను విక్రయించడం ద్వారా బోనస్ లను సంపాదించే బ్యాంకర్లు, ప్రపంచ ఆర్థిక వ్యవస్థను నాశనం అంచులకు తీసుకువస్తారు. ఈ జాబితా కొనసాగుతోంది.

ఫ్రెడరిక్ టేలర్ తరువాత వంద సంవత్సరాలు గడిచినా, మనం ఇప్పటికీ భారీ స్థాయిలో ఒకరి అంతర్గత ప్రేరణను మరొకరు బలహీనపరచడంలో బిజీగా ఉన్నాం. 142 దేశాల్లోని 2,30,000 మందిలో జరిపిన ఒక ప్రధాన అధ్యయనంలో కేవలం 13 శాతం మంది మాత్రమే పనిలో 'నిమగ్నమైనట్లు' భావిస్తున్నారు. పదమూడు శాతం. మీరు మీ మెదడును

ఈ రకమైన బొమ్మల చుట్టూ చుట్టినప్పుడు, ఎంత ఆశయం, శక్తి వృథా అవుతుందో మీరు గ్రహిస్తారు. విషయాలను భిన్నంగా చేయడానికి ఎంత అవకాశం ఉంది.

4

ఇది మనల్ని జోస్ డి బ్లోక్ కు తిరిగి తీసుకువస్తుంది. 2006 ప్రారంభం వరకు, అతను ఒక పెద్ద డచ్ హెల్త్ కేర్ ఆర్గనైజేషన్ లో డైరెక్టర్ల బోర్డులో కూర్చున్నాడు. అతను తన తోటి మేనేజర్లు ఎరుపును చూసే వరకు 'స్వీయ-నిర్దేశిత బృందాలు', 'హ్యాండ్-ఆఫ్ మేనేజ్మెంట్' కోసం ఒకదాని తరువాత ఒకటి ఆలోచనను ప్రారంభించాడు. డి బ్లోక్ కు వ్యాపార శిక్షణ లేదా డిగ్రీ లేదు. అతను సంవత్సరాల క్రితం ఎకనామిక్స్ చదవడం ప్రారంభించాడు, కేవలం నర్సుగా మారడానికి మాత్రమే.

'ఆరోగ్య సంరక్షణలో, విద్యలో, ఎందులోనైనా సరే పైన ఉన్న ప్రజలకు, వాస్తవంగా పని చేసే వ్యక్తులకు మధ్య అంతరం చాలా పెద్దది,' అని నేను అల్మెలోలోని తన కార్యాలయాన్ని సందర్శించినప్పుడు డి బ్లోక్ నాకు చెప్పారు. 'మేనేజర్లు కలిసి పనిచేస్తారు. వారు అన్ని రకాల కోర్సులను, సమావేశాలను ఏర్పాటు చేశారు, అక్కడ వారు ఒకరినొకరు పనులు సరిగ్గా చేస్తున్నామని చెబుతారు." అది వారిని వాస్తవ ప్రపంచం నుండి దూరం చేస్తుంది. 'చేసేవారు వ్యూహాత్మకంగా ఆలోచించలేరనే భావన ఉంది,' అని డి బ్లాక్ కొనసాగిస్తున్నాడు. 'వాళ్ళకి దృష్టి లోపించిందని. కానీ పని చేసే వ్యక్తులు ఆలోచనలతో నిండి ఉన్నారు. వారు వెయ్యి విషయాలతో ముందుకు వస్తారు, కానీ వినరు, ఎందుకంటే కార్మికులు సమర్పించే ప్రణాళికలను కలలు కనడానికి వారు ఏదో ఒక కార్పొరేట్ తిరోగమనానికి వెళ్ళాలని నిర్వాహకులు భావిస్తారు."

డి బ్లోక్ విషయాలపై చాలా భిన్నమైన అభిప్రాయాన్ని కలిగి ఉన్నాడు. అతను తన ఉద్యోగులను అంతర్గతంగా ప్రేరేపించబడిన నిపుణులు, వారి ఉద్యోగాలు ఎలా చేయాలనే దానిపై నిపుణులుగా ఉన్నారా లేదా అని చూస్తాడు. 'నా అనుభవంలో, మేనేజర్లకు చాలా తక్కువ ఆలోచనలు ఉంటాయి. వారు తమ ఉద్యోగాలను చేస్తారు. ఎందుకంటే వారు ఒక వ్యవస్థలోకి సరిపోతారు, వారు ఆదేశాలను పాటిస్తారు. వారు పెద్ద దార్శనికులు కాకపోవచ్చు.. వారు కొన్ని "అధిక-పనితీరు నాయకత్వ" కోర్సులను తీసుకుంటారు. అకస్మాత్తుగా వారు గేమ్ ఛేంజర్, ఆవిష్కర్త అని అనుకుంటారు. 1996-2014 సంవత్సరాల్లో నెదర్లాండ్స్లో 'హెల్త్ కేర్ మేనేజర్' అత్యంత వేగంగా అభివృద్ధి చెందుతున్న వృత్తిపరమైన సమూహం అని డిబ్లోక్‌కి సూచించినప్పుడు, అతను ఒక నిట్టూర్పు విడిచాడు.

'ఈ ఎంబీఏ ప్రోగ్రాములన్నింటితో మీరు పొందేది ఏమిటంటే, ప్రపంచాన్ని క్రమబద్ధీకరించడానికి వారు సౌకర్యవంతమైన మార్గాన్ని నేర్చుకున్నారని ప్రజలు నమ్ముతారు. మీకు హెచ్ ఆర్, ఫైనాన్స్, ఐటీ ఉన్నాయి. చివరికి, మీ సంస్థ సాధిస్తున్న దానిలో చాలా భాగం మీదేనని మీరు విశ్వసించడం ప్రారంభిస్తారు. మేనేజర్లలోడ్‌లతో మీరు దీనిని చూస్తారు. కానీ

నిర్వహణను తీసివేయండి. పని మునుపటిలానే కొనసాగుతుంది – లేదా ఇంకా మెరుగ్గా ఉంది." ఇటువంటి ప్రకటనలు సాక్ష్యంగా, డి బ్లోక్ ఆటుపోట్లకు ఎదురీదడానికి మొగ్గు చూపుతాడు.

అతను నిర్వహించడానికి ఇష్టపడని మేనేజర్. అనుభవం ఉన్న సీఈఓ. నిచ్చెన పైభాగంలో ఒక అరాచకవాది. కాబట్టి సంరక్షణ ఒక ఉత్పత్తిగా మారింది. రోగులు కస్టమర్లుగా మారారు, డి బ్లోక్ తన నిర్వహణ ఉద్యోగాన్ని విడిచిపెట్టి కొత్తదాన్ని ప్రారంభించాలని నిర్ణయించుకున్నాడు. అతను ఈ విస్తారమైన బ్యూరోక్రాటిక్ బంజరు భూమిలో ఒక ఒయాసిస్ గురించి కలలు కన్నాడు, ఈ ప్రదేశం మార్కెట్ శక్తులు, పెరుగుదల ద్వారా కాదు, కానీ చిన్న బృందాలు, నమ్మకం ద్వారా అంకురించింది.

దేశ తూర్పు అంచులలో 150,000 మంది ఉన్న డచ్ నగరమైన ఎన్షెడ్లో నలుగురు నర్సుల ఒక బృందంతో బూర్ట్ జార్గ్ ప్రారంభించాడు. నేడు, ఇది దేశవ్యాప్తంగా ఎనిమిది వందలకు పైగా జట్లను క్రియాశీలంగా కలిగి ఉంది. ఏదేమైనా, ఇది సంస్థా అంటే కాదు, అలా అని సంస్థ కాదనీ అనలేం.

బూర్ట్ జార్గ్ భిన్నంగా పని చేస్తుంది. దీనికి మేనేజర్లు లేరు, కాల్ సెంటర్ లేదు. ప్లానర్లు లేరు. ఎలాంటి టార్గెట్ లు లేదా బోనస్ లు లేవు. ఓవర్ హెడ్స్ చాలా తక్కువగా ఉంటాయి. సమావేశాలలో సమయం కూడా గడపబడుతుంది. బూర్ట్ జార్గ్ రాజధానిలో ఒకగొప్ప హెడ్ క్వార్టర్ లేదు, కానీ అల్మెలో వెలుపల ఒక అగ్లీ బిజినెస్ పార్కులో అంతగా స్ఫూర్తిదాయకం కాని ఒక బ్లాక్ లో ఉంది.

పన్నెండు మంది ఉన్న ప్రతి జట్టుకు గరిష్ట స్వయంప్రతిపత్తి ఉంటుంది. ప్రతి జట్టు తమ స్వంత షెడ్యూళ్లను ప్లాన్ చేసుకుంటాయి. తమ స్వంత సహోద్యోగులను నియమించుకుంటాయి. దేశంలోని మిగిలిన అనంతమైన స్క్రిప్టెడ్ కేర్ పరిశ్రమ వలె కాకుండా, జట్లు కోడ్ హెచ్126 ('వ్యక్తిగత సంరక్షణ'), కోడ్ హెచ్127 ('అదనపు వ్యక్తిగత సంరక్షణ'), కోడ్ హెచ్120 ('ప్రత్యేక వ్యక్తిగత సంరక్షణ'), లేదా కోడ్ హెచ్136 ('అనుబంధ రిమోట్ పర్సనల్ కేర్') ను సరఫరా చేయవు. లేదు, బూర్ట్ జార్గ్ కేవలం ఒక విషయం మాత్రమే సరఫరా చేస్తుంది: జాగ్రత్త. బీమా కంపెనీల ద్వారా నిర్వచించబడ్డ 'కేర్ ప్రొడక్ట్స్' సమగ్ర 'ప్రొడక్ట్ బుక్'లో, బూర్ట్ జార్గ్ ఇప్పుడు తన స్వంత కోడ్ ని కలిగి ఉంది: ఆర్002 – 'బూర్ట్ జార్గ్'.

మిగిలిన వాటి కోసం, సంస్థ ఇంట్రానెట్ సైట్‌ను కలిగి ఉంది

సహోద్యోగులు వారి జ్ఞానాన్ని, అనుభవాన్ని సేకరించవచ్చు.ప్రతి జట్టుకు దాని స్వంత శిక్షణా బడ్జెట్ ఉంటుంది, యాభై జట్ల ప్రతి సమూహానికి ఒక కోచ్ ఉంటాడు, వారు చిక్కుకుపోతే వారిని పిలవవచ్చు. చివరగా, ప్రధానమైనది ఆఫీస్ ఆర్థిక విషయాలపై శ్రద్ధ వహిస్తుంది. అంతే. ఈ సరళమైన ఫార్ములాతో, హెచ్ ఆర్ టీమ్ లేనప్పటికీ, బూర్ట్ జార్గ్ ఐదుసార్లు దేశం 'బెస్ట్ ఎంప్లాయర్' గా ప్రకటించబడ్డాడు, మార్కెటింగ్ డిపార్ట్ మెంట్ లేనప్పటికీ, 'కేర్ సెక్టార్ లో బెస్ట్ మార్కెటింగ్' అవార్డును గెలుచుకుంది. 'ఉద్యోగి, క్లయింట్ సంతృప్తి అసాధారణంగా ఎక్కువగా ఉంది', అని కెపిఎంజిలో ఒక కన్సల్టెంట్ ముగించారు.

'సగటు కంటే కొంచెం తక్కువ ఖర్చు అయినప్పటికీ, వారి సంరక్షణ నాణ్యత సగటును మించిపోతుంది.'

అది నిజమే, బూర్ట్ జార్గ్ రోగులకు మంచిది, ఉద్యోగులకు మంచిది. పన్ను చెల్లింపుదారులకు చౌకైనది. గెలుపు-గెలుపు-గెలుపు పరిస్థితి. ఒకపక్క సంస్థ అభివృద్ధి చెందుతూనే ఉంది. ప్రతి నెలా, డజన్ల కొద్దీ నర్సులు ఇతర ఉద్యోగాలను విడిచిపెట్టి బూర్ట్ జార్గ్ తో సైన్ ఆన్ చేస్తారు. ఇందులో ఆశ్చర్యం లేదు: ఇది వారికి మరింత స్వేచ్ఛను ఎక్కువ వేతనాన్ని ఇస్తుంది.

బూర్ట్ జార్గ్ ఇటీవల దివాలా తీసిన ప్రతిరూపంలో కొంత భాగాన్ని కొనుగోలు చేసినప్పుడు, డి బ్లాక్ ఇలా ప్రకటించాడు: 'మేము చేయబోయే మొదటి పని సిబ్బంది జీతాలను పెంచడం.' నన్ను తప్పుగా అనుకోవద్దు: బూర్ట్ జార్గ్ పరిపూర్ణుడు కాదు. విభేదాలు ఉన్నాయి, విషయాలు అవాక్కవుతాయి – నిజంగా, అవి దాదాపు మానవీయమైనవి. సంస్థాగత నిర్మాణం, ఏదైనా ఉంటే, పాత-ఫ్యాషన్, డి బ్లాక్ లక్ష్యం ఎల్లప్పుడూ 1980 ల సంక్లిష్టమైన దేశీయ ఆరోగ్య సంరక్షణ సేవలకు తిరిగి వచ్చింది.

కానీ బాటమ్ లైన్ ఏమిటంటే, జోస్ డి బ్లోక్ 2006 లో తిరిగి ప్రారంభించింది, అసాధారణమైనది కాదు. అతని సంస్థ మంచీ, చెడుల ఉత్తమమైన వాటిని మిళితం చేస్తుందని, స్వతంత్ర అభ్యాసకుల ద్వారా చిన్న-స్థాయి సంరక్షణను అందించడానికి పన్ను చెల్లింపుదారుల డబ్బును ఖర్చు చేస్తుందని మీరు చెప్పవచ్చు,. డిబ్లోక్ తన తత్త్వాన్ని ఇలా సంక్షిప్తకరించాడు: 'విషయాలను కష్టతరం చేయడం సులభం, కానీ వాటిని సులభతరం చేయడం కష్టం.' మేనేజర్లు సంక్లిష్టమైన వాటిని ఇష్టపడతారని రికార్డు స్పష్టంగా చూపిస్తుంది. 'ఎందుకంటే అది మీ ఉద్యోగాన్ని మరింత ఆసక్తికరంగా చేస్తుంది' అని డిబ్లోక్ వివరించాడు. 'అది మిమ్మల్ని ఆ సంక్లిష్టతలో ప్రావీణ్యం సంపాదించడానికి నా అవసరం ఉంది.' అని అనుకునేలా చేయగలదు..

ఇది మన 'నాలెడ్జ్ ఎకానమీ' అని పిలువబడే పెద్ద భాగాన్ని కూడా నడుపుతుందా? వంశపారంపర్య మేనేజర్లు, కన్సల్టెంట్లు సరళమైన విషయాలను సాధ్యమైనంత క్లిష్టంగా చేస్తారు, కాబట్టి అన్ని సంక్లిష్టతల ద్వారా మనల్ని నడిపించడానికి అవి మనకు అవసరం అవుతాయి? కొన్నిసార్లు ఇది వాల్ స్ట్రీట్ బ్యాంకర్ల ఆదాయ నమూనా మాత్రమే కాదు, అర్థంకాని పదజాలాన్ని విక్రయించే ఆధునికానంతర తత్వవేత్తల ఆదాయ నమూనా అని నేను కొన్నిసార్లు రహస్యంగా భావిస్తాను. రెండూ కూడా సాధారణ విషయాలను అసాధ్యంగా సంక్లిష్టంగా మారుస్తాయి. జోస్ డి బ్లోక్ దీనికి విరుద్ధంగా చేస్తాడు: అతను నిరాడంబరతను ఎంచుకుంటాడు. ఆరోగ్య సంరక్షణ సదస్సులు అధిక వేతనంతో కూడిన ట్రెండ్-వాచర్లను కలిగి ఉన్నప్పటికీ, అంతరాయం, సృజనాత్మకతను సూచిస్తాయి, ఏది పనిచేస్తుందో దానిని సంరక్షించడం మరింత ముఖ్యం అని ఆయన అభిప్రాయపడ్డారు. 'నిరంతర మార్పు కంటే కొనసాగింపు వల్ల ప్రపంచానికి ఎక్కువ ప్రయోజనం చేకూరుతుంది' అని ఆయన నొక్కి చెప్పారు.

'ఇప్పుడు వాళ్ల దగ్గర ఛేంజ్ మేనేజర్లు, ఛేంజ్ ఏజెంట్లు వగైరా ఉన్నారు. కానీ, కమ్యూనిటీలో వాస్తవమైన సంరక్షణను నేను గమనించినప్పుడు, ముప్పై ఏళ్లలో ఉద్యోగం

చాలా అరుదుగా మారిపోయింది. కఠినమైన పరిస్థితిలో మీరు ఎవరితోనైనా సంబంధాన్ని ఏర్పరుచుకోవాలి; అది ఒక స్థిరాంకం. ఖచ్చితంగా, మీరు కొన్ని కొత్త అంతర్దృష్టులు, పద్ధతులను జోడించవచ్చు, కాని ప్రాథమికాంశాలు మారలేదు." మార్చాల్సిన అవసరం ఉంది, డి బ్లోక్ మీకు చెబుతాడు, సంరక్షణ వ్యవస్థ. ఇటీవలి దశాబ్దాలలో, ఆరోగ్య సంరక్షణ న్యాయవాదులచే వలసరాజ్యంగా చేయబడింది. 'ఇప్పుడు మీరు వ్యతిరేక శిబిరాల్లో ఉన్నారు. "ఒక వైపు అమ్మకాలు, మరొక వైపు కొనుగోళ్లు జరుగుతాయి..." గత వారం నేను వారు ఉన్న ఆసుపత్రిలో ఉన్నాను

మాకు ఇప్పుడు మా స్వంత సేల్స్ టీమ్ ఉంది. ఇది వెర్రితనం! మన దగ్గర ఉంది.

వాణిజ్య విభాగాలు, సేకరణ బృందాలతో ఆసుపత్రులు.

ఆరోగ్య సంరక్షణలో ఎటువంటి నేపథ్యం లేని సిబ్బంది అందరూ ఉన్నారు.

ఒకరు కొంటారు, మరొకరు విక్రయిస్తారు, దాని గురించి ఎవరికీ అంతుబట్టడం లేదు. అని నాకు చెప్పారు:

అన్ని సమయాల్లో, బ్యూరోక్రసీ విస్తరిస్తూనే ఉంది, ఎందుకంటే మీరు ఆరోగ్య సంరక్షణను మార్కెట్ గా మార్చినప్పుడు, అది కాగితాల కుప్పలతో ముగుస్తుంది. 'ఎవ్వరినీ ఎవరూ విశ్వసించరు, కాబట్టి వారు ఈ రక్షణలన్నింటినీ నిర్మించడం ప్రారంభిస్తారు; ఒక టన్ను రెడ్ టేప్ కు దారితీసే అన్ని రకాల తనిఖీలు. ఇది పూర్తిగా అసంబద్ధం, 'అని డి బ్లోక్ చెప్పారు. 'బీమా కంపెనీలలో కన్సల్టెంట్లు, అడ్మినిస్ట్రేటర్ల సంఖ్య పెరుగుతోంది, వాస్తవ సంరక్షకుల సంఖ్య తగ్గుతూనే ఉంది.'

డి బ్లాక్ ఆరోగ్య సంరక్షణ నిధులకు పూర్తిగా భిన్నమైన విధానాన్ని సూచించారు.

ఉత్పత్తి మనస్తత్వాన్ని వదిలేయండి. మళ్ళీ సంరక్షణకు కేంద్రంగా చేయండి.

ఖర్చులను ఎక్కువ సులభతరం చేయండి. 'సులభతరమైన బిల్లింగ్,

అసలు సంరక్షణకు ఎక్కువ ప్రాధాన్యతనిస్తుంది,' అని ఆయన వివరించారు.

బిల్లింగ్ ఎంత క్లిష్టంగా ఉంటే, ఎక్కువ మంది ఆటగాళ్ళు వ్యవస్థలోని లొసుగుల కోసం శోధిస్తారు, వారు సంరక్షణను నిర్వచించే వరకు అకౌంటింగ్ విభాగాల వైపు సమతుల్యతను పెంచుతారు. అతని పాఠాలు సంరక్షణ రంగానికి మించి ఉన్నాయని త్వరలోనే స్పష్టమవుతుంది. అవి ఇతర రంగాలకు కూడా వర్తిస్తాయి: విద్య, చట్టం అమలుకు, ప్రభుత్వం, పరిశ్రమలకు. కారు విడిభాగాలను సరఫరా చేసే ఫ్రెంచ్ సంస్థ ఎఫ్ఎవిఐ ఒక గొప్ప ఉదాహరణ. 1983 లో జీన్-ఫ్రాంకోయిస్ జోబ్రిస్ట్ దాని కొత్త సీఈఓ గా నియమించబడినప్పుడు, ఎఫ్ఎవిఐ ఒక దృఢమైన సోపానక్రమం నిర్మాణాన్ని కలిగి ఉంది. ఇప్పటికీ పాత-కాలపు పద్ధతిలో పనులు చేస్తోంది. కష్టపడి పనిచేయండి, మీకు బోనస్ లభిస్తుంది. గడియారంలో ఆలస్యం అయితే మీ వేతనాలలో కోత ఉంటుంది.

మొదటి రోజు నుండి, జోబ్రిస్ట్ ఒక సంస్థను ఊహించాడు, దీనిలో అతను కాదు అతని సిబ్బంది నిర్ణయాలు తీసుకున్నారు. తమ కర్తవ్యంగా ఉద్యోగులు భావించిన చోట సకాలంలో రావడం. (వారు అలా చేయకపోతే, వారికి మంచి కారణం ఉందని మీరు

ఖచ్చితంగా చెప్పగలరు). 'నేను ఒక ప్రదేశం గురించి కలలు కంటున్నాను, ప్రతి ఒక్కరూ ఇంటిలాగానే పరిగణిస్తారని ఏదీ ఎక్కువ కాదు, తక్కువ కాదు.''అని జోబ్రిస్ట్ తరువాత గుర్తుచేసుకున్నాడు.." సి.ఇ.ఓ గా ఆయన చేసిన మొదటి పని, యాజమాన్యం మొత్తం షాప్ ఫ్లోర్ పై ఒక కన్నేసి ఉంచడానికి వీలుగా పెద్ద కిటికీని ఏర్పాటు చేసాడు. తరువాత అతను టైమ్ క్లాక్ ను తీసేశాడు, నిల్వ గదుల తాళాలను తీసివేసి బోనస్ వ్యవస్థను తొలగించాడు. జోబ్రిస్ట్ కంపెనీని ఇరవై ఐదు నుండి ముప్పై మంది ఉద్యోగులతో 'మినీ-కర్మాగారాలు'గా విభజించాడు. ప్రతి ఒక్కరూ తమ స్వంత టీమ్ లీడర్ ను ఎంచుకునేలా చేశాడు.

వేతనాలు, పనిగంటలు, ఎవరిని నియమించాలి, వంటి అన్ని విషయాలలో తమ స్వంత నిర్ణయాలు తీసుకోవడానికి ఆయన వారికి స్వేచ్ఛనిచ్చాడు. ప్రతి టీమ్ వారి కస్టమర్ లకు నేరుగా సమాధానం ఇవ్వాల్సి ఉంటుంది. సంస్థ పాత మేనేజర్లు పదవీ విరమణ చేసినప్పుడు ఆ స్థానాలను భర్తీ చేయకూడదని, హెచ్ఆర్, ప్లానింగ్, మార్కెటింగ్ విభాగాలను రద్దు చేయాలని కూడా జోబ్రిస్ట్ నిర్ణయించారు. ఎఫ్ఎవిఐ పని చేయడానికి 'రివర్స్ డెలిగేషన్' పద్ధతికి మారింది, దీనిలో టీమ్ లు తమంతట తాముగా మేనేజ్ మెంట్ ని పిలవాలనుకుంటే తప్ప, ప్రతిదీ తమంతట తాముగా చేశాయి. ఇది డబ్బు-గుంజుతున్న హిప్పీ సమూహం కోసం చేసే వంటకం లాగా అనిపించవచ్చు, కానీ వాస్తవానికి ఎఫ్ఎవిఐ ఉత్పాదకత పెరిగింది. కంపెనీ శ్రామిక శక్తి వంద నుండి ఐదు వందలకు విస్తరించింది. ఇది ట్రాన్స్మిషన్ ఫోర్క్ల కోసం మార్కెట్లో 50 శాతం గెలుచుకుంది. కీలక భాగాల సగటు ఉత్పత్తి సమయం పదకొండు రోజుల నుండి కేవలం ఒకరోజుకి పడిపోయింది. పోటీదారులు కార్యకలాపాలను తక్కువ-వేతన దేశాలకు మార్చవలసి వచ్చినప్పటికీ, ఎఫ్ఎవిఐ ప్లాంట్ ఐరోపాలో ఉంచబడింది.

ఆ సమయమంతా, జోబ్రిస్ట్ తత్వశాస్త్రం చాలా సరళంగా ఉంది. ఒకవేళ మీరు ఉద్యోగులను బాధ్యతాయుతంగా విశ్వసనీయంగా ఉన్నట్లుగా భావించినట్లయితే, వారు అలా ఉంటారు. అతను దాని గురించి ఒక పుస్తకాన్ని కూడా వ్రాశాడు, ఉపశీర్షిక: లా'ఎన్ట్రేప్రైస్ క్వి క్రోయిట్ క్యూ ఎల్'హోమ్ ఎస్ట్ బాన్. అనువాదం: 'ప్రజలు మంచివారని నమ్మే కంపెనీ.'

5

బూర్ట్ జార్గ్, ఎఫ్ఎవిఐ వంటి సంస్థలు మానవ స్వభావం గురించి మరింత సానుకూల దృక్పథం కోసం మీరు అనుమానాన్ని మార్పిడి చేసుకున్నప్పుడు ప్రతిదీ మారుతుందని రుజువు చేస్తాయి. నైపుణ్యం, సామర్థ్యం ప్రధాన విలువలుగా మారతాయి. ఆదాయం లేదా ఉత్పాదకత కాదు. ఇతర ఉద్యోగాలు, వృత్తులలో దీని అర్థం ఏమిటో ఊహించండి. సీఈఓ లు తమ కంపెనీలపై విశ్వాసంతో నాయకత్వం వహిస్తారు, విద్యావేత్తలు జ్ఞాన దాహంతో అర్ధరాత్రి చీకట్లను చీలుస్తూ మేలుకుని కృషి సాగిస్తారు. ఉపాధ్యాయులు తమ విద్యార్థులకు

బాధ్యత వహిస్తారు, మనస్తత్వవేత్తలు తమ రోగులకు అవసరమైనంత వరకు మాత్రమే వ్యవహరిస్తారు. బ్యాంకర్లు వారు అందించే సేవల నుండి సంతృప్తిని పొందుతారు.

వాస్తవానికి, ఇప్పటికే ఉపాధ్యాయులు, బ్యాంకర్లు, విద్యావేత్తలు, మేనేజర్ల స్కోర్లు ఉన్నాయి, వారు ఇతరులకు సహాయం చేయడానికి ఉద్వేగభరితంగా ప్రేరేపించబడతారు. అయితే, లక్ష్యాలు, నియమాలు, ప్రక్రియల చిక్కుముడుల కారణంగా కాదు, కానీ అవి ఉన్నప్పటికీ. ప్రేరణ గురించి మనం ఎలా ఆలోచిస్తామనే దానిపై స్క్రిప్ట్ ను వ్రాసిన అమెరికన్ మనస్తత్వవేత్త ఎడ్వర్డ్ డెసి, ప్రశ్న ఇకపై ఇతరులను ఎలా ప్రేరేపించాలనేది కాదు, కానీ ప్రజలు తమను తాము ప్రేరేపించడానికి ఒక సమాజాన్ని ఎలా రూపొందిస్తాం అనేదే అని భావించాడు. ఈ సమస్య సంప్రదాయవాదమూ కాదు, అభ్యుదయమూ కాదు, పెట్టుబడిదారీదీ, కమ్యూనిస్టుదీ కాదు. ఇది ఒక కొత్త ఉద్యమం - ఒక కొత్త వాస్తవికతతో మాట్లాడుతుంది. ఎందుకంటే ఏదైనా చేయాలనుకునే వ్యక్తుల కంటే శక్తిమంతమైనది ఏదీ లేదు.

14

హోమో లుడెన్స్

1

జోస్ డి బ్లోక్ తో మాట్లాడిన కొన్ని రోజుల తర్వాత కూడా నా మనస్సు మళ్ళీ అదే ప్రశ్నకు వస్తూనే ఉంది: సమాజం మొత్తం విశ్వాసం మీద ఆధారపడి ఉంటే ఎలా? ఈ పరిమాణం యు-టర్న్ ను లాగడానికి, మనం మొదట్లోనే ప్రయత్నించాలి అని నేను అనుకున్నాను. మనము పిల్లలతో ప్రారంభించాలి. కానీ నేను విద్యా సాహిత్యంలోకి ప్రవేశించినప్పుడు, త్వరలోనే కొన్ని కఠినమైన వాస్తవాలకు వ్యతిరేకంగా వచ్చాను. గత దశాబ్దాలుగా, పిల్లల అంతర్గత ప్రేరణ క్రమపద్ధతిలో అణచివేయబడింది. పెద్దలు పిల్లల సమయాన్ని హోంవర్క్, అథ్లెటిక్స్, మ్యూజిక్, డ్రామా, ట్యూటరింగ్, ఎగ్జామ్ ప్రాక్టీస్ తో నింపుతున్నారు - కార్యకలాపాల జాబితా అంతులేనిదిగా అనిపిస్తుంది.

అంటే ఆ మరొక కార్యకలాపానికి తక్కువ సమయం: ఆట. అప్పుడు నా ఉద్దేశ్యం విస్తృత అర్థంలో ఆడటం - ఉత్సుకత దారితీసే చోటికి అంటే శోధించడానికి, కనుగొనడానికి, ప్రయోగాలు చేయడానికి, సృష్టించడానికి వెళ్ళే స్వేచ్ఛ.. తల్లిదండ్రులు లేదా ఉపాధ్యాయులు నిర్దేశించిన ఏ లైన్ల వెంబడి కాదు, ఎందుకంటే కేవలం సరదా కోసం.

మీరు ఎక్కడ చూసినా, పిల్లల స్వేచ్ఛ పరిమితంగా ఉంది. 1971లో, 80 శాతం మంది బ్రిటీష్ ఏడు, ఎనిమిది సంవత్సరాల వయస్సుగలవారు స్వయంగా బడికి వెళ్ళేవారు. ఈ రోజుల్లో ఇది కేవలం 10 శాతం మాత్రమే. పది దేశాల్లోని పన్నెండు వేల మంది తల్లిదండ్రుల మధ్య ఇటీవల నిర్వహించిన ఒక సర్వేలో జైలు ఖైదీలు చాలా మంది పిల్లల కంటే ఎక్కువ సమయం ఆరుబయట గడుపుతారని వెల్లడైంది. 1981 నుండి 1997 వరకు పిల్లలు పాఠశాలలో గడిపే సమయం 18 శాతం పెరిగిందని మిచిగాన్ విశ్వవిద్యాలయానికి చెందిన పరిశోధకులు కనుగొన్నారు. హోంవర్క్ కోసం గడిపిన సమయం 145 శాతం పెరిగింది.

సామాజిక శాస్త్రవేత్తలు, మనస్తత్వవేత్తలు ఈ పరిణామాలపై ఆందోళన వ్యక్తం చేశారు. ఒక దీర్ఘకాలిక అమెరికన్ అధ్యయనం పిల్లలలో 'నియంత్రణ అంతర్గత స్థాయి' తగ్గిపోతున్నట్లు కనుగొంది, అంటే వారు తమ జీవితాలను ఇతరులు నిర్ణయిస్తున్నారని భావిస్తారు. యు.ఎస్. లో, ఈ మార్పు ఎంత భూకంపాన్ని కలిగించిందంటే, 2002 లో సగటు పిల్లవాడు 1960 లలో చేసిన 80 శాతం మంది పిల్లల కంటే తక్కువ 'నియంత్రణలో' ఉన్నట్లు భావించాడు.

ఈ అంకెలు నా దేశంలో తక్కువ నాటకీయంగా ఉన్నప్పటికీ, ధోరణి అదే విధంగా ఉంది. 2018 లో, డచ్ పరిశోధకులు ప్రతి పది మంది పిల్లలలో ముగ్గురు వారానికి ఒకసారి లేదా అస్సలు బయట ఆడుకోరని కనుగొన్నారు. పాఠశాల పిల్లల్లో ఒ.ఇ.సి.డి (గ్లోబల్ థింక్ ట్యాంక్) నిర్వహించిన ఒక పెద్ద అధ్యయనం, అదే సమయంలో, హాలండ్‌లో వారు సర్వే

చేయబడిన అన్ని దేశాల్లోకెల్లా అత్యంత తక్కువ ప్రేరణ పొందుతున్నారని వెల్లడించింది. పరీక్షలు, రిపోర్ట్ కార్డులు వారి అంతర్గత ప్రేరణను ఎంత మొద్దుబారిపోయేలా చేశాయంటే, గ్రేడెడ్ చేయని నియామకాన్ని ఎదుర్కొన్నప్పుడు వారి దృష్టి ఆవిరైపోతుంది.

అన్నిటికంటే పెద్ద మార్పు గురించి ఏమీ చెప్పలేము: తల్లిదండ్రులు తమ పిల్లలతో ఎక్కువ సమయం ఇలా గడుపుతారు. చదవడానికి సమయం, హోంవర్క్ లో సహాయపడే సమయం, వారిని స్పోర్ట్స్ ప్రాక్టీస్ కు తీసుకెళ్లాల్సిన సమయం. నెదర్లాండ్స్ లో, ఈ రోజుల్లో పేరెంటింగ్ కు వెచ్చించిన సమయం 1980వ దశకంలో కంటే 150 శాతం ఎక్కువ. అమెరికాలో, పనిచేసే తల్లులు 1970వ దశకంలో ఇంటి వద్దనే ఉండే తల్లుల కంటే నేడు తమ పిల్లలతో ఎక్కువ సమయం గడుపుతున్నారు. ఎందువల్ల? ఈ షిఫ్ట్ వెనుక ఏముంది? ఇది తల్లిదండ్రులు అకస్మాత్తుగా అధిక సమయం పొందినట్లు కాదు. దీనికి విరుద్ధంగా, 1980 ల నుండి ప్రతిచోటా తల్లిదండ్రులు కష్టపడి పనిచేస్తున్నారు. బహుశా అది కీలకం కావచ్చు: ప్రతిదానికీ ఖర్చు పెట్టిన పనిపై స్థిరీకరణ. విద్యా విధాన నిర్ణేతలు ర్యాంకింగ్ లు, ఎదుగుదలను నెట్టడం ప్రారంభించడంతో, తల్లిదండ్రులు, పాఠశాలలు కూడా పరీక్ష, ఫలితాలపై ఎక్కువగా దృష్టి కేంద్రీకరిస్తున్నారు.

పిల్లలు ఇప్పుడు సామర్థ్యం, వాగ్దానం కుప్పలు కుప్పలుగా ఉన్నవారికి, తక్కువ ఉన్నవారికి మధ్య చిన్న వయస్సులో వర్గీకరించబడుతున్నారు.

నా కుమార్తె తగినంత సవాలు చేయబడిందా? నా కుమారుడు తన తోటివారితో కొనసాగుతున్నాడా? వారు విశ్వవిద్యాలయంలో ఆమోదించబడతారా?వంటి అలోచనలతో. తల్లిదండ్రులు ఆందోళన చెందుతున్నారు: 10,000 మంది అమెరికన్ విద్యార్థులలో ఇటీవల జరిపిన ఒక అధ్యయనంలో, 80 శాతం మంది తమ తల్లిదండ్రులు కరుణ, దయ వంటి లక్షణాల కంటే మంచి గ్రేడ్ల గురించి ఎక్కువ ఆందోళన చెందుతున్నారని చెప్పారు. అదే సమయంలో, స్పాంటేనిటీ,ఉల్లాసం. వంటి విలువైనదేదో జారిపోతుందనే భావం కూడా విస్తృతంగా ఉంది. సాధించడంలో ఎదురయే ఒత్తిళ్లపై తల్లిదండ్రులుగా, మీరు మిమ్మల్ని, మీ బిడ్డను ఎలా గట్టి పరుచుకోవాలనే చిట్కాలతో దాడి చేయాల్సి ఉంటుంది. తక్కువ పని చేయడం, మరింత బుద్ధిపూర్వకంగా ఎలా ఉండాలనే దానిపై ఈ మొత్తం శైలి ఆధారపడి ఉంది. కానీ ఒక చిన్న స్వీయ-సహాయం దానిని కట్ చేయకపోతే ఏం జరుగుతుంది?

ఏం జరుగుతుందో మరింత మెరుగ్గా అర్థం చేసుకోవడానికి, ఆట అంటే ఏమిటో మనం నిర్వచించాలి. ఆట అనేది స్థిరమైన నియమ నిబంధనలకు లోబడి ఉండదు, కానీ బహిరంగంగా, అపరిమితంగా ఉంటుంది. ఇది ప్రక్కన తల్లిదండ్రులు అరుస్తున్న క్రీడామైదానం కాదు; తల్లిదండ్రుల పర్యవేక్షణ లేకుండా పిల్లలు బయట ఉల్లాసంగా ఉంటారు, వారు వెళ్ళేటప్పుడు వారి స్వంత ఆటలను తయారు చేసుకుంటారు.

పిల్లలు ఈ రకమైన ఆటలో నిమగ్నమైనప్పుడు, వారు తమ గురించి తాము ఆలోచిస్తారు. వారు లైన్ల వెలుపల రిస్క్ లు, రంగును తీసుకుంటారు, ఈ ప్రక్రియలో వారి మనస్సులు, ప్రేరణకు శిక్షణ ఇస్తారు. నిర్మాణాత్మకంగా లేని ఆట కూడా విసుగుకు వ్యతిరేకంగా సహజ నివారణ. ఈ రోజుల్లో మనం పిల్లలకు వివరణాత్మక అసెంబ్లీ సూచనలతో పూర్తి, ఎలక్ట్రానిక్

వంట శబ్దాలతో మైలే కిచెన్ గౌర్మెట్ డీలక్స్ వరకు లెగో® స్టార్ వార్స్ స్నోస్పీడర్ నుండి, అన్ని రకాల తయారీ వినోదాన్ని ఇస్తున్నాం,

విషయం ఏమిటంటే, ప్రతిదీ ముందస్తుగానే జరిగితే, మన స్వంత ఉత్సుకతను, ఊహాశక్తిని మరింత పెంపొందించుకోగలమా? విసుగు అనేది సృజనాత్మకతకు బాగా ఊతమివ్వడం కావచ్చు. మనస్తత్వవేత్త పీటర్ గ్రే ఇలా వ్రాశాడు: 'మీరు సృజనాత్మకతను బోధించలేరు, మీరు చేయగలిగిందల్లా దానిని వికసించనివ్వడమే.' జీవశాస్త్రజ్ఞుల్లో, ఆడుకునే ప్రవృత్తి మన స్వభావంలో లోతుగా పాతుకుపోయి ఉందని ఏకాభిప్రాయం ఉంది. దాదాపు అన్ని క్షీరదాలు ఆడతాయి, అనేక ఇతర జంతువులు కూడా ప్రతిఘటించవు. అలాస్కాలోని రావెన్లు మంచుతో కప్పబడిన పైకప్పులనుండి క్రిందికి విజిల్ వేయడానికి ఇష్టపడతారు. ఆస్ట్రేలియాలోని ఒక సముద్రతీరంలో, మొసళ్ళు తన్నడం కోసం అలలను శోధించడంపై నిఘా పెడతాయి. కెనడియన్ శాస్త్రజ్ఞులు ఖాళీ ఔషధ సీసాల దగ్గర ఆక్టోపస్స్ ఫై రింగ్ వాటర్ జెట్లను ఉపయోగించడం గమనించారు.

ఆ సమయం లోమనకి ఆట చాలా అర్థంలేని ఉపయోగంగా అనిపించవచ్చు

కానీ ఆసక్తికరమైన విషయం ఏమిటంటే, ఇవి అత్యంత తెలివైన జంతువులు, అత్యంత ఉల్లాసభరితమైన ప్రవర్తనను ప్రదర్శిస్తున్నాయి. 3వ అధ్యాయంలో పెంపుడు జంతువులు తమ జీవితాంతం ఆడుకోవడం మనం చూశాం. ఇంకా ఏమిటంటే, హోమో కుక్కపిల్ల ఉన్నంత కాలం మరే ఇతర జాతులు బాల్యాన్ని ఆస్వాదించవు. 'నాటకం జీవితానికి అర్థాన్ని ఇస్తుంది' అని డచ్ చరిత్రకారుడు జోహాన్ హుయింగా 1938 లో వ్రాశాడు. అతను మాకు హోమో లూడెన్స్ – 'ప్లేయింగ్ మ్యాన్' అని నామకరణం చేశాడు. మనం 'సంస్కృతి' అని పిలిచే ప్రతిదీ నాటకంలో ఉద్భవిస్తుంది అని హుయింగా అన్నారు.

మానవ చరిత్రలో చాలా వరకు పిల్లలు తమకు నచ్చినంత ఆడుకోవడానికి అనుమతించబడ్డారని మానవ శాస్త్రవేత్తలు భావిస్తున్నారు. వ్యక్తిగతంగా ప్రతి వేటగాడు-సేకరించే సంస్కృతుల మధ్య వ్యత్యాసాలు గణనీయంగా ఉన్నప్పటికీ, ఆట సంస్కృతి బోర్డు అంతటా చాలా సారూప్యంగా కనిపిస్తుంది. అన్నింటికన్నా ప్రాముఖ్యమైనది యువతరంలో లభించే అపారమైన స్వాతంత్ర్యమే అని పరిశోధకులు చెబుతున్నారు. సంచారజాతులు తాము పిల్లల అభివృద్ధిని నిర్దేశించగలమని అరుదుగా భావిస్తారు కాబట్టి, పిల్లలు పగలంతా, తెల్లవారుజాము నుండి రాత్రి పొద్దుపోయే వరకు ఆడుకోపడానికి అనుమతించబడతారు. కానీ పిల్లలు అసలు పాఠశాలకు వెళ్లకపోతే, వారు జీవితాంతం వయోజనులుగా సిద్ధంగా ఉంటారా? సమాధానం ఏమిటంటే, ఈ సమాజాలలో, ఆడటం, నేర్చుకోవడం రెండూ ఒకటే. పసిబిడ్డలకు నడవడం లేదా మాట్లాడటం నేర్చుకోవడానికి పరీక్షలు లేదా గ్రేడ్లు అవసరం లేదు. ఇది వారికి సహజంగా వస్తుంది, ఎందుకంటే వారు ప్రపంచాన్ని అన్వేషించడానికి ఆసక్తిగా ఉన్నారు. అదేవిధంగా, వేటగాళ్ళుగా ఉన్న పిల్లలు ఆట ద్వారా నేర్చుకుంటారు. కీటకాలను పట్టుకోవడం, విల్లులు, బాణాలు తయారు చేయడం, జంతువుల పిలుపులను అనుకరించడం – అడవిలో చేయడానికి చాలా ఉంది. మనుగడకు మొక్కలు, జంతువుల గురించి అద్భుతమైన జ్ఞానం అవసరం.

అదేవిధంగా, కలిసి ఆడటం ద్వారా పిల్లలు సహకరించడం నేర్చుకుంటారు. వేటగాళ్ల పిల్లలు దాదాపు ఎల్లప్పుడూ మిశ్రమ సమూహాలలో ఆడతారు, బాలురు, బాలికలు అన్ని వయస్సుల వారితో కలిసి ఆడుకుంటారు. చిన్న పిల్లలు పెద్ద పిల్లల నుండి నేర్చుకుంటారు, వారు తమకు తెలిసినదాన్ని ఇతరులకు తెలియచెప్పడం తమ బాధ్యతగా భావిస్తారు. ఈ సమాజాలలో పోటీ ఆటలు వాస్తవంగా వినబడవు అనడంలో ఆశ్చర్యమేమీ లేదు. వయోజన టోర్నమెంట్లకు భిన్నంగా, నిర్మాణాత్మకంగా ఉండని ఆటకు సంబంధించి పాల్గొనేవారు రాజీపడాల్సిన అవసరం ఉంది. ఎవరైనా అసంతృప్తిగా ఉంటే, వారు ఎప్పుడన్నా ఆగిపోవచ్చు (కానీ అప్పుడు ప్రతి ఒక్కరికీ సరదా ముగుస్తుంది).

2

మానవులు ఒకే చోట స్థిరపడటం ప్రారంభించినప్పుడు ఆట సంస్కృతి సమూలమైన మార్పుకు గురైంది. పిల్లలకు, నాగరికత ఆవిర్భావం మనస్సు మొద్దుబారిన వ్యవసాయ కూలీల దగ్గరకు తీసుకువచ్చింది, అలాగే టమోటాలను పెంచడం ఎలాగైతే అవసరమో, పిల్లలను పెంచాల్సిన అవసరం ఉందనే తలంపు కూడా వచ్చింది. ఎందుకంటే పిల్లలు దుష్టులుగా జన్మించివుంటే, మీరు వారి కర్మకు వారిని విడిచిపెట్టలేరు. వారు మొదట నాగరికత ముసుగును పొందవలసిన అవసరం ఉంది, దీనికి ఒక బలమైన హస్తం అవసరం. తల్లిదండ్రులకు పిల్లలను కొట్టాలి అనే తలంపు వ్యవసాయ, నగరవాసుల పూర్వీకుల మధ్య ఉన్నప్పట్నుంచి, అంటే ఈ మధ్యనే పుట్టింది. మొదట నగరాలు, రాష్ట్రాల ఆవిర్భావంతో మొదటి విద్యా వ్యవస్థలు వచ్చాయి. చర్చికి భక్తిగల అనుచరులు, సైన్యానికి విధేయులైన సైనికులు, ప్రభుత్వానికి కష్టపడి పనిచేసేవారు అవసరం. ఆట శత్రువు, అని ముగ్గురూ అంగీకరించారు. 'ఆటకు సమయాన్ని కూడా మనం అనుమతించం' అని ఆంగ్ల మతగురువు జాన్ వెస్లీ (1703-91) తన పాఠశాలల కోసం ఏర్పాటు చేసిన నియమాలలో పేర్కొన్నాడు. 'బాలుడుగా ఉన్నప్పుడు ఆడుకునేవాడు పెద్దయిన తర్వాత కూడా ఆడతాడు.'

ఒక చరిత్రకారుడి మాటల్లో చెప్పాలంటే పంతొమ్మిదవ శతాబ్దంలో మతసంబంధమైన విద్య లేదు. రాజ్య వ్యవస్థలు ప్రవేశపెట్టిన తర్వాతే మత సంబంధమైన విద్య ప్రవేశపెట్టబడింది, 'ఉదయం 10:20 సమయంలో, ఫ్రాన్స్‌లో దాదాపు ఒక వయస్సులో ఉన్న విద్యార్థులందరూ ఏ విధంగా చదువుతున్నారో తనకు ఖచ్చితంగా తెలుసునని ఒక ఫ్రెంచ్ విద్యామంత్రి గొప్పలు చెప్పుకోగలిగాడు.' మంచి పౌరసత్వాన్ని చిన్నవయసు నుండే ప్రజల్లోకి చొప్పించాల్సి వచ్చింది, ఆ పౌరులు కూడా తమ దేశాన్ని ప్రేమించడం నేర్చుకోవాల్సి వచ్చింది. ఫ్రాన్స్, ఇటలీ, జర్మనీలు అన్నీ పటంలో కనుగొనబడ్డాయి. ఇప్పుడు ఫ్రెంచివారిని, ఇటాలియన్లను, జర్మన్లను తయారుచేసే సమయం ఆసన్నమైంది.

పారిశ్రామిక విప్లవ సమయంలో, తయారీ శ్రమలో ఎక్కువ భాగం యంత్రాలకు అప్పగించబడింది. (ప్రతిచోటా కాదు, వాస్తవానికి – బంగ్లాదేశ్ లో పిల్లలు ఇప్పటికీ తమ

ఉత్పత్తులను చేయడానికి కుట్టు యంత్రాలను ఉపయోగిస్తారు.) అది విద్య లక్ష్యాన్ని మార్చింది. ఇప్పుడు, పిల్లలు చదవడం, రాయడం, డిజైన్ చేయడం, నిర్వహించడం నేర్చుకోవాలి, తద్వారా వారు పెరిగి పెద్దవారైనప్పుడు తమ స్వంత మార్గంలో జీవించగలుగుతారు.

పందొమ్మిదవ శతాబ్దం చివరి వరకు పిల్లలకు మళ్ళీ ఆడుకోవడానికి ఎక్కువ సమయం లేదు. చరిత్రకారులు ఈ కాలాన్ని నిర్మాణాత్మకంగా లేని ఆట స్వర్ణయుగం అని పిలుస్తారు, బాలకార్మికులను నిషేధించారు. ఎక్కువమంది తల్లిదండ్రులు తమ పిల్లలను వారి మానానికి వారిని వదిలేశారు. యూరప్, ఉత్తర అమెరికాలోని అనేక ప్రాంతాల్లో ఎవరూ వారి మీద ఒక కన్నేసి ఉంచడానికి కూడా ప్రయత్నించలేదు, పిల్లలు రోజంతా స్వేచ్ఛగా తిరుగుతూనే ఉండేవారు.

అయితే, 1980వ దశకం, ఆ తర్వాతి కాలం నుండి పనిస్థలంలోను, తరగతి గదుల్లోను జీవితం క్రమక్రమంగా బిజీగా ఉండడంతో ఈ బంగారు దినాలు కొంతకాలం మాత్రమే ఉన్నాయి. వ్యక్తిగతవాదం, సాధించే సంస్కృతి ప్రాధాన్యతను పొందాయి. కుటుంబాలు చిన్నవిగా పెరిగాయి, తమ సంతానం గ్రేడ్ను సాధిస్తుందా లేదా అని తల్లిదండ్రులు చింతించడం ప్రారంభించారు. ఇప్పుడు చాలా ఉల్లాసంగా ఉన్న పిల్లలను వైద్యుడి వద్దకు కూడా పంపిస్తున్నారు. ఇటీవలి దశాబ్దాల్లో, ప్రవర్తనా రుగ్మతల రోగనిర్ధారణలు విపరీతంగా పెరిగాయి, వీటిలో బహుశా ఉత్తమ ఉదాహరణ ఎడిహెచ్ డి. ఇదొక్కటే రుగ్మత, నేను ఒకసారి ఒక సైకియాట్రిస్ట్ వ్యాఖ్యను విన్నాను, అది కాలానుగుణమైనది: వేసవి సెలవులలో తక్కువగా కనిపించేది. పాఠశాలలు తిరిగి ప్రారంభమైనప్పుడు ఎక్కువ మంది పిల్లలకు రిటాలిన్ (డిప్రెషన్ కి వాడే మందు) మోతాదు పెంచాల్సిన అవసరం ఏర్పడేది

నిజమే, మనం వంద సంవత్సరాల క్రితం కంటే ఈ రోజు పిల్లలతో చాలా తక్కువ కఠినంగా ఉన్నాం, పాఠశాలలు పందొమ్మిదవ శతాబ్దం నాటి వాటితో పోలిన జైళ్లు కావు. చెడుగా ప్రవర్తించే పిల్లలకు చెంపదెబ్బకు బదులు ఒక మాత్ర. పాఠశాలలు ఇకపై బలవంతంగా విశ్వాసాలను బోధించవు, కానీ మునుపెన్నడూ లేనంత వైవిధ్యభరితమైన పాఠ్యప్రణాళికను బోధిస్తాయి, సాధ్యమైనంత ఎక్కువ జ్ఞానాన్ని విద్యార్థులకు బదిలీ చేస్తాయి, తద్వారా వారు 'నాలెడ్జ్ ఎకానమీ'లో మంచి వేతనంతో కూడిన ఉద్యోగాలను పొందగలుగుతారు.

విద్య భరించాల్సిన విషయంగా మారింది. మన సాధన–ఆధారిత సమాజం నియమాలను అంతర్గతం చేసే ఒక కొత్త తరం వస్తోంది. ఇది ఎడతెగని పిచ్చి పరుగును నడపడం నేర్చుకునే తరం, ఇక్కడ విజయం ప్రధాన కొలమానాలు మీ అర్హత,సామర్థ్య వివరాలు, మీ వేతనం. ఒక తరం వెలుపల రంగు వేయడానికి,కలలు కనడానికి లేదా ధైర్యం చేయడానికి, ఊహలు లేదా అన్వేషించడానికి తక్కువ మొగ్గు చూపుతుంది. మరో తరం, సంక్షిప్తంగా, అది ఎలా ఆడాలో మర్చిపోతోంది.

3

మరో మార్గం ఉందా? స్వేచ్ఛ, సృజనాత్మకతకు ఎక్కువ స్థలం ఉన్న సమాజానికి మనం తిరిగి వెళ్ళగలమా? ఆటస్థలాలను నిర్మించగలమా? పాఠశాలలను రూపొందించగలమా?, అంతేగాదు అందుకు బదులుగా, ఆడాల్సిన మన అవసరానికి వేసిన సంకెళ్లు తొలగించగలమా? సమాధానం అవును, అవును, అవును. కార్ల్ థియోడర్ సోరెన్సెన్, ఒక డానిష్ ల్యాండ్ స్కేప్ ఆర్కిటెక్ట్, అప్పటికే కొన్ని ఆటస్థలాలను రూపొందించాడు, వారు పిల్లలు తెలివితక్కువగా విసుగు చెందారని గ్రహించడానికి ముందు. శాండ్ బాక్స్ లు, స్లైడ్ లు, స్వింగ్ లు... సగటు ఆటస్థలం అనేది ఒక బ్యూరోక్రాట్ కల, ఒక పిల్లవాడి పీడకల. పిల్లలు స్క్రాప్ ను నిలువ చేసే స్థలాలలో, నిర్మాణ స్థలాలలో ఆడటానికి ఇష్టపడతారని సోరెన్సెన్ అనుకున్నాడు.

ఆ సమయంలో పూర్తిగా క్రొత్తదాన్ని రూపొందించడానికి ఇది అతనికి ప్రేరణనిచ్చింది: నియమాలు లేదా భద్రతా నిబంధనలు లేని ఆటస్థలం. పిల్లలు తమంతట తాముగా బాధ్యత వహించే ప్రదేశం.

1943 లో, జర్మన్ ఆక్రమణ మధ్యలో, సోరెన్సెన్ తన ఆలోచనను కోపెన్ హాగన్ శివారు ప్రాంతమైన ఎమ్డ్రుప్లో పరీక్షించాడు. అతను 75,000 చదరపు అడుగుల స్థలాన్ని విరిగిన కార్లు, కట్టెలు పాత టైర్లతో నింపాడు. పిల్లలు సుత్తులు, ఉలులు, స్క్రూడ్రైవర్లతో పగులగొట్టవచ్చు, కొట్టవచ్చు. టింకర్ చేయవచ్చు. వారు చెట్లను ఎక్కవచ్చు, అగ్నిమాపకాలను నిర్మించవచ్చు, గుంతలు తవ్వవచ్చు.గుడిసెలు వేయవచ్చు. లేదా, సోరెన్సెన్ తరువాత చెప్పినట్లుగా: వారు 'కలలు కనవచ్చు. ఊహించవచ్చు. కలలు, ఊహను నిజం చేయగలవు'.

అతని 'జంక్ ప్లేగ్రౌండ్' అద్భుతమైన విజయం సాధించింది, సగటున రోజుకు రెండు వందల మంది పిల్లలను ఎమ్డ్రుప్ వైపు ఆకర్షించింది. కొంతమంది 'ఇబ్బంది పెట్టేవారివల్ల' కూడా, 'నిస్తేజమైన ఆటస్థలాలలో కనిపించే శబ్దం, అరుపులు, పోరాటాలు లేవు, ఎందుకంటే అవకాశాలు చాలా గొప్పవి, పిల్లలు పోరాడాల్సిన అవసరం లేదు' అనే విషయం దాదాపు వెంటనే స్పష్టమైంది. విషయాలపై నిఘా ఉంచడానికి ఒక 'క్రీడానాయకుణ్ణి' నియమించారు, ఆయన నిశ్శబ్దంగా పరిశీలిస్తుండేవాడు. 'నేను పిల్లలకు ఏమీ బోధించలేను, వారికి ఏమీ చెప్పను', అని మొదటి క్రీడా నాయకుడు జాన్ బెర్టెల్సన్ ప్రతిజ్ఞ చేశాడు.

యుద్ధం ముగిసిన కొన్ని నెలల తరువాత, ఒక బ్రిటిష్ ల్యాండ్ స్కేప్ వాస్తుశిల్పి ఎమ్డ్రుప్ ను సందర్శించాడు: హర్ట్ వుడ్ కు చెందిన లేడీ అలెన్ అక్కడ తనకు ఎదురైన దానితో 'నా పాదాలు పూర్తిగా కొట్టుకుపోయాయని' అంగీకరించింది. ఆ తర్వాతి సంవత్సరాల్లో, 'విరిగిన ఆత్మకంటె విరిగిన ఎముక మంచిది' అని జపిస్తూ, జంతువుల సువార్తను వ్యాప్తి చేయడానికి ఆమె తన ప్రభావాన్ని ఉపయోగించింది. త్వరలోనే, లండన్ నుండి లివర్పూల్ వరకు, కోవెంట్రీ నుండి లీడ్స్ వరకు బ్రిటన్లోని పిల్లల కోసం బాంబ్సైట్లు తెరవబడ్డాయి. జర్మన్ బాంబర్ల మరణం, నాశనంతో ఇటీవల ప్రతిధ్వనించిన ప్రాంతాల్లో ఇప్పుడు ఆనందభరితమైన అరుపులు ధ్వనించాయి. కొత్త ఆటస్థలాలు బ్రిటన్ పునర్నిర్మాణానికి ఒక రూపకం, దాని స్థితిస్థాపకతకు నిదర్శనంగా మారాయి.

నిజమే, అందరూ ఉత్సాహంగా లేరు. ఈ రకమైన ఆటస్థలాలపై పెద్దలకు ఎల్లప్పుడూ రెండు అభ్యంతరాలు ఉంటాయి. ఒకటి: అవి అసహ్యకరంగా ఉన్నాయి. వాస్తవానికి, వారికి ఇది చాలా మంటగా ఉంది. కానీ తల్లిదండ్రులు రుగ్మతను చూసిన చోట, పిల్లలు అవకాశాలను చూస్తారు. పెద్దలు నిలబడలేని చోట, పిల్లలు విసుగు చెందడానికి నిలబడలేరు. అభ్యంతరం రెండు: జంక్ ఆటస్థలాలు ప్రమాదకరమైనవి. ఎమ్డుప్ (మున్సిపాలిటీ స్థలం) విరిగిన ఎముకలు, దెబ్బతిన్న మెదడుల ఊరేగింపుకు దారితీస్తుందని ప్రాణాలతో బయటపడిన తల్లిదండ్రులు భయపడ్డారు. కానీ ఒక సంవత్సరం తర్వాత, ఘోరమైన గాయాలు అతుక్కోవడం తప్ప మరింత తీవ్రమైనది ఏమీ జరగలేదు. ఒక బ్రిటిష్ బీమా కంపెనీ ఎంతగా ప్రభావితమైందంటే, జంక్ ఆటస్థలాలకు ప్రామాణికమైన వాటికంటే తక్కువ ప్రీమియంలు వసూలు చేయడం ప్రారంభించింది.

అయినప్పటికీ, 1980 ల నాటికి, బ్రిటన్లో సాహస క్రీడా మైదానాలు అని పిలువబడేవి ఇబ్బంది పడటం ప్రారంభించాయి. భద్రతా నిబంధనలు విస్తరిస్తున్న కొద్దీ, తయారీదారులు తాము ఒక హత్య చేయగల స్వీయ-శైలి 'సురక్షితమైన' పరికరాల మార్కెటింగ్ తయారు చేయగలమని గ్రహించారు. పర్యవసానం? నలభై సంవత్సరాల క్రితం కంటే ఈ రోజుల్లో ఎమ్డుప్ (మునిసిపాలిటీ స్థలం)లు గణనీయంగా తక్కువగా ఉన్నాయి.

అయితే, ఇటీవల కార్ల్ థియోడర్ సోరెన్సెన్ పాత ఆలోచనపై ఆసక్తి పునరుద్ధరించబడింది. సరిగ్గా అలా. నిర్మాణాత్మకంగా లేని, ప్రమాదకరమైన ఆట పిల్లల శారీరక, మానసిక శ్రేయస్సుకు మంచిదని సైన్స్ ఇప్పుడు ఒక పర్వతారోహణను అందించింది. నేను గ్రహించేందుకు సహాయం చేసిన అన్ని విషయాల్లో, జంక్ ప్లేగ్రౌండ్ అత్యంత వికారమైనదే అయినా, నా దృష్టిలో అది అత్యంత శ్రేష్ఠమైనది, అత్యంత అందమైనది' అని సోరెన్సెన్ చివరిలో ముగించాడు.

4

పిల్లలు ఆరుబయట ఎక్కువ స్వేచ్ఛను పొందగలిగినప్పుడు, ఇంటి లోపల సంగతి ఏమిటి? చాలా పాఠశాలలు ఇప్పటికీ మహిమాన్వితమైన కర్మాగారాల వలె నడుస్తున్నాయి, గంటలు, టైంటేబుల్స్, పరీక్షల చుట్టూ నిర్వహించబడతాయి. కానీ పిల్లలు ఆటల ద్వారా నేర్చుకుంటే, మోడల్ విద్య ఎందుకు సరిపోదు? కొన్ని సంవత్సరాల క్రితం, కళాకారుడు, పాఠశాల డైరెక్టర్ అయిన స్జేఫ్ డ్రమ్మెన్‌కి ఎదురైన ప్రశ్న ఇది.

డ్రమ్మెన్ ఆటల విషయంలో నైపుణ్యాన్ని ఎన్నడూ కోల్పోని వ్యక్తులలో ఒకరు, ఎల్లప్పుడూ నియమాలు, అధికారం పట్ల విరక్తి కలిగి ఉంటారు. అతను నన్ను రైల్వే స్టేషన్ నుండి పికప్ చేసుకోవడానికి వచ్చినప్పుడు, తన కారును బైక్ మార్గానికి అడ్డంగా పార్క్ చేసి వదిలివేసాడు. నాలాగే అతని బందీ ప్రేక్షకులకు, అతను ఏకపాత్రాభినయాన్ని ప్రారంభించాడు.

అది కొన్ని గంటల పాటు సాగుతుంది. అప్పుడప్పుడు నేను ఒక ప్రశ్నలో చిక్కుకుంటున్నాను. అతను తన పాయింట్ ను ముందుకు నెట్టినందుకు అపఖ్యాతిని నవ్వుతూ అంగీకరించాడు. కానీ డ్రమ్మెన్ ఇచ్చిన గాబ్ బహుమతి కాదు, నెదర్లాండ్స్ దక్షిణ ప్రాంతాలలోని రోర్మండ్ నగరంలో అసాధారణమైన ఏదో జరుగుతోంది కాబట్టి రైలులో ఇక్కడికి వచ్చాను.

క్లాసులు లేదా క్లాస్ రూమ్ లు లేని స్కూలును చిత్రీకరించడానికి ప్రయత్నించండి. హోంవర్క్ లేదా గ్రేడ్ లు లేవు. వైస్ ప్రిన్సిపాల్స్, టీమ్ లీడర్ల హైరార్కీ లేదు – స్వయంప్రతిపత్తి కలిగిన టీచర్ల బృందాలు మాత్రమే (లేదా 'కోచ్ లు' అని పిలుస్తారు). వాస్తవానికి, విద్యార్థులే బాధ్యత వహిస్తారు. ఈ పాఠశాలలో, డైరెక్టర్ క్రమం తప్పకుండా తన కార్యాలయం నుండి బయటకు పంపించి వేయబడతాడు. ఎందుకంటే పిల్లలకు మీటింగ్ కోసం ఇది అవసరం. లేదు, ఇది జానీ తల్లిదండ్రులతో ఆఫ్-బీట్ విద్యార్థుల కోసం వున్న ఎలైట్ ప్రైవేట్ పాఠశాలలలో ఒకటి కాదు. ఈ పాఠశాల అన్ని నేపథ్యాల నుండి పిల్లలను నమోదు చేస్తుంది. దాని పేరు? అగోరా.

ఇవన్నీ 2014 లో ప్రారంభమయ్యాయి, పాఠశాల విభజన గోడలను కూల్చివేయాలని నిర్ణయించుకున్నప్పుడు. (డ్రమ్ మెన్: 'పిల్లలను బోనుల్లో పడుకోబెట్టండి. వారు ఎలుకల్లా ప్రవర్తిస్తారు.') తరువాత, అన్ని స్థాయిల పిల్లలను ఒకచోట చేర్చారు. ('ఎందుకంటే వాస్తవ ప్రపంచం ఎలా ఉంటుందో అలా ఉంటుంది.') అప్పుడు ప్రతి విద్యార్థి ఒక వ్యక్తిగత ప్రణాళికను రూపొందించాల్సి వచ్చింది. ('మీ స్కూలులో వెయ్యి మంది పిల్లలు ఉన్నట్లయితే, అప్పుడు మీకు వెయ్యి అభ్యసనా మార్గాలు ఉన్నాయి.') ఫలితం?

పాఠశాలలోకి ప్రవేశించినప్పుడు, మొదట గుర్తుకు వచ్చేది జంక్ ప్లేగ్రౌండ్. బోర్డుకు అభిముఖంగా వరుసలో ఉన్న సీట్ల వరుసల కంటే, మెరుగుపరిచిన బల్లలు, అక్వేరియం, టుటాన్ ఖమున్ సమాధి ప్రతిరూపం, గ్రీకు స్తంభాలు, బంక్ మంచం, ఒక చైనీస్ డ్రాగన్, స్కై-బ్లూ '69 కాడిలాక్ ముందు భాగం రంగురంగుల గందరగోళాన్ని చూశాను. అగోరా వద్ద విద్యార్థులలో ఒకరు బ్రెంట్. ఇప్పుడు అతనికి పదిహేడు సంవత్సరాలు, కొన్ని సంవత్సరాల క్రితం వరకు అతను ఒక ద్విభాషా కళాశాల ప్రిపరేషన్ పాఠశాలకు హాజరయ్యాడు, అక్కడ అతను ఫ్రెంచ్, జర్మన్లో ఫెయిల్ అయాడు. మిగతా అన్నింటిలో మంచి గ్రేడ్లు సంపాదించాడు. డచ్ త్రీ-ట్రాక్ వ్యవస్థ క్రింద, బ్రెంట్ ఒక సాధారణ మాధ్యమిక విద్య ట్రాక్ కు బదిలీ చేయబడ్డాడు. తరువాత, అతను వెనుకబడి ఉన్నప్పుడు, ఒకేషనల్ ట్రాక్ కు బదిలీ చేయబడ్డాడు.

'వారు నాతో చెప్పినప్పుడు, నేను కోపంగా ఇంటికి పరిగెత్తాను. నాకు మెక్ డొనాల్డ్స్ లో ఉద్యోగం వస్తోందని మా అమ్మకు చెప్పాను.' కానీ స్నేహితుల స్నేహితులకు ధన్యవాదాలు, బ్రెంట్ అగోరాకు అంకితమైనాడు. అక్కడ అతను కోరుకున్నది నేర్చుకోవడానికి స్వేచ్ఛగా ఉన్నాడు. ఇప్పుడు అతనికి అణుబాంబు గురించి అన్ని తెలుసు, తన మొదటి వ్యాపార ప్రణాళికను రూపొందిస్తున్నాడు. జర్మన్ భాషలో సంభాషణను కొనసాగించగలడు. షాంఘైలోని మాండ్రాగన్ విశ్వవిద్యాలయంలో ఒక అంతర్జాతీయ కార్యక్రమంలో కూడా

అతను పాల్గొనడానికి అనుమతించబడ్డాడు. అతని కోచ్ రాబ్ హౌబెన్ ప్రకారం, బ్రెంట్ కళాశాలలో తన ప్రవేశాన్ని ప్రకటించడంలో సంఘర్షణకు గురయ్యాడు. "నా కోసం చేసిన ప్రతిదానికి ఈ పాఠశాలకు తిరిగి నేను ఇవ్వాలనుకుంటున్నాను" అని అతను నాతో అన్నాడు.

లేదా పద్నాలుగేళ్ల వయసున్న ఏంజెలిక్ ను తీసుకోండి. ఆమె ప్రాథమిక పాఠశాల ఆమెను వృత్తి విద్యకు పంపింది, కాని అమ్మాయి భయంకరమైన విశ్లేషణాత్మకంగా ఉంది. ఆమె కొన్ని కారణాల వల్ల కొరియాపై మక్కువ కలిగి ఉంది. అక్కడ చదువుకోవడం ప్రారంభించింది, ఇప్పటికే తనకు తానుగా కొంత భాషను నేర్చుకుంది. ఏంజెలిక్ శాకాహారి, మాంసం తినేవారిపై కాల్పులు జరపడానికి సంబంధించిన వాదనల మొత్తం పుస్తకాన్ని సంకలనం చేసింది. (కోచ్ రాబ్: 'నేను ఎప్పుడూ ఆ చర్చలను కోల్పోతాను.') ప్రతి విద్యార్థికి ఒక కథ ఉంటుంది. పద్నాలుగు సంవత్సరాల రాఫెల్ కు ప్రోగ్రామింగ్ అంటే చాలా ఇష్టం.

అతను డచ్ ఓపెన్ యూనివర్శిటీ వెబ్ సైట్ లో కనుగొన్న సెక్యూరిటీ లీక్ ను నాకు చూపించాడు. అతను వెబ్ మాస్టర్ కు తెలియజేశాడు, కానీ అది ఇంకా పరిష్కరించబడలేదు. రాఫెల్ నవ్వుతూ నాతో, 'నేను అతని దృష్టిని ఆకర్షించాలనుకుంటే, నేను అతని వ్యక్తిగత పాస్ వర్డ్ ను మార్చగలను' అని చెప్పాడు. ఏదైనా తొలుత వర్క్ చేసిన ఒక కంపెనీ వెబ్ సైట్ ని నాకు చూపించినప్పుడు, తన సమస్య కొరకు వాటిని బిల్లింగ్ చేయకూడదా అని అతనిని అడిగితే రాఫెల్ నా వంక అదోలా చూసాడు. 'ఏమిటి, నా ప్రేరణను కోల్పోమంటావా?' వారి ఉద్దేశ్యం కంటే, ఈ పిల్లల గురించి నన్ను ఎక్కువగా ఆకట్టుకున్నది వారి మధ్య గల సహకార భావం. నేను మాట్లాడే విద్యార్థుల్లో చాలామంది బహుశా నా పాత పాఠశాలలో నిర్దాక్షిణ్యంగా ఎంపిక చేయబడి ఉండవచ్చు. కానీ అగోరా వద్ద ఎవరూ వేధింపులకు గురికారు, నాతో మాట్లాడే ప్రతి ఒక్కరూ చెప్పేదొక్కటే. 'మేము ఒకరినొకరం సరిదిద్దుకున్నాం' అని. పధ్నాలుగేళ్ల వయసున్న మిలో కూడా అదే చెప్పాడు.

బెదిరింపు తరచుగా మన స్వభావానికున్న ఒక చమత్కారంగా పరిగణించబడుతుంది; అది పిల్లవాడుగా ఉండటంలో భాగం, అంతే కాదు సంవత్సరాలుగా బెదిరింపు స్థానికంగా ఉన్న ప్రదేశాలపై విస్తృతమైన పరిశోధనలను సంకలనం చేసిన సామాజిక శాస్త్రవేత్తలు ఇదే, అంటున్నారు. వారు ఈ మొత్తాన్ని సంస్థలని పిలుస్తారు. 31,

సామాజిక శాస్త్రవేత్త ఎర్వింగ్ గాఫ్ మాన్, దాదాపు యాభై సంవత్సరాల క్రితం వ్రాస్తూ, వాటిని ఇలా వర్ణించాడు:

- ప్రతి ఒక్కరూ ఒకే స్థలంలో నివసిస్తున్నారు, వారు ఒకే అధికారానికి లోబడి ఉంటారు.
- అన్ని కార్యకలాపాలు కలిసి నిర్వహించబడతాయి. ప్రతి ఒక్కరూ ఒకే పనిని చేస్తారు.
- కార్యకలాపాలు తరచుగా ఒక గంట నుంచి మరో గంట వరకు కఠినంగా షెడ్యూల్ చేయబడతాయి,.
- ఒక అధికారిచే విధించబడిన స్పష్టమైన, అధికారిక నియమాల వ్యవస్థ ఉంది.

వాస్తవానికి, అంతిమ ఉదాహరణ ఒక జైలు, ఇక్కడ బెదిరింపులు విపరీతంగా ఉంటాయి. కానీ మొత్తం సంస్థలు నర్సింగ్ హోమ్స్ వంటి ఇతర ప్రదేశాలలో కూడా కనిపిస్తాయి. బింగో ఆడే సందర్భంలో పెద్ద వయసుస్‌వాళ్లను ఒకచోట సమూహంగా కలిగి ఉంచినప్పుడు ఒక కులం వాళ్లందరూ జట్టుగా ఏర్పడిన దాఖలాలు ఉన్నాయి– అందుకే ఓ అమెరికన్ నిపుణుడు బింగోని ''రాక్షస క్రీడ'' గా అభివర్ణించాడు.

బెదిరింపు బింగోను 'డెవిల్స్ గేమ్' అని కూడా పిలిచాడు.

అలాగే పాఠశాలలు కూడా ఉన్నాయి. విలక్షణమైన బ్రిటిష్ బోర్డింగ్ స్కూళ్లలో (విలియం గోల్డింగ్ లార్డ్ ఆఫ్ ది ఫ్లైస్ ను ప్రేరేపించిన రకం) వేధింపులు అత్యంత విస్తృతంగా ఉన్నాయి. 34 ఆశ్చర్యకరమైన విషయం ఏమిటంటే: ఈ పాఠశాలలు చెరసాలల్లాగా ఉండవు. కానీ మీరు వీటిని విడిచి పెట్టలేరు, మీరు స్పష్టమైన సోపానక్రమంలో స్థానం సంపాదించాలి, విద్యార్థులు, సిబ్బంది మధ్య కఠినమైన విభజన ఉంది. ఈ పోటీ సంస్థలు బ్రిటన్ ఉన్నత స్థాయి స్థాపనలో భాగం – చాలా మంది లండన్ రాజకీయ నాయకులు బోర్డింగ్ పాఠశాలల నుండి వచ్చినవారే – కాని విద్యా శాస్త్రవేత్తల ప్రకారం, అవి మన ఉల్లాసభరితమైన స్వభావాన్ని అడ్డుకుంటాయి.

శుభవార్త ఏమిటంటే విషయాలు భిన్నంగా ఉండవచ్చు. అగోరా వంటి నిర్మాణాత్మక పాఠశాలల్లో బెదిరింపు ఆచరణాత్మకంగా ఉనికిలో లేదు. ఇక్కడ, మీకు అవసరమైనప్పుడల్లా ఊపిరి తీసుకోవచ్చు: తలుపులు ఎల్లప్పుడూ తెరిచి ఉంటాయి. మరీ ముఖ్యంగా, ఇక్కడ ప్రతి ఒక్కరూ భిన్నంగా ఉన్నారు. వ్యత్యాసం సాధారణం, ఎందుకంటే అన్ని వయస్సుల పిల్లల సామర్థ్యాలు స్థాయిలు కలిసిపోతాయి.

'నా పాత పాఠశాలలో, మీరు పిల్లలతో మాట్లాడలేదు' అని బ్రెంట్ చెప్పాడు

వొకేషనల్ ఎడ్.' అప్పుడు అతను, జోప్ (పదిహేను) నాకు సమయం గురించి చెప్పారు

నోహ్ (పదిహేను, నిజానికి వృత్తి విద్యా కార్యక్రమంలో ఉంచబడింది)

వారికి అంతగా లేని నైపుణ్యం గురించి ఉపన్యాసం ఇచ్చారు: ప్రణాళిక. 'నోహ్

తన జీవితంలో సగం,వచ్చే ఏడాదిన్నర అంతా ప్లాన్ చేసుకున్నాడు. 'మేము చాలా నేర్చుకున్నాం.' అని జోప్ వివరించాడు.

నేను అగోరా చుట్టూ తిరుగుతున్నంత సేపు, వయస్సు సామర్థ్యాన్ని బట్టి పిల్లలను కలపడం ఎంత వెర్రి అనేది నాకు స్పష్టమవుతూ వచ్చింది. నిపుణులు చాలా సంవత్సరాలుగా జనాభాలో బాగా చదువుకున్న వారు తక్కువ విద్యావంతులైన విభాగాలు మధ్య పెరుగుతున్న అంతరం గురించి హెచ్చరిస్తున్నారు కానీ వాస్తవానికి ఈ చీలిక అసలు ఎక్కడ మొదలవుతోంది? ఈ అంతరాన్ని నేను చూడలేదని జోలీ (పద్నాలుగు) చెప్పింది. ఆనర్స్ కిడ్స్ అని పిలవబడే వారి కంటే చాలా ఎక్కువ అర్థం ఉంది అని వృత్తి విద్యార్థులు చెప్పే విషయాలు నేను విన్నాను

లేదా పాఠశాలలు రోజులను కాలవ్యవధులలో నిర్ణయించే పద్ధతిని తీసుకోండి. 'పాఠశాలలో మాత్రమే లోకం విషయ భాగాలుగా విభజించబడింది' అని కోచ్ రాబ్

అంటున్నాడు. 'మరెక్కడా అలా జరగదు.' చాలా పాఠశాలల్లో, ఒక విద్యార్థి వారి ప్రవాహాన్ని కనుగొన్నప్పుడు, తరువాత తరగతికి గంట మోగుతుంది. నేర్చుకోవడాన్ని నిరుత్సాహపరచడానికి మరింత రిగ్గింగ్ చేసే వ్యవస్థ ఉందా? మీరు తప్పు ఆలోచనను పొందడానికి ముందు, అగోరా లైసెజ్–ఫెయిర్ ఫిలాసఫీని అతిశయోక్తి చేయకుండా ఉండటం ముఖ్యం. పాఠశాల స్వేచ్ఛను ప్రోత్సహించవచ్చు, కానీ ఇది అందరికీ ఉచితం కాదు. ఇంకో కీలకమైన నిర్మాణం ఉంది. ప్రతిరోజూ ఉదయం, ఒక విద్యార్థికి స్కూలు రోజు ప్రారంభమవుతుంది. ప్రతిరోజూ ఒక గంట నిశ్శబ్ద సమయం ఉంటుంది, ప్రతి విద్యార్థి వారానికి ఒకసారి వారి కోచ్ ను కలవాలి. అంతేకాక, అంచనాలు ఎక్కువగా ఉంటాయి, పిల్లలకు అది తెలుసు, వారు వ్యక్తిగత లక్ష్యాలను సెట్ చేయడానికి కోచ్ లతో కలిసి పనిచేస్తారు.

ఈ కోచ్ లు చాలా అవసరం. వారు పోషణ, సవాలు, ప్రోత్సాహం, మార్గనిర్దేశం చేస్తారు. నిజాయితీగా పేర్కొనాలంటే, వారి ఉద్యోగం సాధారణ బోధన కంటే కఠినంగా కనిపిస్తుంది. స్టార్టర్ల కొరకు, వారు టీచర్లుగా తమ ట్రైనింగ్ లో ఎక్కువ భాగం నేర్చుకోవాల్సి ఉంటుంది. 'పిల్లలు నేర్చుకోవాలనుకునే వాటిలో చాలా వరకు, మీరు వారికి బోధించలేరు' అని రాబ్ వివరించాడు. అతను కొరియన్ మాట్లాడడు, ఉదాహరణకు, కంప్యూటర్ ప్రోగ్రామింగ్ గురించి ఏమీ తెలియదు, అయినప్పటికీ అతను ఏంజెలిక్, రాఫెల్ లకు వారి సంబంధిత మార్గాల్లో సహాయం చేశాడు. పెద్ద ప్రశ్న, వాస్తవానికి, : ఈ నమూనా చాలా మంది పిల్లలకు పనిచేస్తుందా?

అగోరాలోని విద్యార్థిలో నమ్మశక్యం కాని వైవిధ్యం ఉంది. అది నమ్మడానికి ప్రతి కారణాన్ని చూస్తున్నాను. అలవాటు పడడానికి కొంతమందికి అవసరమైందని పిల్లలు అంటారు, కానీ తమ కుతూహలం ఎటువైపు నడిపిస్తుందో అక్కడ అనుసరించడం నేర్చుకున్నారు. స్జేఫ్ డ్రమ్మెన్ దానిని డైరీ ఫారాల వద్ద పంజరంలో ఉన్న కోళ్లతో పోలుస్తాడు: 'కొన్ని సంవత్సరాల క్రితం నేను ఒక రైతు నుండి కొన్నిటిని కొన్నాను. నేను వాటిని నా పెరట్లో విడిచిపెట్టినప్పుడు, అవి అక్కడ గంటల తరబడి నిలబడిపోయేవి. కదలడానికి ధైర్యం చేసేవి కావు. అవి కదలడానికి వారం పట్టింది." ఇప్పుడు బ్యాడ్ న్యూస్. ఏ విధమైన రాడికల్ పునరుద్ధరణ అయినా అనివార్యంగా పాత వ్యవస్థతో విభేదిస్తుంది.

నిజం చెప్పాలంటే, అగోరా చాలా భిన్నమైన సమాజం కోసం పిల్లలకు విద్యను అందిస్తున్నారు. స్వయంప్రతిపత్తి, సృజనాత్మకత, నిమగ్నమైన పౌరులుగా మారడానికి వారికి అవకాశం ఇవ్వాలని పాఠశాల కోరుకుంటుంది. కానీ అగోరా ప్రామాణిక పరీక్షా ప్రమాణాలను చేరుకోకపోతే, పాఠశాల తనిఖీలో ఉత్తీర్ణత సాధించదు. ప్రభుత్వ నిధులకు వీడ్కోలు పలకగలదు. అగోరా వంటి చొరవ తీసుకునే సంస్థలకు స్థిరంగా బ్రేకులు వేసే యంత్రాంగం ఇది. కాబట్టి మనం ఇంకా పెద్ద ప్రశ్న అడగాలి: విద్య యొక్క ఉద్దేశ్యం ఏమిటి? మనం మంచి గ్రేడ్లు, మంచి జీతాలతో దూసుకు పోవడం సాధ్యమేనా?

2018 లో ఇద్దరు డచ్ ఆర్థికవేత్తలు ముప్పై ఏడు దేశాలలో ఇరవై ఏడు వేల మంది కార్మికుల సర్వేను విశ్లేషించారు. స్పందించిన వారిలో నాలుగింట ఒక వంతు మంది తమ స్వంత పని ప్రాముఖ్యతను సందేహిస్తున్నారని వారు కనుగొన్నారు. ఈ వ్యక్తులు ఎవరు? వారు

ఖచ్చితంగా క్లీనర్లు, నర్సులు లేదా పోలీసు అధికారులు కాదు. బ్యాంకులు, న్యాయ సంస్థలు, ప్రకటన ఏజెన్సీలు వంటి ప్రదేశాలలో – చాలా 'అర్థరహిత ఉద్యోగాలు' ప్రైవేట్ రంగంలో కేంద్రీకృతమై ఉన్నాయని డేటా చూపిస్తోంది. మన 'నాలెడ్జ్ ఎకానమీ' ప్రమాణాల ఆధారంగా, ఈ ఉద్యోగాలను కలిగి ఉన్న వ్యక్తులు విజయానికి నిర్వచనం. వారు నేరుగా సంపాదిస్తారు, పదునైన లింక్డ్ఇన్ ప్రొఫైల్స్ కలిగి ఉన్నారు. అత్యధిక మొత్తంలో ఉన్న చెల్లింపు చెక్కులను తీసుకుంటారు. వారికున్న అంచనా ప్రకారం, వారు చేసే పని, సమాజానికి నిరుపయోగం.

ప్రపంచం మొద్దుబారిపోయిందా? అతిపెద్ద ప్రతిభావంతులు కెరీర్ నిచ్చెనను అధిరోహించ డంలో సహాయపడటానికి మనం బిలియన్లు ఖర్చు చేస్తాం, కాని ఒకసారి పైకి వచ్చినప్పుడు వారు ఇదంతా దేని కోసం అని తమలో తాము అనుకుంటారు. ఇంతలో, రాజకీయ నాయకులు అంతర్జాతీయ దేశాల ర్యాంకింగ్స్ లో ఉన్నత స్థానాన్ని పొందాల్సిన అవసరాన్ని బోధిస్తారు, మనం మరింత విద్యావంతులం కావాలని, ఎక్కువ డబ్బు సంపాదించాలని, ఆర్థిక వ్యవస్థను మరింత 'వృద్ధి' లోకి తీసుకురావాలని మనకు చెప్తారు. అయితే ఆ డిగ్రీలన్నీ నిజంగా దేనికి ప్రాతినిధ్యం వహిస్తాయి? అవి సృజనాత్మకతకు, ఊహాశక్తికి నిదర్శనమా లేక నిశ్చలంగా కూర్చొని తల ఊపే సామర్థ్యానికి నిదర్శనమా? దశాబ్దాల క్రితం ఇవాన్ ఇల్లిచ్ అనే తత్త్వవేత్త ఇలా అన్నాడు: 'పాఠశాల అనేది ఒక ప్రకటనల సంస్థ, అది మీకు సమాజం ఎలా అవసరమో అలా ఉంటుందని మీరు నమ్మేలా చేస్తుంది.'

అగోరా అనే ప్లేయింగ్ స్కూల్, వేరే మార్గం ఉందని రుజువు చేస్తుంది. ఇది ప్రత్యామ్నాయ కోర్సును చార్ట్ చేస్తున్న పాఠశాలల ఉద్యమంలో భాగం. ప్రజలు విద్య పట్ల వారి విధానాన్ని అపహాస్యం చేయవచ్చు, కానీ అది పని చేయడానికి చాలా ఆధారాలు ఉన్నాయి: ఇంగ్లాండ్, సఫోల్క్ లోని సమ్మర్హిల్ స్కూల్ 1921 నుండి పిల్లలకు సమృద్ధిగా స్వేచ్ఛ ఇవ్వవచ్చని పేర్కొంటోంది. మసాచుసెట్స్ లోని సుడ్బరీ వ్యాలీ స్కూల్ కూడా అలాగే ఉంది, ఇక్కడ 1960 ల నుండి వేలాది మంది పిల్లలు తమ యవ్వనాన్ని గడిపారు, సంతృప్తికరమైన జీవితాలను గడిపారు.

మన పిల్లలు స్వేచ్ఛను సక్రమంగా వినియోగించగలరా? అన్నది ప్రశ్న కాదు.అసలు ప్రశ్న ఏమిటంటే: వారికి స్వేచ్ఛఇచ్చే ధైర్యం మనకు ఉందా? ఇది అత్యవసర ప్రశ్న. 'ఆటకు వ్యతిరేకమైనది పని కాదు' అని మనస్తత్వవేత్త బ్రియాన్ సుట్టన్-స్మిత్ ఒకసారి చెప్పారు. 'ఆటకు వ్యతిరేకమైనది డిప్రెషన్'. ఈ రోజుల్లో, మనలో చాలామంది స్వేచ్ఛగా, ఆట ఆడకుండా, అంతర్గత ప్రేరణ లేకుండా పనిచేస్తుండడం నిరాశ అనే మహమ్మారికి ఆజ్యం పోస్తుంది. ప్రపంచ ఆరోగ్య సంస్థ ప్రకారం, నిరాశ ఇప్పుడు ప్రపంచవ్యాప్త మొదటి వ్యాధిగా ఉంది. మన అతి పెద్ద లోటు బ్యాంకు ఖాతా లేదా బడ్జెట్ షీటులో కాదు, మన లోపల ఉంది. ఇది జీవితాన్ని అర్థవంతంగా చేయగల దాని కొరత. ఆటల కొరత.

అగోరాను సందర్శించడం వల్ల నాకు ఒక ఆశాకిరణం ఉందని పించే భావనను కలుగ చేసింది. తరువాత, స్జేఫ్ డ్రమ్మెన్ తిరిగి స్టేషన్ వద్ద డ్రాప్ చేసినప్పుడు, అతను నన్ను చూసి చిరునవ్వు నవ్వాడు. 'నేను ఈ రోజు నీకు అన్ని చెప్పానని అనుకుంటున్నాను.' నిజమే, కానీ నేను వాటినన్నిటిని తిరిగి అతనికి అప్పచెప్పాలి: అతని పాఠశాల చుట్టూ ఎంతసేపు అయినా నడవండి, కొన్ని పాత ఖచ్చితత్వాలు కూలిపోవడం ప్రారంభించిన భావన కలుగుతుంది.

కానీ ఇప్పుడు నేను అర్థం చేసుకున్నాను: ఇది ప్రారంభానికి తిరిగి వెళ్ళే ప్రయాణం. అగోరాకు వేటగాళ్ళ సమాజాలలా అదే బోధనా తత్వశాస్త్రం ఉంది. పిల్లలు తమ స్వంత పరికరాలకు విడిచిపెట్టినప్పుడు, అన్ని వయస్సులు,సామర్థ్యాలను ఒకచోట చేర్చి, కోచ్ లు, ప్లే లీడర్ ల మద్దతుతో ఒక కమ్యూనిటీలో ఉత్తమంగా నేర్చుకుంటారు. 43,డ్రమ్ మెన్ దీనిని 'ఎడ్యుకేషన్ 0.0' అని పిలుస్తారు – హోమో లూడెన్స్ కు తిరిగి రావడం.

15

ప్రజాస్వామ్యం ఇలా ఉంది

1

అది విప్లవానికి అసాధ్యమైన నేపథ్యం. పశ్చిమ వెనిజులాలోని మునిసిపాలిటీలో రెండు లక్షల కంటే తక్కువ జనాభా ఉంది, అక్కడ ఒక చిన్న ఉన్నత వర్గం వందల సంవత్సరాలుగా కాల్పులకు పిలుపునిస్తోంది. అయితే, ఈ కాలంలోని కొన్ని అత్యవసరమైన ప్రశ్నలకు టోర్రెస్లో సాధారణ పౌరులు సమాధానాన్ని కనుగొన్నారు.

రాజకీయాలపై నమ్మకాన్ని పునరుద్ధరించడం ఎలా? సమాజంలో దురలవాట్లను ఎలా అరికట్టగలం? మన ప్రజాస్వామ్యాన్ని ఎలా కాపాడుకోగలం? ప్రపంచవ్యాప్తంగా ప్రజాస్వామ్య దేశాల్లో కనీసం ఏడు దేశాలు తెగుళ్ల బారిన పడినట్లుగా ప్రవర్తిస్తున్నాయి. పార్టీలు కనుమరుగవుతున్నాయి. ఒకరినొకరు విశ్వసించని పౌరులు. మైనారిటీలను మినహాయించారు. ఆసక్తి కోల్పోతున్న ఓటర్లు.. అవినీతిపరులుగా మారే రాజకీయ నాయకులు. సంపన్నులు పన్నులు చెల్లించకుండా బయటపడుతున్నారు. ఆధునిక ప్రజాస్వామ్యం అసమానతల్లో కూరుకుపోయిందన్న భావన పెరుగుతోంది.

ఈ సమస్యలన్నింటికీ టోర్రెస్ సాధారణ ప్రజలు పరిష్కారం కనుగొన్నారు. పాతిక సంవత్సరాలుగా ప్రయత్నించి పరీక్షించిన టోర్రెస్ పరిష్కారం మనసుకు హత్తుకునేలా ఉంటుంది. ఇది ప్రపంచవ్యాప్తంగా స్వీకరించబడుతోంది, కానీ చాలా అరుదుగా వార్తల్లో నిలుస్తుంది. బహుశా, బ్యూర్ట్జర్గ్, అగోరా మాదిరిగా, ఇది మానవ స్వభావంలోని మౌలికంగా భిన్నమైన దృక్పథంపై ఆధారపడిన వాస్తవిక చొరవ. ప్రజలను తృప్తిపరులుగా లేదా వారిని కోపంగా ఉన్న ఓటర్లుగా భావించి కుదించడానికి బదులు మనలో ప్రతి ఒక్కరిలో నిర్మాణాత్మకమైన, మనస్సాక్షిగల పౌరుడుగా ఉంటే ఎలా ఉంటుంది అని ప్రశ్నించుకోవాలి? మరో రకంగా చెప్పాలంటే: నిజమైన ప్రజాస్వామ్యం సాధ్యమైతేనే?

టోర్రెస్ కథ 31 అక్టోబర్ 2004 న ప్రారంభమైంది. ఎన్నికల రోజు.. వెనిజులా మునిసిపాలిటీ మేయర్ పదవికి ఇద్దరు వ్యతిరేక అభ్యర్థులు పోటీ పడుతున్నారు: ఒక అభ్యర్థి జేవియర్ ఒరోపెజా, వాణిజ్య మీడియా మద్దతు ఉన్న సంపన్న భూయజమాని,మరో అభ్యర్థి ప్రస్తుత అధ్యక్షుడు హ్యూగో చావెజ్ శక్తివంతమైన పార్టీ మద్దతు పొందిన వాల్టర్ కాటివెల్లి.

ఇది చెప్పుకోదగినంత పెద్దది కాదు కేవలం ఇద్దరు వ్యక్తుల మధ్య పోటీ. ఒరోపెజా లేదా కాటివెల్లి – ఏ విధంగా చూసినా, అవినీతి సంస్థ లు వీరికి మద్దతుగా వ్యవహారం నడుపుతూ ఉంటాయి. టోర్రెస్ ప్రజలు ప్రజాస్వామ్య భవిష్యత్తును పునర్నిర్మించబోతున్నారని సూచించడానికి ఏమీ లేదు. వాస్తవానికి, మరొక అభ్యర్థి కూడా బరిలో ఉన్నాడు, అయితే

అతను చెప్పుకోదగినంత గొప్పవ్యక్తి కాదు. జూలియో చావెజ్ (సంబంధం లేదు) ఒక చిన్న ఉద్యమకారుడు, అతని మద్దతుదారులలో కొద్దిమంది విద్యార్థులు, సహకార సంఘాలు, యూనియన్ కార్యకర్తలు ఉన్నారు. ఒక్క వాక్యంలో సంక్షిప్తంగా చెప్పాలంటే ఆయన వేదిక చాలా హాస్యాస్పదంగా ఉంది. అతను మేయర్ గా ఎన్నికైతే, టోర్రెస్ పౌరులకు అధికారాన్ని అప్పగిస్తాడు.

ప్రత్యర్థులు అతడిని సీరియస్ గా తీసుకోలేదు. అతనిని మేయర్ పదవి వరిస్తుందని ఎవరూ ఊహించలేదు. కానీ కొన్నిసార్లు మనం ఊహించని చోట అతిపెద్ద విప్లవాలు ప్రారంభమవుతాయి. అక్టోబర్ లో ఆ ఆదివారం, ఈ త్రిముఖ రేసులో కేవలం 35.6 శాతం ఓట్లతో, జూలియో చావెజ్ టోర్రెస్ మేయర్ గా స్వల్ప మెజారిటీతో ఎన్నికయ్యారు.

ఆయన తన మాటను నిలబెట్టుకున్నాడు.

వందలాది సభలతో స్థానిక విప్లవం ప్రారంభమైంది. నివాసితులందరూ ఆహ్వానించబడ్డారు – కేవలం సమస్యలపై చర్చించడానికి మాత్రమే కాదు, మునిసిపల్ పెట్టుబడి బడ్జెట్లో వంద శాతం, సుమారు ఏడు మిలియన్ డాలర్ల ప్రజల సొమ్మును ఖర్చు చేయడంపై సరైన నిర్ణయాలు తీసుకోవడానికి. నిజమైన ప్రజాస్వామ్యానికి ఇదే సరైన సమయమని కొత్త మేయర్ ప్రకటించారు. టోర్రెస్ పౌరుల ద్వారా ప్రభుత్వానికి సమయం ఆసన్నమైంది తప్ప గాలిలేని సమావేశ గదులు, గోరువెచ్చని కాఫీ, ఫ్లోరోసెంట్ లైటింగ్, అంతులేని బుక్ కీపింగ్ కోసం సమయం, ప్రభుత్వోద్యోగులు, వృత్తి రాజకీయ నాయకుల సమయం కోసం కాదు.

తమ అవినీతి వ్యవస్థను కూలదోయడంతో పాత పెద్దలు భయాందోళనకు గురైనారు. 'ఇది అరాచకం అన్నారు' అని జూలియో (అందరూ ఈ మేయర్ ను అతని మొదటి పేరుతో పిలుస్తారు) ఒక అమెరికన్ సామాజిక శాస్త్రవేత్తకు ఇచ్చిన ఇంటర్వ్యూలో గుర్తుచేసుకున్నారు. 'నా అధికారాన్ని వదులుకోవడానికి నాకు పిచ్చి పట్టిందని కూడా వారు అన్నారన్నారు.'

టోర్రెస్ లో భాగమైన లారా రాష్ట్ర గవర్నరు తన కీలుబొమ్మ అయిన ఒరోపెజాకు ఇది భారీగా నష్టం కలిగించిందని ఆగ్రహించాడు. మున్సిపాలిటీ నిధులను నిలిపివేసి కొత్త కౌన్సిల్ ను నియమించాలని నిర్ణయించారు. అయితే తాజాగా ఎన్నికైన మేయర్ కు మద్దతు ఉందనే విషయాన్ని ఆయన పరిగణనలోకి తీసుకోలేదు. వందలాది మంది నివాసితులు తమ బడ్జెట్ ఆమోదం పొందే వరకు ఇళ్లకు వెళ్లడానికి నిరాకరిస్తూ సిటీ హాల్ వద్ద కవాతు నిర్వహించారు.

చివరకు ప్రజలే గెలిచారు. జూలియో చావెజ్ ఎన్నికైన పది సంవత్సరాలలో, టోర్రెస్ అనేక దశాబ్దాల విలువైన పురోగతిని సాధించింది. అవినీతి, అధికార దర్పం తగ్గుముఖం పట్టాయని , మునుపెన్నడూ లేని విధంగా ప్రజలు రాజకీయాల్లో పాల్గొంటున్నారని కాలిఫోర్నియా యూనివర్శిటీ అధ్యయనంలో వెల్లడైంది. కొత్త ఇళ్లు, పాఠశాలలు పెరుగుతున్నాయి, కొత్త రోడ్లు నిర్మిస్తున్నారు, పాత జిల్లాలు అభివృద్ధి చెందుతున్నాయి.

ఈ రోజు వరకు టోర్రెస్ ప్రపంచంలోనే అతిపెద్ద భాగస్వామ్య బడ్జెట్లలో ఒకటిగా ఉంది. మున్సిపాలిటీ వ్యాప్తంగా 560 చోట్ల ప్రతి ఏటా ముందస్తుగా సమావేశాలు నిర్వహిస్తారు. ప్రతి ఒక్కరూ ప్రతిపాదనలు సమర్పించి ప్రతినిధులను ఎన్నుకునేందుకు స్వాగతం

పలుకుతున్నారు. టోర్రెస్ ప్రజలు సమావేశమై, తమ మిలియన్ల పన్ను ఆదాయాన్ని ఎక్కడ కేటాయించాలో నిర్ణయిస్తారు.

గతంలో ప్రభుత్వ అధికారులు రోజంతా ఎయిర్ కండిషన్డు కార్యాలయాల్లోనే ఉండి నిర్ణయాలు తీసుకునేవారని 'వాళ్లు ఏనాడూ తమ కమ్యూనిటీల్లో అడుగు కూడా పెట్టలేదు. అలాంటప్పుడు తమ అవసరాలకు అనుగుణంగా,తమ కమ్యూనిటీలకి ఎప్పుడూ రాకుండా ఆఫీసులోనే కూర్చునే ఒక అధికారి సరైన నిర్ణయం తీసుకుంటాడా లేక తమ కమ్యూనిటీ నుండి వచ్చిన వ్యక్తి తీసుకుంటాడా? మంచి నిర్ణయం ఎవరు తీసుకుంటారని మీరు అనుకుంటున్నారు?

2

ఇప్పుడు, దీనిని ఒక మంచి కథగా మీరు అనుకోవచ్చు. కానీ ఒక్కసారిగా ప్రజాస్వామ్యం ఊడిపడదు. అంటే అంతగా ప్రాధాన్యత లేని ఒక ప్రదేశం తెగించి దెబ్బతీసిందన్నమాట. అది ఎందుకు విప్లవం అయింది? విషయం ఏమిటంటే, అనేకచోట్ల జరుగుతున్న సంఘటనల వంటివే టోరెస్లోను జరిగింది.టోరెస్ ఒక ఉదాహరణ మాత్రమే.

కొన్నేళ్ల క్రితం బ్రెజిల్ లోని ఓ మహానగరం తన బడ్జెట్ లో నాలుగో వంతును ప్రజలకు అప్పగిస్తూ అనూహ్య నిర్ణయం తీసుకోవడంతో పెద్ద కథ మొదలైంది. ఆ నగరం పోర్టో అలెగ్రే.1989వ సంవత్సరం. ఒక దశాబ్దం తరువాత, ఈ ఆలోచన బ్రెజిల్ అంతటా వందకు పైగా నగరాలచే కాపీ చేయబడింది. అక్కడి నుండి ఇది ప్రపంచవ్యాప్తంగా విస్తరించడం ప్రారంభించింది. 2016 నాటికి, న్యూయార్కు నగరం నుండి సెవిల్లె వరకు, హాంబర్గు నుండి మెక్సికో సిటీ వరకు పదిహేను వందలకు పైగా నగరాలు ఒక రకమైన భాగస్వామ్య బడ్జెట్ ను అమలు చేశాయి.

మనం ఇక్కడ మాట్లాడుతున్నది వాస్తవానికి ఇరవై ఒకటవ శతాబ్దపు అతి పెద్ద ఉద్యమాల్లో ఇది ఒకటి – కానీ మీరు దాని గురించి ఎన్నడూ వినలేదు. ఎందుకంటే ఇది వార్తలకు సరిపోదు.

ఎందుకంటే ప్రజలపక్షాన పనిచేసే రాజకీయనాయకులకు,అటువంటి విశ్లేషకులకు, ప్రకటనల ప్రచారకులకు,అంతప్రాధాన్యతనివ్వరు, వారికి డబ్బు కూడా ఉండదు.

డిబేట్లు అని పిలవబడే వాటి చుట్టూ తిరగడానికి వారు మార్గాన్ని రూపొందించరు వారు రోజువారీ ఎన్నికల గురించి ఎక్కువగా పట్టించుకోరు. పౌర రాజకీయ నాయకులు ప్రశాంతంగా, చర్చనీయాంశమైన చర్చల్లో పాల్గొంటారు. ఇది నీరసంగా అనిపించవచ్చు, కానీ ఇది మాయాజాలం. అలసిపోయిన మన పాత ప్రజాస్వామ్య దేశాలను పట్టి పీడిస్తున్న ఏడు తెగుళ్లకు ఇది పరిష్కారం కావచ్చు.

1. సినిసిజం నుండి నిశ్చితార్థం వరకు

చాలా దేశాలలో ప్రజలకు, రాజకీయ వ్యవస్థకు మధ్య లోతైన విభజన ఉంది. వాషింగ్టన్, బీజింగ్, బ్రస్సెల్సు లలో వ్యాజ్యాలు చాలా నిర్ణయాలు తీసుకుంటుంటే, సగటు మనిషికి అవి తెలియకపోవడం, ప్రాతినిధ్యం లేకపోవడంలో ఆశ్చర్యమేముంది?

2. ధ్రువీకరణత నుంచి నమ్మకం వరకు..

టోరెస్ పోర్టో అలెగ్రేలో, దాదాపు ప్రతి ఒక్కరూ ఒక రాజకీయ నాయకుడితో వ్యక్తిగతంగా పరిచయం కలిగి ఉంటారు. నగర బడ్జెట్ రూపకల్పనలో దాదాపు 20 శాతం మంది ప్రజలు భాగస్వాములయ్యారు కాబట్టి, రాజకీయ నాయకులు ఏమి తప్పు చేస్తున్నారనే దానిపై కూడా తక్కువగా గుసగుసలు ఉన్నాయి. పనులు ఎలా జరుగుతున్నాయి, సంతోషంగా లేరా? దానికి సహకారం దోహదపడుతోంది. 'ఇక్కడకు వచ్చి ఏం చేయాలో చెప్పేది వ్యాజ్యాలు కాదు. అది మనమే' అని పోర్టో అలెగ్రేలో పాల్గొన్న ఒక వ్యక్తి నివేదించారు. 'నేను వినయపూర్వకమైన వ్యక్తిని. నేను మొదటి నుంచి పాల్గొంటున్నాను. [...] [బడ్జెట్] ప్రజలను మాట్లాడేలా చేస్తుంది, నిరుపేదలను కూడా."

అదే సమయంలో, పోర్టో అలెగ్రేలో నగర కౌన్సిల్ మీద నమ్మకం పెరిగింది. మేయర్లు ఎక్కువగా లాభపడే వారిలో ఉన్నారని యేల్ రాజకీయ శాస్త్రవేత్త కనుగొన్నారు, ఎందుకంటే పౌరులకు సాధికారత కల్పించే మేయర్లు తిరిగి ఎన్నికయ్యే అవకాశం ఉంది.

వాస్తవానికి, బ్రెజిల్ కంటే ప్రజలు ఒకరినొకరు తక్కువగా విశ్వసించే దేశాలు చాలా తక్కువ.

కాబట్టి చాలామంది నిపుణులు ఈ నగరానికి ప్రజాస్వామిక వసంతాన్ని తీసుకువచ్చే అవకాశాలు చాలా తక్కువగా ఉన్నాయని అంచనా వేశారు. ప్రజలు మొదట సంఘటితం కావాలి, క్లబ్బులు ఏర్పాటు చేయాలి, వివక్షను ఎదుర్కోవాలి. అప్పుడే ప్రజాస్వామ్యం వేళ్లూనుకోవడానికి రంగం సిద్ధమవుతుంది.

పోర్టో అలెగ్రే ఈ సమీకరణాన్ని మలుపు తిప్పాడు. అధికార యంత్రాంగం భాగస్వామ్య బడ్జెట్ ను ప్రారంభించిన తర్వాతే విశ్వాసం పెరగడం ప్రారంభమైంది. 1986లో 180గా ఉన్న కమ్యూనిటీ గ్రూపులు 2000 నాటికి 600కు పెరిగాయి. త్వరలోనే, ఇందులో నిమగ్నమైన పౌరులు ఒకరినొకరు సహచరులుగా, సోదరులుగా సంబోధించుకున్నారు. పోర్టో అలెగ్రే ప్రజలు అగోరా వ్యవస్థాపకుడు సెఫ్ డ్రమ్మెన్సు, గతంలో బంధించిన కోళ్ళ మాదిరిగానే ప్రవర్తించారు. తమ బందిఖానాల్లోంచి బయటకు రాగానే నేలమీద నిలబడి తమ పాదాలను కనుగొన్నారు. "అన్నిటికన్నా ముఖ్యమైన విషయం ఏమిటంటే, ఎక్కువ మంది వస్తున్నారు. మొదటిసారి వచ్చిన వారికి స్వాగతం పలుకుతున్నారు.

[వారిని] విడిచిపెట్టకుండా ఉండాల్సిన బాధ్యత మీపై ఉంది. అదే అన్నిటికన్నా ముఖ్యమైన విషయం.".

3. బహిష్కరణ నుండి చేరిక వరకు

రాజకీయ చర్చలు చాలా సంక్లిష్టంగా ఉంటాయి, ప్రజలు అనుసరించడం చాలా కష్టం. రాజనీతి ప్రజాస్వామ్యంలో, తక్కువ డబ్బు లేదా విద్య ఉన్నవారిని పక్కన పెడతారు. ప్రజాస్వామ్య దేశాలలోని చాలా మంది పౌరులు, కనీసం, వారి స్వంత కులీనవర్గాన్ని ఎంచుకోవడానికి అనుమతించబడతారు. కానీ వందలాది భాగస్వామ్య బడ్జెట్ ప్రయోగాలలో, సాంప్రదాయకంగా ఓటుహక్కు లేని సమూహాలకు బాగా ప్రాతినిధ్యం ఉంది.

న్యూయార్కు నగరంలో 2011లో ప్రారంభమైనప్పటి నుంచి ఈ సమావేశాలు లాటినోలు, ఆఫ్రికన్ అమెరికన్లను ఆకర్షించాయి. పోర్టో అలెగ్రేలో, పాల్గొనేవారిలో 30 శాతం మంది జనాభాలో 20 శాతం నిరుపేదల నుండి వచ్చారు.

పోర్టో అలెగ్రే నుండి వచ్చిన వ్యక్తి ఇలా అన్నాడు: "నేను పాల్గొన్న మొదటి సారి నాకు తెలియదు, ఎందుకంటే అక్కడ కాలేజీ డిగ్రీలు ఉన్న వ్యక్తులు ఉన్నారు, మాకు [డిగ్రీలు] లేవు. [...] కానీ కాలక్రమేణా, మేము నేర్చుకోవడం ప్రారంభించాము.".

పాత రాజకీయ వ్యవస్థలా కాకుండా, నూతన ప్రజాస్వామ్యం బాగా చదువుకున్న శ్వేతజాతీయులకు కేటాయించడానికి బదులుగా, సమాజంలోని మైనారిటీలు, పేద, తక్కువ విద్యావంతులు ఉన్న వర్గాలకు మంచి ప్రాతినిధ్యం కల్పించింది.

4. ఆత్మసంతృప్తి నుండి పౌరసత్వం వరకు

మొత్తం మీద ఓటర్లు రాజకీయ నాయకుల పట్ల చాలా మసకబారిన దృక్పథాన్ని అవలంబిస్తారు. కానీ టోర్రెస్, పోర్టో అలెగ్రేలలో ఆచరించబడిన ప్రజాస్వామ్యం పౌరసత్వానికి శిక్షణా స్థలం. పనులు ఎలా నడుస్తాయో ప్రజలకు మాట్లాడే అవకాశం ఇస్తే వారు రాజకీయాల గురించి మరింత సున్నితంగా, సానుభూతితో. తెలివిగా ప్రవర్తిస్తారు.

కాలిఫోర్నియాలోని వల్లెజోలో భాగస్వామ్య బడ్జెట్ పై రిపోర్టింగ్ చేస్తున్న ఒక పాత్రికేయుడు ప్రజల నిబద్ధత స్థాయిపై విస్మయం వ్యక్తం చేశాడు: 'ప్రపంచ సిరీస్ లో తమ స్థానిక బేస్ బాల్ జట్టును చూడటానికి ఇంట్లో ఉండగలిగిన విభిన్న వయస్సులు, జాతి సమూహాలకు చెందిన ఈ ప్రజలందరూ ఇక్కడ ఉన్నారు, వారు నియమాలు, ఓటింగ్ విధానం గురించి మాట్లాడుతున్నారు. అంతే కాదు, వారు దానిపట్ల మక్కువ చూపారు.".

ప్రతి ఒక్కరూ శ్రద్ధ తీసుకున్నంత కాలం – అధికారిక విద్యతో సంబంధం లేకుండా – దాదాపు ప్రతి ఒక్కరూ విలువైనదాన్ని అందించగలరనే వాస్తవాన్ని పరిశోధకులు పదేపదే వ్యాఖ్యానిస్తున్నారు.

5. అవినీతి నుంచి పారదర్శకత వరకు

భాగస్వామ్య బడ్జెట్ పోర్టో అలెగ్రే రాకముందు, రాజకీయ నాయకుడు తనకు విన్నవించుకోవడానికి వచ్చే పౌరులు తమ కార్యాలయం వెలుపల గంటల తరబడి వేచి ఉండాలని ఆశించవచ్చు. ఆపై టేబుల్ కిందకు వెళ్లడానికి పెద్ద మొత్తంలో నగదు

ఉండటానికి ఇది సహాయపడింది. పోర్టో అలెగ్రేపై సంవత్సరాల తరబడి పరిశోధన చేసిన బ్రెజిల్ సామాజిక శాస్త్రవేత్త ప్రకారం..భాగస్వామ్య ప్రక్రియ చేతులు తడిపే పాత సంస్కృతిని బలహీనపరిచింది. ప్రజలకు పౌర ఆర్థిక విషయాల గురించి బాగా తెలుసు, ఇది రాజకీయ నాయకులకు లంచాలు తీసుకోవడం, ఉద్యోగాలు ఇవ్వడం కష్టతరం చేసింది.

చికాగో నివాసి ఒకరు ఇలా అన్నాడు: "మేము దానిని [భాగస్వామ్య బడ్జెట్] ఒక వ్యవస్థాగత సాధనంగా చూస్తాము. "ఇది మా సభ్యులకు నగర బడ్జెట్ గురించి మరింత తెలుసుకోవడానికి సహాయపడుతుంది, ఆపై మమ్మల్ని నియంత్రించే ఇతర విషయాల గురించి మేము అల్డర్మన్ను ఒత్తిడి చేయవచ్చు." మరో మాటలో చెప్పాలంటే: భాగస్వామ్య బడ్జెట్ రాజకీయాలు, ప్రజల మధ్య అంతరాన్ని తగ్గిస్తుంది.

6. స్వప్రయోజనాల నుంచి సంఘీభావం వరకు

సమాజ విచ్ఛిన్నం గురించి ఇటీవలి కాలంలో ఎన్ని పుస్తకాలు రాశారు? మెరుగైన వైద్యం, మెరుగైన విద్య, పేదరికం తగ్గాలని కోరుకుంటున్నాం. ఇది నమ్మశక్యం కానిదిగా అనిపించినప్పటికీ, భాగస్వామ్య బడ్జెట్ వాస్తవానికి ప్రజలను పన్నులు చెల్లించడానికి ఎక్కువ ఇష్టపడేలా చేస్తుందని అధ్యయనాలు కనుగొన్నాయి. పోర్టో అలెగ్రేలో, పౌరులు పన్నులను పెంచమని కూడా అడిగారు – ఇది రాజకీయ శాస్త్రవేత్తలు ఎల్లప్పుడూ ఊహించలేనిదిగా భావించారు.

లీసెస్టర్ ఈస్టు (యు.కె.) లో పాల్గొన్న ఒక వ్యక్తి ఉత్సాహంగా ఇలా అన్నాడు: 'కౌన్సిల్ టాక్సు మరింత చెల్లించబడిందని నాకు అర్థం కాలేదు. 'అది అందించే సేవల గురించి తెలుసుకోవడం చాలా బాగుంది'. ఇది సమాజంలో ఒక సభ్యునిగా మీరు మీ వంతు చెల్లించే వాటాగా పన్నులను పునర్నిర్వచిస్తుంది.

భాగస్వామ్య బడ్జెట్లో పాల్గొన్న చాలా మంది ఈ అనుభవం తమను మొదటిసారి నిజమైన పౌరులుగా భావించేలా చేసిందని చెప్పారు. ఒక సంవత్సరం తరువాత, ఒక పోర్టో అలెగ్రెన్ వ్యక్తి చెప్పినట్లుగా, మీరు మీ స్వంత కమ్యూనిటీని దాటి చూడటం నేర్చుకుంటారు: 'మీరు నగరం మొత్తాన్ని చూడాలి.'

7. అసమానతల నుండి గౌరవానికి

పోర్టో అలెగ్రే తన ప్రజాస్వామిక సాహసాన్ని ప్రారంభించడానికి ముందు, నగరం తీవ్రమైన ఆర్థిక ఇబ్బందుల్లో ఉంది. జనాభాలో మూడింట ఒక వంతు మురికివాడల్లో నివసిస్తున్నారు. కానీ అప్పుడు పరిస్థితులు వేగంగా మారడం ప్రారంభించాయి. భాగస్వామ్య బడ్జెట్ని స్వీకరించని నగరాల కంటే చాలా వేగంగా. 22. నీటి సరఫరా చేరిక 1989 లో 75 శాతం నుండి 1996 లో 95 శాతానికి పెరిగింది. నగర మురుగునీటి సేవ జనాభాలో 48 శాతం నుండి 95 శాతానికి అందుబాటులోకి వచ్చింది.

పాఠశాలకు హాజరయ్యే పిల్లల సంఖ్య మూడు రెట్లు పెరిగింది, నిర్మించిన రహదారుల సంఖ్య ఐదు రెట్లు పెరిగింది, పన్ను ఎగవేతలు తగ్గాయి.

పౌరుల బడ్జెట్ల పుణ్యమా అని, తక్కువ ప్రజాధనం స్థిరాస్తి వంటి ప్రతిష్ఠాత్మక ప్రాజెక్టులకు వెళ్ళింది. ముఖ్యంగా పేద వర్గాల్లో మౌలిక సదుపాయాలు, విద్య, ఆరోగ్య సంరక్షణకు ఎక్కువ ప్రాధాన్యం ఇస్తున్నట్లు ప్రపంచ బ్యాంకు గుర్తించింది.

2014 లో ఒక అమెరికన్ పరిశోధనా బృందం బ్రెజిల్ అంతటా భాగస్వామ్య బడ్జెట్ సామాజిక, ఆర్థిక ప్రభావంపై మొదటి పెద్ద-స్థాయి అధ్యయనాన్ని ప్రచురించింది. వారి ముగింపు నిర్దిష్టంగా, స్పష్టంగా ఉంది: 'పిబి కార్యక్రమాలు ఆరోగ్య సంరక్షణ వ్యయంలో పెరుగుదల, పౌర సమాజ సంస్థలలో పెరుగుదల, శిశు మరణాల రేటు తగ్గుదలతో బలంగా సంబంధం కలిగి ఉన్నాయని మేము కనుగొన్నాము.

పిబి ప్రోగ్రామ్ లు ఎక్కువ కాలం అమలులో ఉన్నందున ఈ కనెక్షన్ నాటకీయంగా బలపడుతుంది."

1990వ దశకం మధ్యలో బ్రిటన్ కు చెందిన ఛానల్ 4 ది పీపుల్సు పార్లమెంట్ అనే కొత్త టీవీ కార్యక్రమాన్ని ప్రారంభించింది. మాదకద్రవ్యాలు, ఆయుధాల అమ్మకాలు, జువెనైల్ క్రైమ్ వంటి వివాదాస్పద అంశాలపై చర్చించడానికి అన్ని రంగాలకు చెందిన వందలాది మంది బ్రిటన్ వాసులను ఈ ప్రదర్శన యాదృచ్ఛికంగా ఆహ్వానించింది. ఒక్కో ఎపిసోడ్ చివర్లో రాజీకి రావాల్సి వచ్చింది. ది ఎకనామిస్టు ప్రకారం, 'పీపుల్సు పార్లమెంట్ చాలా మంది వీక్షకులు దాని చర్చలు హౌస్ ఆఫ్ కామన్సు లో కంటే ఎక్కువ నాణ్యతతో ఉన్నాయని నిర్ణయించారు. మునుపటివారు, రెండవ వారిలా కాకుండా, తమ తోటివారు చెప్పేది వింటారు." మరి ఛానల్ 4 ఏం చేసింది? అది ప్లగ్ లాగింది. చర్చలు చాలా ప్రశాంతంగా, చాలా ఆలోచనాత్మకంగా, చాలా తెలివిగా ఉన్నాయని, మనం 'రాజకీయాలు' అని పిలిచే ఘర్షణాత్మక వినోదానికి ఎక్కువ ప్రాధాన్యతనిచ్చాయని నిర్మాతలు భావించారు.

కానీ భాగస్వామ్య ప్రజాస్వామ్యం టీవీ కోసం వండిన ప్రయోగం కాదు. పాత ప్రజాస్వామ్యం పీడలను ఎదుర్కోవటానికి ఇది ఒక మంచి పద్ధతి. అన్నింటిలాగే ఈ తరహా ప్రజాస్వామ్యంలోనూ లోపాలు ఉన్నాయి. నగరం దీర్ఘకాలిక దార్శనికతను పణంగా పెట్టి వార్షిక పెట్టుబడులపై దృష్టి పెట్టవచ్చు. మరీ ముఖ్యంగా, అనేక భాగస్వామ్య ప్రక్రియలు చాలా పరిమితం. 2004 లో కన్జర్వేటివ్ సంకీర్ణం అధికారంలోకి వచ్చినప్పుడు పోర్టో అలెగ్రే బడ్జెట్ తగ్గించబడింది, ఇప్పుడు ఈ సంప్రదాయం అంతా ప్రారంభమైన నగరంలో మసుగడ సాగిస్తుందా అనేది అస్పష్టంగా ఉంది. కొన్నిసార్లు భాగస్వామ్య బడ్జెట్ ను కప్పిపుచ్చడానికి ఉపయోగిస్తారు. తెరవెనుక, ఇప్పటికీ ప్రదర్శనను నడుపుతున్న ఉన్నత వర్గాల మోసపూరిత రాయితీ. అప్పుడు పౌరుల సభలు ఇప్పటికే తీసుకున్న నిర్ణయాలకు మాత్రమే ఉపయోగపడతాయి. సహజంగానే, ఇది సినిసిజంను ప్రేరేపిస్తుంది, కానీ పౌరుల ప్రత్యక్ష స్వరాన్ని నిరాకరించడం చట్టబద్ధం కాదు. '

చరిత్రకారుడు డేవిడ్ వాన్ రేబ్రోక్ ఇలా వ్రాశాడు: 'బాధ్యతాయుతమైన పౌరులను బ్యాలెట్ పశుగ్రాసంలా పరిగణించండి, కానీ వారిని పెద్దలుగా పరిగణించండి. వారు పెద్దవారిలా ప్రవర్తిస్తారు.

3

అర్నాల్డు నాల్గవ తరగతిలో ఉన్నప్పుడే కమ్యూనిజం గురించి మాకు బోధించాడు. 'ప్రతి ఒక్కరూ తమ సామర్థ్యాన్ని బట్టి, ప్రతి ఒక్కరూ తమ అవసరాలను బట్టి'. లేదా నేను ఆక్సు ఫర్డు ఆంగ్ల నిఘంటువులో (సంవత్సరాల తరువాత) చదివినట్లుగా: 'ఒక సిద్ధాంతం లేదా సామాజిక వ్యవస్థ, దీనిలో అన్ని ఆస్తులు సమాజానికి చెందుతాయి. ప్రతి వ్యక్తి వారి సామర్థ్యం, అవసరాలకు అనుగుణంగా దోహదం చేస్తారు, స్వీకరిస్తారు.'

చిన్నప్పుడు, ఇది గొప్ప ఆలోచనలా అనిపించింది. అన్నీ ఎందుకు పంచుకోకూడదు? కానీ తరువాతి సంవత్సరాల్లో నేను చాలా మంది పిల్లల మాదిరిగానే నిరాశాజనకమైన సాక్షాత్కారాన్ని ఎదుర్కోవలసి వచ్చింది: ప్రతిదాన్ని సమానంగా పంచుకోవడం మంచి ఆలోచన కావచ్చు, ఆచరణలో అది గందరగోళంగా, పేదరికంగా లేదా అధ్వాన్నంగా క్షీణిస్తుంది. రక్తపాతం. లెనిన్, స్టాలిన్ నేతృత్వంలోని రష్యాను చూడండి. మావో ఆధ్వర్యంలో చైనా.. పోల్ పోట్ ఆధ్వర్యంలో కంబోడియా.

ఈ రోజుల్లో, వివాదాస్పద భావజాలాల జాబితాలో 'సి'వర్డు అగ్రస్థానంలో ఉంది. కమ్యూనిజం పని చేయదని చెప్పారు. ఎందువల్ల? ఎందుకంటే ఇది మానవ స్వభావంపై,అవగాహనపై ఆధారపడి ఉంటుంది. ప్రయివేటు ఆస్తి లేకుండా, మనం అన్ని ప్రేరణలను కోల్పోతాం.

ఉదాసీన పరాన్నజీవులుగా వేగంగా మారిపోతాం.

లేదా కథ అలా సాగుతూ ఉంటుంది. యుక్తవయసులో ఉన్నప్పుడు కూడా కమ్యూనిజం 'వైఫల్యం' కేసు సాధారణ పౌరులకు ఏమీ చెప్పుకోలేని దేశాలలో రక్తపాత పాలనల సాక్ష్యాలపై మాత్రమే ఆధారపడి ఉందని అనిపించడం నాకు వింతగా అనిపించింది – సర్వశక్తిమంతమైన పోలీసు రాజ్యాలు, అవినీతి ఉన్నత వర్గాల మద్దతు ఉన్న పాలనలు. అప్పుడు నేను గ్రహించని విషయం ఏమిటంటే, కమ్యూనిజం కనీసం అధికారిక నిర్వచనం ప్రకారం, వందల సంవత్సరాలుగా విజయవంతమైన వ్యవస్థగా ఉంది, ఇది సోవియట్ యూనియన్‌తో తక్కువ సారూప్యతను కలిగి ఉంది. వాస్తవానికి, మనం ప్రతిరోజూ దీనిని ప్రాక్టీస్ చేస్తాం. ప్రైవేటీకరణ జరిగి దశాబ్దాలు గడుస్తున్నా మన ఆర్థిక వ్యవస్థలోని పెద్ద భాగాలు ఇప్పటికీ కమ్యూనిస్టుల నమూనాలోనే నడుస్తున్నాయి. ఇది చాలా సాధారణం, చాలా స్పష్టంగా ఉంది, మనం ఇకపై దానిని చూడలేం.

చిన్న ఉదాహరణ: మీరు డిన్నర్ టేబుల్ వద్ద కూర్చున్నారు. ఉప్పు అందుబాటులో లేదు అనుకుందాం. 'దయచేసి ఉప్పు ఇవ్వండి' అని మీరు అడుగుతారు. ఎవరైనా మీకు ఉచితంగా ఉప్పును ఇస్తారు. మానవ శాస్త్రవేత్తలు పిలిచే ఈ రకమైన రోజువారీ కమ్యూనిజం గురించి మానవులు పిచ్చిగా ఉంటారు, మన పార్కులు, ప్లాజాలు, మన సంగీతం, కథలు, మన బీచులను, పడకలను పంచుకుంటారు.

బహుశా ఈ ఉదారతకు చక్కని ఉదాహరణ ఇల్లు. ప్రపంచవ్యాప్తంగా కోట్లాది గృహాలు కమ్యూనిస్టు సూత్రం చుట్టూ తిరుగుతాయి: తల్లిదండ్రులు తమ ఆస్తులను వారి పిల్లలతో పంచుకుంటారు. వారికి వీలైనంత డబ్బు ఇస్తారు. ఇక్కడే మనకు 'ఆర్థిక వ్యవస్థ' అనే పదం వస్తుంది, ఇది గ్రీకు ఒయికోనోమి నుండి ఉద్భవించింది, దీని అర్థం 'ఇంటి నిర్వహణ'.

పని ప్రదేశంలో కూడా నిరంతరం మన కమ్యూనిస్టు రంగులు చూపిస్తూనే ఉన్నాం. ఉదాహరణకు, ఈ పుస్తకాన్ని రాస్తున్నప్పుడు, డజన్ల కొద్దీ సహోద్యోగుల విమర్శనాత్మక కళ్ళ నుండి ప్రయోజనం పొందాను, వారు వారి సమయం కోసం ఒక్క పైసా కూడా అడగలేదు. వ్యాపారులు కూడా అంతర్గత కమ్యూనిజానికి పెద్ద అభిమానులు, ఎందుకంటే అది చాలా సమర్థవంతమైనది. కానీ అపరిచితుల సంగతేంటి? అన్నింటికీ మించి, మనం ప్రతిదీ అందరితో పంచుకోం. మరోవైపు, ఆదేశాలు అడిగిన వ్యక్తులపై మీరు ఎంత తరచుగా ఛార్జీలు వసూలు చేశారు? లేదా మీరు ఒకరి కోసం తలుపులు తెరిచినప్పుడు, లేదా మరొక వ్యక్తిని మీ గొడుగు కింద ఆశ్రయం పొందడానికి అనుమతించినప్పుడు? ఇవి టిట్ ఫర్ టాట్ లావాదేవీలు కావు; మీరు వాటిని చేస్తారు ఎందుకంటే అవి మంచి పని, ఇతర అపరిచితులు మీ కోసం అదే చేస్తారని మీరు నమ్ముతారు.

ఇలాంటి కమ్యూనిస్టు చర్యలతో మన జీవితాలు నిండిపోయాయి. 'కమ్యూనిజం' అనే పదం లాటిన్ కమ్యూనిస్ నుండి వచ్చింది, అంటే 'కమ్యూనిజం'. కమ్యూనిజాన్ని మార్కెట్లు, రాష్ట్రాలు, బ్యూరోక్రసీ – అన్నింటిపైనా నిర్మించడానికి పునాదిగా మీరు చూడవచ్చు. 2005 లో న్యూ ఓర్లీన్సు వంటి ప్రకృతి వైపరీత్యాల నేపథ్యంలో సంభవించే సహకారం, పరోపకారం విస్ఫోటనాన్ని వివరించడానికి ఇది సహాయపడుతుంది. ఒక విపత్తులో, మనం మన మూలాలకు తిరిగి వెళ్తాము.

వాస్తవానికి, ప్రతిదానికీ ఒక ద్రవ్య విలువను కేటాయించలేనట్లే, 'ప్రతి ఒక్కరూ వారి సామర్థ్యాన్ని బట్టి, ప్రతి ఒక్కరూ వారి అవసరాలకు అనుగుణంగా' అనే కమ్యూనిస్టు ఆదర్శాన్ని మనం ఎల్లప్పుడూ వర్తింపజేయలేం. ఏదేమైనా, రోజువారీ ప్రాతిపదికన మనం, మన కోసం ఉంచుకున్న దానికంటే ఎక్కువ ఒకరితో ఒకరు పంచుకుంటామని మీరు గ్రహిస్తారు.ఈ మతపరమైన పునాది పెట్టుబడిదారీ విధానంలో ఒక ముఖ్యమైన ఆధారం. ఎన్ని కంపెనీలు తమ కస్టమర్ల ఉదారతపై పూర్తిగా ఆధారపడి ఉన్నాయో పరిశీలించండి. లక్షలాది మంది యూజర్లు ఉచితంగా షేర్ చేసే ఫొటోలు, వీడియోలు లేకుండా ఫేస్ బుక్ విలువ చాలా తక్కువ. ప్రయాణికులు పోస్టు చేసే అసంఖ్యాక సమీక్షలు లేకుండా ఎయిర్బీఎన్బి ఎక్కువ కాలం మనుగడ సాగించదు. అలాంటప్పుడు మన కమ్యూనిజానికి మనం ఎందుకు గుడ్డివాళ్లలా ప్రవర్తిస్తున్నాం? బహుశా మనం పంచుకునే విషయాలు అంత గొప్పగా అనిపించకపోవడమే కారణం కావచ్చు. మనం వాటిని పంచుకోవడాన్ని తేలికగా తీసుకుంటాం. సెంట్రల్ పార్కులో విహరిస్తే బాగుంటుందని ప్రజలకు వివరిస్తూ ఎవరూ ప్లకార్డులు ముద్రించాల్సిన అవసరం లేదు. స్వచ్ఛమైన గాలిని పీల్చాలని ఆదేశిస్తూ ప్రజాసేవ ప్రకటనలు అవసరం లేదు. మీరు ఆ గాలిని – లేదా మీరు విశ్రాంతి తీసుకునే బీచ్ ను లేదా మీరు చెప్పే అద్భుత కథలను ఎవరికో చెందినదిగా భావించరు.

ఎవరైనా గాలిని అద్దెకు తీసుకోవాలని, బీచ్ ను స్వాధీనం చేసుకోవాలని లేదా అద్భుత కథపై హక్కులను పొందాలని నిర్ణయించుకున్నప్పుడు మాత్రమే గమనిస్తారు. ఒక్క నిమిషం ఆగండి, ఇది మనందరిది కాదా? మనం పంచుకునే విషయాలను కామన్స్(ఉమ్మడి) అంటారు. కమ్యూనిటీ గార్డెన్ నుండి వెబ్సైట్ వరకు, భాష నుండి సరస్సు వరకు, ఒక సమాజం ద్వారా భాగస్వామ్యం చేయబడిన, ప్రజాస్వామ్యబద్ధంగా నిర్వహించబడుతున్నంత వరకు అవి దేనినైనా కలిగి ఉండవచ్చు. కొన్ని ఉమ్మడి ప్రకృతి ప్రసాదించిన అనుగ్రహంలో భాగం (తాగునీరు వంటివి), మరికొన్ని మానవ ఆవిష్కరణలు (వికీపీడియా వంటి వెబ్సైట్లు). సహస్రాబ్దాలుగా, ఉమ్మడి భూమిపై దాదాపు ప్రతిదాన్ని కలిగి ఉంది. మన సంచార పూర్వీకులకు ప్రైవేటు ఆస్తి గురించి, రాజ్యాల గురించి ఏ విధమైన భావన లేదు. వేటగాళ్ళు ప్రకృతిని ప్రతి ఒక్కరి అవసరాలను తీర్చే 'ఇచ్చే ప్రదేశం'గా చూశారు, ఒక ఆవిష్కరణ లేదా ట్యూన్ కు పేటెంట్ పొందడం వారికి ఎప్పుడూ అనిపించలేదు. మనం చాప్టర్ 3లో చూసినట్లుగా, హోమో కుక్కపిల్ల దాని విజయానికి కారణం మనం మాస్టర్ గ్రంథచౌర్యం.

గత 10,000 సంవత్సరాలలో మాత్రమే క్రమంగా పెద్ద మొత్తంలో ఉమ్మడి ముక్కలను మార్కెట్ రాష్ట్రం మింగేశాయి. ఇది మొదటి అధిపతులు రాజులతో ప్రారంభమైంది, వారు ఇంతకు ముందు అందరూ పంచుకున్న భూములపై హక్కును కలిగి ఉన్నారు. నేడు, ప్రధానంగా బహుళజాతి సంస్థలు, నీటి వనరుల నుండి ప్రాణరక్షణ మందుల వరకు, కొత్త శాస్త్రీయ పరిజ్ఞానం నుండి మనమందరం పాడే పాటల వరకు అన్ని రకాల ఉమ్మడి ని స్వాధీనం చేసుకుంటాయి. (పంతొమ్మిదవ శతాబ్దంలో హిట్ అయిన 'హ్యాపీ బర్త్ డే' మాదిరిగా, 2015 వరకు, వార్నర్ మ్యూజిక్ గ్రూప్ హక్కులను కలిగి ఉంది, తద్వారా రాయల్టీలలో మిలియన్ల కొద్దీ సంపాదించింది.) లేదా ప్రపంచవ్యాప్తంగా ఉన్న నగరాల్లో కనిపించని హోర్డింగ్స్ కు ప్లాస్టర్ వేసిన అడ్వర్టయిజింగ్ పరిశ్రమ ఎదుగుదలను తీసుకోండి. ఎవరైనా మీ ఇంటిని గ్రాఫిటీతో స్ప్రే చేస్తే, మనం దానిని విధ్వంసం అని పిలుస్తాం. కానీ ప్రకటనల కోసం మీరు ప్రజా ప్రదేశాలను భ్రష్టు పట్టించడానికి అనుమతించబడతారు. ఆర్థికవేత్తలు దీనిని 'వృద్ధి' అని పిలుస్తారు.

అమెరికన్ బయాలజిస్టు గారెట్ హార్డిన్ సైన్సు జర్నల్ లో ప్రచురించిన ఒక వ్యాసంతో కామన్స్(ఉమ్మడి) భావన ప్రాచుర్యం పొందింది. అది 1968, విప్లవ కాలం. ప్రపంచవ్యాప్తంగా లక్షలాది మంది నిరసనకారులు వీధుల్లోకి వచ్చి నిరసన తెలిపారు: 'వాస్తవికంగా ఉండండి. అసాధ్యమైన వాటిని డిమాండ్ చేయండి'. కానీ సంప్రదాయవాది గారెట్ హార్డిన్ కాదు. అతని ఆరు పేజీల వ్యాసం హిప్పీ ఆదర్శవాదం సంక్షిప్త రచనను చేసింది. టైటిల్? 'ది ట్రాజెడీ ఆఫ్ ది కామన్స్'. 'అందరూ చూడగలిగే పచ్చిక బయళ్లను చిత్రించండి' అని హార్డిన్ రాశారు. "ప్రతి పశుపోషకుడు వీలైనన్ని ఎక్కువ పశువులను కామన్స్ లో ఉంచడానికి ప్రయత్నిస్తాడని ఆశించాలి." కానీ వ్యక్తిగత స్థాయిలో అర్థమయ్యేది సామూహిక విపత్తుకు దారితీస్తుంది, బంజరు భూమి తప్ప మరేమీ మిగలడం లేదు.

హార్డిన్ గ్రీకు అర్థంలో 'విషాదం' అనే పదాన్ని ఒక విచారకరమైన కానీ అనివార్యమైన సంఘటనను సూచించడానికి ఉపయోగించాడు: 'కామన్సు లో స్వేచ్ఛ అందరికీ వినాశనాన్ని తెస్తుంది'.

హార్డిన్ కఠినమైన నిర్ధారణలకు రావడానికి భయపడలేదు. దేశాలు ఇథియోపియాకు ఆహార సాయాన్ని పంపుతాయా అన్న ప్రశ్నకు ఆయన సమాధానమిస్తూ.. ఎక్కువ ఆహారం అంటే ఎక్కువ మంది పిల్లలు అంటే ఎక్కువ కరువు అని అర్థం. ఈస్టర్ ద్వీప నిరాశావాదుల వలె, అతను అధిక జనాభాను అంతిమ విషాదంగా, పునరుత్పత్తి హక్కుల పరిమితిని పరిష్కారంగా చూశాడు. (తన కోసం కాకపోయినా: హార్డిన్ నలుగురు పిల్లలకు తండ్రి అయ్యాడు.)

ప్రపంచవ్యాప్తంగా లక్షలాది మంది చదివిన ఒక శాస్త్రీయ పత్రికలో ప్రచురితమైన అత్యంత విస్తృతంగా పునర్ముద్రణ పొందిన హార్డిన్ వ్యాసపు ప్రభావాన్ని అతిశయోక్తిగా చెప్పడం కష్టం.

1980వ దశకంలో ఒక అమెరికన్ జీవశాస్త్రవేత్త ఇలా ప్రకటించాడు: 'నాకు ఒక మార్గం ఉంటే మానవులందరికీ చదవడం అవసరంగా ఉంటుంది.'

అంతిమంగా, 'ది ట్రాజెడీ ఆఫ్ ది కామన్సు' మార్కెట్, రాజ్యం యొక్క ఎదుగుదలకు అత్యంత శక్తివంతమైన ఆమోదాలలో ఒకటిగా రుజువు అవుతుంది. ఉమ్మడి ఆస్తి ఘోరంగా విఫలం కావడం వల్ల, మనకు తన గౌరవప్రదమైన పని చేయడానికి రాజ్యం కనిపించే చేయి లేదా మనల్ని రక్షించడానికి మార్కెట్ అదృశ్య హస్తం అవసరం. ఈ రెండు రుచులు, క్రెమ్లిన్ లేదా వాల్ స్ట్రీట్ మాత్రమే అందుబాటులో ఉన్నాయని అనిపించింది. 1989లో బెర్లిన్ గోడ కూలిన తర్వాత ఒక్కటి మాత్రమే మిగిలింది..

పెట్టుబడిదారీ విధానం గెలిచింది, మనం హోమో ఎకనామిక్సు అయ్యాం.

4

నిజాయితీగా చెప్పాలంటే, గారెట్ హార్డిన్ వాదనలకు కనీసం ఒక్క వ్యక్తి కూడా చలించలేదు.

విశ్వవిద్యాలయాలు మహిళలను సరిగ్గా ఆహ్వానించని సమయంలో ఎలినార్ ఓస్ట్రోమ్ ప్రతిష్టాత్మక రాజకీయ ఆర్థికవేత్త, పరిశోధకురాలు. హార్డిన్‌లా కుండా, ఓస్ట్రోమ్ సైద్ధాంతిక నమూనాలపై తక్కువ ఆసక్తిని కలిగి ఉన్నది. నిజజీవితంలో నిజమైన వ్యక్తులు ఎలా ప్రవర్తిస్తారో చూడాలనుకుంది.

హార్డిన్ వ్యాసం విస్మరించిన ఒక ముఖ్యమైన విషయం ఉందని గ్రహించడానికి ఆమెకు ఎక్కువ సమయం పట్టలేదు. మనుషులు మాట్లాడగలరు. రైతులు, మత్స్యకారులు, పొరుగువారు తమ పొలాలు ఎడారులుగా మారకుండా, సరస్సులు చేపలు పట్టకుండా, బావులు ఎండిపోకుండా ఒప్పందాలు కుదుర్చుకోగలరు. ఈస్టర్ ద్వీపవాసులు ఏకతాటిపైకి రావడం,

భాగస్వామ్య బడ్జెట్లు నిర్మాణాత్మక చర్చల ద్వారా నిర్ణయాలు తీసుకోవడం కొనసాగించినట్లే, సాధారణ ప్రజలు అన్ని రకాల కామన్సు ను విజయవంతంగా నిర్వహిస్తారు. స్విట్జర్లాండ్, జపాన్ లోని భాగస్వామ్య పచ్చిక బయళ్ళు, జపాన్ లోని పంటభూముల నుండి ఫిలిప్పీన్సు లో కమ్యూనిటీ ఇరిగేషన్, నేపాల్ లోని నీటి నిల్వల వరకు ప్రపంచం నలుమూలల నుండి కామన్సు యొక్క ఉదాహరణలను నమోదు చేయడానికి ఓస్ట్రోమ్ ఒక డేటాబేస్ ను ఏర్పాటు చేసింది. హార్డిన్ వాదించినట్లుగా, వనరులను సమీకరించడం ఏ విధంగానూ విషాదానికి మూలం కాదని ఆమె చూసిన ప్రతిచోటా ఓస్ట్రోమ్ చూసింది. నిజమే, ఒక కామన్సు పరస్పర విరుద్ధ ప్రయోజనాలకు లేదా దురాశకు బలైపోవచ్చు, కానీ అది అనివార్యం కాదు. మొత్తంగా చెప్పాలంటే, ఓస్ట్రోమ్, ఆమె బృందం వర్కింగ్ కామన్సుకి ఐదు వేలకు పైగా ఉదాహరణలను సంకలనం చేశారు. అనేక శతాబ్దాల క్రితం టర్కీలోని అలన్యలోని మత్స్యకారులు, చేపలు పట్టే హక్కుల కోసం లాట్లు గీసే కాలం చెల్లిన సంప్రదాయం ఉన్నవారు, లేదా స్విస్ గ్రామమైన టార్బెల్లోని రైతులు అరుదుగా లభించే కట్టెల వాడకాన్ని సంయుక్తంగా సమన్వయం చేయడం వంటివి ఇందులో ఉన్నాయి.గవర్నింగ్ ది కామన్సు (1990) అనే తన అద్భుతమైన పుస్తకంలో, ఓస్ట్రోమ్ విజయవంతమైన కామన్సు కోసం 'డిజైన్ సూత్రాల' సమూహాన్ని రూపొందించింది. ఉదాహరణకు, ఒక కమ్యూనిటీ కనీస స్థాయి స్వయంప్రతిపత్తి, సమర్థవంతమైన పర్యవేక్షణ వ్యవస్థను కలిగి ఉండాలి. కానీ విజయానికి బ్లూప్రింట్ లేదని ఆమె నొక్కి చెప్పారు, ఎందుకంటే కామన్సుకి లక్షణాలు అంతిమంగా స్థానిక సందర్భం ద్వారా రూపొందించబడతాయి. కాలక్రమేణా, విశ్వవిద్యాలయంలోని ఓస్ట్రోమ్ విభాగం కూడా కామన్సు ను పోలి ఉండటం ప్రారంభించింది. 1973 లో, ఆమె, ఆమె భర్త ఇండియానా విశ్వవిద్యాలయంలో పొలిటికల్ థియరీ అండ్ పాలసీ అనాలిసిస్ వర్క్ షాప్ అని పిలువబడే దానిని స్థాపించారు, ఇది కామన్సు అధ్యయనం చేయడానికి ప్రపంచవ్యాప్తంగా ఉన్న విద్యావేత్తలను ఆకర్షించింది. ఈ వర్కు షాప్... వర్క్ షాప్ ల నిర్మాణాన్ని నిర్దేశించే నియమాలు విశ్వవిద్యాలయానికి లేనందున ఎంచుకున్న రూపం... చర్చ, ఆవిష్కరణకు కేంద్రంగా మారింది. ఓస్ట్రోమ్ స్వయంగా జానపద గీతాల గానానికి నాయకత్వం వహించిన పార్టీలతో, ఆ వాస్తవానికి, ఇది ఒక అకడమిక్ హిప్పీ కమ్యూన్ గా అభివృద్ధి చెందింది.కొన్ని సంవత్సరాల తర్వాత ఒకరోజు స్టాక్హోమ్ నుండి పిలుపు వచ్చింది. ఎలినార్ ఓస్ట్రోమ్ 2009 ఆర్థిక శాస్త్రంలో నోబెల్ బహుమతిని గెలుచుకుంది, ఇది గెలిచిన మొదటి మహిళగా పేరుగాంచింది. . ఈ ఎంపిక బలమైన సందేశాన్ని పంపింది. 1989 లో బెర్లిన్ గోడ పతనం, 2008 లో పెట్టుబడిదారీ వ్యవస్థ పతనం తరువాత, చివరకు కామన్సుకు – రాజ్యానికి, మార్కెట్ కు మధ్య ఉన్న ఆ ప్రత్యామ్నాయాన్ని – దానికి అర్హమైన దృష్టిని ఇచ్చే సమయం ఆసన్నమైంది.

5

ఇది బ్రేకింగ్ న్యూస్ కాకపోవచ్చు, కానీ అప్పటి నుండి కామన్సు అద్భుతమైన పునరాగమనం చేసింది.

చరిత్ర పునరావృతమవుతున్నట్లు అనిపిస్తే, ఇది జరగడం ఇదే మొదటిసారి కాదు. మధ్య యుగాల చివరలో, ఐరోపా మత స్ఫూర్తి విస్ఫోటనాన్ని చూసింది, దీనిని చరిత్రకారుడు టైన్ డి మూర్ 'నిశ్శబ్ద విప్లవం' అని పిలిచాడు. ఈ కాలంలో, పదకొండవ శతాబ్దం నుండి పదమూడవ శతాబ్దం వరకు, పచ్చికభూములలో అధిక భాగం సామూహిక నియంత్రణలోకి వచ్చింది. నీటి బోర్డులు, సంఘాలు, లే సమూహ గృహాలు పుట్టగొడుగుల్లా మొలకెత్తాయి. పద్దెనిమిదవ శతాబ్దంలో అవి ఒత్తిడికి గురయ్యేవరకు ఈ కామన్స్ వందల సంవత్సరాలు బాగా పనిచేశాయి.

జ్ఞానోదయ కాలం నాటి ఆర్థికవేత్తలు సమిష్టి వ్యవసాయ క్షేత్రాలు తమ ఉత్పత్తి సామర్థ్యాన్ని గరిష్టంగా పెంచడం లేదని నిర్ణయించారు, కాబట్టి వారు ఎన్ క్లోజర్లను సృష్టించాలని ప్రభుత్వాలకు సూచించారు. అంటే సమిష్టి ఆస్తిని భాగాలుగా విభజించి సంపన్న భూస్వాముల మధ్య పంచడం, వారి నాయకత్వంలో ఉత్పాదకత పెరుగుతుంది. పద్దెనిమిదవ శతాబ్దంలో పెట్టుబడిదారీ వ్యవస్థ అధిరోహణ సహజ పరిణామం అని మీరు భావిస్తున్నారా? రైతులను వారి పొలాల నుంచి కర్మాగారాల్లోకి మెల్లమెల్లగా నడిపించేది మార్కెట్ కంటికి కనిపించని హస్తం కాదు, ప్రభుత్వ నిర్దాక్షిణ్య హస్తం..

ప్రపంచంలో అన్ని చోట్లా ఎక్కడ చూసినా ఆ 'స్వేచ్ఛా మార్కెట్'ను ప్రణాళికాబద్ధంగా పైనుంచి కిందికి రుద్దారు. పంతొమ్మిదవ శతాబ్దం చివరి వరకు అనేక సంఘాలు, కార్మిక సహకార సంఘాలు ఏర్పడటం ప్రారంభించాయి – ఆకస్మికంగా, అట్టడుగు స్థాయి నుంచి – ఇరవయ్యో శతాబ్దపు సామాజిక భద్రతా వలయాల వ్యవస్థకు పునాది వేశాయి. ఇప్పుడు మళ్లీ అదే జరుగుతోంది. ఎన్ క్లోజర్లు, మార్కెట్ శక్తుల కాలం తరువాత (రాష్ట్రాలచే ప్లాన్ చేయబడిన టాప్–డౌన్) ఒక నిశ్శబ్ద విప్లవం అట్టడుగున ఉవ్వెత్తున ఎగిసిపడుతోంది, ఇది ఇటీవలి సంవత్సరాలలో, ముఖ్యంగా 2008 ఆర్థిక సంక్షోభం నుండి, కేర్ కో ఆపరేటివ్స్, సిక్ డే పూల్సు అండ్ ఎనర్జీ కో–ఆప్షన్సు వంటి కార్యక్రమాల విస్ఫోటనానికి దారితీసింది.

'మానవుడు మౌలికంగా ఒక సహకార జీవి, హోమో కూపరాన్సు అని చరిత్ర మనకు బోధిస్తుంది' అని టైన్ డి మూర్ అభిప్రాయపడ్డారు. దీర్ఘకాలిక సహకారంపై దృష్టి సారించే సంస్థలను తాము చాలాకాలంగా నిర్మిస్తున్నామని, ముఖ్యంగా వేగవంతమైన మార్కెట్ అభివృద్ధి, ప్రైవేటీకరణ అనంతరం..

కాబట్టి మనకు కమ్యూనిజం తక్కువ కావాలా, ఎక్కువ కావాలా? నా హైస్కూల్ ఎకనామిక్సు క్లాసులో స్వార్థం మన స్వభావంలో ఉందని బోధించారు. ఆ పెట్టుబడిదారీ విధానం మన లోతైన ప్రవృత్తిలో పాతుకుపోయింది. కొనడం, అమ్మడం, డీల్సు చేయడం – వ్యక్తిగత ప్రావీణ్యాన్ని పెంచుకోవడానికి మనం ఎల్లప్పుడూ సిద్ధంగా ఉంటాము. మన సహజసిద్ధమైన అభిరుచులపై ప్రభుత్వం సంఘీభావాన్ని వెదజల్లగలదని, కానీ ఇది ఉన్నత స్థాయి నుంచి మాత్రమే సాధ్యమవుతుందని, పర్యవేక్షణ, బ్యూరోక్రసీ లేకుండా ఎప్పుడూ జరగదని చెప్పారు.

ఇప్పుడు ఈ అభిప్రాయం పూర్తిగా తారుమారైందని తేలింది. మన సహజ అభిరుచి సంఘీభావం వైపు ఉంటుంది, అయితే మార్కెట్ అధిక స్థాయి నుండి రుద్దబడుతుంది. ఆరోగ్య

సంరక్షణను కృత్రిమ మార్కెట్ గా మార్చడానికి ఇటీవలి దశాబ్దాల్లో వెచ్చించిన బిలియన్ డాలర్లను ఉన్మాద ప్రయత్నాలకు తీసుకోండి. ఎందువల్ల? ఎందుకంటే స్వార్థపరులుగా ఉండటం నేర్పించాలి. ఆరోగ్యకరమైన, ప్రభావవంతమైన మార్కెట్లకు పుష్కలమైన ఉదాహరణలు లేవని కాదు. గత రెండు వందల సంవత్సరాలుగా పెట్టుబడిదారీ విధానం పెరగడం వల్ల సమృద్ధిలో భారీ లాభాలు వచ్చాయన్న విషయాన్ని మనం మరచిపోకూడదు.

అందువల్ల డిమూర్ 'సంస్థాగత వైవిధ్యం' అని పిలువబడేదాన్ని సమర్థిస్తుంది, దీనివల్ల మార్కెట్లు కొన్ని సందర్భాల్లో ఉత్తమంగా పనిచేస్తాయి. మరికొన్నింటిలో ప్రభుత్వ నియంత్రణ మెరుగ్గా ఉంటుంది, వీటన్నింటికీ ఆధారం కలిసి పనిచేయాలని నిర్ణయించుకునే పౌరుల బలమైన, మతపరమైన పునాది ఉండాలి. ఈ సమయంలో కామన్స్ భవిష్యత్తు ఇంకా అనిశ్చితంగానే ఉంది. మతపరమైన ప్రయోజనాలు పుంజుకుంటున్నప్పటికీ, అవి కూడా ముట్టడిలో ఉన్నాయి. ఉదాహరణకు నీటి సరఫరాను కొనుగోలు చేస్తున్న బహుళజాతి సంస్థలు, జన్యువులకు పేటెంట్లు ఇవ్వడం, తమకు దక్కాల్సిన వాటిని ప్రైవేటీకరించే ప్రభుత్వాలు, తమ పరిజ్ఞానాన్ని అత్యధిక ధరకు అమ్ముకుంటున్న విశ్వవిద్యాలయాలు. అలాగే పెట్టుబడీదారీ విధానం రాకతో ఎయిర్ బీఎన్ బీ, ఫేస్ బుక్ వంటి సంస్థలకు హోమో కూపరియన్ల సంపదను తగ్గించేందుకు వీలు కల్పిస్తున్న వేదిక.

చాలా తరచుగా, భాగస్వామ్య ఆర్థిక వ్యవస్థ కత్తిరించే ఆర్థిక వ్యవస్థలా మారుతుంది. మనమందరం దోపిడీకి గురవుతాం. ప్రస్తుతానికి, మనం ఇప్పటికీ తీవ్రమైన, ఎటూ తేల్చుకోలేని పోటీలో ఉన్నాం. ప్రపంచం మొత్తం ఒక పెద్ద కమ్యూన్ గా మారుతుందని నమ్మే ప్రజలు ఒకవైపు ఉన్నారు. వీరిని ఆశావాదులు – పోస్టు క్యాపిటలిస్టులు (తదనంతర పెట్టుబడీదారులు)అని కూడా పిలుస్తారు, బహుశా సామ్యవాదం ఇప్పటికీ మురికి పదం. మరోవైపు సిలికాన్ వ్యాలీ, వాల్ స్ట్రీట్ లు కామన్స్ పై కొనసాగుతున్న దాడులను, అసమానతల పెరుగుదలను అంచనా వేసే నిరాశావాదులు ఉన్నారు.

ఏ పక్షం సరైనదిగా మారుతుంది? అసలు ఎవరికీ తెలియదు.

కానీ నా డబ్బు ఎలినార్ ఓస్ట్రోమ్ మీద ఉంది, ఆమె ఆశావాది లేదా నిరాశావాది కాదు, కానీ ఒక పోసిబిలిస్టు. మరో మార్గం ఉందని నమ్మింది. ఆమె ఏదో నైరూప్య సిద్ధాంతాన్ని అంగీకరించడం వల్ల కాదు, కానీ ఆమె దానిని తన కళ్ళతో చూసింది కాబట్టి.

6

ప్రస్తుత పెట్టుబడిదారీ నమూనాకు అత్యంత ఆశాజనకమైన ప్రత్యామ్నాయాలలో ఒకటి వాస్తవానికి చాలా కాలంగా ఉంది. ప్రగతిశీల స్కాండినేవియాలో, ఎర్ర చైనాలో లేదా లాటిన్ అమెరికా అరాచక పుట్టిల్లో మీరు దీనిని కనుగొనలేరు, లేదు. ఈ ప్రత్యామ్నాయం అనుకోకుండా, 'ప్రగతిశీల', 'సోషలిస్టు' వంటి పదాలను అవమానాలుగా ఉపయోగించే యుఎస్ రాష్ట్రం నుండి వస్తుంది. అలాస్కా నుంచి..

రెండవ ప్రపంచ యుద్ధంలో జపనీయులతో పోరాడిన రిపబ్లికన్ గవర్నర్ జే హమ్మండ్ (1922–2005) ఒక కఠినమైన బొచ్చు ట్రాపర్, మాజీ ఫైటర్ పైలట్ తో ఈ ఆలోచన ప్రారంభమైంది. 1960 ల చివరలో తన స్వంత రాష్ట్రంలో భారీ చమురు నిక్షేపాలు కనుగొనబడి నప్పుడు, అతను ఈ చమురు అలాస్కాలందరికీ చెందుతుందని నిర్ణయించాడు. లాభాలను ఒక పెద్ద కమ్యూనిటీ పిగ్గీ బ్యాంకులో పెట్టాలని ప్రతిపాదించాడు. ఈ బ్యాంకు 1976 లో అలాస్కా శాశ్వత నిధిగా మారింది. మొత్తం డబ్బును ఏం చేయాలనేది తర్వాత ప్రశ్న. చాలా మంది సంప్రదాయవాద అలస్కా ప్రజలు దీనిని ప్రభుత్వానికి అప్పగించడాన్ని వ్యతిరేకించారు, ఇది దానిని వృధా చేస్తుంది. కానీ మరో ప్రత్యామ్నాయం ఉంది. 1982 నుండి, అలాస్కాలోని ప్రతి పౌరుడు వారి బ్యాంకు ఖాతాలో వార్షిక డివిడెండ్ పొందాడు. ఒక అనుకూలమైన సంవత్సరంలో, ఇది 3,000 డాలర్ల వరకు ఉండవచ్చు

ఈ రోజు వరకు, పర్మినెంట్ ఫండ్ డివిడెండ్. క్లుప్తంగా పిఎఫ్ డి.. పూర్తిగా బేషరతుగా ఉంటుంది. ఇది ఒక సౌలభ్యం కాదు, హక్కు. ఇది అలాస్కా నమూనాను పాతకాలపు సంక్షేమ రాజ్యానికి ధృవ విరుద్ధంగా చేస్తుంది. సాధారణంగా, మీరు మొదట తగినంత అనారోగ్యంతో ఉన్నారని, వికలాంగులు లేదా సహాయం పొందడానికి తగినంత అవసరం ఉందని నిరూపించుకోవాలి. మీరు అన్ని ఆశలను దాటారని సాక్ష్యం ఇస్తూ డజన్ల కొద్దీ ఫారాలను దాఖలు చేసే వరకు మీకు తక్కువ మొత్తంలో డబ్బు లభిస్తుంది. ఆ విధమైన వ్యవస్థ ప్రజలను విచారంగా, నిస్సహాయంగా, ఆధారపడే విధంగా చేస్తుంది, అయితే బేషరతు డివిడెండ్ పూర్తిగా వేరేదాన్ని చేస్తుంది. ఇది నమ్మకాన్ని పెంపొందిస్తుంది. వాస్తవానికి తమ తోటి అలాస్కా వాసులు మద్యం, మాదకద్రవ్యాలపై డివిడెండు ను వృథా చేస్తారని భావించిన వారు ఉన్నారు. కానీ వాస్తవవాదులు గమనించినట్లు, అది జరగలేదు.

చాలా మంది అలాస్కావాసులు తమ డివిడెండ్లను విద్య, వారి పిల్లలపై పెట్టుబడి పెట్టారు. ఇద్దరు అమెరికన్ ఆర్థికవేత్తల లోతైన విశ్లేషణలో పీఎఫ్ డి ఉపాధిపై ఎటువంటి ప్రతికూల ప్రభావాలను చూపలేదని, ఇది పేదరికాన్ని గణనీయంగా తగ్గించిందని తేలింది.

నార్త్ కరోలినాలో పోల్చదగిన నగదు చెల్లింపులపై జరిపిన పరిశోధనలో అనేక సానుకూల దుష్ప్రభావాలు కూడా వెల్లడయ్యాయి. ఆరోగ్య సంరక్షణ ఖర్చులు తగ్గాయి, పిల్లలు పాఠశాలలో మెరుగైన పనితీరును కనబరిచారు, ప్రారంభ పెట్టుబడి వ్యయాన్ని తగ్గించారు.

అలాస్కాలోని మతపరమైన ఆస్తి తత్వశాస్త్రాన్ని తీసుకొని, దాన్ని మరింత విస్తృతంగా అన్వయిస్తే ఎలా ఉంటుంది? భూగర్భజలాలు, సహజవాయువు, పన్ను చెల్లింపుదారుల డబ్బుతో సాధ్యమయ్యే పేటెంట్లు, మరెన్నో అన్నీ సమాజానికి చెందినవే అని చెబితే ఎలా?

ఆ కామన్సు లోని కొంత భాగాన్ని స్వాధీనం చేసుకున్నప్పుడు, లేదా భూమి కలుషితమైనప్పుడు, లేదా కార్బన్ డై ఆక్సైడ్ మన వాతావరణంలోకి వ్యాపించినప్పుడల్లా, మనం సంఘం సభ్యులుగా పరిహారం ఇవ్వకూడదా? ఇలాంటి నిధి మనకందరికీ మరో, అంతకంటే పెద్ద ప్రతిఫలాన్ని ఇవ్వగలదు. ఈ పౌరుడి డివిడెండ్, విశ్వాసం, స్వంతంపై ఆధారపడిన ఈ బేషరతు చెల్లింపు, మనలో ప్రతి ఒక్కరికీ మన స్వంత ఎంపికలు చేసుకునే స్వేచ్ఛను ఇస్తుంది. ప్రజల కోసం వెంచర్ క్యాపిటల్.. అలాస్కాలో ఏదేమైనా, పిఎఫ్ డి స్పష్టంగా పెద్ద విజయం

సాధించింది. దాన్ని తారుమారు చేయాలని భావించే ఏ రాజకీయ నాయకుడైనా ఆత్మహత్య చేసుకునే ప్రమాదం ఉంది. ప్రతి ఒక్కరూ తమను తాము చూసుకోవడమే దీనికి కారణమని కొంతమంది చెబుతారు. కానీ ఇది చాలా ప్రాచుర్యం పొందింది ఎందుకంటే.. పోర్టో అలెగ్రే, టోర్రెస్ యొక్క నిజమైన ప్రజాస్వామ్యాల మాదిరిగా – ఇది ఎడమ, కుడి, మార్కెట్, రాజ్యం, పెట్టుబడిదారీ విధానం, సామ్యవాదం మధ్య పాత వ్యతిరేకతను మించిపోతుంది. ప్రతి ఒక్కరిని భాగస్వామ్యం ఉన్న కొత్త సమాజం వైపు పయనిస్తున్న విభిన్న మార్గం ఇది.

ఐదవ భాగం

మరొక వైపు

"మీరు ఒక వ్యక్తిని ప్రతీకారంగా శిక్షించాలంటే మీరు అతనిని గాయపరచాలి. మీరు అతనిని సంస్కరించాలంటే మీరు మెరుగుపరచాలి. అయితే పురుషులు గాయాల వల్ల మెరుగుపడరు."

– జార్జ్ బెర్నార్డ్ షా (1856-1950)

కొంతకాలానికి ముందు, జూలియో డియాజ్ అనే యువ సామాజిక సేవకుడు పని ముగించుకుని న్యూయార్క్ లోగల బ్రోంక్స్ లోని తన ఇంటికి సబ్వేగుండా వెళ్ళేవాడు. అతను దాదాపు ప్రతిరోజూ లాగానే బయలుదేరి, తన అభిమాన భోజనశాలలో తినడానికి తన స్టాప్ కి ముందుస్టాప్ లో దిగాడు. కానీ ఈ రాత్రి ఇతర రాత్రుల మాదిరిగా లేదు. అతను నిర్మానుష్యమైన సబ్వే స్టేషన్ నుండి రెస్టారెంట్కు వెళ్తుండగా, ఒక యువకుడు కత్తి పట్టుకుని చీకటి లో నుండి బయటకు దూకాడు. 'నేను నా పర్సును అతనికి ఇచ్చాను' అని జూలియో తరువాత ఒక విలేఖరితో చెప్పాడు. దొంగతనం చేసి ఆ యువకుడు పారిపోబోతుండగా జూలియో ఊహించనిది చేసాడు.

'హేయ్, ఒక్క నిమిషం ఆగు,' అని పిలిచాడు. 'రాత్రంతా నువ్వు మనుషుల్ని దోచుకోబోతుంటే, నిన్ను వెచ్చగా ఉంచడానికి నువ్వు నా కోటు కూడా వేసుకోవచ్చు.' అన్నాడు. ఆ యువకుడు అపనమ్మకంతో జూలియో వైపు తిరిగి చూశాడు. 'నువ్వు నీ కోటు నాకు ఎందుకు ఇస్తున్నావ్?'అన్నాడు. 'నువ్వు కొన్ని డాలర్ల కోసం నీ స్వేచ్ఛను పణంగా పెట్టడానికి సిద్ధంగా ఉన్నావు అంటే నీకు నిజంగా డబ్బు అవసరం అని అనుకుంటున్నాను, నా ఉద్దేశ్యం ఏమిటంటే వాస్తవానికి భోజనం చేయాలనుకుంటున్నాను,నువ్వు కూడా నాతో కలిసి తినాలనుకుంటే నేను మనస్ఫూర్తిగా నిన్ను స్వాగతిస్తున్నాను అని జూలియో జవాబిచ్చాడు.

యువకుడు అంగీకరించాడు, కొద్ది క్షణాల తరువాత జూలియో, ఆ దుండగుడు భోజనశాలలోని ఒక బూత్ వద్ద కూర్చున్నారు. వెయిటర్లు వారిని ఆప్యాయంగా పలకరించారు. మేనేజర్ వారిని ఆపి పలకరించాడు. పాత్రలు శుభ్రం చేసేవారు కూడా హలో చెప్పారు. 'ఇక్కడున్న ప్రతి ఒక్కరూ మీకు తెలుసా, 'ఈ స్థలం మీ సొంతమా' అడిగాడు యువకుడు ఆశ్చర్యంగా. 'లేదు,' అన్నాడు జూలియో. 'నేను ఇక్కడ తరచు తింటాను.' 'కానీ మీరు పనివారి తో కూడా మంచిగా ఉన్నారు.' 'సరే, నువ్వు అందరితో మంచిగా మెలగాలని నీకు ఎవరూ బోధించలేదా?'అడిగాడు జూలియో 'అవును, కానీ ప్రజలు నిజంగా అలా ప్రవర్తిస్తారని నేను అనుకోలేదు' అన్నాడు యువకుడు

జూలియో, ఆ యువకుడు తినడం పూర్తి చేయగానే, బిల్లు వచ్చింది. కానీ జూలియో వద్ద పర్సు లేదు. 'చూడు,నువ్వు ఈ బిల్లు చెల్లించాల్సి ఉంటుందని అనుకుంటున్నాను, ఎందుకంటే నీ దగ్గర నా డబ్బు ఉంది కాబట్టి నేను దీనిని చెల్లించలేను. నా పర్సును నాకు తిరిగి ఇస్తే, నీతో సంతోషంగా వుంటాను" అని యువకుడికి చెప్పాడు. యువకుడు పర్సును తిరిగి ఇచ్చాడు. జూలియో బిల్లు చెల్లించాడు. తరువాత అతనికి ఒక షరతుపై, 20 డాలర్లు

ఇచ్చాడు. ఆ యువకుడు తన కత్తిని అప్పగించాల్సి వచ్చింది. ఆ తర్వాత ఒక విలేఖరి జూలియోను ఆ దొంగతో కలిసి విందు ఎందుకు చేశావు అని అడిగినప్పుడు, అతను ఏ మాత్రం సంకోచించకుండా 'మీరు మనుషులతో సరిగ్గా ప్రవర్తిస్తే, వారు మీతో సరిగ్గా వ్యవహరిస్తారని మాత్రమే తెలుస్తుంది. ఈ సంక్లిష్టమైన ప్రపంచంలో ఇది ఎంతో సులభం'' అన్నాడు.

జూలియో స్నేహపూర్వక స్వభావం గురించి నేను ఒక స్నేహితుడికి చెప్పినప్పుడు, అతను స్పందించే అవకాశాన్ని వదులుకోలేదు. 'నాకు వాంతి వచ్చేలా ఉంది, దయచేసి నన్ను క్షమించండి.'అన్నాడు. సరే, ఈ కథ కాస్త సాకుగా మారి పోయింది. చిన్నప్పుడు చర్చిలో నేను విన్న ఊకదంపుడు పాఠాలను ఇది నాకు గుర్తు చేసింది. మత్తయి 5లోని కొండమీది ప్రసంగంలాగే: '

కంటికి కన్ను, పంటికి పన్ను' అని చెప్పబడిందని మీరు విన్నారు. అయితే చెడ్డవానిని ఎదిరింపవద్దని మీతో చెప్తున్నాను. కానీ ఎవరైనా మిమ్మల్ని కుడి చెంపపై కొడితే, మరొకచెంప కూడా చూపించండి. ఎవడైనను బలవంతంగా నీ వస్త్రమును తీసికొనిన యెడల, దానిని అతని వద్దనే ఉండనియ్యుడి. ఎవరైనా మిమ్మల్ని ఒక మైలు వెళ్ళమని బలవంతం చేస్తే, అతనితో రెండు మైళ్ళు వెళ్ళండి.

> మనమందరం సాధువులమైతే ఖచ్చితంగా, మీరు యేసు చాలా మంచి విషయం చెప్పారని అనుకుంటారు. కానీ సమస్య ఏమిటంటే: మనమందరం మానవులం. వాస్తవ ప్రపంచంలో, మరొక చెంపను చూపడం అనేది మనం చేయగలిగే అత్యంత అమాయకమైన విషయం. ఇది సరియైనదా? యేసు చాలా హేతుబద్ధమైన సూత్రాన్ని సమర్థిస్తున్నాడని ఇటీవలే గ్రహించాను. ఆధునిక మనస్తత్వవేత్తలు దీనిని అసంపూర్తి ప్రవర్తన అని పిలుస్తారు. ఎక్కువ సమయం, ఇంతకు ముందు చెప్పినట్లుగా, మానవులమైన మనం ఒకరికొకరు ప్రతిబింబంగా ఉన్నాం. ఎవరైనా మీపై పొగడ్తలు కురిపిస్తే, మీరు వెంటనే వారిపై అభిమానాన్ని చూపుతారు. ఎవరైనా అప్రియమైనదాన్ని చెబితే, వినడానికి ఇష్టపడరు. పాఠశాలలు, కంపెనీలు, ప్రజాస్వామ్యాలలో ఈ సానుకూల, ప్రతికూల ఫీడ్ బ్యాక్ లూప్ లు ఎంత శక్తివంతంగా మారుతాయో ఇంతకు ముందు అధ్యాయాల్లో మనం చూశాం.

మీరు దయతో వ్యవహరించినప్పుడు, సరైన పని చేయడం సులభం. కానీ సులభం అని అంటే ఒక్కటే సరిపోదు. ఇక్కడ యేసును మళ్ళీ ఉల్లేఖిస్తున్నాను. 'మిమ్మల్ని ప్రేమించేవారిని మీరు ప్రేమించినప్పుడు, మీకు ఏ ప్రతిఫలం ఉంటుంది? పన్ను వసూలు చేసేవారు చేసే పని ఇదేగా? మీరు కేవలం మీ సోదరసోదరీమణులను మాత్రమే పలకరిస్తే, మీరు ఇతరులకి కన్నా ఎక్కువేమి చేస్తున్నారు?'' ఇక్కడ ప్రశ్నేమిటంటే, మనం విషయాలను మరింత ముందుకు తీసుకువెళ్ళగలమా? మన పిల్లల గురించి, మన సహోద్యోగుల గురించి, పొరుగువారి గురించి మాత్రమే కాక, మన శత్రువుల గురించి కూడా మనం ఉన్నతంగా భావిస్తే ఎలా ఉంటుంది? ఇది గణనీయంగా మరింత కష్టం మన శక్తి ప్రవృత్తులకు వ్యతిరేకంగా ఉంటుంది. మహాత్మా

గాంధీ, మార్టిన్ లూథర్ కింగ్ జూనియర్ లను చూడండి, వీరు ఇరవయ్యో శతాబ్దపు ఇద్దరు గొప్ప వీరులు. వారు పరిపూరకమైన ప్రవర్తనలో అనుకూలులు, కానీ వారు అసాధారణ వ్యక్తులు.

మనలో మిగిలిన వారి సంగతేమిటి? మనం మరొకరి చెంపను చూపించే సామర్థ్యాన్ని కలిగి ఉన్నామా? జైళ్లలో, పోలీస్ స్టేషన్లలో, ఉగ్రవాద దాడుల తర్వాత లేదా యుద్ధ సమయాల్లో మనం దీన్ని పెద్ద ఎత్తున పనిచేసేలా చేయగలమా?

16

ఉగ్రవాదులతో కలిసి టీ త్రాగడం

1

ప్రపంచంలోని వింతైన జైళ్లలో ఒకటి ఓస్లోకు దక్షిణాన అరవై మైళ్ల దూరంలో ఉన్న నార్వేలోని ఒక అడవిలో ఉంది. ఇక్కడ మీరు జైలు గదులు లేదా అవరోధాలను చూడరు. మీరు హ్యాండ్ గన్ లు లేదా చేతి సంకెళ్లతో సాయుధులైన గార్డులను చూడలేరు. మీరు చూసేది కొండరావి, పైన్ చెట్ల అడవి, ఫుట్ పాత్ ల ద్వారా క్రాస్ చేయబడిన రోలింగ్ ల్యాండ్ స్కేప్. వీటినన్నింటినీ చుట్టి ఉండే ఒక పొడవైన ఉక్కు గోడ – ప్రజలు స్వచ్ఛందంగా ఇక్కడ లేరని కొన్ని రిమైండర్లలో ఒకటి.

హాల్డెన్ జైలులోని ఖైదీలకు ఒక్కొక్కరికి వారి స్వంత గది ఉంటుంది. అండర్ ఫ్లోర్ హీటింగ్ తో. ఫ్లాట్ స్క్రీన్ టీవీ. ఒక ప్రైవేట్ బాత్రూమ్. ఖైదీలు పింగాణీ ప్లేట్లు, స్టెయిన్లెస్ స్టీల్ కత్తులతో వంట చేసుకోవడానికి వంటగదులు ఉన్నాయి. హాల్డెన్ కు ఒక లైబ్రరీ, క్లైంబింగ్ వాల్,పూర్తిగా అమర్చిన మ్యూజిక్ స్టూడియో కూడా ఉన్నాయి, ఇక్కడ ఖైదీలు తమ స్వంత రికార్డులను రికార్డ్ చేయవచ్చు. ఆల్బమ్ లు వారి స్వంత లేబుల్ కింద జారీ చేయబడతాయి – జోక్ కాదు – క్రిమినల్ రికార్డ్స్. ఇప్పటి వరకు, ముగ్గురు ఖైదీలు నార్వేజియన్ ఐడల్‌లో పోటీదారులుగా ఉన్నారు, మొదటి జైలు సంగీతం రచనల్లో ఉంది.

హాల్డెన్ అనేది మీరు 'కాంప్లిమెంటరీ కాని జైలు' అని పిలిచే దానికి ఒక పాఠ్యపుస్తక ఉదాహరణ. ఖైదీల ప్రవర్తనను ప్రతిబింబించే బదులు, సిబ్బంది కరుడు కట్టిన నేరస్థులకు కూడా మరొక చెంపను చూపిస్తారు. వాస్తవానికి, గార్డులు ఆయుధాలను తీసుకెళ్లరు. 'మేము కుర్రాళ్ళతో మాట్లాడతాం,' అని ఒక గార్డు చెప్పాడు, 'అది మా ఆయుధం.' నార్వేలో ఇది అత్యంత మృదువైన దిద్దుబాటు సదుపాయం అని మీరు అనుకుంటే పొరబాటు. హాల్డెన్ గరిష్ట–భద్రత కలిగిన జైలు. సుమారు రెండు వందల యాభై మంది మాదకద్రవ్యాల డీలర్లు, లైంగిక నేరగాళ్లు హంతకులు ఇందులో ఉన్నారు., ఇది దేశంలో రెండవ అతిపెద్ద జైలు కూడా.

ఇది మీరు అనుసరిస్తున్న మృదువైన జైలు అయితే, అది రహదారికి రెండు మైళ్ళ దూరంలో ఉంది. బస్టోయ్ కి కొద్ది దూరంలో ఒక చిన్నసుందరమైన ద్వీపం, ఇందులో 115 మంది నేరస్థులు ఉన్నారు. వారు వారి శిక్షా కాలం చివరి సంవత్సరాలలో ఉన్నారు. ఇక్కడ జరిగేది బిబిసి జైలు ప్రయోగానికి సారూప్యంగా ఉంటుంది, ఇది ఒక విసుగు పుట్టించిన రియాలిటీ షో,శాంతికాముక సమూహాన్ని విడదీసినట్లుగా ఉంటుంది. (అధ్యాయం 7 చూడండి). ఈ ద్వీపం చిత్రాలను మొదటిసారి చూసినప్పుడు, నేను నా కళ్ళను నమ్మలేకపోయాను. ఖైదీలు, గార్డులు కలిసి బర్గర్లను తిప్పుతున్నారా? ఈత కొడుతున్నారు?

ఎండలో సేద తీరుతున్నారా? నిజం చెప్పాలంటే, ఖైదీలను, జైలు సిబ్బందిని విడదీసి చెప్పడం కష్టం. బాస్టోయ్ వద్ద గార్డులు యూనిఫాంలు ధరించరు, వారంతా కలిసి భోజనం చేస్తారు, ఒకే టేబుల్ చుట్టూ కూర్చున్నారు.

ద్వీపంలో, చేయడానికి అన్ని రకాల పనులు ఉన్నాయి. ఒక సినిమా, ఒక టానింగ్ బెడ్, రెండు స్కీల్ వాలులు ఉన్నాయి. చాలా మంది ఖైదీలు కలిసి బాస్టోయ్ బ్లూస్ బ్యాండ్ అని పిలువబడే ఒక సమూహాన్ని ఏర్పాటు చేశారు, ఇది వాస్తవానికి పురాణ టెక్సాస్ రాకర్స్ జెడ్ జెడ్ టాప్ కోసం స్పాట్ ఓపెనింగ్ స్కోర్ చేసింది. ద్వీపంలో ఒక చర్చి, కిరాణా దుకాణం, ఒక లైబ్రరీ కూడా ఉన్నాయి. బాస్టోయ్ ఒక లగ్జరీ రిసార్ట్ లాగా అనిపించవచ్చు, ఇది అంత వెనుకబడి లేదు. ఖైదీలు తమ కమ్యూనిటీని నడపడానికి కష్టపడి పనిచేయాలి: వారు దున్నడం, నాటడం, కోత కోయడం, వండడం, వారు స్వంతగా కలపను కోయాలి, స్వంతగా వడ్రంగి పని చేయడం. ప్రతిదీ రీసైకిల్ చేయబడుతుంది. వారు తమ ఆహారంలో పావు వంతు భాగం వారే సమకూర్చుకోవాలి. కొంతమంది ఖైదీలు ద్వీపం నుండి ప్రధాన భూభాగంలోని ఉద్యోగాల కోసం కూడా ప్రయాణిస్తారు, ఖైదీలు తామే నిర్వహించే ఫెర్రీ సేవను ఉపయోగిస్తారు.

ఓహ్ అవును, వారి పని కోసం, పురుషులు కత్తులు, సుత్తులు హత్య కోసం ఉపయోగపడే ఇతర ఆయుధాలను కూడా కలిగి ఉంటారు. వారు ఒక చెట్టును పడగొట్టాల్సి వస్తే, వారు రంపాన్ని ఉపయోగించవచ్చు. హంతకుడు ఉపయోగించిన మారణాయుధం కూడా – మీరు దానిని ఊహించండి – రంపమే. నార్వేజియన్లు దానిని కోల్పోయారా? ఒక పడవ నిండా ఉన్న హంతకులను హాలిడే రిసార్ట్ కుపంపి శిక్షించడం ఎంత అమాయకత్వం? మీరు బాస్టోయ్ సిబ్బందిని అడిగితే, అంతకన్నా సాధారణమైనది ఏదీ ఉండదు. నార్వేలో, జైలు గార్డులలో 40 శాతం మంది మహిళలు ఉన్నారు, గార్డులు రెండు సంవత్సరాల శిక్షణా కార్యక్రమాన్ని పూర్తి చేయాలి. ఖైదీలను అవమానించడం కంటే వారితో స్నేహం చేయడం మంచిదని వారికి బోధించబడింది. నార్వేజియన్లు దీనిని 'డైనమిక్ సెక్యూరిటీ' అని పిలుస్తారు, పాత-కాలపు 'స్టాటిక్ సెక్యూరిటీ' నుండి వేరు చేస్తూ – జైలు గదులు,, ముళ్ల తీగ నిఘా కెమెరాలను ఏర్పాటు చేశారు.

నార్వేలో, జైలు అనేది చెడు ప్రవర్తనను నిరోధించడం గురించి కాక, చెడు ఉద్దేశాలను నివారించేదిగా భావిస్తారు. ఖైదీలను సాధ్యమైనంత వరకు సాధారణ జీవితానికి సిద్ధం చేయడం వారి కర్తవ్యం అని గార్డులు అర్థం చేసుకుంటారు. ఈ 'సాధారణత సూత్రం' ప్రకారం, గోడల లోపలి జీవితానికి వెలుపలి జీవితానికి సాధ్యమైనంత దగ్గరగా పోలి ఉండాలి. నమ్మశక్యం కాని విధంగా, ఇది పనిచేస్తుంది. హాల్డెన్, బాస్టోయ్ ప్రశాంతమైన సమాజాలు. నమ్మశక్యం పనిచేస్తుంది. హాల్డెన్, స్టోయ్ ప్రశాంతమైన సంఘాలు. సాంప్రదాయ శిక్షాస్మృతులు సర్వోత్కృష్టమైనవి. మొత్తం సంస్థలు బెదిరింపులు విస్తృతంగా ఉన్న ప్రదేశాల రకాలు (అధ్యాయం 14 చూడండి) – నార్వే జైళ్లలో ఖైదీలు బాగా కలిసిపోతారు. ఎప్పుడైనా సంఘర్షణలు తలెత్తినప్పుడు, రెండు వైపులా దాని గురించి మాట్లాడటానికి కూర్చోవాలి, వారు కరచాలనం చేసే వరకు వారు విడిచిపెట్టరు. 'ఇది నిజంగా చాలా సులభం,' అని బాస్టోయ్

వార్డెన్, టామ్ ఎబెర్హార్ట్ వివరిస్తాడు. 'మనుషులను మురికిగా భావించండి, అప్పుడు వారు మురికిగా ఉంటారు. వాళ్ళని మనుషుల్లా చూసుకుంటే, వాళ్ళు మనుషుల్లా ప్రవర్తిస్తారు."

అయినప్పటికీ, నేను ఇప్పటికీ నమ్మకంగా లేను. హేతుబద్ధంగా, పరిపూరకరమైన కారాగారం ఎందుకు మెరుగ్గా పనిచేయగలదో అర్థం చేసుకోగలిగాను. సహజంగా, అయితే, ఇది తప్పుగా అనిపించింది. ఈ హంతకులు ఆహ్లాదకరమైన విల్లే నుండి రవాణా చేయబడుతున్నారని తెలుసుకోవడం బాధితులకు ఎలా అనిపిస్తుంది? కానీ నేను టామ్ ఎబెర్హార్ట్ యొక్క వివరణను చదివినప్పుడు, అది అర్థవంతంగా ఉండటం ప్రారంభించింది. స్టార్టర్స్ కోసం, చాలా మంది ఖైదీలు త్వరగా లేదా తరువాత విడుదల చేయబడతారు. నార్వేలో, 90 శాతానికి పైగా ఒక సంవత్సరం కంటే తక్కువ సమయంలో వీధుల్లోకి తిరిగి వచ్చారు, కాబట్టి వారు ఎవరికి పొరుగువారిగా ఉండబోతున్నారు. ఎబెర్హార్ట్ ఒక అమెరికన్ విలేఖరికి ఇలా వివరించాడు, 'మేం ప్రతి సంవత్సరం పొరుగువారిని విడుదల చేస్తున్నామని ప్రజలకు చెబుతున్నాను. వాటిని టిక్కింగ్ టైమ్ బాంబులుగా విడుదల చేయమంటావా?'

చివరికి, నేను వాదించాను, ఒక విషయం అన్నింటికంటే ముఖ్యమైనది: ఫలితాలు. ఈ రకమైన జైళ్లు ఎలా ఏర్పడతాయి? 2018 వేసవిలో, నార్వేజియన్, అమెరికన్ ఆర్థికవేత్తల బృందం ఈ విషయంపై పని చేయవలసి వచ్చింది. వారు నేరాలు పునరావృత రేటును చూశారు – ఎవరైనా పునరావృత నేరానికి పాల్పడే అవకాశాలు. జట్టు లెక్కల ప్రకారం, హాల్డెన్, బాస్టోయ్ వంటి శిక్షాస్మృతులు ఉన్నజైళ్లలోని మాజీ ఖైదీలలో పునఃసమీక్ష రేటు కమ్యూనిటీ సేవకు శిక్ష పడిన లేదా జరిమానా చెల్లించడానికి చేయబడిన నేరస్థులలో కంటే దాదాపు 50 శాతం తక్కువగా ఉంది.

నేను దిగ్భ్రాంతికి గురయ్యాను. దాదాపు 50 శాతం? అది నేనెప్పుడూ విననిది. దీని అర్థం, ప్రతి శిక్షకు, భవిష్యత్తులో సగటున పదకొండుకి తక్కువ కాకుండా నేరాలు జరుగుతాయి. ఇంకా ఏమిటంటే, మాజీ నేరస్థుడికి ఉద్యోగం లభించే అవకాశం 40 శాతం ఎక్కువ. నార్వేజియన్ జైలులో బంధించబడటం నిజంగా వారి జీవిత గమనాన్ని మారుస్తుంది. నార్వే ప్రపంచంలో అతి తక్కువ పునారావృత రేటును గురించి ప్రగల్భాలు పలకడం యాదృచ్ఛికం కాదు. దీనికి విరుద్ధంగా, అమెరికన్ జైలు వ్యవస్థ అత్యధికంగా ఉంది. అమెరికాలో 60 శాతం మంది ఖైదీలు రెండేళ్ల తర్వాత తిరిగి జైలుకు చేరుకోగా, నార్వేలో 20 శాతం మంది ఉన్నారు. 7,బాస్టోయ్లో అది చాలా తక్కువ – కేవలం 16 శాతం – ఐరోపాలో, బహుశా ప్రపంచంలోనే ఉత్తమ దిద్దుబాటు సౌకర్యాలలో ఒకటిగా పని చేస్తోంది. సరే, మంచిదే, అయితే నార్వేజియన్ పద్ధతి అసాధారణమైన ఖరీదైనది కాదా?

2018 వ్యాసం చివరిలో, ఆర్థికవేత్తలు ఖర్చులు, ప్రయోజనాలను లెక్కించారు. వారి లెక్కల ప్రకారం ఒక నార్వేజియన్ జైలులో బస చేయడానికి సగటున ప్రతి శిక్షకు 60,151 డాలర్లు ఖర్చవుతుంది – యుఎస్ లో కంటే దాదాపు రెట్టింపు. ఏదేమైనా, ఈ మాజీ–దోషులు తక్కువ నేరాలకు పాల్పడటం వల్ల, వారు నార్వేజియన్ చట్టం అమలుకు ఒక్కొక్కరికిపైనా 71,226 డాలర్లు ఆదా చేస్తారు. వారిలో ఎక్కువ మంది ఉపాధిని కలిగి ఉన్నందున, వారికి ప్రభుత్వ సహాయం అవసరం లేదు. వారు పన్నులు చెల్లిస్తారు, వ్యవస్థపై సగటున మరో 67,086 డాలర్లు ఆదా చేస్తారు. చివరిగా చెప్పాలంటే, బాధితుల సంఖ్య తగ్గుతుంది,

ఇది అమూల్యమైనది. ముగింపు ఏమిటి? సంప్రదాయవాద అంచనాలను ఉపయోగించి కూడా, నార్వేజియన్ జైలు వ్యవస్థ తనకు తానుగా రెండు రెట్లు ఎక్కువ చెల్లిస్తుంది. నార్వే విధానం కొంత ఉదారమైనప్పటికీ, సోషలిస్ట్ అపసవ్యత కాదు. ఇది మెరుగైన, ఎక్కువ మానవత్వం,తక్కువ ఖర్చుతో కూడిన వ్యవస్థ.

2

1965 జూలై 23న, పందొమ్మిది మంది క్రిమినాలజిస్టులతో కూడిన ఒక కమీషన్ వాషింగ్టన్ డి.సి.లో సమావేశమైంది. ఆ కమిషన్ అధ్యక్షుడు లిండన్ బి. జాన్సన్ అధ్యక్షతన సమావేశమయింది. వారి నియామకం: రాబోయే రెండు సంవత్సరాలలో, అమెరికన్ చట్టం అమలు వ్యవస్థ కోసం ఒక రాడికల్ కొత్త దృష్టిని అభివృద్ధి చేయడం కోసం, పోలీసింగ్ నుండి నిర్బంధం వరకు ప్రతిదీ విస్తరించింది. ఇవి 1960 లలో అల్లకల్లోలంగా ఉండేవి. ఒక కొత్త తరం అధికార ద్వారాల వద్ద కొట్టుమిట్టాడుతోంది, నేరాల రేట్లు పెరుగుతున్నాయి పాత నేర న్యాయ వ్యవస్థ వెంట పడుతోంది.

క్రిమినాలజిస్టులు పెద్దగా ఆలోచించాల్సిన సమయం ఆసన్నమైందని తెలుసు. చివరకు వారు తమ నివేదికతో బయటకు వచ్చినప్పుడు, అది రెండు వందలకు పైగా సిఫార్సులను కలిగి ఉంది. అత్యవసర సేవలకు ఒక పూర్తి మరమ్మతు అవసరం, పోలీసు శిక్షణను పెంచాల్సిన అవసరం ఉంది. జాతీయ అత్యవసర హాట్ లైన్ అవసరం – 911 జననానికి సాక్షి. కానీ అత్యంత తీవ్రమైన సిఫార్సులు యుఎస్ జైళ్ళ భవిష్యత్తుకు సంబంధించినవి. ఈ విషయమై, కమిషన్ నోరు మెదపలేదు: చాలా సంస్థలలో జీవితం అత్యంత నిస్తేజంగా, నిష్ప్రయోజనంగా ఉంది, చెప్పలేనంత క్రూరమైన, నీచమైన స్థితిలో ఉంది. [...] వారు [ఖైదీలు] నివసించే పరిస్థితులు వారు సమాజంలోకి విజయవంతంగా తిరిగి ప్రవేశించడానికి సాధ్యమైనంత పేలవమైన సన్నద్ధత, తరచుగా వారిలో తారుమారు లేదా విధ్వంసం ఆలోచనలను బలపరుస్తాయి.

సంపూర్ణ సంస్కరణకు సమయం ఆసన్నమైందని కమిషన్ తెలిపింది. ఇకపై అడ్డంకులు, జైలు గదులు, అతి పొడవైన హాలులు ఉండవు. 'నిర్మాణపరంగా, నమూనా సంస్థ సాధ్యమైనంత వరకు సాధారణ నివాస అమరికను పోలి ఉంటుంది' అని నిపుణులు సలహా ఇచ్చారు. 'ఉదాహరణకు, గదులకు అవరోధాల కంటే తలుపులు ఉంటాయి. ఖైదీలు అనధికారిక వాతావరణంలో చిన్న బల్లల వద్ద భోజనం చేసేవారు. తరగతి గదులు, వినోద సౌకర్యాలు, పగటి గదులు, బహుశా దుకాణం, లైబ్రరీ ఉండేవి."

యునైటెడ్ స్టేట్స్ ఈ రోజు నార్వేలో ఉన్న విధంగానే దాదాపు జైలు వ్యవస్థను నిర్మించిందనే దానిలో కొంత వాస్తవం ఉంది. ప్రారంభ పైలట్లు ఈ 'కొత్త తరం' జైళ్ళతో అరవైల చివరలో ప్రారంభించబడ్డారు. ఈ సౌకర్యాలలో, ఖైదీలకు వారి స్వంత గదులు ఉండేవి, వారు మాట్లాడడానికి, చదవడానికి, ఆటలు ఆడటానికి అందరూ ఉపయోగించుకునే

ప్రదేశంలోకి వెళ్లడానికి అనువుగా తలుపులు తెరుచుకుంటాయి, నిరాయుధుడైన గార్డు వస్తువులపై ఒక కన్నేసి ఉంచుతాడు. మృదువైన తివాచీ, మెత్తలతో ఉండే ఫర్నిచర్, నిజమైన పింగాణీ మరుగుదొడ్లు ఉన్నాయి. 11 నిపుణులు ఇలా అన్నారు: "భవిష్యత్తు చెరసాల. వెనుకబాటుతనంలో, ఆటుపోట్లు ఎంత వేగంగా మారిపోయాయో, దానికి కారణమేమిటో అది షాకింగ్ గా ఉంది. ఇది ఫిలిప్ జింబార్డోతో ప్రారంభమైంది, అతను ఫిబ్రవరి 1973 లో తన స్టాన్ఫోర్డ్ ప్రిజన్ ఎక్స్పెరిమెంట్ పై మొదటి అకడమిక్ వ్యాసాన్ని ప్రచురించాడు. నిజమైన కారాగారంలో ఎన్నడూ కాలు మోపకుండానే, వాటిని ఎలా ఏర్పాటు చేసినా అవి సహజంగా క్రూరంగా ఉంటాయని మనస్తత్వవేత్త నొక్కిచెప్పాడు.

ఈ తీర్పుకు ఆత్మీయమైన ఆదరణ లభించింది. ఒక సంవత్సరం తరువాత అంతగా ప్రసిద్ధి చెందని మార్టిన్సన్ నివేదిక వచ్చినప్పుడు ప్రాచుర్యం పొందింది. ఈ నివేదిక వెనుక ఉన్న వ్యక్తి, రాబర్ట్ మార్టిన్సన్, ఎన్ వై యులో సామాజిక శాస్త్రవేత్త, అతను తెలివైన వ్యక్తి, కొంచెం ఉన్మాద వ్యక్తిత్వం కలిగిన వ్యక్తిగా పేరుగాంచాడు. అతను కూడా ఒక లక్ష్యం ఉన్న వ్యక్తి.. మార్టిన్సన్ చిన్నవయసులో పౌరహక్కుల కార్యకర్తగా పనిచేసి ముప్పై తొమ్మిది రోజులు (ఏకాంత నిర్బంధంలో ఉన్న ముగ్గురితో సహా) జైలులో ఉన్నాడు. ఈ భయంకరమైన అనుభవం, అన్ని జైళ్లూ అనాగరికమైన ప్రాంతాలేనని ఆయన నిర్ధారణకు వచ్చేలా చేసింది.. అరవైల చివరలో, తన డిగ్రీని పూర్తి చేసిన కొద్దికాలానికే, మార్టిన్సన్, నేరస్థులు సరైన మార్గంలోకి రావడానికి సహాయపడే లక్ష్యంతో కోర్సుల నుండి చికిత్స పర్యవేక్షణ వరకు, విస్తృత శ్రేణి దిద్దుబాటు వ్యూహాలను విశ్లేషించే ఒక పెద్ద ప్రాజెక్టులో చేరమని ఆహ్వానించబడ్డాడు. మరో ఇద్దరు సామాజిక శాస్త్రవేత్తలతో కలిసి పనిచేస్తూ, మార్టిన్సన్ ప్రపంచవ్యాప్తంగా చేసిన రెండు వందలకు పైగా అధ్యయనాల నుండి డేటాను సేకరించాడు. 736 పేజీలతో కూడిన వారి తుది నివేదిక ఊహాత్మకంగా "ది ఎఫెక్టివ్ నెస్ ఆఫ్ కరెక్షనల్ ట్రీట్ మెంట్: ఎ సర్వే ఆఫ్ ట్రీట్ మెంట్ ఎవాల్యుయేషన్ స్టడీస్" అనే శీర్షికతో రూపొందించబడింది.

ఇటువంటి క్లిష్టమైన అధ్యయనాలను పాత్రికేయులు చాలా అరుదుగా చదివేవారు కాబట్టి, మార్టిన్సన్ వారు కనుగొన్న విషయాల సంక్షిప్త సారాంశాన్ని కూడా ఒక ప్రముఖ పత్రికలో ప్రచురించారు. శీర్షిక: 'ఏది పనిచేస్తుంది?' ముగింపు: ఏదీ పనిచేయదు. మార్టిన్సన్ ఇలా వ్రాశాడు: 'కొన్ని, ఏకాకిగా ఉన్న మినహాయింపులతో, ఇప్పటివరకు నివేదించబడిన పునరావాస ప్రయత్నాలు పునఃసృష్టివాదంపై చెప్పుకోదగిన ప్రభావాన్ని చూపలేదు.' ప్రగతిశీల సామాజిక శాస్త్రజ్ఞుడు ఫిలిప్ జింబార్డోలాగే, జైళ్లు అర్థరహితమైన స్థలమని, అవన్నీ మూసివేయబడాలని ప్రతి ఒక్కరూ గ్రహిస్తారని ఆశించాడు. కానీ అది జరిగింది కాదు.

మొదట మీడియా ఆకర్షణీయమైన సామాజికవేత్తను తగినంతగా ఉపయోగించుకోలేకపోయింది. తర్వాత వార్తాపత్రికలు, టెలివిజన్ కార్యక్రమాలు మార్టిన్సన్ తన కఠినమైన తీర్పును పునరావృతం చేయడానికి ఒక వేదికను ఇచ్చాయి, అతని సహ-రచయితలు జుట్టు పీక్కోవాల్సి వచ్చింది. వాస్తవానికి, విశ్లేషించిన 48 శాతం అధ్యయనాల ఫలితాలు సానుకూలంగా ఉన్నాయి, పునరావాసం పనిచేయగలదని చూపిస్తుంది. మార్టిన్సన్ నివేదికలోని వక్రీకృత సారాంశం, తీవ్రవాదులకు మార్గాన్ని సుగమం చేసింది. కొంతమంది వ్యక్తులు కేవలం చెడ్డగా జన్మించి చెడ్డవారుగా మిగిలిపోతారని సంప్రదాయవాద విధాన

నిర్ణేతలు ప్రకటించిన రుజువు ఇక్కడ ఉంది. పునరావాసపు యొక్క మొత్తం భావన మానవ స్వభావాన్ని ధిక్కరిస్తుంది. ఈ కుళ్లిపోయిన ఆపిల్ పండ్లను పెట్టెలో పెట్టి తాళం వేసి, కీని విసిరేయడం మంచిదని వారు ప్రకటించారు. ఇది కఠినమైన, మరింత కఠినమైన,అత్యంత కఠినమైన కొత్త శకానికి నాంది పలికింది. కొత్త తరం జైళ్లతో అమెరికా చేసిన ప్రయోగానికి తెర తీసినట్లయింది.

వ్యంగ్యంగా, మార్టిన్సన్ కొన్ని సంవత్సరాల తరువాత తన తీర్మానాన్ని ఉపసంహరించుకున్నాడు ('నా మునుపటి అభిప్రాయానికి విరుద్ధంగా, కొన్ని చికిత్సా కార్యక్రమాలు పునరావృతంపై గణనీయమైన ప్రభావాన్ని చూపుతాయి'). 1978లో జరిగిన ఒక సెమినార్లో, ఆశ్చర్యపోయిన ఒక ప్రొఫెసర్, తన విద్యార్థులకు ఏమి చెప్పాలనుకుంటున్నావని మార్టిన్సన్ అడిగాడు.'నేను చెత్తతో నిండిపోయానని వారికి చెప్పండి అని అతను జవాబిచ్చాడు,' అయితే ఎవ్వరూ ఈ సమాధానం వినలేదు. మార్టిన్సన్ తన తప్పులగురించి చివరి వ్యాసం రాశాడు, కానీ అస్పష్టంగా మాత్రమే.

జర్నల్ దానిని నడుపుతుంది. మరొక శాస్త్రవేత్త గమనించినట్లుగా, పునరావాసంపై చర్చ. 'బహుశా క్రిమినల్ జస్టిస్‌లో చాలా అరుదుగా చదివే కథనం.

మార్టిన్సన్ దిద్దుబాటు వార్తాపత్రికలు, రేడియో, టివి ద్వారా గుర్తించబడలేదు. కొన్ని వారాల తరువాత, యాభై రెండేళ్ళ సామాజికవేత్త తన మాన్హాటన్ అపార్ట్మెంట్ బ్లాక్ పదిహేనవ అంతస్థు నుండి దూకినప్పుడు కూడా అది వార్తను సృష్టించలేదు.

3

ఆ సమయంలో, ప్రొఫెసర్ జేమ్స్ క్యూ. విల్సన్ అనే వ్యక్తి పతాక శీర్షికలను సృష్టించాడు. అతను పెద్దగా పేరు ప్రఖ్యాతులున్నవాడు కాకపోవచ్చు. కానీ ఈ వ్యక్తి చుట్టూ తిరగ కుండా మాత్రం ప్రస్తుతం ఉన్న యుఎస్ క్రిమినల్ జస్టిస్ సిస్టమ్ రాష్ట్రానికి ఎలా వచ్చిందో మనం అర్థం చేసుకోలేము రాబర్ట్ మార్టిన్సన్ తన ప్రాణాలను బలి తీసుకున్న తరువాత సంవత్సరాల్లో, జేమ్స్ విల్సన్ అమెరికా చరిత్ర గతిని మార్చాడు.

హార్వర్డ్ విశ్వవిద్యాలయంలో పొలిటికల్ సైన్స్ ప్రొఫెసర్ అయిన విల్సన్, బయోఎథిక్స్ నుండి మాదకద్రవ్యాలపై యుద్ధం వరకు, రాజ్యాంగ బద్ధమైన రాజ్య భవిష్యత్తు నుండి స్కూబా డైవింగ్ వరకు ప్రతిదాని గురించి అభిప్రాయాలు ఉన్న వ్యక్తి. (ఇరవై అడుగుల సొరచేపలతో ఫోటోలు తీయడాన్ని కూడా అతను ఇష్టపడేవాడు). అయితే, ఆయన జీవితంలో చేసిన పనిలో సింహభాగం నేరంపై కేంద్రీకరించబడింది. విల్సన్ అసహ్యించుకునే ఒక విషయం ఏదైనా ఉంటే, అది మరొక చెంపను చూపించడమే. ఖైదీలను దయతో చూసుకునే కొత్త తరం జైళ్లకు ఆయన ఏ మాత్రం ఉపయోగపడలేదు. నేరపూరిత ప్రవర్తన 'మూలాలను' అన్వేషించడం సమయం వృథా అని ఆయన అన్నారు, సమస్యాత్మక యువకుడి ప్రభావాలలో మునిగిపోయిన ఉదారవాదులందరూ ఈ విషయాన్ని విస్మరించారు.

కొంతమంది వ్యక్తులు మురికిగా, నిక్కచ్చిగా, సరళంగా ఉంటారు. చేయవలసిన ఉత్తమ విషయం ఏమిటంటే వారిని లోపల పెట్టి తాళం వేయడం. లేదా వాటిని అమలు చేయండి. హార్వర్డ్ ప్రొఫెసర్ ఇలా వ్రాశాడు: "అలాంటి ప్రకటన నేడు జ్ఞానవంతులైన చాలామంది పాఠకులను క్రూరంగా, అనాగరికంగా కూడా ముద్రించడం అయోమయానికి కొలమానంగా ఉంటుంది." విల్సన్ అయితే, విల్సన్ కి అది పరిపూర్ణమైన అర్థం కలిగింది. అతని పుస్తకం "థింకింగ్ అబౌట్ క్రైమ్" (1975) అధ్యక్షుడు గెరాల్డ్ ఫోర్డ్ తో సహా వాషింగ్టన్ లోని అత్యున్నత వ్యక్తులలోపెద్ద విజయాన్ని సాధించింది, ఆ సంవత్సరంలో విల్సన్ ఆలోచనలను 'అత్యంత ఆసక్తికరమైన సహాయకారి' అని పిలిచారు. ప్రముఖ అధికారులు ఆయన తత్త్వశాస్త్రం చుట్టూ ప్రదక్షిణలు చేశారు.

నేరానికి వ్యతిరేకంగా ఉత్తమ నివారణ, ప్రొఫెసర్ విల్సన్ ఓపికగా ఆదేశించాడు, నేరస్థులను దూరంగా ఉంచడం. ఇది ఎంత మేరకు 'సాధ్యం కావచ్చు? న్యాయ వ్యవస్థపై జేమ్స్ క్యూ. విల్సన్ ప్రభావం గురించి అనేక వ్యాసాలు చదివిన తరువాత, అది నన్ను కదిలించింది. ఈ పేరు నేను ఇంతకు ముందు విన్నాను. 1982లో విల్సన్ మరో విప్లవాత్మక ఆలోచనతో ముందుకు వచ్చాడని, అది 'విరిగిన కిటికీలు' సిద్ధాంతంగా చరిత్ర పుస్తకాల్లోకి ప్రవేశిస్తుందని తేలింది. నేను ఈ సిద్ధాంతాన్ని మొదటిసారి ఎదుర్కొన్నది అదే పుస్తకంలో నేను కిట్టి జెనోవీస్ హత్య గురించి (ముప్పై ఎనిమిది మంది ప్రేక్షకులు) గురించి జర్నలిస్ట్ మాల్కం గ్లాడ్ వెల్" ది టిప్పింగ్ పాయింట్" లో చదివాను.

విల్సన్ పై అతని అధ్యాయం దృష్టి ని ఆకర్షించడం నాకు గుర్తుంది. 1982లో విల్సన్ ది అట్లాంటిక్ పత్రికకు రాసిన వ్యాసంలో,'ఒక భవంతిలోని ఒక కిటికీని పగలగొట్టి, వాటిని సరిచేయకుండా వదిలేస్తే, మిగిలిన కిటికీలన్నీ త్వరలోనే విరిగిపోతాయి' అని రాశాడు. త్వరలో లేదా ఆ తర్వాత, ఎవరూ జోక్యం చేసుకోకపోతే, ఆక్రమణదారులు కబ్జా చేసుకోవచ్చు. తరువాత, మాదకద్రవ్యాల బానిసలు లోపలికి వెళ్ళవచ్చు, ఆపై ఎవరైనా హత్యకు గురికావచ్చు. 'ఇది నేరానికి సంబంధించిన అంటువ్యాధి సిద్ధాంతం', అని గ్లాడ్ వెల్ గమనించాడు. కాలిబాటలమీద చెత్తాచెదారం, వీధిలో చెత్తాచెదారం, బహిరంగ ప్రదేశాలలో గోడలమీద రాయడం : అవన్నీ హత్యలకు, అల్లర్లకు నాంది వంటివి. విరిగిన కిటికీ కూడా ఆదేశాలు అమలు కావడం లేదనే సందేశాన్ని పంపుతుంది, నేరస్థులకు వారు మరింత ముందుకు వెళ్ళవచ్చని సూచిస్తుంది. కాబట్టి, మీరు తీవ్రమైన నేరాలతో పోరాడాలనుకుంటే, విరిగిన కిటికీలను మరమ్మత్తు చేయడం ద్వారా ప్రారంభించాలి.

మొదట, నేను దానిని పొందలేదు. ప్రజలు ప్రతిరోజూ హత్యకు గురవుతున్నప్పుడు చిన్న నేరాల గురించి ఎందుకు ఆందోళన చెందుతారు? అనిపించింది – గ్లాడ్వెల్ అంగీకరించాడు – 'టైటానిక్ మంచుకొండల వైపు వెళ్ళేటప్పుడు దాని డెక్ లను రుద్దడం అర్థరహితం'. కానీ ఆ తర్వాత నేను మొదటి ప్రయోగాల గురించి చదివాను. 1980ల మధ్యకాలంలో న్యూయార్క్ నగరం యొక్క సబ్ వేలు బహిరంగ ప్రదేశాలుగా కవర్ చేయబడ్డాయి. ట్రాన్సిట్ అథారిటీ ఏదో ఒకటి చేయాలని నిర్ణయించుకుంది, కాబట్టి వారు విల్సన్ సహ-రచయిత జార్జ్ కెలింగ్ ను కన్సల్టెంట్ గా నియమించుకున్నారు. అతను పెద్ద ఎత్తున ప్రక్షాళన చేయాలని సిఫారసు చేశాడు. కేవలం కొద్దిగా బహిరంగంగా ఉన్న రైళ్లు కూడా శుభ్రంగా రుద్దడానికి వేగంగా

పంపబడ్డాయి. సబ్వే డైరెక్టర్, 'మేము దాని గురించి పట్టుదలగా ఉన్నాము'.అని పేర్కొన్నారు. ఆ తర్వాత రెండో దశ వచ్చింది. విల్సన్, కెల్లింగ్ యొక్క విరిగిన కిటికీల సిద్ధాంతం క్రమరాహిత్యానికి మాత్రమే కాకుండా, దానికి కారణమయ్యే వ్యక్తులకు కూడా వర్తిస్తుంది. బిచ్చగాళ్ళు, రౌడీలు, వీధుల్లో డబ్బులు అడుక్కునే వారికి ఇష్టానుసారం తిరగడానికి అనుమతించిన నగరం మరింత అధ్వాన్నంగా తయారవుతోంది. 2011 లో విల్సన్ పేర్కొన్నట్లుగా, 'ప్రభుత్వ ఆదేశం ఒక పెళుసైన విషయం'. అనేకమంది ఇతర శాస్త్రజ్ఞులలా కాక, పేదరికం లేదా వివక్ష వంటి నేరాలకు సంబంధించిన నిర్మాణాత్మక కారణాలను పరిశోధించడంలో ఆయన ఎంతమాత్రం శ్రద్ధ చూపించలేదు. బదులుగా అంతిమంగా ఒక కారణం మాత్రమే ముఖ్యమైనదని నొక్కి చెప్పాడు. అదే మానవ స్వభావం. చాలా మంది ప్రజలు, విల్సన్ ను నమ్మారు, ఒక సాధారణ ఖర్చు-ప్రయోజన గణన చేస్తారు: దీనిని నేరం చెల్లిస్తుందా లేదా? పోలీసుల అలసత్వం లేదా జైళ్లు చాలా సౌకర్యవంతంగా ఉంటే, ఎక్కువ మంది ప్రజలు నేర జీవితాన్ని ఎంచుకుంటారని ఖచ్చితంగా పందెం కాయవచ్చు. నేరాల రేటు పెరిగితే, పరిష్కారం కూడా అంతే సూటిగా ఉంటుంది. అధిక జరిమానాలు, ఎక్కువ జైలు శిక్ష, కఠినమైన అమలు వంటి బలమైన బాహ్య ప్రోత్సాహకాలతో దానిని పరిష్కరిస్తారు. నేరం 'ఖర్చులు' పెరిగిన వెంటనే, డిమాండ్ పడిపోతుంది.

విల్సన్ సిద్ధాంతాన్ని ఆచరణలో పెట్టడానికి ఒక వ్యక్తి వేచి ఉండలేకపోయాడు: అతనే విలియం బ్రాటన్. బ్రాటన్ మా కథలో చివరి ముఖ్యమైన వ్యక్తి. 1990లో న్యూయార్క్ సిటీ ట్రాన్సిట్ పోలీస్ కొత్త చీఫ్ గా నియమితులయ్యారు. బ్రాటన్ జేమ్స్ విల్సన్ సిద్ధాంతాన్ని తీవ్రంగా విశ్వసించేవాడు. ఒక శక్తివంతమైన వ్యక్తి, అతను 'ది అట్లాంటిక్' లో ప్రచురించబడిన అసలు విరిగిన కిటికీల వ్యాసం ప్రతులను నిరంతరం అందజేయడంలో ప్రసిద్ధి చెందాడు. కానీ బ్రాటన్ కిటికీలను మరమ్మతు చేయడం కంటే ఎక్కువ చేయాలనుకున్నాడు. అతను ఇనుప పిడికిలితో న్యూయార్క్ నగరంలో ఒక క్రమపద్ధతిని పునరుద్ధరించాలనుకున్నాడు.

తన మొదటి లక్ష్యంగా, అతను ఛార్జీల ఎగవేతదారులను ఎంచుకున్నాడు. ఇప్పటి నుండి 1.25 డాలర్ల టికెట్ ను సమర్పించలేని సబ్ వే వినియోగదారులను ట్రాన్సిట్ పోలీసులు అరెస్టు చేశారు, సంకెళ్లు వేసి, ప్రతి ఒక్కరూ మంచి రూపాన్ని పొందగల సబ్ వే ప్లాట్ ఫారంపై వరుసలో నిలబెట్టారు. చేసిన అరెస్టుల సంఖ్య గణనీయంగా పెరిగింది. ఇది బ్రాటన్ ఆకలిని తగ్గించింది. 1994లో, అతను నగర పోలీసు కమీషనర్ గా పదోన్నతి పొందాడు త్వరలోనే న్యూయార్క్ ప్రజలందరూ బ్రాటన్ తత్వశాస్త్రం రుచిని చవిచూశారు. ప్రారంభంలో, అతని అధికారులు నియమాలు ప్రోటోకాల్స్ ద్వారా అడ్డగించబడ్డారు, కాని బ్రాట్టన్ వాటిని తుడిచిపెట్టేశాడు. ఇప్పుడు, ఎవరైనా చిన్న ఉల్లంఘనకు కూడా అరెస్టు కావచ్చు. బహిరంగ మద్యపానం, జాయింట్ గా పట్టుబడటం, పోలీసుతో జోక్ చేయడం అంతెందుకు బ్రాటన్ మాటల్లోనే చెప్పాలంటే, 'చివరకు వీధిలోకి తొంగిచూసినా, మీరు జైలుకు వెళ్లవచ్చు.'

అద్భుతరీతిలో, ఈ కొత్త వ్యూహం పని చేస్తున్నట్లు కనిపించింది. క్రైమ్ రేట్లు తగ్గాయి. హత్య రేటు? 1990, 2000 మధ్య 63 శాతం తగ్గింది. దోపిడీలు? 64 శాతం క్షీణించింది. కారు దొంగతనం? 71 శాతం క్షీణించింది. ఒకప్పుడు పాత్రికేయులు

ఎగతాళి చేసిన కిటికీల సిద్ధాంతం, ఎంతో ప్రాధాన్యత సంతరించుకుంది. విల్సన్, కెల్లింగ్ దేశం అత్యంత గౌరవనీయమైన క్రిమినాలజిస్టులుగా మారారు. కమిషనర్ బ్రాటన్ టైమ్ మ్యాగజైన్ ముఖచిత్రంపైకి వచ్చారు 2002 లో లాస్ ఏంజిల్స్ పోలీస్ డిపార్ట్ మెంట్ కు చీఫ్ గా నియమించబడ్డారు.2014 లో ఎన్ వైపిడి చేత తిరిగి నియమించబడ్డారు. అతను తరతరాలుగా పోలీసు అధికారులచే గౌరవించబడ్డాడు, వారు తమను తాము 'బ్రాట్టోనిస్టాస్' (ఆకతాయిలుగా)గా అభివర్ణించుకున్నారు. విల్సన్ కూడా బ్రాటన్ ను 'దేశంలో పోలీసింగ్ లో అతి పెద్ద మార్పు' అని ప్రశంసించాడు.

4

విరిగిన కిటికీల వ్యాసం మొదట 'ది అట్లాంటిక్' లో నడిచి దాదాపు నలభై సంవత్సరాలు గడిచాయి. ఆ కాలంలో, విల్సన్, కెల్లింగ్ల తత్త్వశాస్త్రం యూరప్ నుండి ఆస్ట్రేలియా వరకు అమెరికా అంతరంగంలోని సుదూర ప్రాంతాల్లోకి, ఆవల ప్రాంతాల్లోకి వ్యాపించింది. ది టిప్పింగ్ పాయింట్ లో, మాల్కం గ్లాడ్ వెల్ ఈ సిద్ధాంతాన్ని గొప్ప విజయంగా పేర్కొన్నాడు. నా మొదటి పుస్తకంలో నేను కూడా దాని గురించి ఉత్సాహంగా ఉన్నాను. అప్పటికి కొంతమంది క్రిమినాలజిస్టులు దాన్ని నమ్ముతున్నారని గ్రహించడంలో నేను విఫలమయ్యాను. వాస్తవానికి, విల్సన్, కెలింగ్ సిద్ధాంతం ఒక అనుమానాస్పద ప్రయోగంపై ఆధారపడి ఉందని 'ది అట్లాంటిక్' లో చదివిన వెంటనే అలారం గంటలు మోగడం ప్రారంభించాలి. ఈ ప్రయోగంలో, ఒక పరిశోధకుడు ఒక కారును ఒక వారంపాటు గౌరవప్రదమైన పొరుగు ప్రాంతంలో పార్క్ చేసి విడిచిపెట్టాడు. అతను వేచి ఉన్నాడు. ఏమీ జరగలేదు.

అప్పుడు అతను సుత్తితో తిరిగి వచ్చాడు. పరిశోధకుడు స్వయంగా ఒక కారు కిటికీని పగులగొట్టిన వెంటనే ఫ్లడ్ గేట్లు తెరుచుకున్నాయి. కొన్ని గంటల వ్యవధిలోనే, సాధారణ బాటసారులు కారును కూల్చివేశారు. పరిశోధకుడి పేరు? ఫిలిప్ జింబార్డో! జింబార్డో కారు ప్రయోగం, ఏ శాస్త్రీయ పత్రికలోనూ ప్రచురించబడలేదు, విరిగిన కిటికీల సిద్ధాంతానికి ప్రేరణగా నిలిచింది. అతని స్టాన్ ఫోర్డ్ జైలు ప్రయోగం మాదిరిగానే, ఈ సిద్ధాంతం అప్పటి నుండి పూర్తిగా తొలగించబడింది. ఉదాహరణకు, విలియమ్ బ్రాటన్, అతని ఆకతాయి 'సృజనాత్మక' పోలీసింగ్ న్యూయార్క్ నగరం నేరాల రేటు తగ్గడానికి అస్సలు కారణం కాదని మనకు తెలుసు. క్షీణత ముందునుంచి జరుగుతోంది, ఇతర నగరాలలో కూడా ప్రారంభమైంది. శాన్ డియాగో వంటి నగరాలు, ఇక్కడ పోలీసులు చిన్న చిన్న ఇబ్బందులను పట్టించుకోకుండా విడిచిపెట్టారు.

2015 లో, విరిగిన కిటికీల సిద్ధాంతంపై ముప్పై అధ్యయనాల విశ్లేషణ బ్రాటన్ దూకుడు పోలీసింగ్ వ్యూహాలు నేరాలను తగ్గించడానికి ఏదైనా చేసినట్లు ఆధారాలు లేవని వెల్లడించింది. జిప్, సున్నా, జిల్చ్. పార్కింగ్ టిక్కెట్లు జారీ చేయడం ద్వారా పొరుగు ప్రాంతాలు సురక్షితంగా ఉండవు, మీరు డెక్ ను రుద్దడం ద్వారా టైటానిక్ ను రక్షించలేరు. నా ప్రారంభ

ప్రతిస్పందన: సరే, కాబట్టి సోమరిపోతులు, తాగుబోతులను అరెస్టు చేయడం తీవ్రమైన నేరాలను తగ్గించదు. కానీ ప్రజా క్రమాన్ని అమలు చేయడం ఇంకా మంచిది, అవునా? ఇది ఒక ప్రాథమిక ప్రశ్నను లేవనెత్తుతుంది. మనం ఎవరి 'ఆర్డర్' గురించి మాట్లాడుతున్నాం? ఎందుకంటే బిగ్ ఆపిల్ లో అరెస్టులు ఆకాశాన్నంటడంతో, పోలీసుల దుష్ప్రవర్తన నివేదికలు కూడా పెరిగాయి. 2014 నాటికి, వేలాది మంది నిరసనకారులు బోస్టన్, చికాగో, వాషింగ్టన్ తో సహా న్యూయార్క్, ఇతర యుఎస్ నగరాల వీధుల్లోకి వచ్చారు. వారి నినాదం: 'విరిగిన కిటికీలు, విచ్ఛిన్నమైన జీవితాలు'.

ఇది అతిశయోక్తి కాదు. ఇద్దరు క్రిమినాలజిస్టుల మాటల్లో చెప్పాలంటే, దూకుడు పోలీసింగ్ ఉల్లేఖనాలకు దారితీసింది:... బ్రూక్లిన్ పార్కులో డోనట్స్ తినే మహిళలు; ఇన్ వుడ్ పార్క్ లో చదరంగం ఆటగాళ్ళు; ఉదయం 4 గంటలకు సీట్లపై తమ పాదాలను ఉంచినందుకు, సబ్వే రైడర్లు, ఒక వృద్ధ జంట అవసరమైన ప్రిస్క్రిప్షన్ మందులను కొనుగోలు చేయడానికి గడ్డకట్టే చల్లని రాత్రిలో డ్రైవింగ్ చేస్తున్నప్పుడు సీట్ బెల్ట్ లు లేవని ఉదహరించారు. ఫార్మసీ నుండి కొన్ని బ్లాక్స్ – గుర్తింపును పొందడానికి ఇంటికి నడవమని ఆ వ్యక్తిని ఆదేశించారు. అతను ఫార్మసీకి తిరిగి వచ్చినప్పుడు, అధికారులు అప్పటికే ప్రిస్క్రిప్షన్ బాటిల్ ను గుర్తింపుగా ఉపయోగించి టికెట్ రాశారు. వృద్ధుడు తరువాత గుండెపోటు కి గురి కావడంతో అది మరణానికి దారితీసింది.

సిద్ధాంతంలో చాలా మంచిగా అనిపించినది మరింత పనికిమాలిన అరెస్టులకు దారితీసింది. కమీషనర్ బ్రాటన్ గణాంకాలపట్ల మక్కువ పెంచుకున్నాడు, అతని అధికారులు కూడా అలాగే చేశారు. ఉత్తమ గణాంకాలను ప్రదర్శించగలిగిన వారిని ప్రమోట్ చేయగా, వెనుకబడిన వారిని విధులకు పిలిచారు. ఫలితంగా కోటా వ్యవస్థ ఉంది, దీనిలో అధికారులు ఎక్కువ జరిమానా వేయాలని, సాధ్యమైనన్ని ఎక్కువ ఉల్లేఖనాలను ర్యాక్ చేయాలని ఒత్తిడి చేశారు. వారు ఉల్లంఘనలను కూడా కృత్రిమంగా సృష్టి చేయడం ప్రారంభించారు. వీధిలో ప్రజలు మాట్లాడుతున్నారా? పబ్లిక్ రోడ్డును బ్లాక్ చేసినందుకు వారిని అరెస్టు చేయండి. పిల్లలు సబ్ వేలో డ్యాన్స్ చేస్తున్నారా? శాంతికి భంగం కలిగించినందుకు వాటిని బుక్ చేయండి.

తీవ్రమైన నేరాలు పూర్తిగా భిన్నమైన కథ, పరిశోధనాత్మక పాత్రికేయులు తరువాత కనుగొన్నారు. డిపార్ట్ మెంటల్ అంకెలు చెడ్డవిగా కనిపించకుండా ఉండటానికి, వారి నివేదికలను టోన్ చేయమని లేదా వాటిని పూర్తిగా విడిచిపెట్టమని అధికారులపై ఒత్తిడి తెచ్చారు. చిన్న చిన్న అసమానతలపై వారిని తిప్పికొట్టే ప్రయత్నంలో అంతులేని ప్రశ్నలకు గురైన అత్యాచార బాధితుల కేసులు కూడా ఉన్నాయి. అప్పుడు సంఘటన డేటాలో చేర్చబడదు. కాగితం మీద అదంతా అద్భుతంగా కనిపించింది. క్రైమ్ ఒక వ్యామోహంగా మారింది. అరెస్టుల సంఖ్య ఆకాశాన్నంటింది. కమిషనర్ బ్రాటన్ న్యూయార్క్ హీరో. వాస్తవానికి, నేరస్థులు స్వేచ్ఛగా నడుస్తుండగా, వేలాది మంది అమాయక ప్రజలు అనుమానితులుగా మారారు. ఈ రోజు వరకు, దేశవ్యాప్తంగా పోలీసు విభాగాలు ఇప్పటికీ బ్రాటన్ తత్వశాస్త్రంతో ప్రమాణం చేస్తున్నాయి – అందుకే శాస్త్రవేత్తలు యుఎస్ పోలీసు గణాంకాలను నమ్మదగనిదిగా పరిగణిస్తున్నారు.

అది ఎక్కువ. విరిగిన కిటికీల వ్యూహం జాత్యహంకారానికి పర్యాయపదంగా కూడా నిరూపించబడింది. దుశ్చర్యలకు పాల్పడిన వారిలో కేవలం 10 శాతం మంది మాత్రమే తెల్లజాతీయులని డేటా చూపిస్తుంది. అదే సమయంలో, నల్లజాతి యువత సంవత్సరాలుగా ఎలాంటి నేరానికి పాల్పడనప్పటికీ వారిని నెలసరి లేదా సంవత్సర ప్రాతిపదికగా డ్రగ్స్, మారణాయుధాలు కలిగి ఉన్నారేమోనని సోదా చేసేవారు. విరిగిపోయిన కిటికీలు చట్ట అమలు, అల్పసంఖ్యాక వర్గాల మధ్య సంబంధాలను విషపూరితం చేశాయి, పేదలకు వారు చెల్లించలేని జరిమానాలతో బాధ కలిగించాయి 2014 లో లూజ్ సిగరెట్లు అమ్మినందుకు అరెస్టయిన ఎరిక్ గార్నర్ విషయంలో వలె ప్రాణాంతకమైన పర్యవసానాలు కూడా కలిగినాయి. 'మీరు నన్ను చూసిన ప్రతిసారీ, మీరు నాతో తగవు పెట్టుకుందామని చూస్తున్నారు' అని గార్నర్ నిరసన వ్యక్తం చేశాడు. ''నేను అలసిపోయాను... దయచేసి నన్ను ఒంటరిగా వదిలేయండి. చివరిసారిగా చెప్తున్నాను, దయచేసి నన్ను ఒంటరిగా వదిలేయండి'' అని మొత్తుకున్నాడు.

బదులుగా, ఆ అధికారి అతనిని కుస్తీ పట్టుతో నేలపైతోసేసి, లోపల పడేశాడు. గార్నర్ చివరి మాటలు 'నేను శ్వాసించలేను'. మాల్కమ్ గ్లాడ్ వెల్ పుస్తకం చదివిన కొన్నేళ్ళ తర్వాత మాత్రమే, విరిగిన కిటికీల సిద్ధాంతం మానవ స్వభావం గురించి పూర్తిగా అవాస్తవిక దృక్పథంతో పునాది వేస్తోందని గ్రహించాను. ఇది వెనీర్ సిద్ధాంతంపై మరొక వేరియంట్. ఇది న్యూయార్క్ లోని సాధారణ ప్రజలను పోలీసులు కరుడు గట్టిన నేరస్థులలా చూసేలా చేసింది: అతిచిన్న తప్పిదం మరింత అధ్వాన్నంగా ఉన్న మార్గంలో మొదటిది కావచ్చు. మన నాగరికత పొర చాలా పలుచగా ఉంటుంది. ఒకపక్క అధికారులు తమ స్వంత తీర్పు కానట్లుగా నాటకాలు ఆడుతున్నారు. అంతర్గత ప్రేరణ లేదు. వారి పై అధికారులచే, వారి విభాగాలు కాగితంపై సాధ్యమైనంత వరకు అందంగా కనిపించేలా చేయడానికి తీర్చిదిద్దబడ్డాయి.

దీని అర్థం మనం వాస్తవంగా విరిగిపోయిన కిటికీలను ఫిక్స్ చేయడం గురించి మర్చిపోయామా? లేదు,అసలు మరిచేపోలేదు. కిటికీలకు మరమ్మతులు చేయడం, ఇళ్ళను అందంగా తీర్చిదిద్దడం, స్థానిక ప్రజల ఆందోళనలను వినడం ఒక అద్భుతమైన ఆలోచన. ఒక క్రమబద్ధమైన జైలు నమ్మకాన్ని ప్రసరింపజేసినట్లే, చక్కగా ఉన్న పొరుగువారు చాలా సురక్షితంగా భావిస్తారు. మీరు కిటికీలను సరిచేసిన తరువాత, వాటిని విస్తృతంగా తెరవవచ్చు. కానీ విల్సన్, కెలింగ్ వాదన ప్రధానంగా విరిగిన కిటికీలు లేదా పేలవంగా వెలుతురు ఉన్న వీధుల గురించి కాదు. 'విరిగిన కిటికీ' తప్పుదారి పట్టించే రూపకం. ఆచరణలో సాధారణ ప్రజలు బలవంతంగా ఇరికించబడ్డారు. నిరోధించబడ్డారు, నియంత్రించబడ్డారు.

ప్రొఫెసర్ విల్సన్ చివరి వరకు స్థిరంగా ఉన్నాడు, 2012 లో తన మరణం వరకు బ్రాటోనిస్టా విధానం భారీ విజయం సాధించిందని కొనసాగించాడు. మరోపక్క అతని సహ-రచయిత పెరుగుతున్న సందేహాలతో బాధపడుతున్నాడు. జార్జ్ కెలింగ్ విరిగిన కిటికీల సిద్ధాంతం చాలా తరచుగా తప్పుగా అన్వయించబడిందని భావించాడు. అతని ఆందోళన ఎల్లప్పుడూ విరిగిన కిటికీల గురించి మాత్రమే ఉంది, సాధ్యమైనంత ఎక్కువ మంది నలుపు, గోధుమ రంగు ప్రజలను అరెస్టు చేయడం ఖైదు చేయడం గురించి కాదు. 'బ్రోకెన్ విండోస్ పేరుతో చాలా పనులు జరిగాయి, నేను చింతిస్తున్నాను' అని 2016 లో కెలింగ్ అంగీకరించారు. దేశమంతటా ఉన్న పోలీసు అధికారులు తన సిద్ధాంతాన్ని వినడం

ప్రారంభించినప్పుడు, ఆయన మనస్సులో రెండు మాటలు మెదిలాయి: 'ఓహ్-ఎస్--టి'. పగిలిన కిటికీల సిద్ధాంతాన్ని అటూ ఇటూ తిప్పితే ఏమి జరుగుతుంది? జైళ్లను రీడిజైన్ చేయగలిగితే, పోలీసు డిపార్ట్ మెంట్ల విషయంలో కూడా మనం అదే చేయగలమా?

మనం చేయగలమని నేను అనుకుంటున్నాను. నార్వేలో – మరెక్కడ – కమ్యూనిటీ పోలీసింగ్ సుదీర్ఘ సంప్రదాయం ఇప్పటికే ఉంది, చాలా మంది ప్రజలు మంచి, చట్టాన్ని పాటించే పౌరులు అని భావించే వ్యూహం. కమ్యూనిటీ నమ్మకాన్ని పొందడానికి అధికారులు పనిచేస్తారు, ప్రజలు మిమ్మల్ని తెలుసుకుంటే, వారు సహాయం చేయడానికి ఎక్కువ అవకాశం ఉంటుందనే ఆలోచన ద్వారా తెలియజేయబడతారు. పొరుగువారు మరిన్ని చిట్కాలను ఇస్తారు, తమ పిల్లవాడు తప్పుడు మార్గంలో వెళుతున్నట్లు అనిపిస్తే తల్లిదండ్రులు త్వరగా కాల్ చేస్తారు. 1970 లలో, ఎలినోర్ ఓస్ట్రోమ్ – కామన్స్ ను పరిశోధించిన ఆర్థికవేత్త (అధ్యాయం 15 చూడండి) – యునైటెడ్ స్టేట్స్ లోని పోలీసు విభాగాలలో అతిపెద్ద అధ్యయనాన్ని నిర్వహించారు.

ఆమె, ఆమె బృందం చిన్న శక్తులు ఎల్లప్పుడూ పెద్ద శక్తులను మించిపోతాయని కనుగొన్నారు. వారు సన్నివేశంలో వేగంగా ఉంటారు, ఎక్కువ నేరాలను పరిష్కరిస్తారు, పొరుగువారితో మంచి సంబంధాలను కలిగి ఉంటారు, ఇవన్నీ తక్కువ ఖర్చుతో ఉంటాయి. మెరుగైన, ఎక్కువ మానవత్వం, తక్కువ ఖరీదైనది. యూరప్ లో కమ్యూనిటీ పోలీసింగ్ తత్వశాస్త్రం కొంతకాలంపాటు కొనసాగింది. అధికారులు సామాజిక సేవలతో సమన్వయం చేసుకుని,వారు ఏ రకమైన సామాజిక సేవ చేస్తున్నారో కూడా పరిగణనలోకి తీసుకుంటారు. వారు కూడా బాగా శిక్షణ పొందినవారే. యుఎస్ లో, సగటు పోలీసు శిక్షణా కార్యక్రమం కేవలం పంతొమ్మిది వారాలు మాత్రమే ఉంటుంది, ఇది ఐరోపాలోని చాలా ప్రాంతాల్లో ఊహించలేనిది. నార్వే, జర్మనీ వంటి దేశాలలో, చట్ట అమలు శిక్షణకు రెండు సంవత్సరాల కంటే ఎక్కువ సమయం పడుతుంది.

కానీ కొన్ని అమెరికన్ నగరాలు తమ విధానాన్ని మార్చుకుంటున్నాయి. న్యూజెర్సీలోని నెవార్క్ ప్రజలు 2014 లో ఒక కొత్త, నల్లజాతి మేయర్ ను ఎన్నుకున్నారు, నగరంలో ఆధునిక పోలీసింగ్ ఎలా ఉండాలో అతనికి స్పష్టమైన విజన్ ఉంది. దీనికి అధికారులు అవసరం, 'ప్రజల అమ్మమ్మలను తెలిసినవారు, సమాజం సంస్థలు తెలిసినవారు, మనుషులను మనుష్యులుగా చూసే వారు [...] అది దాని ప్రారంభం. మీరు పోలీసింగ్ చేస్తున్న వ్యక్తులను మనుషులుగా చూడకపోతే, మీరు వారిని అమానవీయంగా చూడటం మొదలుపెడతారు." మరో చెంపను మరింత ఎక్కువగా చూపే సూత్రాన్ని మనం తీసుకోగలమా? ఈ ప్రశ్న అసంబద్ధంగా అనిపించినప్పటికీ, నేను ఆశ్చర్యపోకుండా ఉండలేకపోయాను: ఒక పరిపూరకరమైన వ్యూహం ఉగ్రవాదంపై యుద్ధంలో కూడా పని చేయగలదా?

సమాధానం కోసం నా అన్వేషణలో ఈ వ్యూహం ఇప్పటికే ప్రయత్నించబడిందని కనుగొన్నాను – వాస్తవానికి, నా స్వంత దేశంలో. నిపుణులలో, దీనిని డచ్ అప్రోచ్ అని కూడా పిలుస్తారు. ఇది డెబ్బైలలో తిరిగి ప్రారంభమైంది, నెదర్లాండ్స్ వామపక్ష తీవ్రవాదం హింసాత్మక తరంగాన్ని ఎదుర్కొన్నప్పుడు. ప్రభుత్వం కొత్త భద్రతా చట్టాలను రూపొందించలేదు, మీడియా చట్టం అమలు కోరిన విధంగా చేసింది. పరిమిత కవరేజ్. పశ్చిమ జర్మనీ, ఇటలీ,

అమెరికా పెద్ద తుపాకులను – హెలికాప్టర్లు, రోడ్ బ్లాక్స్, దళాలను తీసుకురాగా– నెదర్లాండ్స్ ఉగ్రవాదులకు వారు కోరుకున్న వేదికను ఇవ్వడానికి నిరాకరించింది. వాస్తవానికి, పోలీసులు 'ఉగ్రవాదం' అనే పదాన్ని ఉపయోగించడానికి కూడా నిరాకరించారు.

వారు 'హింసాత్మక రాజకీయ క్రియాశీలత' లేదా సాదాసీదా పాత 'నేరస్థులను' ఇష్టపడతారు. ఇంతలో, డచ్ ఇంటెలిజెన్స్ తెరవెనుక బిజీగా ఉంది, అతివాద సమూహాలలోకి చొరబడింది. జనాభాలోని మొత్తం వర్గాలను అనుమానితులుగా మార్చకుండా వారు ప్రత్యేకంగా టెర్రరిస్టులపై – క్షమించండి, నేరస్థులపై దృష్టి పెట్టారు. చిన్న రెడ్ యూత్ సెల్ లాగా, ఇది కొన్ని హాస్యభరిత పరిస్థితులకు దారి తీసింది, అందులో నలుగురు సభ్యులలో ముగ్గురు రహస్య ఏజెంట్లుగా ఉన్నారు. ఎల్లప్పుడూ వారు బాత్రూమ్ విరామం తీసుకోవడం లేదా మ్యాప్ ను తలక్రిందులుగా పట్టుకోవడం వంటి చర్యల వల్ల ఎవరైనా ఉన్నప్పుడు దాడులు చేయడం చాలా కష్టంగా మారింది.

ఒక డచ్ చరిత్రకారుడు ఇలా ముగించాడు: 'తెరవెనుక, సమయానుకూలంగా, జాగ్రత్తగా ఉండే ఉగ్రవాద వ్యతిరేక విధానం, 'ముమ్మరంగా ఉవ్వెత్తున ఎగిసిపడుతున్న దౌర్జన్యాన్ని స్తంభింప జేసింది.' ఎర్ర యువతలో కొంతమంది యెమెన్ లో ఒక తీవ్రవాద శిక్షణా శిబిరాన్ని సందర్శించి నప్పుడు, జర్మన్, పాలస్తీనా పోరాట యోధుల తీవ్రతను చూసి డచ్ తీవ్రవాదులు దిగ్భ్రాంతికి గురయ్యారు. ఇది పూర్తిగా భయానకంగా ఉంది. ఒక డచ్ సభ్యుడు ఆ తర్వాత చెప్పినట్లుగా, 'వారు దానిలోని సరదాలన్నిటినీ బయటకు తీశారు.' డానిష్ నగరమైన అర్హుస్ నుండి మరో చెంపను చూపించడానికి ఇటీవలి ఒక ఉదాహరణ వచ్చింది. 2013 చివరిలో, పోలీసులు సిరియాకు వెళ్లి పోరాడాలనుకునే యువ ముస్లింలను అరెస్టు చేయకూడదని లేదా జైలుకు పంపకూడదని, బదులుగా వారికి ఒక కప్పు టీ ఇవ్వాలని నిర్ణయించుకున్నారు. ఒక మెంటార్. తమను ప్రేమించే వ్యక్తులు ఉన్నారని ఈ టీనేజర్లకు తెలిసేలా చేసుకోవడానికి కుటుంబం, స్నేహితులను సమీకరించారు. అదే సమయంలో, పోలీసులు స్థానిక మసీదుతో సంబంధాలను బలోపేతం చేశారు.

కొంతమంది విమర్శకులు అర్హుస్ అప్రోచ్ అని పిలవబడేదానిని బలహీనమైన లేదా అమాయకమైనదిగా పిలుస్తారు. కానీ వాస్తవానికి, పోలీసులు సాహసోపేతమైన, క్లిష్టమైన వ్యూహాన్ని ఎంచుకున్నారు. 'కఠినమైన కొత్త చట్టాలను ఆమోదించడం చాలా సులభం' అని పోలీసు సూపరింటెండెంట్ ఎగతాళి చేశాడు. వ్యక్తులతో ఒక నిజమైన ప్రక్రియ ద్వారా వెళ్ళడం కష్టం: నిపుణుల ప్యానెల్, కౌన్సిలింగ్, ఆరోగ్య సంరక్షణ, విద్యలోకి తిరిగి రావడానికి సహాయం, ఉపాధి, బహుశా వసతి [...] మనం రాజకీయ నమ్మకంతో దీన్ని చేయం; ఇది పనిచేస్తుందని మనం అనుకుంటున్నాం కాబట్టి మనం దీన్ని చేస్తాం."

అది చేసిన పని. ఇతర యూరోపియన్ నగరాల్లో నిర్విరామంగా కొనసాగుతున్నప్పటికీ, అర్హుస్ నుండి సిరియాకు ప్రయాణించే జిహాదీల సంఖ్య 2013 లో ముప్పై నుండి 2014 లో ఒకటి 2015 లో రెండుకు తగ్గింది. మేరీల్యాండ్ విశ్వవిద్యాలయ మనస్తత్వవేత్త ఒకరు ఇలా అన్నాడు: 'నాకు తెలిసినంతవరకు, బలమైన సామాజిక మనస్తత్వశాస్త్రం ఆధారంగా[తీవ్రవాదం] పోరాడే మొదటి వ్యక్తి అర్హుస్. అప్పుడు నార్వే ఉంది. దేశ చరిత్రలో అత్యంత భయంకరమైన దాడి తరువాత కూడా అక్కడి ప్రజలు ప్రశాంతతను

నిలుపుకోగలిగారు. 2011లో మితవాద తీవ్రవాది ఆండర్స్ బ్రీవిక్ చేసిన రక్తపాతం తర్వాత ఆ దేశ ప్రధాని 'మా ప్రతిస్పందన మరింత ప్రజాస్వామ్యం, మరింత నిష్కపటత్వం, మరింత మానవత్వం' అని ప్రకటించారు.

ఈ రకమైన ప్రతిస్పందన తరచుగా మీరు ఇతర మార్గంలో చూస్తున్నారని, సులభమైన మార్గాన్ని ఎంచుకున్నారని ఆరోపించబడుతుంది. కానీ మరింత ప్రజాస్వామ్యం, మరింత నిష్కపటత్వం, మరింత మానవత్వం ఖచ్చితంగా సులభం కాదు. దీనికి విరుద్ధంగా, కఠినమైన ప్రసంగం, ప్రతీకారం తీర్చుకోవడం, సరిహద్దులను మూసివేయడం, బాంబులు వేయడం, ప్రపంచాన్ని మంచివారు, చెడ్డవారుగా విభజించడం – అది సులభం. అది మరో విధంగా ప్రపంచాన్ని చూడటం లాంటిది.

5

సత్యాన్ని విస్మరించడానికి నిరాకరించినప్పుడు దూరంగా చూడటం అసాధ్యంగా మారిన కొన్ని క్షణాలు ఉన్నాయి. అక్టోబర్ 2015 లో, నార్త్ డకోటా ఉన్నత జైలు అధికారుల ప్రతినిధి బృందం అటువంటి క్షణాన్ని అనుభవపూర్వకంగా తెలుసుకుంది. నార్వేకు ఒక పని నిమిత్తం వెళ్లిన సమయంలో ఇది జరిగింది. విషయంలోకి వెళితే, ఉత్తర డకోటా తక్కువ జనాభా, సంప్రదాయవాద రాజ్యం. ఖైదు రేటు నార్వేలో కంటే ఎనిమిది రెట్లు ఎక్కువగా ఉంది. మరి జైళ్లు? వారు పాతకాలపు పెన్నులను కలిగి ఉన్నారు; అన్ని పొడవైన కారిడార్లు, జైలుగదులు, కఠినమైన గార్డులు. అమెరికన్ అధికారులు వారి పర్యటన నుండి ఎక్కువ నేర్చుకుంటారని ఊహించలేదు. 'నేను అహంకారిని,' అని ఒకరు తరువాత అన్నారు. 'నేను ఐకియా జైలు అని పిలిచే జైలును కాకుండా నిజంగా ఏమి చూడబోతున్నాను?' అయితే అప్పుడు జైళ్లను చూశారు. హాల్డెన్. బాస్టోయ్. ప్రశాంతత. నమ్మకం. ఖైదీలు,గార్డులు సంభాషించే విధానం.

ఓస్లోలోని రాడిసన్ హోటల్ బార్లో ఒక సాయంత్రం నార్త్ డకోటా డిపార్ట్మెంట్ ఆఫ్ కరెక్షన్స్ డైరెక్టర్ లీన్ బెర్ట్ష్ కూర్చున్నారు. – ఆమె సహోద్యోగులలో కఠినంగా,మొండిగా వ్యవహరిస్తుందని ప్రసిద్ధి చెందింది – ఏడవడం ప్రారంభించింది. 'మనుషుల్ని పంజరంలాంటి సెట్టింగుల్లో పెట్టడం మంచిదని మనమెలా అనుకున్నాం?' 1972-2007 మధ్య కాలంలో, జనాభా పెరుగుదలకు సరిదిద్దబడిన యునైటెడ్ స్టేట్స్ లో ఖైదు చేయబడిన ప్రజల సంఖ్య 500 శాతానికి పైగా పెరిగింది. ఆ ఖైదీలు సగటున అరవైమూడు నెలల పాటు బంధించబడ్డారు, అంటే నార్వేలో కంటే ఏడు రెట్లు ఎక్కువ. నేడు, ప్రపంచంలోని జైలు జనాభాలో దాదాపు పావు వంతు మంది అమెరికన్ కటకటాల వెనుక ఉన్నారు.

ఈ సామూహిక నిర్బంధం ఉద్దేశపూర్వక విధాన ఫలితం. ఎంత ఎక్కువ మందిని లాక్ చేసినా, ప్రొఫెసర్ జేమ్స్ విల్సన్, అతని అనుచరులు నేరాల రేటు ఇంకా తక్కువగా ఉందనే అంటారు. కానీ నిజం ఏమిటంటే, అనేక అమెరికన్ జైళ్లు నేరస్థులకు శిక్షణా మైదానాలుగా మారాయి. ఖరీదైన బోర్డింగ్ పాఠశాలలు మరింత నిష్ణాతులైన వంచకులను ఉత్పత్తి

చేస్తున్నాయి. కొన్ని సంవత్సరాల క్రితం, మయామిలోని ఒక పెద్ద గదిలో 24 మంది ఖైదీలను నిర్బంధించడం జరిగిందని, వారానికి రెండుసార్లు ఒక గంటపాటు వారిని బయటకు పంపించేవారని వెల్లడైంది. ఫలితంగా ఖైదీల మధ్య 'క్రూరమైన గ్లాడియేటర్ల పోరాట విధానం' ఏర్పడింది.

ఈ రకమైన సంస్థల నుండి విడుదలైన వ్యక్తులు సమాజానికి నిజమైన ప్రమాదకారులు. కాలిఫోర్నియాలోని ఒక మాజీ ఖైదీ ఇలా అంటున్నాడు: మనం ఎలా ఉంటామని అన్నారో 'మనలో చాలామంది అలానే ఉంటారు, దౌర్జన్యపూరితంగా, అహేతుకంగా, చేతనగల పెద్దవారు ప్రవర్తించినట్లు ప్రవర్తించలేని విధంగా ఉంటాం.' నార్వే నుండి లియాన్ బెర్ట్ష్ తిరిగి వచ్చినప్పుడు, ఉత్తర డకోటా జైళ్లలో పరిస్థితులు మారాలని ఆమె గ్రహించింది. ఆమె, ఆమె బృందం 'మన మానవత్వాన్ని అమలు చేయడానికి' అనే ఒక కొత్త లక్ష్యాన్ని రూపొందించారు. మొదటి దశ? విరిగిపోయిన కిటికీల వ్యూహాన్ని పక్కన పెట్టండి. ఇంతకు ముందు మూడు వందలకు పైగా ఉల్లంఘనలను కవర్ చేసే నిబంధనలు ఉన్నాయి. ఉదాహరణకు, మీ చొక్కా టక్ చేయకపోవడం, ఇది మిమ్మల్ని ఏకాంత నిర్బంధంలోకి నెట్టగలదు – ఇప్పుడు ఆ చిల్లర లేదా హాస్యాస్పద నియమాలన్నీ రద్దు చేయబడ్డాయి.

తరువాత, గార్డుల కోసం ఒక కొత్త ప్రోటోకాల్ రూపొందించబడింది. ఇతర విషయాలతో పాటు, వారు ఖైదీలతో రోజుకు కనీసం రెండు సార్లు సంభాషణలు జరపాలి. ఇది ఒక ప్రధాన పరివర్తన గణనీయమైన ప్రతిఘటనను ఎదుర్కొంది. 'నేను చనిపోవడానికి భయపడ్డాను,' అని గార్డులలో ఒకరు గుర్తుచేసుకున్నారు. 'నేను సిబ్బందిని చూసి భయపడ్డాను. ఎలాంటి సౌకర్యాలుంటాయో నని నేను భయపడ్డాను. మేము కొంతమంది కుర్రాళ్ళు వెళ్లిపోవడం గురించి మాట్లాడినప్పుడు భయపడ్డాను, తప్పు చేశాను." నెలలు గడుస్తుండగా గార్డులు తమ పనిలో మరింత ఆనందాన్ని పొందడం ప్రారంభించారు. వారు ఒక గాయకబృందం, చిత్రలేఖన తరగతులను ప్రారంభించారు. సిబ్బంది, ఖైదీలు కలిసి బాస్కెట్ బాల్ ఆడటం ప్రారంభించారు. సంఘటనల సంఖ్యలో గణనీయమైన తగ్గుదల ఉంది. ఇంతకు ముందు, 'వారానికి కనీసం మూడు లేదా నాలుగు సార్లు' సంఘటనలు జరిగేవి, ఒక గార్డు కథనం ప్రకారం 'ఎవరైనా ఆత్మహత్య చేసుకోవడానికి ప్రయత్నించడం, లేదా ఎవరైనా తమ గదిమీద దాడిచేయడానికి ప్రయత్నించడం, లేదా పూర్తిగా అస్తవ్యస్తంగా ఉండడం లాంటివేవీ ఈ సంవత్సరం మా వద్ద జరుగలేదు."

ఆరు ఇతర యుఎస్ రాష్ట్రాల నుండి ఉన్నతాధికారులు, కౌంటింగ్ నుండి నార్వేకు పర్యటనలు చేపట్టారు. ఉత్తర డకోటాలోని దర్శకుడు బెర్ట్ష్ సంస్కరణ అనేది ఇంగితజ్ఞానానికి సంబంధించిన విషయం అని నొక్కి వక్కాణిస్తూనే ఉన్నాడు. జనాభాకు దూరంగా ఉంచి ఏకాకుల్ని చేయటం కేవలం చెడ్డ ఆలోచన మాత్రమే. నార్వేజియన్ పద్ధతి స్పష్టంగా మెరుగ్గా ఉంది. తక్కువ ప్రతికూలతలు గలది మరింత వాస్తవికంగా. 'నేను ఉదారవాదిని కాను, నేను కేవలం ప్రాక్టికల్ గానే ఉన్నాను.' అని బెర్ట్ష్ ప్రమాణం చేసాడు.

17

ద్వేషం, అన్యాయం, పక్షపాతం ఈ మూడింటికీ సరైన మందు ఒకటి ఉంది

1

నార్వేజియన్ జైళ్ల వెనుక ఉన్న ఆలోచన గురించి ఆలోచించకుండా ఉండలేకపోయాను. నేరస్థులు, ఉగ్రవాదులుగా మారితే, అదే వ్యూహాన్ని పెద్ద ఎత్తున అమలు చేయవచ్చు. బహుశా మనం శత్రువుల్ని ఏకతాటిపైకి తేవచ్చు. జాత్యహంకారం, ద్వేషాన్ని కూడా నిర్మూలించవచ్చు.

ఎక్కడో ఒక చోట చూసిన ఒక కథ నాకు గుర్తుకు వచ్చింది, కాని నేను దానిని అనుసరించలేదు. దశాబ్దాలుగా ప్రత్యర్థి పక్షాల్లో నిలబడిన ఇద్దరు సోదరుల కథ, చివరికి పూర్తి స్థాయి అంతర్యుద్ధాన్ని నివారించగలిగారు. ఇది మంచి కథలా అనిపిస్తుంది, కాదా? పాత నోట్ల కుప్పలో, నేను సోదరుల పేర్లను కనుగొన్నాను, ఆ తర్వాత, వారి గురించి ప్రతిదీ తెలుసుకోవాలనుకున్నాను.

2

సోదరుల కథ ఇరవయ్యవ శతాబ్దపు అత్యంత ప్రసిద్ధ వ్యక్తులలో ఒకరితో విడదీయరాని విధంగా ముడిపడి ఉంది. 1990 ఫిబ్రవరి 11న, లక్షలాదిమంది ప్రజలు ఆయనను చూడడానికి టీవీలకు అతుక్కుపోయి కూర్చున్నారు. నెల్సన్ మండేలా ఇరవై ఏడు సంవత్సరాలు ఖైదు చేయబడ్డాడు, ఆ రోజున స్వతంత్రుడు అయ్యాడు. చివరగా, నలుపు, తెలుపు దక్షిణాఫ్రికాల మధ్య శాంతి, సయోధ్య జరుగుతుందన్న ఆశ ఉంది. 'మీ తుపాకులు, కత్తులు, బాకులు తీసుకుని సముద్రంలోకి విసిరేయండి' అని మండేలా అరిచాడు.

నాలుగు సంవత్సరాల తరువాత, 1994 ఏప్రిల్ 26 న, దక్షిణాఫ్రికా ప్రజలందరికీ మొదటి ఎన్నికలు జరిగాయి. మళ్ళీ చిత్రాలు ఆకర్షణీయంగా ఉన్నాయి: పోలింగ్ కేంద్రాల వద్ద అంతులేని లైన్లు, మొత్తం ఇరవై మూడు మిలియన్ల మంది ఓటర్లు, వర్ణవివక్ష ప్రారంభాన్ని గుర్తుంచుకునేంత వయస్సు ఉన్న నల్లజాతి పురుషులు, మహిళలు తమ జీవితంలో మొదటి సారి ఓటు వేశారు. ఒకప్పుడు చావులు, విధ్వంసాలు తెచ్చిన హెలికాప్టర్లు ఇప్పుడు పెన్సిళ్లు, పేపర్ బ్యాలెట్లను పడేశాయి.

జాత్యహంకార పాలన పతనమయింది. ప్రజాస్వామ్యం ఆవిర్భవించింది. రెండు వారాల తరువాత, మే 10 న, మండేలా దేశం మొదటి నల్లజాతి అధ్యక్షుడిగా ప్రమాణ

స్వీకారం చేశారు. ఈ కార్యక్రమం సందర్భంగా, ఫైటర్ జెట్ విమానాలు ఆకాశంలో ఎగురుతూ, రెయిన్బో నేషన్ రంగులలో ఆవిరి మార్గాలను గుర్తించాయి. ఆకుపచ్చ, ఎరుపు, నీలం, నలుపు, తెలుపు, బంగారం రంగుల కలయికతో, కొత్త దక్షిణాఫ్రికా జెండా భూమిపై ఎగిరింది. అంతగా ప్రసిద్ధి చెందనప్పటికీ: అస్సలు ఇలా జరగడం అసాధ్యమనుకున్నది ఎంత దగ్గరగా వచ్చింది. ఈ రోజు మనకు తెలిసిన దక్షిణాఫ్రికా దాదాపు దానిని సాధించలేదు. మండేలా విడుదల కావడానికి, అధ్యక్షుడిగా ఆయన ఎన్నికకు మధ్య నాలుగేళ్లలో దేశం అంతర్యుద్ధం అంచుకు వచ్చింది. దీన్ని నిరోధించడంలో ఇద్దరు సోదరులు – ఒకే రకమైన కవలలు – పోషించిన కీలకమైన పాత్ర పూర్తిగా మరుగున పడి పోయింది.

కాన్స్టాండ్, అబ్రహం విల్జోయెన్ 28 అక్టోబర్ 1933 న జన్మించారు. బాలురుగా వారు విడదీయరానివారు. ఆ సహోదరులు ఒకే పాఠశాలలో చదువుకున్నారు, ఒకే తరగతిలో ఉన్నారు. వారు అదే ఉపాధ్యాయులు, శ్వేతజాతి ఆధిపత్యం గురించి అదే ప్రచారాన్ని విన్నారు. మరీ ముఖ్యంగా, అవి ఒకే చరిత్ర ద్వారా రూపుదిద్దబడ్డాయి. కాన్స్టాండ్, అబ్రాహాం ఆఫ్రికన్లు. వారు 1671 లో ఒడ్డుకు వచ్చి డచ్ సెటిలర్లతో కలిసిపోయిన ఫ్రెంచ్ హుగునాట్స్ వారసులు. 1899లో దక్షిణాఫ్రికాలో బ్రిటిష్ పాలనకు ఎదురొడ్డి ఆఫ్రికన్ ప్రజలు నిలబడ్డారు.

బాలుర తండ్రి చిన్నతనంలో బ్రిటిష్ నిర్బంధ శిబిరాలలో ఎన్నో కష్టాలను అనుభవించాడు. అతని సోదరుడు, ఇద్దరు సోదరీమణులు వారి తల్లి చేతుల్లో మరణించడం అతను నిస్సహాయంగా చూశాడు. ఆ విధంగా అబ్రాహాం, కుటుంబం పీడించబడిన ప్రజల కోవకు చెందినది, కొన్నిసార్లు పీడించబడినవారు అణచివేతదారులు అవుతారు, ఈ సత్యమే ఆ కవలలను వేరుచేసింది.

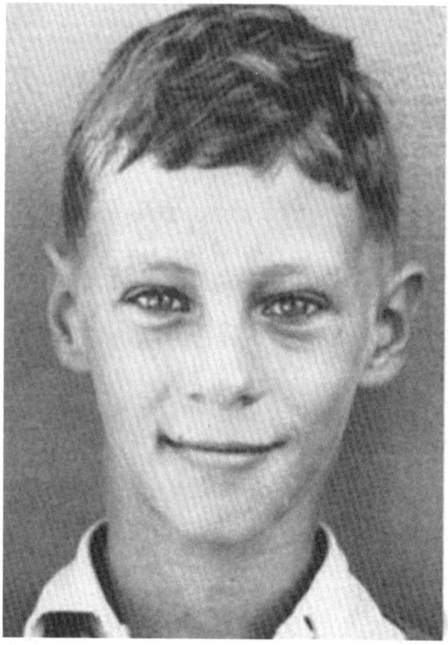

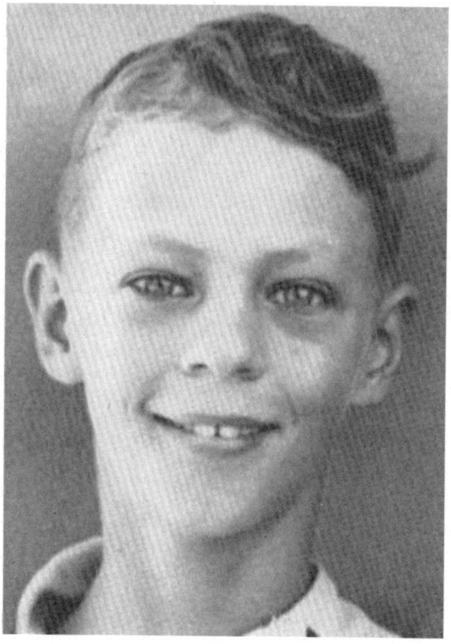

కాంస్టాండ్ (ఎడమ) అబ్రాహాం పాఠశాల చిత్రాలు. మూలం: ఆండ్రీస్ విల్జోయెన్.

1951 లో, బాలుర పద్దెనిమిదవ పుట్టినరోజు తరువాత, వారి తల్లి వారిద్దరినీ ప్రిటోరియాలోని కళాశాలకు పంపడానికి తగినంత డబ్బు లేదని ప్రకటించింది. “నువ్వు ముందుకు వెళ్లు” అని అబ్రాహాం తో అన్నాడు కాన్స్టాండ్. అబ్రహాంని బ్రామ్ అని కూడా అంటారు. ఎంతైనా, బ్రామ్ తెలివైనవాడు.

అతని సోదరుడు తత్త్వశాస్త్రంలో చేరగా, కాంస్టాండ్ సైన్యంలో చేరాడు. సైనిక జీవితం అతనికి సరిపోతుంది, ఇది రెండవ కుటుంబంలా మారింది. బ్రామ్ తన పుస్తకాలపై తర్జనభర్జన పడుతుండగా, కాంస్టాండ్ హెలికాప్టర్ల నుండి దూకాడు. బ్రామ్ హాలండ్, అమెరికాలో చదువుతుండగా, కాంస్టాండ్ జాంబియా, అంగోలాలో పోరాడాడు. బ్రామ్ ప్రపంచవ్యాప్తంగా ఉన్న విద్యార్థులతో స్నేహం చేసినప్పటికీ, కాంస్టాండ్ తన సైనిక సహచరులతో లోతైన బంధాన్ని పెంచుకున్నాడు. సంవత్సరాలు జరుగుతున్న కొద్దీ సహోదరులు మరింత దూరమయ్యారు. ‘న్యాయంగా వ్యవహరించడం గురించి, ప్రజలు సమానులేననే నమ్మకం గురించి కూడా నాకు తెలిసింది’ అని బ్రామ్ ఆ తర్వాత గుర్తుచేసుకున్నాడు. బ్రామ్ తాను పెరిగిన వర్ణవివక్ష ఒక నేరపూరిత విధానమని, బైబిలు బోధించిన ప్రతిదానికీ విరుద్ధంగా ఉందని గ్రహించడం ప్రారంభించాడు. కొన్ని సంవత్సరాలపాటు విదేశాల్లో చదువుకున్న తర్వాత ఆయన తిరిగివచ్చినప్పుడు, చాలామంది దక్షిణాఫ్రికా ప్రజలు బ్రామ్‌ని పారిపోయిన వ్యక్తిగా. ఒక మతభ్రష్టుడు. దేశద్రోహిగా పరిగణించారు. ‘నన్ను ప్రభావితం చేశారని వారు చెప్పారు,’ అని అతను తరువాత చెప్పాడు. ‘నన్ను విదేశాలకు వెళ్లడానికి ఎప్పుడూ అనుమతించలేదని’ చెప్పాడు. కానీ బ్రామ్‌ను నిరసించలేదు. తనను నల్లజాతి దేశస్థులతో సమానంగా చూడాలని పిలుపిస్తూనే ఉన్నాడు. ఎనభయ్యో దశకంలో వర్ణవివక్షను అంతం చేయాలని ప్రయత్నించిన పార్టీకి ప్రాతినిధ్యం వహిస్తూ పదవి కోసం పోటీ చేశాడు. వర్ణవివక్ష ప్రభుత్వం పూర్తిగా హత్యా పాలన అని అతనికి మరింత స్పష్టమైంది.

ఇది ఇలా ఉండగా, కాంస్టాండ్ దక్షిణాఫ్రికా అత్యంత ప్రియమైన సైనికులలో ఒకరిగా ఎదిగాడు. త్వరలోనే అతని యూనిఫాం పతకాలతో నిండిపోయింది. తన కెరీర్ శిఖరాగ్రంలో, అతను సైన్యం, నావికాదళం, వైమానిక దళాలను కలిగి ఉన్న దక్షిణాఫ్రికా రక్షణ దళానికి చీఫ్ అయ్యాడు. 1985 వరకు అతను వర్ణవివక్ష గొప్ప ఛాంపియన్ గా ఉన్నాడు. కొంతకాలానికి విల్జోయెన్ సహోదరులు మాట్లాడడం పూర్తిగా మానేశారు. దేశభక్తుడు, యుద్ధ వీరుడు, ఆఫ్రికనీయుల అభిమానం కలిగిన జనరల్ విల్జోయెన్ కు కవల సోదరుడు కూడా ఉన్నాడన్న విషయం ఎవరికీ గుర్తు లేదు. అయినప్పటికీ వారి బంధం దక్షిణాఫ్రికా భవిష్యత్తును నిర్ణయిస్తుంది.

3

శత్రువుల్ని మీరు ఎలా చూస్తారు?

ఆ ప్రశ్నను మనసులో పెట్టుకొని, ఒక అమెరికన్ మనస్తత్వవేత్త 1956 వసంతకాలంలో దక్షిణాఫ్రికాకు బయలుదేరాడు. వర్ణవివక్ష అప్పటికే విధించబడింది. వర్ణాంతర వివాహాలు నిషేధించబడ్డాయి. అదే సంవత్సరం పరిపాలన యంత్రాంగం శ్వేతజాతీయులకు మెరుగైన ఉద్యోగాలను కేటాయించే చట్టాన్ని స్వీకరించింది. మనస్తత్వవేత్త పేరు గోర్డాన్ ఆల్పోర్ట్, అతని జీవితమంతా రెండు ప్రాథమిక ప్రశ్నలను ఆలోచించాడు: 1) పక్షపాతం ఎక్కడ నుండి వస్తుంది, 2) మీరు దానిని ఎలా నివారించవచ్చు? సంవత్సరాల పరిశోధన తరువాత, అతను ఒక అద్భుత నివారణను కనుగొన్నాడు. లేదా కనీసం అతను అలా అనుకున్నాడు.

అది ఏమిటి?

పరిచయాలు పెంచుకోండి. మరీ ఎక్కువగావద్దు,అలా అని మరీ తక్కువగా వద్దు. పరిచయం లేకపోవడం వల్ల పక్షపాతం, ద్వేషం, జాత్యహంకారం ఉద్భవిస్తాయని అమెరికన్ పండితుడు అనుమానించాడు. అపరిచితుల గురించి మనం సాధారణంగా పట్టించుకోం. ఎందుకంటే వారు మనకు తెలియదు. కాబట్టి పరిష్కారం స్పష్టంగా కనిపిస్తుంది: ఎక్కువ పరిచయం. ఆల్ పోర్ట్ సిద్ధాంతం చాలా మంది శాస్త్రవేత్తలను ఆకట్టుకోలేదు.దానికి కారణం వారు దానిని సరళమైనది, అమాయకమైనదిగా భావించారు. రెండవ ప్రపంచ యుద్ధం ఇప్పటికీ ప్రజల మనస్సులలో తాజాగా ఉండటంతో, ఎక్కువ పరిచయాలు మరింత ఘర్షణకు దారితీసాయని సాధారణ ఏకాభిప్రాయం ఉంది. అదే సంవత్సరాలలో, దక్షిణాఫ్రికాలోని మనస్తత్వవేత్తలు ఇప్పటికీ జాతి జీవశాస్త్రంలో 'వేర్వేరు అభివృద్ధిని' సమర్థించే 'విజ్ఞానశాస్త్రం' గురించి పరిశోధిస్తున్నారు (చదవండి: వర్ణవివక్ష).

చాలా మంది శ్వేతజాతి దక్షిణాఫ్రికా ప్రజలకు, ఆల్ పోర్ట్ సిద్ధాంతం సానుకూలంగా దిగ్భ్రాంతి కలిగించింది. వర్ణవివక్ష వారి సమస్యలకు పరిష్కారం కాదని, కారణం అని వాదించిన శాస్త్రవేత్త ఇక్కడ ఉన్నారు. నల్లజాతీయులు, శ్వేతజాతీయులు పాఠశాలలో, పని వద్ద, చర్చిలో లేదా ఎక్కడైనా మాత్రమే కలుసుకోగలిగితే – వారు ఒకరినొకరు బాగా తెలుసుకోగలరు. ఎంతైనా, మనకు తెలిసిన వాటిని మాత్రమే మనం ప్రేమించగలం. క్లుప్తంగా చెప్పాలంటే, ఇది కాంటాక్ట్ పరికల్పన. ఇది నమ్మడానికి చాలా సులభం, కానీ ఆల్పోర్ట్ దానిని బ్యాకప్ చేయడానికి కొన్ని ఆధారాలు ఉన్నాయి. ఉదాహరణకు, 1943లో డెట్రాయిట్లో చెలరేగిన జాతి అల్లర్లను ఆయన ఎత్తి చూపారు, అక్కడ సామాజికవేత్తలు వింతైనదాన్ని గమనించారు: 'పొరుగువారుగా మారిన ప్రజలు ఒకరితో ఒకరు ఘర్షణ పడలేదు.. వేన్ విశ్వవిద్యాలయంలోని విద్యార్థులు – శ్వేత, నలుపు – బ్లడీ సోమవారం అంతటా శాంతియుతంగా తమ తరగతులకు వెళ్లారు. యుద్ధ కర్మాగారాల్లో శ్వేత, నల్లజాతీయుల మధ్య ఎలాంటి పొరపొచ్చలు లేవు. దానికి భిన్నంగా, పొరుగువారు ఒకరినొకరు కాపాడుకున్నారు. అల్లర్లు జరిగినప్పుడు కొన్ని శ్వేత జాతీయుల కుటుంబాలు తమ నల్ల పొరుగువారికి,నల్లవారు శ్వేత జాతీయులకు ఆశ్రయం ఇచ్చుకున్నారు.

రెండవ ప్రపంచ యుద్ధం సమయంలో అమెరికా సైన్యం సేకరించిన సమాచారం మరింత గమనార్హం. అధికారికంగా, నల్ల, శ్వేత సైనికులు పక్కపక్కనే పోరాడాల్సిన అవసరం లేదు, కానీ యుద్ధ వేడిలో కొన్నిసార్లు ఇది జరిగింది. నల్ల, శ్వేత ప్లాటూన్లు ఉన్న సంస్థలలో, నల్లజాతీయులను ఇష్టపడని తెల్ల సైనికుల సంఖ్య చాలా తక్కువగా ఉందని సైన్యం పరిశోధన కార్యాలయం కనుగొంది. ఖచ్చితంగా చెప్పాలంటే, తొమ్మిది రెట్లు తక్కువ.

గోర్డాన్ ఆల్పోర్ట్ పరిచయం సానుకూల ప్రభావాల గురించి పేజీలకు పేజీలు వ్రాశాడు. ఇది సైనికులకు, పోలీసు అధికారులకు, ఇరుగుపొరుగువారికి, విద్యార్థులకు వర్తిస్తుంది. ఉదాహరణకు, నల్లజాతి పిల్లలు, శ్వేతజాతి పిల్లలు ఒకే పాఠశాలలకు హాజరైతే, వారు తమ దురభిప్రాయాలను కోల్పోతారు. దీని అర్థం బ్రామ్ విల్జోయెన్ విదేశాలలో తన అధ్యయనాల సమయంలో అనుభవించినది అసాధారణమైనది కాదు. ఇది నియమం. ఆల్ పోర్ట్ కాంటాక్ట్ పరికల్పనకు అత్యంత శక్తివంతమైన రుజువు సముద్రం నుండి వచ్చింది. 1938 లో ఆఫ్రికన్ అమెరికన్లను అతిపెద్ద నావికుల సంఘంలో మొదటిసారి చేర్చుకున్నప్పుడు, ప్రారంభంలో విస్తృతమైన ప్రతిఘటన ఉంది. కానీ నల్ల,శ్వేత నావికులు నిజంగా కలిసి పనిచేయడం ప్రారంభించిన తర్వాత, నిరసనలు ఆగిపోయాయి.

గోర్డాన్ ఆల్ పోర్ట్ జాగ్రత్తగా ఉండే వ్యక్తి; తన కేసు ఇంకా నీరు చొరబడనంత దూరంగా ఉందని అతనికి తెలుసు. మిశ్రమ సిబ్బంది కోసం సంతకం చేసిన నావికులు ప్రారంభంలో తక్కువ జాత్యహంకారానికి గురయ్యే అవకాశం ఉంది. అతను 1956 లో

జాత్యహంకారానికి ఉత్తమ నివారణ మార్గం? కలిసి ప్రయాణించడం

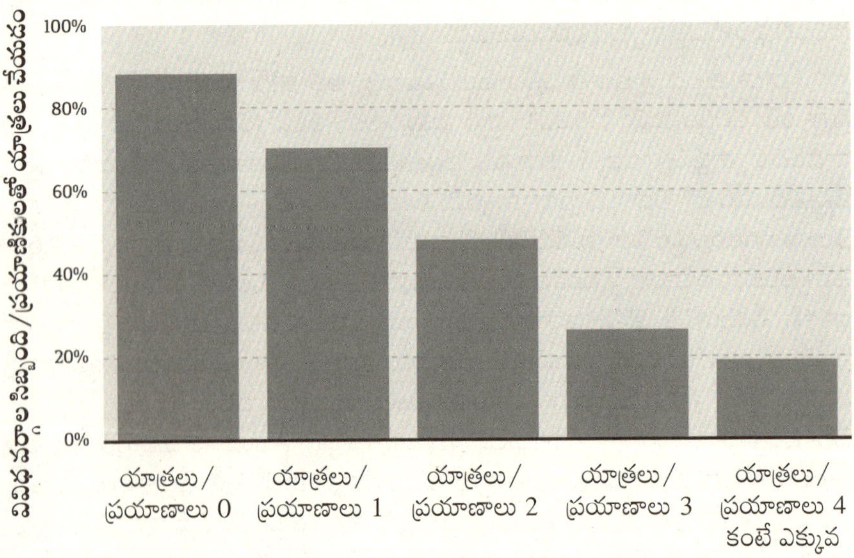

మిశ్రమ సిబ్బందితో చేసిన ప్రయాణాల సంఖ్య.

దక్షిణాఫ్రికాలో పర్యటించినప్పుడు – కాంటాక్ట్ థియరీపై తన గొప్ప రచనను ప్రచురించిన రెండు సంవత్సరాల తరువాత – ఆల్‌పోర్ట్ లో ప్రారంభంలో కలిగిన సందేహాలు తిరిగి వచ్చాయి. శతాబ్దాలుగా నల్లజాతీయులు, శ్వేతజాతీయులు పక్కపక్కనే నివసిస్తున్న ఈ దేశంలో జాత్యహంకారం తగ్గడం లేదు. ఏమైనా, అది పెరుగుతున్నట్లు అనిపించింది. ఆల్పోర్ట్ కలిసిన అనేక మంది శ్వేత ఆఫ్రికన్లలో, ఎవరికీ మానసిక రుగ్మతలు ఉన్నట్లు అనిపించలేదు, అయినప్పటికీ అందరూ మినహాయించడం, వివక్ష చూపడం కొనసాగించారు. కాబట్టి అతని సిద్ధాంతం నిజంగా నిలబడిందా?

60వ దశకంలో దక్షిణాఫ్రికాలో పర్యటించినప్పుడు వెనక్కి తిరిగి చూస్తే, ఆల్పోర్ట్ తాను 'చరిత్ర శక్తులకు' గుర్తింపు ఇవ్వని, అంధుడినని అంగీకరించక తప్పలేదు.

4

ఇది 7 మే 1993. జోహన్నెస్బర్గ్కు దక్షిణాన డెబ్బై ఐదు మైళ్ల దూరంలో ఉన్న పోచెఫ్ స్ట్రూమ్ లోని రగ్బీ స్టేడియంలో 15,000 మంది శ్వేత ఆఫ్రికన్లు ఉన్నారు. వారి చేతిలో దాదాపు స్వస్తిక్ చిహ్నాల వంటి వందలాది ఎరుపు, నలుపు రంగు చిహ్నాలు గల జెండాలు ఉన్నాయి, వారు పొడవాటి గడ్డాలు, గోధుమ రంగు చొక్కాలు ధరించిన రైతులు. తుపాకులు, పిస్టళ్లను ఆయుధాలుగా కలిగి ఉన్నారు.

ర్యాలీ వక్తలలో ఆఫ్రికానెర్ రెసిస్టెన్స్ మూమెంట్ నాయకుడు యూజీన్ టెర్రే బ్లాంచె కూడా ఉన్నారు. అడాల్ఫ్ హిట్లర్ వక్తృత్వ పద్ధతులతో టెర్రే బ్లాంచే చాలా కాలంగా ఆకర్షితుడయ్యాడు. అతని అనుచరులు కు క్లక్స్ క్లాన్ వంటివారు, మరింత హింసాత్మకంగా ఉంటారు. ఆ రోజు స్టేడియం కోపం, భయంతో నిండిపోయింది. మండేలా మొదటి ఆల్-రేస్ ఎన్నికల్లో గెలిస్తే ఏమి జరుగుతుందో అనే భయం. తమ జాతీయ పతాకాన్ని, గీతాన్ని కోల్పోతామనే భయం. మొత్తం సంస్కృతి నాశనమవుతుందనే భయం. ఈ 15,000 మంది ఆగ్రహించిన ప్రదర్శనకారులను వంద సంవత్సరాల క్రితం బ్రిటిష్ వారితో చేదు ముగింపు వరకు పోరాడిన ఆఫ్రికానర్ల పేరుతో బిట్టెరిండర్స్ అని కూడా పిలుస్తారు. వారు తమను తాము స్వాతంత్ర్య సమరయోధులుగా చూస్తారు, అవసరమైన అన్నిమార్గాలను ఉపయోగించడానికి సిద్ధంగా ఉన్నారు.

వారు ఏదో లేదా, ఎవరినో కోల్పోతున్నారు;. వారికి ఇప్పుడు కావలసింది నాయకుడు. గౌరవాన్ని పొందే వ్యక్తి. ఆదర్శవంతమైన ట్రాక్ రికార్డ్ ఉన్న వ్యక్తి. మండేలా నల్ల జాతి ప్రమాదం కోసం ఎలా ఉంటాడో ఆఫ్రికానర్ల పక్షాన నిలబడగల వ్యక్తి – స్వార్ట్ గెవర్, ఈ అంతిమ, ముఖ్యమైన స్వాతంత్ర్య పోరాటంలో వారిని ఎవరు నడిపించగలరు. ఒక్క మాటలో చెప్పాలంటే, విల్జోయెన్ లాంటి వ్యక్తి. ఆ రోజు పోచెఫ్ స్ట్రూమ్ లో కాన్స్టాండ్ ఉన్నాడు. కొన్ని సంవత్సరాల క్రితం పదవీ విరమణ చేసిన అతను ఇప్పుడు రైతుగా ప్రశాంతమైన జీవితాన్ని గడుపుతున్నాడు. కానీ గుంపు అతని పేరును ఉచ్చరించడం ప్రారంభించినప్పుడు, అతను వెనుకాడే ప్రసక్తే లేదు. మాజీ జనరల్ వేదికపైకి వచ్చాడు.

'ఆఫ్రికా ప్రజలు తమను తాము రక్షించుకోవడానికి సిద్ధం కావాలి, 'అని మైక్రోఫోన్ లో గర్జించాడు. 'రక్తపాతంతో కూడిన సంఘర్షణ అనివార్యం, త్యాగాలు అవసరం, కానీ మన లక్ష్యం న్యాయమైనది కాబట్టి మనం సంతోషంగా త్యాగం చేస్తాం!' జనసందోహం విపరీతంగా పెరుగుతుంది. 'నువ్వు నాయకత్వం వహిస్తావు,' అని అరిచారు ఆఫ్రికనీయులు, 'మేం అనుసరిస్తాం!' ఈ విధంగా ఆఫ్రికానెర్ వోక్స్ ఫ్రంట్ అని పిలువబడే కొత్త సంకీర్ణానికి కాన్స్టాండ్ నాయకుడు అయాడు. ఇది కేవలం ఏ రాజకీయ పార్టీ లేదా సమాఖ్య కాదు. ఇది ఒక సైన్యం. కాంస్టాండ్ యుద్ధానికి సన్నద్ధమవుతున్నాడు. బహుళజాతి ఎన్నికలను ఎట్టిపరిస్థితుల్లోనూ నివారించాలని ఆయన కోరుకుంటున్నారు.

'మేము భారీ సైనిక సామర్థ్యాన్ని నిర్మించాల్సి వచ్చింది' అని కాంస్టాండ్ తరువాత గుర్తుచేసుకున్నాడు. కేవలం రెండు నెలల స్వల్ప వ్యవధిలో, ఏవిఎఫ్ 1,50,000 మంది ఆఫ్రికానర్లను నియమించింది, వీరిలో 100,000 మంది అనుభవజ్ఞులైన సైనికులు ఉన్నారు. 'కాంస్టాండ్ విల్జోయెన్' అనే పేరు ప్రస్తావించడం చాలా మందిని ఒప్పించడానికి సరిపోతుంది. అదే సమయంలో, వారు దాడికి ఒక ప్రణాళికను రూపొందించాలి, ఇది వరుస పేలుళ్ల ప్రతిపాదనలకు దారితీస్తుంది. మండేలా రాజకీయ పార్టీ అయిన ఏఎన్సీ నాయకత్వాన్ని వారు ముట్టడించాలని ఒక వ్యక్తి సూచిస్తే. మరొకరు అలా వద్దని చెప్పారు, వారు పశ్చిమ ట్రాన్స్వాల్ లో 15,000 మంది నల్లజాతీయులను కొట్టి సామూహిక సమాధిలో పడవేయాలి. రోజు గడిచేకొద్దీ, మానసిక స్థితి మరింత తీవ్రంగా పెరుగుతుంది. డెబ్బై ఐదు మైళ్ళ దూరంలో ఉన్న జోహన్నెస్బర్గ్లో కాన్స్టాండ్ సహోదరుడు అబ్రాహాముకు విపరీతమైన భయం కలిగింది.

'కొన్నిసార్లు విషాదానికి సంబంధించిన క్లాసిక్ అంశాలు ఇక్కడ కనిపిస్తాయని అనుకుంటున్నాను' అని మండేలాకు, ఎ.ఎన్.సికి ఒక మెమోలో ఆయన వ్రాశాడు. దక్షిణాఫ్రికా మొత్తంలో తన సోదరుడి మనస్సును మార్చగల ఏకైక వ్యక్తి తాను అని అతనికి తెలుసు. నలభై ఏళ్ళలో చాలా అరుదుగా మాట్లాడిన తరువాత, ఇప్పుడు వారు తప్పక మాట్లాడవలసి వచ్చింది. ఒక చరిత్రకారుడు ఆ తర్వాత ఇలా వ్రాశాడు: 'ఆయన కాంస్టాండ్ ను జయించగలిగితే వర్ణవివక్ష నుంచి ప్రజాస్వామ్యానికి శాంతియుతమైన పరివర్తన సాధ్యమవుతుంది. లేకపోతే యుద్ధం అనివార్యం."

1993 జూలై తొలినాళ్ళలో, ఎన్నికలకు పది నెలల సమయం ఉంది, బ్రామ్ ప్రిటోరియా పట్టణంలోని ఎ.వి.ఎఫ్. ఆఫీసుకు చేరుకున్నాడు. ఇద్దరు సోదరులు కూర్చున్న వెంటనే, బ్రామ్ అతనిని నిరోధించడానికి పూనుకున్నాడు..

'మీ ఆప్షన్స్ ఏమిటి?'

'ఇప్పుడున్న పరిస్థితులను బట్టి మాకున్న ఒకే ఒక మార్గం, అది పోరాటం.' అని కాన్స్టాండ్ జవాబిచ్చాడు.

అప్పుడు బ్రామ్ ఒక ప్రతిపాదన చేసాడు, అతను, నెల్సన్ మండేలా కలిసి అత్యంత రహస్యంగా ఒక ప్రణాళికను రూపొందించారు. ప్రజల పరిస్థితి గురించి నేరుగా

మాట్లాడటానికి ఎ.ఎన్.సి నాయకత్వంతో కూర్చోమని బ్రామ్ అడిగాడు, అప్పుడు కాంస్టాండ్ ఏమి చెబుతాడు. కాంస్టాండ్ ఇప్పటికే అటువంటి తొమ్మిది అభ్యర్థనలను తిరస్కరించాడు. కానీ ఈసారి అతని ప్రతిస్పందన భిన్నంగా ఉంది. ఈసారి అడుగుతున్నది అతని సోదరుడు. 1993 ఆగస్టు 12న జొహన్నెస్ బర్గ్ లోని ఒక విల్లా ఇంటి గుమ్మంలో ఒకే రకమైన కవలలు కలిసి వచ్చారు.

ఇంటి సిబ్బంది తమను పలకరిస్తారని ఆశించారు, కాని వారి ముందు పెద్ద నవ్వుతో నిలబడి ఉన్న వ్యక్తి స్వయంగా, నెల్సన్ మండేలా. ఇది ఒక చారిత్రాత్మక క్షణం: కొత్త దక్షిణాఫ్రికా హీరో పాత హీరోతో ముఖాముఖి నిలబడి ఉన్నాడు. శాంతిస్థాపకుడు యుద్ధానికి సన్నద్ధమవుతున్న వ్యక్తికి ఎదురుగా ఉన్నాడు. ‘ టీ తాగుతావా? అని అతను నన్ను అడిగాడు, ‘ ఈ సంఘటన జరిగిన కొన్ని సంవత్సరాల తరువాత కాంస్టాండ్ గుర్తు చేసుకున్నాడు. ‘నేను తాగుతాను అని చెప్పాను. అతను ఒక కప్పులో టీ డికాక్షన్ పోసి నాకు ఇచ్చాడు. అందులో పాలు పోయమంటారా అని అతను నన్ను అడిగాడు. నేను పోయమన్నాను. అతను నాకు పాలు పోశాడు. అప్పుడు అతను చక్కెర కూడా వెయ్యమంటారా అని అడిగాడు. వెయ్యమని చెప్పాను. అతను చక్కెర వేశాడు. నేను చేయవలసిందల్లా దానిని కదిలించడం మాత్రమే!’ వారు మాట్లాడుతున్నప్పుడు, మండేలా ఆఫ్రికనుల చరిత్ర, సంస్కృతిని అర్థం చేసుకోవడానికి ఒక ప్రయత్నం చేశాడని స్పష్టమవుతుంది.

వందేళ్ల క్రితం బ్రిటిష్ వారి నుండి స్వాతంత్ర్యం కోసం విల్జోయెన్ కుటుంబం చేసిన పోరాటానికి, వర్ణవివక్షకు వ్యతిరేకంగా తన సొంత పోరాటానికి మధ్య పోలికలను మండేలా బొమ్మగీసి చూపించడం ద్వారా మండేలా కాంస్టాండ్ ను ఆకట్టుకున్నాడు. అన్నింటికంటే ముఖ్యంగా, మండేలా సైనికుడితో తన స్వంత భాషలో మాట్లాడాడని చరిత్రకారులు తరువాత గమనించారు. ‘సేనాపతి, మనం యుద్ధానికి వెళితే విజేతలు ఎవరూ ఉండరు’ అని ఆఫ్రికన్ భాషలో ఆయన చెప్పారు. ‘విజేతలు ఎవరూ ఉండరు’ అని అన్నప్పుడు కాంస్టాండ్ తల ఊపాడు. ఆ మొదటి సమావేశం విల్జోయెన్, మండేలాల మధ్య నాలుగు నెలల రహస్య చర్చలకు తెరతీసింది. అధ్యక్షుడు ఫ్రెడెరిక్ విల్లెమ్ డి క్లెర్క్ ను కూడా చీకట్లో ఉంచారు, ఈ రోజు కొన్ని చరిత్ర పుస్తకాలు దీనిని ప్రస్తావించాయి. అయినప్పటికీ ఇది దక్షిణాఫ్రికా చరిత్రలో ఒక కీలకమైన క్షణం. చివరికి, మాజీ జనరల్ తన ఆయుధాలను వదిలివేసి తన పార్టీతో ఎన్నికలలో చేరేలాగా ఒప్పించాడు.

మండేలాకి షేక్ హ్యాండ్ ఇచ్చిన ప్రతిసారీ, తాను ఒకప్పుడు ఉగ్రవాదిగా భావించిన వ్యక్తి పట్ల అతని అభిమానం పెరిగింది. ఇదే భావన పరస్పరం ఉంది. మండేలా జనరల్ పట్ల గౌరవం పెంచుకున్నాడు, కెరీర్ రాజకీయవేత్త డి క్లెర్క్ మాదిరిగా కాకుండా, అతన్ని విశ్వసించాడు. ‘అతను నా సోదరుడి చేతిని తీసుకున్నాడు, కానీ అతను దానిని విడిచిపెట్టలేదు’ అని బ్రామ్ తరువాత చెప్పాడు.

5

కాంటాక్ట్ పరికల్పనతో వచ్చిన మనస్తత్వవేత్త గోర్డాన్ ఆల్పోర్ట్ అప్పటికి చాలా కాలం క్రితం మరణించాడు. కానీ అతనితో 1956 లో దక్షిణాఫ్రికాలో పర్యటించిన విద్యార్థి ఇంకా సజీవంగా ఉన్నాడు. పదవీ విరమణ చేస్తున్న ఆల్ పోర్ట్ మాదిరిగా కాకుండా, థామస్ పెటిగ్రూ ఒక తిరుగుబాటుదారుడు. ఒక కార్యకర్త. అతను అమెరికన్ పౌర హక్కుల ఉద్యమంలో కనిపించే పాత్ర పోషించాడు. అతని కార్యకలాపాలపై ఎఫ్‌బిఐ గట్టి నిఘా పెట్టింది. దక్షిణాఫ్రికాలో ఉన్నప్పుడు, పెటిగ్రూ చట్టవిరుద్ధమైన ఎఎన్ సి సమావేశాలకు హాజరయ్యాడని సీక్రెట్ సర్వీస్ గమనించింది. ఆరు నెలల తరువాత అతను తన పాస్ పోర్ట్ ను కస్టమ్స్ కు సమర్పించినప్పుడు, దానిపై 'దక్షిణాఫ్రికా నుండి నిషేధించబడింది' అనే పెద్ద అక్షరాలతో ఒక స్టాంప్ వచ్చింది.

మండేలా దేశానికి ఏదో ఒకరోజు తిరిగి వస్తాడని పెట్టీగ్రూకు తెలియదు. అర్ధ శతాబ్దం తరువాత, 2006 లో, అతను దక్షిణాఫ్రికాలో జరిగిన అంతర్జాతీయ మనస్తత్వశాస్త్ర సమావేశానికి ఆహ్వానించబడ్డాడు. 'మేము ఎక్కడ చూసినా చాలా సాధించవలసి ఉన్నప్పటికీ పురోగతిని కూడా చూశాం' అని పెటిగ్రూ తన పర్యటన గురించి చెప్పాడు. దర్బన్ లో అందమైన బీచ్ లు ఇప్పుడు అందరికీ తెరవబడ్డాయి. ఒకప్పుడు అపఖ్యాతి పాలైన జైలు ఉన్న ప్రదేశంలో, రాజ్యాంగ న్యాయస్థానం ఇప్పుడు దక్షిణాఫ్రికా యొక్క పదకొండు అధికారిక భాషలలో సందర్శకులను స్వాగతించే బోర్డుతో నిలబడింది.

తన రంగంలోని ప్రముఖ శాస్త్రవేత్తలలో ఒకరిగా, సమావేశానికి గౌరవ అతిథిగా, పెటిగ్రూ తన మాజీ గురువు సిద్ధాంతానికి అధిక మద్దతు ఇచ్చిన భారీ అధ్యయనాన్ని సమర్పించాడు. పెటిగ్రూ అతని బృందం ముప్పై ఎనిమిది దేశాల నుండి 515 అధ్యయనాలను విశ్లేషించారు. వారి ముగింపు? పరిచయం పనిచేస్తుంది. అంతే కాదు, సామాజిక శాస్త్రాలలో కనుగొన్న కొన్ని ఆవిష్కరణలు వాటిని సమర్థించడానికి చాలా సాక్ష్యాలను కలిగి ఉన్నాయి. పరిచయం మరింత నమ్మకం, మరింత సంఘీభావం, మరింత పరస్పర దయను కలిగిస్తుంది. ఇది ఇతరుల కళ్ళ ద్వారా ప్రపంచాన్ని చూడటానికి మనకు సహాయపడుతుంది. అంతేకాక, ఇది ఒక వ్యక్తిగా మనల్ని మారుస్తుంది, ఎందుకంటే విభిన్న స్నేహితుల సమూహం ఉన్న వ్యక్తులు అపరిచితుల పట్ల మరింత సహనంగా ఉంటారు. పరిచయం అంటువ్యాధి: పొరుగువారు ఇతరులతో కలిసిపోవడాన్ని మీరు చూసినప్పుడు, అది మీ స్వంత ఇష్టానిష్టాలను పునరాలోచించేలా చేస్తుంది.

కానీ ఈ అధ్యయనాల నుండి వచ్చినది ఏమిటంటే, ఒక ప్రతికూల అనుభవం (ఘర్షణ లేదా కోపంగా చూడటం) మనపై జోక్ లేదా సహాయం కంటే లోతైన ముద్ర వేస్తుంది. మన మెదళ్ళు అలా పనిచేస్తాయి. ప్రారంభంలో, ఇది పెటిగ్రూ, అతని సహచరులను ఒక సందిగ్ధానికి గురిచేసింది. ఎందుకంటే చెడు పరస్పర చర్యల కోసం మనకు మంచి జ్ఞాపకశక్తి ఉంటే, పరిచయం మనల్ని ఎలా దగ్గర చేస్తుంది? చివరికి, సమాధానం చాలా సులభం. మనం ఎదుర్కొనే ప్రతి అసహ్యకరమైన సంఘటనకు, అనేక ఆహ్లాదకరమైన పరస్పర చర్యలు ఉంటాయి. చెడు బలమైనదిగా అనిపించవచ్చు, కానీ అది మంచి కంటే ఎక్కువ. పరిచయం శక్తిని అర్థం చేసుకున్న వ్యక్తి ఒకరు ఉంటే అది నెల్సన్ మండేలా. కొన్నేళ్ల క్రితం ఆయన చాలా విభిన్నంగా ఎంచుకున్నాడు

మార్గం – హింస మార్గం. 1960 లో, మండేలా ఎ.ఎన్. సి సాయుధ విభాగం వ్యవస్థాపక సభ్యులలో ఒకరు. కానీ ఇరవై ఏడు సంవత్సరాల జైలు శిక్ష ఒక వ్యక్తిని పూర్తిగా మార్చగలదు. సంవత్సరాలు గడిచేకొద్దీ, మండేలా శాస్త్రవేత్తలు తరువాత ఏమి చూపిస్తారో గ్రహించడం ప్రారంభించారు: హింస కంటే అహింసాత్మక ప్రతిఘటన చాలా శక్తివంతమైనది. మండేలా పద్ధతి అమాయకమైనదని నమ్మడం ప్రారంభించిన అమెరికన్ సామాజిక శాస్త్రవేత్త ఎరికా చెనోవెత్ ఇటీవలి పనిని తీసుకోండి. వాస్తవ ప్రపంచంలో, అధికారం తుపాకీ బారెల్ ద్వారా ఉపయోగించబడుతుందని ఆమె భావించింది. దీనిని నిరూపించడానికి, ఆమె 1900 నాటి ప్రతిఘటన ఉద్యమాల భారీ డేటాబేస్ ను సృష్టించింది.

'అప్పుడు నేను బేరీజు వేసి చూసి షాక్ కు గురయ్యాను' అని ఆమె 2014 లో రాశారు.' 25, 50 శాతానికి పైగా అహింసాయుత పోరాటాలు విజయవంతమయ్యాయి, మిలిటెంట్లలో 26 శాతం విజయవంతమయ్యాయి. ఎక్కువ మంది అహింసాయుత ప్రచారాలలో చేరడమే ప్రధాన కారణం అని చెనోవెత్ నిర్ధారణకు వచ్చారు.. సగటున పదకొండు రెట్లు ఎక్కువ. టెస్టోస్టెరాన్ ఎక్కువగా ఉన్న అబ్బాయిలే కాదు, మహిళలు, పిల్లలు, వృద్ధులు, వైకల్యం ఉన్నవారు కూడా ఇందులో చేరారు. ఇలాంటి జనసమూహాన్ని తట్టుకునే శక్తి ప్రభుత్వాలకు లేదు. మంచి చెడును అధిగమించడం ద్వారా విజయం సాధిస్తుంది.

అహింసాత్మక ప్రచారాలలో, ఒక అంశం అవసరం: అదే స్వీయ నియంత్రణ. జైలులో ఉన్నప్పుడు, మండేలా మనస్సును ప్రశాంతంగా ఉంచుకోవడంలో మాస్టర్ అయ్యాడు. అతను తన శత్రువును అధ్యయనం చేయాలని నిర్ణయించుకున్నాడు, ఆఫ్రికాన్ల సంస్కృతి, చరిత్ర గురించి అనేక పుస్తకాలను చదివాడు. అతను రగ్బీని చూశాడు. వారి భాష నేర్చుకున్నాడు. 'మీరు ఒక వ్యక్తితో అతను అర్థం చేసుకునే భాషలో మాట్లాడితే, అది అతని తలలోకి వెళ్తుంది' అని మండేలా వివరించారు. మీరు ఆయన భాషలోనే మాట్లాడితే అది అతని-హృదయానికి వెళ్తుంది." మండేలా తన తోటి ఖైదీలు, తమ గార్డులు కూడా ప్రజలే అని, వ్యవస్థ ద్వారా వారు విషప్రయోగానికి గురయ్యారని గ్రహించేలా చేయడానికి ప్రయత్నించాడు. కొన్నేళ్ల తరువాత, కాంస్టాండ్ విల్జోయెన్ ను, తాను నమ్మిన పాలన కోసం పోరాడుతూ తన జీవితాన్ని గడిపిన నిజాయితీ, విశ్వసనీయత గల, ధైర్యవంతుడుగా మండేలా చూసారు:.

మండేలా విడుదలయ్యాక దక్షిణాఫ్రికాలోని నల్లజాతీయుల్లో 90 శాతం మందిని ఈ ఉద్యమానికి సంఘటితం చేయగలిగారు. తరువాత ఆయన తన ప్రయత్నాలను శ్వేత ఆఫ్రికన్ల హృదయాలను గెలుచుకోవడానికి మళ్ళించాడు. మండేలా 1995 జూన్ 24న తెల్ల రగ్బీ జట్టు చొక్కా ధరించి జోహన్నెస్బర్గ్ స్టేడియంలోకి ప్రవేశించినప్పుడు, ఒకప్పుడు అతన్ని ఉగ్రవాదిగా భావించిన వేలాది మంది పురుషులు, మహిళలు 'నెల్సన్, నెల్సన్!' అని హర్షధ్వానాలు చేశారు.

మండేలా విధానం విజయానికి ప్రచారం కోసం బహుమతిగా ఆపాదించడం ఉత్తేజకరంగా ఉంటుంది, కానీ అది అలా చేయలేదు. అతను మార్టిన్ లూథర్ కింగ్ అభిరుచి ప్రభావంతో ప్రసంగించలేదు లేదా విన్ స్టన్ చర్చిల్ లోని తీవ్ర భావజాలంతో చర్చించలేదు. తన మొదటి పత్రికా సమావేశంలో తన ముందు బొచ్చుగల వస్తువులు గుంపులుగా ఉండటం చూసి అతను ఆశ్చర్యపోయాడు, అవి మైక్రోఫోన్లు అని ఎవరో అతని చెవిలో గుసగుసలాడారు.

మండేలా యొక్క సూపర్ పవర్ వేరే చోట ఉంది. జర్నలిస్ట్ జాన్ కార్లిన్ మండేలాను నిశితంగా పరిశీలించిన తర్వాత "ప్రపంచ చరిత్రలో ఆయనను గొప్ప నాయకుల్లో ఒకడిగా చేసింది ఏది? వందమందిలో తొంభై తొమ్మిదిమంది విమోచనకు అతీతులని భావించే వ్యక్తుల్లో మంచిని చూడడానికే ఆయన నిర్ణయించుకున్నాడు'' అని వ్యాఖ్యానించాడు.

మండేలా సన్నిహిత స్నేహితుల్లో ఒకరైన వాల్టర్ సిసులును ఒకసారి మండేలాలోని కొన్ని లోపాల గురించి చెప్పమని అడిగితే. 'అతను ఒక వ్యక్తిని నమ్మినప్పుడు, అతని వెంట వెళ్తాడు.కానీ ఆ తర్వాత సందేహిస్తాడు. అయితే బహుశా అది విఫలం కాకపోవచ్చు' అన్నాడు.

6

వెనక్కి తిరిగి చూస్తే ఇటీవలి దశాబ్దాలలో అత్యంత ఆశాజనకమైన మార్పులకు, నమ్మకం, పరిచయం ప్రతిసారీ కీలకమని మనమూ చూస్తాం. 1960 ల నుండి గేలు, లెస్బియన్ల విముక్తిని తీసుకోండి. మరింత ధైర్యవంతులైన వ్యక్తులు గది నుండి బయటకు రావడంతో, స్నేహితులు, సహోద్యోగులు, తల్లులు, తండ్రులు అందరికీ ఒకే రకమైన లైంగిక ప్రాధాన్యత లేదని తెలుసుకున్నారు. అది సరే.

కానీ దీనికి విరుద్ధంగా కూడా డోనాల్డ్ ట్రంప్ 2016 లో అధ్యక్షుడిగా ఎన్నికైన తరువాత, మనం ఇప్పటికీ మనం గిరిగీసుకుని నివసిస్తున్నామని స్పష్టమైంది. జిప్-కోడ్ స్థాయిలో శ్వేత జాతీయుల జాతి, జాతి ఏకాకితనం ట్రంప్ మద్దతు బలమైన అంచనాలలో ఒకటి అని ఇద్దరు సామాజిక శాస్త్రవేత్తలు చూపించారు. అమెరికాను మెక్సికో నుంచి విడదీసే సరిహద్దుకు ఎంత దూరం ఉంటే, ఆ రెండు దేశాల మధ్య భారీ గోడ కట్టాలని ప్రచారం చేసిన వ్యక్తికి మద్దతు అంత ఎక్కువగా ఉంటుంది. మరో మాటలో చెప్పాలంటే, సమస్య ట్రంప్ ఓటర్ల మధ్య పెద్దగా పరిచయాలు లేవు, ముస్లింలు, శరణార్థుల మధ్య చాలా తక్కువ పరిచయాలు.

2016లో బ్రిటన్లో జరిగిన ప్రజాభిప్రాయ సేకరణలో కూడా ఇదే ధోరణి కనిపించింది. సాంస్కృతికంగా తక్కువ వైవిధ్యం ఉన్న సమాజాలలో, ఎక్కువ మంది నివాసితులు బ్రెగ్జిట్కు అనుకూలంగా ఓటు వేశారు. నా స్వదేశమైన హాలండ్‌లో, జనాకర్షక పార్టీ ఓటర్లు అత్యధికంగా శ్వేతజాతీయులు నివసించే ప్రాంతాల్లో ఉన్నారు. డచ్ సామాజిక శాస్త్రవేత్తల బృందం శ్వేతజాతీయులకు ముస్లింలతో ఎక్కువ సంబంధం ఉన్నప్పుడు (ప్రధానంగా పని వద్ద), వారికి కూడా ఇస్లాంపట్ల తక్కువ వివక్ష అని కనుగొన్నారు.

అంతే కాదు, వైవిధ్యం మనల్ని స్నేహపూరితంగా చేస్తుంది. 2018లో, సింగపూర్ విశ్వవిద్యాలయంలోని పరిశోధకుల అంతర్జాతీయ బృందం ఐదు కొత్త అధ్యయనాల ఆధారంగా మరింత వైవిధ్యమైన సమాజాలలో నివసించే ప్రజలను మొత్తం మానవాళితో గుర్తించారు. తత్ఫలితంగా, అపరిచితులపట్ల వారు మరింత దయగల, సహాయకరమైన ప్రవర్తనను ప్రదర్శించారు. 2013 లో బోస్టన్ మారథాన్ బాంబు దాడి తరువాత, మరింత

వైవిధ్యమైన పొరుగు ప్రాంతాల నివాసితులు మరింత సహాయం అందించినప్పుడు ఇది ప్రదర్శించబడింది.

కానీ ఇప్పుడే సంబరాలు ప్రారంభించవద్దు. కేవలం మిశ్రమ పరిసరాల్లో నివసించడం మాత్రమే సరిపోదు. మీరు మీ పొరుగువారితో అరుదుగా మాట్లాడితే, వైవిధ్యం వాస్తవానికి వివక్షను పెంచుతుంది. వలసదారులు వేగంగా వలస రావడాన్ని చూసిన సమాజాలు కూడా బ్రెగ్జిట్ అనుకూల లేదా ట్రంప్ ఓటర్లలో ఎక్కువ వాటాలను కలిగి ఉన్నాయని సూచనలు ఉన్నాయి.

పర్యవసానంగా ప్రజలు ఒకరికొకరు అలవాటు పడటానికి సమయం అవసరమని పరిచయ పరిశోధకులు నొక్కిచెప్పారు. పరిచయం పని చేస్తుంది కానీ తక్షణమే కాదు. ఉదాహరణకు, సిరియన్ శరణార్థుల కోసం రిసెప్షన్ కేంద్రాలను తెరవడానికి వ్యతిరేకంగా హాలండ్ 2015 లో తీవ్రమైన నిరసనలను చూసింది. కోపోద్రిక్తులైన నిరసనకారులు ఆగ్రహావేశాలతో అరుస్తూ, కేకలు వేస్తూ, దూషిస్తూ కిటికీల గుండా రాళ్లు విసిరారు. కానీ కొన్ని సంవత్సరాల తరువాత, అదే ఆశ్రయం కోరేవారిని వేరే చోటికి మార్చవలసి వచ్చినప్పుడు ఆ కోపం విచారంగా మారింది. 'ఇక్కడ మాకు ఎలాంటి సమస్యలు లేవు. నిజానికి, ఇవన్నీ సానుకూలమైనవి, 'అని కొన్ని సంవత్సరాల క్రితం హింసాత్మక బెదిరింపులు జారీ చేసిన ఒక వ్యక్తి నివేదించాడు. 'ఇది ఒక కమ్యూనిటీ సెంటర్ లాగా సామాజికంగా మారడానికి ఒక ప్రదేశంగా మారింది. ఒక కప్పు కాఫీ తాగడానికి వెళ్లడాన్ని ఆస్వాదిస్తాను.

అపరిచితులతో ఇంటరాక్ట్ అవ్వడం అనేది మనం నేర్చుకోవలసిన విషయం, ముఖ్యంగా బాల్యం నుండి. అబ్రహం విల్జోయెన్ తన కళాశాల రోజుల్లో చేసినట్లుగా ప్రతి యువకుడు ప్రయాణించగలిగితే అన్నిటికన్నా మంచిది. మార్క్ ట్వైన్ 1867లోనే 'ద్వేషం, దురభిమానం, సంకుచిత మనస్తత్వం వల్ల ప్రయాణం ప్రాణాంతకం' అని గుర్తించాడు. మనమెవరో మార్చుకోవాల్సిన అవసరం ఉందని దీని అర్థం కాదు. దీనికి పూర్తి విరుద్ధం. కాంటాక్ట్ సైన్స్ నుండి బయటకు వచ్చిన అత్యంత ముఖ్యమైన పరిశోధనలలో ఒకటి ఏమిటంటే, మన గుర్తింపును నిలుపుకుంటేనే దురభిమానాలను తొలగించవచ్చు. మనమందరం భిన్నంగా ఉండడం సరైనదే అని మనం గ్రహించాలి– దానిలో తప్పేమీ లేదు. దృఢమైన పునాదులతో మన గుర్తింపుల కోసం మనం బలమైన ఇళ్లను నిర్మించుకోవచ్చు. అప్పుడు మనం తలుపులు తెరవవచ్చు.

1956 లో దక్షిణాఫ్రికాను సందర్శించిన తరువాత, గోర్డాన్ ఆల్పోర్ట్ తాను అమాయకుడినని తేల్చాడు. కొన్ని సమాజాలు చాలా దూరంలో ఉన్నాయని, గతం బరువు చాలా పెద్ద భారం అని రుజువు చేస్తుంది. అతను 1967 లో మరణించినప్పుడు, తన మునుపటి అంచనాలన్నీ ఏదో ఒక రోజు నిజమని రుజువు అవుతాయని అతనికి తెలియదు. జోహన్నెస్ బర్గ్ లో తన ఉపన్యాసంలో ఆల్ పోర్ట్ దేనిని నొక్కిచెప్పాడు? అవును, మానవులు గిరిజన జంతువులు. అవును, మేము త్వరగా దురభిప్రాయాలను ఏర్పరుస్తాం. అవును, స్టీరియోటైప్ లలో ఆలోచించడం మన స్వభావంలో లోతుగా పాతుకుపోయినట్లు అనిపిస్తుంది. అయినప్పటికీ ఆల్ పోర్ట్ జూమ్ అవుట్ ప్రాముఖ్యతను కూడా నొక్కిచెప్పింది.

'నిరాశ చెందడం అంటే చరిత్ర చెప్పే సుదీర్ఘ పాఠాన్ని తప్పుగా అర్థం చేసుకోవడం' అని ఆయన అన్నారు. దక్షిణాఫ్రికా రాబోయే దశాబ్దాల్లో వర్ణవివక్ష వారసత్వాన్ని కొనసాగిస్తుంది, కానీ గత యాభై సంవత్సరాలుగా దేశం అద్భుతమైన పురోగతిని అది తగ్గించదు.

ఈ రోజు కాంస్టాండ్, అబ్రహం విల్జోయెన్ ఇప్పటికీ రెండు వేర్వేరు ప్రపంచాలలో నివసిస్తున్నారు – ఒకరు సైనికుడు, మరొకరు మంత్రి; ఒకరు అనుభవజ్ఞుడు, మరొకరు శాంతిస్థాపకుడు – కానీ ఒకరినొకరు చూడని సుదీర్ఘ సంవత్సరాలు ముగిశాయి. కాంటాక్ట్ పునరుద్ధరించబడింది.

18

సైనికులు కందకాల నుండి బయటకు వచ్చినప్పుడు

1

మొదటి ప్రపంచ యుద్ధానికి ముందు, 1914 వేసవిలో చాలామంది యుద్ధం త్వరలోనే ముగుస్తుందని అనుకున్నారు. క్రిస్మస్ నాటికి తాము మళ్ళీ ఇంటికి వస్తామని సైనికులు తమ ప్రియతములకు చెప్పారు. పారిస్, లండన్, బెర్లిన్ కేంద్రాలలో ప్రజలు ఇప్పటికే నిర్దిష్ట విజయంపై ఆనందంతో నిండిపోయారు. లక్షలాది మంది రిక్రూట్మెంట్లకు వెళ్ళేటప్పుడు పాటలు పాడుతూ ముందుకు సాగారు. ఆపై ఇరవయ్యవ శతాబ్దపు ప్రధాన విపత్తు. ప్రారంభమైంది: ఎందుకంటే మొదటి ప్రపంచ యుద్ధం లేకపోతే, రెండవ ప్రపంచ యుద్ధం జరిగి ఉండేది కాదు. కాకపోతే యెప్రెస్, వెర్డన్ యుద్ధాలకు, వెర్సైల్స్ ఒప్పందం, రష్యన్ విప్లవంలేదు, లెనిన్, స్టాలిన్, హిట్లర్ లేరు.

1914 క్రిస్మస్ నాటికి, ఒక మిలియన్ కంటే ఎక్కువ మంది సైనికులు మరణించారు. బెల్జియం తీరం నుండి ఫ్రాంకో-స్విస్ సరిహద్దు వరకు ఫ్రంట్ లైన్ సుమారు ఐదు వందల మైళ్ళు విస్తరించి ఉంది. నాలుగు సంవత్సరాల పాటు, అది కదలలేదు. రోజురోజుకీ, కొన్ని ఎకరాలకు బదులుగా ఒక తరం యువకులు నాశనమవుతున్నారు. గుర్రాలు, డప్పులు, బాణసంచాతో వీరోచిత యుద్ధం జరగాలి. అది అర్థరహితమైన వధగా మారింది. కానీ ఆ నిరాశాజనక సంవత్సరాలలో, యూరప్ మొత్తం చీకటిలో ఉన్నప్పుడు కూడా, చిన్నదే అయినా ప్రకాశవంతమైన కాంతి కిరణం ఉంది. 1914 డిసెంబరులో స్వర్గం కొద్దిగా తెరుచుకుంది. వేలాదిమందికి వేరే లోకాన్ని చూపించింది. ఒక క్షణం, తామందరం సోదరులుగా. మానవులుగా. ఇందులో కలిసి ఉన్నామని వారు గ్రహించారు.

ఈ కథతో నేను నా పుస్తకాన్ని ముగించాలనుకుంటున్నాను. ఎందుకంటే, మనం పదేపదే కందకాలలో తిరిగి కనిపిస్తాం. వంద గజాల దూరంలో ఉన్న అవతలి వ్యక్తి కూడా మనలాగే ఉన్నాడనే విషయాన్ని మనం చాలా సులభంగా మర్చిపోతాం. సోషల్ మీడియా లేదా ఆన్ లైన్ ఫోరమ్ ల ద్వారా, ఎక్కడ దాక్కున్నా భద్రత నుంచి దూరం నుంచి ఒకరిపై ఒకరు కాల్పులు జరుపుతాం. భయం, అజ్ఞానం, అనుమానం, స్టీరియోటైప్‌లను మనం మన మార్గదర్శిగా ఉంచుతాం, మనం ఎప్పుడూ కలవని వ్యక్తుల గురించి సాధారణీకరణలు చేస్తాం. కానీ ప్రత్యామ్నాయం ఉంది. ద్వేషాన్ని స్నేహంగా మార్చవచ్చు. కఠినమైన శత్రువులు కరచాలనం చేయవచ్చు. ఇది మనం నమ్మగల విషయం – మనం అమాయకంగా ఉండటానికి అర్హత కలిగి ఉన్నందున కాదు, అది నిజంగా జరిగింది.

2

ఆనాడు 1914 క్రిస్మస్ పండుగ. రాత్రి స్పష్టంగా చల్లగా ఉంది. లా చాపెల్లే-డి అర్మెంటియర్స్ పట్టణం వెలుపల కందకాలను వేరుచేసే మంచుతో కప్పబడిన నిర్మానుష్య భూమిని చంద్రకాంతి ప్రకాశవంతం చేస్తోంది. బ్రిటిష్ హైకమాండ్ భయపడి యుద్ధభూమికి ఒక సందేశాన్ని పంపుతుంది: 'క్రిస్మస్ లేదా నూతన సంవత్సరం సందర్భంగా శత్రువు దాడి గురించి ఆలోచించి ఉండవచ్చు. ఈ కాలంలో ప్రత్యేక నిఘా ఉంటుంది.

నిజంగా ఏమి జరగబోతోందో సైన్యాధికారులకు తెలియదు. సాయంత్రం ఏడు లేదా ఎనిమిది గంటల సమయంలో, 2 వ క్వీన్స్ రెజిమెంట్కు

చెందిన ఆల్బర్ట్ మోరెన్ నమ్మలేక కళ్ళార్పుతున్నాడు. అవతలి వైపు, అదేమిటి? లైట్లు ఒక్కొక్కటిగా వెలుగుతూ ఉంటాయి. లాంతర్లు, టార్చులు, ... క్రిస్మస్ చెట్లు? అప్పుడే అతను విన్నాడు: 'స్టిల్లీ నాచ్ట్, హైలిజ్ నాచ్ట్'. కరోల్ ఇంత అందంగా ఇంతకు ముందెన్నడూ వినబడలేదు. 'నేను దాన్ని ఎప్పటికీ మరచిపోలేను, మోరెన్ తరువాత చెప్పాడు. 'ఇది నా జీవితంలోని ముఖ్యాంశాల్లో ఒకటి.'

బ్రిటిష్ సైనికులు 'ది ఫస్ట్ నోయెల్' అనే ఒక రౌండ్ ను ప్రారంభిస్తారు. జర్మన్లు చప్పట్లు కొట్టారు, 'ఓ టన్నెన్బామ్' తో ప్రతిఘటించారు. వారు కొంతసేపు అటూ ఇటూ వెళతారు, చివరికి రెండు శత్రు శిబిరాలు కలిసి లాటిన్ భాషలో, రండి మీరందరూ నమ్మకస్థులు' అని పాడతాయి. 'యుద్ధం జరుగుతున్నప్పుడు రెండు దేశాలు ఒకే స్వరం పాడడం నిజంగా అత్యంత అసాధారణమైన విషయం' అని రైఫిల్ మ్యాన్ గ్రాహమ్ విలియమ్స్ ఆ తర్వాత గుర్తుచేసుకున్నాడు.

బెల్జియన్ పట్టణమైన ప్లోగ్ స్టీర్ట్ కు ఉత్తరాన ఉన్న స్కాటిష్ రెజిమెంట్ మరింత ముందుకు వెళ్తోంది. శత్రు కందకాల నుండి ఎవరో పిలిచి, తమకు కొంత పొగాకు కావాలా అని అడగడం కార్పోరల్ జాన్ ఫెర్గూసన్ విన్నాడు. 'వెలుగు కోసం తయారు చేయండి,' జర్మన్ అరిచాడు. కాబట్టి ఫెర్గూసన్ నిర్మానుష్యంగా ఉన్నభూమిలో తల బయటకు పెట్టాడు. 'మనం చాలా ఏళ్లుగా ఒకరినొకరు తెలిసినట్లుగా మాట్లాడుకున్నాం' అని అతను తరువాత వ్రాశాడు. 'ఎంత అద్భుతమైన దృశ్యం – జర్మన్లు, బ్రిటిష్ వారి చిన్న సమూహాలు మన ఫ్రంట్ పొడవును దాదాపు విస్తరించాయి! చీకటి నుండి మనం నవ్వులను వినగలిగాం. వెలిగించిన అగ్గిపెట్టెలను చూడగలము [...] చంపడానికి కొన్ని గంటల ముందు మాత్రమే మనము నవ్వుతున్నాం. వారితో సంభాషిస్తున్నాం!"

మరుసటి రోజు, క్రిస్మస్ రోజున, సైనికులలో ధైర్యవంతులు మళ్ళీ కందకాల నుండి పైకి ఎక్కారు. ముళ్ళ తీగ దాటి నడుస్తూ, శత్రువుతో కరచాలనం చేయడానికి వెళ్లారు. అప్పుడు వారు వెనుక ఉన్నవారికి సైగ చేస్తారు. క్వీన్స్ వెస్ట్ మినిస్టర్ రైఫిల్స్ కు చెందిన లెస్లీ వాకింగ్టన్ ఇలా గుర్తుచేసుకున్నాడు, 'అప్పుడు మేం ఫుట్ బాల్ ప్రేక్షకుల్లా బయటకు వచ్చాం.' బహుమతులు మార్పిడి చేయబడతాయి. బ్రిటిష్ వారు చాక్లెట్, టీ, పుడ్డింగులను ఆఫర్ చేశారు; జర్మన్లు సిగార్లు, సౌర్క్రాట్, స్నాప్లను పంచుకుంటారు. వారు జోకులు పేల్చుతారు.

ఇది పెద్ద, సంతోషకరమైన పునఃకలయిక లాగా గ్రూప్ ఫోటోలు తీసుకుంటారు. గోల్ పోస్టుల కోసం హెల్మెట్లను ఉపయోగించి ఒకటి కంటే ఎక్కువ ఫుట్ బాల్ ఆటలు ఆడతారు. ఒక మ్యాచ్ లో జర్మన్లు 3-2తో, ఇంగ్లీష్ పై 4-1తో విజయం సాధించారు..

ఉత్తర ఫ్రాన్స్‌లో, ఫ్లేర్బైక్స్ గ్రామానికి నైరుతి దిశలో, ప్రత్యర్థి పక్షాలు ఉమ్మడి ఖననం సేవను నిర్వహిస్తాయి. "ఒకవైపు జర్మన్లు, మరోవైపు ఆంగ్లేయులు, ఎదురుగా నిలబడి ఉన్న అధికారుల తలలపై ఏమీ లేవు'' అని లెఫ్టినెంట్ ఆర్థర్ పెల్హామ్-బర్న్ తరువాత వ్రాశాడు. "శత్రువుల కాల్పుల్లో మరణించిన కామ్రేడ్లు సమాధి అవుతున్నప్పుడు, వారు 'ప్రభువు నా కాపరి' / 'డెర్ హెర్స్ట్ మే హిర్ట్' అని పాడతారు, వారి స్వరాలు మిళితమవుతాయి. ఆ సాయంత్రం, పైన, క్రింద క్రిస్మస్ విందులు ఉన్నాయి. ఒక ఆంగ్ల సైనికుడు జర్మన్ లైన్ వెనుకగా వైన్ సెల్లార్ కు వెళతాడు, అక్కడ అతను, ఒక బవేరియన్ సైనికుడు 1909 వెవ్ క్లీక్వోట్ సీసాను తెరుస్తారు. యుద్ధానంతరం లండన్ లేదా మ్యూనిచ్ లో కలుసుకుంటామని పురుషులు చిరునామాలను ఇచ్చిపుచ్చుకుంటారు. అన్ని ఆధారాలు లేకపోతే, ఇది జరిగిందని నమ్మడం మీకు చాలా కష్టం. ప్రత్యక్ష సాక్షుల వృత్తాంతాలు సైనికుల నుండి పుష్కలంగా ఉన్నాయి, వారు తమను తాము నమ్మలేరు. 'మీరు మీ టర్కీకోడి మొదలైన వాటిని తింటున్నప్పుడు, నేను కొన్ని గంటల క్రితం చంపడానికి ప్రయత్నించిన పురుషులతో మాట్లాడుకుంటూ కరచాలనం చేస్తున్నాను' అని ఓస్వాల్డ్ టిల్లీ తన తల్లిదండ్రులకు రాసిన లేఖలో రాశాడు, అది ఆశ్చర్యాన్ని కలిగించింది!" జర్మన్ లెఫ్టినెంట్ కర్ట్ జెహ్మిష్ కూడా 'ఎంత అద్భుతమైన వింత,' అని ఆశ్చర్యపోయాడు

జర్మన్లు ఎంత స్నేహపూర్వకంగా ఉన్నారో చాలా మంది బ్రిటిష్ వారు ఆశ్చర్యపోయారు.

'సాకర్, క్రిస్మస్ వంటివి ఎంత అద్భుతంగా, విచిత్రంగా ఉండేవి ప్రాణాంతక శత్రువులు కొంతకాలంపాటు స్నేహితులుగా కలిసివచ్చారు.'

స్వదేశానికి తిరిగి వచ్చిన తరువాత, వారు డెయిలీ మెయిల్ వంటి పత్రికలలో ప్రచారం, నకిలీ వార్తల ద్వారా ప్రేరేపించబడ్డారు. వార్తాపత్రికల సర్క్యులేషన్ లో 40 శాతానికి పైగా ఒక వ్యక్తిచే నియంత్రించబడింది: లార్డ్ నార్త్ క్లిఫ్, అతని కాలానికి చెందిన రూపర్ట్ ముర్డోక్. ప్రజాభిప్రాయంపై అపారమైన అధికారాన్ని కలిగి ఉన్నారు. జర్మన్లు బయోనెట్ల పై శిశువులను ఈటెలు వేస్తూ, చర్చి గంటల నుండి మతాధికారులను పైకి లేపుతూ తిరిగే క్రూరమైన హున్లుగా చిత్రీకరించబడ్డారు,. యుద్ధం ప్రారంభించడానికి, కొంతకాలానికి ముందు జర్మన్ కవి ఎర్నెస్ట్ లిస్సావర్ 'ఇంగ్లాండ్‌కి వ్యతిరేకంగా హేట్ హిమ్న్' అనే పుస్తకాన్ని వ్రాశాడు, అది జాతీయగీతంతో పాటు జనాదరణ పొందింది. లక్షలాది జర్మన్ పాఠశాల పిల్లలు దీనిని హృదయపూర్వకంగా నేర్చుకోవలసి వచ్చింది. జర్మన్ వార్తాపత్రికలు ఫ్రెంచ్, ఆంగ్లేయులు దైవరహితులు అని వారు క్రిస్మస్ కూడా జరుపుకోలేదని పేర్కొన్నారు.

ఇక్కడ కూడా, స్పష్టమైన నమూనా ఉంది. యుద్ధభూమిలో దూరం ఎంత ఎక్కువగా ఉంటే, ద్వేషం అంత ఎక్కువగా ఉంటుంది. ప్రభుత్వ కార్యాలయాలు, న్యూస్ రూమ్ లు, లివింగ్ రూమ్‌లు, పబ్ లలో - శత్రువు పట్ల శత్రుత్వం విపరీతంగా ఉంది. కానీ కందకాలలో, సైనికులు పరస్పర అవగాహనను పెంపొందించుకున్నారు. ఒక బ్రిటిష్ సైనికుడు

ఇంటికి రాసిన ఉత్తరంలో ఇలా వ్రాశాడు: "మా వార్తాపత్రికల్లో వచ్చిన చాలా కథనాలు అతిశయోక్తిగా ఉంటాయని నిజంగా అనుకుంటున్నాను." చాలాకాలంపాటు, 1914 క్రిస్మస్ సంధి సంబంధం ఒక పురాణంగానే పరిగణించబడింది. ఇది భావోద్వేగ అద్భుత కథ, లేదా, అంతకంటే ఘోరమైనది: ద్రోహులు చెప్పిన అబద్ధం. సెలవుల తరువాత యుద్ధం తిరిగి ప్రారంభమైంది. లక్షలాదిమంది సైనికులు చనిపోయారు, ఆ క్రిస్మస్‌లో నిజంగా ఏమి జరిగిందో నమ్మడం మరింత కష్టంగా తయారైంది.

1981 బిబిసి డాక్యుమెంటరీ 'పీస్ ఇన్ నో మ్యాన్స్ ల్యాండ్' వరకు ఈ కథ కేవలం కొన్ని పుకార్ల కంటే ఎక్కువ అని స్పష్టమైంది. బ్రిటిష్ ఫ్రంట్‌లైన్‌లో మూడింట రెండొంతుల మంది ఆ క్రిస్మస్‌కు వ్యతిరేకంగా పోరాడటం మానేశారు. చాలా సందర్భాలు బ్రిటిష్ వారితో స్నేహాన్ని వ్యక్తం చేసిన జర్మన్లకు సంబంధించినవి. (బెల్జియం, ఫ్రెంచ్ మార్గాల్లో కూడా ఇది జరిగింది). మొత్తంమీద, లక్ష మందికి పైగా సైనికులు తమ ఆయుధాలను కింద పడేశారు.

కందకాల్లో క్రిస్మస్ జరుపుకుంటున్న జర్మన్ సైనికులు

చిత్రం సౌజన్యం: గెట్టి

నిజానికి, 1914 క్రిస్మస్ శాంతి అనేది ఒక ఏకైక కేసు కాదు. స్పానిష్ అంతర్యుద్ధం, బోయర్ యుద్ధాల సమయంలో కూడా ఇదే జరిగింది. ఇది అమెరికన్ అంతర్యుద్ధంలో, క్రిమియన్ యుద్ధంలో, నెపోలియన్ యుద్ధాలలో జరిగింది. కానీ ఫ్లాండర్స్ లో ఆ క్రిస్మస్ అంత విస్తృతంగా, ఆకస్మికంగా మరెక్కడా లేదు. సైనికుల ఉత్తరాలు చదివినప్పుడు నాకు ఒక ప్రశ్న తలెత్తుతూనే ఉంది: అప్పటికే పది లక్షల మంది ప్రాణాలను బలిగొన్న భయంకరమైన యుద్ధంలో ఇరుక్కుపోయిన వీరు తమ కందకాల నుంచి బయటకు రాగలిగితే, ఇప్పుడు, ఇక్కడ, మమ్మల్ని అదే పని చేయకుండా ఆపేది ఏమిటి?

ద్వేషపూరిత దూతలు, మాటల మారణహోమంతో మనం కూడా ఒకరిపై ఒకరు పోటీ పడుతున్నాము. డైలీ మెయిల్ వంటి వార్తాపత్రికలు ఒకప్పుడు రక్తపాతం గల హున్ల గురించి కథలు వ్యాప్తి చేశాయి, ఇప్పుడు వారు విదేశీయులను దొంగిలించడం, హంతకులు వలసదారులు, శరణార్థులపై అత్యాచారాలు చేయడం - ముఖ్యంగా - ఉద్యోగాలను దొంగిలించడం, పని విషయంలో చాలా సోమరితనం కలిగి ఉన్నారు, అదే సమయంలో వారి ఖాళీ సమయంలో సాంప్రదాయాలు, విలువలపై కఠినంగా వ్యవహరించగలుగుతున్నారు. ఈ విధంగానే మరోసారి సమాజంలో ద్వేషాన్ని నింపుతున్నారు. ఈసారి దోషులు వార్తాపత్రికలు మాత్రమే కాదు, బ్లాగులు, ట్వీట్లు, సోషల్ మీడియాలో వ్యాప్తి చెందిన అబద్ధాలు, విషపూరిత ఆన్లైన్ ట్రోల్స్. ఈ రకమైన విషానికి వ్యతిరేకంగా ఉత్తమ నిజనిర్ధారణ చేసే వ్యక్తి శక్తిహీనుడుగా కనిపిస్తాడు.

కానీ ఇది కూడా వేరే విధంగా పనిచేస్తే ఏమిటి? ప్రచారం విభేదాలను నాటడమే కాకుండా, ప్రజలను తిరిగి ఏకతాటిపైకి తీసుకురాగలిగితే ఏం చేయాలి?

3

కొలంబియా, 2006 - కార్లోస్ రోడ్రిగ్జ్, జువాన్ పాబ్లో గార్సియా ఒక ప్రముఖ గ్లోబల్ యాడ్ ఏజెన్సీ అయిన ముల్లెన్ లోవ్ లో పనిచేస్తున్నారు. చాలా రోజులు, వారు పిల్లి ఆహారం కోసం వాణిజ్య ప్రకటనలతో వస్తారు లేదా వినియోగదారులకు కొత్త బ్రాండ్ షాంపూను విక్రయించడానికి ప్రయత్నిస్తారు. కానీ ఈ నిర్దిష్ట రోజున ఏజెన్సీకి అసాధారణ అభ్యర్థన వచ్చింది. క్లయింట్ కొలంబియా రక్షణ మంత్రి. ఉద్యోగం? లాటిన్ అమెరికాలో పురాతన గెరిల్లా సైన్యం అయిన

ఎఫ్ ఏఆర్సి(FARC)కి వ్యతిరేకంగా పోరాటంలో యాడ్ ఏజెన్సీ సహాయం కోరుకుంటాడు. గెరిల్లా మార్కెటింగ్ తో గెరిల్లాలపై బాంబులు వేయాలని ప్రభుత్వం కోరుకుంటోంది.

ఈ సమయానికి కొలంబియాలో యాభై సంవత్సరాలకు పైగా జరుగుతున్న యుద్ధం సుమారు 220,000 మంది ప్రాణాలను బలిగొంది. కొలంబియా సైన్యం, మితవాద పారామిలిటరీ గ్రూపులు, ఫార్క్ వంటి గెరిల్లా ఉద్యమాలు అన్నీ అత్యంత ఘోరమైన యుద్ధ

నేరాలకు దోషులుగా ఉన్నాయి. ఒక తరం అంతా శాంతిని తెలుసుకోకుండా ఎదిగింది. క్రూరమైన బలప్రయోగంతో యుద్ధం ఎన్నటికీ గెలవదని సైన్యం గ్రహించింది.

ముల్లెన్ లోవ్ వద్ద ఉన్న ప్రకటనదారులు మంత్రి అభ్యర్థనను అంగీకరిస్తారు. వారు లక్ష్యంగా పెట్టుకున్న ప్రేక్షకులను ఇంటర్వ్యూ చేయడం ద్వారా వారు ఏదో ఒక పని చేసినట్లుగా చూపించుకుంటారు. ఒక సంవత్సరం కాలంలో, ఏజెన్సీ దాదాపు వంద మంది మాజీ ఎఫ్ ఏఆర్సి (FARC) ఫైటర్లతో మాట్లాడుతుంది. ఏ కారణం చేత తాము అడవిలోకి వచ్చాము, తమను ఎవరు, ఎందుకు ఇక్కడ ఉంచుతున్నారో వారికి తెలియకుండా పరిశోధకులు ప్రయత్నిస్తారు. ప్రతి ఇంటర్వ్యూ తరువాత జరిగేది ఇదే: వీరంతా సాధారణ పురుషులు, మహిళలు.

తిరుగుబాటుదారులకు మనందరిలాగానే అవసరాలు, కలలు, కోరికలు ఉన్నాయి. 'వాళ్లు గెరిల్లాలు కాదని, మనుషులని మనం నిజంగా అర్థం చేసుకున్న తర్వాత కమ్యూనికేషన్ పూర్తిగా మారిపోతుంది' అని కార్లోస్ వివరించాడు. నిజానికి, రెండవ ప్రపంచ యుద్ధ సమయంలో వందలాదిమంది జర్మన్ పి.ఓ.డబ్ల్యులను ఇంటర్వ్యూ చేసిన మనస్తత్వవేత్త మోరిస్ జానోవిట్జ్ లాగానే సలహాదారులు, ఖచ్చితంగా అదే నిర్ధారణకు వస్తారు (అధ్యాయం 10 చూడండి).

ఎఫ్ ఏఆర్సి భావజాలంపై దాడి చేయడానికి బదులు, వారి ప్రచారం ఇంటికి మరింత దగ్గరగా ఉండాలని కార్లోస్, జువాన్ గ్రహించారు.

ఇతర విషయాలతో పాటు, ప్రతి సంవత్సరం క్రిస్మస్ సమయంలో సైన్యంనుండి తొలగించే వారి సంఖ్య గరిష్ట స్థాయికి చేరుకుంటుందని బృందం కనుగొంది: అందరిలాగే గెరిల్లాలు కూడా సెలవుల కోసం ఇంటికి వెళ్లడానికి ఇష్టపడతారని తెలుస్తోంది. కాబట్టి కార్లోస్, జువాన్ తమ యజమానికి చెప్పే ఆలోచన చాలా సులభం: 'మనము వెర్రివాళ్ళమేమో, కానీ అడవి మధ్యలో క్రిస్మస్ చెట్టును పెడితే మీరు ఏమి చెబుతారు?' ఆపరేషన్ క్రిస్మస్ డిసెంబర్ 2010 లో ప్రారంభమవుతుంది. రాత్రి ముసుగులో, బ్లాక్ హాక్ హెలికాప్టర్లలో రెండు ప్రత్యేక దళాల బృందాలు శత్రు భూభాగంలోకి చొచ్చుకు వస్తాయి. అక్కడ, వారు తొమ్మిది వ్యూహాత్మక ప్రదేశాలలో డెబ్బై ఐదు అడుగుల చెట్లపై రెండు వేల క్రిస్మస్ దీపాలను వేస్తారు. ఈ 'క్రిస్మస్ చెట్లకు' వారు మోషన్ డిటెక్టర్లు, బ్యానర్లను జతచేస్తారు, ఎవరైనా నడిచినప్పుడల్లా ఇవి వెలుగుతాయి.

'క్రిస్మస్అడవిలోకిరాగలిగితే,మీరుఇంటికిరావచ్చు.సైన్యంనుండితొలగించబడుతారు. క్రిస్మస్ రోజున, ప్రతిదీ సాధ్యమే. ఈ ఆపరేషన్ అద్భుతమైన విజయం సాధించింది. ఒక్క నెలలోనే 331 మంది గెరిల్లా తిరుగుబాటుదారులు పోరాటాన్ని విరమించుకున్నారు. క్రిస్మస్ చెట్లు అలా చేశాయని చాలా మంది అంటున్నారు. ఒక తిరుగుబాటుదారుడు ఇలా అన్నాడు, 'మా కమాండర్ కు కోపం రాలేదు, మేము చూసిన ఇతర ప్రచారాలకు ఇది భిన్నమైనది... అతని మనస్సుకు తాకింది." మరోవైపు, ముల్లెన్ లోవ్ పద్ద ఉన్న బృందం మాజీ తిరుగుబాటుదారులను ఇంటర్వ్యూ చేస్తూనే ఉంది. తిరుగుబాటుదారులందరికీ క్రిస్మస్ చెట్ల గురించి తెలిసినప్పటికీ, చాలా మంది వాటిని చూడలేదు కాబట్టి వారు ఈ విధంగా

తెలుసుకుంటారు. ఎందుకంటే ఎఫ్ఎఆర్సి అడవి రహదారి – నది ద్వారా ప్రయాణిస్తుంది. అది ప్రకటనదారుడి తదుపరి ఆలోచనకు ప్రేరణనిస్తుంది

ఆపరేషన్ రివర్స్ ఆఫ్ లైట్ డిసెంబర్ 2011 లో ప్రారంభించబడింది. నదుల సమీపంలో నివసిస్తున్న, ఎఫ్ఎఆర్సి నియామకాలకు ప్రధాన వనరుగా ఉన్న కొలంబియన్లు తిరుగుబాటు సైన్యంలో చేరిన తమ సోదరులు, సోదరీమణులు, కుమారులు, కుమార్తెలు, స్నేహితులకు లేఖలు రాయమని కోరుతారు. వారి సందేశం: ఇంటికి రండి, మేం మీ కోసం వేచి ఉన్నాం. ఈ ఉత్తరాలు, చిన్న బహుమతులను 6,823 ఫ్లోటింగ్ బంతులు – పారదర్శక క్రిస్మస్ ఆభరణాలు – లోపల దాచి ఉంచుతారు – తరువాత వాటిని నదులలో పడవేస్తారు. రాత్రి పూట, బంతుల లోపల ఉన్న చిన్న లైట్లు శత్రు భూభాగంలోకి దూసుకొస్తున్న నక్షత్రాల వెలుగులా నదిని మెరిసేలా చేస్తాయి. ఫలితం? ఎఫ్ఎఆర్సి బాంబు తయారీదారుడితో సహా మరో 180 మంది తిరుగుబాటుదారులు తమ ఆయుధాలను కిందపడేశారు.

ఇది కొనసాగుతుంది. ఆ తర్వాత సంవత్సరం ఆపరేషన్ బెత్లెహేమ్ను తీసుకువస్తుంది. వారి ఇంటర్వ్యూల సమయంలో, గెరిల్లాలు తరచుగా అడవిలో దిక్కుతోచని స్థితిలో ఉన్నారని కార్లోస్, జువాన్ తెలుసుకుంటారు. వారు ఇంటికి వెళ్ళాలనుకున్నప్పటికీ, వారు ఎప్పటికీ వారి మార్గాన్ని కనుగొనలేరు. కాబట్టి మార్కెటింగ్ ఏజెన్సీ సైనిక హెలికాప్టర్ల నుండి వేలాది చిన్న లైట్లను జారవిడుస్తుంది. వారు భూమిపై పెద్ద లైట్లను కూడా ఏర్పాటు చేశారు, వాటి కిరణాలు ఆకాశాన్ని తాకేలా ఉంటాయి.వాటి వెలుగులో చుట్టూ కొన్ని మైళ్ళ దూరం వరకు చూడవచ్చు. అడవి నుండి బయటకు రావడానికి ప్రయత్నిస్తున్న తిరుగుబాటుదారులు, నక్షత్రాన్ని అనుసరించిన గొర్రెల కాపరులలానే బెత్లెహేముకు వెళ్లాల్సి ఉంటుంది.

అప్పుడు జట్టు పెద్ద తుపాకులను బయటకు తీసుకురావాలని నిర్ణయించుకుంటుంది. అడవిలో గెరిల్లాలు మిస్ అవుతున్న విషయం ఏదైనా ఉందంటే, అది వారి తల్లులని ముల్లెన్ లోవ్ లోని కుర్రాళ్ళు కనుగొంటారు. కొలంబియన్ సీక్రెట్ సర్వీస్ నుండి వారు ఎఫ్ఎఆర్సి లో పిల్లలను కలిగి ఉన్న మహిళల జాబితాను పొందుతారు. కొంతమంది ఇరవై సంవత్సరాలకు పైగా తమ పిల్లలను చూడలేదు. కార్లోస్, జువాన్ తిరుగుబాటుదారుల పాత బాల్య స్నాప్ షాట్ల కోసం వారిని అడుగుతారు, బృందం ఈ చిత్రాలను (గెరిల్లాలు మాత్రమే గుర్తిస్తారు) ఎఫ్ఎఆర్సి పోరాడుతున్న అడవిలోని కొన్ని ప్రాంతాలలో ఉంచుతుంది. ఈ ఫోటోలన్నింటికీ ఒక సాధారణ శీర్షిక ఉంది: 'మీరు గెరిల్లా కాకముందు, మీరు నా బిడ్డ.'

తల్లిదండ్రులను మిస్ అయిన 218 మంది కుమారులు, కుమార్తెలను తమ తల్లిదండ్రుల ఇంటికి తిరిగి వెళ్ళమని ఒప్పిస్తారు. ఇది మరొక హిట్. ఒకసారి కలుసుకున్న తర్వాత, వారికి క్షమాభిక్ష ఇవ్వబడుతుంది. వారిని ఏదైనా వ్యాపారం నేర్చుకోవడానికి, ఉద్యోగం పొందడానికి సహాయపడటానికి తిరిగి సమైక్యతా కార్యక్రమాలకు పంపిస్తారు. మొత్తం ప్రచారం వెనుక రహస్యం ఏమిటి? తిరుగుబాటుదారులను రాక్షసులుగా చూడరు, కానీ సాధారణ వ్యక్తులుగా చూస్తారు. 'మనము నేరస్థుడి కోసం వెతకడం లేదు, కానీ అడవిలో తప్పిపోయిన పిల్లవాడి కోసం' అని జువాన్ వివరించాడు.

■

ఈ ఉదారత అంతా ఎక్కడ నుండి వచ్చింది? తిరుగుబాటుదారులకు క్షమాభిక్ష, శిక్షణ, ఉద్యోగాలు ఎందుకు ఇవ్వబడ్డాయి? కొలంబియా ప్రజలు గతాన్ని దాని కోసం విడిచిపెట్టడానికి తమలో తాము ఎలా నిర్ణయించుకున్నారు? నేను ఈ ప్రశ్నలను జోస్ మిగ్యుల్ సోకోలోఫ్, జువాన్, కార్లోస్ యజమాని ముల్లెన్ లోవ్‌కు వేసినప్పుడు, అతను నవ్వాడు. 'తిరుగుబాటుదారులకు రెండవ అవకాశం ఇవ్వడానికి సిద్ధంగా ఉన్న వారి సంఖ్యను మా ప్రచారం కొద్దిగా అతిశయోక్తి చేసి ఉండవచ్చునని అనుకుంటున్నాను."

వారికి ఎక్కువ నిర్ణయాలు తీసుకునే స్వేచ్ఛ ఉందని కాదు. 1914లో ఐరోపా ఎదుర్కొన్న అదే వైరుధ్యానికి వ్యతిరేకంగా ఏజెన్సీ వచ్చింది. మీరు యుద్ధరంగంలో ఎంత ఎక్కువ దెబ్బతిని ఉంటే, ద్వేషం అంత బలంగా ఉంటుంది. 'యుద్ధంవల్ల ఎన్నడూ ప్రభావితంకాని ప్రజలు అతి ఘోరమైన తీవ్రవాదులుగా ఉండేవాళ్లు' అని జోస్ ధృవీకరిస్తున్నాడు. కానీ వాస్తవానికి స్వయంగా కనిపించకుండా పోయినవారు లేదా ప్రియమైనవారిని కోల్పోయిన వారు, గతాన్ని విస్మరించాలని కోరుకున్నారు. యాడ్ టీమ్ ఆ కథలను సున్నా చేయాలని నిర్ణయించింది. కొలంబియా మొత్తం తిరిగి వచ్చిన తిరుగుబాటుదారులను బహిరంగంగా స్వాగతిస్తున్నట్లు నటించాలని వారు నిర్ణయించుకున్నారు, స్వీయ నెరవేర్పు ప్రవచనాన్ని రేకెత్తించాలని వారు నిర్ణయించుకున్నారు. అది పనిచేసింది. 2010 నుండి వేలాది మంది గెరిల్లాలు స్వదేశానికి వచ్చారు, కేవలం కొన్ని సంవత్సరాలలో 20,000 మంది సభ్యుల నుండి సగం కంటే తక్కువకు ఎఫ్ఎఆర్సి ర్యాంకులను తగ్గించారు.

వాస్తవానికి, ఈ నిష్క్రమణ జోస్, అతని బృందం చేపట్టిన కార్యకలాపాల వల్ల కాదు, కానీ కొలంబియన్ రక్షణ మంత్రిత్వ శాఖలో శాంతి ప్రచారం కీలక పాత్ర పోషించిందని వారు నమ్ముతారు. బాంబులు, గ్రెనేడ్ల కంటే క్రిస్మస్ లైట్లు చాలా చౌకగా ఉన్నందున ఆర్థిక మంత్రిత్వ శాఖ ఫలితంతో సమానంగా సంతోషిస్తుందనడంలో సందేహం లేదు.

ముల్లెన్ లోవ్ ప్రచారం 2011 లో ప్రారంభమైన కొలంబియన్ శాంతి ప్రక్రియకు కీలక ప్రేరణను అందించింది. కొన్ని సంవత్సరాల తర్వాత ముల్లెన్లోవ్తో సంబంధం పెట్టుకున్న రక్షణ మంత్రి జువాన్ మాన్యువల్ సాంటోస్ నోబెల్ శాంతి బహుమతిని అందుకున్నాడు. అర్ధశతాబ్దానికి పైగా పోరాటం తరువాత, సంఘర్షణ ముగింపుకు వచ్చింది. మరుసటి సంవత్సరం, ఎఫ్ఎఆర్సి వేలాది ఆయుధాలను అప్పగించింది. మిగిలిన చివరి పోరాట యోధులు అడవి నుండి బయటకు వెళ్ళారు. 'ఈ రోజు ఒక ప్రత్యేకమైన రోజు, అధ్యక్షుడు శాంటోస్ ప్రకటించాడు. 'మాటల కోసం ఆయుధాలు మార్పిడి చేసుకునే రోజు.'

4

కొలంబియా అకస్మాత్తుగా ఒక రకమైన శాంతి రాజ్యంగా మారిందని దీని అర్థం కాదు. ఇతర తిరుగుబాటు సమూహాలు ఇప్పటికీ అడవిని ఆక్రమిస్తున్నాయి, ఎందుకంటే వామపక్ష ఎఫ్ఎఆర్సి నిర్మూలన ఇప్పుడు తీవ్ర-మితవాద పారామిలిటరీలకు, మాదకద్రవ్యాల అక్రమ

రవాణాదారులకు అవకాశం కల్పించింది. అర్ధశతాబ్ది రక్తపాతం నుండి మచ్చలు ఎప్పటికీ పూర్తిగా మసకబారవు. అయినప్పటికీ, ఈ కథ ఆశతో కూడుకున్నది. వందేళ్ల క్రితం చూసిన అదే విధమైన దయను కొలంబియన్ యాడ్ టీమ్ చూసింది. 1914లో క్రిస్మస్ రోజున శాంతి ఒక అంటువ్యాధిలా వ్యాపించినప్పుడు, కొద్దిమంది సైనికులు రోగనిరోధక శక్తిని కలిగి ఉన్నారు. అరుదైన మినహాయింపులలో ఒకటి 16 వ బవేరియన్ రిజర్వ్ ఇన్ఫాంట్రీ రెజిమెంట్లో 25 సంవత్సరాల కఠినమైన మెడ కలిగిన కార్పోరల్, అతను 'యుద్ధ సమయంలో ఇలాంటివి జరగకూడదు' అని ప్రకటించాడు. అతని పేరే అడాల్ఫ్ హిట్లర్.

చాలా మంది ఇతర సైనికులు కందకాలలో సంధిని తమ జీవితాలలో హైలైట్ గా గుర్తు చేసుకున్నారు. యుద్ధానికి అత్యంత సన్నిహితులైన పురుషులే మళ్లీమళ్లీ ముందుకొచ్చారు. అక్కడి నుండి స్నేహ స్ఫూర్తి శ్రేణులలో పెరిగింది, అది కెప్టెన్లు, మేజర్లు, కల్నల్లకు కూడా సోకింది. శాంతికి విఘాతం కలగకుండా ఉండేందుకు సైన్యాధిపతులు తమని తాము లోపలికి తిప్పుకోవడంతో అగ్రస్థాయి నాయకులు మాత్రమే ప్రతిఘటించారు. డిసెంబరు 29 న జర్మన్ ఆర్మీ కమాండ్ ఒక ఉత్తర్వు జారీ చేసింది, ఇది శత్రువుతో సాహచర్యాన్ని ఖచ్చితంగా నిషేధించింది. ఒక బ్రిటిష్ ఫీల్డ్ మార్షల్ కూడా ఇదే విషయాన్ని గొంతెత్తి అరిచి చెప్పాడు, అతను స్నేహానికి సంబంధించిన అన్ని హావభావాలను ఆపాలని డిమాండ్ చేశాడు. ఎవరైనా అవిధేయత చూపిస్తే న్యాయస్థానంలో శిక్షించబడుతారు.

తరువాత సంవత్సరాల్లో, సైనిక నాయకులు బాగా సిద్ధంగా ఉన్నారు. 1915 క్రిస్మస్ సందర్భంగా, యులేటైడ్ సెంటిమెంట్ స్పార్క్‌ను తిప్పికొట్టడానికి బ్రిటిష్ హై కమాండ్ వ్యూహాత్మక స్థావరాలపై పగలు, రాత్రి బాంబులు వేసింది. రాయల్ వెల్చ్ ఫ్యుసిలియర్స్ లెఫ్టినెంట్ వైన్ గ్రిఫిత్ తమకు 'కఠినమైన ఆదేశాలు వచ్చాయనీ [...] మనం ద్వేషభావాన్ని కలిగి ఉండి, ఏ పురోగతికైనా నాయకత్వంతో సమాధానం చెప్పాలి." అని అన్నారు. అయితే, సైనికుల్లో చాలామంది అలా చేసివుంటే, 1914 క్రిస్మస్ తర్వాత యుద్ధం ముగిసివుండేది. 'మమ్మల్ని మనకే వదిలేస్తే, మరో షాట్ ఉండేది కాదు' అని ఒక బ్రిటిష్ మేజర్ ప్రకటించాడు.

వేలాది మంది సైనికులు శాంతిని కాపాడటానికి తమ వంతు కృషి చేశారు. ఉత్తరాలు రహస్యంగా పంపబడ్డాయి. 'రేపు జాగ్రత్తగా ఉండండి' అని ఒక ఫ్రెంచ్ యూనిట్ జర్మన్ కు రాసింది. 'ఒక సేనాధిపతి మన స్థానాన్ని సందర్శించడానికి వస్తున్నాడు... మనం కాల్పులు జరపాలి.' ఒక బ్రిటిష్ బెటాలియన్ కు జర్మన్ల నుండి ఇలాంటి సందేశం వచ్చింది: 'మేము మీ సహచరులుగా ఉంటాము. ఒకవేళ మనం కాల్పులు జరపవలసి వస్తే, మనం చాలా ఎత్తుకు చేరుకుంటాం."

ఫ్రంట్ వెంబడి కొన్ని పాయింట్ల వద్ద సైనికులు కాల్పుల విరమణను వారాల పాటు పొడిగించగలిగారు. ఎన్ని అణచివేత చర్యలు తీసుకున్నప్పటికీ, విరమణలు కొనసాగాయి. 1917 లో సగం ఫ్రెంచ్ విభాగాల మధ్య తిరుగుబాటు జరిగినప్పుడు, జర్మన్లు ఏమీ తప్పు చేయలేదని కూడా గ్రహించలేదు. ఫ్రెంచ్ సైనికులు కాల్పులు జరపకూడదని వారి దీర్ఘకాలిక మౌన ఒప్పందానికి కట్టుబడి ఉన్నారని వారు భావించారు. యుద్ధమంతటా ఏ క్షణంలోనైనా శాంతి చెలరేగే ప్రమాదం ఉంది. సైనిక చరిత్రకారుడు టోనీ ఆష్వర్త్ 1914 క్రిస్మస్‌ను

'మొత్తం మంచుకొండ అకస్మాత్తుగా ఆవిర్భవించడం' గా అభివర్ణించాడు. ఎందుకంటే యుద్ధకాలంలో కూడా ఏ క్షణంలోనైనా పైకి లేవడానికి శాంతి పర్వతం సిద్ధంగా ఉంటుంది.

ఆ పర్వతాన్ని ఉపరితలం నుండి వెనక్కి నెట్టడానికి, జనరల్స్, రాజకీయ నాయకులు, యుద్ధం కోరుకుంటున్నవారు,నకిలీ వార్తల నుండి పూర్తి బలం వరకు తమ వద్ద ఉన్న ప్రతి మార్గాన్ని ఉపయోగించుకోవాలి. మానవులు కేవలం యుద్ధం కోసమే ఉన్నవారుకాదు. మనమందరం గుర్తుంచుకోవలసిన విషయం ఏమిటంటే – నాతో సహా – ఆ ఇతర వ్యక్తులు మనలాంటివారు. టీవీలో ఆగ్రహించిన ఓటరు, గణాంకాలలో శరణార్థి, ముగ్షాట్ లోని నేరస్థుడు: వారిలో ప్రతి ఒక్కరూ రక్తమాంసాలు కలిగిన మనుష్యులే, వేరే జీవితంలో మన స్నేహితుడు, మన కుటుంబం, మన ప్రియమైనవారు కావచ్చు. మనలాగే, ఒక బ్రిటిష్ సైనికుడు గ్రహించినట్లు, 'వారికి ఇంట్లో ప్రేమించే వ్యక్తులు ఉన్నారు'.

మన స్వంత కందకాల్లోకి వెళ్లినప్పుడు, మనం వాస్తవాన్ని కోల్పోతాము. ఒక చిన్న, ద్వేషాన్ని రెచ్చగొట్టే మైనారిటీ మొత్తం మానవాళిని ప్రతిబింబిస్తుంది అని ఆలోచించడానికి మనం ఆకర్షించబడ్డాం. ట్విట్టర్,ఫేస్ బుక్ లో దాదాపు అన్ని విద్రోహాలకు బాధ్యత వహించే కొన్ని అనామక ఇంటర్నెట్ ట్రోల్స్ వంటివి. అంతేకాక, అత్యంత కాస్టిక్ కీబోర్డు పోరాట యోధుడు కూడా ఇతర సమయాల్లో ఆలోచనాత్మక స్నేహితుడు లేదా ప్రేమపూర్వకమైన సంరక్షకుడు కావచ్చు. దయగా ఉండటానికి ప్రజలు కష్టపడతారని నమ్మడం భావోద్వేగం లేదా అమాయకత్వం కాదు. దీనికి విరుద్ధంగా, శాంతి, క్షమాపణను నమ్మడం ధైర్యం వాస్తవికమైనది.

జోస్ మిగ్యుల్ సోకోలోఫ్ ప్రకటన ఏజెన్సీ క్రిస్మస్ సందేశాన్ని వ్యాప్తి చేయడానికి సహాయం చేసిన కొలంబియన్ సైనిక యూనిట్లలో ఒక అధికారి గురించి చెప్పాడు. కొన్ని నెలల తరువాత, ఆ అధికారి సైనిక చర్యలో చంపబడ్డాడు. జోస్ ఇప్పటికీ తన స్నేహితుడి నుండి నేర్చుకున్నదాన్ని జ్ఞాపకం చేసుకుంటూ భావోద్వేగానికి గురవుతాడు. 'నేను దీన్ని చేయాలనుకుంటున్నాను, ఎందుకంటే ఉదారత నన్ను మరింత బలపరుస్తుంది. అది నా మనుషులకు కూడా బలాన్ని చేకూరుస్తుంది." అది చాలా పురాతనమైన సత్యం. ఎందుకంటే, జీవితంలోని అన్ని ఉత్తమ విషయాల మాదిరిగానే, మీరు ఎంత ఎక్కువ ఇస్తే, మీకు అంత ఎక్కువ లభిస్తుంది. ఇది నమ్మకం, స్నేహం విషయంలో నిజం, ఇది శాంతి విషయంలో మరింత నిజం.

ఉపసంహారం

జీవించడానికి పది నియమాలు

‘ఒక పురుషుడు ఒక స్త్రీని అపహరించి, ఆమెను రేడియేటర్ కి గొలుసుతో కట్టి ఐదేళ్ల పాటు బంధించడం గురించి మీరు సినిమా తీస్తే – బహుశా చరిత్రలో ఒకసారి జరిగింది – దాన్ని సమాజం వాస్తవిక విశ్లేషణ అంటారు. నేను ‘లవ్ ఆక్చువల్లీ’ వంటి ఒక చిత్రం తీస్తే, ఇది ప్రేమలో పడే వ్యక్తుల గురించి, ఈ రోజు బ్రిటన్ లో సుమారు పదిలక్షల మంది ప్రేమలో పడటం గురించి ఉంటే, అది అవాస్తవిక ప్రపంచ భావోద్వేగ ప్రదర్శనగా పిలువబడుతుంది.

– రిచర్డ్ కర్టిస్

డెల్ఫీలోని అపోలో ఆలయ ముందు భాగంలో రెండు పదాలు చెక్కబడి ఉన్నాయని పురాణాలు చెబుతున్నాయి. ఈ ఆలయం ఒక ప్రధాన పుణ్యక్షేత్రం, దైవిక సలహాను వెతుక్కుంటూ పురాతన గ్రీస్ నలుమూలల నుండి సందర్శకులు ఇక్కడకు వచ్చారు. వారు ప్రవేశించిన తరువాత, చదివినది: 'గ్నోతి సీటన్' అంటే మిమ్మల్ని మీరు తెలుసుకోండి. మనస్తత్వశాస్త్రం, జీవశాస్త్రం, పురావస్తు శాస్త్రం, మానవ శాస్త్రం, సామాజిక శాస్త్రం, చరిత్ర ఇటీవల ఆధారాలను పరిశీలిస్తే, మానవులు సహస్రాబ్దాలుగా లోపభూయిష్ట స్వయం కల్పితం ద్వారా మార్గనిర్దేశనం చేయబడ్డారని మాత్రమే మనం నిర్ధారించవచ్చు.

యుగాలుగా, ప్రజలు స్వార్థపరులని, మనం మృగాలమని లేదా చెడ్డవాళ్లమని మనం భావించాం. యుగాలుగా, నాగరికత అనేది ఒక బలహీనమైన వెనీర్ అని మనం నమ్ముతున్నాం. మానవజాతిని గూర్చిన ఈ దృక్పథం కేవలం రెచ్చగొట్టేది. మన చరిత్రపై ఈ దృక్పథం పూర్తిగా అవాస్తవికమని ఇప్పుడు మనకు తెలుసు. ఈ పుస్తకం చివరి అధ్యాయాల్లో మానవ స్వభావంపై మన దృక్పథాన్ని పునఃసమీక్షిస్తే తెలుసుకోవడానికి ఆసక్తిగా వేచి ఉన్న కొత్త ప్రపంచాన్ని ప్రదర్శించడానికి ప్రయత్నించాను. బహుశా ఉపరితలాన్ని మాత్రమే తొలగించగలిగాను. అన్నింటికంటే, చాలా మంది ప్రజలు మర్యాదగా దయతో ఉన్నారని మనం విశ్వసిస్తే, ప్రతిదీ మారుతుంది.

మన పాఠశాలలు, జైళ్లు, మన వ్యాపారాలు, ప్రజాస్వామ్యాలను ఎలా నిర్వహించాలో మనం పూర్తిగా పునరాలోచించవచ్చు. మనం మన స్వంత జీవితాలను ఎలా గడుపుతాం. ఈ సందర్భంగా స్వయం సహాయక శైలికి నేనుఅభిమానిని కాదని ఎత్తి చూపాలి. మీరు నన్ను అడిగితే, మనం చాలా ఆత్మపరిశీలన, చాలా తక్కువ అంచనా ఉన్న యుగంలో జీవిస్తున్నాం. మంచి ప్రపంచం నా ఒక్కడితో కాదు, మనందరితో ప్రారంభమవుతుంది. మన ప్రధాన పని వేర్వేరు సంస్థలను నిర్మించడం. కెరీర్ నిచ్చెన ఎక్కడానికి లేదా సంపదకు మీ మార్గాన్ని దృశ్యమానం చేయడానికి మరో వంద చిట్కాలు మనల్ని ఎక్కడికీ తీసుకెళ్లవు.

కానీ ఈ పుస్తకం రాయడం జీవితంపై నా స్వంత దృక్పథాన్ని మార్చిందా అని ఒక స్నేహితుడు అడిగాడు, సమాధానం అవును అని గ్రహించాను. మానవ స్వభావపు వాస్తవిక దృక్పథం మీరు ఇతర వ్యక్తులతో ఎలా కలుపుగోరుతనంగా ఉంటారనే దానిపై చాలా చిక్కులను కలిగి ఉంటుంది. కాబట్టి దాని విలువ కోసం, గత కొన్ని సంవత్సరాలుగా నేను నేర్చుకున్న దాని ఆధారంగా జీవించడానికి పది నియమాలు ఇక్కడ ఉన్నాయి.

1: సందేహంగా ఉన్నప్పుడు, ఉత్తమమైనదాన్ని ఊహించండి

నా విషయంలో నా మొదటి ఆజ్ఞ కూడా కఠినమైనది. మానవులు అనుసంధానం కావడానికి పరిణామం చెందారని మూడవ అధ్యాయం లో మనం చూశాం, కాని కమ్యూనికేషన్ గమ్మత్తైనది. మీరు తప్పు మార్గంలో ఏదైనా చెబుతారు, లేదా ఎవరైనా మిమ్మల్ని తమాషాగా చూస్తారు, లేదా అసహ్యకరమైన వ్యాఖ్యలు చేయబడతాయి. ప్రతి సంబంధంలో, సంవత్సరాల వైవాహిక జీవితం గడిపినప్పటికీ, అవతలి వ్యక్తి మన గురించి ఏమనుకుంటున్నాడో మనకు తరచుగా తెలియదు. కాబట్టి మనము ఊహిస్తాం. నిజమా కాదా అనే దానితో సంబంధం లేకుండా ఒక సహోద్యోగి నన్ను ఇష్టపడటం లేదని నేను అనుమానిస్తాను., మా సంబంధానికి సహాయపడని మార్గాల్లో నా ప్రవర్తన ఖచ్చితంగా మారుతుంది.

ఒకటవ అధ్యాయం లో మనం వ్యక్తులు ప్రతికూల పక్షపాతాన్ని కలిగి ఉన్నారని చూశాం. ఒక అసహ్యకరమైన వ్యాఖ్య పది అభినందనల కంటే లోతైన ముద్ర వేస్తుంది (చెడు బలంగా అనిపించవచ్చు, కానీ ఇది మంచి కంటే ఎక్కువ.). సందేహం ఉన్నప్పుడు, మనం చెడుగా భావించడానికి మొగ్గు చూపుతాం. ఈలోగా అసమాన ఫీడ్ బ్యాక్ అని పిలువబడే వాటికి మనం బలి అవుతాం. ప్రాథమికంగా, ఒకరిపై మనకు విశ్వాసం పోయివుంటే, సత్యం త్వరలోనే బయటపడుతుందని దీని అర్థం. మీ ప్రాణ స్నేహితుడు మీ జీవిత పొదుపుతో దేశం నుండి పారిపోయినట్లు మీరు కనుగొంటారు, లేదా ఆ ఫిక్సర్-అప్పర్ పై ఒప్పందం నిజంగా చాలా మంచిది, లేదా అబ్ కింగ్ ప్రోను ఉపయోగించిన ఆరు వారాల తర్వాత కూడా మీకు టీవీలో వాగ్దానం చేసిన సిక్స్ ప్యాక్ రాలేదు. అతిగా విశ్వసించినట్లయితే, చివరికి మీరు తెలుసుకుంటారు.

మీరు ఎవరినైనా నమ్మకూడదని నిర్ణయించుకుంటే మాత్రం మీ నిర్ణయం సరైనదా కాదా అని మీకు ఎప్పటికీ తెలియదు. ఎందుకంటే మీకు ఎలాంటి ఫీడ్ బ్యాక్ లభించదు. ఒక బంగారు రంగు డచ్ వ్యక్తి చేతిలో మీరు మోసపోయారని అనుకోండి, హాలండ్ నుండి వచ్చిన బంగారు రంగు వ్యక్తులను నమ్మకూడదని మీరు నిర్ణయించుకుంటే మీ మిగిలిన జీవితమంతా, మీరు బంగారు డచ్చిలందరినీ అనుమానిస్తారు, వారిలో చాలా మంది చాలా మంచివారు అనే సాధారణ సత్యాన్ని మీరు ఎప్పటికీ తెలుసుకోలేరు. కాబట్టి మరొక వ్యక్తి ఉద్దేశాల గురించి సందేహం ఉన్నప్పుడు, మీరు ఏం చేయాలి?

ఉత్తమమైనదాన్ని ఊహించడం చాలా వాస్తవికమైనది – వారికి సందేహ ప్రయోజనాన్ని కలిగించడం. సాధారణంగా ఇది సమర్థించబడుతుంది, ఎందుకంటే చాలా మంది ప్రజలు మంచివారని దీని అర్థం. అరుదైన సందర్భంలో ఎవరైనా మిమ్మల్ని మరో వ్యక్తి చేత ప్రభావితం చేయించడానికి ప్రయత్నిస్తే, మీరు స్పందించే తీరు పరిపూరకరమైన ప్రభావాన్ని కలిగి ఉంటుంది. 2 (జూలియో డియాజ్ గురించి ఒకసారి ఆలోచించండి, అతను తనను దోచుకున్న వ్యక్తిని డిన్నర్ కు తీసుకెళ్లాడు.) కానీ మీరు ఇంకా మోసపోతే ఏమిటి? మనస్తత్వవేత్త మరియా కొన్నికోవా ప్రొఫెషనల్ కాన్ కళాకారులపై తన మనోహరమైన పుస్తకంలో దీని గురించి మాట్లాడుతుంది. ఎల్లప్పుడూ జాగ్రత్తగా ఉండడమే ఆమె ముఖ్య చిట్కా అని మీరు ఆశించవచ్చు. కానీ కాదు. వంచన, మోసాలపై ప్రముఖ నిపుణుడైన

కొన్నికోవా చాలా భిన్నమైన నిర్ణయానికి వస్తారు. మీరు అప్పుడప్పుడు మోసపోతారనే వాస్తవాన్ని అంగీకరించడం లెక్కించడం చాలా మంచిది అని ఆమె చెప్పింది.

ఇతరులను విశ్వసించే జీవితకాల లగ్జరీ కోసం చెల్లించాల్సిన చిన్న మూల్యం అది. మనలో విశ్వాసం పోయిందని తెలినప్పుడు మనలో చాలామంది సిగ్గుపడతారు. కానీ, మీరు వాస్తవికవాది అయితే, మీరు కొంచెం గర్వపడాలి. నిజానికి, నేను ఇంకా ఎక్కువ దూరం వెళ్తాను. మీరు ఎప్పుడూ మోసపోకపోతే, మీ ప్రాథమిక వైఖరి తగినంత నమ్మదగినదా అని మీరు అడగాలి.

2: విజయం సాధించిన సందర్భాల గురించి ఆలోచించండి

థామస్ హాబ్స్ ఒకరోజు తన స్నేహితుడితో కలిసి లండన్ చుట్టూ తిరుగుతున్నప్పుడు అతను అకస్మాత్తుగా ఒక బిచ్చగాడికి కొంత డబ్బు ఇవ్వడానికి ఆపాడు. అతని స్నేహితుడు ఆశ్చర్యపోయాడు. స్వార్థపరులుగా ఉండటం మన స్వభావం అని హాబ్స్ స్వయంగా చెప్పలేదా? తత్వవేత్తకు సమస్య కనిపించలేదు. బిచ్చగాడి బాధను చూడటం హాబ్స్ కు అసౌకర్యాన్ని కలిగించింది, కాబట్టి ఆ వ్యక్తికి కొన్ని నాణేలు ఇవ్వడం మంచిది అనిపించింది. అంటే అతని చర్య స్వప్రయోజనాలచే ప్రేరేపించ బడింది.

గత రెండు శతాబ్దాలుగా, తత్త్వవేత్తలు, మనస్తత్వవేత్తలు స్వచ్ఛమైన నిస్వార్థత అనే విషయం ఉందా అనే ప్రశ్నపై తమ మెదడును ఉక్కిరిబిక్కిరి చేశారు. కానీ నిజాయితీగా చెప్పాలంటే, ఆ మొత్తం చర్చ నాకు ఆసక్తి కలిగించదు. ఎందుకంటే మీరు దయగల పని చేసిన ప్రతిసారీ మీకు అనారోగ్య భావన కలిగిన ప్రపంచంలో నివసించడాన్ని ఊహించండి. అది ఎలాంటి నరకం అవుతుంది? అద్భుతమైన వాస్తవం ఏమిటంటే, మంచి చేయడం కూడా మంచి అనుభూతిని కలిగించే ప్రపంచంలో మనం నివసిస్తున్నాము. మనము ఆహారాన్ని ఇష్టపడతాం ఎందుకంటే ఆహారం లేకపోతే మనంఆకలితో ఉంటాం. మనం శృంగారాన్ని ఇష్టపడతాం ఎందుకంటే సెక్స్ లేకపోతే మనం అంతరించిపోతాం. మనం సహాయం చేయడానికి ఇష్టపడతాం ఎందుకంటే ఒకరినొకరు లేకుండా మనం మనుగడ సాగించలేం. మంచి చేయడం సాధారణంగా మంచిగా అనిపిస్తుంది ఎందుకంటే అది మంచిది.

దురదృష్టవశాత్తు, చెప్పలేని కంపెనీలు, పాఠశాలలు, ఇతర సంస్థలు ఇప్పటికీ ఒక పురాణ గాథ చుట్టూ తిరుగుతున్నాయి: ఒకదానితో ఒకటి పోటీలో ఉండటం మన స్వభావం. 'థింక్ బిగ్ అండ్ కిక్ యాస్' అనే పుస్తకంలో డోనాల్డ్ ట్రంప్ 'మీరు చాలా పెద్ద మొత్తంలో గెలుస్తారు – అవతలి వైపు కాదు' అని సలహా ఇచ్చారు. 'మీరు ప్రత్యర్థిని అణచివేసి, మీ కోసం మంచిదానితో బయటకు రండి.' నిజానికి, ఇది ఖచ్చితంగా వేరే విధంగా పనిచేస్తుంది. ప్రతి ఒక్కరూ గెలిచిన ఒప్పందాలే ఉత్తమ ఒప్పందాలు. నార్వేలో ఆ జైళ్లు? అవి మంచివి, మరింత మానవత్వం, తక్కువ ఖర్చుతో కూడుకున్నవి. హాలండ్ లో జోస్ డి బ్లాక్ హోమ్ కేర్ ఆర్గనైజేషన్? ఇది తక్కువ ఖర్చుతో అధిక నాణ్యతను అందిస్తుంది, ఉద్యోగులకు ఎక్కువ జీతం ఇస్తుంది. సిబ్బంది, రోగులు ఇద్దరినీ మరింత సంతృప్తిపరుస్తుంది. ప్రతి ఒక్కరూ గెలిచే సందర్భాలు ఇవి.

అదే విధంగా, ఇతరులను క్షమించడం మన స్వప్రయోజనాల కోసం పనిచేస్తుందని క్షమించడం గురించిన సాహిత్యం నొక్కి చెబుతోంది. అది కేవలం ఒక బహుమానం మాత్రమే కాదు, మంచి విషయం, ఎందుకంటే క్షమించడమంటే శత్రుత్వం, కక్షలతో మీ శక్తిని వృథా చేసుకోవడం మానేయడమే. సమర్థవంతంగా, మీరు జీవించడానికి మిమ్మల్ని మీరు విముక్తం చేసుకుంటారు. 'క్షమించడమంటే ఖైదీని విడిపించడం, ఆ ఖైదీ మీరే అని కనుక్కోవడమే' అని వేదాంతవేత్త లూయిస్ బి. స్మెడెస్ వ్రాశాడు.

3: మరిన్ని ప్రశ్నలు అడగండి

ప్రపంచ చరిత్రలోని ప్రతి తత్వశాస్త్రంలో స్వర్ణ నియమం ఒక రూపం: 'ఇతరులు మీకు చేయని విధంగా వారికి చేయకండి.' రెండున్నర వేల సంవత్సరాల క్రితం చైనా ఆలోచనాపరుడు కన్ఫ్యూసియస్ ఈ జ్ఞానాన్ని విశదీకరించాడు.

ఇది గ్రీకు చరిత్రకారుడు హెరోడోటస్, ప్లేటో తత్వశాస్త్రంతో తిరిగి వస్తుంది, కొన్ని శతాబ్దాల తరువాత ఈ పాలన యూదు, క్రైస్తవ ఇస్లామిక్ గ్రంథాలలో ప్రస్తావించబడింది. ఈ రోజుల్లో, కోట్లాదిమంది తల్లిదండ్రులు తమ పిల్లలకు గోల్డెన్ రూల్స్ ను పదేపదే చెబుతున్నారు. ఇది రెండు విధాలుగా వస్తుంది: సానుకూల ఆజ్ఞ ('ఇతరులను మీరు చూడాలనుకునే విధంగా వ్యవహరించండి'), ప్రతికూల ఆజ్ఞ ('మీకు లేని వాటిని ఇతరులకు చేయవద్దు...'). కొంతమంది న్యూరాలజిస్టులు ఈ నియమం మిలియన్ల సంవత్సరాల మానవ పరిణామ ఉత్పత్తి అని నమ్ముతారు. ఇది మన మెదడులలో ప్రోగ్రామ్ చేయబడింది.

అయినప్పటికీ, గోల్డెన్ రూల్ తక్కువగా ఉందని నేను నమ్ముతున్నాను. 10 వ అధ్యాయంలో, సానుభూతి చెడు మార్గదర్శిగా ఉంటుందని మనం చూశాం: సాధారణ వాస్తవం ఏమిటంటే, ఇతరులు ఏమి కోరుకుంటున్నారో గ్రహించడంలో మనం ఎల్లప్పుడూ మంచివాళ్ళం కాదు. మేనేజర్లు, సీఈఓలు, జర్నలిస్టులు, విధాన నిర్ణేతలు తాము అలా చేశామని భావించే వారందరూ ఇతరుల గొంతును దోచుకుంటున్నారు. అందుకే మీరు టీవీలో శరణార్థులను ఇంటర్వ్యూ చేయడం చాలా అరుదుగా చూస్తారు. అందుకే మన ప్రజాస్వామ్యం, జర్నలిజం ఎక్కువగా వన్ వే ట్రాఫిక్ గా ఉంటాయి. అందుకే మన సంక్షేమ రాజ్యాలు పితృస్వామ్యంలో మునిగిపోయాయి. ఒక ప్రశ్న అడగడం ద్వారా ప్రారంభించడం చాలా మంచిది. పోర్టో అలెగ్రేలో భాగస్వామ్య ప్రజాస్వామ్యంలోలా పౌరులు తమ అభిప్రాయాన్ని తెలియజేయడానికి అనుమతించాలి (అధ్యాయం 15 చూడండి). జీన్-ఫ్రాంకోయిస్ జోబ్రిస్ట్ ఫ్యాక్టరీలోలా ఉద్యోగులు తమ స్వంత బృందాలను నిర్దేశించడానికి అనుమతించాలి (అధ్యాయం 13 చూడండి). స్జెఫ్ డ్రమ్మెన్స్ పాఠశాలలోలా పిల్లలు తమ స్వంత అభ్యాస మార్గాలను ప్లాన్ చేయడానికి అనుమతించండి (చాప్టర్ 14 చూడండి).

'ప్లాటినం రూల్' అని కూడా పిలువబడే సుపరిచితమైన మాగ్జిమ్ పై ఈ వైవిధ్యాన్ని జార్జ్ బెర్నార్డ్ షా చక్కగా సంక్షిప్తీకరించాడు. 'ఇతరులు మీకు చేసినట్లుగా వారికి చేయకండి' అని ఆయన సలహా ఇచ్చాడు. 'వాళ్ల అభిరుచులు భిన్నంగా ఉండొచ్చు.'

4: మీ సానుభూతిని తగ్గించుకోండి, మీ కరుణకు శిక్షణ ఇవ్వండి

ప్లాటినం నియమం సానుభూతిని కాదు, కరుణను ఆవాహన చేస్తుంది. ఈ తేడాను వివరించడంలో సహాయపడటానికి, బౌద్ధ సన్యాసి మథియు రికార్డ్ ను పరిచయం చేస్తాను, అతను తన ఆలోచనలపై పురాణ పరమైన పట్టు కలిగిన వ్యక్తి. (ఇది మీకు నచ్చితే, అతను అక్కడికి చేరుకోవడానికి 50,000 గంటలు పట్టింది.) కొంతకాలం క్రితం, రికార్డ్ ను న్యూరాలజిస్ట్ తానియా సింగర్ తన మెదడు స్కానర్ లో ఒక ఉదయం గడపడానికి ఆహ్వానించారు. మనం సానుభూతిని అనుభవించినప్పుడు మన మెదడులో ఏమి జరుగుతుందో తెలుసుకోవాలని సింగర్ కోరుకుంటున్నాడు.

మరీ ముఖ్యంగా, ప్రత్యామ్నాయం ఉందా అని ఆమె తెలుసుకోవాలనుకుంది. దీనికి సిద్ధం కావడానికి, సింగర్ ముందు రోజు సాయంత్రం రికార్డ్ కి రోమేనియన్ సంస్థలో ఒంటరి అనాథల గురించి ఒక డాక్యుమెంటరీని చూపించింది. మరుసటి రోజు స్కానర్ కింద తన మెదడును పెడుతున్నప్పుడు, సింగర్ అతని ఖాళీ కళ్ళను గుర్తు చేసుకోమని కోరింది. వారి అవయవాలు బక్కచిక్కి ఉంటాయి. రికార్డ్ ఆమె అడిగిన విధంగా చేశాడు, ఆ రోమేనియన్ అనాథలు ఎలా భావిస్తున్నారో అతను ఎంత తీవ్రంగా ఊహించగలడో ఊహించాడు. ఒక గంట తరువాత, అతను బాగా డీలా పడిపోయాడు.

ఎందుకంటే సానుభూతి మనకు అదే కలుగ చేస్తుంది. అది అలసట పుట్టిస్తుంది. తరువాత ఒక ప్రయోగంలో, సింగర్ వాలంటీర్ల బృందాన్ని ఒక వారం పాటు సాధ్యమైనంత ఎక్కువ సానుభూతిని రేకెత్తించడానికి కళ్ళు మూసుకుని పదిహేను నిమిషాలు గడపమని కోరింది. ఇది వారు తట్టుకోగలిగినంత కాలం. వారం చివరిలో, పాల్గొన్నవారందరూ మరింత నిరాశావాదులు. ఆ తర్వాత రైలులో తోటి ప్రయాణీకులను చూసినప్పుడు, తాను బాధను మాత్రమే చూడగలిగానని ఒక మహిళ చెప్పింది. రికార్డ్ తో తన మొదటి సెషన్ తర్వాత, సింగర్ వేరేదాన్ని ప్రయత్నించాలని నిర్ణయించుకుంది. రోమేనియన్ అనాథల గురించి ఆలోచించమని ఆమె మరోసారి సన్యాసిని కోరింది, కానీ ఈసారి అతను వారిలో తనను తాను ఊహించుకోలేదు. బదులుగా, అతను సంవత్సరాల తరబడి పరిపూర్ణంగా గడిపిన నైపుణ్యాన్ని వారితో కాకుండా వారి కోసం వర్తింపజేయాలని ఆమె కోరుకుంది.

వారి బాధలో పాల్గొనడానికి బదులుగా, రికార్డ్ ఆప్యాయత, ఆందోళన, శ్రద్ధ భావాలను వారికి ఆపాదించడంపై దృష్టి పెట్టాడు. వారి బాధను వ్యక్తిగతంగా అనుభవించే బదులు, ఆయన దాని నుండి తనను తాను తప్పించుకున్నాడు. రికార్డ్ మెదడులోని విభిన్న భాగాలు వెలుగుతూ ఉండడం వల్ల, సింగర్ తన మానిటర్ లో ఆ తేడాను తక్షణమే చూడగలిగింది. తాదాత్మ్యం ఎక్కువగా పూర్వ ఇన్సులాను సక్రియం చేస్తుంది, ఇది మన చెవులకు పైన ఉంటుంది, కానీ ఇప్పుడు అతని కార్పస్ స్ట్రిటమ్,ఆర్బిటోఫ్రంటల్ కార్టెక్స్ మెరుస్తున్నాయి. ఏమి జరుగుతోంది? రికార్డ్ కొత్త మనస్తత్వాన్ని మనం కరుణ అని పిలుస్తాం. సానుభూతి మాదిరిగా కాకుండా, కరుణ మన శక్తిని తీసివేయదు. నిజానికి, ఆ తర్వాత రికార్డ్ కు చాలా మంచిగా అనిపించింది. ఎందుకంటే కరుణ ఏకకాలంలో మరింత నియంత్రించబడుతుంది, రిమోట్, నిర్మాణాత్మకమైనది. ఇది మరొక వ్యక్తి బాధను

పంచుకోవడం గురించి కాదు, కానీ దానిని గుర్తించడానికి, తరువాత చర్య తీసుకోవడానికి ఇది మనకు సహాయపడుతుంది.

అంతే కాదు, కరుణ మనకు శక్తిని అందిస్తుంది, ఇది ఖచ్చితంగా సహాయం చేయడానికి అవసరం. మరొక ఉదాహరణ చూద్దాం, మీ పిల్లవాడు చీకటికి భయపడుతున్నాడని అనుకోండి. తల్లిదండ్రులుగా, మీరు గది ఒక మూలలో కుంగి మీ కుమారుడు లేదా కుమార్తెతో (సానుభూతి) గొణుగుతారు. బదులుగా, మీరు వారిని శాంతపరచడానికి, ఓదార్చడానికి ప్రయత్నిస్తారు (కరుణ).

కాబట్టి మనమందరం మత్తయ్యూ రికార్డ్ లాగా ధ్యానం చేయడం ప్రారంభించాలా? ఇది మొదట్లో నాకు కొంచెం కొత్తగా అనిపించిందని నేను అంగీకరిస్తున్నాను, కాని ధ్యానం మన కరుణకు శిక్షణ ఇస్తుందని కొన్ని శాస్త్రీయ ఆధారాలు ఉన్నాయి. మెదడు ఒక మెత్తని అవయవం. మన శరీరాలను ఆకారంలో ఉంచుకోవడానికి మనం వ్యాయామం చేస్తున్నప్పుడు, మన మనస్సులకు కూడా అదే విధంగా ఎందుకు చేయకూడదు?

5: వాటి పుట్టుపూర్వోత్తరాలు తెలీకపోయినా సరే వాటి సారాంశం లేదా అంతరార్థం తెలుసుకునే ప్రయత్నం చేయండి.

ఇప్పటి వరకు భారీ విజయం సాధించింది. కొన్ని కారణాల వల్ల ఎల్లప్పుడూ మరొక ఇమెయిల్, మరొక ట్వీట్ లేదా ట్రాంపోలిన్లో మేక మరొక వీడియో తక్షణ శ్రద్ధను కోరుతుంది. 50,000 గంటలు ధ్యానం చేస్తున్నారా? క్షమించండి, కానీ నాకు కూడా ఒక జీవితం ఉంది.

నా అదృష్టం, జూమ్ చేయడానికి మరొక మార్గం ఉంది: పద్దెనిమిదవ శతాబ్దంలో జ్ఞానోదయ తత్వవేత్తలలో ఎంపిక పద్ధతిని ఉపయోగించండి. ఇది ఏమిటి? దీనికి కారణం. మనస్సు. విషయాలను హేతుబద్ధమై దృక్పథంలో ఉంచే మన సామర్థ్యం మన మెదడులోని వివిధ భాగాలను నమోదు చేసే మానసిక ప్రక్రియ. ఒకరిని అర్థం చేసుకోవడానికి మన మేధస్సును ఉపయోగించినప్పుడు, ఇది మానవులలో అసాధారణంగా పెద్దది అయిన నుదిటి వెనుక ఉన్న ప్రీఫ్రంటల్ కార్టెక్స్ ను సక్రియం చేస్తుంది. నిజమే, ఈ కార్టెక్స్ బంతిని పడేసే వేయిన్నొక్క కేసులపై అనేక అధ్యయనాలు ఉన్నాయని నాకు తెలుసు. మనం తరచుగా అంత హేతుబద్ధంగా, స్వతంత్రం కలిగి ఉండం అని అధ్యయనాలు వెల్లడిస్తున్నాయి. ఏదేమైనా, అలాంటి ఫలితాలను అతిగా చెప్పకపోవడం చాలా ముఖ్యం అని అనుకుంటున్నాను. మనం రోజువారీ జీవితంలో ఎల్లప్పుడూ హేతుబద్ధమైన వాదనలు, సాక్ష్యాలను ఉపయోగిస్తాం. మనంచట్టాలు, నియమాలు, ఒప్పందాలతో నిండిన సమాజాలను నిర్మించాం.

మానవులు మనం అనుకున్నదానికంటే చాలా మెరుగ్గా ఆలోచిస్తారు. మన తార్కిక శక్తులు మన భావోద్వేగ స్వభావాన్ని కప్పి ఉంచే సన్నని పూత కాదు, కానీ మనం ఎవరు, మనల్ని మానవులుగా మార్చే ముఖ్యమైన లక్షణం కలిగి ఉంటాయి. జైళ్ల గురించి నార్వే దృక్కోణాన్ని తీసుకోండి, అది మిగతావాళ్లకు విరుద్ధంగా ఉంటుంది. మన మేధస్సును వర్తింపజేయడం ద్వారా పరస్పర సంబంధాల గణాంకాలను పరిశీలించడం ద్వారా, నేరస్థులతో వ్యవహరించడానికి ఇది ఒక అద్భుతమైన మార్గం అని మనం గ్రహించాం. లేదా

నెల్సన్ మండేలా యొక్క రాజనీతిజ్ఞతని నీతిని తీసుకోండి. పదే పదే నాలుకను కొరకడం, భావోద్వేగాలను అదుపులో ఉంచుకోవడం, పదునుగా, విశ్లేషణాత్మకంగా ఉండటం. మండేలా దయగలవాడు మాత్రమే కాదు, అంతే తెలివైనవాడు. ఇతరులపై విశ్వాసం కలిగి ఉండటం భావోద్వేగ నిర్ణయంలా హేతుబద్ధమైన నిర్ణయం.

వాస్తవానికి, మరొకరు ఎక్కడ నుండి వస్తున్నారో చూడటం అంటే మీ కంటికి చూడవలసిన అవసరం లేదని కాదు. ఫాసిస్టు, తీవ్రవాది, లేదా ప్రేమాభిమాని మనస్తత్వాన్ని మీరు అర్థం చేసుకోవచ్చు వాస్తవానికి ఫాసిస్ట్, తీవ్రవాది లేదా లవర్ ఆఫ్ సప్పీ మూవీస్ గుంపుపై దూకకుండా. (నేను చెప్పాలి, నేను ఆ చివరి సమూహంలో గర్వించదగిన సభ్యుడిని.) మరొకరిని హేతుబద్ధమైన స్థాయిలో అర్థం చేసుకోవడం ఒక నైపుణ్యం. ఇది మీరు శిక్షణ ఇవ్వగల విషయం.

అన్నిటికన్నా ముఖ్యంగా, మంచిగా ఉండాలనే మన కోరికను ఎప్పటికప్పుడు అణచివేసేందుకు మన తార్కిక సామర్థ్యం అవసరం. కొన్నిసార్లు మన స్నేహపూరిత ప్రవృత్తి సత్యానికి, సమానత్వానికి అడ్డంకిగా మారుతుంది. ఎందుకంటే, మనమందరం అన్యాయ ప్రవర్తనకు గురి అయ్యాం, కానీ అసమ్మతిగా ఉండకుండా ఉండడం మనమందరం చూడలేదా? మనమందరం శాంతిని కాపాడుకోవడానికే మన మాటలను మింగలేమా? పడవను కదిలించే హక్కుల కోసం పోరాడే వారిని మనమందరం నిందించలేదా?

ఇది ఈ పుస్తకం గొప్ప వైరుధ్యం అని నేను అనుకుంటున్నాను. మానవులు ప్రాథమికంగా స్నేహపూర్వక జీవులుగా పరిణామం చెందారని వాదించాను, కానీ కొన్నిసార్లు మన కలుపుగోలుతనం సమస్య. బూర్ట్ జోర్గ్ యొక్క జోస్ డి బ్లాక్, అగోరా స్లేఫ్ డ్రమ్మెన్ వంటి వ్యక్తులతో పురోగతి తరచుగా ప్రారంభమవుతుందని చరిత్ర బోధిస్తుంది – ఇతరులు బోధకులుగా లేదా స్నేహపూర్వకంగా కూడా భావిస్తారు. సామాజిక సందర్భాల్లో తమ సబ్బు పెట్టెలో ఉండటానికి ధైర్యం ఉన్న వ్యక్తులు. మిమ్మల్ని అసౌకర్యానికి గురిచేసే అసహ్యకరమైన విషయాలను లేవనెత్తుతారు. ఈ వ్యక్తులను గౌరవించండి, ఎందుకంటే వారు పురోగతికి కీలకం.

6: ఇతరులు తమను ప్రేమించినట్లుగా మీరు కూడా మిమ్మల్ని ప్రేమించండి

17 జూలై 2014 న మలేషియా ఎయిర్లైన్స్ బోయింగ్ 777 ఉక్రెయిన్లోని హ్రాబోవ్ గ్రామం వెలుపల కూలిపోయింది. విమానంలో 298 మంది ప్రయాణికులు ఉండగా, వారిలో 193 మంది డచ్ వారు ఉన్నారు. రష్యా అనుకూల వేర్పాటువాదులు ఈ విమానాన్ని కూల్చివేశారు. ఈ ప్రమాదంలో ఎవరూ ప్రాణాలతో బయటపడలేదు. మొదట, ఆ నివేదికలు – ఆ 298 మరణాలు — సరైనవిగా అనిపించాయి, కాని తరువాత ఒక డచ్ వార్తాపత్రికలో ఒక కథనాన్ని చదివాను, అది నా కడుపులో మెలిపెట్టేసింది. కార్లిజ్న్ కీజ్జర్ (ఇరవై ఐదు సంవత్సరాలు), లారెన్స్ వాన్ డెర్ గ్రాఫ్ (ముప్పై) చిత్రాలతో ఇది ప్రారంభమైంది; విమానం ఎక్కే ముందు తీసిన ఒక బంగారు రంగు వ్యక్తి, గుండ్రని జుట్టు ఉన్న అమ్మాయి ముఖాలు మెరుస్తున్న సెల్ఫీ. వారు ఆమ్స్టర్డామ్ రోయింగ్ క్లబ్లో కలుసుకున్నారని చదివాను. లారెన్స్ ప్రొప్రియా

క్యూర్స్ అనే తెలివైన విద్యార్థి వార్తాపత్రిక కోసం రాశాడని, కార్లిజ్న్ స్టేట్స్ లో తన పిహెచ్ డిని దాదాపు పూర్తి చేశాడని, వారు ఒకరి పట్ల ఒకరు పిచ్చి వ్యామోహంగా ఉన్నారని రాశాడు. 'వారు ఎల్లప్పుడూ ప్రేమలో మునిగిపోతారు, ఒకరినొకరు వదిలి ఉండ లేరు' అని ఒక స్నేహితుడు చెప్పాడు. ఇరాక్ లో జరిగిన దురాగతాల గురించి ఏడవ పేజీలో ఒక ముక్కను దాటవేసిన నాది కపటత్వం కాదా అని నన్ను నేను ప్రశ్నించుకున్నాను. సాధారణంగా ఈ రకమైన రిపోర్టింగ్ నన్ను బాధిస్తుంది. నైజీరియా తీరంలో పడవలో ప్రయాణిస్తున్న ఇద్దరు డచ్ పౌరులు మృతి చెందినట్లు పత్రికలు పేర్కొన్నాయి. కానీ మానవులు పరిమిత జీవులు. ఒకే భాష లేదా రూపం లేదా నేపథ్యాన్ని పంచుకునే మనలాంటి వారి గురించి మనం ఎక్కువ శ్రద్ధ వహిస్తాం. నేను కూడా ఒకప్పుడు డచ్ కళాశాల విద్యార్థిని. విశ్వవిద్యాలయ క్లబ్ లో చేరాను. నేను కూడా అక్కడ అందమైన రింగుల జుట్టు ఉన్న ఒక అమ్మాయిని కలిశాను. ప్రోప్రియా క్యూర్స్ కోసం రాయడానికి ఇష్టపడేవాడిని. ('లారెన్స్ గురించి తెలిసిన వారికి, అతని శక్తివంతమైన శరీరాన్ని ఆపడానికి విమాన వ్యతిరేక క్షిపణి అవసరం అనడంలో ఆశ్చర్యం లేదు.' అని ఆయన సహచరులు రాశారు.

వారు చనిపోవడానికి కొన్ని గంటల ముందు తీసిన చిరునవ్వు సెల్ఫీ కాగితాన్ని పంపింది కార్లిజ్న్ సోదరుడు. 'నేను అడుగుతున్న ఏకైక విషయం ఏమిటంటే, నేను, నా ఇతర సోదరి, తల్లిదండ్రులు అనుభవిస్తున్న బాధను మీరు దేశానికి, ప్రపంచానికి చూపించాలి. నెదర్లాండ్స్ లోని వందలాదిమంది అనుభవిస్తున్న బాధ ఇది." అతను చెప్పింది సరైనది. ఆ విమానంలో ఎవరో ఒకరికి తెలిసిన వ్యక్తి అందరికీ తెలుసు. ఆ రోజుల్లో, నేను మునుపెన్నడూ లేని విధంగా డచ్ అనుభూతి చెందాను. మనలా కనిపించే వ్యక్తుల గురించి మనం ఎందుకు ఎక్కువ శ్రద్ధ వహిస్తాం? 10వ అధ్యాయంలో, చెడు తన పనిని దూరం నుండి చేస్తుందని నేను రాశాను.

దూరం అనేది ఇంటర్నెట్ లో అపరిచితుల మీద కోపం తెచ్చుకోవడానికి దోహదపడుతుంది. దూరం సైనికులకు హింస పట్ల వారి విరక్తిని దాటవేయడానికి సహాయపడుతుంది. బానిసత్వం నుండి మారణహోమం వరకు చరిత్రలోనే అత్యంత ఘోరమైన నేరాలకు దూరం దోహదపడింది. కానీ కరుణ మార్గాన్ని ఎంచుకోండి. ఆ అపరిచితుడి నుండి మిమ్మల్ని ఎంత తక్కువ వేరు చేస్తుందో మీరు గ్రహిస్తారు. దయ మిమ్మల్ని మీకంటే ఎక్కువగా తీసుకువెళ్తుంది, దగ్గరివారు, ప్రియమైనవారు మిగిలిన ప్రపంచం కంటే ఎక్కువ లేదా తక్కువ ప్రాముఖ్యత కలిగి ఉండరు. లేకపోతే బుద్ధుడు తన కుటుంబాన్ని ఎందుకు విడిచిపెట్టాడు? యేసు తన శిష్యులకు తమ తండ్రులను తల్లులను, భార్యలను, పిల్లలను, సహోదరులను విడిచిపెట్టమని ఎందుకు ఆదేశించేవాడు? కానీ మీరు దీన్ని చాలా దూరం తీసుకోవచ్చు.

బహుశా తోటి మనిషిపై ప్రేమ చిన్నదిగా ప్రారంభమవుతుంది. ఒక వ్యక్తి స్వయంగా ద్వేషంతో నిండి ఉంటే, వారు వేరొకరిని ఎలా ప్రేమించగలరు? ఎవరైనా కుటుంబం, స్నేహితులను పట్టించుకోకపోతే, వారు ఈ ప్రపంచపు భారాలను ఎలా భరించగలరు? చిన్నదానిపై మనకు పట్టు ఉంటేనే తప్ప మనం పెద్దదానిని తీసుకోలేం. ఆ 193 మంది డచ్ ప్రయాణీకులలో ఎయిడ్స్ పరిశోధకుల నుండి మానవ హక్కుల న్యాయవాదుల వరకు చాలా మంది పురుషులు, మహిళలు నిస్సంకోచంగా ప్రపంచాన్ని మంచి ప్రదేశంగా మార్చారు.

అయినప్పటికీ, వారికి సన్నిహితులైన వ్యక్తులకే అతి పెద్ద నష్టం. మానవులుగా, మనం వారిని వేరు చేస్తాం. మనం ఇష్టమైనవి ఆడతాం. మన గురించి ఎక్కువ శ్రద్ధ వహిస్తాం. అందులో సిగ్గుపడటానికి ఏమీ లేదు – ఇది మనల్ని మనుషులుగా చేస్తుంది. కానీ ఆ ఇతరులు, ఆ సుదూర అపరిచితులు కూడా వారు ఇష్టపడే కుటుంబాలను కలిగి ఉన్నారని కూడా మనం అర్థం చేసుకోవాలి. వారు మనలాగే ప్రతి విషయంలో మానవత్వం కలిగి ఉన్నారు.

7: వార్తలను నివారించండి

ఈ రోజుల్లో దూరానికి అతిపెద్ద వనరులలో ఒకటి వార్తలు. సాయంత్రం వార్తలు చూడటం వల్ల మీరు వాస్తవికతకు మరింత అలవాటు పడవచ్చు, కానీ నిజం ఏమిటంటే ఇది ప్రపంచం గురించి మీ దృక్పథాన్ని వక్రీకరిస్తుంది. ఈ వార్తలు ప్రజలను రాజకీయ నాయకులు, ఉన్నత వర్గాలు, జాత్యహంకారులు, శరణార్థులు వంటి సమూహాలుగా సాధారణీకరించడానికి మొగ్గు చూపుతాయి. ఇంకా ఘోరమైన విషయం ఏమిటంటే, ఈ వార్త చెడు ఆపిల్ పండ్లను జూమ్ చేస్తుంది. సోషల్ మీడియా విషయంలో కూడా ఇదే నిజం. దూరం నుండి ద్వేషపూరిత ప్రసంగాలను వెదజల్లే బెదిరింపులు మన ఫేస్ బుక్, ట్విట్టర్ ఫీడ్ ల వల్ల పైభాగానికి అల్గోరిథమ్ ల ద్వారా నెట్టబడతాయి. మన ప్రతికూల పక్షపాతాన్ని తట్టుకోవడం ద్వారా ఈ డిజిటల్ వేదికలు డబ్బును సంపాదిస్తాయి, అధ్వాన్నంగా ప్రవర్తించే వ్యక్తులను ఉన్నతంగా మారుస్తాయి. చెడు ప్రవర్తన మన దృష్టిని ఆకర్షిస్తుంది కాబట్టి, ఇది ఎక్కువ క్లిక్లను ఉత్పత్తి చేస్తుంది. మనము ఎక్కడ క్లిక్ చేస్తామంటే ప్రకటన డాలర్లను అనుసరిస్తాము. ఇది సోషల్ మీడియాను మన చెడ్డ లక్షణాలను పెంచే వ్యవస్థలుగా మార్చింది.

వార్తలు, పుష్ నోటిఫికేషన్ల విషయంలో మన కుతూహలం వ్యసనానికి వున్న అన్ని లక్షణాలను వ్యక్తపరుస్తుందని న్యూరాలజిస్టులు అభిప్రాయపడుతున్నారు. సిలికాన్ వ్యాలీ దీనిని చాలా కాలం క్రితం గుర్తించింది. ఫేస్ బుక్, గూగుల్ వంటి సంస్థల మేనేజర్లు తమ పిల్లలు ఇంటర్నెట్, 'సోషల్' మీడియాలో గడిపే సమయాన్ని ఖచ్చితంగా పరిమితం చేస్తారు. విద్యా గురువులు పాఠశాలల్లో ఐప్యాడ్లు, డిజిటల్ నైపుణ్యాలను ప్రశంసిస్తున్నప్పటికీ, మాదకద్రవ్యాల ప్రభువుల మాదిరిగా టెక్ ఉన్నత వర్గాలు తమ పిల్లలను వారి విషపూరిత వ్యాపారం నుండి రక్షిస్తాయి. నా బొటనవేలు నియమం? నాకు చాలా ఉన్నాయి: టెలివిజన్ వార్తలకు దూరంగా ఉండండి, నోటిఫికేషన్లను నెట్టండి. బదులుగా ఆన్ లైన్ లో లేదా ఆఫ్ లోనైనా మరింత సూక్ష్మమైన, ఆదివారం దినపత్రికలో లోతైన ఫీచర్ రైటింగ్ చదవండి. మీ స్క్రీన్ నుండి వైదొలగండి. నిజమైన వ్యక్తులను కలుస్తారు. మీ శరీరానికి మీరు తినిపించే ఆహారం గురించి ఎంత జాగ్రత్తగా ఆలోచిస్తున్నారో అలాగే మీ మనస్సుకు ఏ సమాచారం ఇస్తారో జాగ్రత్తగా ఆలోచించండి.

8: నాజీలను కొట్టవద్దు

మీరు వార్తలను ఆసక్తిగా అనుసరిస్తే, నిరాశలో చిక్కుకోవడం సులభం. ఇతరులు తమ విధిని దాటవేసినప్పుడు రీసైక్లింగ్, పన్నులు చెల్లించడం, స్వచ్ఛంద సంస్థలకు విరాళం ఇవ్వడం వల్ల ప్రయోజనం ఏమిటి? మీరు అలాంటి ఆలోచనలతో ప్రలోభాలకు గురైతే, సినిసిజం

సోమరితనానికి మరొక పదం మాత్రమే అని గుర్తుంచుకోండి. బాధ్యత తీసుకోకపోవడం ఒక సాకు. ఎందుకంటే చాలామంది ప్రజలు కుళ్లిపోయారని మీరు విశ్వసిస్తే, మీరు అన్యాయం గురించి ఆలోచించాల్సిన అవసరం లేదు. ఈ ప్రపంచం ఎలాగైనా నరకానికి గురవుతుంది.

సినిసిజం లాగా అనుమానాస్పదంగా కనిపించే ఒక రకమైన క్రియాశీలత కూడా ఉంది. ఇది మంచి చేసే వ్యక్తి, అతను ఎక్కువగా తన ఇమేజ్ గురించి ఆందోళన చెందుతాడు. ఈ మార్గంలో వెళ్ళడమంటే బాగా తెలిసిన తిరుగుబాటుదారుగా మారడం, ఇతరుల పట్ల నిజమైన గౌరవం లేకుండా సలహాలు ఇవ్వడం. చెడు వార్తలు అప్పుడు మంచి వార్త, ఎందుకంటే చెడు వార్తలు ('గ్లోబల్ వార్మింగ్ వేగవంతం అవుతోంది!', 'అసమానత మనం అనుకున్న దానికంటే ఘోరంగా ఉంది!') అవి సరైనవని రుజువు చేస్తాయి. అయితే జర్మనీలోని వున్సీడెల్ అనే చిన్న పట్టణం చూపిస్తున్నట్లు వేరే మార్గం ఉంది. 1980 ల చివరలో, అడాల్ఫ్ హిట్లర్ డిప్యూటీ రుడాల్ఫ్ హెస్ స్థానిక స్మశానవాటికలో ఖననం చేయబడింది, వున్సీడెల్ వేగంగా నయా-నాజీ యాత్రా స్థలంగా మారింది. నేటికీ, హెస్ మరణం వార్షికోత్సవమైన ఆగస్టు 17 న, అల్లర్లు, హింసను ప్రేరేపించాలని ఆశిస్తూ స్కిన్ హెడ్స్ పట్టణం గుండా కవాతు చేస్తారు.

ప్రతి సంవత్సరం ఫాసిస్టు వ్యతిరేకులు నయా-నాజీలకు వారు కోరుకున్నది ఇవ్వడానికి వస్తారు. అనివార్యంగా, ఎవరో ఒక నాజీని సగర్వంగా కొట్టడాన్ని చూపించే ఒక వీడియో బయటకు వస్తుంది. కానీ తరువాత, ప్రభావాలు వ్యతిరేక ఉత్పాదకతను రుజువు చేస్తాయి. మధ్యప్రాచ్యంలో బాంబులు వేయడం ఉగ్రవాదులకు సంతోషంగా ఉన్నట్లే, నాజీలను కొట్టడం తీవ్రవాదులను బలపరుస్తుంది. ఇది వారి ప్రపంచ దృష్టికోణంలో వారిని ధృవీకరిస్తుంది. కొత్త నియామకాలను ఆకర్షించడం చాలా సులభం చేస్తుంది. వున్సీడెల్ వేరే వ్యూహాన్ని పరీక్షించాలని నిర్ణయించుకున్నాడు. 2014 లో ఫాబియన్ విచ్మాన్ అనే తెలివైన జర్మన్ కు ఒక అద్భుతమైన ఆలోచన వచ్చింది. రుడాల్ఫ్ హెస్ కోసం ఊరేగింపును పట్టణం స్వచ్ఛంద నడకగా మార్చితే ఏమిటి? నివాసితులు ఈ ఆలోచనను ఇష్టపడ్డారు. నయా-నాజీలు నడిచిన ప్రతి మీటరుకు, పట్టణ ప్రజలు విచ్మాన్ సంస్థ ఎగ్జిట్-డ్యూయిష్లాండ్కు పది యూరోలు విరాళంగా ఇస్తామని ప్రతిజ్ఞ చేశారు, ఇది ప్రజలు తీవ్ర-మితవాద సమూహాల నుండి బయటపడటానికి సహాయపడుతుంది.

ఈ కార్యక్రమానికి ముందు, పట్టణ ప్రజలు స్టార్ట్ అండ్ ఫినిష్ లైన్లను గుర్తించారు. వాకర్ల కృషికి కృతజ్ఞతలు తెలుపుతూ వారు బ్యానర్లు తయారు చేశారు. ఇంతలో, నయా-నాజీలకు ఏమి జరుగుతుందో తెలియదు. ఆ రోజునే, వున్సీడెల్ వారిని బిగ్గరగా హర్షధ్వానాలు చేసి, ముగింపును దాటగానే వారిని రంగుకాగితాలతో ముంచెత్తాడు. మొత్తం మీద, ఈ సంఘటన ఒక కారణం కోసం ఇరవై వేల యూరోలకు పైగా సేకరించింది.

ఇలాంటి ప్రచారం తరువాత ముఖ్యమైన విషయం తలుపులను తెరిచి ఉంచడం అని విచ్మాన్ నొక్కి చెప్పారు. 2011 వేసవిలో అతని సంస్థ జర్మనీలో జరిగిన అతివాద రాక్ ఫెస్టివల్ లో టీ-షర్టులను అందజేసింది. మితవాద చిహ్నాలతో చెక్కబడిన ఈ చొక్కాలు నయా-నాజీ భావజాలాన్ని సమర్థిస్తున్నట్లు కనిపించాయి. కానీ కడిగిన తరువాత, ఒక భిన్నమైన సందేశం కనిపించింది. 'మీ టీ షర్టు ఏం చేయగలదో, మీరు కూడా చేయగలరు. అతివాద శక్తుల నుంచి మిమ్మల్ని మీరు విముక్తం చేయడానికి మేము మీకు సహాయం

చేయగలము." ఇది చాలా కష్టంగా అనిపించవచ్చు, కానీ తరువాతి వారాల్లో ఎగ్జిట్-డ్యూచ్ ల్యాండ్ కు ఫోన్ కాల్స్ సంఖ్య 300 శాతం పెరిగింది. తన సందేశాలు నయా-నాజీలకు ఎంత అయోమయంగా ఉన్నాయో విచ్మాన్ చూశాడు. అక్కడ వారు అసహ్యం, ఆగ్రహాన్ని ఆశించారు, వారికి చేయి చాచారు.

9: మరుగుదొడ్డి నుండి బయటకు రండి

మంచి చేయడానికి సిగ్గుపడకండి, ఆ చేతిని చాచడానికి మీకు అన్నింటికంటే ఒకటి అవసరం. ధైర్యం. ఎందుకంటే మీకు రక్తస్రావం గుండె లేదా ప్రదర్శన అని ముద్ర వేయవచ్చు. 'మీరు అవసరంలో ఉన్నవారికి ఇచ్చినప్పుడు, శబ్దాలు, బాకాలు వినకండి... యేసు కొండమీద ప్రసంగంలో ఇలా హెచ్చరించాడు, 'మీరు ప్రార్థించేటప్పుడు, మీ గదిలోకి వెళ్లి తలుపు మూసివేసి రహస్యంగా ఉన్న మీ తండ్రిని ప్రార్థించండి'. దీన్నిబట్టి చూస్తే, అది తెలివైన సలహాలా అనిపిస్తుంది. పవిత్రంగా భావించబడాలని ఎవరు కోరుకుంటారు? మీ మంచి పనులను రహస్యంగా చేయడం చాలా సురక్షితం, లేదా కనీసం ఒక సాకుతో సిద్ధంగా ఉండండి:

'తీరికలేకుండానే ఉన్నాను.". 'నాకు డబ్బు అవసరం లేదు.' 'ఇది నా రెజ్యూమ్ లో అందంగా కనిపిస్తుంది.' ప్రజలు తమ హృదయాలలోని మంచితనం నుండి ఏదైనా చేసినప్పుడు, వారు తరచుగా స్వార్థపూరిత ఉద్దేశాలను కల్పిస్తారని ఆధునిక మనస్తత్వవేత్తలు కనుగొన్నారు. వెనీర్ సిద్ధాంతం ఎక్కువగా పాతుకుపోయిన వ్యక్తిగత పాశ్చాత్య సంస్కృతులలో ఇది చాలా ప్రబలంగా ఉంది. అంతేకాక, చాలామంది స్వార్థపరులని మీరు అనుకుంటే, ఏదైనా మంచిపని స్వాభావికంగా అనుమానించబడుతుంది. ఒక అమెరికన్ మనస్తత్వవేత్త ఇలా అంటున్నాడు, 'ప్రజలు తమ ప్రవర్తన నిజమైన కరుణ లేదా దయవల్ల ప్రేరేపించబడి ఉండవచ్చని అంగీకరించడానికి ఇష్టపడరు.' దురదృష్టవశాత్తు, ఈ సంకోచం నోసెబోలా పనిచేస్తుంది. మీరు అహంకారిగా మారువేషం ధరించినప్పుడు, మీరు మానవ స్వభావం గురించి ఇతర వ్యక్తుల నిరాసక్త ఊహలను బలపరుస్తారు. ఇంకా ఘోరమైన విషయం ఏమిటంటే, మీ మంచి పనులను కప్పిపుచ్చుకోవడం ద్వారా, మీరు వారిని నిర్బంధంలో ఉంచుతారు, అక్కడ వారు ఇతరులకు ఉదాహరణగా పనిచేయలేరు. ఇది సిగ్గుచేటు, ఎందుకంటే హోమో కుక్కపిల్ల రహస్య సూపర్ పవర్ ఏమిటంటే, ఒకరినొకరు కాపీ చేయడంలో మనం చాలా గొప్పవారం.

నన్ను తప్పుగా అర్థం చేసుకోవద్దు: ఇతరులను ప్రేరేపించడం అంటే మీ పనులను ప్రదర్శించడం కాదు, మంచిని సమర్థించడం అంటే మీ స్వంత బాకా ఊదడం కాదు. యేసు కొండమీద ప్రసంగంలో ఒకరి గురించి తన శిష్యులను హెచ్చరించాడు, మరొకరిని ఇలా ప్రోత్సహించాడు: 'నీవు లోకానికి వెలుగువి. కొండపై ఏర్పాటు చేసిన నగరాన్ని దాచలేము. ప్రజలు దీపాన్ని వెలిగించి బుట్ట కింద ఉంచరు, స్టాండ్ మీద ఉంచుతారు, అది ఇంట్లో అందరికీ వెలుగును ఇస్తుంది. అదే విధంగా, మీ వెలుగును ఇతరుల ముందు ప్రకాశింపజేయండి, తద్వారా వారు మీ మంచి పనులను చూడగలరు...

మంచి చేయడం అంటువ్యాధి అని ఇద్దరు అమెరికన్ మనస్తత్వవేత్తలు 2010 లో ఒక అద్భుతమైన ప్రయోగంతో నిరూపించారు. 25 వారు భాగస్వామ్యాల కోసం ఒక ఆటను ఏర్పాటు చేశారు, దీనిలో 120మంది వాలంటీర్లు ఒకరికొకరు అపరిచితులు, నలుగురు ఆటగాళ్ళ సమూహాలుగా విభజించబడ్డారు. ప్రతివ్యక్తికి ప్రారంభించడానికి కొంత నగదు లభించింది. తరువాత సమూహ కిట్టికి ఎంత విరాళం ఇవ్వాలో నిర్ణయించుకునే స్వేచ్ఛ ఉంది. మొదటి రౌండ్ తరువాత రెండు సార్లు ఒకే గ్రూపులో ఇద్దరు వ్యక్తులు ఉండకుండా అన్ని గ్రూపులు మార్చబడ్డాయి. తరువాత ఏమి జరిగింది అనేది నిజంగా గుణించే డబ్బు ట్రిక్. మొదటి రౌండ్ లో ఎవరైనా కిట్టికి అదనపు డాలర్ ను విరాళంగా ఇచ్చినప్పుడు, సమూహంలోని ఇతర ఆటగాళ్ళు వేర్వేరు వ్యక్తులతో ఆడుతున్నప్పటికీ, తరువాతి రౌండ్ లో సగటున ఇరవై సెంట్లు ఎక్కువ ఇచ్చారు. ఈ ప్రభావం మూడవ రౌండ్ వరకు కొనసాగింది, ఇక్కడ ఆటగాళ్ళు సగటున ఐదు సెంట్లు ఎక్కువ ఇచ్చారు. తుది లెక్కలో, ఒక డాలర్ ప్రతి సహకారం రెట్టింపు కంటే ఎక్కువ.

నేను తరచుగా ఈ అధ్యయనాన్ని పరిశీలిస్తాను. ఎందుకంటే ఇది నేను గుర్తుంచుకోవాలను కుంటున్నాను. ప్రతి మంచి పని చెరువులో గులకరాతి వంటిది, ఇది అన్ని దిశల నుండి ప్రకంపనలను పంపుతుంది. 'సోషల్ నెట్ వర్క్ ద్వారా మన ఉదారత డజన్ల కొద్దీ లేదా వందలాది ఇతర వ్యక్తుల జీవితాలను ఎలా ప్రభావితం చేస్తుందో మనం సాధారణంగా చూడం' అని పరిశోధకులలో ఒకరు పేర్కొన్నారు. దయ చూపిస్తుంది. ఇది చాలా అంటువ్యాధి, ఇది దూరం నుండి చూసే వ్యక్తులకు కూడా సోకుతుంది. ఈ ప్రభావాన్ని అధ్యయనం చేసిన మొదటి మనస్తత్వవేత్తలలో జోనాథన్ హైడ్ట్ 1990 ల చివరలో ఉన్నారు. 27 అతను తన వ్యాసాలలో ఒక వృద్ధ మహిళ డ్రైవ్ వే నుండి మంచును పారవేయడానికి సహాయం చేసిన ఒక విద్యార్థిని కథను చెప్పాడు.

ఈ నిస్వార్థ చర్యను చూసిన అతని స్నేహితుడొకడు ఆ తర్వాత ఇలా వ్రాశాడు: 'నేను కారులోంచి దూకి ఈ వ్యక్తిని కౌగలించుకోవాలని అనుకున్నాను. కేవలం యాక్టివ్ గా ఉండటం కోసం, పాడినట్లు, పరిగెత్తినట్లు లేదా గంతులేసినట్లు, నవ్వినట్లు అనుభూతి చెందాను. నాకు ప్రజల గురించి మంచి విషయాలు చెప్పాలని అనిపించింది. అందమైన పద్యం లేదా ప్రేమ పాట రాయడం. చిన్నపిల్లవాడిలా మంచులో ఆడుకోవడం. తన పని గురించి అందరికీ చెప్తాను.' ఉదారంగా చేసే చిన్న చిన్న పనులకు ప్రజలు తరచూ ఆశ్చర్యపోతుంటారని, కదిలించబడుతున్నారని హైడ్ కనుగొన్నాడు. మనస్తత్వవేత్త తన పరిశోధన కర్తలను ఈ రకమైన అనుభవం ఎలా ప్రభావితం చేసిందని అడిగినప్పుడు, వారు బయటకు వెళ్లి మరొకరికి సహాయం చేయాలనే తిరుగులేని కోరికను వివరించారు. ఈ భావోద్వేగాన్ని హైట్ 'ఎలివేషన్' అని పిలుస్తాడు. దయ సాధారణ సంకేతం అక్షరాలా మనకు నులివెచ్చగా, పులకరింపు అనుభూతిని కలిగిస్తుంది. ఆసక్తికరమైన విషయం ఏమిటంటే, ఈ కథలు వేరొకరి నుండి విన్నప్పుడు కూడా ఈ ప్రభావం సంభవిస్తుంది. మన మానసిక రీసెట్ బటన్ ను నొక్కడం వల్ల మన నిరాసక్త భావాలు తుడిచిపెట్టుకుపోతాయి, తద్వారా ప్రపంచం గురించి మనకు మరోసారి స్పష్టమైన వీక్షణ ఉంటుంది.

10: వాస్తవికంగా ఉండండి

ఇప్పుడు నా అతి ముఖ్యమైన నియమం ప్రకారం జీవించాలి. ఈ పుస్తకంతో నేను చేయాలనుకున్నది ఏదైనా ఉంటే, అది 'రియలిజం' అనే పదం అర్థాన్ని మార్చడం. ఆధునిక వాడుకలో వాస్తవికవాది నిరాశావాదానికి పర్యాయపదంగా మారాడని చెప్పలేదా – నిరాశావాద దృక్పథం ఉన్న వ్యక్తికి? నిజం చెప్పాలంటే, సినికులకు సంబంధం లేదు. వాస్తవానికి, మనం ప్లానెట్ 'ఎ' లో నివసిస్తున్నాము, ఇక్కడ ప్రజలు ఒకరికొకరు మంచిగా ఉండటానికి లోతుగా మొగ్గు చూపుతారు. కాబట్టి వాస్తవికంగా ఉండండి. ధైర్యంగా ఉండండి. మీ స్వభావానికి, మీ నమ్మకానికి కట్టుబడి ఉండండి. పట్టపగలు మంచి చేయండి, మీ ఉదారతకు సిగ్గుపడకండి. మీరు మొదట మోసగాళ్ళు, అమాయకులు అని కొట్టిపారేయవచ్చు. కానీ గుర్తుంచుకోండి, ఈ రోజు అమాయకమైనది రేపు కామన్ సెన్స్ కావచ్చు. ఇది కొత్త వాస్తవికతకు సమయం. మానవజాతి గురించి కొత్త దృక్పథానికి ఇది సమయం.

కృతజ్ఞతలు

జనవరి 2013లో నాకు డచ్ తత్వవేత్త రాబ్ విజ్న్ బర్గ్ నుండి ఒక సందేశం వచ్చింది. అందులో 'కాఫీ తాగాలనుకుంటున్నావా' అని అడిగాడు. కొత్త జర్నలిజం వేదికను ప్రారంభించే ప్రణాళికలపై చర్చించాలనుకుంటున్నట్లు అతను నాకు చెప్పాడు.వార్తలు, ప్రకటనలు సినిసిజం లేని ప్రచురణను ఆయన ఊహించారు. బదులుగా, మేము పరిష్కారాలను అందిస్తాం.

కొద్ది నెలల్లోనే, డి కరస్పాండెంట్ క్రౌడ్ ఫండింగ్ లో కొత్త ప్రపంచ రికార్డును నెలకొల్పాడు, నాకు కొత్త ఉద్యోగం వచ్చింది. డి కరస్పాండెంట్ లో ఏడు సంవత్సరాలు పనిచేసిన ఫలితమే ఈ పుస్తకం. ఇది నా ఆలోచనలను మెరుగుపరచిన లేదా తిప్పికొట్టిన పాఠకులతో అసంఖ్యాక సంభాషణల ఉత్పత్తి. అంతేకాదు నా స్వంత ఆకర్షణలను కొనసాగించగలిగే ప్రత్యేకత అంతర్గత ప్రేరణ అని పిలువబడే ఆ మాయా అంశాల ద్వారా శక్తివంతం కాగల గొప్పతనం ఇచ్చిన ఫలితం. అక్కడ ఉన్న నా సహోద్యోగులందరికీ నా ధన్యవాదాలు. రాబ్‌కు, వాస్తవానికి, ఎవ్వరూ లేని విధంగా నాకు శక్తినిచ్చినవాడు. జెస్సీ ఫ్రెడరిక్, నా స్వంత ఆలోచనలను మరింత విమర్శించడం నాకు నేర్పింది. ఐరోపాలో ఉత్తమ పుస్తక ప్రచురణకర్తగా మరోసారి నిరూపించిన మిలో క్లీన్ లాంఖోర్స్ట్‌కు. ఉత్తమ పుస్తక ప్రచురణకర్తగా ఆండ్రియాస్ జోంకర్స్ చేసిన కృషి ఈ పుస్తకానికి అమూల్యమైనది.

అసలు డచ్ వచనాన్ని సవరించడానికి హార్మ్కే మెడెన్డార్ప్ అంగీకరించడం నా అదృష్టం. హార్మ్కే తన రంగంలో ఉత్తమమైన వారిలో ఒకరు, మీరు నిజంగా ఏమి చెప్పడానికి ప్రయత్నిస్తున్నారో కొన్ని సూటి ప్రశ్నలతో మీకు అర్థమయ్యేలా చేయగలరు. డచ్ రాతప్రతి వెర్షన్లను చదివిన సహోద్యోగులందరికీ నా కృతజ్ఞతలు: థామస్ వాన్నెస్తే, మారిట్స్ మార్టిజన్, రోసన్ స్మిట్స్, మార్నిక్స్ డి బ్రూయిన్, సాన్ బ్లావ్, మిచియెల్ డి హుగ్, జోహన్నెస్ విస్సెర్, టామర్ స్టెల్లింగ్, జెల్మర్ మోమర్స్, అర్జెన్ వాన్ వీలెన్, మైట్ వెర్మెలెన్, రిఫ్ వై బోల్, షార్లెట్ రెమార్క్, అన్నా వోసర్స్. ఇటువంటి వ్యక్తులతో కలిసి పనిచేసేటప్పుడు, నిరుత్సాహంగా ఉండటం కష్టం.

మాథియాస్ వాన్ క్లావెరెన్, సెమ్ డి మాగ్ట్, హుయిబ్ టెర్ హోర్స్ట్, కార్లిన్ కింగ్మాలకు కూడా నేను కృతజ్ఞతలు తెలియజేస్తున్నాను, వారు అసలు పుస్తకంలోని భాగాలను చదివి విలువైన సలహా ఇచ్చారు. కార్లిన్ ఐరోపాలోని అత్యంత ప్రతిభావంతులైన కళాకారులలో

ఒకరు. ఈ పుస్తకం ఆధారంగా ఆమె సృష్టించిన కళాఖండం, బహుశా నా పేజీలన్నీ రీసైకిల్ చేసిన చాలా కాలం తర్వాత గ్యాలరీలలో వేలాడుతూనే ఉంటుంది

ఈ ఆంగ్ల అనువాదం చేసిన ఎలిజబెత్ మాంటన్, ఎరికా మూర్ లకు నేను చాలా కృతజ్ఞుడను. అనువాదం అనేది కష్టమైన, తరచుగా తక్కువ అంచనా వేయబడిన హస్తకళ, వారు మరే ఇతర కళలో ప్రావీణ్యం పొందలేదు. లిటిల్ వద్ద నా సంపాదకులు బెన్ జార్జ్, బ్లూమ్స్ బరీలోని బ్రౌన్, అలెక్సిస్ కిర్ష్ బామ్ లకు, ఈ పుస్తకాన్ని మొదటి నుండి నమ్మిన నా సాహిత్య ఏజెంట్లు రెబెక్కా కార్టర్, ఎమ్మా పారీ, కాపీ ఎడిటర్ రిచర్డ్ కాలిన్స్ కు కృతజ్ఞతలు తెలియజేస్తున్నాను.

చివరగా, నేను నా కుటుంబానికి, నా సోదరీమణులకు, బావమరిదికి, నా స్నేహితులకు చాలా రుణపడి ఉన్నాను. అద్భుతమైన స్నేహితుడు అయిన జురియనుకు., ప్రతిదానికీ (ఆంగ్ల పుస్తక శీర్షికతో సహా) మార్టేజ్ కు, ఈ పుస్తకాన్ని నా తల్లిదండ్రులు, పెటా, కీస్ బ్రెగ్మాన్ లకు అంకితం చేస్తున్నాను.

రచయిత గురించి

రుట్గర్ బెర్గ్ మన్ యూరప్‌లోని అత్యంత ప్రముఖ యువ చరిత్రకారులలో ఒకరు. 'యుటోపియా ఫర్ రియలిస్ట్స్', సండే టైమ్స్, న్యూయార్క్ టైమ్స్‌లో బెస్ట్ సెల్లర్‌గా నిలిచింది . ఆ పుస్తకం డచ్ నుండి ముప్పై రెండు భాషలలోకి అనువదించబడింది. ది కరస్పాండెంట్‌లో చేసిన కృషికి రెండుసార్లు ప్రతిష్టాత్మక యూరోపియన్ ప్రెస్ ప్రైజ్‌కు నామినేట్ అయ్యారు. వీరి రచన వాషింగ్టన్ పోస్ట్ , ది గార్డియన్‌లలో కూడా ప్రచురితమైంది. 'పేదరికం అంటే వ్యక్తిత్వం లేకపోవడం కాదు; ధనం లేకపోవడం' అనే ఆయన టెడ్ ప్రసంగాన్ని మూడు మిలియన్లకు పైగా ప్రేక్షకులు వీక్షించారు. ఆయన బిగ్ ఇష్యూ వారు 2020లో ఎన్నిక చేసిన టాప్ వంద మంది చేంజ్ మేకర్స్ లో పదవ స్థానంలో నిలిచారు.

@rcbregman/rutgerbregman.com

అనువాదకుని గురించి

ఆకెళ్ళ శివప్రసాద్, రెండు వందలకి పైగా చిన్న కథలు, ఐదు నవలలు, ముప్పై నాటికలు, వెయ్యికి పైగా టీవీ ఎపిసోడ్స్ రాశారు. ఇరవై కథలకి, రెండు నవలలకి, పలు పరిషత్తులలో నాటికలకి బహుమతులతోపాటు, రెండుసార్లు నంది అవార్డు, ఆకాశవాణిలో చేసిన రచనలకి ఐదుసార్లు జాతీయస్థాయిలో బహుమతులు వచ్చాయి. వీటితోపాటు ఆ నలుగురు, ఆశలపల్లెకి, కరెంట్, హోరాహోరీ, రంగమార్తాండ వంటి చలనచిత్రాలకు పనిచేశారు. 1880-2020, 140 సంవత్సరాల్లో ఎన్నిక చేసిన 100 నాటకాలలో వీరి నాటకం నరవాహనం ప్రచురితమైంది. 2022 నాటిక రచన విభాగంలో తెలుగు యూనివర్సిటీ కీర్తి పురస్కారం వచ్చింది.

కిటికీలోంచి వాన, మౌనభాష్యం కథల సంపుటాలు, అంబారీ నవల, అనువాద సాహిత్యము కలిసి ఇప్పటివరకు పలు పుస్తకాలు ప్రచురింపబడ్డాయి.